"平安交通"

安全创新典型案例集（2020）

"SAFETY TRAFFIC"

A Typical Set of Safety Innovation Cases（2020）

交通运输部安全委员会办公室 ◎ 编

人民交通出版社股份有限公司

北 京

内 容 提 要

本书汇编了2020年交通运输部"平安交通"安全创新案例征集评选活动中入选的特别推荐案例20个、重点推荐案例56个和优秀案例90个，内容立足于交通运输行业安全管理需求，涵盖了行业与企业、监管与自查、人员与环境、科技与文化等多个方面，对贯彻落实习近平总书记关于安全生产的重要指示，深入推进交通运输安全生产领域改革发展，全力推动行业安全生产改革创新，宣传推广行业好的经验、做法、成果有重要的意义。

本书可供交通运输行业相关企事业单位负责人、主管安全的负责人、相关安全监管从业人员等参考。

图书在版编目（CIP）数据

"平安交通"安全创新典型案例集. 2020 / 交通运输部安全委员会办公室编. — 北京：人民交通出版社股份有限公司, 2021.3

ISBN 978-7-114-17109-3

Ⅰ.①平… Ⅱ.①交… Ⅲ.①交通运输安全—案例—中国 Ⅳ.①X951

中国版本图书馆CIP数据核字（2021）第038579号

"Ping'an Jiaotong" Anquan Chuangxin Dianxing Anliji（2020）

书　　名："平安交通"安全创新典型案例集（2020）
著　作　者：交通运输部安全委员会办公室
责任编辑：屈闻聪　林宇峰　何　亮
文字编辑：董　倩　李　佳　邵京京　薛　亮　姚　旭
责任校对：孙国靖　魏佳宁
责任印制：张　凯
出版发行：人民交通出版社股份有限公司
地　　址：（100011）北京市朝阳区安定门外外馆斜街3号
网　　址：http://www.ccpcl.com.cn
销售电话：（010）59757973
总 经 销：人民交通出版社股份有限公司发行部
经　　销：各地新华书店
印　　刷：北京虎彩文化传播有限公司
开　　本：880×1230　1/16
印　　张：38.25
字　　数：1017千
版　　次：2021年3月　第1版
印　　次：2021年3月　第1次印刷
书　　号：ISBN 978-7-114-17109-3
定　　价：300.00元

（有印刷、装订质量问题的图书由本公司负责调换）

前　言

为深入贯彻落实习近平总书记关于安全生产的重要论述精神，推动交通运输领域安全生产改革创新发展，总结、交流、共享、推广交通运输安全发展典型经验和成果，结合2020年"安全生产月"活动，交通运输部安委会面向全国各地方、各单位广泛征集安全管理、科学技术、理论研究和安全文化等四个方面的典型经验和创新成果，在全国范围内组织开展了"平安交通"安全创新案例征集活动。本次活动在全国范围内共征集案例700余项，各地和部属单位推选报部445项，经专家评选，共评选出推荐案例166项，其中"特别推荐"案例20项，"重点推荐"案例56项，"优秀案例"90项。

本次创新案例成果百花齐放、质量较高，体现出近几年交通运输行业安全创新环境不断优化、创新氛围渐趋浓厚。有些案例关注人本安全，着力提升从业人员安全素质，如：一批应用于获取、分析和监测关键岗位从业人员作业状态和行为的技术和方法，以及提高从业人员培训教育质量和效能的系统和平台，能够为从业人员安全素质提升工程建设提供新思路、新方法。有些案例聚焦重大工程项目，推动提升交通基础设施本质安全水平，如：港珠澳大桥、深中通道和浙江舟山北向大通道等重点项目在施工和运营安全管理中形成了一批先进技术，解决了我国大型交通基础设施建设与运营安全的诸多难点。有些案例注重新技术赋能，积极转化和应用新技术新成果，如：基于互联网+、智慧+、北斗、大数据、无人机、第五代移动通信技术（5G）、地理信息系统（GIS）、建筑信息模型（BIM）和虚拟现实（VR）等现代信息、传感和人工智能技术开发完成的交通安全新方法、新技术和新装备应用效果明显，成果丰富。

"平安交通"安全创新典型案例征集活动旨在为交通运输行业安全生产创新工作提供一次展现的契机、一座沟通的桥梁和一个互鉴的平台，让重视、支持、钻研安全创新的政府部门、企事业单位和交通人尽情展现各具特色的创新成果，亦可让行业各有关部门、单位相互了解和学习宝贵经验和好的做法。这些安全创新成果都蕴含着行业的智慧，值得大家关注、分析、借鉴，从中汲取营养，站在他们的肩膀上，再一次起跳、腾飞，发出更加耀眼的光芒，为行业更高质量和更高水平安全发展贡献智慧与力量。活动征集和评选推荐的创新案例仅仅代表行业2020年安全创新的部分成效，但滴水见光、以微知著，评选出的案例见证着交通运输行业安全创新发展之勃勃生机与活力。我们相信，每一份安全创新的涓涓细流终将汇积成行业安全创新发展之江海，开启并奔赴"理论建安、科技兴安、管理强安、文化固安"

的"平安交通"建设新征程。在我国交通运输事业正以"交通大国"为新起点朝向"交通强国"大目标奋进的重要进程中，交通运输安全发展是交通强国建设的重要组成部分，也担负着为交通强国建设保驾护航的重要使命。面向未来，交通运输安全必须以创新作为引领发展的第一动力，作为建设更高质量和更高水平的平安交通的不竭源泉。在坚决贯彻习近平总书记关于安全生产重要论述，认真落实党中央国务院关于安全生产领域改革创新的重要决策部署，持续推进交通运输安全生产改革创新工作中，希望各部门、各单位进一步强化理论、技术、管理、文化创新对引领和推动行业安全发展重要性的认识，提高政治站位，担当政治责任，全力开拓进取，切实加强行业安全生产创新工作的组织领导，强化投入保障，营造行业安全生产想创新、会创新、能创新、用创新的良好生态，引导、鼓励和挖掘更多更好的安全创新成果，结合自身实际，创以致用，共创共用。希望本案例集的出版能够让行业安全创新的种子广泛撒播、落地生根，将安全创新的思想、理念、路径和成果化为漫天繁星，一起照亮交通运输安全发展的漫漫征途，为交通强国建设事业保驾护航，贡献力量。

值此成书之际，感谢所有参与案例征集活动的各政府部门及企事业单位，将宝贵经验无私分享给读者参考、学习和借鉴；感谢各地交通运输管理部门、行业央企、部属有关单位主动担当，周密筹划，精心组织；感谢北京市交通委员会、交通运输部科学研究院、人民交通出版社股份有限公司、中国船级社（质量认证公司）、中国交通企业管理协会等单位的辛勤筹办。

交通运输部安全委员会
2021 年 2 月 10 日

交通运输部安委会关于 2020 年"平安交通"
安全创新案例征集评选活动情况的通报

目　录

第一篇　特别推荐案例

第二篇　重点推荐案例

第三篇　优　秀　案　例

特别推荐案例

案例 1 ▶ 国内船舶和远洋渔船全生命周期安全质量提升专项工作

基本信息

申报单位：中国船级社

所属类型：安全管理

专业类别：水路运输

成果实施范围（发表情况）：中国船级社检验发证的所有国内航行船舶及远洋渔船

开始实施时间：2019 年 3 月

负责人：莫鉴辉

贡献者：钟小金、朱　恺、范　强、庄　重、郁向东

案例经验介绍

一、背景介绍

国内船舶和远洋渔船安全检验发证工作是中国船级社服务交通强国建设、承担社会责任的重要抓手。近年来，伴随着长江经济带、海南自贸区（港）、粤港澳大湾区、京津冀一体化和乡村振兴等一系列国家重大战略的实施和现代渔业的蓬勃发展，国内船舶和远洋渔船检验业务迎来巨大发展机遇。2018年，中国船级社承接了原广东、黑龙江海事船检法定检验业务及中国籍远洋渔船和渔业船舶船用产品法定检验业务，作为船检国家队和主力军的作用更加凸显。2019年是中华人民共和国成立70周年，是落实"十三五"规划部署的攻坚之年，为贯彻落实中国船级社2019年工作会议精神，推动中国船级社国内船舶和远洋渔船安全检验业务高质量发展，中国船级社经研究决定，开展"国内船舶和远洋渔船全生命周期安全质量提升专项工作"（以下简称"安全质量提升专项工作"）。

二、项目目标

进一步提升中国船级社国内船舶和远洋渔船安全质量以及服务交通强国建设的能力。

三、技术路线及成果

项目的技术路线如图1所示。

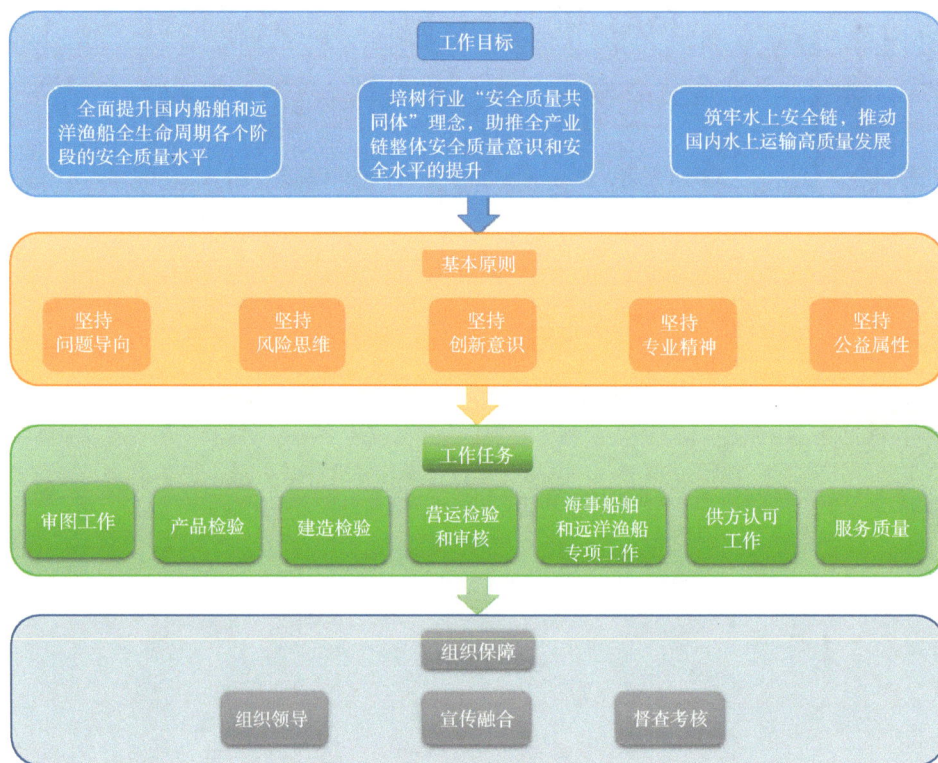

图1　技术路线图

项目成果如下：

国内船舶和远洋渔船全生命周期安全质量提升专项工作完成了专项工作方案中的36项工作，各单位、总部各部门开展调查研究173次；通过与有关单位开展战略合作协议年度交流、座谈会、走访交流等多种形式与国家主管机关、行业主管部门、船公司、船厂、产品厂和设计单位开展交流734次；举办各类培训224次；新编或完善安全检验管理文件104份；制定审图、检验指导性文件41份；创新检验、服务管理模式51项；对小微企业提供技术帮扶312次。

1. 在审图工作方面

简化了国内非入级船舶审图工作流程，对国内非入级船舶、远洋渔船推行无意见退图工作模式，组织审图单位定期开展国内船舶中高级审图人员经验交流，为外部客户开展有关图纸送审要求和规范法规的专题培训，并由各分社推进完成对辖区内主要从事国内非入级新造船舶设计单位的底数摸查、梳理近3年FSC（船旗国检查）发现项及审图问题、对140余家设计单位开展走访和培训等。

2. 在产品检验方面

主要针对小微企业进行重点帮扶工作。以小微产品企业和主要为渔船、海事船舶提供船用产品的企业为重点，为其建立健全产品质量保证体系提供技术支持和服务；针对各辖区特点，开展有针对性的培训；对船用产品企业开展有关中国船级社检验程序、检验要求的专题培训，提升船用产品企业质量管理水平；有效利用先进检验手段和信息化管理手段，提高检验效率和服务质量；建立产品检验缺陷案例库，共享经验，持续提升产品检验质量。其中，中国船级社推出的远程检验服务模式的试验报告《数字技术在船用产品检验中的应用——中国船级社试用"船检眼"

（CCS-eye）调研报告》、中国船级社产品检验管理发证系统SSMIS2018的完善等均在专项工作中完成。

3. 在建造检验方面

开展了国内船舶建造厂质量风险分析和分类评估研究，制定改进措施并推进落实；以建造过程中发现问题、船厂评估情况和近3年FSC发现与建造业务相关问题等为重点，对160余家船厂开展走访交流和培训；对广东、黑龙江原海事船舶建造船厂进行摸底，制定针对性船厂评估要求；针对国内船舶建造薄弱环节优化检验要求，逐步引导船厂自觉落实相关要求；研究解决海事船检业务划转中新造船检验问题；对国内非入级船舶建造厂进行情况摸底以及梳理FSC发现项中涉及建造质量的问题，做好检验提示工作。

4. 在营运检验和审核方面

梳理排查"六区一线"水域、"四类重点船舶"的安全隐患，通过风险分析标识出高风险企业和船舶，有针对性地加强船舶检验和安全管理体系审核；扎实做好国内船舶专项活动，包括有序推进"2019年砂石船整治专项行动"，完成"2001年至2005年期间建造船舶隐患排查""国内航行老旧客船结构防火完整性和电气设备专项检查活动"，有序开展"国内船舶救生设备专项检查活动""长期脱管船舶专项整治行动"等；海南、广东、黑龙江等"一省一检"地区二级单位，根据辖区船舶实际情况，在基于风险分析基础上制定具体检验要求，在与当地政府及海事管理机构协商后颁布执行；梳理分析了近3年船舶审核、FSC检查发现项以及与安全管理体系不合格项有关技术缺陷的总体情况和趋势变化，以确定下阶段审核关注重点。

5. 在船舶方面

（1）在海事船舶方面。做好海事接收船舶首次检验工作，开展业务风险分析。截至2019年9月20日，共完成海事接收船舶首次检验11952艘，占总量（17633艘）的68%，并开展了海事船舶业务风险分析；为确保黑龙江地区浮箱固冰通道的安全运营，完善了黑龙江水系浮箱固冰通道的检验要求，在深入调研的基础上编制《黑龙江水系浮箱固冰通道检验指南》，以及完成了对广东、黑龙江海事船检业务承接工作的评估报告。

（2）在远洋渔船方面。运用质量科学和风险思维，首次在我国渔船检验工作领域实现体系化运行，对远洋渔船审图、初次检验、营运检验全流程制定程序文件，实行质量控制措施。强化渔船检验人力资源和机构队伍保障，研究分析远洋渔船业务分布特点，安排1000多名验船师参加渔船检验业务培训，专门为渔船业务增加浙江分社审图部和纽约分社利马办事处等业务网点，在合理优化网点分布和人员配置后，彻底解决了转隶后渔船审图任务积压问题，半数远洋渔船首次享受到了境外"随到随检"服务。保障重点远洋渔船建造项目，完成"蓝海101""蓝海201"2艘中国吨位最大、设备最先进的3000t级远洋渔业综合科学调查船的初次检验，首批申请入级检验的2艘13.5m宽远洋金枪鱼围网船项目顺利开工，全国首艘自主建造的专业南极磷虾船"深蓝"有序检验下水。开展营运远洋渔船补发国际防空气污染证书及柴油机排放证书专项工作，为客户解决了部分远洋渔船不满足公约防污染要求的历史遗留问题。开展远洋渔船安全风险评估，编制远洋渔船安全和防污染自查教材和视频，召开远洋渔船装备质量提升研讨会，向业界倡导远洋渔船安全质量共同体理念。

6. 在供方认可方面

梳理了涉及供方服务的法定要求和国内船舶供方管理的相关规定，做好上位法分析，研究进一步加强监督的方法。重新定位和确定供方服务的原则，制定供方服务公示、新闻发布原则及要求。并充分考虑大部分供方公司为小微企业的实际情况，按照政府主管部门的要求做好国内船舶、渔船检验供方的认可服务和管理。

7. 在服务质量方面

积极落实国家扶持小微企业政策，实施点对点精准技术帮扶等措施，把先进的认证和管理技术送到小微企业，提升了企业的安全质量水平。

四、应用成效与评估

1. 应用成效

（1）坚持问题导向，找准关键问题，补强薄弱环节。其中，以加快海事船舶和远洋渔船融入中国船级社质量体系、破解海事船舶和远洋渔船历史遗留问题为重点和突破口，进一步巩固2018年"远洋渔船转隶"和"海事船舶接收"两项重要改革成果。

（2）坚持风险思维，做好风险评估，切实消除安全质量隐患。中国船级社各相关单位部门逐领域、逐环节开展风险识别，重点梳理海事船舶和远洋渔船检验业务风险点，共制定风险管控措施31项，形成安全质量"闭环"；开展各类专项工作18项，防范化解重大安全风险和重大隐患，为中华人民共和国成立70周年等重大活动期间水上交通安全保障工作提供了有力的支持。

（3）坚持创新意识，以创新驱动发展，全面提升管理水平。中国船级社各相关单位、部门积极思考管理模式和服务模式的创新，以创新驱动发展，以创新提升安全质量水平，在管理和检验服务模式创新方面共采取51项具体措施，明显提升安全管理和服务水平。

（4）坚持专业精神，为水上交通高质量发展提供切实可行的方案。在专项工作期间，中国船级社各单位主动融入交通强国建设中，在服务海南自贸区（港）、粤港澳大湾区建设、京津冀协同发展、长江经济带建设中切实发挥国家船检主力军的引领作用和专业技术优势，向业界提供有关国内船舶和远洋渔船安全管理方面问题的解决方案67次，在长江岸电推广、海南自贸区租赁

游艇管理办法制定等项目上发挥了重要的技术支撑作用。

（5）坚持公益属性，为民服务解难题，助力人民满意交通建设。从解决党和人民群众关心的突出问题出发开展专项工作，瞄准"为民服务解难题"，持续提升服务对象的获得感，以实际工作成效进一步增强了对中国船级公益属性的理解和认识。

2. 评估

此次专项工作，既是对中国船级社国内船舶和远洋渔船检验业务的全面"把脉"和"体检"，也是一次正当其时的"空中加油"。国内各单位紧紧围绕"安全质量"主题，从国内船舶和远洋渔船全生命周期的各个阶段出发，通过梳理识别安全隐患，创新检验管理模式，培树行业"安全质量共同体"理念，有效提升了全产业链整体安全质量水平，与业界共筑水上安全链。事实证明，这种全流程全生命周期的检验服务模式，有效地打通了船舶安全管理的各个环节，切实提升了船舶质量水平，值得进一步研究和推广。

五、推广应用展望

国内船舶和远洋渔船全生命周期安全质量提升专项工作在国内航行船舶和远洋渔船上的运用取得了良好的效果，为国内航行船舶和远洋渔船的检验和管理探索了新的管理思路，建议下一步将此专项工作方法推广到其他从事国内航行船舶检验的检验机构中，以此打造全国国内航行船舶良好的安全管理生态，有效构筑起国内航行船舶的水上安全链。

案例 2 ▶ 危险货物物流全程数字化监管

基本信息

申报单位：大连集发南岸国际物流有限公司

所属类型：安全管理

专业类别：港口运营

成果实施范围（发表情况）：大连口岸危险货物运营管理

开始实施时间：2018 年

负责人：章冬岩

贡献者：唐传斌、王　琨、庞德群、崔　凯、强　雷

案例经验介绍

一、背景介绍

大连集发南岸国际物流有限公司是大连港集团全资子公司，隶属于港口集装箱业务版块，是港口危险货物专业堆场，承担大连口岸进出口危险货物港区堆存、仓储、拆装箱职能。

危险货物堆场，由于其装卸、堆存货物的特殊性，管理和操作需要特殊的作业流程和安全规范，需要建立完善严密的管理体系。

二、项目目标

危险货物场站的核心生产要素是危险货物的装卸与保管，一切生产活动和安全管理活动都要以危险货物特性出发。与普通货物不同，在危险货物的装卸操作和储存管理过程中，必须根据具体的危险货物特性，采取不同的安全管理措施，实施不同的运输、管理和操作工艺。依据专业的危险货物核心数据和技术文档，包括理化特性、性状、操作须知、包装、运输、仓储、作业工艺、主要危险性、应急处置办法、历史作业数据等，将其作为整个管理体系的数据基础，借助信息化手段，借助物联网硬件，在生产、安全管理、客户服务方面，建立信息化管控体系，在保证安全的大前提下，打造以客户和危险货物为核心的全链条服务平台。

三、技术路线及成果

危险货物全程跟踪信息化管理系统拓扑图如图1所示。

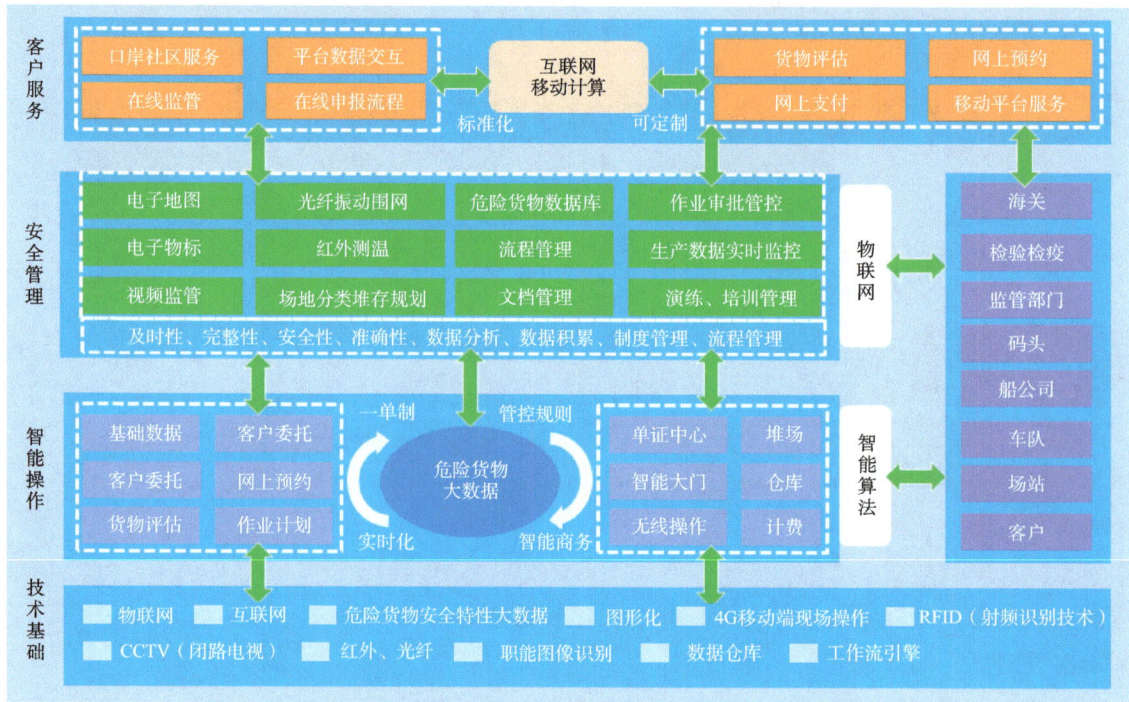

图1　危险货物全程跟踪信息化管理系统拓扑图

（一）在途管理

危险货物运输过程中，必须保证危险货物的仓储、运输、监管过程绝对安全。通过利用GPS（全球定位系统）技术、车载摄像头、图像感知技术，实现危险货物车辆在途监管，同时向海关、海事、港口局各部门提供实时的车辆位置、货物状态数据。

1. 码头－场站车辆监管

按照口岸要求，危险货物集装箱在码头和危险货物场站运输过程中，必须进行全程监管。通过利用场站系统和码头操作系统接口，建立危险货物集装箱车辆在途监管系统，连接码头和场站危险货物集装箱数据，打通船边、堆场、大门业务数据，借助互联网技术，实时记录车辆装载危险货物集装箱进出码头和堆场的在途时刻、时长。实时调取卡口、车辆数据，进行相关时间比对，超出阈值时自动进行报警，进行进一步跟踪处理。

2. 全程车辆跟踪

利用GPS技术和车联网技术，对区域中每一台运输车辆进行编码管理，安装GPS模块、车联网模块，实时获得车辆位置、行驶状态。车辆外部、驾驶室内安装摄像头，对车辆进行全方位视频跟踪。利用智能图像识别技术对驾驶员进行监控，智能识别困倦、吸烟等违章动作，通过车内系统直接进行提醒。若提醒无效，则通过4G网络通知安全管理员，直接对驾驶员进行呼叫。通过以上手段，实现对危险货物车辆的主动驾驶行为管控、运输过程管控、车辆技术状况监控等功能。

将车辆相关接口接入场站管理平台，平台采用大数据管理的手段，实行自动化与人工管理结合的方式进行全方位监控，一方面释放运输企业对车辆管理的压力，降低人工、管理成本；另一方面，通过对运行数据的全面掌握和系统分析，对企业管理和流程优化有着指导意义。

3. 危险货物场站卡口管理

在危险货物集装箱车辆进入场站卡口时，需要对车辆和集装箱进行首次检查。检查的项目包括车辆状况、危险品标识、防火帽/静电链等安全设施，以及驾驶员/押运员的资质。集装箱的箱况、货物标识、封志状况也要同时进行检查。

在传统智能大门实现的基础上，针对危险品场站业务特点，在入门时进行相关的安全检查环节，启用工作人员手持无线终端，把所有检查工作集中到无线终端进行，上传相关的检查结果和数据与系统进行比对校验并存档。同时无线终端与云端数据库联网，实现对驾驶员、押运员的资质检核。

卡口操作流程如图2所示。

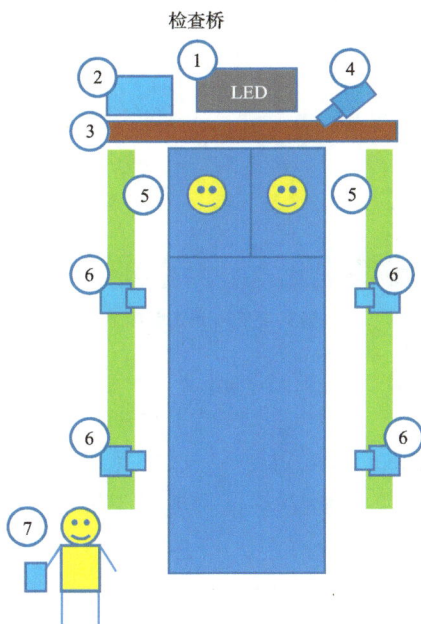

图2 卡口操作流程图

1- 通道 LED 显示；2- 车号识别；3- 挡杆；4- 监控镜头；5- 驾驶员与押运员资质审核；6- 箱号识别；7- 手持无线终端安全检查设备

（二）堆场监管

1. 危险货物堆场管理

建立以危险货物为核心的生产操作系统，全面涵盖所有业务点，实时跟踪操作数据，实现"所有业务数据化，所有数据业务化"，任何一种业务都有数据进行支撑，任何时候都可以从系统获取所需要的信息。连接业务委托模块与计划模块、智能大门模块、场地无线操作模块，形成安全管理和业务操作系统闭环（图3）。

通过建立危险货物储存系统，结合场区内无线终端操作，实现场地仓库及堆存区货物图形化显示方式，达到快速查询数据的目的。在图形界面，可以实时获得场内集装箱的箱号、货物名称、位置、货物类别、箱来源、应急联络人及电话号码等信息。

根据危险货物管控要求，堆存不同性状的危险货物时，必须考虑相互的依存关系，遵循堆存原则。将该原则编制为智能算法，由信息系统统一进行管控，指导和控制计划、操作环节。

分类显示可通过集装箱层数进行实时显示，也可通过危险货物类别进行实时显示。用户可根据自己的需求调整所需显示的类别，同时自定义希望显示的颜色标识。系统全面接入海关、检验检疫、海事、港口局、码头、船公司等数据接口，所有进出口操作在系统中以电子监管指令进行校验。

危险品操作数据和场站实时操作数据通过系统接口与政府监管部门实时共享，系统对所有历史数据进行分类归档，通过智能算法进行分析，根据不同需要自动生成业务报表。

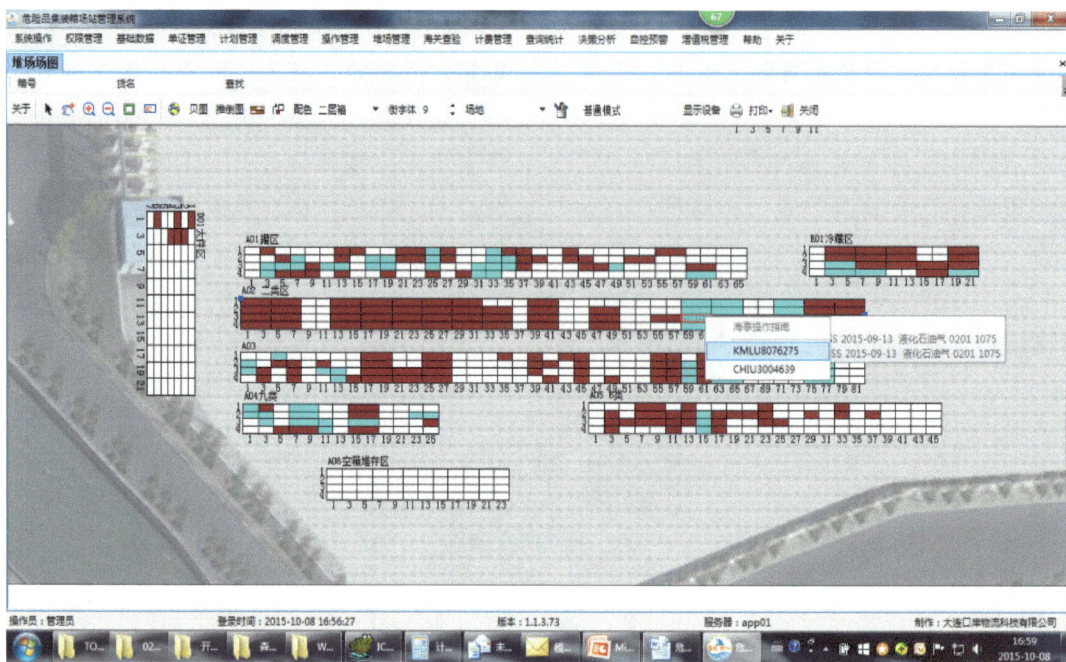

图3　图形化堆场管理

2. 危险货物安全管理

1）MSDS管理

MSDS（Material Safety Data Sheet）即"化学品安全技术说明书"，亦可译为"化学品安全说明书或化学品安全数据说明书"，是化学品生产商和进口商用来阐明化学品的理化特性（如pH酸碱度、闪点、易燃度、反应活性等）以及对使用者的健康可能产生的危害（如致癌、致畸性等）的文件。

在世界各国，无论是国内贸易还是国际贸易，卖方都必须为化学品提供说明性的法律文件。各个国家甚至美国各个州的化学品管理及贸易的法律文件不一样，有的每个月都有变动，所以如果提供的MSDS不正确或者信息不完全，将面临法律责任追究。MSDS是危险货物管理、维护、运输、应急过程中的重要科学文件依据，在整个危险货物操作过程中具有重要的指导意义。

传统的操作方式是打印客户提供的MSDS文件，在集装箱箱体上进行粘贴。这种方式操作效率低，存在纸质文件损坏和丢失的风险。在危险货物场站操作系统中，对货物的MSDS进行了电子化处理，在现场操作环节配备4G手持终端，操作人员对箱号进行拍照，系统通过图像识别技术对箱号进行识别，在系统内调取对应的MSDS

信息，直接在屏幕显示，省去了纸面环节，实现了自动化的MSDS信息提取。所有作业环节均通过手持终端实时跟踪、记录，与控制中心数据实现了无缝对接。无线手持终端MSDS管理流程如图4~图6所示。

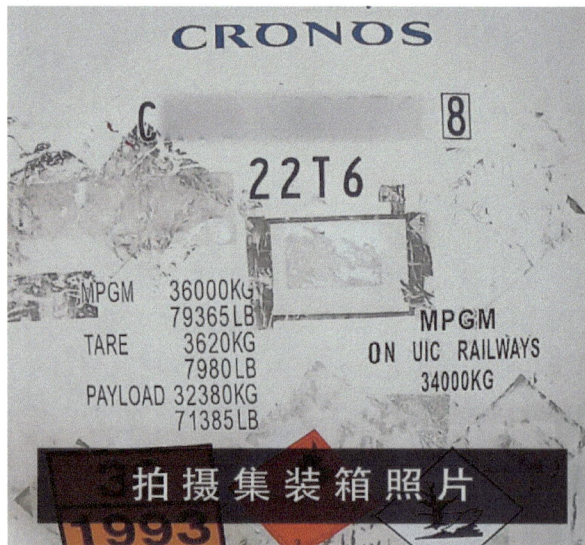

图4　手持终端拍摄集装箱照片

2）操作管理

系统全面涵盖所有业务点，实时跟踪操作数据，实现"所有业务数据化，所有数据业务化"，任何一种业务都有数据进行支撑，任何时候都可以从系统获取所需要的信息。业务委托模块与计划模块、智能大门模块、场地无线操作模块之间无缝连接，形成完整的业务和系统操作闭环。

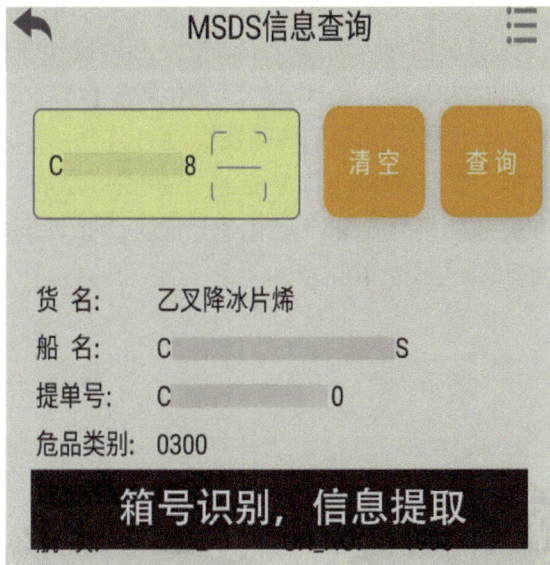

图5　集装箱号自动识别

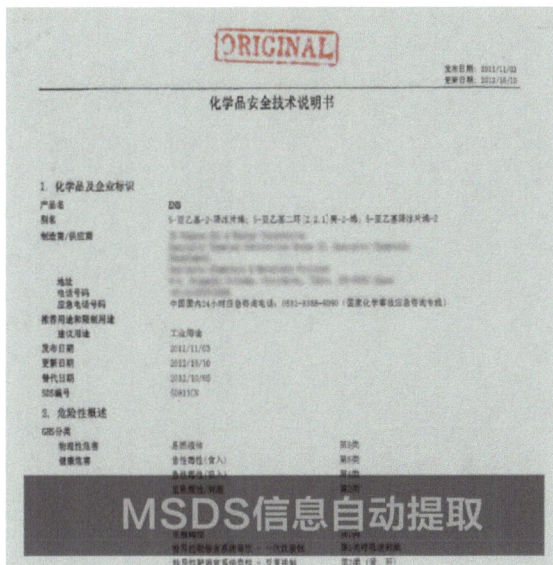

图6　MSDS信息自动提取

财务计费方面，系统中内置了所有协议和计费规则，与操作系统动作和业务类型一一对应，实际业务中与现场计划、操作、检查桥信息对接，做到了计费自动结算，实现了高效操作和内部管控。

对于高危货种，在系统内部进行了定义，限定每一种特定货种的最大堆存量和在场堆存时间。在货物入场环节系统自动进行校验，若场地内堆存量超限，则系统限制无法入场；若超过堆存时间限制，同样无法入场。

3）场地操作

将计划、调度、仓库作业、现场操作、车辆、检查桥完全打通，涵盖所有日常业务操作。计划部门的作业指令直接发送到现场作业模块，现场根据电子化作业指令清单进行实际操作，根据危险品作业特点，系统内置针对危险品作业的拍照、拆装箱、安全要求，形成系统规则，规范作业。

4）高危货种限时限量

对于高危货种，要求危险货物场站对危险货物进行限时、限量操作管理。系统内置行业管理规则，对不同货种采取不同的堆存策略。

（三）客户物流跟踪服务

1. 出口危险货物三级评估

根据安全管理规定，出口危险货物必须向监管部门、海关、海事部门进行申报，报告货物的品名、危险品类别、生产商、代理商资质以及MSDS清单。

依托互联网技术和移动计算技术，实行客户网上三级评估制度。系统以危险货物评估为线索，由客户发起，各职能部门顺次参与，将整个三级评估流程进行了电子实现。将客户和场站各部门审核人员从繁重的审核工作中解放出来，整个流程清晰简洁，系统内置了客户资质、危险货物数据库，审核结果准确，并且有章可循，有据可查。

2. 网上支付、移动平台服务

在此基础上，开通网上计费服务、微信信息服务，为客户提供全程可跟踪的危险货物跟踪服务。

四、应用成效与评估

危险货物场站这一类特殊的物流场站，对于货物安全管理有着特殊的需求。结合危险货物管理法律法规，根据不同种类危险货物的理化性质，有针对性地在库场建设物联网络，将数据汇聚到统一平台，通过智能算法进行管控，从而将传统的安全管理流程，转换为数字化的全程动态管理。根据危险货物特殊性，以危险货物基础性质为底层数据，结合GPS技术、图像识别技术、互联网技术，完成危险货物全程动态数字化物流平台的搭建。同时积累了危险货物产品、操作、走向、客户、口岸吞吐量等第一手数据，深层次挖掘危险货物大数据，对口岸危险货物仓储和装卸操作以及本地区安全保障工作提供强有力的数据支持。

五、推广应用展望

（1）深入物联网应用，利用互联网和移动计算技术，进一步提高安全管理数字化水平。

（2）融入操作管理、人力资源管理、工作流管理、HSE（健康、安全和环境）管理体系，实现全方位数字化管理。

（3）积累优化危化品产品、口岸运输、客户信息大数据，多角度多维度深入研究挖掘和应用，贯彻安全管理理念，精研危险货物操作流程和工艺，为安全、生产、经营提供数据保障。

（4）充分利用互联网和移动计算技术，拓展与客户、监管部门、保障部门的数据联动，关注和聚焦网络化、云存储化信息服务，拓展网上经营和客户服务体系。

案例3 ▶ 非法营运车辆智能化整治

基本信息

申报单位：江苏省交通运输厅

所属类型：安全管理

专业类别：道路运输

成果实施范围（发表情况）：适用于非法营运的客车、危险货物运输车辆、旅游包车和站外上下客整治

开始实施时间：2020年1月

负责人：梅正荣

贡献者：梅正荣、杨金国、顾 敏

案例经验介绍

一、背景介绍

2019年宜兴长深高速公路"9·28"事故教训惨痛，共计造成36人死亡，36人受伤，直接经济损失7100余万元。事故发生的原因是当事人使用伪造的道路运输经营许可证、道路运输证，非法从事道路旅客运输经营活动。

非法营运面广量大、根深蒂固。2020年1—10月份，江苏省全省班线和旅游客运业户542户，客运车辆34262辆，144万客位，驾驶员33万

人，三级以上客运站发送道路旅客运输量5578万人次、70.28亿人km。

非法营运违法行为隐蔽性强、查处难度高，同时执法队伍力量薄弱、手段单一，使得非法营运违法行为一直是交通运输行业安全监管的重点和难点所在。

二、项目目标

全面贯彻中央、部省关于安全生产的一系列工作部署，落实"一年小灶、三年大灶"的重点

任务，切实解决非法营运查处难的问题，有效预防、减少道路运输事故，坚决遏制重特大交通运输事故的发生。

三、技术路线及成果

　　江苏省交通运输厅在全国率先创新运用"大数据＋智能化"手段，开发了"非法营运智能化整治系统"（图1），并通过大量探索实践，总结出"五步工作法"（图2），实现对非法营运车辆的主动发现、智能跟踪、精准堵截、有效查处。

图1　非法营运智能化整治系统

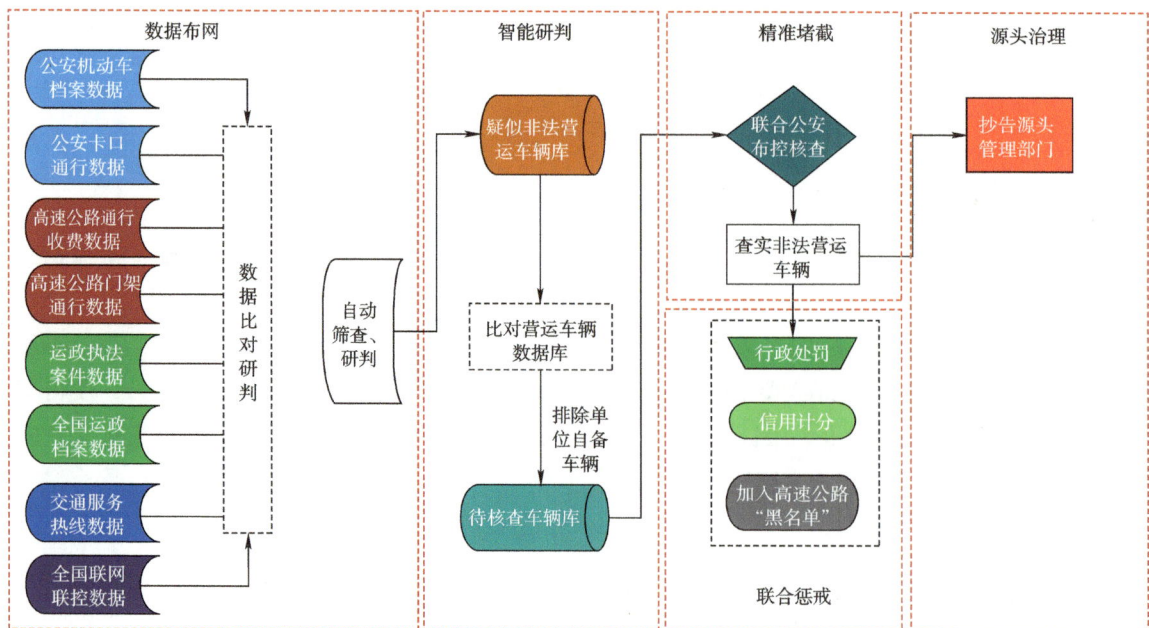

图2　"五步工作法"

第一步，数据布网。对接交通运输部、江苏省公安厅、应急厅、工信厅、江苏交通控股公司等部门和单位，整合全国运政在线、高速公路收费和门架通行数据、公安320和查缉布控系统数据，开发应用了"非法营运智能化整治系统"，自动研判、筛查疑似非法营运车辆，给非法营运车辆布下了一张"天网"。第二步，智能研判。通过对每年近400亿条的海量交互数据进行智能分析研判，比对营运车辆数据库，排除单位自备车辆，形成待核查车辆库，并自动推送至执法人员手机执法App。第三步，精准堵截。联合公安部门精准布置执法力量实施堵截执法。例如，车牌号为"豫LE9219"的车辆进入江苏省高速公路第一个门架后就被系统锁定，不到2h就被提前布控的交通运输和公安部门联合执法人员在收费站出口精准截获。第四步，联合惩戒。对查实的非法营运车辆，实施行政处罚、信用计分，加入高速公路非法营运车辆"黑名单"，禁止其在江苏省高速公路通行。第五步，源头治理。将查实的外省籍非法营运车辆，定期抄告其所在地源头管理部门，告知其履行属地源头监管责任。

四、应用成效与评估

1. 执法方式创新升级

执法人员可随时掌握高频出入高速公路的疑似非法营运车辆的基本信息和车辆运行轨迹，实现智能跟踪、精准堵截，使非法营运车辆查处从"大海捞针"变为"靶向治理"。

2. 治理能力大幅提升

2020年9月10日起，全省开展19座以上非法营运大客车专项整治"打非清零"行动，截至2020年9月底，仅20天时间实现对1161辆疑似非法营运大客车的全面清零。截至2020年11月底，全省共查处非法营运车辆6909辆；纳入高速公路非法营运车辆禁行"黑名单"545辆大客车；抄告513辆外省籍疑似非法营运大客车，非法营运治理能力大幅提升。

3. 安全形势显著好转

2020年1—10月，全省道路运输事故起数和死亡人数分别大幅下降69%和65%，没有发生一起重特大道路运输事故，也没有发生一起因大客车非法营运导致的道路运输事故，道路旅客运输安全形势显著好转。

4. 市场秩序得到有效维护

通过加大对非法营运车辆的治理力度，减少了道路运输安全隐患，挤压了非法营运的市场空间，保护了合法经营企业的权益，不断提升道路运输企业的经济效益，有效维护了道路运输市场秩序，让百姓出行更安心、更放心、更舒心。

5. 非法营运智能化整治项目在江苏的成功实践，将为全国道路交通运输行业治理体系和治理能力现代化提供江苏经验、江苏方案

项目成果得到国务院安全督导组、交通运输部、省委省政府的充分肯定。在交通运输部组织的"平安交通"创新案例征集遴选活动中，非法营运车辆智能化整治项目在全国报送700多项案例中被评为特别推荐案例，得以向全国推广。

在江苏省安全生产专项整治行动2020年11月工作动态中，非法营运智能化整治行动的创新引领、实际成效、推广价值也得到了充分的肯定。

2020年11月22日起，非法营运智能化整治项目陆续被紫牛新闻、新华日报、扬子晚报、现代快报、江苏电视台等新闻媒体宣传报道，其中，11月24日"学习强国"平台报道了江苏省开展非法营运智能化整治项目，向全国宣传了针对非法营运整治的江苏方案（图3）。

五、推广应用展望

下一阶段，我们将继续加大对非法营运的整治力度。优化非法营运智能化整治系统，加强与公安、应急、工信等管理部门进行数据对接应用，进一步推动非法营运智能化整治系统在非法营运危险货物运输车辆、客运车辆站外上下客等违法行为的整治工作和超限运输治理等方面的应用，探索建立非法营运群众有奖举报机制，对在江苏省非法营运的车辆进行全面打击，实现非法营运车辆动态清零，规范运输市场秩序，保障人民群众生命财产安全。

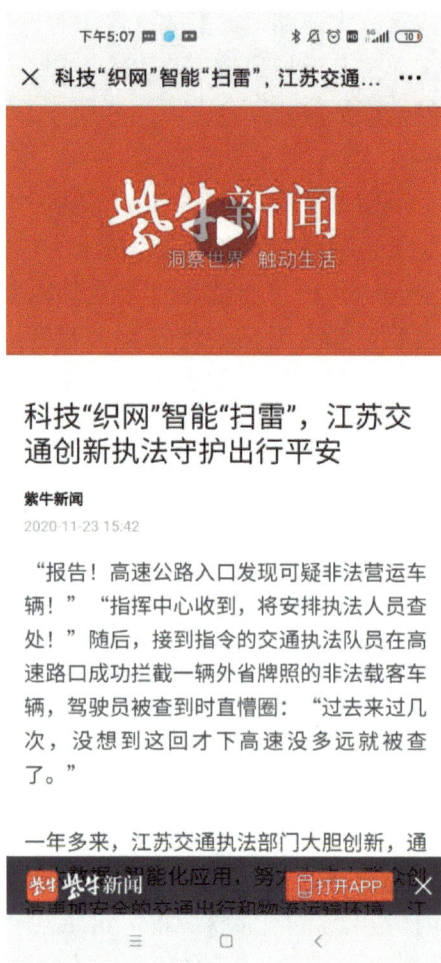

图3　新闻媒体宣传报道非法营运智能化整治项目

案例4 ▶ 警路企"同路·同心"共建平安高速

基本信息

申报单位： 广西桂兴高速公路投资建设有限公司、广西桂梧高速公路桂阳段投资建设有限公司、广西华通高速公路有限责任公司、桂林港建高速公路有限公司

所属类型： 中央企业

专业类别： 交通运输

成果实施范围（发表情况）： 广西高速公路

开始实施时间： 2017年9月

负责人： 陈　全

贡献者： 李　键、潘成贵、李士平、肖家科、赵贵永

案例经验介绍

一、背景介绍

招商公路网络科技控股股份有限公司（以下简称招商公路）为招商局集团全资子公司，2015年招商公路并购广西桂兴高速公路投资建设有限公司、广西桂梧高速公路桂阳段投资建设有限公司、广西华通高速公路有限责任公司、桂林港建高速公路有限公司（以下合称招商公路桂林公司）4家公司100%股权。招商公路桂林公司秉承"领路人"企业文化理念，坚持"快速反应、效率优先、服务至上、追求卓越"管理方针，为提升人民出行的满意度、创建平安高速公路，集约各方资源，公司协同桂林市交警支队建设了广西首个"警路企"联合监控指挥中心，并联合桂林高速公路分中心、桂林市公安局交警支队高速公路管理三大队成立了首个广西高速公路党建联盟，创建了"警路企"联勤联动服务机制，实施联勤、联动、联管，协同外业巡逻与视频巡查，以"同路、同心"为理念，以"同驻、同巡、同办理"为措施和手段，以"一升、一降、一满意"

为目标，建立"五共"同办业务机制和"五联"同驻保障机制，提高应急处置效率，促进平安高速公路建设。

二、项目目标

"一升"：社会效益与企业管理、效益提升。"一降"：高速公路事故发生频率降低。"一满意"：公众出行满意。

三、技术路线及成果

（一）"警路企"联勤联动发展历程

2016年，为有效整合交警、路政、企业三方资源，加强高速公路安全管理，预防和减少交通事故的发生，各方开始探索联合共建。2017年9月项目正式启动，招商公路桂林公司投入资金同步改造高清监控系统，建设"警路企"联合监控指挥中心。2018年项目进入提升阶段，"警路企"三方成立党建联盟，创建"警路企"联合监控指挥中心联勤联动合作机制。2019年以来，项目进入创新阶段，为加强安全管理，科学高效应对突发事件，在招商局集团支持下，公司一期投入研究经费1200多万元，开展"高速公路一路三方协同指挥平台"，该项目被列入广西交通强国项目，已初步完成研发，投入试应用，为"平安交通"提供了技术支撑。

（二）联勤联动合作机制内容及特点

1. "警路企"联勤联动合作机制

合作主体：桂林市公安局交警支队、高速公路发展中心桂林分中心、招商公路桂林公司。

合作理念：以人民为中心，"同路·同心"。

合作目标："一升"，社会效益与企业管理、效益提升；"一降"，高速公路事故发生频率降低；"一满意"，公众出行满意。

合作形式："同驻"，共同办公，实现资源共享；"同巡"，共同巡查，实现畅通共保；"同办"，共同办理，实现安全共抓。

2. 组织机构及制度体系

1）组织机构

"警路企"联合指挥中心下设党建联盟、办公室、同巡安全组、同巡业务组、同驻保障组、视频巡逻小组及路面保障小组等。

2）制度体系

建立并完善了联勤联动工作方案、联合巡查工作实施方案、联勤联动值班备勤制度、联合监控中心应急处置指挥机制等18项制度。

3. 建立"视频＋路面"的同巡安全机制

1）"警路企"联合视频巡逻机制

建立监控中心联合巡逻机制，三方共同对辖区高速公路进行视频巡逻；建立监控中心领导值班制度，三方统一指挥、联合部署，确保在紧急状态下维持正常指挥调度秩序。

2）建立"警路企"同车同巡的路面巡察机制

采取三方同车巡察模式，针对公路安全、交通事故、涉路施工、重大节假日保畅、恶劣天气及应急突发事件等开展联合巡查和处置；定期组织开展道路交通安全隐患联合排查。

4. 建立"五共"同办业务机制

一是"共办公"。即建立"警路"联合办公中心。实行"一个窗口"办案，提供便利的执法业务指南和热情的办案咨询服务。二是"共审批"。即建立"警路"联合业务中心。针对交通事故、路产案件处理，以及涉路施工安全审批等高速公路"警路"业务，实现"一步到位"审批。三是"共物资"。即建立应急物资保障机制。通过建立"警路企"应急仓库，实现应急物资科学配备、高效管理、合理使用的目标。四是"共演练"。即开展"警路企"联合应急演练。针对桥梁、隧道、边坡等重要部位开展预案演练工作，提高三方联合应对突发事件的协同水平。五是"共信息"。即建立"警路企"信息通报制度，以监控中心为数据汇总平台，对重大交通事故、应急突发事件等特情信息数据实现信息共享。

5. 建立"五联"同驻保障机制

一是联席会议。即建立"警路企"定期联席会议制度，增进了解，加强协作，推进"警路企"联合模式长效发展。二是联合宣传。即开展高速公路管理法律法规和安全宣传教育活动，普及交通安全知识。加强与地方政府、村委的协调沟通。三是联合备勤。即"警路"值班人员值班期间统一待命于"警路"备勤室，接到报警后必须互相通传，并在第一时间快速出警。四是联合保障。即由"警路企"三方提供高效便捷、标准统一的车辆保障、物质保障、会务保障等后勤保障。五是联合培训。即"警路企"定期开展针对政策法规、行业规范、应急管理、安全规程等多方面的联合培训活动，促使全员综合素质不断提升（图1）。

图1　"警路企"在桂林北收费站进行安全宣传

（三）"警路企"实施具体成果

1.建立了"警路企"联合监控指挥中心

"警路企"联合监控指挥中心于2017年9月正式投入使用，主要负责路网日常运行与交通安全事故应急处置指挥、协调和调度；路网运行、交通安全信息采集、监测、分析和预警；进行收费稽查、路产路权管理和突发事件的处理等工作。指挥调度平台具有视频监控、交通事件检测、卡口信息管理、交通诱导、喊话、区间测速与违停抓拍等六大功能，能实时巡逻查看道路情况，纠正和查处违法行为，及时消除安全隐患，大幅提高工作效率。

2.建立了"警路企"党建联盟

"警路企党建联盟"是在桂林市交警支队党委、桂林高速公路分中心党总支部和招商公路桂林公司党委的共同指导下，由交警三大队党支部、桂林路政执法大队党支部、招商公路桂林公司第三党支部共同组建了区域化基层"党建联盟"，以党建促业务，合力推动特色党建、联勤联动、应急救援、安全保畅等各项工作迈上新的台阶。通过党建联盟发挥政治引领和党员的率先垂范作用，把分散的资源和力量整合起来，集中力量推动社会效益和企业效益双提升，提升了"警路企"的党建工作，提高了安全保畅能力。

3.建立了"一路多方"联合办公大厅

"一路多方"联合业务大厅建设整合了交警、路政、企业、施救清障、保险各方业务资源，主要目的是方便当事人处理交通事故、路产案件、涉路施工、行政审批等高速公路业务，进一步提高便民服务质量和办事效率。"一路多方"的处理流程整合了信息，节约了资源和时间，事故现场处理完毕后，当事人可直接前往"一路多方"联合业务大厅，开具路产损失赔偿文书、交通事故责任认定书，并办理理赔事宜，简化了各项烦琐程序，避免了当事人在各个经办单位间往返奔波，切实提升了业务办理效率。

4.开发了高速公路"一路三方"协同指挥平台

由于招商公路桂林公司所辖各高速公路段及各级调度指挥体系仍存在着不足，数据无法完全共享，对通行监管及应急救助业务的开展仍造成阻碍。针对现有问题，通过研发"一路三方"协同指挥平台，实现各方信息实时互通，加强高速公路交通安全管理，科学高效的应对高速公路突发事件，以协同指挥平台形式固化高速公路"1·3·15机制"（即1min接警、3min响应、15min到达现场），提高管理效率，提升高速公路通行率。该平台可实现：一路三方巡查人次下降50%；一路三方协同效率提升50%；交通事件精准检测率达到90%；交通事件处置效率提升30%；应急事件信息分发效率缩短到3min；事件发现后响应时间缩短5min；事件发生到发现的时间缩短80%；二次及衍生事故率下降30%。公司在高速公路运营数字化、信息化方面加大投入，实现"三朵云""上云入湖"，一路三方协同平台也将实现云端存储，为高速公路运营管理提供更广泛、更高效的服务。

（四）"警路企"联勤联动安全管理现成效

1. 高度配合，交警日常行动充分发挥联合监控指挥中心作用

"警路企"监控中心利用"高清视频监控、交通事件检测、卡口信息管理、交通诱导、喊话系统、区间测速及违停抓拍"等6大功能，可实时巡逻查看道路情况，纠正查处违法，及时消除安全隐患，极大地提高了工作效率。

2. 强化联合演练，提升队伍能力

2017年，三方共同主办阳平高速公路道其龙隧道重特大交通事故救援应急演练；2018年，三方共同主办灵三高速公路危化品运输车辆突发事件应急处置演练、桂兴高速公路水毁塌方突发事件应急处置演练、桂阳高速公路服务区重大事故应急救援演练；2019年，三方共同主办阳平高速公路普益漓江大桥桥梁危险化学品道路运输事故应急救援演练、灵三高速公路"一路多方"重特大交通事故应急演。通过完善应急救援预案，参演单位逐年增多，应急救援从地面救援向"水陆空"立体救援转变。

3. 加强联勤联动，有效保障重大任务的完成

1）密切融合，顺利完成历年春运保畅工作

2018、2019、2020年春运期间，桂阳、阳平高速公路车流量激增，最大增幅达8倍，"警路企"三方成立全天24h现场值班领导小组，联合研究保畅方案，提前部署，积极应对，利用联合监控中心，协同指挥疏导交通。

2）"警路企"携手抗冰灾，全力保高速公路安全畅通

2018年初，桂北地区气温持续下降，1月27日开始在桂兴高速公路部分路段出现全线大范围冻雨结冰，为桂兴高速公路开通运营以来首次发生。"警路企"协同抗灾（图2），在未中断交通的情况下确保了高速公路的安全畅通。"警路企"在经历过抗冰灾后，加大投入，提前采购3台融雪撒布机和3台无人机，并在桂兴高速公路的拱桥、立交桥等7座桥梁安装了低温预警系统，三方共同对低温天气进行监测，同时发挥"警路企"三方党员先锋模范作用，使高速公路低温冰冻天气保畅能力逐步提升。

3）快速启动"警路企"联动机制，及时处置油罐车起火事件

2018年8月10日17:51，灵三高速公路阳朔往桂林方向K40+600m处，一辆油罐车车轮冒烟起火，情况十分危急。三方快速启动"警路企"联动机制及应急预案，在各方的共同努力下，于18:40及时扑灭了油罐车火势，未造成人员伤亡。

4）快速反应，及时处置水毁边坡塌方

2019年6月8日至9日，桂北地区连降暴雨，桂林受灾严重。其中桂兴高速公路K1065+0m溶江收费站入口匝道交通阻断，K1075+960m下行线边坡塌方占道，影响通行安全；2020年6月7日，桂林遭受严重洪涝灾害，发生54处塌方和泥石流，其中阳平高速公路K2384往广州方向，桂阳高速公路K2557往桂林方向通行一度中断。在这两次灾情发生后，"警路企"三方迅速执行应急预案，快速反应，连续奋战，当日消除险情，完成抢险保畅工作。

4. 加强隐患排查，促进高速公路安全运营管理水平提升

为提高交安设施的防护等级，提升行车安全通行能力，"警路企"三方共同研提升方案，2018年，招商公路桂林公司对沿线的交安设施进行改造，将沿线插拔式活动护栏改为组合式加强

型波形活动护栏，在事故易发路段，尤其是大转弯半径路段增设诱导标志、减速标线、爆闪灯、警示牌等，同时补充缺失的交通标志标线，有效提升了道路安全防护能力，交通事故数量明显下降。

图2 "警路企"抗冰灾党员先锋队

5. 联合开展疫情防控，专班巡查保障出行安全

2020年疫情免费通行期间，各路段流量激增50%~70%，各类交通事故数量增长迅速。"警路企"各方一手抓疫情防控，一手抓安全保畅，联合开展强化防疫宣传，配备防疫物资，多次召开复工复产安全保畅专题会议及开展复工检查，采用视频培训，发挥党员先锋模范作用，督促服务区经营单位在做好自身防护的同时做好服务保障工作。为强化行车安全，于2月27日"警路企"三方成立专班，全天24h不间断错时巡查，每个路段每天有"警路企"三方9~10个巡查专班在进行巡查，及时消除各类隐患，力促复工复产，确保车辆通行安全。截至5月14日专班巡查结束时，共开展巡查路段110154km，处置应急车道、服务区出入口违停车辆近千起，发现高德地图、百度地图电子导航软件各类错报、误报信息116条，已向各软件公司进行反馈，避免误导出行者，保障了出行安全。

四、应用成效与评估

"警路企"共建集中了优势资源，发生突发事件时，信息快速传递，各方沟通顺畅、快速处置，有效提升了道路管维水平和安全行车状况，事故数量明显下降，救援水平明显提高。

"警路企"联动机制取得初步成效，获得自治区公安厅交警总队和交通运输厅、桂林市公安局的高度肯定和赞誉。2019年7月9日，自治区公安厅、交通运输厅、应急厅在桂林召开广西高速公路"警路企"现场工作会，全区交警支队、路政、高速公路运营企业200多人参加，全面推广招商公路桂林公司的"警路企"共建模式，在全区推广和应用。

五、推广应用展望

"警路企"协同模式集中了高速公路管理

各方优势，共建共享的绿色发展理念，有效降低高速公路各方投入，可提升各方工作效率，集约社会资源，提升道路安全保障能力，更好地满足人民出行需要，具有广阔的推广应用空间（图3）。

图3 广西"警路企"现场会在桂林召开

案例 5　道路下立交桥管理 "应急三联动" 机制

基本信息

申报单位：上海市交通委员会

所属类型：安全管理

专业类别：交通设施运营养护

成果实施范围（发表情况）：在全市下立交桥汛期管理中发挥实战作用

开始实施时间：2018 年 3 月

负责人：张　毅

贡献者：李　俊

案例经验介绍

一、背景介绍

随着近年来极端灾害天气的增多，上海作为中国沿海最大的城市之一，一直将防汛防台风作为每年应急抢险的重要工作之一。而道路下立交桥是城市交通基础设施的低洼点和易积水点，存在很大的安全隐患，历年来汛期下立交桥交通设施安全管理工作一直备受关注。

2014 年以来，上海市道路运输事业发展中心（原上海市路政局）牵头，联合市公安、市防汛办、市排水处，将上海市所有的下立交桥进行了

梳理，建立了下立交桥 "积水20cm限行、25cm封锁交通" 的 "应急三联动" 管理机制，充分发挥防汛应急指挥综合协同效应，全力确保本市下立交桥在汛期 "不淹车、不伤人"。

由于上海市道路下立交桥面广、量大，责任主体分散（市、区、镇、村及各条线管理部门），为了更好地辅助 "应急三联动" 工作，我们将市排水部门安装的下立交桥积水监测设备采集的积水数据进行汇聚、分析。同时为了弥补积水监测设备存在一定故障率的弊端，我们进一步将本市下立交桥已安装的视频监控数据接入系统

平台，形成了"上海市道路下立交桥在线视频监控系统"的雏形，使目前全市下立交桥管理在形成权责分明的管理网络基础上，全面实现了可视化、信息化管理，全面助力本市下立交桥安全管控工作。

二、项目目标

全力确保全市下立交桥在汛期"不淹车、不伤人"。

三、技术路线及成果

《道路下立交管理应急三联动机制》由上海市路政、公安及水务部门一同参与，齐抓共管，各司其职的下立交桥应急联防机制。

建立"应急三联动"机制的主要举措：

（1）建立下立交桥标识和预警体系。为了避免下立交桥的俗称影响对下立交桥的定位辨认，我们制定了《上海市下立交统一标识导则》。对全市下立交桥进行了统一编号和标识制作，下立交桥标识版面内容以区属、上跨物和顺序号为表示要素，同一被穿越物下不同区的下立交桥编号连续，便于定点管理（图1）。同时我们根据车辆排气管高度等技术参数，确定了下立交桥积水超过25cm进行封交、20cm限行的应急管理标准，明确要求全市各下立交桥必须设置下立交桥积水警示标尺、划设下立交桥地面警戒标线，并加强LED预警显示屏、视频监控等防控措施（图2）。在封交阻拦设施方面也统一标准，确保封交措施规范（图3）。

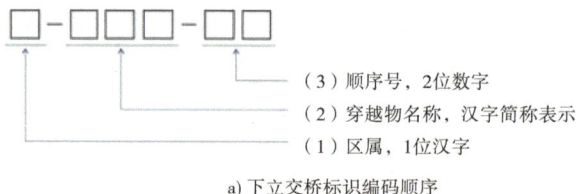

a) 下立交桥标识编码顺序

（3）顺序号，2位数字
（2）穿越物名称，汉字简称表示
（1）区属，1位汉字

b) 下立交桥标识样例（徐汇区衡山路地道）

图1 下立交桥标识

图2 下立交桥预警设施

（2）建立"应急三联动"机制。2014年以来，我们会同市公安、水务一同建立了下立交桥"三合一"应急联动机制，汛期严格落实下立交桥"积水20cm限行、25cm封交"（即路政部门负责加强值守，采取临时封闭措施；公安部门负责落实封交；排水部门负责应急抢险排水），并推进各下立交桥责任单位结合区域特点、设施特征，有针对性地做好道路下立交桥应急预案的编制工作，全市所有下立交桥已做到"一处一预案"，并对三联动机制和联系人信息进行上墙，以便发生突发事件时能在最短时间内联系到三联动各单位责任人（图4）。

图3 下立交桥封交阻拦设施

道路下立交桥"应急三联动"工作流程

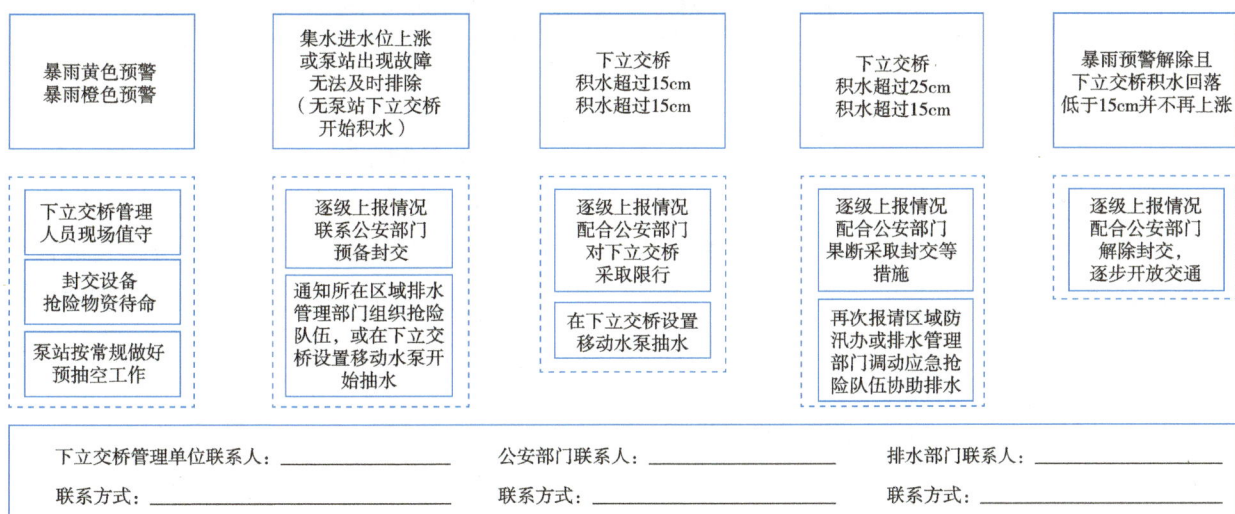

暴雨黄色预警 暴雨橙色预警	集水进水位上涨或泵站出现故障无法及时排除（无泵站下立交桥开始积水）	下立交桥积水超过15cm 积水超过15cm	下立交桥积水超过25cm 积水超过15cm	暴雨预警解除且下立交桥积水回落低于15cm并不再上涨
下立交桥管理人员现场值守 封交设备抢险物资待命 泵站按常规做好预抽空工作	逐级上报情况联系公安部门预备封交 通知所在区域排水管理部门组织抢险队伍，或在下立交桥设置移动水泵开始抽水	逐级上报情况配合公安部门对下立交桥采取限行 在下立交桥设置移动水泵抽水	逐级上报情况配合公安部门果断采取封交等措施 再次报请区域防汛办或排水管理部门调动应急抢险队伍协助排水	逐级上报情况配合公安部门解除封交，逐步开放交通

下立交桥管理单位联系人：＿＿＿ 公安部门联系人：＿＿＿ 排水部门联系人：＿＿＿
联系方式：＿＿＿ 联系方式：＿＿＿ 联系方式：＿＿＿

图4 道路下立交桥"应急三联动"工作流程

（3）建立道路下立交桥在线视频监控系统。采用积水监测、视频复核、手机移动端上报的技术手段，准确无误地汇总下立交桥汛期积水的实时状态，同时实现跨系统、多部门共享，协同配合（图5）。在信息报送方面，采用由上而下和由下而上的交叉发现管理机制。上海市交通委指挥中心发生积水报警后，通过移动端程序主动通知主体责任人进行事件处置，并上报；当前端值守人员发现积水事件，也可通过移动端系统，进行信息和照片上报，并实施上报处置进展和结果。同时，充分利用系统实时统计功能和信息汇总分析功能，导出下立交桥积水情况分析报告，供分析决策时使用。

（4）建立"一立交一卡片"。通过信息的梳理，将上海各类下立交桥进行了分类管理，如将下立交桥按上跨道路类型分为5类（下穿型隧道与地道、下穿城市道路交通设施、下穿高速公路交通设施、下穿铁路交通设施、下穿大型立交匝道），按照结构类型分为3类〔隧道（箱涵）式、半开放桥柱桥孔式、临河桥孔式〕，建立其基础信息数据，如泵站、进排水管道规格、排水出路，预警设施、其他管理设施等，也包含了应急三联动信息责任人。同时研究建立下立交桥风险评估标准，在"一立交一卡片"基础上参照桥梁技术等级分类评估将全市下立交桥分为A、B、C、D、E共5类，按照对下立交桥管理的各项

硬件指标、管理维护工作要求设计评分体系，并定期对下立交桥进行检测与评估，从而使下立交桥管理更趋于专业化和精细化。

图5　上海市道路下立交桥在线视频监控系统

四、应用成效与评估

通过"应急三联动"管理机制的实施，将全市575个下立交桥进行建档管理，已安装的370多个积水监测设备已经全部接入，已安装监控的下立交桥接入170个。

得益于"应急三联动"管理机制，目前下立交桥积水、封路信息已全部实现信息化报送和管理，下立交桥在线视频监控系统也已经被上海市交通委员会交通指挥中心、上海防汛信息指挥中心、上海公安局、上海交通广播电台等机构采用，实现了信息出口统一。

2019年台风"利奇马""玲玲"期间，下立交桥三联动机制充分发挥了综合协同作用，通过"应急三联动"管理机制确保了48处积水下立交桥及时封交，安全受控。系统建立后，对下立交桥"应急三联动"管理发挥了以下积极作用：

（1）通过积水数据的整合，使积水事件发现时间缩短50%；

（2）通过三联动信息互通，能更快地找到管理责任人，从发现事件到人员到场的时间缩短

70%；

（3）通过视频复核和App上报，使误报、漏报事件的发现率提高90%。

对下立交桥积水事件的及时处置，有效保护了广大人民群众的生命和财产安全。机制建立以来，上海大幅减少了下立交桥淹车、伤人事故的发生。

五、推广应用展望

"应急三联动"管理机制在城市基础设施防汛、防涝管理领域可以发挥重要作用，尤其适合在江河沿岸及沿海城市进行推广。通过标准化的"三联动"管理模式，结合技术手段，对汛期管理中存在的问题进行弥补，使用技术手段管理人员，又以人员填补技术上的不足，从而实现全方位、高效率、低人力的信息化管理模式。

管理机制可用于下立交桥积水、城市内涝、堤坝防汛等场景，可结合各地、各系统的管理架构、管理模式，定制化管理流程体系，满足不同的使用需求，因此能结合城市自身特点，在其他有类似需求的城市进行推广和应用。

案例6 ▶ 港口企业安全文化评估体系研究项目

基本信息

申报单位： 交通运输部天津水运工程科学研究院

所属类型： 安全文化

专业类别： 企业管理

成果实施范围（发表情况）： 港口企业

开始实施时间： 2018年11月

负责人： 詹水芬

贡献者： 何　琪、卢琳琳、陈　亮、胡艳华、王立峰

案例经验介绍

一、背景介绍

企业安全文化建设的本质在于创造良好的安全人文氛围和协调的"人-机-环境"关系，控制人的不安全行为，实现人的本质安全，从根源上降低人因事故发生率。企业安全文化是其安全管理"软实力"的综合体现，有助于"平安交通"的纵深推进，是交通运输支撑总体国家安全的核心内涵。

目前，国内企业安全文化研究以文件指导性、定性研究为主，缺乏安全文化定量评估系统

开发经验，且尚未针对企业的生产实际、作业特点和管理现状，明确安全文化的统一定义、适用范围和实施规范，亟待立足企业安全文化建设需求，构建一套可操作、可落地的企业安全文化管理及评价技术体系，以便有效满足国内企业日益增长的"自我管理"需求。

本项目综合运用协同理论、情景设计、自适应、BP（多层前馈）神经网络等理论方法，构建港口企业安全文化管理和评估技术指标体系，形成压力-状态-响应评测模型、行为智能诊断、风险感知预控及隐患预筛等系列技术方法，并在

港口行业进行试点应用与定量验证，有效促进港口企业安全文化建设的整体有序发展，推动港口行业实现"要我安全"向"我要安全"的转变。

二、项目目标

安全文化作为企业文化的重要组成部分，对于企业的安全生产水平有重要作用。基于国外对安全文化评价的研究现状和实践经验，结合国内港口行业现状，构建一套适用于我国现状且与国际要求接轨的港口安全文化评价体系。

三、技术路线及成果

（一）技术路线

针对港口企业安全管理主体责任落实、风险评估管控、隐患排查治理、应急处置救援及安全教育培训等需求，运用协同理论提出企业安全文化理念及其内涵；通过情景设计和自适应分析构建安全文化的外部推动子系统，通过BP神经网络构建安全文化的内部自驱力子系统；聚焦岗位作业人员行为智能诊断、风险感知预控及隐患预筛等理论方法，构建一套适用于港口企业安全文化管理和评价的指标框架及其评估测评方法；通过访谈、问卷调研等方式与企业各层级人员沟通交流，进一步验证和修正该指标框架及其评估测评方法，并基于压力-状态-响应评测模型，开发出基于港口企业安全文化评价体系的计算分析软件。

（二）成果综述

1. 安全文化评价指标体系及其计算分析方法

针对港口企业安全管理主体责任落实、风险评估管控、隐患排查治理、应急处置救援及安全教育培训等需求，以国内外安全文化评价研究、实践成果为基础，结合国内港口企业的生产特点与管理现状，分析了应急管理部在2008年发布的《企业安全文化建设导则》（AQ/T 9004—2008），并基于协同理论、情景设计、自适应、BP神经网络等理论方法而构建形成安全文化评价指标体系。体系共包含7个一级核心指标，24个二级指标，65个三级指标。其中三级指标中包含35个定量指标（即行为体现项）和30个定性指标（即主观评审项）。

定量指标的计算分析以全体员工为目标，采用问卷调查方式，将本体系所提供的调查问卷发送到每位员工，问题的设计是以35个核心定量指标为依据，以行为表现与智能诊断、风险感知预控及隐患预筛为场景设计原则，通过对选择答案（分定项和不定项两类）的数据分析和综合，获得定量的某企业或团队安全文化成熟度数据，可供纵向（自身历史）或横向（不同团队）对比使用。

定性指标的计算方法，则提供了30个核心定性指标所设计的评价维度和审核要点，通过与企业不同级别人员（大约选择企业员工总人数的10%作为访谈对象）进行一对一或一对多的访谈形式，同时参考和审核相关文档，最后以"3-6-9分制"评分和评审报告形式综合总结企业在安全文化各指标项下的优秀和须改进项，以及评审专家下一步建议等。

考虑到工作实践中各指标之间的强弱关联性，即三级指标与不同二级指标、二级指标与不同一级指标之间的彼此关联，构成了类似网状的关联关系，如图1所示。在数据分析方面，采用BP神经网络算法进行优化，将定性和定量分析的分值合并，从而得到企业的最终安全文化评分。

2. 安全文化评价体系及其计算分析软件

本项目所述的安全文化评价体系，主要聚焦港口企业安全管理主体责任落实、风险评估管控、隐患排查治理、应急处置救援及安全教育培训等需求，强调安全文化整体提升需要外部推动力（企业例行的安全管理制度）及内部自驱力（员工安全文化自律提升）协同发展，最终实现由外部推动力向内部自驱力的转化。

同时，基于压力-状态-响应评测模型，开发形成基于港口企业安全文化评价体系的计算分析软件，如图2所示。实际测评中，由企业员工线上或线下填写网络问卷调查后，软件自动计算相关定量指标分数；安全评价专家对企业及员工进行现场调研、访谈后，综合其他主观因素为企业评分，输入软件系统形成相关定性指标分数；最终，软件基于BP神经网络遗传算法自动生成企业安全文化的评价结果，并以评估报告的形式给出评估结果。

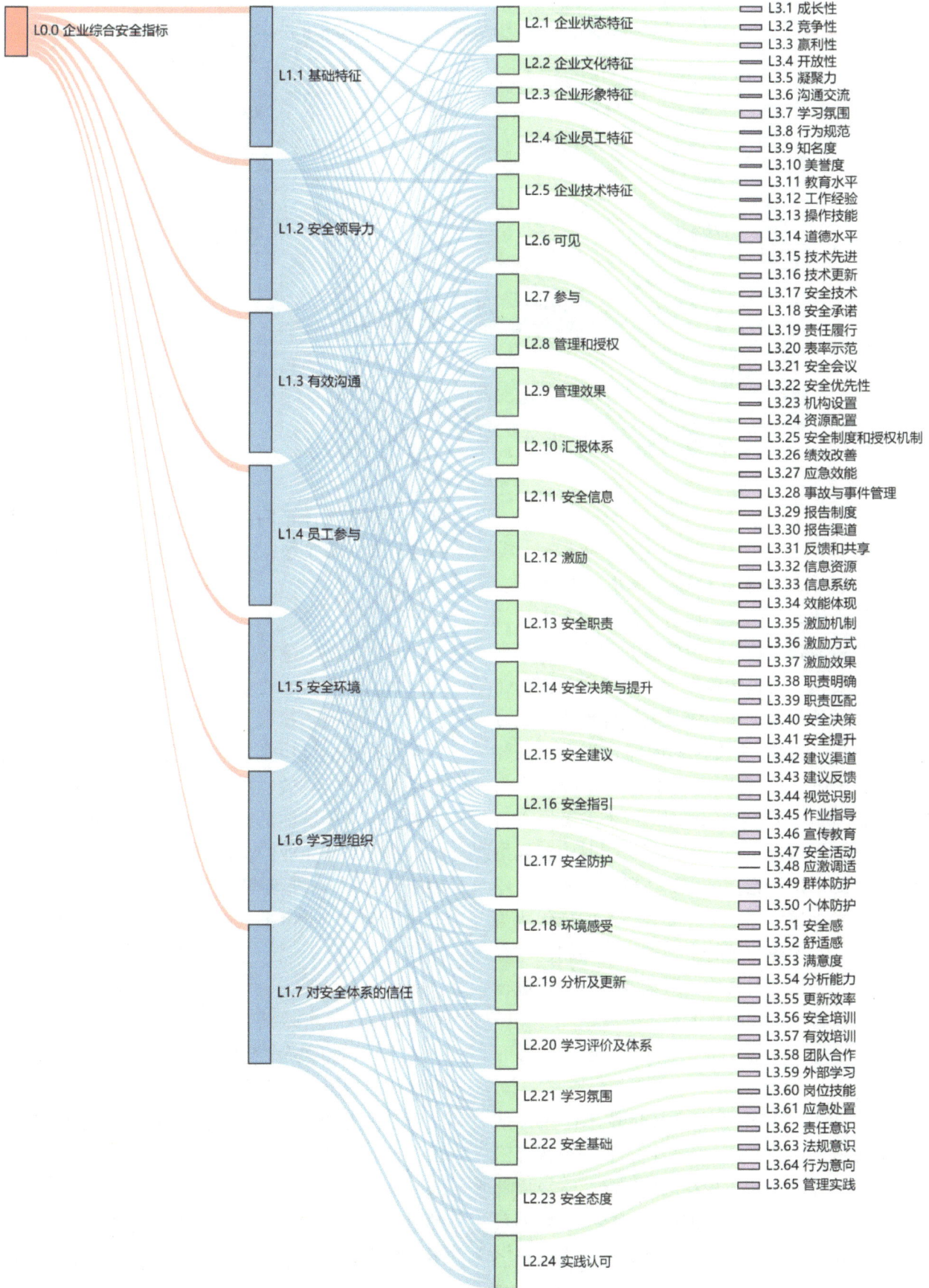

图1 评价指标体系网络结构图

图2　企业安全文化综合评估系统

（三）本项目的特点和创新性

1.基于协同理论的港口企业安全文化技术体系

国内首次运用协同理论，提出港口企业安全文化技术体系。聚焦港口行业岗位作业人员行为表现分析与智能诊断、风险感知预控及隐患预筛等核心要素，通过情景设计和自适应分析构建安全文化的外部推动子系统及其指标构成，通过BP神经网络构建安全文化的内部自驱力子系统及其指标构成；结合国内外安全文化研究成果与行业需求，设计各层级要素［7个一级核心指标，24个二级指标，65个三级指标，其中三级指标中包含35个定量指标（行为体现项）和30个定性指标（主观评审项）］，实现体系的最优化与可兼容性，有效解决现有企业安全管理制度与企业安全文化整体提升脱钩、脱节的难题，促进行业安全文化建设工作的整体有序推进。

2.基于神经网络遗传算法的体系自适应自评估计算分析技术

为了提升港口企业安全文化技术体系评估分析的先进性、科学性与可靠性，采用遗传算法优化设计该体系结构与神经网络布局，一方面针对35个核心定量指标进行神经网络学习规则的自适应与优化，有效提升计算效率；另一方面科学运用遗传算法全局优化及隐含并行性的特点，有效提高体系结构中各定量指标权重系数的优化速度，系统解决体系网络结构的编码、优化、交叉与变异等计算难题，确保计算精度与收敛速度。

四、应用成效与评估

（一）应用企业

目前本项目已经应用于唐山港和天津港。

（二）应用效果与评估

将构建的港口企业安全文化技术体系引入试点企业，进行有效性验证。运行评估结果表明，试点企业不同群体的安全文化意识均呈整体提升态势，有利于企业内部形成良好的安全人文氛围和协调的"人-机-环境"关系，提升企业安全管理"软实力"，降低人因事故发生率。具体表现如下。

1.试点企业安全文化特征日益凸显，安全参与度与积极性有效提升

（1）管理层参与健康和安全体系建设的积极性明显提升。健康和安全管理在时间、预算、人员等占生产运营成本的比例比项目应用之前有了一定的提高。

（2）中高层经理到生产第一线走访，讨论健康和安全话题，并跟进和解决出现的问题的频率明显增加。

（3）安全和健康已经成为各层级人员每天很自然讨论的话题。管理层积极了解员工的反馈

意见，并认真考虑和解决。

（4）员工更积极地参与到企业的风险评价、隐患排查等方面的工作中，在安全和健康方面更具有主人翁精神。

2. 试点企业全员安全意识有效提升，有利于防范各类事故

（1）超前意识。管理层意识到搞好安全生产，要具有超前的安全防范意识，提前做好预防准备并付诸实际行动，防患于未然，将事故消灭在萌芽之中。

（2）长远意识。管理层结合企业实际，能根据安全发展的需要，认真研究安全管理方面的问题，并制定长远的安全管理规划，强化安全生产基础管理工作，以期建立安全生产管理长效机制。

（3）全局意识。试点企业各层级人员对生产过程中出现的问题和发生的矛盾，明确了要以个体服从整体、局部服从全局利益的原则来处理与协调好各方面的关系。

（4）创新意识。试点企业中高层经理提出要大胆对现有的安全生产技术与管理进行改革和创新，创建具有自身特色的安全生产管理模式，促进安全生产管理全面健康地发展。

（5）人本意识。试点企业安全管理主要负责人牢固树立了以人为本的经营理念，通过加强安全生产的宣传教育，让广大员工参与安全生产管理制度、安全目标、安全计划的制订与实施，充分发挥他们的积极性、主动性和创造性。

（6）效率意识。试点企业安全管理主要负责人严格避免随意减少安全生产投入、削减安全成本的短视行为，预防安全隐患，提高安全生产管理的效率。

3. 推动企业持续开展安全文化建设实施与运行评估，明确安全文化建设的主要内容，助推企业提升行为安全整体矫正的技术能力

通过本项目的应用，试点企业已经建立并持续运行企业安全文化评价体系，并通过体系中的评价指标对企业及全体员工进行了安全文化评估，全面掌握了自身的安全文化成熟度阶段以及员工的安全文化水平。同时，企业在体系评估的

基础上，通过薄弱环节分析，开展了有针对性、系统性、整体参与式的企业安全文化动员及全员分层培训，组织员工系统学习安全文化知识、了解事故致因理论及安全文化在控制人因事故中发挥的重要作用，有效推动现场技术、安全教育培训技术、安全文化知识、自主行为学习技术在企业的全面推广与应用。

4. 基于企业安全文化现状诊断，明确安全文化建设的提升方向，助推企业安全文化建设整体反馈及提升技术的能力与水平

通过开展企业安全文化评估，试点企业对自身安全生产与管理现状、安全文化氛围影响和促进情况、安全规章制度的执行力状况、员工行为观测与诊断情况、危险预控与隐患预筛技术的执行情况、安全文化活动的参与性和效果反馈等有了系统全面的认识。由此，企业可遵循PDCA（计划、执行、检查、处理）原则，在行为矫正技术应用后，对企业安全文化状态整体反馈与运行提升效果进行评估，并征求全员反馈意见，结合企业实际情况，对企业安全管理与企业安全文化建设不协同的内容进行适当修改、完善，由此推动企业安全文化整体改进，提升安全管理水平，促进企业实现安全自主管理。

五、推广应用展望

1. 安全文化技术体系与评价指标系统、全面、可落地，具有良好的可操作性、针对性与科学性

本项目采用协同理论、自适应性管理及行为安全等方法，架构了港口企业安全文化技术体系。该技术体系强调安全文化整体提升需要外部推动力（企业例行的安全管理制度）及内部自驱力（员工安全文化自律提升）协同发展，最终实现由外部推动力向内部自驱力的转化。同时，技术体系涉及7个一级核心评价指标，24个二级评价指标，65个三级评价指标，考核评价内容全面、完整，覆盖了人、环境、技术及管理等因素对安全文化的影响、行业安全文化能力的现状、社会或企业面对安全文化问题所采取的各种对策与措施等方面，指标构成较为全面、设置科学合理，可以保证评价的针对性、有效性与可执

行性。

因此，可以采用政策文件、行业标准或技术指南的形式对该体系进行大面积示范应用，规范港口行业企业安全文化建设的程序、内容、方法与要求，引领行业安全文化建设水平的提升，促进企业自主安全管理的实现。

2. 安全文化评价计算分析软件便捷、高效、可靠，具有良好的稳定性、可操作性与示范性

本项目所开发的港口企业安全文化评价体系计算分析软件，具有操作便捷、计算高效、分析智能、系统兼容性强、运行稳定等特点，可快速输出企业安全文化评估分析报告，一站式解决企业安全文化评估难题。在实际应用中，该软件还可指导企业明确安全文化建设的主要内容，助推企业提升行为安全整体矫正的技术能力与水平。同时，指导企业明确安全文化建设的提升方向，助推企业安全文化建设整体反馈及提升技术的能力与水平。

因此，该软件具有良好的稳定性、可操作性与示范性，可以帮助港口行业便捷、高效、科学地大面积开展企业安全文化建设及评估工作，大大降低企业安全文化建设工作落地的难度与实施成本。

案例 7 ▶ 道路运输驾驶员安全教育富媒体资源开发与应用

基本信息

申报单位： 人民交通出版社股份有限公司

所属类型： 安全文化

专业类别： 道路运输

成果实施范围（发表情况）：已在北京、安徽、河北、河南、山东、江苏、广东、广西、贵州、甘肃、福建、湖南、湖北、重庆、云南、陕西、江西、浙江等18省（自治区、直辖市）应用

开始实施时间： 2018 年

负责人： 何　亮

贡献者： 林宇峰、王金霞、邵京京、姚　旭、董　倩

案例经验介绍

一、背景介绍

目前我国道路运输安全形势虽然总体平稳，但交通陋习、安全隐患仍大量存在，交通事故频发，严重危害了人民群众的生命财产安全。据统计，由于人为因素导致的交通事故达90%以上。《交通强国建设纲要》明确要求，要加快建设专业精良、创新奉献的高标准人才队伍，打造素质优良的交通劳动者大军，全方位提升全体交通参与者的法治素养、责任意识、规则意识和道德观念。

截至2019年底，全国旅客运输驾驶员195.3万人、普通货物运输驾驶员1479.8万人、危险货物运输驾驶员79.4万人、巡游出租汽车驾驶员217.09万人、网约车驾驶员208万人、公交车驾驶员96.37万人。道路运输驾驶员绝大部分学历为高中（职高）或中专学历（含）及以下。随着信息技术的发展，针对疫情防控的需要，从业人员安全教育培训形式除了企业自行组织的现场培训外，"互联网+"安全教育培训大规模兴起，

但课程表现形式以录课居多，教师水平良莠不齐，培训内容不规范，缺少动画、实拍视频等专业的富媒体课程。

为进一步提升道路运输驾驶员线上安全教育培训质量，人民交通出版社股份有限公司（简称"交通出版社"）发挥交通运输部直属单位组织优势，投入3000余万元，依托行业管理部门、大专院校、企事业单位及行业专家，以满足道路运输驾驶员学习需求为宗旨，建设完成模块化、碎片化的道路运输驾驶员安全教育富媒体资源，并组建形成道路运输驾驶员安全教育数字课程、安全生产专项整治三年行动专题教育数字课程，同时将部分数字资源应用于道路运输安全警示教育基地与道路运输安全小屋。

二、项目目标

道路运输驾驶员安全教育富媒体资源开发与应用项目旨在提高道路运输驾驶员线上安全教育的培训质量，提升道路运输驾驶员的安全文明驾驶知识与技能。同时，该项目可广泛应用于线上安全培训与线下警示教育基地，能够促进优质教育资源均等化，提升道路运输驾驶员安全素质，从而减少道路运输事故。

三、技术路线及成果

（一）技术路线

本项目将通过资料收集、专家咨询、企业调研等多种形式，研究编制《道路运输驾驶员安全教育培训大纲》，确定资源模块与知识点，建设过程注重质量控制，组织行业专家对建设完成的资源模块与知识点进行审核验收，依托资源模块与知识点组建形成各类数字课程，与第三方平台合作进行课程推广应用，并将资源应用于道路运输安全警示教育基地，技术路线如图1所示。

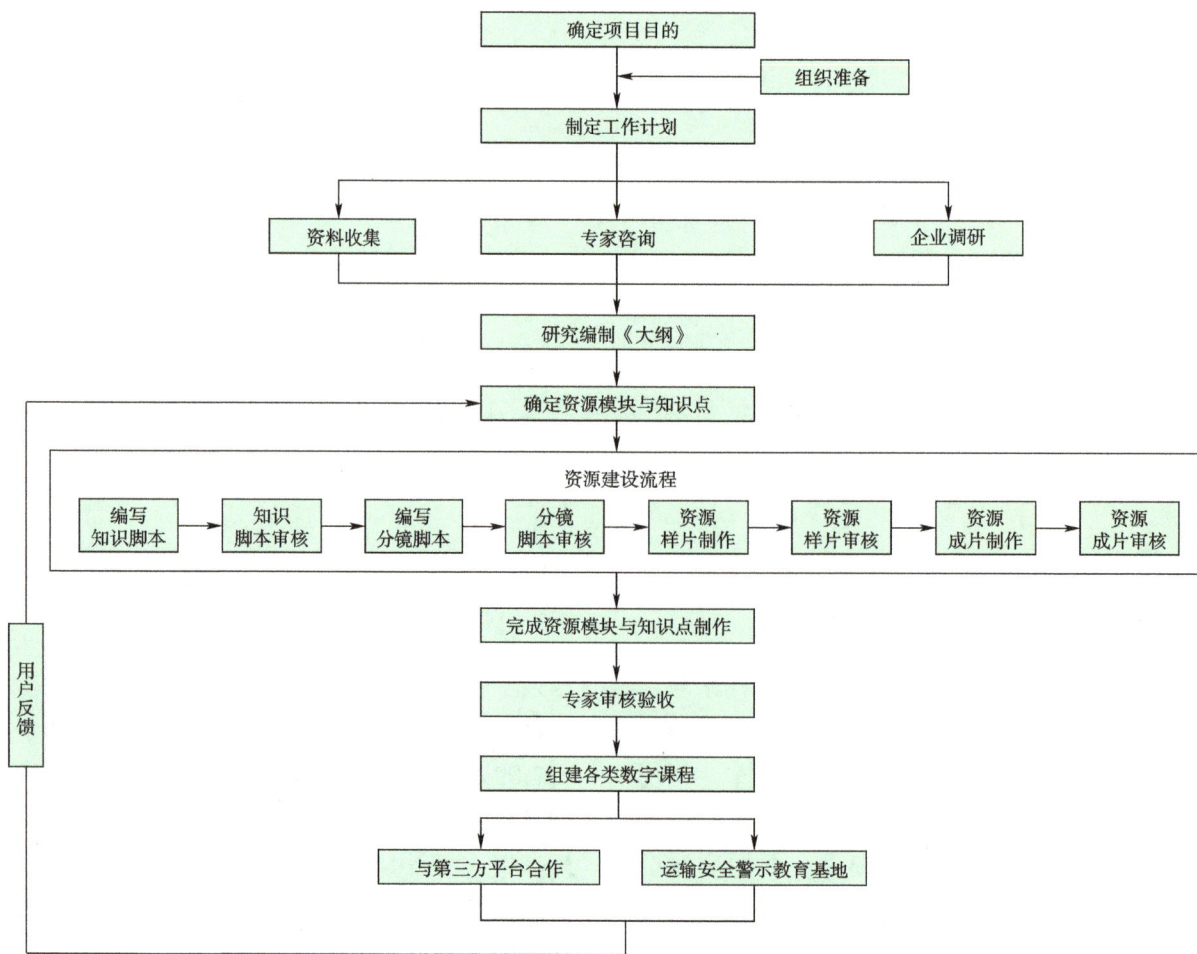

图1 技术路线图

1.研究编制《道路运输驾驶员安全教育培训大纲》

交通出版社在充分调研的基础上，组织交通运输部公路科学研究院和交通运输部管理干部学院资深专家团队编制了《道路运输驾驶员安全教育培训大纲》，并由业内权威专家评审通过。以该大纲为整套课程的建设依据，课程内容注重道路运输驾驶员的守法意识、责任意识和安全文明驾驶意识培养，侧重驾驶员身心健康调适，突出防御性驾驶技能和应急处置能力提升。

2.确定各资源模块知识点与表现形式

确定道路运输驾驶员安全教育各资源模块知识点与表现形式，通过二维动画、三维动画、录课视频、实拍视频等形式，呈现复杂深奥的理论知识与实操技能，方便驾驶员学习掌握（表1）。所有课程以mp4格式呈现，满足PC（个人计算机）端、微信公众号、小程序、App等多形式发布需求。

资 源 表 现 形 式　　　　　表1

序号	表现形式	示　例
1	二维动画	
2	三维动画	
3	录课视频	
4	实拍视频	

3. 质量管理体系

（1）汇聚顶级师资力量与专业编辑团队。项目聘请大专院校、科研院所、行业学（协）会、企业一线及行业权威专家编写审核知识脚本或直接授课。首汽约车、东风汽车有限公司等行业标杆企业也全面参与课程建设与审核。交通出版社汽车与交通运输大类20余名专业编辑全程参与项目建设。

（2）建设过程标准。在项目建设各环节实行标准化管理，对项目建设与质量控制文档进行标准化设计，严格要求制作公司按知识脚本、分镜脚本、样片、成片的制作流程进行制作，统一设计主要人物形象、小精灵形象，如图2所示。

图2　形象统一设计

（3）对制作公司进行专业知识培训。对制作公司进行交通安全常识培训、画面易错的专业类知识培训，并形成书面文件，对制作公司进行约束。

（二）项目成果

截至2019年底，依照大纲建设完成35个资源模块，1415个知识点，100%实现知识数字化，其中动画与实拍视频比例高达60%。依托开发的富媒体资源，针对道路旅客运输驾驶员、道路货物运输驾驶员、出租汽车驾驶员、危险货物道路运输驾驶员和城市公交驾驶员分别组建各24学时的安全教育数字课程。为便于跟踪测评，同步建设了课程题库。配合《交通运输部安全生产专项整治三年行动工作方案》组建了安全生产专项整治三年行动专题教育数字课程。

1. 道路旅客运输驾驶员安全教育培训数字课程（24学时）

扫码查看城市公交驾驶员安全教育数字课程样例

主要内容包括：

（1）道路旅客运输安全生产相关法律法规；

（2）社会责任与职业道德；

（3）客运车辆安全行驶常识；

（4）驾驶员身心状态与行车安全；

（5）驾驶员安全操作规范；

（6）道路旅客运输行车风险识别基本知识；

（7）道路旅客运输防御性驾驶方法；

（8）紧急情况及应急处置；

（9）伤员救护知识；

（10）典型事故案例。

2. 道路货物运输驾驶员安全教育培训数字课程（24学时）

扫码查看道路货物运输驾驶员安全教育培训数字课程样例

主要内容包括：

（1）道路货物运输安全生产相关法律法规；

（2）社会责任与职业道德；

（3）道路货物运输车辆知识及专业知识；

（4）驾驶员身心状态与行车安全；

（5）安全驾驶操作；

（6）风险辨识与防御性驾驶知识；

（7）紧急情况处置；

（8）伤员救护知识；

（9）典型事故案例；

（10）安全教育专题。

3. 出租汽车驾驶员安全教育培训数字课程（24 学时）

扫码查看出租汽车驾驶员安全教育培训数字课程样例

主要内容包括：

（1）政策、法律法规；

（2）社会责任与职业道德；

（3）安全行驶常识；

（4）安全驾驶操作；

（5）风险辨识与防御性驾驶知识；

（6）运营服务；

（7）紧急情况处理；

（8）伤员救护知识；

（9）典型事故案例。

4. 道路危险货物运输驾驶员安全教育培训数字课程（24 学时）

扫码查看道路危险货物运输驾驶员安全教育培训数字课程样例

（1）道路危险货物运输安全生产相关法律法规；

（2）社会责任与职业道德；

（3）危险货物运输车辆安全行驶常识；

（4）驾驶员身心状态与行车安全；

（5）危险货物运输基础知识；

（6）道路危险货物运输行车风险识别基本知识；

（7）道路危险货物运输防御性驾驶方法；

（8）紧急情况及应急处置；

（9）伤员救护知识；

（10）典型事故案例。

5. 城市公交驾驶员安全教育数字课程（24 学时）

扫码查看城市公交驾驶员安全教育数字课程样例

主要内容包括：

（1）安全生产相关法律法规；

（2）驾驶员的社会责任与职业道德；

（3）车辆安全行驶常识；

（4）驾驶员身心状态与行车安全；

（5）驾驶员安全操作规范；

（6）行车风险识别基本知识；

（7）防御性驾驶方法；

（8）紧急情况及应急处置；

（9）伤员救护知识。

四、应用成效与评估

目前，通过与第三方"互联网+"教育平台合作，课程已应用于18个省份，道路运输驾驶员安全教育培训数字课程能够促进优质教育资源均等化，降低企业安全教育成本、降低学员培训成本、降低管理部门监管成本，实现交通出版社、第三方平台、道路运输企业、驾驶员多方共赢的格局，有效提升驾驶员安全文明驾驶意识、安全驾驶技能与应急处置能力，促进驾驶员身心健康，助力道路运输行业安全发展。

除此之外，交通出版社将道路运输驾驶员安全教育富媒体资源与最新AR（增强现实）/VR（虚拟现实）宣教技术装备相结合，应用于承建的西部山区道路运输安全警示教育基地与15个道路运输安全小屋，对道路运输驾驶员实地开展沉浸式安全教育培训，获得了道路运输驾驶员的一致认可。

五、推广应用展望

未来，富媒体资源将根据行业政策法规的调整实时更新，可在以下场景中实现资源深度推广应用：

（1）与第三方"互联网+"安全教育培训平台合作，覆盖更多区域，让更多驾驶员受益；

（2）依托模块化资源组建的安全生产专项整治三年行动专题教育数字课程，为各省开展安全生产专项整治三年行动提供支撑与助力；

（3）与第三方主动安全防控系统实现数据对接，根据系统采集的驾驶员违法驾驶行为与不良驾驶习惯，向驾驶员智能推送与其自身驾驶行为密切相关的安全教育培训数字课程，实现精准化、个性化培训；

（4）2019年，交通运输部启动"全国道路运输安全警示教育基地规划与建设指南"项目。富媒体资源可以为安全警示教育基地提供基础资源支撑，满足基地警示教育需求。

案例 8 ▶ "宣教管"一体化施工安全体验教育培训中心

基本信息

申报单位：江西省高速公路投资集团有限公司项目建设管理公司

所属类型：安全文化

专业类别：交通工程建设

成果实施范围（发表情况）：适用于新建或改扩建高速公路、普通干线公路施工阶段对从业人员安全教育、安全管理以及安全文化建设等方面工作

开始实施时间：2019 年 12 月

负责人：廖小春

贡献者：张友华、毛勤平、江　炜、申建华、李　明

案例经验介绍

一、背景介绍

我国公路交通建设取得了跨越式发展，公路工程建设的技术标准和水平也取得了长足的进步。但与此同时，公路工程建设安全生产管理压力巨大，主要表现为从业人员流动性大，施工过程立体交叉、露天作业点多，施工工艺日益复杂，重特大事故时有发生，而解决这些突出问题的关键方法之一是提升从业人员的安全意识、安全知识和安全技能水平。

在以往的公路工程建设项目中，公司虽然也十分重视从业人员的安全施工教育培训工作，但实施过程普遍存在不系统、不规范、不专业等现象，造成的结果是各参建单位重复投入大量精力和财力用于安全教育培训，且教育培训效果不理想，从业人员安全意识、安全知识和安全技能水平提升不显著，人的不安全行为导致的安全事故数量仍居高不下，重特大安全事故时有发生。传统的公路工程安全生产管理方法和手段已难以满足公路工程安全生产监管的需求，亟须突破传统的课程教育培训管理模式，解决当前从业人员安全意识与能力提升难题。

二、项目目标

为全面提升公路工程施工安全保障能力和水平，本项目立足施工安全教育培训专业化、系统化，安全文化宣传多元化、多样化，安全管控信息化、智能化的目标，打造"宣教管"一体化施工安全体验教育培训中心。

三、技术路线及成果

按照共享经济理念，集合多方资源，发挥规模效益，在高速公路项目属地建设高标准、多功能、智能化的安全教育培训体验中心，实现教育培训、文化宣传、信息化管控、标准化示范等多种功能。

2019年12月，江西省高速公路投资集团有限公司项目建设管理公司依托南康至龙南高速公路扩容项目在江西省建设首家"宣教管"一体化施工安全教育培训体验中心（以下简称"中心"），用于宣传安全文化、教育从业人员、安全管控等工作，其占地面积达1550m²，单日可为500余人提供教育培训服务（图1）。

图1 大广扩容工程安全教育培训体验中心

中心作为安全创新案例取得了以下主要成果。

1. 安全文化宣传功能

充分结合项目建设内容及属地红色历史，

依托教育培训体验中心进行党建文化、红色文化、安全文化的凝练与宣传。通过多媒体展示、主题墙展示等方式，使进入场馆的学习人员自然

沉浸在浓厚的安全文化氛围中，提升学习人员的安全意识、安全信仰、职业道德和安全价值观念

（图2）。

图2 结合项目属地历史文化特点开展安全文化建设

2. 安全教育综合服务功能

中心利用实名制教育管理系统，实现对学习人员进行指纹、脸部等实名认证，进而应用VR（虚拟现实）、动态仿真等交互式情景模拟技术开展包括基本安全防护、桥隧施工、安全带使用、安全帽撞击、安全用电、安全急救、应急演练等各类施工安全体验项目36项，实现沉浸式安全体验教育培训功能，将施工现场常见的危险源、危险行为与事故类型具体化、实物化，使作业人员在实景的模拟及游戏的仿真中学习复杂工序的安全操作和完成应急能力培训；同时，依托终端设备、App、小程序等对学习人员进行考核、监督、评估、发证、再教育，以及实现不分区域、不分时段的安全知识教育、日常积分等功能；此外，中心将全线职工实名制考核结果作为辅助职工工资管理的有力依据（图3）。

图3 VR体验式教育培训及实名制管理系统

3. 安全风险管控及全员考评功能

借助"电子安全员"有效地提升现场施工人员安全行为自觉性。即：依托教育培训体验中心信息化设备对施工现场高风险工区工点进行集中式、实时化的管控，实现将"风险监控中心"与教育培训体验中心有机融合，通过外场监控与中心大屏可实时查看高墩、隧道等高风险施工区域，对现场发生的违章作业、不安全行为立即进

行记录、警告与制止。此外，中心依托"电子安全员"、App、小程序及二维码实名管理等功能，结合项目《安全生产"网格化"管理办法》《安全考核"积分制"管理办法》，对全线现场施工人员的安全状态及工作状况进行动态评估、考核，并与"平安守护"信息化管理平台实现互

联互通，实现对安全意识薄弱、安全技能不足和存在违章作业行为的施工人员的及时预警；对连续违章、积分不足的人员，及时进行"回炉再训"，实现对一线施工人员不安全行为的信息化管控（图4）。

图4 信息化动态风险监控及全员日常实名考核

4. 安全生产标准化示范功能

中心按照等比例模型设置隧道施工现场模型、临边防护模型、常见施工工艺模型等安全生产标准化示范模型，利用直观模型促进学习人员掌握各类安全生产标准化技术要点（图5）。

四、应用成效与评估

项目成果为公路工程施工安全教育、安全管控以及安全文化建设提供互动式情景模拟一体化体验平台。通过在实际工程项目中的应用，显著提高了公路建设全过程的安全水平，提升了从业

人员的安全意识和技能水平，有效防控风险，降低事故发生概率。成果的应用成效主要体现在以下几个方面。

1. 科技创新，实现施工安全全过程把控

该项目成果集安全文化宣贯、安全培训教育、安全风险管控、安全生产标准化、安全信息化管理等功能为一体的综合服务体，属国内首创，可实现对施工全过程安全生产工作的精准管控，显著提升施工安全水平。

2. 智能管控，促进"平安工地"建设

项目成果立足本质安全，坚持以人为本，将

提升全线参加人员的安全意识和应急能力作为首要任务，通过智能化的安全监管和标准化的现场施工管理，切实提升施工全过程的安全水平，为平安工地建设奠定坚实的基础。

图5　等比例隧道标准化示范区和工艺模型区

3. 技术引领，打造公路建设管理新模式

项目成果充分引入现代化管理模式、智能化管控手段，打造一个全新的综合立体化的宣传、教育、管控模式。

4. 综合服务，提升全民安全意识和水平

项目成果的应用，不仅解决项目从业人员安全培训教育问题，还可提供社会公众安全教育服务。一体化安全培训教育体验中心多元化的安全教育内容和科技化的安全培训模式，自运营以来，先后承担了江西省全省高速公路建设观摩会、安全生产月宣传教育、地方企事业单位教育培训，以及项目属地中小学生安全教育等各类安全生产活动。累计培训教育人数近万人，取得了较好的社会经济效益，具有一定的社会影响力。

五、推广应用展望

基于公路工程施工安全的实际需求，"宣教管"一体化施工安全教育培训体验中心实现了施工全过程的安全教育、管理，以及风险管控等功能，有效降低了施工安全生产事故的发生率，提升施工安全风险防控水平。该中心的服务模式是对项目建设期间人员教育培训、设备设施监管、施工过程监管、安全风险管控等全过程、全方位进行综合服务，避免施工现场管控力度不足、施工人员安全意识差、施工过程混乱等情况的发生。项目成果已得到良好的应用，其推广应用展望如下。

1. 节省安全资金投入

根据相关规划，到2030年我国还将建设近3万km高速公路。按照每公里平均投入7.5万元安全培训教育费用测算，未来仅高速公路建设领域将投入22.5亿元用于施工阶段的安全培训教育工作。如在项目集中的区域，按照投资规模建设同类中心，实现集中化培训、产业化输出，将大大节省单个项目的安全教育经费投入。

2. 实现培训资源共享

本中心一次投入建设，可长期使用。在项目建设期间，不仅可服务于本项目建设管理，同时还可成为其他产业工人、学生、社会团体的社会公益安全生产教育体验基地。在项目建设结束后，该中心可继续服务于其他建设项目，或移交给当地安监部门、公益机构等，用于社会安全知识宣传、安全教育培训、重大风险区域监管等诸多领域。

3. 成为创新孵化基地

在产业化应用方面，该中心不仅提供了全方位的施工安全"宣、教、管、监"等综合服务，同时还集聚了施工安全管理方式方法创新成果，如网格化管理、积分考核机制等，为信息化管控、制度化管理、标准化施工等工作提供有力支撑，为推动其能够产业化发展奠定基础，同时其综合立体化的服务将会给近亿人提供高水平的安全教育与服务，其潜在的服务价值是难以估量的。该中心的应用对未来全国公路工程安全建造具有重要的指导意义。

综上，本项目成果将会极大推动公路工程建设项目的管理水平，保障公路施工人员的生命和财产安全，促进项目建设安全、高效推进。

案例 9 ▶ 杭金衢改扩建二期工程工点工厂化创建路径

基本信息

申报单位：浙江省交通投资集团有限公司杭金衢分公司

所属类型：交通工程建设

专业类别：安全文化

成果实施范围（发表情况）：高速公路建设

开始实施时间：2019.10

负责人：陈　魁

贡献者：汪质华、张甘成、李　鋆、夏志锋、贺永涛

案例经验介绍

一、背景介绍

杭金衢改扩建二期项目起点接一期工程终点，路线沿原杭金衢高速公路线位，经金华市（婺城区、兰溪市）、衢州市（龙游县、衢江区、柯城区、常山县）2个地市6个县市区，终于浙赣省界主线收费站，全长约137km。全线按双向8车道标准改造，设计速度维持既有标准，即金华互通至衢州东互通段设计速度120km/h，路基宽度42m；衢州东互通至终点段设计速度

100km/h，路基宽度41m。主要节点工程有金华江、衢江、常山港大桥改扩建，樊村隧道群、大洋滩隧道改扩建，及新建婺城、龙游港、衢江、柯城互通等。

"边通车、边施工"模式下的杭金衢高速公路改扩建工程，面临着车流量巨大、沿线各类管线较多、局部路段交通组织频繁、施工作业面狭小等困难，同时在"施工对运营、运营对施工以及施工自身"三大风险耦合作用下，安全管控形势异常严峻。

二、项目目标

围绕项目高质量、高水平建成的总体要求，牢固树立"以人为本、生命至上、安全发展"的理念，以"强基础、抓落实、提素质、树标杆"为工作主线，明确"依法治安、标化保安、科技兴安、文化助安"工作思路，通过安全管理标准化、安全设施定型化、作业设备智能化、管理手段信息化、安全环境人文化等措施，努力打造改扩建施工样板工程。

三、技术路线及成果

根据杭金衢高速公路二期改扩建施工特点和面临的实际问题，本项目以"工点工厂化"路径，实现"七化"安全管理，具体如下。

1. 制度规范化

通过编制具有改扩建特点的安全管理大纲，建立改扩建特点的安全管理制度体系，明确四级网格化管理责任清单，确立了"依法治安、标化保安、科技兴安、文化助安"的管理理念，规范化指导项目安全管理工作。

2. 机制协同化

建立了由高速交警、高速路政、指挥部、管理处四方单位共同参与的"四方三保"工作机制；各方按照"三统三联"（统一标准、联合检查；统一审批、联合监管；统一指挥、联合处置）的工作要求，规范涉路网上施工审批、安全隐患排查治理、应急保畅和涉路作业人员培训工作，实现"资源共享、信息互通、团结协作、优质高效"。做好"五个一"工作，即每月组织各方进行一次联合检查；每月根据检查结果进行一次通报；每月对通报的问题进行一次整改反馈；针对检查的问题做好一次回头看；每月由高速公路交警组织召开一次联勤会议，认真履行各自职责开展相关工作。

3. 设计精细化

将BIM技术与涉路作业有效结合，对施工现场各种工况进行建模演示，验证施工设计合理性；可视化各专项交通组织方案，通过模型和数据计算，为交通组织管控提供最优方案，精细化

保证施工安全。

4. 保通专业化

一是在全线涉路施工开始前，规范A级可移动护栏、端头防护、声光报警器、实用性爆闪灯、夜间LED警示灯等临时交安设施设置，完善现场交通布控，提高涉路施工安全等级；二是全线隔离栅拆除时，在路桥交接处延伸5m，并增设防闯入报警设备和紧急避险带及港湾停车区，显著降低交通事故二次伤害的概率；三是在涉路边坡施工中，确施工流程，在施工区域设置警示标牌、预警车、测速仪、搭设防护排架等设施，有效防止飞石，确保既有高速公路运营安全。

5. 防护标准化

一是监控全方位化，以无人机+远程视频监控为主要方式，实现涉路施工安全监控无死角；二是施工智能化，为所有涉路施工车辆及设备加装360°全景倒车影像，为安全管理人员配备执法记录仪及智能安全帽，确保涉路施工无"三违"现象发生；三是巡查精确化，通过为所有巡查车辆配备车载视频巡查采集系统，结合安全巡检App实现轨迹实时跟踪，并对发现的问题直接点对点到人；四是安全预警化，通过全线配备涉路预警防撞缓冲车，结合班组标准化施工，有效遏制涉路施工车辆冲入施工现场。

6. 教育多样化

结合杭金衢改扩建工程施工的特点，一是规范涉路施工教育培训内容，通过完善落实涉路人员"一人一档"制度、发放涉路施工应急管理手册、开展班前会及班组每日一题活动等手段，全方位提高员工安全意识及应急处置能力；二是充分利用科技手段，将涉路施工沙盘模型用于涉路施工各项交通转换的模拟演示，将"VR+实盘模拟"用于涉路施工安全教育培训中，取得良好效果，有效提升涉路施工作业技术及管理水平（图1）。

7. 成果品牌化

通过开展《浙江省高速公路改扩建工程施工安全技术指南》研究，系统总结高速公路改扩建工程实践经验，固化形成技术标准，规范高速公

路改扩建工程施工安全管理，保障高速公路改扩建工程施工现场作业安全，成具有浙江特色的高速公路改扩建文化品牌。

图1 "VR+实盘模拟"涉路施工教育

四、应用成效与评估

（1）在"四方三保"及工作专班联系机制的保障下，杭金衢二期工程实行"一点一方案"的交通转换模式，按计划完成了樊村隧道、金华江大桥、衢江大桥同向转换及五里枢纽相关匝道封闭，顺利完成金华互通—兰溪互通之间的4座高速公路天桥同步拆除。

（2）通过设立杭金衢二期工程安全体验馆，举办各类安全教育、培训（体验活动）达86次，培训及接待来访人员2456名，实现了项目施工现场标准化管理持续深化，提高了全员安全意识，全面提升了施工现场安全生产水平，为推进"平安"工地建设、打造精品工程提供了坚实的支撑。

（3）杭金衢改扩建二期工程大规模推广科技兴安，显著提高了现场安全管控效率；通过机器换人，明显降低了事故发生频率；依托各类远程监控、特种设备信息监管等手段，隐患整治效果明显，现场安全生产管理水平进一步提升。

（4）通过《浙江省高速公路改扩建工程施工安全技术研究》项目，研究了施工交通作业控制区设置要求，明确了封闭路肩、封闭外侧车道、封闭内侧车道以及服务区和匝道施工等不同条件下交通组织关键技术，为行业相关标准的研究和制定提供科学依据和试点经验，指导同类改扩建工程安全管理工作。

五、推广应用展望

我国经济正在由高速增长阶段转入高质量发展阶段，尤其是在推动交通强国建设和长三角区域一体化发展的背景下，高速公路改扩建工程将越来越多；而随着平安工程的持续实施，高速公路改扩建施工安全生产工作越发受到重视。通过本项目在制度、多部门协同机制、安全教育培训、施工和交通组织设计、交通组织保障、风险管控、标准化科研和品牌创建等方面形成的等有益经验和典型做法，形成工点工厂化创建路径，可显著降低"三大风险"对高速公路改扩建工程的影响，有效减少改扩建工程安全生产事故损失，为健全交通基础设施安全保障体系和促进交通强国试点建设提供重要支撑，对维护社会、经济秩序平稳运行、保障人民群众生命财产安全具有重大社会意义，具有重要的推广应用价值。

案例 10 ▶ 动火作业全程视频监控应用

基本信息

申报单位：山东省港口集团有限公司

所属类型：科学技术

专业类别：港口营运

成果实施范围（发表情况）：在山东港口烟台港集团各港区的临时动火作业进行推广应用

开始实施时间：2020 年 5 月 1 日

负责人：邵正文

贡献者：邹德胜、刘德霞、孟祥东、张恒洋、戴立远

案例经验介绍

一、背景介绍

近年来，动火作业安全事故屡屡发生，危害严重，教训极为深刻。

2018年5月12日下午，上海埃金科工程建设服务公司在上海赛科石油化工公司进行储罐检修作业过程中，纯苯罐发生闪爆，造成6人死亡。

2020年2月10日8:50左右，江西省九江市湖口县，上海硅品国际贸易有限公司租赁位于江西省九江市湖口县的九江中伟科技化工有限公司（已停产5年）储罐区的1个废弃储罐，因检修时违规进行动火作业造成1起闪爆事故，共造成2人死亡，其中1人淹溺死亡，1人高处坠落重伤，经送医院抢救无效死亡。

2020年3月20日，河南省济源市河南豫光金铅股份有限公司玉川冶炼厂在停产检修的阳极泥预处理车间亚硒酸塔槽顶部切割锈死阀门时发生爆炸，造成3人死亡。

2020年8月3日17:30左右，仙桃市西流河镇蓝化有机硅有限公司甲基三丁酮肟基硅烷车间发生闪爆事故，致6人死亡，4人受伤。

山东省应急管理厅2020年10月27日下发关

于莱芜莱新铁矿有限责任公司"10·26"检修作业着火涉险事故的通报。10月26日18:00左右，莱芜莱新铁矿有限公司在主竖井井口检修罐笼过程中，电焊焊渣引燃检修用废棉纱，棉纱掉入井筒。各企业要做好非煤矿山安全生产工作，坚决防范遏制事故发生，凡涉及动火作业、临时用电作业等危险作业的，要严格按规定程序审批和管理。作业前，要严格履行审批手续，制定安全技术防范措施，作业人员安全培训到位后实施。凡作业前未实施风险分析、未采取和落实预防和控制措施的，一律不得实施作业。严格控制作业现场的人员数量，严禁在同一时间、地点立体交叉作业。实施电焊等危险作业，要严格检查作业区域的安全条件、彻底清理可燃物，设置收集火星和焊渣的设施并派专人监护。

检修作业过程中的动火等特殊作业是危化品企业易引发事故的环节。由于危险化学品企业的动火作业缺乏有效的现场动态监测、预警手段，不能在整个作业周期内持续有效地监测和判断作业点周围的安全状况，导致动火作业时常引发事故。另外由于缺乏危险预警装置，一旦有险情出现，不能及时抢救人员、财物，造成事故后果扩大化。为有效防范危化品企业特殊动火作业安全风险，保障动火作业安全，烟台港集团经过多层论证，运用科技手段，创建了动火作业视频监控系统。

二、项目目标

动火作业多年来一直事故频发，主要难点是现场没有有效的管控设备，而是以人管人，缺乏科技手段，不能实时监测电焊、气焊、打磨等工艺产生的焊渣火星以及易燃易爆气体的泄漏情况，后端远程监测不到，前端出现险情不能及时预警，不能掌控现场情况。

山东港口烟台港集团有限公司立足实际，经过多层论证，通过红外线成像技术，通过移动式动火作业视频监控系统和固定监控系统的有效结合，实现对动火作业的全方位、全过程视频监控。动火视频监控技术不仅能对动火作业进行全程视频监控，还具备高温报警、无关人员闯入报警、远程客户端查看等功能，同时动火视频监控影像能够保存90d以上，具有历史作业查阅追溯功能。动火作业全程视频监控技术的应用消除了固定监控系统存在视觉盲点的缺陷，解决了现场监护人员的视觉疲劳问题，进一步提高了动火作业监控的有效性，有力保障了动火作业的安全运行，为动火作业提供了先进的科技保障。

三、技术路线及成果

动火作业全程视频监控系统是针对动火作业所存在的弊端而研发的自主式热源探测预警装置。该系统集监测预警存储声光告警显示系统于一体，能敏感地感知异常的超温现象，及时暴露潜在的风险隐患，同时，结合先进的人工智能物联网终端计算算法，能智能探测高温热源，实现全天候不间断的安全警戒；动火监控技术是热成像探测技术的创新应用，属于国内热成像探测技术应用于危险化学品企业动火作业监控领域首创案例。

动火作业视频监控技术主要应用成果如下。

（1）安全预警：通过热源预警、超温预警、温差预警、冷热点异常预警等功能，在动火作业时进行预警，并且智能化地筛选、识别高温热源，同一画面中可设定多个区域、进行多种分析，以达到零漏报、低误报的使用目标。

（2）闯入预警：在作业区域内、危险区域设置闯入分析框，人员误闯作业区域、危险区域时进行实时语音预警，并将报警信息实时传输至后台管理中心。

（3）无线传输：对临时动火作业的场景进行实时的监视和控制，可随时录像保存监视画面，可通过大屏显示系统进行多监视画面同屏显示、切换显示。

（4）本地录像：可在本地保存一定时间段内的视频监控录像资料，并能方便地查询、取证，为事后调查提供依据。

相较于普通的可见光监控设备及被动式火源探测装置，动火作业全程视频监控预警系统在消防预警方面具有诸多优势。

（1）探测范围广：相比于同类产品，可见

视野范围可达水平48.9°、垂直38.8°，火源探测距离达1000m，并且具备人员管控、精密的温度测量（0.5~15m）等功能，能极大地满足动火作业区域安全和消防的要求。

（2）非接触式测温：双光防爆热成像仪具备非接触式、可视化的温度探测能力；可针对画面中的图像画面随意设定独立测温区域；具有范围大、距离远、敏感度高、精确性高、不需要人力探查的优势。

（3）轻量级、高性能：双光防爆热成像仪是高度集成的一款产品，具备传统监控的基本功能，又拥有普通监控所不具备的热源探测、实施测温、不受光线干扰等功能。同时，动火作业全程视频监控预警系统大大降低其布线复杂程度。设备配有4G传输模块及供电电源，解决了供电和信号传输问题，配备拉杆箱及便携支架，可在短时间内完成设备搭建，即投即用，节约成本。

（4）人工智能算法支持：双光防爆热成像仪融合了可见光机器视觉算法及红外热成像机器视觉算法，扬长避短，将人工智能的强大分析处理能力发挥得恰到好处，能够降低相应的人力投入成本。

（5）功能丰富：除了热源火源探测功能，动火作业全程视频监控预警系统还支持人员闯入分析、物体移动探测、外接传感器智能联动等响应功能，提高了在复杂场景的适用度。

四、应用成效与评估

（1）动火作业全程视频监控系统采用物联网无线红外热成像双光防爆设备，将红外热成像探测技术与高温热源自动预警结合，实现对易燃易爆区域危险源的监测和隐患自动预警，有效解决了现有技术不能持续动态监测作业区域危险因素、不能及时根据危险情况实时报警和通知相关人员处置和疏散等问题，提高了危险化学品企业对动火作业现场火源的即时监控能力。

（2）动火作业监控技术可以应用于危化品罐区、码头、输油场站等易燃易爆品存放场所，通过热成像镜头和可见光镜头的高清采集、智能识别、无线传输等技术，有效检测热源、环境、设备的温度和作业状态，简捷、安全、直观、准确地查找隐患、判断各种状态，提前预警，防微杜渐，从而将事故消灭在萌芽状态，有效避免异常事件或事故的发生，减少火情造成的财产或者人员损失。

五、推广应用展望

烟台港集团动火作业全程视频监控技术具备不受环境影响的全天24h成像能力、对火情和爆燃的准确预警能力、精密的周界探测、防闯入、防盗以及对各种热源目标测温等能力。目前，该技术已在烟台港管道公司试点应用成功，效果显著，下一步将优先在烟台港集团危化品单位进行推广应用，未来逐步在烟台港集团芝罘湾港区、西港区、龙口港区、蓬莱港区等单位（含散杂货普通单位）进行推广应用。

案例11 ▶ **公路工程施工安全防护设施技术指南**

基本信息

申报单位：交通运输部科学研究院

所属类型：科学技术

专业类别：交通工程建设

成果实施范围（发表情况）：广东、安徽、山东等近千公里高速公路

开始实施时间：2019 年 1 月 1 日

负责人：肖殿良

贡献者：郭　鹏、王玉倩

案例经验介绍

一、背景介绍

为深入贯彻落实党的十九大精神，以习近平新时代中国特色社会主义思想为指导，树立安全发展理念，弘扬生命至上、安全第一的思想，落实交通强国战略部署，深化供给侧结构性改革，根据《交通运输部关于打造公路水运品质工程的指导意见》（交安监发〔2016〕216号）《品质工程攻关行动试点方案（2018—2020年）》（交办安监〔2018〕18号）的要求，全力推进品质工程建设，推广品质工程攻关经验，全面提升工程

建设安全水平，更好地满足经济社会发展和人民群众安全便捷、高效出行的需要。施工现场安全防护设施标准化攻关行动是交通运输部品质工程攻关行动6个试点之一。

公路工程具有施工作业面狭小、作业线长、交叉作业多、作业机械种类繁多，以及作业人员流动性大、整体素质不高、安全技能和意识普遍薄弱等特点。近年来，全国公路基础设施建设规模一直较高。随着公路、水路基础设施建设向中西部地区深入推进，集中连片特困地区公路建设和干线公路改造建设步伐加快，山区公路、长大桥隧以及立体交叉跨线工程增多,工程施工难度进一步加大,安全风险更为突出。

因此,开展公路工程施工现场安全防护标准研究非常有必要,需求也非常紧迫。

二、项目目标

重点研究解决施工现场桥梁、隧道、高边坡、深基坑等关键部位安全防护设施的设计验算、设置部位、安装形式、维护更换等方面问题,研究制定公路工程施工安全防护标准化指南,明确安全防护的设置、验收、检查、维护等技术要求,以提高施工现场安全防护水平,有效遏制和减少生产安全事故的发生。

三、技术路线及成果

1. 坚持"四个导向"

《公路工程施工安全防护设施技术指南》(以下简称《指南》)坚持以人民为中心,以构建新时代公路工程施工安全防护体系、降低施工安全风险、预防和减少生产安全事故为目标,注重4个导向。一是坚持问题导向。通过广泛调研安全防护设施的制造、使用情况,针对公路工程施工安全防护设施无统一的技术标准要求等问题,研究其功能划分和分类方法,明确其通用技术要求,防止"安全设施不安全"。二是坚持目标导向。重点攻关应用范围广、易导致安全生产事故的安全防护设施,着力提升其安全水平、使用效能和经济性。三是强化管理导向。对不同类安全防护设施,分别提出一般规定、技术、安装、验收、使用维修和拆除等方面要求,制定验收、检查管理表格,以改进重制造、轻创新设计和重使用、轻安装验收、轻维护修理的短板,为

实现安全防护设施的全过程管理提供参考。四是坚持产研用结合。研究和生产制造相结合、互促进,成熟一批(套),制造、试用、推广一批(套),及时反馈,持续改进。

2.《指南》分类方法

《指南》以突出安全防护设施的功能用途作为定位,以及推进其向模块化、装配化、专业化和工厂化发展的理念,在国内首次提出了安全防护设施的新分类方法,系统地归纳了公路工程常见的安全防护设施,并将安全防护设施分为防护栏杆、安全通道、作业平台、防护棚、防护罩盖、抗风设施、支架设施、电缆敷设设施、防撞设施、警示隔离设施、应急设施、其他防护设施等12类,对促进施工现场规范化管理、降低施工安全风险、提升施工安全管理水平和实效具有重要意义,充分体现了公路工程施工安全防护设施标准化建设的新思维、新理念、新要求。

3.《指南》主要内容

(1)《指南》主要由15章正文及4个附录组成。正文15章包括总则、术语、基本规定、防护栏杆、安全通道、作业平台、防护棚、防护罩盖、抗风设施、支架设施、电缆敷设设施、防撞设施、警示(隔离)设施、应急设施、其他防护设施。4个附录包括附录A编写依据(条文说明)、附录B安全警示色、附录C安全防护设施验收表、附录D安全防护设施与工序对照表。

(2)《指南》正文中所包含的公路安全防护设施按照使用功能分为12类,12类设施统一按照"一般规定""技术要求""安装要求""验收要求""使用要求"和"维修要求"编写,并给出典型防护设施示意图(图1)。

a) 1.2m 防护栏杆　　　　b) 1.5m 防护栏杆

图1　防护设施示意图

（3）对防护栏杆、安全通道、作业平台、防护盖板等有荷载要求的典型设施示例进行验算，给出验算结果，并对有荷载要求的典型设施示例配套CAD（计算机辅助设计）图纸（图2）。

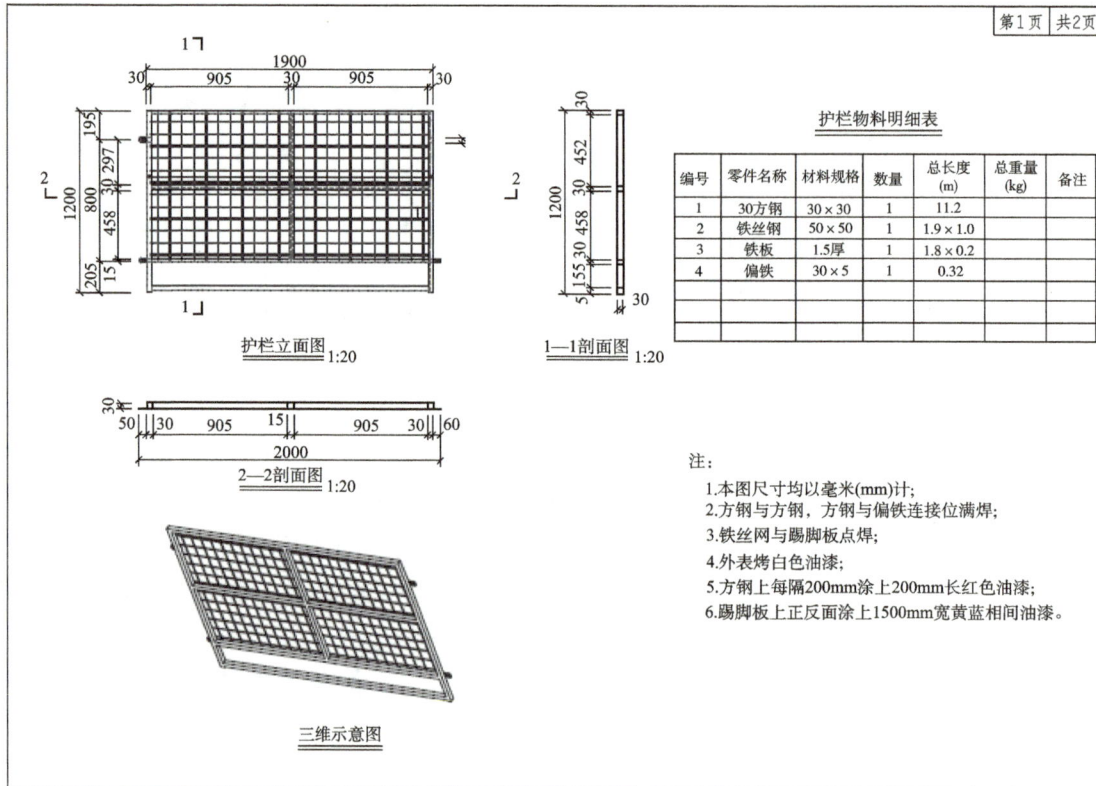

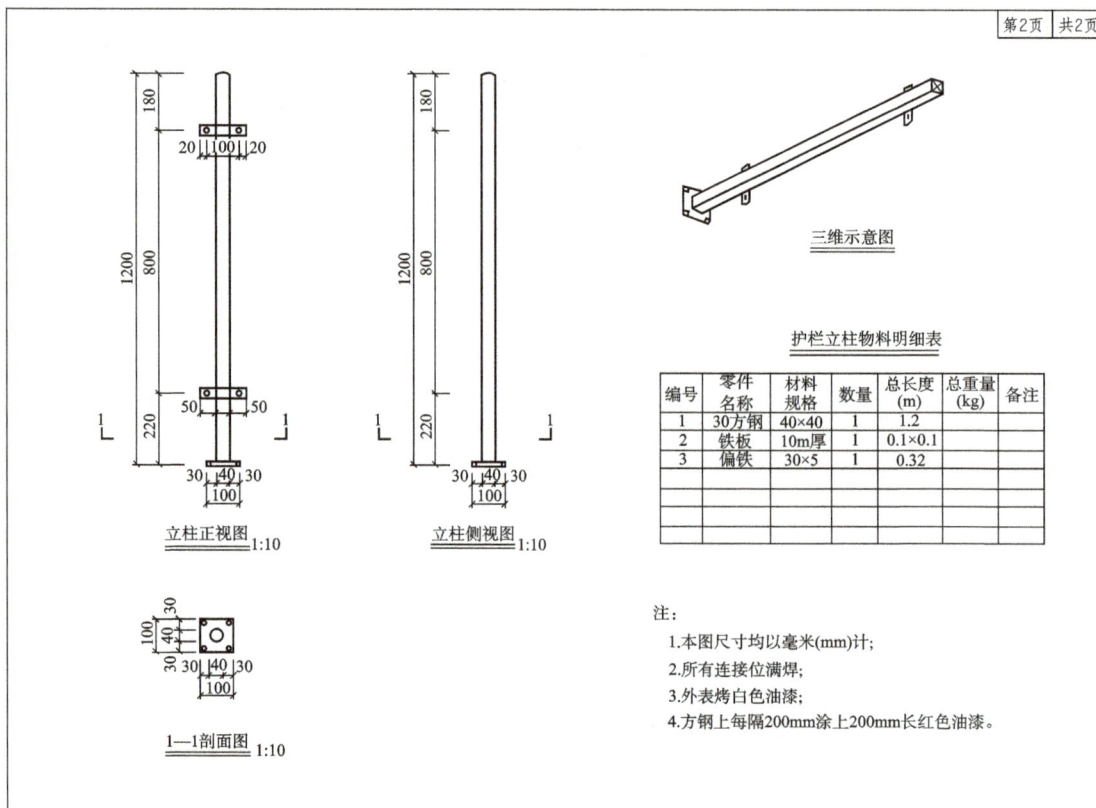

图2 防护栏杆CAD图纸示例

四、应用成效与评估

在广东、安徽、山东等在建项目的应用效果表明，《指南》具有以下特点：

（1）作为国内首部公路工程建设领域安全防护设施标准，解决了我国公路工程建设领域没有安全防护设施标准的历史；

（2）结合公路工程安全防护设施特点与市场上产品种类，首次对公路工程按照使用功能进行分类，系统提出了防护栏杆、安全通道、作业平台、防护棚、防护罩盖、抗风设施、支架设施、电缆敷设设施、防撞设施、警示（隔离）设施、应急设施、其他防护设施等12类安全防护设施技术标准；

（3）针对每一类安全防护设施，系统性地提出了一般规定、技术要求、安装要求、验收要求、使用要求和维修要求，为今后公路工程安全防护设施施工作业提供了技术参考；

（4）对有荷载要求的安全防护设施进行结构设计与受力计算，为施工单位在安装与拆除过程中提高其便利性、循环利用性、经济适用性起到了很好的帮助；

（5）研发了公路工程施工新型安全防护设施，向市场提供了一个产品标准，对促进部分安全防护设施向模块化、装配化、专业化和工厂化发展提供了参考，推动了公路工程施工安全防护设施的"本质安全"水平；

（6）制定了安全防护设施验收表和工序对照表，并成功应用于项目施工安全管理过程中，为规范化公路工程施工现场管理起到了很好的示范作用。

五、推广应用展望

实践证明，通过突出安全防护设施的功能用途进行定位，以及推进其向模块化、装配化、专业化和工厂化发展的理念，编制《指南》，将安全防护设施进行分类归纳，提高了安全防护设施安装和拆除便利性、循环利用性、经济适用性，改变了公路工程安全防护重产品、轻设计以及重使用、轻维护的模式，形成了高质量施工安全防护体系，提升了工程现场防护品质和安全防护保障能力。

《指南》对促进施工现场规范化管理、降低施工安全风险、提升施工安全管理水平和实效具有重要意义，充分体现了公路工程施工安全防护设施标准化建设的新思维、新理念、新要求，对促进和推动公路工程施工安全防护设施技术标准具有较强的实用价值和指导意义，具有非常广阔的推广应用前景，经济和社会效益显著。

案例12 ▶ 深中通道安全风险动态管控系统

基本信息

申报单位：深中通道管理中心

所属类型：科学技术

专业类别：交通工程建设

成果实施范围（发表情况）：深中通道项目所有参建单位

开始实施时间：2019年7月

负责人：吴壮佳

贡献者：黄晓初、禹金银、姜　凡、谢梦罗、钱子强

案例经验介绍

一、背景介绍

深中通道位于粤港澳大湾区核心区域，项目起于深圳广深沿江高速公路机场互通立交桥，西至中山马鞍岛，终于横门互通立交桥，主体工程全长约24.03km，起始里程K5+695m，终点里程K29+725m。按设计速度100km/h，双向8车道设计，概算总投资约446.9亿元。深中通道项目是"十三五"国家重大工程，是集"桥、岛、隧、水下互通"于一体的世界级跨海集群超级工程，是建设交通强国的粤港澳大湾区重要战略通道，对于推进珠三角东西两岸产业互联互通、推动粤港澳大湾区城市群融合发展具有重要的战略意义。

深中通道项目技术难度大，建造工艺复杂，汇集多项"世界之最"于一身（设计、施工方法超出现有规范标准范围），施工安全风险总体评估为IV级，包括：海上施工风险，海上深基坑施工风险，既有设施、构筑物保护风险、大型构件海上运输风险，通航安全保障风险，复杂地质、水文、气象条件下施工风险、离岸救援风险等。

二、项目目标

①建世界一流可持续跨海通道；②创珠江口百年门户工程；③安全舒适、优质耐久、经济环保、和谐美观。

三、技术路线及成果

深中通道作为世界级集群工程，工程风险高且缺乏成熟管理经验借鉴，安全风险管理存在诸多难点需要攻关，需要管理、技术多方面创新来保障工程安全。由于参建单位多、安全风险级别高，风险管理是项目安全管理的核心内容。

1. 技术路线

（1）由静态管理过渡到动态管理，以重大风险源的识别评估、动态跟踪为管理主线，辅以人、机、材的智慧化管理；通过推进全员、全

过程、全方位的"三全管理"工作，落实以"预防、预控、预警"为主的工作方针。

（2）借助信息化手段，根据深中通道项目特点，度身打造了"深中通道安全风险动态管控系统"（以下简称"管控系统"）；管控系统由决策支持系统和风险管控系统两个子系统组成，并创新开发和应用压实各方责任主体作用的"三查"App，实现对重大风险精细化、数据可视化管理；深中通道安全风险动态管控系统（以下简称"管控系统"）对工程建设期间的安全风险管控相关信息进行采集传输、汇聚整合、分析应用，并处理相关业务，作为管理中心和相关参建单位开展安全风险管控的工作平台、信息共享平台和决策支持平台，也是深中通道安全风险管控工作的对外展示平台。管控系统登录页面及风险分级管控页面如图1和图2所示。

图1 管控系统登录页面

（3）通过管控系统的应用，提升深中通道安全风险管控的信息化管理水平，推进工程安全风险管理的标准化、精细化、信息化，实施安全风险分级管理，辅助各方履职，保障工程安全，从根本上降低安全事故发生概率。

2. 建设成果

管控系统已实现工程管理（工况）、风险

管控、危大工程管理、监测数据管理、信息推送等5大功能模块功能；实现项目10个标段、37个工点高风险工程重大风险源受控100%、预警事件闭合率100%、突发应急事件响应100%的管控目标。管控系统施工监测页面如图3所示。

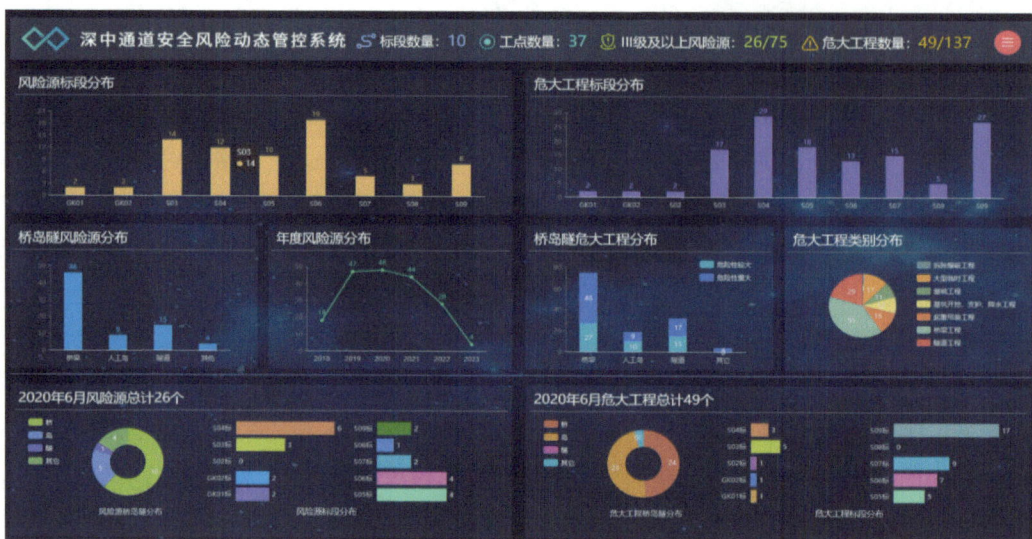

图2　管控系统风险分级管控页面

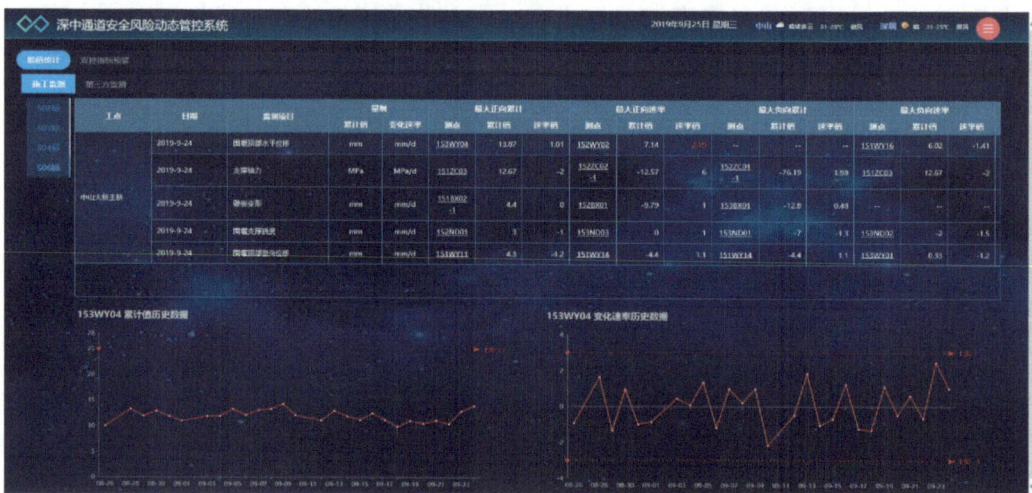

图3　管控系统施工监测页面

四、应用成效与评估

自管控系统投入使用以来，各参建单位通过管控系统实现了安全风险动态管控信息化、可视化、智能化，改变了传统的风险管控模式，为迅速决策提供了有力的支持。参建各方将检查过程中发现的各类问题上传至本系统，须整改的单位收到系统提示后及时采取措施进行整改。参建各方可根据各自权限对整改情况予以核实和销号。

五、推广应用展望

当前处在信息化时代，信息技术已经被运用到了各行各业，信息技术不仅提高了管理的效率，并且节约了管理成本。管控系统采用信息化手段，将施工现场与信息技术相结合，通过管控系统能随时掌握施工现场的施工状态，能可视化地掌握当前及后序每天、每月各标段风险源分布情况，从而合理安排资源，提高管理效率。通过管控系统能进行施工监测数据的上传及分析，通过对施工现场数据的比对及分析，发布安全预警信息，及时提醒现场施工做出调整。通过管控系统将三查（施工单位自查、业主及监理单位巡检、重大问题核查）工作可视化，并且采用现代化手段方便参建各方快速处理线下的问题。

建设施工行业均可应用此类信息化手段，提高管理的效率，及时提醒现场施工人员做出调整，可显著减少事故发生概率，有助于改变建筑行业高事故率、高隐患率的安全形势，从而提高建设施工行业安全水平。

案例 13 ▶ 基于企业动态安全画像的交通运输安全生产智慧监察

基本信息

申报单位：北京恒济引航科技股份有限公司

所属类型：科学技术

专业类别：综合监管执法

成果实施范围（发表情况）：广西壮族自治区交通运输安全监管监察系统、安徽省交通运输风险隐患管理系统、甘肃省交通运输安全监管监察系统

开始实施时间：2019 年 5 月

负责人：杨　帆

贡献者：王　冀、郭志南、曾祥益

案例经验介绍

一、背景介绍

认真贯彻习近平总书记"总体安全观"，积极运用信息化手段加强交通运输安全生产监管监察能力建设，落实中共中央国务院印发的《关于推进安全生产领域改革发展的意见》，提升现代信息技术与安全生产融合度，推进国务院办公厅《安全生产"十三五"规划》中提出的"监管监察能力建设工程""信息预警监控能力建设工程"等重点工程建设。

近年来，随着信息化建设与安全工作的深度融合，应急管理部、交通运输部、住建部、水利部等部委均自顶向下构建安全监管信息化平台，最终将形成全国安全监管信息一张网。交通运输作为安全生产重点行业，安全形势依然严峻，安全监管工作任重道远，涉及部门多、层级多、环节多，当前的安全监管模式已不能满足现状要求，须通过跨部门、跨领域、跨地区的协同，加强对企业的联合监督检查，促进信息共享。监管部门在实际工作中常常受困于信息缺失，但在信

息收集方面又面临着技术、方法、人力、物力等条件限制，使得高水平、高效率的监管几乎不可能实现；行业监管单位因无法全面了解安全生产企业历年的安全生产风险、隐患、事故，以及曾经检查发现的问题和后续需要重点关注的企业、安全要点及被督办的情况，导致行业监管单位督导检查重点把握不到位等情况的发生，使行业监管可能存在不足。增强安全监管震慑力，督促企业主体责任落实，利用信息化推动安全监管势在必行，系统建设需要通盘统筹考虑。

北京恒济引航科技股份有限公司作为交通运输行业"互联网+"安全监管解决方案服务商，公司以GIS（地理信息系统）平台、可视化大数据分析、物联网、区块链为技术核心，一直致力于研究、交通安全生产、交通工程质量以及信息化建设领域课题。通过项目经验积累以及对行业深刻的理解，建成了基于企业动态安全画像的交通运输安全生产智慧监察体系。

二、项目目标

基于对交通运输全行业从业企业安全生产动态安全画像的可视化分析，实现对全省交通运输领域总体安全态势的量化评价与辅助决策。通过对交通运输从业企业在安全生产领域的风险、隐患、信用及工程质量等各类信息多渠道采集、自动化处理形成的动态安全画像进行可视化分析和量化评价，完成安全生产监管监察与质量监督工作，初步实现基于大数据的预防预控、监督实施、评价激励、研判分析，提高决策管理科学性，推动监管工作从"亡羊补牢式"被动整治向更加注重预测预警的"主动防御式"转变，充分利用大数据分析及预测的技术优势，对重点地区、重点企业的安全生产问题智能化分析，对风险及隐患进行提前预警分析。

三、技术路线及成果

基于企业动态安全画像的交通运输安全生产智慧监察体系涵盖"1库、2标准、3应用、4技术"共4个组成部分。

"1库"即企业安全画像数据资源库。

依照《安全生产法》的要求，从各业务系统中汇聚与企业安全生产态势相关的所有监管数据，形成包含企业安全生产双控、企业安全生产管理概况、企业安全生产标准化信息、企业安全生产事故信息、企业安全生产信用信息、企业从业人员安全生产素质信息、企业安全生产应急管理信息的数据资源库。企业安全画像数据资源信息示例如图1所示。

"2标准"即2套交通运输安全生产监察评价标准，分别是企业安全态势评价标准和交通运输安全生产总体态势评价标准。

企业安全态势评价标准是根据企业动态安全画像信息，制定的一套覆盖道路运输、水路运输、港口运营、工程建设、公路养护及其他领域的企业安全生产态势评价标准。通过企业安全动态画像信息和安全生产态势评价标准，能够客观、及时地反映企业的安全生产总体情况，并分析出企业安全生产态势的评价结果。依据评价结果，监管部门可以更有针对性地开展安全生产监督检查工作。

交通运输安全生产总体态势评价标准是为交通运输监管部门制定一套面向各行业领域或行政区域的交通运输安全生产总体态势的评价标准，用于评价某个行业领域或行政区域的交通运输安全生产总体态势。依据评价结果，为上级监察部门开展针对某个行业领域或行政区域的安全生产监察工作提供明确的参考依据。

"3应用"即工作责任监察、安全监督检查。

监管部门工作责任监察。按照部门各岗位权责清单，依据交通运输安全生产总体态势评价结果，有针对性地开展公路水路交通运输安全生产各级行业监察对象履职动态监管，通过应用系统部署安排年度安全生产重点工作，对工作完成情况实现全生命周期的跟踪、监察和督办。

企业安全生产监督检查。依据企业安全生产态势评价结果，监管部门有针对性地制定督查计划、下达督查任务、配合现场移动端实现监督检查数据的实时上传，并对存在的问题实现全生命周期的跟踪督办，形成监管闭环，落实责任。

"4技术"即大数据辅助决策分析技术。

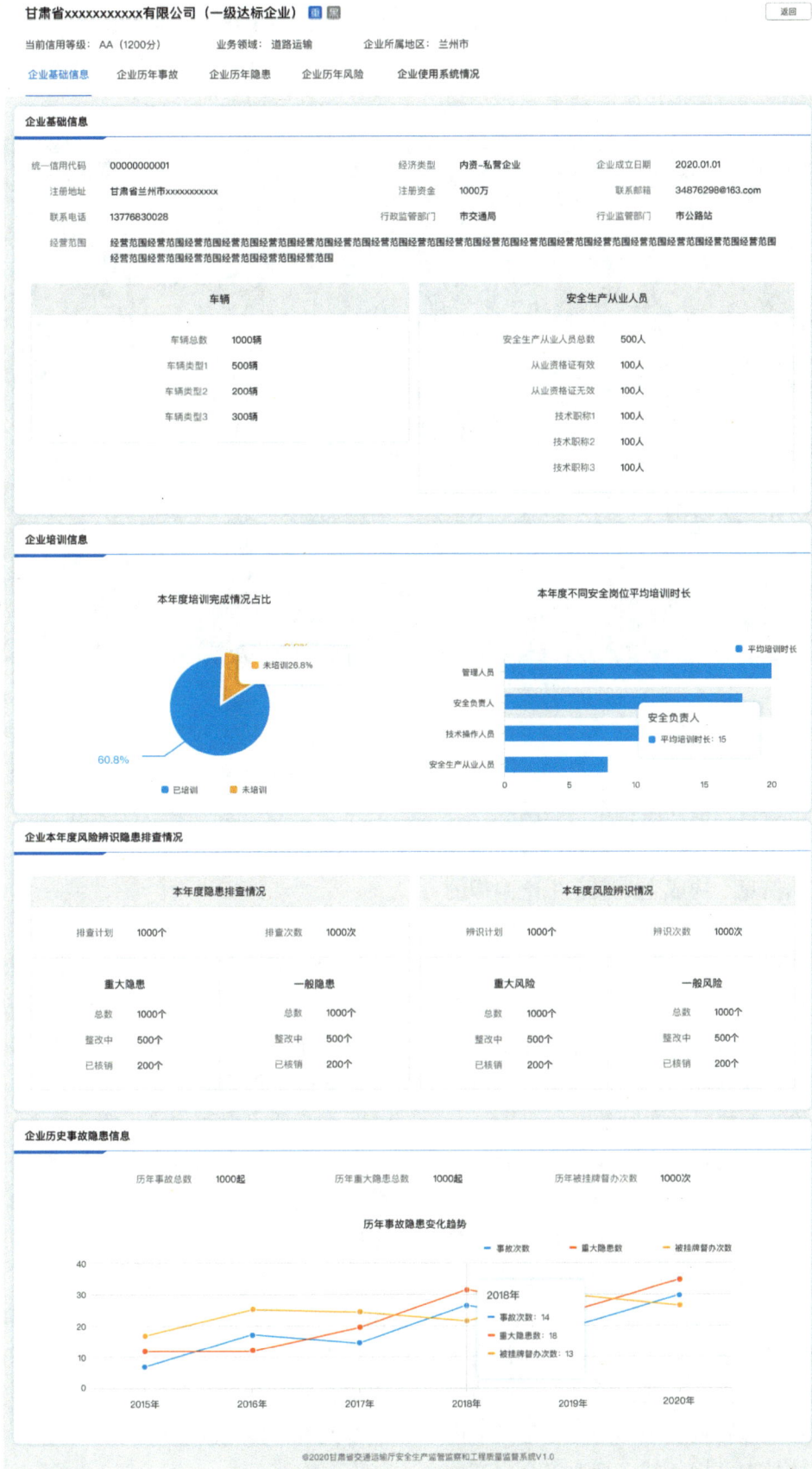

图1 企业安全画像数据资源信息示例

依照辖区范围内各行业的企业安全生产总体态势评价结果，结合舆情监测、数据分析研判等大数据平台，以驾驶舱和工作台的形式，利用云计算、人工智能、GIS可视化等新技术手段，建立多种大数据辅助决策分析模型，及时、动态地为监管部门提供大数据辅助决策分析支持，推动监管方式创新。交通运输安全生产大数据辅助决策分析数据库如图2所示。

图2　安全生产大数据辅助决策分析数据库

四、应用成效与评估

通过本平台建设，横向融合车辆联网联控、公路监控、综合执法等系统，汇聚各行业与安全生产相关的数据信息，构成企业安全生产画像的数据资源仓库。向上打通与交通运输部之间的信息通道，向下打通与市县各级监管部门之间以及企业间安全生产信息通道，形成交通运输综合安全监管大数据，实现对公路水路交通运输安全生产行业管理监察对象履职规范、履职动态、监察督办以及监督检查等情况的实时掌握。

通过制定切合各行业特点以及监管实际的总体安全态势评价指标规范，使各级行业管理部门在对交通运输安全生产重点监管对象开展的监督检查工作中更有针对性，推动监管关口前移，将有限的监管资源用在最关键的监管对象上。

推动安全生产年度重点工作、重大异常情况管理等业务的协同，提升交通运输安全生产监管水平。解决交通运输行业管理部门对管辖区域内"安全生产整体情况掌握不够、行业安全生产监管监察能力不足、安全监督管理缺乏手段"的问题，为各级交通运输监管部门综合监管提供决策支撑。

五、推广应用展望

通过在广西、安徽、甘肃等几个省交通运输系统的应用，广泛积累项目实施以及信息化建设经验，不断优化和改进系统，可推广至各省市县交通运输监管单位以及行业企业（如道路运输企业、交通工程建设企业等）。

在行业多渠道信息采集、企业自主填报、跨部门共享，实现安全生产态势评价的在线化、数据化、规范化，促进行业安全生产监管由被动追责向主动预防转变，为行业安全生产监督、产业政策调整提供有效的决策支持，进一步督促企业和监管部门落实安全生产责任，提高安全监管信息化水平，推动交通运输安全监管能力提升，形成综合监管与专业监管相互融合的行业安全质量监督监管一体化新格局。

案例 14　▶ 道路交通安全大数据平台

基本信息

申报单位： 交通运输部公路科学研究院

所属类型： 科学技术

专业类别： 交通安全

成果实施范围（发表情况）：已在福建省泉州市高速公路网实施应用，2020 年拓展至福建全省，随后可在全国的高速公路集团公司推广应用（代表性论文 3 篇，EI 检索）

开始实施时间： 2019 年 6 月

负责人： 陈永胜

贡献者： 孙传姣、张潇丹、李　萌、李　冰、龚柏岩

案例经验介绍

一、背景介绍

就社会经济宏观背景而言，尽管近 10 年来我国道路交通事故起数与死亡人数、万车死亡率等指标整体呈现下降趋势，但当前我国事故仍频发，国民生命财产安全需要得到进一步保障，全面建成小康社会中一项社会指标是非正常死亡率，而交通事故死亡是我国非正常死亡人数中较大的组成部分。因此，开展道路交通安全方面的研究，利用科技手段有效、持续降低交通事故

率，是非常必要的，也是十分紧迫的，对于我国社会经济全面发展具有突出的意义。

从专业技术领域分析，交通安全领域的"数据孤岛"现象是行业内长期的"痛点"，风险预测所需的关联数据难以获取；由于交通事故有超强的随机性和复杂诱因，涉及道路设施、交通运行、天气环境、交通行为等方方面面，导致安全风险成为最难以预测的对象之一。同时，交通事故是典型的观测科学，大数据平台是突破安保关键技术的核心和有效的手段。风险防控的关键

在于实现"先知、先觉、先控"，而前提是"全知、全觉、全控"，因此建立完整覆盖安全风险各要素的、不同来源和形式的数据相互融合的大数据平台，具有重要意义。

二、项目目标

针对道路交通安全保障领域最为突出的"道路交通安全数据碎片化"和"现有风险评估与安全评价方法不准确、不客观、不稳定"等两大核心问题，本项目旨在创建道路设施、交通运行与交通安全数据库，集成结构化数据与道路图片、交通视频、设计文件等非结构化数据。研发道路交通安全大数据平台，从而实现交通事故、道路设施、道路环境、交通运行等的多源异构数据融合。在此基础上，研究贯穿道路设施与交通运行的全要素风险评估模型，以完成精准、及时、动态的风险预测预警，为道路交通安全风险管控组织等业务提供科学依据，最终提升国家道路交通系统的安全性。

三、技术路线及成果

（一）技术路线

针对道路风险评估中道路设施与交通运行数据来源不同、结构各异、资源碎片化的问题，研究针对此类多源异构数据的融合技术，构建综合数据平台。包括：

（1）数据鉴别：判断数据类型，确定数据来源，明确数据内容，完成数据的规范化工作。

（2）明确需求：按照道路交通安全风险评估的目的，结合实际数据情况，对数据的使用需求进行明确和分类。

（3）数据清洗：确定数据标准，开发针对问题数据的排查以及删除或修正的方法流程。

（4）数据处理与重构：根据安全评价需求，开发针对原始数据的常用处理模块，实现总结、聚合、汇总的功能，并实现数据结构的重构，满足安全评价工作需求。

（5）数据融合：实现多源异构数据的融合，用于道路交通安全分析。

利用数据可视化、模式挖掘等新型统计学因素分析方法（如高维数据可视化、成因推理、图形模型、决策树法、神经网络等）剖析各种风险因素和事故之间的关系，提取合适的道路设施与交通运行动态风险评估指标参数，构建适合我国国情的道路交通运行动态风险评估指标体系；基于风险分析、风险评价等相关理论，利用信息融合、大数据挖掘、机器学习、人工智能等现代智能统计分析方法（如多元罗基回归法、复杂多层结构化模型、数值模拟与贝叶斯模型、神经网络等），建立涵盖道路设施与交通运行的全要素风险评估模型。

本项目的技术路线图如图1所示。

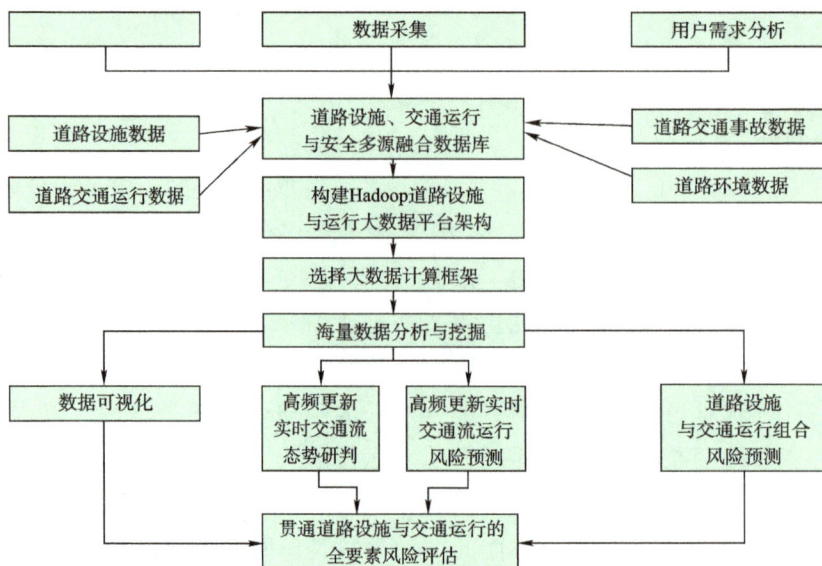

图1　项目技术路线图

（二）成果

本项目所包括的研究成果共发表了 3 篇论文（EI 检索），申请发明专利 1 项。包括本研究成果在内的"福建山区高速公路交通安全风险评估与防控关键技术及应用"获得了 2019 年中国公路学会科学技术奖特等奖，获奖证书如图 2 所示。经过权威机构——中国科学技术信息研究所查新所确定的本研究的核心创新成果如下所述。

图 2　获奖证书

1. 道路设施、运行及安全多源融合数据库与道路交通安全大数据平台

基于 MySQL 与 Hadoop 分布式文件系统（HDFS）创建了道路设施、交通运行与交通安全数据库，集成了结构化数据与道路图片、交通视频、设计文件等非结构化数据。基于 Hadoop 大数据架构创建了道路设施、交通运行与交通安全大数据云平台，实现了交通事故、道路设施、道路环境、交通运行等多源异构数据的融合。图 3 为道路交通安全大数据平台的界面。

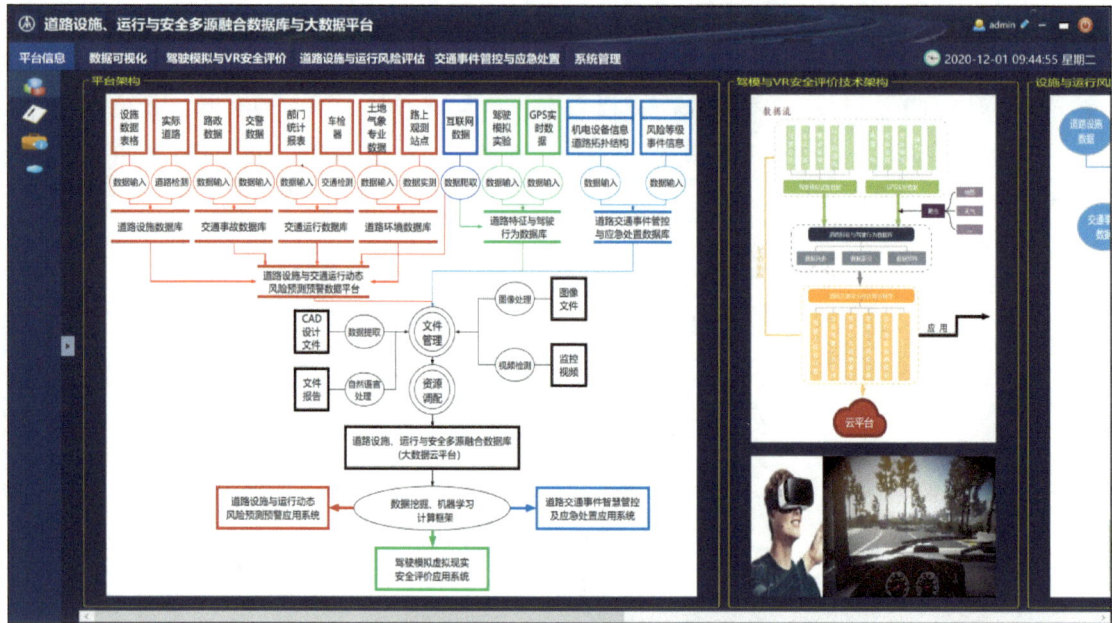

图3　道路交通安全大数据平台界面

2. 贯通道路设施与交通运行的动态安全风险预测预警技术

运用决策树（Decision Tree）加自适应神经网络模糊推理系统（ANFIS）创建了一体化的道路设施与交通运行动态风险预测模型，实现了精确、及时的道路交通事故风险预测预警。图4为高速公路交通运行动态风险评估应用系统的界面。

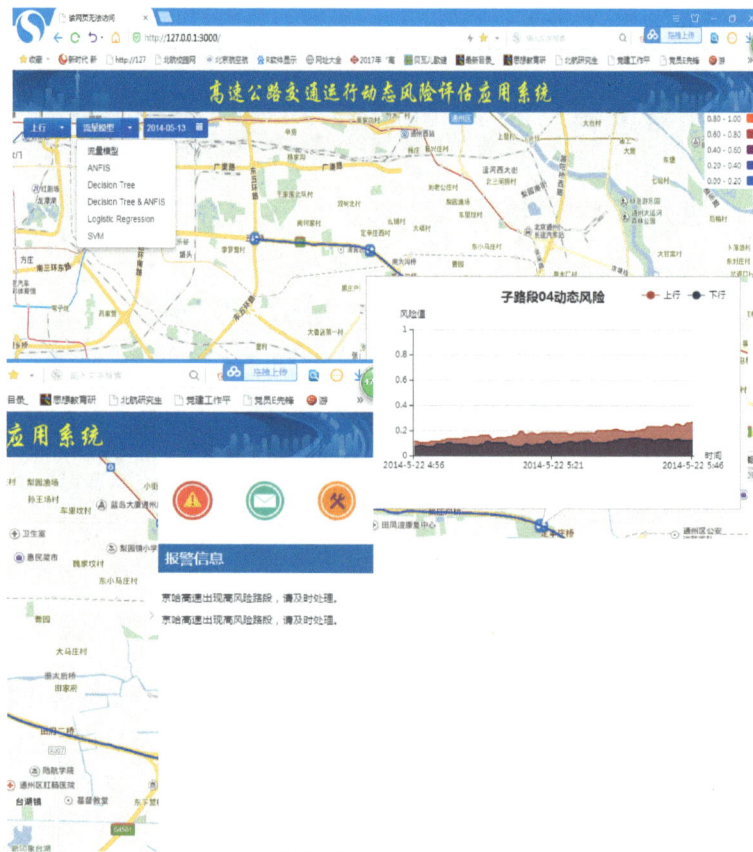

图4　高速公路交通运行动态风险评估应用系统的界面

四、应用成效与评估

本项目率先在国内外建立了贯穿道路基础设施与交通运行风险防控的大数据平台，研发了在大数据驱动下的风险预警新技术，引领了道路交通安全学科的理论与方法创新，推动了行业的技术进步。

本项目的成果解决了长期制约道路安全设计和运营的关键技术问题，以及"数据孤岛化、风险评估静态化、事件管控滞后化"等难题，通过建立数据库与大数据平台，并在此基础上研究融合道路设施静态指标、交通运行动态指标的全要素风险评估模型。成果应用后，预防事故发生、降低事故损失，通过关键技术创新提升风险管控链条中关键的预测、预警环节的精度、效率和及时性，从而通过时间和运营成本的节省产生了显著的社会效益。

本项目的成果在福建省泉州市高速公路网进行了示范应用，为该区域高速公路提供了风险评估及应急交通组织解决方案，其分析结果为公路设施安全提升提供了工作基础，并且成为泉州区域高速公路各项数据的存储数据库与展示平台。通过对公路设施、交通运行、交通安全数据的融合、分析、深度挖掘，为高速公路提供了交通运行过程中的动态风险预测模型，构建了风险预警功能模型，其分析结果为公路交通安全预防提供了技术支撑，为后续的交通管控和应急处置奠定了基础。

应用示范区的高速公路主管部门认定：该研究所建立的平台与应用系统的实施，为进一步提升高速公路运行的安全水平、增强交通监控的安全导向提供了方法支撑和应用系统，提高了高速公路安全预防工作的效率，从而有效抑制交通事故的发生，带来显著的经济效益和社会效益。

五、推广应用展望

课题研究成果在福建泉州市高速公路网成功应用示范，在此基础上，还计划拓展到福建全省高速公路网，未来还可进一步拓展到福建省国省道公路网，全国的高速公路网、国省道网，以及港珠澳大湾区、长三角经济区、京津冀等跨省区域的路网等，拓展大数据平台的范围和数据容量，不断提升平台的数据承载力。与此同时，还将接入新设置的ETC（电子不停车收费系统）门架交通运行数据，拓展新数据源，进一步优化全要素风险评估模型，为全国相关的大数据平台及风险评估系统的研究与实践提供范例。

案例15 ▶

双控宝（运营版）——基于手机移动端的高速公路运营安全风险分级管控与隐患排查治理双重预防控制系统

基本信息

申报单位： 河北高速集团有限公司承秦分公司

所属类型： 科学技术

专业类别： 交通设施运营养护

成果实施范围（发表情况）： 河北高速集团有限公司承秦分公司

开始实施时间： 2020年1月1日

负责人： 刘吉川

贡献者： 肖殿良、张同辉、李　然、乔露露、张进伟

案例经验介绍

一、背景介绍

安全是交通强国建设的基础。随着我国高速公路通车里程的不断增长，高速公路运营安全事故，特别是重特大事故（险情）时有发生，严重威胁人民群众的生命财产安全。

安全生产重在预防。风险管控和隐患排查作为行之有效的安全预防控制手段，已被发达国家和国内其他行业广泛采用。但在高速公路运营安全管理领域，安全风险分级管控与隐患排查治理双重预防机制建设工作离实际需求仍然较远，尚未建立基于统筹把控、直观可视、全域跟踪的安全风险分级与隐患排查治理双重预防系统。

二、项目目标

有效夯实高速公路运营安全风险分级管理与隐患排查治理双重预防体系基础，提升高速公路运营单位风险整体预控能力，提高高速公路运营安全智能化和信息化水平，减少因事故造成的经济损失及人员伤亡，提高高速公路的运营效益，推动高速公路运营安全领域的科技进步。

三、技术路线及成果

本项目依据国家、交通运输部及河北省关于对双重预防控制的要求，结合高速公路运营业务流程，采用移动互联网、云计算和人工智能等先进技术，基于微信小程序平台和阿里云服务器，研究开发出基于手机移动端的高速公路运营安全风险分级管控与隐患排查治理双重预防控制系统，简称"双控宝（运营版）"。

（一）具体技术路线

（1）系统采用B/S（浏览器/服务器）架构，采集终端采用微信小程序，管理端采用Web形式管理系统。伴随着互联网技术的发展，B/S结构的出现极大简化了客户端的承载量，降低设计者对于系统更新和日常管理的工作量，并减小运营成本，同时也降低了使用者的使用成本。

（2）信息采集终端采用微信提供的组件和JavaScript形式的API（应用程序接口）。实现与后台业务系统的数据交互，开发时考虑兼容IOS/Android不同操作系统和不同尺寸的手机终端，满足不同系统的操作需求。

（3）管理终端系统，采用最新的Spring框架，建立业务层、表现层和数据层相独立的分层模型，为业务系统的功能扩展提供细粒度的灵活性。

（4）服务器系统部署到Linux云主机环境，可支持动态增加硬件配置。例如CPU（中央处理器）、内存、硬盘等可动态扩展。服务器提供Webservice远程服务接口，实现用一套逻辑为多个终端接入提供统一接口，减小开发的工作量，提高开发效率。

（5）系统采用HTTPS加密访问。远程的数据实施加密方式进行传输，不出现泄露导致数据丢失，造成损失。

（6）充分利用腾讯地图API。开发适用于高速公路现场的定位系统，融入微信小程序中，实现风险地图显示、实时定位和地图风险信息搜索等功能。

（二）手机移动端主要功能

1. 风险、隐患 GIS 地图展示

根据高速公路运营安全风险辨识评估结果，结合各风险点经纬度坐标，采用小程序中的Map组件调用腾讯电子地图，实现了风险和隐患清单"一张图"展示。根据风险、隐患等级分布情况，分别用相应图标及颜色在电子地图上展示。支持在地图上点击查看该处现场照片、风险事件统计、风险详情和管控责任人、隐患排查治理详情等信息。

2. 风险辨控、审批、记录及详情查看

监管部门和运营管理人员可通过系统手机端风险辨控功能，实现对高速公路桥梁、隧道、边坡、一般路段和收费站、集中办公住宿区等基础设施和场所的风险辨识、评估及控制，操作完成后，可在系统中签字上报，由对应责任人员审批后入库，形成本项目的风险清单。管理人员、岗位操作人员均可随时通过系统手机端风险详情功能查看本单位存在的风险情况，包括风险事件、事件后果、风险等级及风险控制措施，如图1所示。通过该功能实现了对本单位员工的风险告知。

3. 隐患扫一扫、随手拍上报、隐患审批、整改及排查记录查看下载

监管、运营管理和岗位操作人员可以通过系统手机端"隐患扫一扫"或"随手拍"功能，进行隐患排查工作。本单位已在全线桥梁、隧道、收费站、集中办公住宿区、路堑高边坡等风险管理点设置了隐患排查二维码，扫码后系统自动推送该位置隐患排查项目清单、并自动定位，可实现快速有效的隐患上报（图2）。审批流程自动报送上级审批管理人员，经审批确认后，系统自动分配整改负责人员，整改完成后上报验收，完成全部隐患排查治理闭环工作。隐患上报、审批、整改、验收全过程留痕，并在手机移动端可下载全过程记录（图3）。

4. 统计分析功能

系统内置人工神经网络预测模型，可根据上报的风险点风险事件情况，实时计算统计桥梁、隧道、高边坡、收费站、集中办公住宿区以及全线总体风险等级、统计风险事件数量、不同等级风险事件占比、重大风险事件数量、较大风险事件数量等情况。统计隐患排查次数、个人隐患排查次数及未整改隐患数量等（图4）。

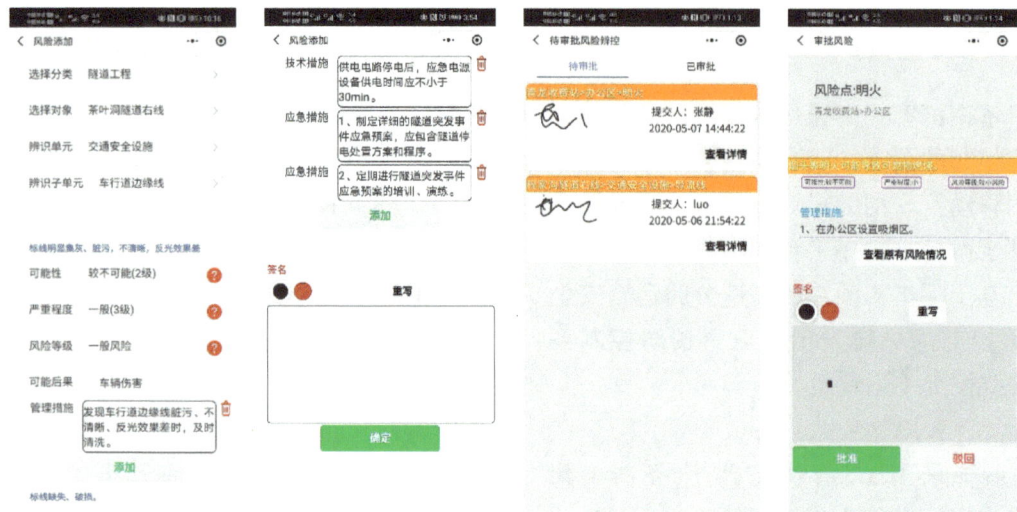

图1　风险辨控、审批、记录流程

图2　隐患排查二维码

图3　隐患处理流程

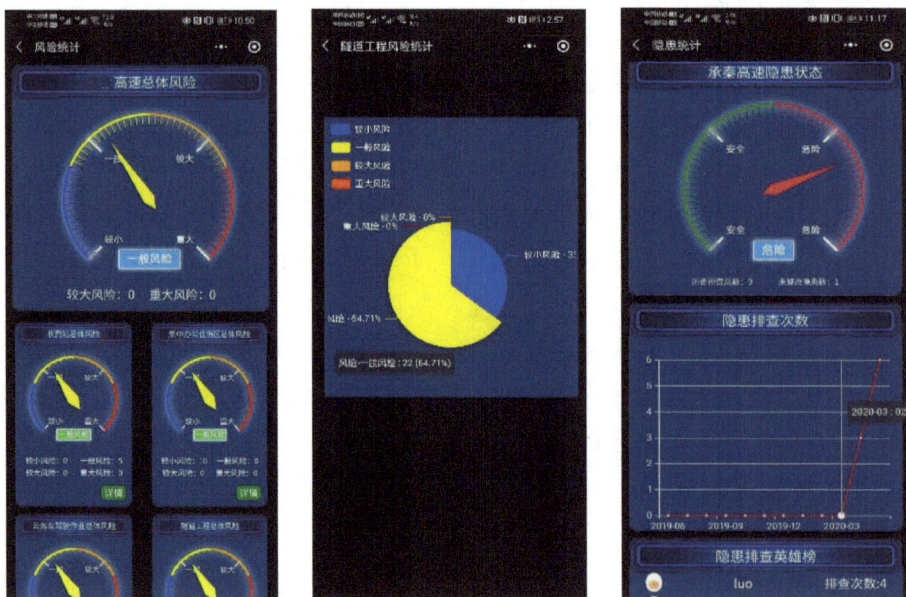

图4　实时数据统计分析

5. 工作督查

单位领导及安全管理监督人员可通过系统工作督察功能，扫描某位置处设置的二维码查看该位置日常隐患排查情况。

6. 资料库

系统提供资料库功能，为单位人员及时推送各种常用的法律法规、标准规范及通知文件，使相关人员及时掌握相关通知、安全管理知识（图5）。

7. 用户管理

部门管理、用户管理、流程责任人、权限管理（图6）。

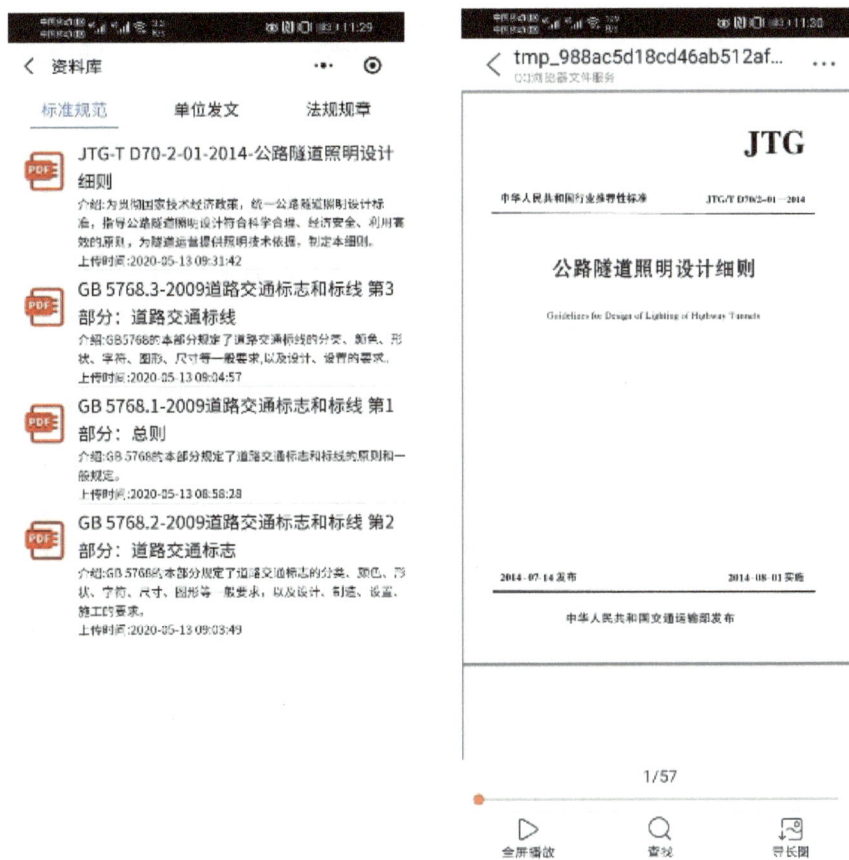

图5　资料库

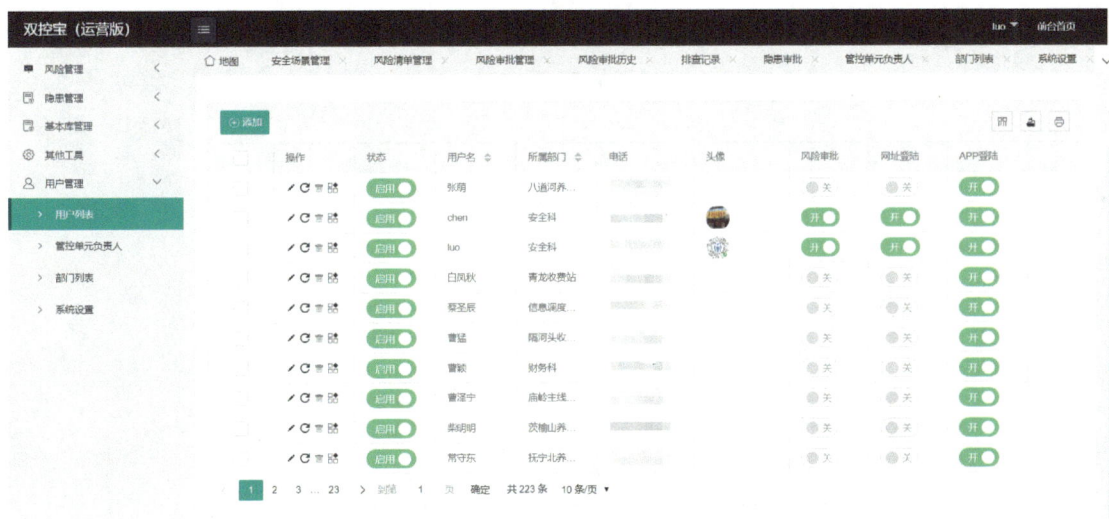

图6　用户管理界面

8. 风险管理

风险清单管理、风险点管理、二维码管理、风险审批流程管理、风险统计分析。

9. 隐患管理

隐患清单管理、隐患排查管理、隐患审批流程管理、隐患排查统计分析。

四、应用成效与评估

项目采用移动互联网、物联网、云计算、大数据等现代信息化技术，以风险隐患数据库为基础，研发的双控宝（基于手机移动端的高速公路运营安全风险分级管控与隐患排查治理双重预防控制系统），已在承秦高速公路应用半年。项目提出的高速公路运营安全风险和隐患清单，建立的高速公路运营安全风险、隐患数据库和风险、隐患判定标准，以及研发的双控宝手机终端系统，快捷、高效、准确的判定高速公路运营安全风险和隐患，提升了高速公路运营安全管理效率和水平，实现了高速公路运营安全风险分级管控与隐患排查治理的全过程管控、全周期跟踪、全层级监管。

应用结果表明，双控宝（运营版）致力于完善高速公路基础设施运营安全风险分级管控与事故隐患排查治理双重预防体系，有利于增强高速公路管理部门的安全风险防范能力和高速公路安全保障系数，促进高速公路平稳运营，保障高速公路运营安全，提高高速公路的运营效益，减少因事故造成的经济损失及人员伤亡，经济和社会效益显著。

五、推广应用展望

本系统可为高速公路运营管理部门提供条理分明、职责清晰、过程全面、记录翔实的高速公路运营安全风险分级管控与隐患排查治理功能，也可通过风险辨识、分析和管控，对高速公路存在的风险进行统筹把控，协助一线管理人员进行事故隐患的日常排查、专项排查及综合性排查，防止差、错、漏，明确监管及审批的职责及流程，全面把控高速公路风险分级管控，提升高速公路事故隐患排查覆盖率及整改率。

基于本系统可建立一个常态化运行的运营安全管理系统，从源头上系统辨识、管控高速公路基础设施运营安全风险，把各类风险控制在可接受范围内，杜绝和减少事故隐患。成果将有效夯实高速公路运营安全风险分级管控与隐患排查治理双重预防体系基础，提升高速公路运营单位整体风险预控能力，提高高速公路运营安全管理水平，具有广阔的推广应用前景。

案例 16 ▶ 基于"GIS+BIM"的高速公路施工安全智能监测预警平台

基本信息

申报单位：山东高速集团有限公司建设管理分公司

所属类型：科学技术

专业类别：交通工程建设

成果实施范围（发表情况）：山东高速集团有限公司下属 3 个高速建设项目

开始实施时间：2020 年 1 月

负责人：卢　瑜

贡献者：张田涛、郑广顺

案例经验介绍

一、背景介绍

目前，高速公路建设规模处于高位运行，项目数量多、建设任务重。项目的工程地质状况、施工环境条件更为复杂，工程技术难度不断加大，工程安全风险面临严峻挑战，生产安全事故频繁发生。短期内，制约工程安全的深层次矛盾和问题无法根本改观，安全管理水平和技术力量依然有待提升，安全生产形势依然严峻。

因此，在高速公路施工过程中迫切需要实时掌握施工现场安全状态，并能及时有效地采取安全控制和应急措施。传统的公路施工主要是依赖人工监测，监测参数单一、监测频率低，且监测预警多针对单体工程，如隧道、高边坡等。随着新的光学、电学、计算机技术和无线网络技术、BIM（建筑信息模型）及 GIS（地理信息系统）技术的快速发展，极大地推动工程监测技术的发展。建立基于"GIS+BIM"的高速公路施工安全智能监测预警平台，把监测、数据处理、预警、响应、消警等一系列风险管控工作整合到一起，让相关人员全部参与进来，以便科学、全面、动态、直观地掌握公路在建工程的安全现状，使工程建设项目安全生产形势保持健康稳定，减少安全事故的发生，提高公路建设安全信息化和集成化程度。

二、项目目标

（1）构建高速公路施工安全智能监测预警平台，完成施工安全信息从获取、处理、统计到信息反馈的全过程信息化，并结合"GIS+BIM"技术将安全信息以多元化的方式直观、全面地进行展示。

（2）实现对工点分布、风险源和监测点定位以及所处位置信息的融合和直观展示，通过监测点监测数据分析，及时将预警提示主动推送至相关责任人，有效实现对施工安全风险的智能监测和预警。

（3）将高速公路工程施工安全风险分级管控与隐患排查治理双重预防管理体系纳入平台，通过隐患排查进行安全风险动态管控，实现安全管理"闭环化"动态可追溯管理。

三、技术路线及成果

（一）监测管理

通过导入监测点相关数据（既可以是监测点BIM模型数据，也可以是地理坐标值数据），系统自动识别监测点，并进行监测点布置与展示。监测点编号唯一，从而使监测点与监测数据相关联，提供监测数据导入、导出功能，如图1所示。研判监测数据的采集频率，为施工人员推送需要关注的监测点和监测频率，对监测数据进行统计分析和数据报警，为对施工中出现的险情采取及时有效的风险控制措施提供数据依据。

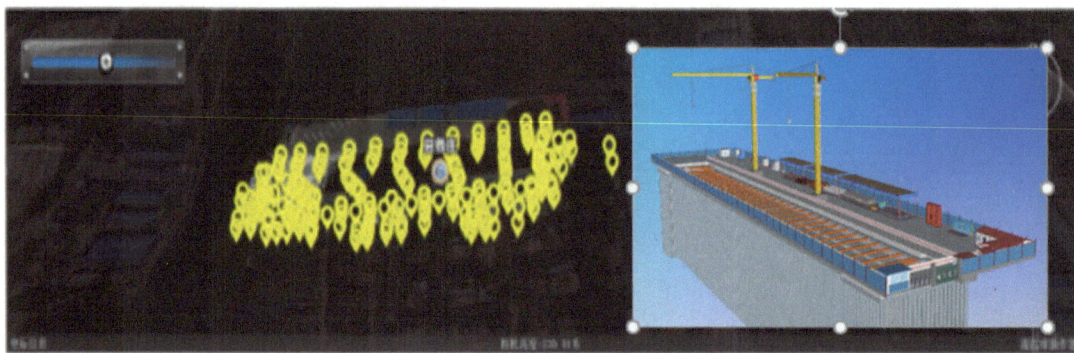

图1　安全监测模块

（二）巡视管理

提供可视化的巡视线路和巡视工作内容，结合监测点、风险源、二维码等，以此判定巡视人员是否进行该项巡视任务，为风险工程巡视监测管理奠定基础，如图2所示。

（三）预警管理

开发对施工安全状态的实时智能诊断算法，根据险情级别以不同的颜色发布预警信息。建立可编辑、修改的巡视预警和监测预警流程、预警响应及处置流程，发生预警后在移动端、电脑端和工地大门处的显示屏显示虚拟警戒区，可在作业人员入场前进行提示，自动对主要管理人员推送预警信息，如图3和图4所示。

（四）应急管理

主要包括应急预案和工况模拟两个模块。在应急预案方面，可借助动画最大限度模拟风险的发生、发展情况，以及相关人员面对风险可能作出的各种反应，实现对一些风险信息的推演、应急预案制定和风险管理，如图5所示。在工况模拟方面，通过动画演示对施工过程进行模拟，动态推演施工工况情况，有助于为用户动态分析施工过程中风险动态演化。

（五）内业管理

对基础数据进行后台管理，完成责任体系构建、制度体系构建、运行机制构建。

1. 风险源识别

针对高速公路工程施工特点，研究提出科学的安全风险辨识程序和方法，全方位、全过程辨识生产工艺、设备设施、作业环境、人员行为和管理体系等方面存在的安全风险。

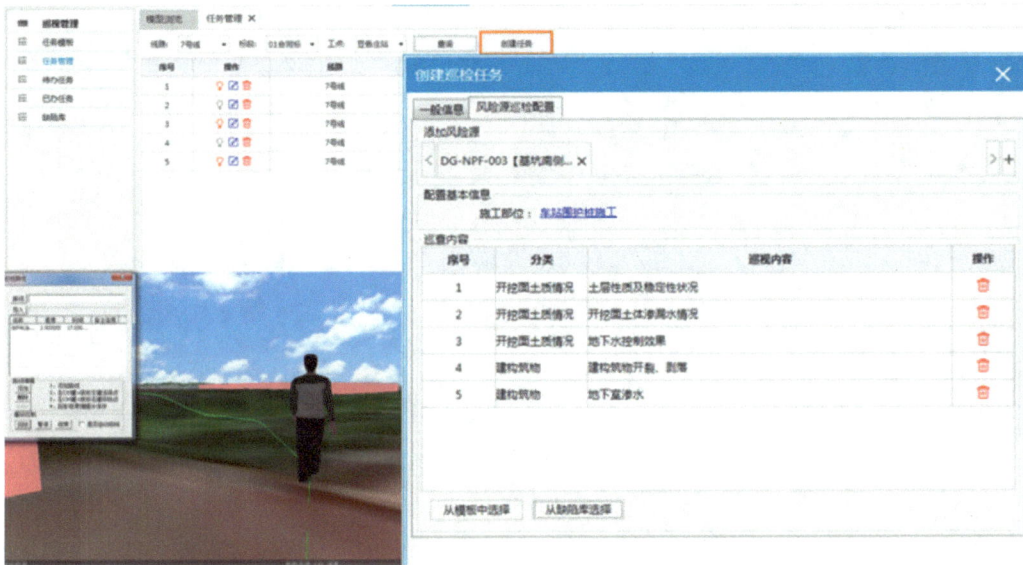

图2　安全巡视管理

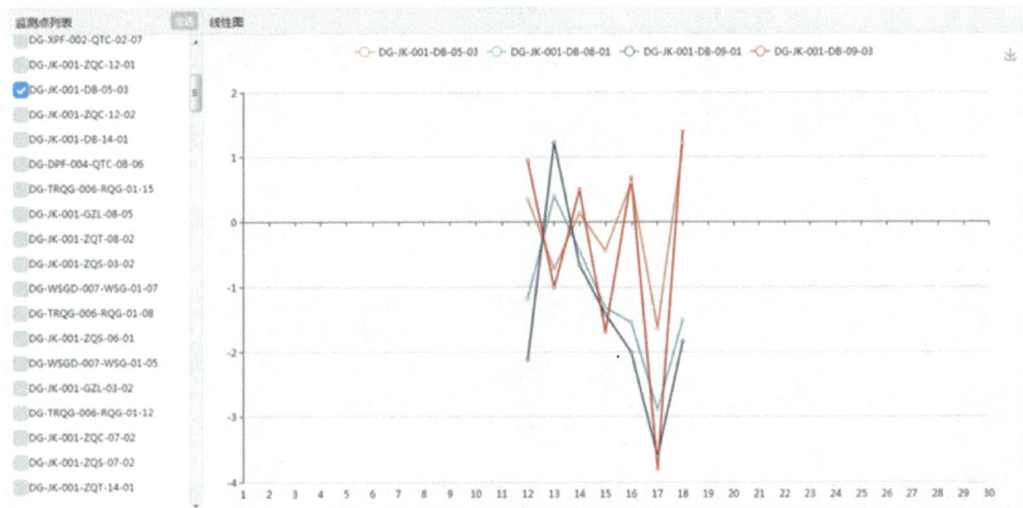

图3　数据分析及预警

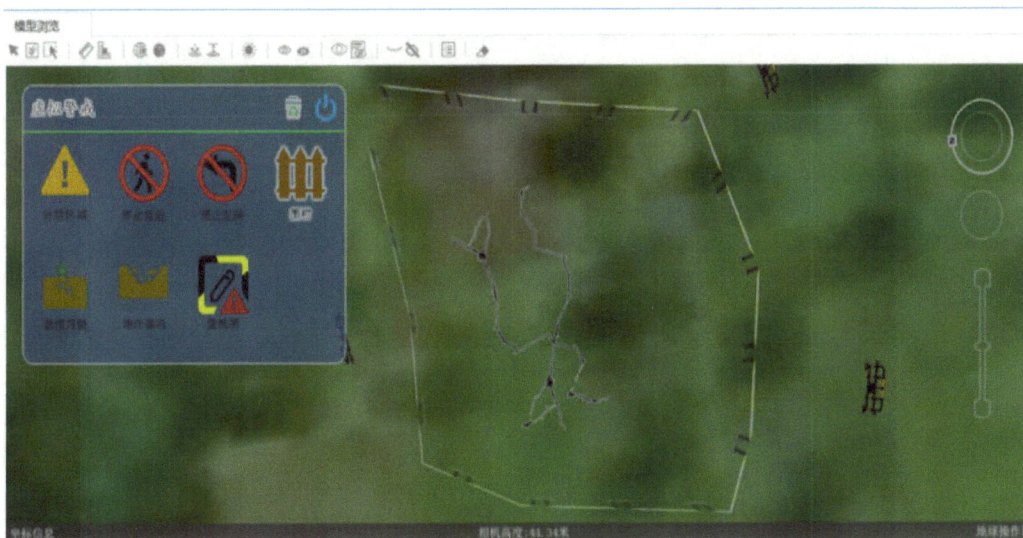

图4　安全预警管理

图5　应急管理界面

2. 安全风险等级评定

对不同类别的安全风险，构建风险评价指标体系，采用作业危险性分析和风险矩阵等方法开展安全风险等级评定，如图6所示。

图6　安全风险动态管理界面

（六）移动端协同办公

将桌面端部分业务延伸到主流智能手机和平板电脑平台中，打破时空上的信息束缚限制，随时随地和施工安全管控电脑端平台相连，大大提升工作效率。

四、应用成效与评估

应用效果表明，基于"GIS+BIM"的高速公路施工安全智能监测预警平台具有以下特点：

（1）可完成施工安全信息从获取、处理、统计到信息反馈的全过程，并以多元化的方式直观、全面地进行展示。

（2）将监测数据实时与BIM模型有机的联系在一起，可根据实际施工进度把控和定位安全风险。

（3）融合GIS，实现直观展示：系统融合了GIS，实现对工点分布、风险源和监测点BIM模型定位以及所处地层信息的融合直观展示，以全面掌控各工点风险源。

（4）实现大数据处理分析：能够对海量监测数据实现导入、异常数据分析、集中存储、图表分析与及时报警，实现数据的高效利用。

（5）形成监测数据分析与现场巡视相辅相成的机制：自动分析、判断施工安全状态并预警。任何一种形式的工程预警都只是单因素的预警，不能够完全反映工程施工的实际安全状态，只有通过模块间的相互补充，才能作出综合、全面的安全状态评估，进而达到对施工过程的安全管理与控制。

（6）先进的预警机制：建立预警模型，第一时间分析施工监测数据，并自动产生预警事件，将预警提示主动推送至相关责任人，可有效实现对施工安全风险监控量测智能管理和预警。

（7）集成研发高速公路施工安全智能监测预警平台，可实现"自动采集-快速处理-智能诊断-实时预警"一体化的公路工程安全状态监测预警，将高速公路工程施工安全风险分级管控与隐患排查治理双重预防管理体系纳入集中，实现项目双重预防信息化管理，提高公路工程施工安全管理的工作效率和水平。

五、推广应用展望

实践证明，借助基于GIS、BIM、大数据和移动互联网技术建立的高速公路施工安全智能监测预警平台，通过提供数字化、可视化、可量化的管理工具，让项目参建单位的每个参与者都能够第一时间掌握项目安全风险的动态，实现风险信息的互联互通和数据的交互共享、跨部门协作和动态化管理，提升了工程施工的安全状态判定水平，及时作出准确的响应，提高了安全管理的质量，推动了施工安全管理从传统的微观且分散的管理方式向现代化、智能化、集约化管理方式迈进，可以大大提升工程管理效率，提高施工安全管理的针对性和有效性，有效遏制高速公路施工安全事故的发生，有力保障了工程建设的质量和安全，具有广阔的推广应用前景。

案例17 ▶ 港珠澳海底隧道火灾防控与联动救援技术

基本信息

申报单位：交通运输部公路科学研究院（北京交科公路勘察设计研究院有限公司）

所属类型：科学技术

专业类别：交通工程建设

成果实施范围（发表情况）：水下隧道、城市隧道及跨区域隧道

开始实施时间：2014年

负责人：杨秀军

贡献者：张　昊、葛　涛、石志刚、施　强、汤召志

案例经验介绍

一、背景介绍

2014年3月1日，山西岩后隧道发生火灾，造成40人死亡的惨剧，再次给人们敲响了隧道运营安全的警钟。党和国家领导高度重视隧道运营安全，习近平总书记多次对安全生产作出重要指示。2014年，交通运输部，公安部联合下达了"开展全国公路隧道安全隐患排查治理专项行动的通知"，重点对安全隐患进行了排查和治理。2018年，交通运输部下达了《交通运输部办公厅关于印发平安交通三年攻坚行动方案（2018—

2020年）的通知》，特别强调了公路隧道安全风险防控。2019年，交通运输部印发了《促进公路隧道提质升级行动方案》，对全国范围内的公路隧道进行提质升级改造。

沉管隧道一般地处经济发达区域，具有结构特殊（图1）、车流量大，人员高度密集等突出特点，运营风险高，事故危害大。沉管隧道配备了完备的消防救援设施，具有设备构成复杂、系统控制难度大、排烟标准高、疏散及救援难度大等突出特点。

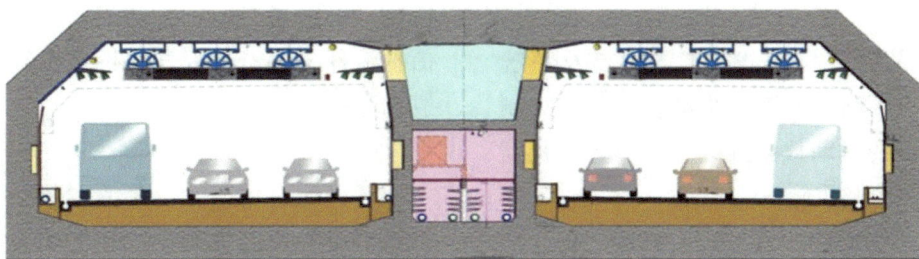

图1　沉管隧道典型横断面图

港珠澳大桥沉管隧道全长约6.7km，是目前世界上最长的海底公路沉管隧道，我国在此之前无离岸特长沉管隧道火灾防控及联动救援等相关技术的积累。沉管隧道的防排烟设计标准并未建立，国内外缺乏相关技术规范的支撑。为保证沉管隧道火灾工况下人员疏散安全性，实现隧道的安全运营，需要对沉管隧道火灾工况下烟雾扩散特性及隧道防排烟体系的标准及计算模型等进行研究。

本项目依托港珠澳大桥沉管隧道对消防救援关键技术问题进行了研究，构建了基于区域救援的沉管隧道火灾救援联动总体架构，形成了侧向集中排烟系统设计方法，开发了基于最小分区的沉管隧道联动救援预案，并在已经运营的港珠澳大桥沉管隧道运营管理平台进行了具体的应用，通过管理部门组织的消防演习等实际检验，实现了事故工况下的设备联动救援，提高了救援的效率。

通过港珠澳海底隧道火灾防控与联动救援技术的研究，提升了港珠澳大桥的运营安全保障水平，开发的海底隧道消防救援模块提升了应急工况下隧道的智能化水平。相关成果可应用于3km以上海底隧道（城市隧道）、跨区域隧道的安全运营。

二、项目目标

通过本技术的应用，可大大缩短沉管隧道火灾工况下烟雾扩散距离，提高跨区域隧道的救援联动及隧道本身设备的联动效率。

三、技术路线及成果

（一）技术路线

针对港珠澳大桥沉管隧道的消防联动救援技术，采用了现场调研、理论分析和数值模拟相结合的技术手段进行了研究。通过物联网、大数据等手段，在系统软件平台实现联动救援预案。

（二）技术成果

相关技术成果如下：

1.沉管隧道侧向集中排烟技术

港珠澳大桥沉管隧道是国内第一例采用侧向集中排烟系统的隧道，也是世界上第一例采用侧向排烟系统的特长沉管隧道，通风系统如图2所示。通过研究确定了侧向排烟系统，排烟量的计算方法、排烟口设置尺寸，排烟口设置间距，排烟道沿程阻力系数、纵向风速的控制等关键参数，建立了沉管隧道侧向集中排烟系统的设计方法和火灾工况下紧急排烟控制策略，提高了隧道火灾工况下排烟系统的可靠性。

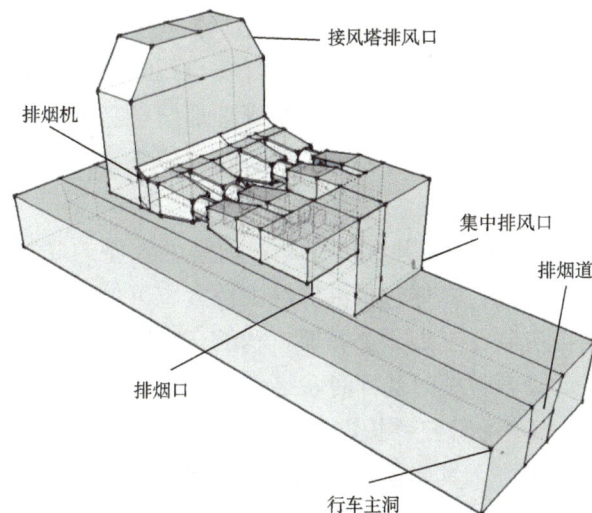

图2　沉管隧道通风排烟系统示意图

2.海底隧道火灾工况下联动救援技术

港珠澳海底隧道是国内机电设施最为复杂的隧道，系统构成复杂，机电设备数量繁多，火灾工况下需要各个系统协调工作，才能达到防灾、减灾的目的。

港珠澳海底隧道基于设备布置特点及系统控制方案，建立了海底隧道最小消防分区，编制了基于火灾场景的联动救援预案，最小分区长度22.5m，共有275个防灾分区。

火灾工况下联动灭火设施、排烟设施、加压送风设施、给排水设施、交通监控设施、广播设施、照明设施等几十种设备，建立基于消防分区、事件触发的相关救援区域及救援设施的信息化联动机制。

通过信息化、智能化的手段，开发了消防救援模块，实现了事件感知、事态预判与设备智能联动，实现基于事故场景的一键式启动，大大减少了火灾工况下隧道运营人员的操作工作量，提高了救援效率。

3. 跨区域联动救援技术

沉管隧道发生重大事故，需要对港珠澳大桥全线进行综合交通管控，并调动粤港澳三地的救援力量，才能高效开展救援工作。基于区域救援的理念，对三地联动紧急救援的运作模式进行了研究，确保三地救援力量在三地联动紧急救援行动中的一致性、高效性与协调性，主要包括以下内容。

（1）研究并提出三地联动紧急救援的组织指挥体系：具体包括在不同性质与不同级别的紧急事件发生时，港珠澳大桥管理部门与三地有关部门实施联动紧急救援的组织管理体系与指挥调度体系。

（2）研究并提出三地联动紧急救援的联系协调机制：具体包括港珠澳大桥紧急事件的三地通报机制、三地紧急救援机构的日常联系机制与联动紧急救援时的即时联络机制等。

（3）研究并提出三地联动紧急救援的联合行动机制：具体包括三地紧急救援机构在实施联动紧急救援时的分工机制与配合机制、港珠澳大桥管理部门与三地有关部门的联动紧急救援保障机制与救援善后处理机制等。

（4）研究并提出三地联动紧急救援的实施流程框架：具体包括在不同性质与不同级别的紧急事件发生时，能够通过软件平台实现港珠澳大桥管理部门与三地有关部门实施联动紧急救援的信息流程、决策流程与执行流程等，减少沟通造成的延误。

4. 联动救援集控平台

通过信息化智能化手段在软件平台实现了所有救援设备及信息的集控，能够根据编制的基于最小消防分区的联动救援预案实现基于事故场景下的一键启动，提高隧道救援组织效率，减少对相关路段的影响。以《港珠澳海底隧道火灾联动救援预案》为基础，在系统集控平台编制了联动救援模块。

四、应用成效与评估

本项目在粤港澳三地政府部门制定港珠澳大桥跨界通行政策中得到实际应用，为港珠澳三地政府应急救援合作安排等具体政策的制定打下基础，为港珠澳大桥三地实际交通管理工作提供借鉴和指导。

侧向集中排烟技术将烟雾扩散最长距离5000m缩短到300m左右，大大提高了火灾工况下隧道内人员疏散安全性。

通过信息化、智能化的手段，开发的海底隧道消防救援模块，提高了救援组织效率。通过运营管理部门的组织的联动救援演习，实现了基于事故场景的设备智能联动，提高了救援效率，效果显著。

五、推广应用展望

本项目成果可应用于跨界隧道（包含跨省隧道）以及超过3km的水下隧道（城市隧道）火灾防控，联动救援方案的制订及联动救援模块的编制。

侧向集中排烟技术提高了水下隧道烟雾控制的技术水平，丰富了隧道排烟的技术手段。

从区域救援的角度，本项目的应用优化了区域救援资源的调配，提高了海底救援效率，减少了对区域路网的影响。

借助信息化智能化手段，本项目开发的隧道消防救援模块，提高了海底联动救援效率，降低运营管理人员的管理难度。

案例 18 ▶ 隧道智慧防灾预警和运维管理系统

基本信息

申报单位：广东交通实业投资有限公司东御营运管理分公司

所属类型：科学技术

专业类别：交通设施运营养护

成果实施范围（发表情况）：适用于各类型公路隧道，特别是高速公路长大隧道及隧道群的防灾和运维管理

开始实施时间：2019 年 12 月

负责人：谢灿文

贡献者：苗德山、黄声优、吴政锋、廖东翔、吴昌荣

案例经验介绍

一、背景介绍

安全关系到你我他，关系到千家万户，也关系到社会经济发展。在生产与安全的关系中，一切以安全为重，安全永远排在第一位。随着我国交通建设的快速推进，隧道在城市建设、水利水电、铁路、公路的建设中频繁出现，与此同时，隧道事故灾害屡见不鲜，严重影响社会公共安全。经过大量的事故案例分析和调研，我们发现以下两点主要原因。

（1）运维纰漏：高速公路隧道往往地处偏远偏僻无人值守，隧道配套的电力系统、消防系统、监控系统、通风系统、灾害求救系统等属于各自独立的系统，平时全靠人工监测、操控、巡检维护，工作烦琐。一旦人员疏忽或者机电消防设施出现故障不能及时发现，将会产生重大风险。

（2）技防缺失：当隧道发生违规停车、火警或者交通事故等，管理中心依靠人工轮巡和操控，各机电消防系统之间无法自启联动及时处

理，难以防止事故灾害发生和发展。例如：自动广播、自启排风系统等。

二、项目目标

传统隧道管理模式与高速发展的智慧高速公路建设需求之间的矛盾日益凸显。为解决隧道应急安全管理"痛点"，经过多次现场实地调研、与基层管理人员交流并征求意见、多轮论证和构建不同的应用场景，以隧道应急安全管理需求为导向，以物联网现代信息技术为依托，以提升隧道管理智慧化程度解决隧道管理的"痛点"为目标，隧道机电运维和应急安全管理系统以人防向技防转变为原则，打造"管、维、防"高度信息

化和"N+1+1"聚合模式的集约智能化《隧道智慧防灾预警和运维管理系统》。"N"是指无数个不同功能的隧道机电设施，两个"1"分别指云端信息化防灾预警和运维管理平台和隧道安全卫士手机App软件。

三、技术路线及成果

1. 技术路线

本系统由硬件（各类数字传感器）、数据通信网络、云端服务器、云平台软件、App软件组成，采用"感、传、知、用"4个技术架构层构建智能化的物联网生态闭环。系统拓扑图及架构图分别如图1和图2所示。

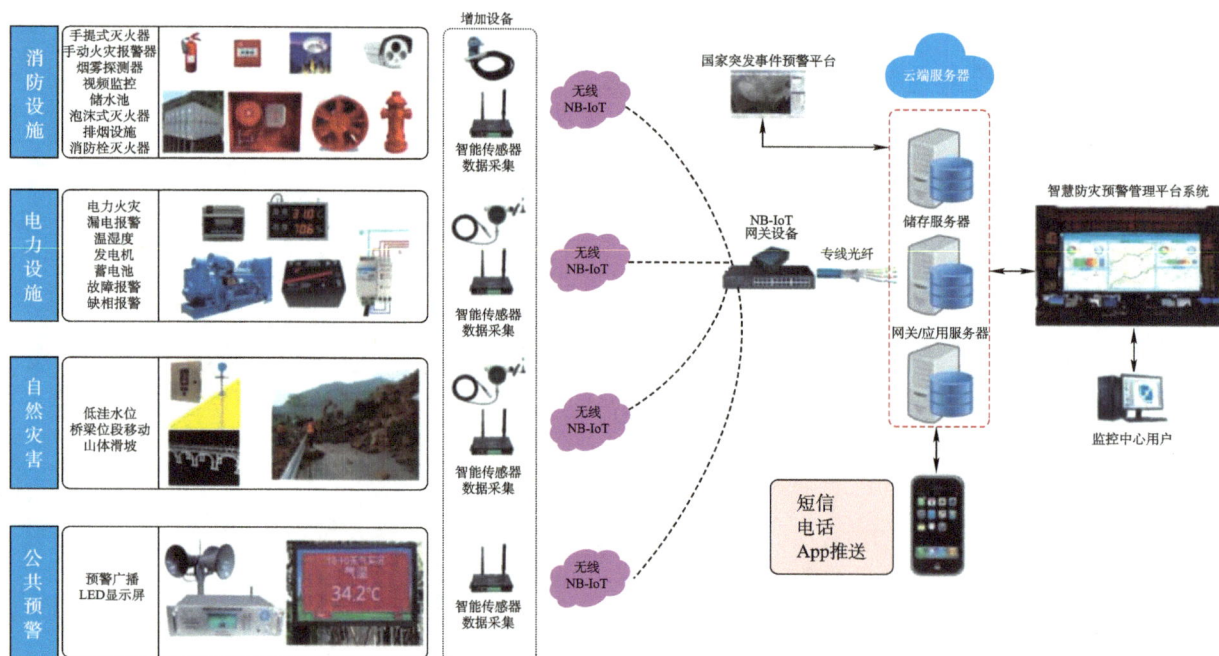

图1 高速公路隧道智慧防灾预警及运维管理系统拓扑图

"感"是指终端设备感知层，通过在各类原有隧道机电设备和消防设施加装具有本地边缘计算能力的数字多维感知传感器，不间断地监测隧道设备的运行状态，如有异常可以及时告警并上传数据到云平台。

"传"是指网络传输层，采用5G、NB-IOT（窄带物联网）、LoRa（远距离无线电）等物联网通信技术，将终端设备感知层的所有采集数据传输到云平台。

"知"是指物联网云计算平台，物联网云平台是物联网网络架构和监测预警链条中的关键

枢纽，把各方的数据和资源有机地聚集起来。采用模块化软件技术，为物联网设备连接、设备管理、数据管理、应用程序以及高级分析提供支撑。物联网云平台基于SaaS（软件即服务）云计算模型，其功能体系包含ICP（基础设施云服务平台）、CMP（连接管理）、DMP（设备管理平台）、AEP（应用使能平台）、BAP（业务分析平台）。

"用"是指业务应用层，应用层由PC（个人计算机）端软件和App软件组成，方便用户随时随地获取设备监测数据和预警信息。

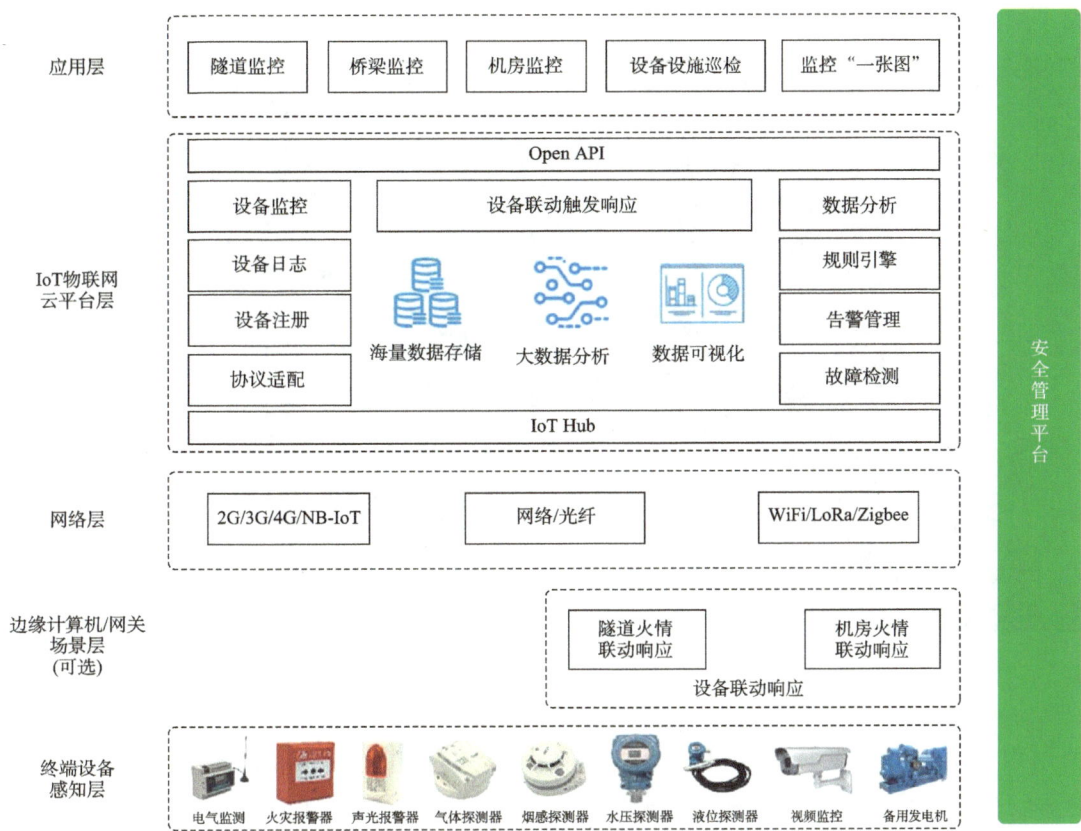

图2　高速公路隧道智慧防灾预警及运维管理系统技术架构图

2. 系统功能

（1）设备运行状态实时监测和预警功能。具备对高低压市电、EPS输出、发电机输出电压、电流、缺相等电力运行状态数据实时监测及漏电、线温用电安全实时监测，对消防水池水位、消防水压、机房温湿度、火灾、烟雾火灾、有害气体、非法进入、漏水、蓄电池电量、电流等进行实时监测，如发现指标超限或者异常云端平台会立刻在PC端或者手机App告警。

（2）设备设施生命周期管理预警功能。云端平台电子记账系统可以对灭火器等消耗性设施的全寿命周期进行跟踪，到期前云端平台会准确地在PC端或者手机App告警。

（3）系统远程操控和联动功能。采用AI智能技术，对隧道事故视频自动感知告警，并联动自动唤醒启动或者远程操控通风系统、电子导引系统等。

（4）掌上运维功能。设备二维码与手机App电子运维功能结合，可以不再需要人为签名运维，实现精准的掌上运维。

（5）可视化数据统计分析功能。云端大数据云计算的应用，实现所有设备运行数据的可视化"一张图"展示（图3），准确统计并存储每台设备每时每刻的运行数据。

四、应用成效与评估

1. 成果

（1）取得广东省科学技术情报研究所鉴定查新报告2份；

（2）获得国家知识产权局实用新型专利2项；

（3）获得国家知识产权局系统软件著作权2项；

（4）在广东省交通厅"科技兴安"创新案例征集活动中获评科技创新技术装备产品重点推荐案例；

（5）中国（深圳）国际应急产业博览会2020年度全球应急产业先锋评选活动中获得"先锋项目奖"；

（6）系统对隧道防灾预警和在应急管理的

创新引起《广东安全生产》《中国减灾》刊物的　　重点关注和采编。

图3　可视化"一张图"综合展示

2.应用成效

根据用户反馈，本系统技术先进、功能实用、聚合程度高，能给隧道防灾预警和运维管理带来极大的帮助。实现对各类机电设备，特别是电力设备的运行监测及预警、对消防设施和隧道运维的有效管理，为相关监测人员和专家提供隧道安全运行研判所需信息，能实现分设备种类、分数据、分部门职能的应急处置，大大提升安全生产、应急处置的针对性，让决策人员能第一时间掌握突发事件动态，人员调度、资源调配等工作也更有效率和针对性，从而减少隧道管理工作的人力和经济资源成本30%以上。

本系统实现隧道防灾预警管理模式转变，由以前的"人防物防"向"技防"（利用现代技术对灾害防范）发展。本系统整合多种现代技术，依托"互联网+"，合理利用原有设备，应用信息化技术把安全隐患关口前移，注重源头管理和风险防控，多管齐下提升隧道安全水平。

在隧道设施运维管理中，隧道消防设施、电力设施等都属于不同的系统，平时监控中心工作人员需要打开多个不同的设备数据监测软件进行管理，导致运维管理费时费力且不科学，而本系统"管、养、防"高度信息化和"N+1+1"聚合模式的集约智能化设计和应用很好地解决了以上问题，使管理效率提高40%以上。

隧道机电设备和消防灭火器的全生命周期管理，以前全靠人工台账管理，可能会出现疏忽或错漏处理的情况，对隧道运行管理造成隐患，运维系统的电子记账提醒功能可以提前精准预警，运维信息化和精准程度可提高60%。

3.评估

经统计，2019年12月份系统运行至今：设备运行数据感知及故障预警率提高60%、故障处理时效性提高30%、设备监控工作效率提高40%、巡检覆盖率提高25%、统计分析报表准确率提高40%。

五、推广应用展望

我国在役公路隧道数量大，截至2018年底，全国共有公路隧道1.8万座，其安全运营面临严峻挑战。为促进隧道养护管理水平和运营安全水平全面提升，交通运输部于2019年初部署开展了公路隧道提质升级专项行动。因此，本系统的推广应用符合国家政策，应用前景广阔，可以为隧道应急管理提质增效，并可以取得非常好的经济价值和社会价值，进一步提高公路隧道养护水平和公共服务能力，为人民群众安全便捷出行和高效畅通运输提供更加安全可靠的保障。

案例 19 ▶ 港航安全生产重大风险防控

基本信息

申报单位：交通运输部水运科学研究院

所属类型：理论研究

专业类别：水路运输、港口营运

成果实施范围（发表情况）：全国港航领域，已获 2019 年"中国航海学会科学技术奖"一等奖

开始实施时间：2016 年

负责人：张宝晨

贡献者：褚冠全、吕广宇、李亚斌、胡玉昌、陈荣昌

案例经验介绍

一、背景介绍

水路运输对于我国国民经济的发展有着极为重要的意义。随着"一带一路"倡议的提出与"交通强国"等国家战略的实施，水路运输将承担更加繁重的任务，然而港航领域面临的安全风险状况还存在短板，水路运输风险防控能力与国家、人民群众日益增长的安全需求之间还存在一定差异，突出表现在：重特大事故或险情时有发生，港航领域安全生产形势较为严峻的现状没有得到根本扭转；个别领域特大安全风险底数、分布领域和成灾条件没有摸清，风险演变规律不明；风险防控措施零散、不系统，难以形成合力，缺少长效机制。现有的一般性风险辨识与防控理念及措施难以适应防控特大安全风险的需求，其突出问题表现为：①港航特大安全风险基础理论不完善，亟须构建港航特大安全风险概念体系，摸清领域分布；②港航特大安全风险的判定依据不明确，亟须系统研究风险因素的构成、时间空间分布、演变规律和成灾情形与条件；③传统安全风险防控理念在港航领域的应用不系统、不适用，亟须构建新的港航安全风险防控理

念；④港航特大安全风险防控措施需要进一步创新，亟须针对重点领域提出合理可行的风险防控措施。

为此，交通运输部2016年将港航特大安全风险防控列入重点调研计划，2017年又将"基于典型案例的港航特大安全风险防控研究"项目列入交通运输战略规划政策项目计划。项目结合当前我国港航领域安全生产实际，认真梳理分析存在的系统性安全风险，并在此基础上借鉴相关典型案例研究成果，研究提出有效管控重特大安全风险的对策措施，对建立健全我国港航领域安全生产长效机制、提升安全生产治理能力和安全管理水平具有重要的理论和实践意义。

二、项目目标

以我国港航领域可能导致百人以上伤亡或可能造成特别恶劣社会与政治影响的事故风险为研究对象，深入挖掘事故背后的深层次原因，研究汲取事故教训，总结事故应急救援与后续系统性预防措施的经验，透过现象看本质，分析事故寻规律，从而制定针对性措施，防范类似事故再次发生。

三、技术路线及成果

港航安全生产重大风险防控技术路线图如图1所示。

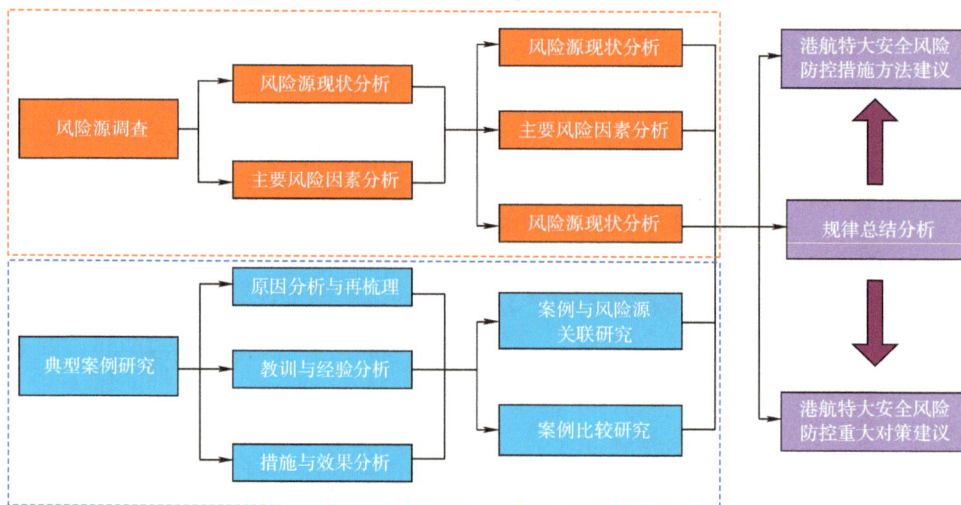

图1　技术路线图

本项目研究成果支撑形成中央和交通运输部规范性文件9部，出台行业标准3部，形成专著1部（已列入出版发行计划）、论文2篇、交通运输部优秀调研报告1部、警示教育片1部。

四、应用成效与评估

（1）研究成果支撑了中央和交通运输部一系列文件的出台，为指导行业防范化解重大风险提供了决策参考与技术指导。

研究成果支撑了9部中央和交通运输部规范性文件和3部行业标准规范的出台，对行业客观认识港航特大安全风险，掌握港航特大安全风险分布领域、风险因素构成、时间空间分布、演变趋势和成灾情形与条件提供了基本判断依据。研

究提出的港航特大安全风险防控措施，不仅为政府部门的决策提供了参考，也为行业防范港航特大安全风险提供了重要的技术指导。交通运输部安全与质量监督管理司在应用证明中指出：项目研究成果为部有关安全生产重大政策、一系列相关法规制度和标准规范制修订以及港航安全生产监督管理工作等提供了技术支撑。依据该项目成果，部印发了《水路运输安全生产重大风险防控实施方案》，并明确了港航特大安全风险防控主要任务分工等工作。

（2）研究提出的风险管理思路和防控措施在国家更高层次的战略部署中得以采纳。

研究提出的一系列风险防控思路和措施除了指导交通运输部、各省级交通运输主管部门、

海事机构以及救助、打捞等单位针对港航特大安全风险开展防控工作外，还在国家战略层面在更大范围、更高层次、更深程度上得到采纳：中共中央、国务院文件《交通强国建设纲要》提到了"基于船岸协同的内河航运安全管控与应急搜救技术研发""完善预防控制体系，有效防控系统性风险"等；交通运输部、发展改革委、财政部、自然资源部、生态环境部、应急部、海关总署、市场监管总局、国家铁路集团印发的《关于建设世界一流港口的指导意见》（交水发〔2019〕141号）中"加快平安港口建设"提到了多项相关要求。

（3）项目成果通过全国交通运输会议广泛交流，促进了港航特大安全风险防控理念的传播与措施的落实。

项目研究报告、拍摄的港航安全生产警示教育片等成果在2016年全国大型交通运输企业安全工作座谈会、交通运输部安全委员会2017年第一次会议、2017年全国交通运输安全生产视频会等多次会议上进行了交流与宣贯。2017年，交通运输部安全委员会召开专题会议，听取了项目研究成果的汇报，李小鹏部长在会上指出：研究成果非常丰富，对港航特大安全风险防控具有重要指导意义，提出的措施要纳入工作计划督查督办，持续几年抓好落实。水运领域把特大风险作为防控重点，走在了交通安全风险防控的前列。

五、推广应用展望

项目研究成果对于加强港航特大安全风险防控将起到积极的正向作用，有助于预防重特大事故的发生，减少因事故导致的直接经济损失、人员伤亡、生态及环境污染等价值数亿元乃至数十亿元的损失。研究成果对于促使我国港航企业、政府部门、行业相关单位重新认识港航特大安全风险，以及推动港航风险防控工作具有重要的指导作用，促进港航业健康、可持续发展。

项目达到了国际前列水平，培养了一批中青年专家和学术团队，为我国"十四五"乃至更长时期防控港航特大安全风险顶层设计提供了决策参考，为建设交通强国提供了港航安全方面坚实的支撑。

案例20 ▶ 涉水重大交通基础设施安全管理规划与实践

基本信息

申报单位：宁波舟山港主通道项目工程建设指挥部

所属类型：理论研究

专业类别：交通工程建设

成果实施范围（发表情况）：浙江、广东、江苏等10余个涉水重大项目

开始实施时间：2017年9月

负责人：蒋 强

贡献者：吴 博、伍建和、韩成功、谢启迪、徐项通

案例经验介绍

一、背景介绍

涉水重大交通基础设施项目投资费用多、工程规模较大、社会关注度高，往往对地方经济、社会发展甚至国家战略产生较大影响，但其施工难度也普遍较大、内外部交叉施工较多、施工环境也较恶劣、安全风险较高，其安全生产管理是一项系统的、复杂的工作，是项目建设管理过程中的重点和难点。

以宁波舟山港主通道项目为例，项目施工高峰期，主体工程施工、监理标段15个，作业工人

5000余名，大型、特种设备11类、近200台套，船舶7大类、120余艘。建设单位作为管理中枢对项目安全生产具有十分重要的导向作用，若建设单位在施工开始后，再逐一完善项目安全管理体系、寻找安全管理措施，很有可能陷于常规事务性工作，而难以对项目安全生产进行系统性的管控，对人员生命安全保障、工程高效推进造成巨大挑战。

项目安全生产管理规划作为安全策划活动的一种，通过研究分析和评价工程施工中风险因素，把安全管理的意图转变成定义明确、系统清

晰、目标具体且富有策略性的运作方案，进而保障涉水重大交通基础设施项目建设安全已成为安全生产管理的首选。

二、项目目标

在涉水重大交通基础设施项目开工前，通过编制项目安全生产管理规划，统一参建各方的安全生产管理思路，全面系统地对项目安全生产进行管控，规范项目建设安全管理行为，提升项目建设安全生产水平和安全管理实效。

三、技术路线及成果

在乐清湾大桥及接线工程编制《安全管理大纲》并成功实践的基础上，同班安全管理人员来到主通道指挥部，运用安全系统工程的原理和方法，充分考虑"人、物、环、管"4大要素和"事前策划、事中监管、事后处置"3个过程，把对安全生产工作的高度重视转化为具体的工作思路和方法，编制项目《安全生产管理规划》（图1，以下简称《规划》），明确了项目安全管理的"357"路线（图2）。

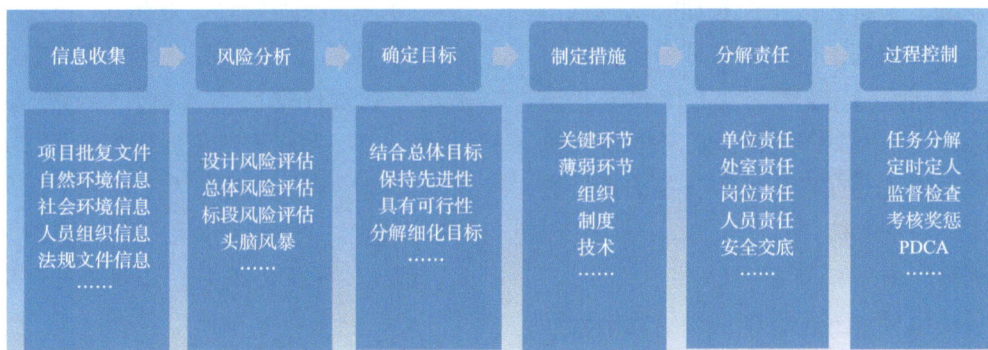

图1　项目安全生产管理规划流程及要点

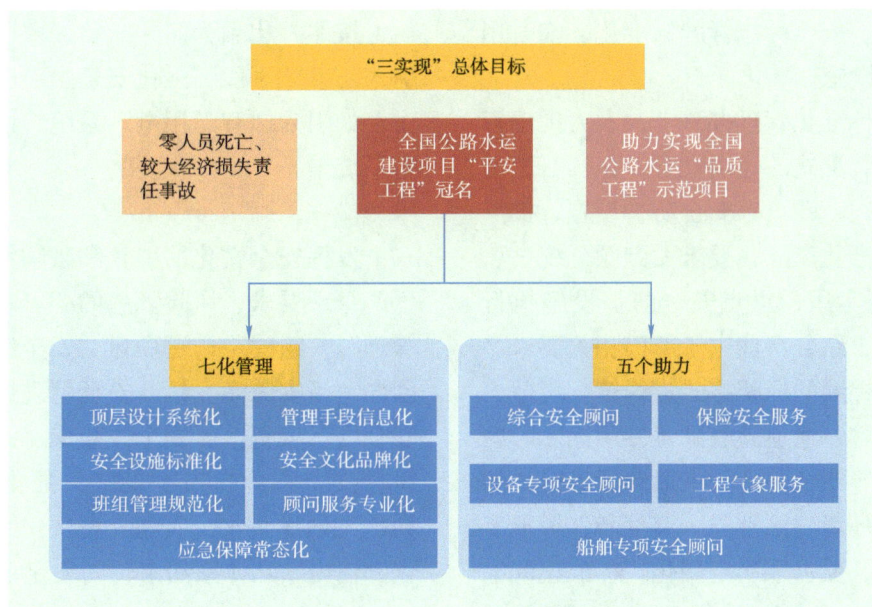

图2　主通道项目"357"安全管理路线

（一）安全管理理念

依法治安、标化保安、科技兴安、文化助安，向管理、向基层、向科技、向文化要安全。

（二）安全管理目标

实现"零人员死亡、零较大经济损失主要责任事故"，实现全国公路、水运建设项目"平安工程"冠名，实现"智慧安监"助力全国"品质工程"示范工地创建，并努力打造海上桥梁安全管理的典范，树立安全文化建设的品牌。

在"三实现"总目标引领下，细化控制性指标和日常安全管理对象指标要求。

（三）安全管理举措

1. 顶层设计系统化

使安全管理有章可循、关口前移，建立责任体系、制度体系、监督考核体系和应急保障体系。明确设备、船舶、工程车辆、作业人员等准入机制，从源头上降低项目安全管控风险，印发相关制度、办法、手册，把相关管理要求写入招标文件并进行专项交底，使安全管理要求明确、有章可循、关口前移，提高安全工作效率和质量。要求项目部统一增设安全总监岗位和船机部，监理办统一增配船舶安全监理，相关人员进场须通过笔试、面试考核。

2. 安全设施标准化

推进工程建设领域安全设施的供给侧结构性改革，把"物"的标准化作为项目安全生产工作的基础。推行安全设施标准化，减少现场安全隐患、提升本质安全水平，包括通道标准化、安全防护设施标准化、安全标志标牌标准化、临时用电标准化、专用设施标准化。

制定《通道标准化管理办法》，大力提倡智能化、定型化、装配式的通道设置，并实行通道验收制；针对临边、孔口等安全防护设施，推广使用定型化、标准化产品，要求做到颜色统一、规格一致、方便实用，重点安全防护设施执行"首件验收制"；结合行业主管部门相关要求，对全线安全标志标牌的框架格式进行统一规范，对设备信息公示牌、通道验收牌等专用标志牌内容进行统一，倡导亲情关怀、卡通动画等形式的标牌；针对海洋环境腐蚀性强、湿度高、触电事故风险高的情况，要求采用定型化、标准化配电箱，强化顶层设计，减少明线；对海上钢管桩、承台通航安全警示灯、旗和钻机防护棚、泥浆箱以及氧气瓶、乙炔瓶专用吊篮等专用设施进行规范统一。

为破解同一项目的不同标段或同一标段的不同工点差异化问题，推行"工点工厂化"管理。即以施工工点为落脚点，根据区域功能划分和施工便利性、安全性，融合通道、标牌、设施等安全标准化管理要求，做好布局谋划和日常管理。在方案编制时明确"工点工厂化"布局图，施工前监理办照图验收并签字确认，打造规范统一的"移动工厂"。

3. 班组管理规范化

以培养产业工人为导向，建立"实施有标准、操作有程序、过程有控制、结果有考核"的班组管理体系，按照"管理方便、界定清晰、责任明确"的原则划分作业班组，建立指挥部-监理办-项目部-工区-班组的5级"网格化"管理体系，明确责任部门及人员，推行班组"首件认可制"，以考核奖惩督促班组落实"6S""6步走"管理要求，改善工人工作和生活环境，组织开展班组经验交流活动和"最美班组""最美工人"评比，发挥班组力量开展"三微改"。

4. 顾问服务专业化

根据需要引入安全顾问服务，充分发挥专业力量，提升项目安全生产保障能力。

5. 管理手段信息化

按照"化繁为简、减负提效"的原则，积极引入信息化手段，强化安全生产工作科技支撑能力，如引入"智慧用电"系统、设备安全监控预警系统等。

6. 安全文化品牌化

发挥安全文化的引领和激励作用，推行安全生产管理要求、风险隐患的"可感（视、听）化管理"，组建主通道项目"安全生产专家库"，创办"平安跨海大桥"安全管理论坛，统筹建设安全警示教育馆、安全体验馆、海上安全驿站、质量安全积分超市等设施，强化追责问责文化和争先创优文化，实现安全文化引导、认同、内化、输出，从体系约束转向文化自治。

7. 应急保障常态化

给危险岗位人员发放应急处置卡（手册），在危险区域醒目位置设置应急处置牌、贴纸等，在隧道、海上平台等危险点统一设置应急物资储备室。坚持"早研判、早部署、早落实"原则，实现"人员零伤亡、财产零损失、工期少影响"目标。

（四）安全顾问服务

按照"依法依规、立足需求、确保实效、经济合理"的原则，引入设备专项安全顾问服务、综合性安全顾问服务、工程专项气象服务、保险安全服务、船舶专项安全顾问服务。

《规划》还提出了海上安全管理的具体措施，明确了参建各方、指挥部各部门的安全管理职责。

四、应用成效与评估

主通道项目实施3年多以来，安全生产形势保持总体平稳，无人员死亡、较大经济损失生产安全责任事故发生，安全文化建设、安全标准化等工作中的亮点得到了各级领导的一致肯定，在省局执法大检查中连续5次荣获第一名，承办了国际桥梁会议、全国桥梁会议和省交通投资集团安全标准化现场会等活动，申报的全部施工标段3次获评舟山市"平安工地"示范合同段，并参与行业《公路水运工程生产安全事故应急预案编制要求》、浙江省《跨海桥梁项目建设安全管理指南》和《公路水运工程安全标准化图册》等编制。

五、推广应用展望

2015年2月，申报单位及主要申报人率先在乐清湾项目编制并实施项目《规划》，效果显著，乐清湾项目成为交通运输部和浙江省重点关注的平安工程和品质工程建设项目，并承办了全国"品质工程"现场推进会。此后，台金东延段二期、宁波舟山港主通道等多个项目开始实施此项工作并不断完善优化《规划》，"357"安全管理思路和做法在浙江省内得到广泛认同，开展安全规划已于2019年被列入浙江省"平安工地"和省交通投资集团建设项目考核内容。

第二篇

重点推荐案例

案例1 ▶ 福建省省级港口危险货物安全监管综合服务平台示范工程

基本信息

申报单位：福建省港航事业发展中心

所属类型：安全管理

专业类别：水路运输

成果实施范围（发表情况）：适用于省、市级港口危险货物企业的经营资质监管、作业申报审批、危险货物储量动态监管、安全检查及隐患排查、安全风险分级管控、效能督查等安全监管相关工作

开始实施时间：2017 年 5 月

负责人：张子闽

贡献者：林民标、白　晶、张显松、谢友明、谭莹光

案例经验介绍

一、背景介绍

为贯彻国家发改委、外交部、商务部联合发布的《推动共建丝绸之路经济带和 21 世纪海上丝绸之路的愿景与行动》，积极推进福建自由贸易园区建设和福州、厦门海上丝绸之路建设工作，福建省迫切需要围绕港口转型升级，优化港口环境，提升港口竞争力。而港口安全管理作为"综合交通、智慧交通、绿色交通、平安交通"建设的重要内容，一直以来，得到了福建省人民政府、

福建省交通运输厅和福建省港航管理局等管理部门的高度重视。

2017 年 1 月，交通运输部正式下发了《港口危险货物安全监管信息化建设指南》（交办水〔2016〕182 号）（以下简称《指南》），指导和规范全国各地区港口行政管理部门开展港口危险货物安全监管信息化建设工作。之后，交通运输部发布《关于开展智慧港口示范工程的通知》（以下简称《通知》），指出应着力创新以港口为枢纽的物流服务模式、安全监测监管方式，从推进港口智慧物流建设、港口危险货物管理智能化建设和港口危险货物监管智能化建设等3个方面，开展智慧港口示范工程建设，并重点针对省级港口行政管理部门，要求其按照《指南》提出的内容规范要求，结合各自对港口危险货物安全监管信息化建设的理解，启动智慧港口示范工程项目申报工作。

借此契机，福建省交通运输厅和省港航事业发展中心结合近年来在港口危险货物安全管理和港航信息化建设的成果，围绕《福建省港口危险货物安全监管工作规定（试行）》提出的福建省港口危险货物企业现场检查工作（即"37项检查"）的实际需求，于2017年3月启动了智慧港口示范工程的申报工作，提出建设"福建省智慧港口示范工程（港口危险货物安全监管综合服务平台）"，围绕"要素全息化、服务柔性化、系统协同化、决策智慧化"的建设目标，利用信息化手段加强港口生产的安全管理，提高安全监管的有效性。在已建福建省港口设施保安和安全管理信息系统的基础上，构建福建省省级港口危险货物安全监管综合服务平台，以满足港航管理人员对港口危险品的安全管理工作需要。

二、项目目标

本示范项目是在构建基于"全省一盘棋、服务一窗口、管理一体系、应用一张图"理念的全省统一平台框架的思路指导下，贯彻"统筹规划、需求导向、先进实用、开放共享"的总体原则，以提升港口安全监管与服务效能为主线，重点围绕交通运输部对智慧港口示范工程和港口危险货物安全监管信息化建设的具体要求，突出港口安全监管及效能督查等重要业务线，提出以现有福建省港口管理信息系统为基础，打造形成省级的港口危险货物安全监管综合服务平台，实现全省港口安全监管业务的信息化综合管理。为全省港口行政管理部门、港口企业提供全面的信息化支撑服务，有力提升福建省港口危险货物安全监管的信息化水平和工作效率，并作为示范工程在全国沿海港口行政管理部门港口危险货物安全管理方面进行示范应用。

三、技术路线及成果

1.技术路线

本工程将移动互联网、物联网、大数据、机器学习、"互联网+"、云计算、视频融合等信息技术与港口业务深度融合，秉承"统筹、协同、开放、服务"的发展理念，坚持以"以政策法规为指导、以问题需求为导向、以数据为基础、以创新技术为手段、以安全制度为保障、以使用效果为检验"作为基本原则；通过将港口安全监管全流程大数据技术应用作为"智慧基础"，运用物联网技术搭建的港口动态信息实时监控形成"智慧支撑"，应用"互联网+"技术整合港口、海事、气象、安监等行业数据形成"智慧监管"，使用"机器学习"技术对风险评估与效能督查模型不断优化打造"智慧督查"，推动港口安全监管平台的智能化发展，最终形成"智慧应用"。

2.建设成果

本工程是交通运输部重点推进的省级港口行政管理部门"智慧港口"示范工程项目，全面实现了福建省港口危险货物安全管理"一个平台、一套数据、一幅地图、一张看板"。

"一个平台"：通过优化全省港口安全监管业务模式，为管理部门和企业提供"一站式"统一服务平台，真正让"企业少填报、数据多跑路"。

"一套数据"：汇聚了全省63家港口危险货物作业企业的安全监管动、静态数据，深入挖掘数据价值，建立港口企业数据画像，实现安全作业风险预警、智能统计分析等数据应用。

"一幅地图"：通过整合港口基础信息、安全管理信息、作业动态信息、重点监管信息、风险预警信息、船舶动态信息等多维度数据，实现基于高清影像图的港航基础要素及监管要素等6类48项动静态信息的集中展现。

"一张看板"：利用评价指标自动计算、数据交叉比对预警、关键环节智能提醒等技术，建立基于数据维度的可视化看板，为普通管理人员和决策领导提供不同需求和视角下的辅助决策支持服务。

四、应用成效与评估

（一）应用成效

1.建立了"全省一盘棋"的港口危险货物安全管理模式

本示范工程在国内沿海港口资源整合的发展形势下，立足"全省一盘棋、服务一窗口、管理一体系、应用一张图"的发展理念，由省级港口行政管理部门统筹考虑、规范"省-地市-企业"三级架构下港口危险货物安全监管工作，全面满足交通运输部《港口危险货物安全管理信息化建设指南》的要求，解决了省内各地市港口行政管理部门对港口危险货物安全管理信息化理解不同和管理精细度差异等问题，从而形成了"全省一盘棋"的港口危险货物安全管理新局面和安全管理信息化建设模式。

2.建立了港口危险货物安全管理过程动态监管方式

本示范工程结合福建省发布的《福建省港口危险货物安全管理规定》和"港口危险货物企业37项安全检查"工作规范，进一步理顺全省港口危险货物静态、动态信息的全要素管理，贯彻"互联网＋安全监管"的思路，将企业生产动态数据、作业上报数据与港口行政管理部门掌握管理信息相结合，为管理部门提供了动态安全监管工作的新手段和新方法，并随着管理部门移动智能终端的应用与服务拓展，进一步强化了福建省港口行政管理部门的全过程动态监管能力，是一种对传统安全监管方式的应用创新。

3.实现了沿海港口危险货物作业企业的安全风险科学评估方法

本示范工程通过全省统一的港口危险货物安全管理平台，汇聚了"省-地市-企业"的港口危险货物静态管理、动态监管数据，综合利用互联网、关联数据分析等技术，在港口危险货物安全监测预警、信息自动比对、数据智能提醒、安全风险评估、港口安全统计分析、数据决策支持等方面开展创新应用，探索沿海港口危险货物作业企业安全风险评估模型与自动化评估方法，为管理部门提供柔性敏捷的决策服务，突出了管理智能化、决策智慧化。

4.建立了港口危险货物"一张图"的可视化监管和数据服务

本示范工程贯彻了"应用一张图"的管理与服务理念，针对汇聚的动态监管和静态管理数据，利用二维地图、空间影像、视频接入等技术，推动建立各类港口危险货物安全管理要素资源的可视化展现，实现管理部门的可视化监管目标，进而将港口危险货物安全管理、船舶动态、危险货物存量储量、港口危险货物作业动态、作业监控视频等信息加载到可视化地理信息平台，为管理部门、企业提供直观、便捷的数据管理和查询服务，推动可视化监管和数据服务的应用服务。

（二）成果评估

项目完成了既定的建设目标，项目建设成果实现了"4个100%"，即"危货作业在线申报率达100%、重点监管的危货企业视频监控覆盖率达100%、危货企业上线覆盖率达100%、集装箱企业堆场动态数据对接覆盖率达100%"。

五、推广应用展望

2019年交通运输部联合9部委出台《建设世界一流港口的指导意见》，明确提出打造一流设施、一流技术、一流管理、一流服务，建立省级港口危险货物安全监管平台，各地港航管理部门均有迫切的建设需求。本工程作为全国首个完成的省级港口行政管理部门港口危险货物安全监管服务平台示范项目，对于水运领域打造福建省世界一流港口、加快推进平安港口建设具有重要的示范意义和推广价值。

（1）在科技创新驱动管理服务模式优化、深化电子政务发展方面具有较好的应用示范意义。工程综合利用云计算、大数据、移动智能应用等技术，通过多源数据交叉比对、数值判断分析模型、港口危险货物风险评价指标模型、安全风险预警等智能化应用，实现网络排查和现场检查相结合、线上线下服务联动、安全隐患闭环管理，构建了基于"互联网＋移动应用"的港口危险货物安全监管服务新模式，有力支撑了福建省港航管理部门"放管服"改革工作。对于国内其他港口在建设"四个一流"过程中强化本质安全、推进双重预防机制建设、提升安全保障与应急能力等方面具有较好的示范意义。

（2）在加强数据资源应用、利用数据资源赋能港口安全监管方面具有较强的示范意义。工程按照统一的标准规范建设了福建省港口危险货物安全监管数据库，实现了港口危险货物安全监管相关动静态数据汇聚，为港口危险货物作业企业数据画像、安全大数据分析、港口危险货物作业安全风险指数评价、港口安全风险预警提供了扎实的数据基础。实现了港口危险货物作业全过程的可视化监管和信息全景展现，在数据资源赋能港口安全监管工作方面做出了应用示范。

（3）在促进福建省港航协同发展、优化口岸营商环境方面发挥了较好的应用示范效应。工程建立了对外统一的数据交换共享服务规范，打通了平台与其他管理部门、平台与企业之间的数据共享交换渠道、提高了安全监管的精准性，实现了港口危险货物安全相关数据的交换共享服务，对于促进港航协同发展，提高港口数据整合与服务水平具有较好的应用意义。

下一阶段，将深入贯彻落实党的十九大精神和习近平新时代中国特色社会主义思想，紧紧抓住21世纪"海上丝绸之路"核心区及福建省自贸区建设的重要战略机遇，围绕建设"交通强国"的发展战略，坚持"有效监管、优质服务、创新发展"的工作理念，以"云、大、物、移"等新一代信息技术与水运行业的深度融合为核心，大力推进福建省港航暨地方海事信息化建设，由"单一的业务应用支持"向"集成化应用协同与资源整合"方向发展，积极推动全省港航管理部门、海事部门、口岸单位之间的信息共享与业务协同，切实提升管理与服务水平，实现福建省各级港航管理机构的高效管理、优质服务、科学决策。

案例 2 ▶ 西部山区警示教育基地安全小屋

基本信息

申报单位：贵州省交通运输厅

所属类型：安全管理

专业类别：道路运输

成果实施范围（发表情况）：2019 年在客运站场、驾校、高速公路服务区完成试点建设 5 个道路运输安全小屋。2020 年在全省各市（州）扩大试点建成 18 个道路运输安全小屋并应用，在全省高速公路服务区选点，建成 6 对 12 个道路运输安全小屋并应用

负责人：罗卫华

贡献者：刘正发、王明鸣、刘孝虎、张晓迪、黎家沧

案例经验介绍

一、背景介绍

随着城乡居民收入增加和交通基础设施不断改善，贵州省汽车保有量迅速增长，2008—2018 年，机动车保有量从 167 万辆增加到 770 万辆（其中营运车辆 23.7 万辆），道路运输已成为人民群众日常生产生活中不可或缺的公共服务产品，更密切关系到每个家庭的幸福生活。由于西部山区道路蜿蜒崎岖、山高坡陡、临崖临水，贵州、云南、四川、广西和重庆 5 个西部省份每年的交通事故数量及死亡人数占全国 1/4。为深入贯彻落实党的十九大提出的"树立安全发展理念，弘扬生命至上、安全第一"思想，我们坚持把道路运输安全作为新时代贵州交通高质量发展的"先手棋"来抓。国际、国内道路运输权威机构对"人、车、路、环境"四要素对行车安全的影响的研究成果表明，"人"是最主要因素，贵州省 90% 以上的道路运输安全事故也是驾驶人造成的，提升驾驶人的安全素质迫在眉睫。传统道路运输安全教育培训模式，普遍存在教育方式单一、形式

主义、驾驶人积极性不高、教育针对性不强、培训效果不理想等问题，亟须探索一条以人为中心的"人性化"教育培训新路，以适应新时代道路运输安全发展和人民群众安全出行的实际需要。2019年，经交通运输部与贵州省人民政府批准，建成了全国首个"体验式"西部山区道路运输安全教育培训基地。

二、项目目标

结合省道路运输企业及从业人员点多、面广、线长的实际，为有效解决基地覆盖全部从业人员耗时长、难度大的问题，充分发挥驾培学校、客运场站、高速公路服务区等行业资源，积极推广建设道路运输安全小屋，设置驾驶员测评、模拟体验、应急处置和安全知识宣讲等主要功能，使广大从业人员及一般驾驶员都能够就近就便参加体验教育，从而形成以基地为中心、以安全小屋为支点的"1+N"安全教育体验场景辐射圈。

三、技术路线及成果

西部山区警示教育基地技术支持方为贵州交通职业技术学院和人民交通出版社股份有限公司，两大支持方提供了900余个道路运输行业安全管理的教育视频，视频内容覆盖各类安全教育关键节点，企业安全管理人员只需要按照平台推荐的培训计划组织督导企业内各类从业人员进行学习，目前已有近6万人在系统注册，覆盖全省1000余家运输企业。截至2020年底，已在客运站场、驾校、高速公路服务区建成36个道路运输安全小屋并应用。

四、应用成效与评估

自培训基地、安全小屋及教育平台投入运行2年来，已累计培训从业人员100余万人次。全新的"体验式"教育培训，不仅让驾驶员"亲身体验"安全驾驶与违法驾驶的悲喜人生，起到"一次体验胜过十次说教"的效果；也为道路运输管理部门及运输企业构筑了"防火墙"，全省道路运输安全工作形势正呈现"三个转变"，即：从"要我学"向"我要学"转变、从"要我安全"向"我要安全"转变、从"被动监管"向"主动监管"转变。全省"两客一危"驾驶员超速、疲劳驾驶等违法违规行为明显减少；客车驾驶员发班前主动向乘客做安全宣传的比例大幅提升至98%以上；使道路运输企业及从业人员筑牢"抓安全就是抓发展、抓安全就是抓效益"的理念，夯实道路运输市场基础，全省道路运输安全事故起数和死亡人数实现双下降。

五、推广应用展望

从2021年起，将继续重点在全省一级客运站和高速公路服务区进行推广建设，实现9个市（州）全覆盖；至2025年底，将实现88个县（市、区）全覆盖，形成以"基地"中心、以"安全小屋"为支点的"1+N"安全教育体验场景辐射圈。充分运用移动互联网技术，实现线上、线下融合的"全覆盖、全融合、全教育"的教育模式。通过"基地"和"安全小屋"线下教育场地和线上教育平台的普及，最终形成"一中心＋多平台＋N节点"的道路运输安全体系，进一步拓展贵州道路运输安全监管模式。

案例 3 ▶ 公路、水路行业安全生产风险辨识评估管控基本规范

基本信息

申报单位： 交通运输部规划研究院

所属类型： 安全管理

专业类别： 综合监管执法

成果实施范围（发表情况）：成果广泛实施于公路、水路交通运输安全生产风险管理业务指导、咨询、服务，以及风险辨识、评估和管控（2018 年 11 月 16 日以交安监〔2018〕135 号文下发行业）

开始实施时间： 2018 年 11 月

负责人： 李琳琳

贡献者： 徐志远、石良清、章稷修、李柏丹、鲁　迪

案例经验介绍

一、背景介绍

党中央国务院高度重视安全生产风险管理体系建设。2016 年 10 月，国务院安委办下发了《关于实施遏制重特大事故工作指南构建安全风险分级管控和隐患排查治理双重预防机制的意见》，要求协调有关部门制定完善安全风险管控的通用标准，推动建立统一、规范、高效的安全风险管控和隐患治理双重预防机制。

部党组高度重视并贯彻落实党中央国务院关于安全生产风险分级管控体系建设的有关工作部署。2015 年 11 月，交通运输部党组副书记、副部长冯正霖主持召开了交通运输安全生产风险管理试点工作专题会议，要求加快安全生产风险管理制度体系建设。

为积极推进公路水路交通运输行业安全生产风险管理工作，提升行业管理部门业务指导能力，引导行业生产经营单位主动辨识和评估风险，并实施有针对性的风险管控，从而达到有效预防和减少各类风险事件的发生、保障人民群众生命财产安全的目的，本项目以《安全生产法》为指导，重点开展了公路、水路行业安全生产风险辨识、评估、管控等理论和实践研究，并制定了《公路、水路行业安全生产风险辨识评估管控基本规范（试行）》，该研究成果已于 2018 年 11 月 16 日在行业内发布。

二、项目目标

研究提出《公路、水路行业安全生产风险辨识评估管控基本规范》（以下简称《基本规范》），针对性地解决公路水路交通运输行业存在的风险辨识、评估、管控能力不足等问题，积极推进公路水路交通运输行业安全生产风险管理工作，提升行业管理部门业务指导能力，引导行业主动辨识和评估风险，并实施针对性的风险管控，从而达到有效预防和减少各类风险事件的发生、保障人民群众生命财产安全的目的。

三、技术路线及成果

根据研究内容及定位，本课题以国内外风险管理相关理论、标准等文献研究为基础，综合汲取 2015 年 6 月到 2017 年 12 月开展的全国风险管理试点工作经验，通过风险管理基本理论模型的引入，开展了公路水路交通运输风险评估方法模型的构建，并采用典型案例数据分析法、专家法等开展了实证研究，保障了研究的科学性、创新性、先进性，以及较好的实操性和推广应用价值。

（1）围绕风险管理相关理论和实践研究需求，对国内外风险辨识、评估、管控等相关科研成果、学术论文、研究报告、标准规范等进行了文献研究，并对部组织开展的历时两年半、涉及11 个业务领域、12 个省市、8 家行业管理部门、20 家行业企业的风险管理实践经验和教训进行了总结和梳理。

（2）立足人、设施设备、环境、管理等系统性风险管理需求，以及风险管理随业务范围、生产区域、管理单元、作业环节、流程工艺等的变化而动态变化的需求，研究构建了公路水路交通运输行业风险管理的基本思路、原则、流程、要求和评估方法模型。

（3）以研究成果为基础，选择典型事故案例 14 起，并邀请行业内外 6 位专家进行风险评估实操打分，根据专家意见和建议，对研究成果中的指标量化比例关系、分制选择、指标取值范围区间等进行了修正。

研究成果为：《公路水路行业安全生产风险辨识评估管控基本规范（试行）》。

四、应用成效与评估

项目研究成果已于 2018 年 11 月 16 日发布，在指导行业分业务领域、分区域各类标准规范制定方面，以及通过行业宣贯培训指导生产经营单位开展风险管理工作方面成效显著：

（1）《基本规范》作为上位规范下发后，交通运输部，以及 31 个省级行业管理部门积极推进了分业务领域风险管理规范、标准、指南等的制定工作。截至 2019 年底，在《基本规范》指导下，先后制定了《港口安全生产风险辨识指南》《天津市交通运输企业安全生产风险辨识评估管控指导手册》（分 19 个业务领域）等行业风险管理制度、文件达 50 多个，有效支撑了行业风险管理工作的深化推进。

（2）交通运输部，以及 31 个省级行业管理部门积极推进了该《基本规范》的宣贯和应用工作。截至 2019 年底，行业生产经营单位的人员及从业人员参与培训累计超过 5 万人次。部分省市全面推进风险管理实操工作，以天津市为例，实现了全市共 81683 个风险单元的辨识、评估和管控等工作，有效支撑了天津市公路水路行业风险预防预控工作的科学推进。

五、推广应用展望

《基本规范》下发应用已满 1 年，交通运输部、部属单位，以及 31 个省级行业管理部门，在《基本规范》的指导下，积极开展了相关标准规范指南等的制定，以及面向生产经营单位等的政策宣贯工作，该《基本规范》已经成为引领和推动行业风险管理工作的重要抓手。但鉴于我国公路水路交通运输行业风险管理工作刚刚起步，行业管理部门业务指导能力仍须不断精进，生产经营单位仍须通过风险辨识、评估和管控工作的自我检查、自我纠正和自我完善，逐步形成持续改进的公路水路行业安全生产风险管理长效机制，具体推广应用展望如下：

（1）《基本规范》将继续指导行业风险管理标准规范指南等的制定工作。目前，部级相关司局、省级交通运输管理部门在《基本规范》的指导下，已制定了近50个行业制度性文件，未来将分业务领域、分区域、分生产经营单位指导至少200个指南、制度文件等的编制工作。

（2）《基本规范》将深入指导生产经营单位风险管理工作，助力行业风险管理工作的纵深发展。《基本规范》是行业风险管理的上位规范，根据部风险管理持续推进相关工作要求，未来将逐步推广应用到全国所有的行业管理部门、公路水路行业生产经营单位，指导各类从业人员开展工作。

案例4 ▶ 南京市旅游包车客运安全管理试点示范工程

基本信息

申报单位：南京市交通运输综合行政执法监督局

所属类型：安全管理

专业类别：道路运输

成果实施范围（发表情况）：南京市道路旅客运输行业

开始实施时间：2020年5月

负责人：钱成林

贡献者：曹成伍、聂　华

案例经验介绍

一、背景介绍

南京市属道路旅客运输企业共有103家，包含省际旅游包车企业76家，市区包车企业27家，总车辆数3000多辆，年申请备案旅游包车标牌7万趟次。旅游包车客运作为道路旅客运输的重要方式，经营方式较为灵活，但法律法规对旅游包车的安全例检、行包安检及旅客实名制管理等尚未提出明确要求。近年来，全国范围内旅游包车事故时有发生，安全风险不断加大。为深入贯彻国家和省、市关于安全生产工作的部署和要求，

督促企业树牢安全生产主体责任意识，排查整治行业薄弱环节，着眼于解决当前突出问题，有效化解行业安全生产风险，为此，聚焦旅游包车"车辆例检如何落实、行包安检如何落地、旅客实名制如何实现、动态监控如何闭环"等关键问题，2020年5月起在南京市开展了旅游包车客运安全管理试点工作，着力在国内旅游包车行业率先实现制度突破，融合信息管理系统，协同部门工作合力，强化运游全程管控，逐步形成安全引领、南京特色的旅游包车客运安全管理模式，努力打造一个既具有本地特色，又可被复制推广的"南

京样板"。

二、项目目标

本项目旨在进一步完善建立安全监管体系，强化责任和目标管理，压实企业安全主体责任，针对客运行业实际问题，强化企业安全管理意识和能力，细化管理措施、规范管理台账，积极思考行业安全监管工作新思路、新办法，夯实行业安全监管措施，实现长效管理。

三、技术路线及成果

实施旅游包车例检制度，深度整合"旅运金陵"运游服务平台和运政在线系统、营运车辆技术管理系统、重点营运车辆联合监管系统，实现后台数据联通、信息层层筛选，建立合规运力"白名单"，对驾驶员教育管理、车辆技术管理和运行监控管理各要素进行整合，"一处违规、处处受限"。

（1）升级运政在线系统。升级运政在线包车标贴申领系统，在客运企业申领包车标贴时，由系统自动规划路径，实现运营里程自动匹配，对上趟次包车标贴执行情况进行比对，督促企业标贴申领和履行行为规范；开发和完善运政在线"定向停审"功能，针对禁行区域、违规车辆，采取限制发放包车标贴措施。

（2）启用营运车辆技术管理系统。推广应用营运车辆技术管理系统，整合车辆例检、维护、检测和电子档案功能，督促客运企业加强所属车辆技术管理，落实各项维护和检测要求，实现车技管理异常数据实时报警、督促整改，实现车辆技术管理闭环，确保营运车辆维护周期计划落实。系统自动将已落实维护要求的营运车辆"白名单"实时推送至运政在线。

（3）用好重点营运车辆联合监管系统。应用好重点营运车辆联合监管系统，通过移动端，应用电子戳技术和人脸识别技术，由驾驶员实时上传教育答题结果和行车日志记录，督促驾驶员接受日常培训教育、落实好车辆日常维护要求。

四、应用成效与评估

正式实施3个月以来，南京市旅游客运车辆累计申领标牌数2万件，安全例检数2.3万起，驾驶员每天出车前、行驶中、收车后对车辆日常维护检查（一日三检）数25万起，基本实现：

（1）车辆技术状况有保障。实施旅游包车车辆安全例检，强化二级维护、技术检测和日常维护，确保车辆技术状况良好。

（2）实名制和行包安检有落实。实施旅客实名制和行包安检管理，落实安全监管要求。

（3）运行监控确保无空当。强化联网联控和主防系统的应用，厘清委托双方的责任边界，将受委托监控企业纳入行业监管，确保监控全过程管理。

（4）经营者优选机制初步建立。培育一批安全、规范的旅游包车客运企业和旅游经营者，引导优优对接，促进行业正向发展。

五、推广应用展望

满足经济社会发展和广大人民群众对旅游包车客运行业发展的新要求和新期盼，树牢安全发展理念，融合信息管理系统，形成部门工作合力，强化运游全程管控，逐步形成安全引领、有南京特色的旅游包车客运安全管理模式，推动南京道路客运行业安全高效发展，全面提升南京市旅游客运行业安全水平和服务形象，在全省旅游包车安全管理方面具有示范意义。

案例 5 ▶ 公交企业安全生产风险和隐患双重预防体系构建与实施

基本信息

申报单位： 济南公共交通集团有限公司

所属类型： 城市客运

专业类别： 城市公共汽电车

成果实施范围（发表情况）：

（1）《城市公共汽电车客运企业安全生产风险分级管控体系实施指南》（DB37/T 3211—2018），主导起草单位，已发布并实施；

（2）《城市公共汽电车客运企业安全生产隐患排查治理体系实施指南》（DB37/T 3212—2018），主导起草单位，已发布并实施；

（3）主编《城市公共汽电车客运企业从业人员岗位安全培训教材》，由人民交通出版社股份有限公司公开出版，为行业内首部双重预防体系安全培训教材；

（4）正在主导起草全国交通运输行业标准《城市公共汽电车安全生产隐患排查治理规范》[已列入交通运输部 2020 年标准（定额）项目]

开始实施时间： 2016 年 10 月

负责人： 姜　良

贡献者： 杨　桦、李玉涛、张兆强、姜　迪、苗子伦

案例经验介绍

一、背景介绍

城市公共交通安全工作事关人民群众的生命财产安全，事关公共安全和社会稳定。城市公交行业安全风险具有鲜明的行业特点：首先是人的因素方面，因人的不安全行为而导致的事故，

占事故总数的 80% 以上，驾驶员未按操作规程执行产生的误操作行为、存在侥幸麻痹心理发生的违法驾驶行为或因驾驶员情绪不稳定造成的开斗气车等行为，都属于人的不安全行为产生的风险因素；其次是物的因素方面，所用的车辆包括 LNG、CNG、纯电动等不同能源介质的公交车辆，不同的车辆可能导致不同的安全风险，如柴油、天然气等介质可能引起火灾和爆炸，而电动车辆也可能引起触电等事故，加油（气）站、充电站等固定场所在加油加气、充电作业时也很容易产生风险；第三是环境因素方面，城市公交行业呈现点多、线长、面广，客流量大的行业特点，部分路段交通参与者复杂、人车混行，环境带来的风险因素多变；最后是管理因素方面，城市公交企业多数是传统国有企业，规模大，成立时间长，企业安全管理模式大多从经验出发，缺乏创新性、科学性的管理方法。综合以上因素，城市公交安全管理难度较大，城市公交方面的重特大事故、事件时有发生，尤其是 2018 年重庆万州"10·28"城市公交车坠江事件、2020 年 7 月 7 日贵州安顺公交车坠湖事件，造成重大人员伤亡和财产损失，产生了恶劣的社会影响。如何有效管控风险、加强隐患治理，减少责任事故，保障城市公交安全运行，是全国公交行业普遍面临的迫切需要解决的问题。

二、项目目标

构建双重预防体系，坚持安全发展理念，弘扬"生命至上、安全第一"的思想，坚持关口前移、预防为主，制定完善企业双重预防体系制度文件，全员开展安全风险辨识；按照岗位责任，落实各级安全风险管控措施；全面排查、治理消除安全隐患，实施隐患闭环管理，事故预防工作取得明显成效。形成健全完善的双重预防体系，各级、各单位及各部门建立起双重预防体系并有效运行，安全生产管理工作专业化、标准化、精准化、智能化及安全生产整体预控能力明显提升，有效防范各类安全生产事故。

三、技术路线及成果

1. 加强组织领导，强化宣传教育与培训

一是完善组织机构。健全完善双重预防体系组织机构，成立了由企业主要负责人任组长的双重预防体系建设领导小组，定期对机制建设工作进行督导和考核。

二是完善制度体系。建立完善《安全生产风险分级管控制度》《隐患排查治理制度》《双重预防体系奖惩考核规定》等制度。

三是加强宣传教育与培训。将双重预防体系纳入年度安全教育培训计划中。编制《城市公共汽电车客运企业全员岗位安全培训教材和考核题库》，划分为公共安全知识、通用安全知识和岗位安全知识 3 大模块，细化 23 个岗位安全风险点。

2. 全面辨识安全风险，落实风险分级管控措施

一是全面辨识安全风险。对风险点按照作业活动、设施设备、固定场所、区域等单元进行划分。编制《作业活动清单》《设施设备清单》，并全方位、全过程排查和预判本单位安全风险。

二是风险评价与分级。采用作业条件危险性分析法（LEC），按照可能造成的事故等级后果及社会影响大小，将辨识出的风险划分为重大风险、较大风险、一般风险和低风险 4 个等级。

三是科学严密管控风险。从工程技术措施、培训教育措施、管理措施、个体防护措施、应急处置措施 5 个方面编制科学严密、操作性强的管控措施，对风险点实施有效管控。

四是实行风险分级管控。对辨识出的风险实行分级管控，形成《作业活动风险分级管控清单》《设备设施风险分级管控清单》。

五是实施风险清单管理和风险告知。建立风险分级管控清单，作为风险管控台账进行动态管理。对较大以上风险进行告知，为职工制作"岗位风险告知卡"，并设置明显警示标志。

3. 狠抓隐患排查整改，建立隐患治理长效机制

一是开展多层级的隐患排查。包括集团公司、分公司、车队（车间）、班组等各层级的内容，各层级的隐患排查内容与其管控风险基本一致。

二是开展多岗位的隐患排查。不只局限在安

全管理人员和一线从业人员，职能岗位人员也需要按照一岗双责的要求进行隐患排查。

三是开展多样化的隐患排查。隐患排查类型包括日常排查、专项排查和综合性排查，形式包括查台账、查原始记录、查现场等。

4. 强化动态风险管理，实现体系运行持续改进提升

一是建立定期评审制度，对下属 11 个分公司双重预防体系建设工作定期进行内部评审，对内部评审中发现的问题列出清单，并进行统一整改。二是推出"三三制一单据""315 安全工作法""六个一"安全活动、"红黑榜"排名机制等新的安全措施，不断深化双重预防体系的落地实施。

四、应用成效与评估

1. 健全完善安全管理体系，企业安全主体责任进一步落实

济南公交把双重预防体系作为核心内容，融合到安全生产标准化建设全过程，实现安全生产标准化与双重预防体系建设同步建设、互相促进、有效运行和持续改进。同时通过双重预防体系建设，进一步细化岗位安全责任，落实一岗双责，推行分层级管理，安全责任制得到进一步落实。组织编制行业内首部《城市公共汽电车客运企业全员岗位安全培训教材和考核题库》，从业人员的安全意识大幅提高，从被动的"要我安全"转变为主动的"我要安全"，职业健康水平明显提高。

2. 工作成效显著，安全管理水平不断提高

通过近 4 年的实践，济南公交初步建立了一套科学有效的风险隐患双重预防体系管理体系，形成了完善的制度和流程。2018 年，济南公交顺利通过省应急管理厅组织的双重预防体系建设评估，并取得交通运输行业省级标杆第 1 名的好成绩。通过开展双重预防体系，近年来，济南公交实现逐年事故起数、伤亡人数双下降，2019 年，济南公交事故起数较往年同期下降 4%；1000km 事故费用 51.2 元，较往年同期下降 52%；实现

安全间隔里程 535.4 万 km，较同期上升 91%；2020 年事故起数 42 起，较去年同期下降 24%；事故费用 384.7 万元，较去年同期下降 10%；1000km 事故费用 44.8 元，较去年同期上升 25%；安全间隔里程 504.6 万 km，较去年同期上升 2%；安全投诉 237 起，较去年同期的 559 起下降 58%；近年来，治安消防、后方安全生产实现 0 事故。

3. 行业示范意义重大，树立了良好的企业社会形象

一是得到社会各界的高度肯定。打造了双重预防体系建设"济南样板"，得到了交通运输部公交都市验收专家组和省、市交通及应急部门的充分肯定和高度评价；接待全国各地市行业主管部门和公交企业参观考察数十次，并在交通运输部管理干部学院、中国道路运输协会城市客运分会等主办的会议上多次做经验交流发言。

二是充分发挥示范引领作用。在起草制定地方标准的基础上，正在主导制定全国交通运输行业标准《城市公共汽电车安全生产隐患排查规范》；依托成立的第三方机构在山东、河南、河北等省市积极开展技术咨询服务，已服务单位超过 20 家，已服务的企业达 110 余家。

三是品牌影响力持续提升。济南公交已连续 13 年获评全国"安康杯"竞赛活动优胜单位，并曾荣获"全国十大见义勇为好司机评选活动单位奖""交通运输部安全生产标准化一级达标企业"等荣誉称号，行业知名度和社会影响力持续增强。

五、推广应用展望

双重预防体系的核心是风险管理，其构建与实施的过程本质上是风险管理在公交企业得到科学应用的过程，同时也充分考虑了我国现阶段安全管理的实际情况。本创新案例系统阐述了试点单位济南公交集团双重预防体系建设的实践探索经验，可供行业主管部门及其他企业参考借鉴，从而有效提升全行业的安全管理水平。

案例 6 ▶ 风险分级管控和隐患排查治理双重体系建设在高速公路运营管理企业的构建与实施

基本信息

申报单位： 山东高速股份有限公司夏津运管中心

所属类型： 安全管理

专业类别： 道路运输

成果实施范围（发表情况）： 所辖路桥运营单位

开始实施时间： 2018 年 11 月

负责人： 孙绪亮

贡献者： 尹鸿鹏、张明军、张庆新

案例经验介绍

一、背景介绍

1. 国家安全生产顶层设计及法规的需要

习近平总书记在 2016 年 1 月 6 日中央政治局常委会议上指出：必须坚决遏制重特大事故频发势头，对易发生重特大事故的行业领域采取风险分级管控、隐患排查治理双重预防性工作机制，推动安全生产关口前移。《中共中央国务院关于推进安全生产领域改革发展的意见》指出：构建风险分级管控和隐患排查治理双重预防工作机制，严防风险演变、隐患升级导致生产安全事故发生。

2. 持续规范高速公路企业安全管理的需要

高速公路行业安全管理的基本特点是点多、线长、面广，安全风险点多且分散，安全风险存在于日常管理的方方面面，既有影响公司生产经营的重大安全隐患，又有影响员工职业健康的安全风险。这对于安全管理难度和复杂程度不断提高的高速公路运营企业而言，无疑是亟待解决的一个难题。

3. 不断满足外部顾客服务要求的需要

破解现行高速公路企业安全风险管控针对性

不强、管理标准不统一问题；持续满足使用者不断提升的对"安全、便捷、畅通、舒适、优美"的行车环境的需求。

4. 全面提升员工安全管理积极性的需要

针对高速公路运营管理企业安全风险管控过程中强制性、片面性、灵活性的不足，激发员工主动参与安全管理的积极性，真正实现由"要我安全"到"我要安全"再到"我会安全"的转变。

二、项目目标

通过风险分级管控和隐患排查治理双重体系（以下统称"双体系"）的构建和实施，解决高速公路点多、线长、面广、管理难度大的问题，

以及现阶段高速公路运营管理企业安全风险管控针对性不强、管理标准不统一和员工主动参与安全管理的积极性不高的问题，实现由安全管理事后被动管理模式向事前预防管理模式的转变，使安全管理水平明显提升。

三、技术路线及成果

（一）强化思想引领和目标指引，提出创新工作思路和工作目标

明确提出"实施分类、分级精准管"的总体思路和工作流程（图1），全面实现安全风险管控的"关口前移"和安全隐患"分级治理"，实施双层防护，推动安全管理水平的全面提升。

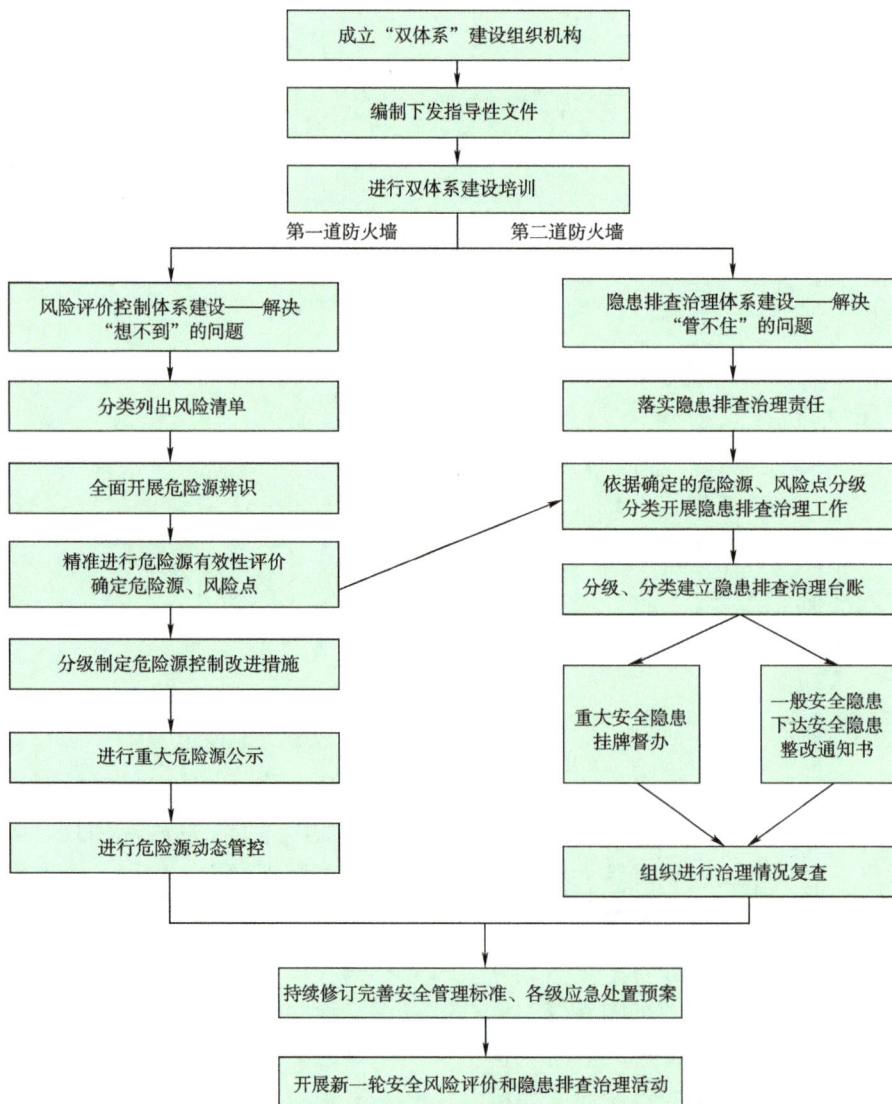

图1　风险分级管理和隐患排查治理工作流程

（二）强化组织领导，形成完善的组织领导体系

成立"双体系"建设领导小组，对体系建设进行全面组织、指导和检查。领导小组办公室负责"双体系"建设的组织、协调、考核工作；各小组成员负责通行费收取、路产路权管理及维护、施工监管、信息机电维护等方面的具体工作落实。

（三）持续修订相关安全管理标准，形成完善的制度保障体系

通过编制《安全风险分级管控和隐患排查治理双重体系建设工作指导手册》、完善《危险源辨识、风险评价和风险控制程序》《安全监督检查、隐患排查治理管理办法》等管理标准，明确《风险点清单》《作业活动清单》《设施设备清单》《重大危险源清单》等格式记录清单，建立完善的制度保障体系。

（四）构建系统的安全宣教平台，推进双体系落地

通过实施分阶段、分层次、多形式的动员、宣传、培训等活动，构建了"双体系"建设的安全宣教平台，营造了浓厚的活动范围，为"双体

系"建设的全面实施提供了保障。

（五）采用"七步法"明确风险分级管控工作流程

风险分级管控"七步法"指：识别风险点—辨识危险源—风险排查—风险分级—分级管控—风险告知—动态管控。具体是在危险源辨识和风险评价的基础上，依据危险源辨识和风险评价的结果，按照管控资源、管控能力、管控措施复杂及难易程度等因素确定不同的风险管控层级。

1. 识别风险点

在对收费、养护、信息机电、路管等作业功能分区的基础上，按照大小适中、便于分类、功能独立、易于管理、范围清晰的原则划分、识别风险点。例如：部位风险有桥梁、隧道；场所风险有收费区、施工区等。对操作及作业活动等风险点的划分，应当涵盖生产经营全过程所有常规和非常规状态的作业活动。以收费区为例：常规收费作业、设施设备维护、收费区保洁等；非常规的为车辆拥堵、收费区火灾、盗抢事件等工作场所突发事假应急处置流程。《作业活动清单》和《设施设备清单》示例见表 1 和表 2。

作 业 活 动 清 单　　　　　　　　　表 1

编制：安全综合科　　　　　　　　　　　　　　　时间：　年　月　日

序号	作业活动名称	作业活动内容	岗　位	活动频次
1	收费作业	收取通行费	收费员	全天
2	保洁作业	清扫收费区及边沟垃圾	保洁员	8 次/天
……	……	……	……	……

填表人：　　　　　　　　　　　　　　　　　　　审核人：

设 施 设 备 清 单　　　　　　　　　　表 2

编制：安全综合科　　　　　　　　　　　　　　　时间：　年　月　日

序号	设备名称	类　别	型　号	位号/所在部位	是否特种设备	数　量
1	发电机	机电	250 型	收费站发电机房	否	12
……	……	……	……	……	……	……

填表人：　　　　　　　　　　　　　　　　　　　审核人：

2. 辨识危险源

围绕能量主体，从人、机、料、环、管和《企业职工伤亡事故分类》（GB 6441—86）的 20 类事故分类入手，对通行费收取、路产路权维护、养护施工等全部作业活动，收费监控设施、路桥巡查设备、信息备品备件等全部设施、设备、

材料，常规、非常规（雨、雪、雾等恶劣天气车辆通行受限、道路交通事故引起道路拥堵等）作业环境，收费、养护、路政、信息、后勤保障及相关方（驾驶员、工程施工人员、驻站交警等）所有作业人员及作业场所进行全面危险源辨识活动。

3. 风险排查

在危险源辨识的基础上，全过程、全方位、全天候排查可能导致事故的风险，以高速公路运营管理企业为例，主要包括但不限于：安全生产基础管理、应急救援系统、路政巡查、现场布控、收费作业、信息机电维护、特种设备管理等方面

存在的风险。

4. 风险分级

按照可能导致事故发生的直接原因确定安全风险的类别，然后按照危险程度及可能造成后果的严重性，将风险划分为红、橙、黄、蓝4级进行标记，见"风险等级对照表"（表3）。

风险等级对照表　表3

风险等级	重大危险	较大风险	一般风险	低风险
对应颜色	红	橙	黄	蓝
管控层级	运管中心	基层部门	中队（班组）	岗位

5. 分级管控

根据明确的安全风险等级和类别，明确不同的管控层级[运管中心、基层部门（收费站）、班组、一线岗位等]，按照消除、预防、减弱、隔离、连锁、警告的优先顺序明确具体的管控措施，例如：针对养护专项工程、小修维护、机电信息维护等工程施工技术措施的管理措施，针对养护人员面对来车方向违规作业、施工人员超范围作业、收费人员违规穿越车道等不规范作业的教育培训措施，为一线作业人员配备并监督使用的施工现场自动报警器、肩灯、反光衣等个体防护措施等。

6. 风险告知

通过设立高速公路风险公告栏，发放岗位风险警示牌、编制《岗位安全说明书》及风险识别卡、开展岗位风险教育培训等方式公布本企业的风险点及风险点类别、等级、管控措施等内容，让各岗位员工明确自身岗位存在的风险点基本情况及具体处置措施，并能熟练应对。

7. 动态管控

针对企业风险点及制定的控制措施，通过开展道路交通安全管理基础数据分析、开展季度综合检查、月度专项检查、每周基层班组自查及公布监督检查信息（监督电话、邮箱、微信号等）、建立隐患动态管控台账、强化隐患治理效益验证和复查，实现全面覆盖、全员参与、全过程衔接的隐患排查治理机制。

（六）"五位一体"排查法，深入推进了隐患排查治理体系建设

"五位一体"排查法指（图2）：采取综合检查、日常检查、节假日检查、专项检查、季节检查"五位一体"的检查方法开展全面安全检查，同时，结合"轮值安全员""安全隐患"随手拍等活动，实施全员、全流程安全检查；对发现的安全隐患按治理难度进行分级管控，难度越大对应负责治理的组织和领导级别也越高，便于集中人力、财力、技术、装备及协调各方力量，及时消除安全隐患。

1. 完善隐患排查治理制度

及时开展法律法规辨识，动态修订运管中心《安全生产检查及隐患治理管理办法》；明确隐患排查治理体系的框架（图3）及隐患排查治理五步流程（图4）、职责、隐患排查形式、频次、管理与考核要求。

2. 明确隐患排查治理标准

依据安全管理标准，细化明确基础管理、现场管理、设备管理标准3大类32项隐患排查治理标准清单，实现事故隐患排查治理工作有章可循、有据可依。

3. 落实隐患排查治理主体责任

对照排查清单，实施公司督查、运管中心考核、基层单位（部门）自查、全员轮值及"安全隐患"随手拍多层级隐患排查，对排查出的隐患分级明确治理责任，并进行登记、治理、验收、消项等全过程闭环管理，及时消除安全隐患。

（七）建立"双体系"建设的考核机制

设立风险分级管控和隐患查处、整改效果保持的可量化考核指标，通过签订责任书的形式分解到各部门，依据《安全生产奖惩考核办法》《安

全问责管理办法》对安全隐患的排查和治理情况　进行问责和奖惩。

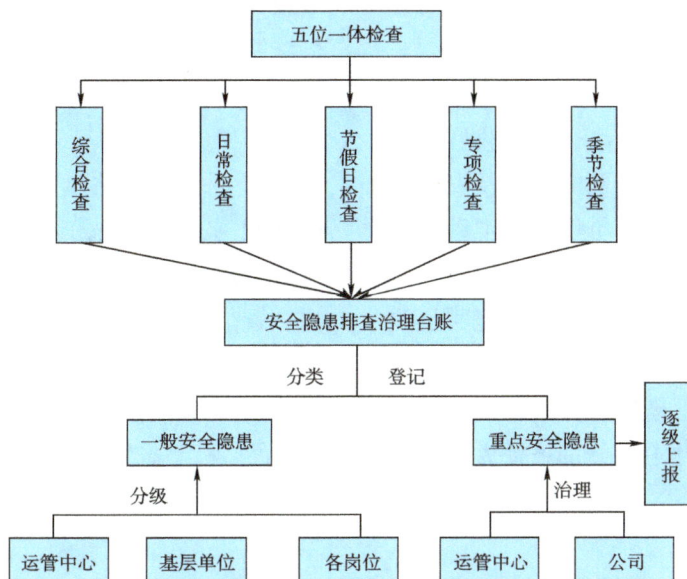

图2　"五位一体检查法"流程图

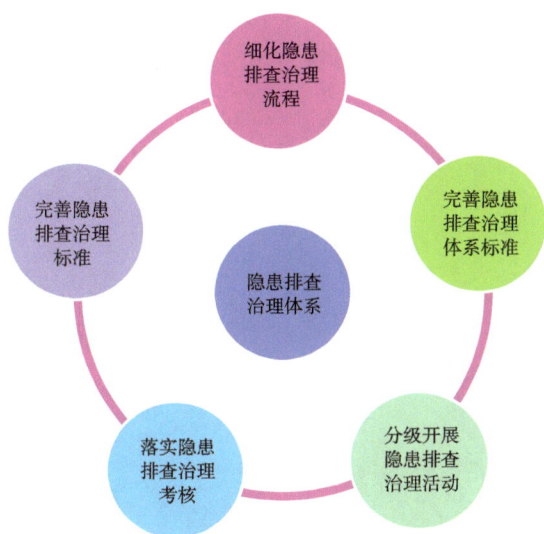

图3　隐患排查治理体系框架图

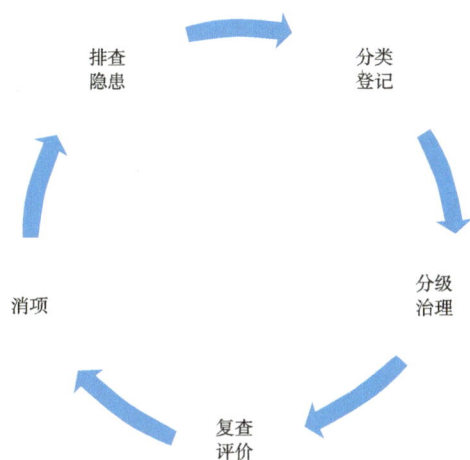

图4　隐患排查治理五步流程

（八）建立高速公路运营企业"双体系"建设的长效机制

将两个体系建设的标准规范纳入企业安全生产标准化建设的重要内容并进行固化，从根本上解决事故隐患排查治理工作存在的动力不足、压力不够、合力不强的问题。

四、应用成效与评估

项目构建和实施以来，夏津运管中心通过风

险管控"七步法"和隐患"五位一体"排查法，明确了全流程精准管控风险点和隐患的流程，解决了高速公路点多、线长、面广，风险点多且分散，管理难度大的问题；通过统一完善安全管标准，破解了现阶段高速公路运营管理单位安全风险管控针对性不强、管理标准不统一的问题；通过实施轮值安全员、隐患随手拍等活动，激发了全员参与安全管理的积极性；通过全流程精准管控的事前预防安全管理模式的构建，真正做到了"关口前移""双层防护"，安全管理水平明显提升。2019 年，夏津运管中心被山东高速股份有限公司评为安全管理先进单位。

2020 年，山东省质协、中交企协及同行业专家先后对所辖夏津养护分中心、高唐收费站、夏津路管分中心进行了现场管理成熟度及安全管理评审。专家一致认为，3 家单位全员主动参与安全管理的积极性较高、全过程精准管控的预防性安全管理模式逐步形成，安全运行环境明显改善，内、外部顾客满意度明显提升；夏津养护分中心被评为山东省现场管理成熟度五星级现场，高唐收费站、夏津路管分中心分别被评为全国交通行业现场管理成熟度五星级现场；同时，对"双体系"构建和实施过程中数字化利用、安全设施智能化提升提出了改进意见和建议。

五、推广应用展望

下一步中心将结合智慧高速建设，逐步发挥互联网、大数据、人工智能技术在安全风险管控和隐患排查治理中的应用，主动探索基于大数据、智能化精准防控的预防式安全管理模式的构建；进一步提升"双体系"建设水平，并积极在集团内部和行业内推广。

案例 7 ▶ 道路边坡地质灾害 InSAR（雷达干涉测量技术）检测与风险评估

基本信息

申报单位： 中国交通通信信息中心

所属类型： 安全管理

专业类别： 道路运输

成果实施范围（发表情况）： 北京、四川、青海、湖南等省份的重点公路路段

开始实施时间： 2018 年 3 月

负责人： 罗　伦

贡献者： 李　程、袁胜古、王　芳、丁勇强、卓　娜

案例经验介绍

一、背景介绍

中国交通通信信息中心（CTTIC）是交通运输部直属事业单位，中国交通通信信息中心受部委托，拟订并组织实施交通运输行业通信、导航、遥感、无线电和信息化管理的技术政策、技术标准、规章制度；承担行业及国家、社会经济发展需要的通信、导航、遥感、无线电和信息化的技术研发、应用和咨询等工作。中国交通通信信息中心目前掌握非常丰富的遥感卫星数据资源，形成以高时空分辨率雷达卫星影像数据为

主、以高时空分辨率光学卫星数据为辅的快速响应及决策辅助信息系统。同时，中国交通通信信息中心还与国内外多个数据供应商和知名研究机构合作，构建了全方位的遥感数据及技术战略合作框架，成立了国际交通遥感技术研究联合实验室，基于世界一流遥感数据源与技术团队，针对中国及世界交通遥感市场的最前沿技术服务需求进行前瞻性技术储备公关，目前已在基于遥感技术的勘察设计规划、环境灾害趋势分析预警、基础设施安全健康评估、灾害动态趋势分析及辅助应急救援等领域达到世界领先水平。

我国构造运动强烈，地形地貌和气候条件复杂，地质灾害频发。如何在复杂地形地貌及气候条件下监控路网及其周边环境的安全情况变化，并及时对滑坡等地质灾害做出风险预估预警，确保交通基础设施的安全健康，是摆在交通人面前的一道难题。在新的发展形势下，亟须依托高新技术手段应对经济发展带来的新要求与新挑战，提高传统道路灾毁防控能力，探索全新高效的公路安全监测技术手段。

近年来，中国交通通信信息中心与四川、湖南、福建等省份的公路局、交通局、交通投资集团等单位展开紧密合作，开展了基于InSAR技术的道路边坡地质灾害检测与风险评估联合技术验证示范项目，成功运用InSAR技术对监测试点的地质形变活动开展高精度检测与分析，获得了良好的技术验证示范效果；同时攻克了新技术在业务化实施过程中存在的问题与困难，积累了丰富的实施经验，为后续开展全国自然灾害风险普查及持续监测奠定了坚实的基础。

二、项目目标

基于雷达卫星InSAR形变监测技术，依托卫星遥感影像覆盖范围大、重访频率高、监测分析自动化、形变趋势分析准确、形变量测量精度高的技术能力特点，为公路养护单位赋予全新的业务保障能力，定制化打造全新高效的道路灾害检测识别工具，帮助业务部门提前锁定潜在灾害体分布地理位置，根据遥感监测报告结论，结合气象、地质、岩土和其他辅助数据，高效预估预测灾害发生风险与时间窗口，并大力投入建设业务化卫星系统和数据保障体系，以期在不远的未来实现基于遥感监测手段为主的高精度灾害预警预防能力。

三、技术路线及成果

基于多时相雷达遥感影像，利用时序InSAR技术开展公路边坡形变趋势分析。首先根据监测目的获取覆盖研究区域的不同空间分辨率的雷达影像干涉数据集，然后通过主影像选择、主辅影像配准、干涉相位计算、永久散射体目标选取等

步骤得到观测区域的初步干涉信息，然后再利用差分干涉、时空滤波等算法去除干涉图中存在的平地效应、地形、大气等误差，最终得到精确的边坡及周边地表的时序形变速率和累计形变量专题成果。通过实地考察、水准测量等方式进行结果验证，验证结果显示，InSAR技术的精度可达到毫米级。

选择示范区域的典型灾害高发路段，综合使用高、低空间分辨率的雷达遥感影像数据开展边坡形变趋势分析工作，充分发挥不同分辨率遥感影像在覆盖范围和监测精细化方面的优势，分别形成路域大范围安全隐患排查报告和重点边坡形变趋势精细监测分析报告。根据大范围安全隐患排查结果，筛选出公路沿线地质灾害潜在风险较大的区域；然后，综合利用高分光学和雷达遥感影像、机载Lidar（激光雷达）、GNSS（全球导航卫星系统）等空天地一体化多源观测数据，采用时序InSAR、摄影测量、三维立体模型构建等空间信息技术对重点边坡进行长时序、高频率、高精度微形变监测。同时，结合现场勘察资料和降雨量、土壤含水率等信息，充分掌握重点区域的稳定性状况，为道路边坡养护计划的制订提供了技术支撑。图1为基于Sentinel-1雷达卫星数据的四川省都江堰市G317公路InSAR遥感形变分析结果，结果显示，在该路段范围内发现了近10处快速形变区域，最大形变速率接近110mm/年。对蒲家沟大桥及其周边区域的大规模形变情况的精准反映，尤其体现了InSAR形变监测技术在交通基础设施及其周边环境安全保障领域的巨大应用价值。

四、应用成效与评估

通过示范应用试点地区的监测工作，充分论证了InSAR遥感技术在道路灾毁形变监测业务方面的适用性和高效性，并展现了新技术方案在交通运输领域的应用潜力，预期在业务化推广后能够对交通基础设施及其周边环境进行精细化形变分析及灾害风险评估，可以及时快速地了解存在灾害隐患区域的最新变化情况，以及在一定精度水平上测量其变化烈度，并结合环境因子对未

来灾害形成的可能性进行预估，及时准确地回答"位置""时间""何种程度灾毁"等问题；密集的InSAR地面测量点形变测量值明确地反映出了形变活动的中心位置和影响范围，实时更新后能够比对评估形变活动的变化与发展情况，从而有效指导与促进地面巡查和监测预警工作的指向

性与精确性，使地面维护工作能够将主要精力放在问题最突出的潜在致灾区域，大大提高减灾防灾的能力与工作效率，前所未有地实质性提高了公路维护工作的效率效果，对信息化公路养护工作技术水平的提升是显著的。

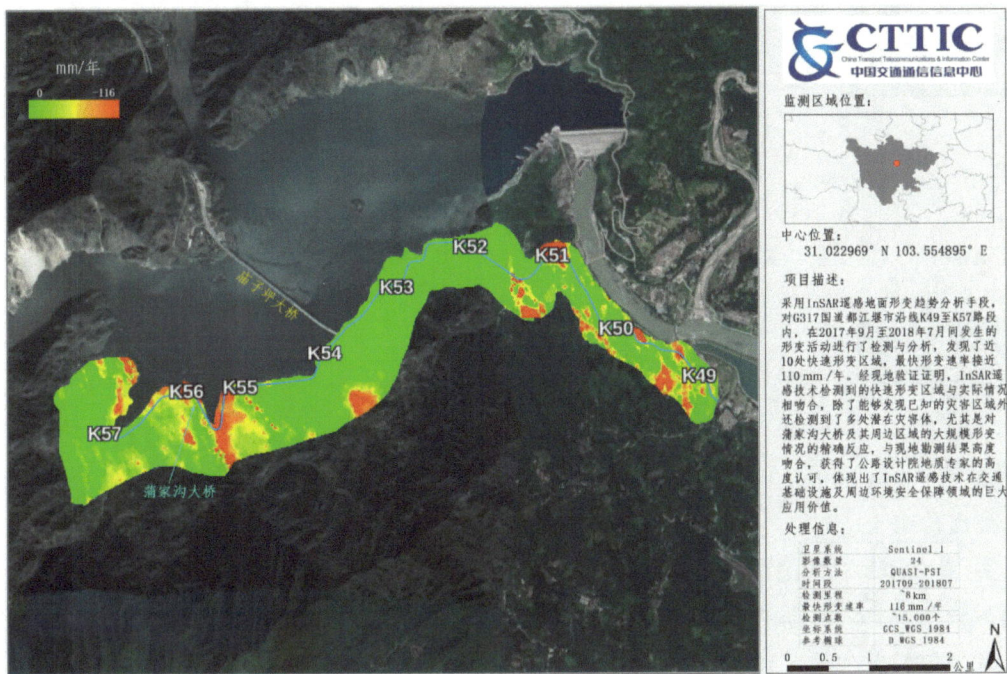

图1 四川省都江堰市G317公路InSAR遥感形变分析专题图

与传统现地勘测手段相比，InSAR形变趋势分析技术不可替代的优势特点包括：

检测效率高：可以一次性对较大区域实现检测（对于公路边坡检测，一般在几十平方公里范围）。

检测精度高：可实现高精度定性与定量检测，在采用工程级别解决方案时，定量检测精度可达厘米或亚厘米级别。

周期灵活：可以实现以4d或11d为间隔的高频率重访检测。

成本较低：大量节省地面人工测量工作量。

检测分析结果密度高：检测结果由高密度测量点构成，能够真实反映检测区域内的详细沉降情况。

五、推广应用展望

在省内各单位的积极支持与倡导下，试点示范工作取得了丰硕的成果，在全国交通行业领域内率先对这种全新且高效的遥感监测技术进行了全面的业务化验证示范，充分证明了其在道路灾毁监测与风险预估工作中的技术适用性，理顺优化了InSAR技术在业务化实施过程中存在的细节性问题与困难与相应对策，积累了丰富的实施经验。在后续推广应用中，可基于InSAR遥感监测技术开展全国自然灾害风险普查及持续监测工作，发挥InSAR技术的效率与可靠性优势，尽早对省内存在的潜在道路灾毁情况进行摸底式普查，建立各省级路网高风险灾害点数据库，从而全面推动交通灾害管理工作进入全面化、信息化、自动化的新时期。

案例 8 ▶ 产业工人幸福小镇

基本信息

申报单位：山西路桥集团左涉公路有限公司

所属类型：安全管理

专业类别：交通工程建设

成果实施范围（发表情况）：在左涉公路新建工程LJ2、LJ3、LM1、LM2分部实行，建立全流程、全时段、全覆盖的安全监管机制，实现产业工人集中式管理

开始实施时间：2019年5月

负责人：田正旺

贡献者：宋竹兵、张胜利、曹永新、王国强、杨 芮

案例经验介绍

一、背景介绍

农民工为建筑业的飞速发展做出了巨大贡献，但由于行业特点，工人的流动性大，来源较广，综合素质、文化程度和技术水平参差不齐，工人的幸福指数往往不高，劳动环境和安全状况存在诸多问题。以往的施工项目中，农民工大都集中生活在工地上，住宿是工棚，公共设施配套不齐全，多数人共同生活，生活环境相对较差。建设项目施工中，农民工往往长时间工作而缺乏

必要的休息，通常是数天连续加班加点地进行体力劳动，这不仅对农民工自身健康产生了影响，也严重影响到施工项目的安全生产。再加上建筑施工本身就是高危行业，不确定风险因素较多，受到不同条件和因素的制约，易触发风险、产生隐患。而且，建筑行业事故发生的原因往往是多方面的，涉及人员素质、监管责任、自然环境、经济制约等诸多方面，极易造成重大人员伤亡和经济财产损失。为解决这些难题，左涉公路有限公司秉承"生命至上、安全第一"的管

理理念，以创建"零事故"单位为目标，以落实法定安全责任为前提，以教育培训、应急救援、隐患排查、生活居住、职业卫生为主要抓手，多次实地考察、综合分析、合理规划，汇集各方智慧，在左涉公路沿线新建了体验式安全管理综合服务场所，是专为施工工人们打造的生活驻地、应急救援中心和安全教育培训基地，也是山西路桥集团第一家专为建筑工人建设的集中式生活家园，取名为"幸福小镇"。一处位于左权县故驿村K27+0m处，占地3000m²，另一处位于左权县沐池村K10+800m处路线左侧，旁边设置有安全体验场馆，占地2750m²。

二、项目目标

通过对产业工人集中式管理，建立全流程、全时段、全覆盖的安全监管机制，全力以赴宣讲安全，整合力量清查隐患，体现对农民工的人文关怀，提升农民工的安全素质，丰富农民工的精神文化生活，提高农民工的幸福指数，减少生产安全事故，真正做到在监管中服务、在服务中监管，促进建设项目高质量发展，实现工人与企业"幸福"共建、利益双赢。

三、技术路线及成果

幸福小镇区域长50m，宽40m，采用院落式设计，四周设置围墙，安装大门并设置警卫室。院内地面采用20cm厚沙砾垫层和10cm厚C20混凝土整体硬化。房屋基础用红砖砌筑，室内采用10cm厚水泥砂浆抹面，院内施工预留坡度并设置排水管道（图1）。房屋内设置照明、门窗、床上用品等设施；房屋设置揽风绳，采用彩钢房结构，设置办公室、培训中心、阅览室、医疗室、超市、理发室、洗衣室、浴室等功能室，下班后的工人可以享受全天24h的热水供应，洗个热水澡，看看书，下下棋，健健身，度过下班后的轻松时光。安全教育培训基地是由"VR虚拟体验+室外实体项目"组成，共设置17个建筑施工安全相关的体验项目，包括安全警示录、氧气乙炔认知体验、安全用电体验、劳保用品展示、VR综合体验、心肺复苏体验、电焊作业体验、

安全标志学习、脚手架展示、钢丝绳展示、吊装作业展示、安全帽撞击体验、平衡木体验、重物搬运体验、洞口坠落体验、安全知识答题、安全隐患考核等，可同时供多人体验。大门处设置了门卫值班室，工人上下班都必须考勤打卡，在这里入住的每一名工人，从入场开始，体验式安全管理综合服务场所管理人员就要对他们进行入场教育、体检、培训，进行"一人一档"实名登记，实现劳务工人实名制管理（图2）。

图1 幸福小镇鸟瞰图

图2 幸福小镇考勤打卡系统

幸福小镇是左涉公路有限公司在农民工管理、安全教育培训、应急救援、隐患排查、职业病防治等方面做出的新尝试，力图解决农民工生活中的实际困难，实现设施系列化、房舍专业化、食堂卫生化、活动区域科学化、安全培训集中化等"五化"管理。因为特殊的行业特点，工程建筑企业往往存在专业人员配备不足的问题，无法满足巨大的工程建设人力资源需求，体验式安全管理综合服务场所的建立就是采取迂回办

法，充分调动现有资源，利用民工集中管理的优势定期对工人培训，提高工人自身专业技术水平，提高其安全意识，也进一步提高工人的生活质量。除满足员工物质需求外，左涉公路有限公司还考虑满足员工对安全、归属感、友情、尊重的需要和自我价值实现的需要，通过极力营造和睦、平等、融洽的人际关系，以情感的力量凝聚工人，使工人愿意为企业担负起自己的责任；利用集中式、积分制管理，创新激励机制，激发员工的积极性，形成一种互帮互学互促的文化氛围，不断推进企业文化建设；对工人进行有针对性的培训，全力以赴宣讲安全，整合力量清查隐患，尤其是针对施工队施工工人、特种作业人员、安全管理人员等各类人群，在安全体验馆开展互动式安全体验，由"说教式"转向"体验式"，不仅实现了"进场一人、教育一人"的安全培训目的，更是寓教于乐，让安全教育深入人心，引导和帮助工人形成共生、共存的意识，增强员工的认同感和归属感，努力做到安全管理工作的关口前移和重心下沉，形成统筹协调、资源共享、齐心协力的工作氛围。

我们生活在这样一个美丽的城市，唯有平安才能享受这一切的美好。相信体验式安全管理综合服务场所建设过程中的每一点良苦用心，都能帮助产业工人成长。珍爱生命，不忘安全，只有敬畏生命，才能保护生命。

四、应用成效与评估

通过幸福小镇1年6个月的运行，解决了许久以来工地管理中许多想解决而没有解决的难题，办了许多过去想办而没有办成了实事，主要表现在以下几个方面：

（1）左涉公路有限公司对建筑业农民工进行有效的管理，是确保施工质量、防范安全事故发生、提高施工企业经济效益的关键因素，是做到以人为本，科学、高效、安全地管理好农民工队伍的有力保障。1年多来，左涉公路有限公司坚持"一线工作法"，公司领导经常到幸福小镇与农民工交流，了解农民工的实际困难，尽可能地给予帮助。通过依法签订劳动合同，健全农

民工社会保障制度，建立农民工工资支付保障制度等，切实帮助农民工解决实际问题，保障合法权益。对农民工集中管理的同时在奖惩制度上更具体化，对于业绩优良、表现突出的农民工，适当给予奖励或升职，在根本上提高农民工的思想认识水平，完善对农民工的管理，从源头上预防和消除隐患，减少生产安全事故，为施工企业的生存和发展奠定良好基础，在路桥集团转型升级的过程中发挥强大优势，推动路桥集团高质量发展。

（2）幸福小镇适时举办各类文娱活动，不断满足农民工业余文化生活的需要。以实景模拟、案例警示、亲身体验等直观方式，将施工现场常见的危险源进行还原，让受训人员通过视觉、听觉、触觉来体验施工现场危险行为的发生过程和后果，感受事故发生瞬间的惊险（图3），从而提高安全意识，增强自我保护意识，避免事故的发生；通过组织"安全警示教育宣传片放映""安全知识竞赛"等活动，宣传安全生产法等相关施工法律知识，并列举往年因不重视施工安全、缺乏安全知识与能力付出惨痛代价的案例，使所有参建人员了解事故应急救援的基本流程，保障发生事故后快速响应、精准救援，减少安全事故隐患发生的概率。安全生产是建筑行业的一大标准，农民工兄弟由于在农村生活，对建筑施工方面的知识了解较少，尤其是对安全规章制度、安全操作规程等认识浅薄，不够重视，也不能预见违规操作所带来的后果。另外，工人文化程度有差异，培训不宜太过书面化。为此，除了要进行安全方面的培训外，左涉公路有限公司利用"草料二维码"生成岗位责任清单，对全体人员进行安全生产责任划分，落实到个人和各岗位，并贴于安全帽上，根据岗位要求和职责对培训内容进行合理安排，不断引导各单位结合工程进度和工程对技术的要求以及农民工自身的实际情况制定培训内容，从根本上提高农民工同志的安全意识。

（3）在此次抗击新冠肺炎疫情的全过程中，体验式安全管理综合服务场所发挥了它得天独厚的优势，体现了它的实效性、必要性和可行

性，实现了左涉公路有限公司"零感染"的目标。左涉公路有限公司在施工队人员进场后，利用幸福小镇集中隔离，建立人员健康档案，通过微信及疫情防控手册等媒介进行教育培训，设立防控监测点，实行封闭式管理，工地现场只设置一个出入口，发放通行证，做到"一夫当关，万夫莫开"，动员号召广大职工在思想上提高警惕不放松，在生活中继续采取必要防范措施，真正做到以预防为主，凝聚起战胜疫情的强大合力，坚决取得疫情防控斗争的最终胜利。

图3　体验式安全教育培训

五、推广应用展望

安全工作是一个只有起点没有终点的工作，很多时候看不到工作中的成效，但是我们感恩，因为平安无事就是成效；有时候不被理解，但我们坚持，因为这正说明，对安全的麻痹意识还存在。每个生命都应该被守护，因为每一个人都会被牵挂。1年多来，施工现场工友纷纷表示，体验式安全管理综合服务场所的建立运行，不仅提高了工地生活质量，更极大地增强了安全意识和技能本领。左涉公路有限公司上下拧成一股绳，心往一处想、劲往一处使，大大提高了工人的归属感与幸福感。看到工友们幸福的笑脸，熟练且规范的操作，平平安安地结束一天的工作，便是我们每一位安全管理人员最大的成就。左涉公路有限公司将持续筑牢安全生产红线意识，将农民工管理、安全教育培训、应急救援、隐患排查、职业病防治作为体验式安全管理综合服务场所的管理重点，践行"三大体系、八项提升"具体任务，加强分析研判，把问题预想充分，把应对之策谋划好，确保规划具有引领性和实效性，更加突出安全管理的新理念、新技术、新方法，强化安全管理能力，切实保护左涉全线职工生命财产安全，不断实现建设项目高质量发展，实现工人与企业"幸福"共建，利益双赢。

案例9 ▶ 智能公交安全诱导行车系统

基本信息

申报单位： 厦门公交集团有限公司

所属类型： 安全管理

专业类别： 道路运输

成果实施范围（发表情况）： 厦门市全市范围公交车辆

开始实施时间： 2017年05月01日

负责人： 赵　俊

贡献者： 陈　磊、梁琼璞、黄　震、田明军、邵霆力

案例经验介绍

一、背景介绍

《中国制造2025》提出把"智能网联与新能源汽车"作为重点发展领域，明确了"掌握汽车信息化、智能化核心技术"，为我国智能汽车与新能源汽车发展指明了方向，也明确提出"到2025年，掌握自动驾驶总体技术及各项关键技术，建立较完善的智能网联汽车自主研发体系、生产配套体系及产业群，基本完成汽车产业转型升级"。本项目旨在研究智能公交车安全行车诱导系统，即通过建立新一代人、车、路和环境间的V2X通信系统和大数据平台，构建智能公交车驾驶行为分析、车辆路况工况分析、车辆诱导控制和多车协同决策等模型，并通过车辆CAN（控制器局域网络）总线接口进行算法输入，实现车辆动力系统随场景需要而优化，保障车辆在斑马线、路口、站点、场站等关键场所的行车安全，可为未来推广智能网联、车路协同等公交应用提供重要支撑。

二、技术路线及成果

智能公交安全行车诱导系统（以下简称"系

统")由3方面内容组成：车辆大数据存储及查询系统、大数据分析挖掘系统和智能安全诱导管理系统。系统通过数据挖掘和车辆运力仿真系统找到车辆运行的最优功率输出曲线，在满足车辆动力性能、驾驶员驾驶感受需求的前提下，与安全隐患易发场景结合，输出最优的动力参数，在保障正常行车效率的前提下，预判并执行最优动力曲线，大大提高了行车安全水平，系统同时还有诱导、训练驾驶员逐步改变不良驾驶习惯的效果。以下是系统的主要组成部分。

1. 车辆大数据存储及查询系统

基于分布式数据库集群编写数据的存储和查询软件，考虑到数据的海量特性，采用基于Hadoop的分布式数据库数据存储"发动机"，该"发动机"具备多机并行处理、数据多副本冗余、数据分区处理、高可扩展性等良好特性，实现了支持1万辆车海量数据的高效存储、查询和分析。

2. 大数据分析挖掘系统

采用Spark分布式数据挖掘集群作为数据分析和挖掘"发动机"，一方面利用其现有的分类（朴素贝叶斯、决策树、逻辑回归、多层感知器）、回归（线性回归、广义线性回归、随机森林回归）、聚类（K均值、高斯混合模型、潜在狄利克雷分别）等算法模块进行数学建模，另一方面基于Spark提供的并行数据计算框架，针对具体业务需求定制和编写新的数据挖掘模块，构建了车辆驾驶行为分析模型、车辆最优动力模型和场景建模模型，并进行相应的Web平台展示。

3. 智能安全诱导管理系统

以不同工况下单车智能决策为模型基础，与交通实际场景中，车辆安全性、通行效率综合，建立路口、斑马线、站点、场站等高风险场景处最优动力曲线，以提高公交实际道路中无红绿灯处斑马线、进站站点、学校、隧道口等地点的行人安全系数。本系统通过"互联网+"车辆智能诱导的技术手段，实现安全区域限速、隧道限速、斑马线前减速礼让控制诱导，使得所有无红绿灯斑马线和进站站点及隧道等特定区域的合理动力输出和公交车车速控制，从而提高公交行

驶的安全系数，并彻底实现"安全行驶，文明礼让"的理念。目前该系统已入选福建省交通运输科技项目（编号：2017Y061），同时也被纳入厦门市2020年度节能技术和产品目录中。

三、应用成效与评估

此项目由厦门公交集团有限公司、清华大学、北京清研宏达信息科技有限公司（以下简称"清研宏达"）共同完成，厦门公交提供车辆、场地、硬件环境等支持，清华大学提供6项专利、北京清研宏达信息科技有限公司提供13项成果。在三方共同努力下，经过近2年的不断研发，智能公交安全节能行车诱导系统经过不断升级改进，成功从实验室走向场景验证。为了验证产品的各项功能和性能，清研宏达与厦门公交公司紧密合作，制定了完善的测试计划，于2017年12月—2018年1月顺利进行了为期1个月的实车安装和测试。随机选择10辆车（厦门公交公司的公交车），安装清研宏达研发生产的智能终端设备。设备安装后，调试并校准好设备各项参数，并在测试模式下测试各项功能，确保终端能正常工作。然后将设备调成行车模式，做好实车测试的全部准备工作。公交车驾驶员驾驶车辆实车测试3个月，提供大量测试数据，研发人员定期分析测试数据。清研宏达的技术人员不定期对使用智能安全诱导管理系统的车辆进行验证测试，并对数据进行统计和分析。测试结果显示：使用本系统的车辆可自动识别斑马线、候车亭进站和场站进站等关键场景，在这些场景中，在不影响正常运营效率的情况下，车辆超速率由43.32%下降至22.13%，减少了48.92%的超速行为，可大幅度提高公交行车安全性。目前，本系统已经全面覆盖厦门岛内的1200辆公交，计划未来覆盖全厦门的3500辆公交。

四、推广应用展望

智能公交安全行车诱导系统运用最新的信息处理技术、"互联网+"以及车辆智能诱导技术，通过主动诱导的方式，显著提高公交车辆行车安全性，并对公交集团后期的数据化专业运用

（如提高精细化管理），提高信息化程度以及后期的数据服务（例如故障管理和故障预测、安全评比等），都有着非常积极的基础性平台作用。同时，该系统也能对智能网联技术在商用车领域的应用起到引领和示范作用，对整个商用车行业的智能化、数据化、新能源化起到积极的促进作用。从智能公交安全行车诱导系统到智能交通规划，都是智慧城市的组成部分。通过智能公交安全行车诱导系统的推广，结合智能红绿灯、智能路侧设备、智能交通管理系统等，提供城市及智能交通的解决方案。本项目的实施，能为厦门乃至福建省在该领域在全国的领先和示范地位起到积极的推动作用。

重点营运车辆动态违规信息闭环处理机制

基本信息

申报单位: 湖北省交通运输厅道路运输管理局

所属类型: 安全管理

专业类别: 道路运输

成果实施范围（发表情况）: 湖北省行政区域内

开始实施时间: 2019 年 2 月

负责人: 陶维号

贡献者: 秦介飞、胡必佑、吕　斌、李建修、黄继斌

案例经验介绍

一、背景介绍

（1）从2018年2月开始，湖北省"两客一危"车辆使用的网络由2G升级为4G，建立了动态监控平台，但是对监测到的驾驶员违规信息没有闭环处理机制和行之有效的处理手段。

（2）从政府部门到运输企业、从运输企业到驾驶员这个核心的两个"最后一公里"没有打通。

（3）交通运输管理机构的监管责任和运输企业的安全生产主体责任没有得到很好的落实。

二、技术路线及成果

为进一步加强和规范"两客一危"车辆动态监管工作，促进运输企业主体责任落实，湖北省道路运输部门创新安全监管模式，用市场化的手段建设道路运输第三方监测平台，大力运用5种形态处理驾驶员违规信息，形成闭环处理回路，提升了道路运输安全水平。

1. 引入竞争机制，构建第三方监测平台

按照"建设零投资、运营零费用、数据换服务"的思路，我省面向全国公开遴选确定了3家

第三方监测服务运营主体。为确保第三方监测平台建设务实有效、不留后遗症，同时确保不发生廉政风险，我们经过多次专题研究，制定了工作方案，采取结构化分工方式，对建设主体的建设和运营方案、技术支撑能力、合作协同能力、实时监测能力、预警提示能力、资金保障能力、保险经纪能力、管理创新能力等10个方面进行综合评分，形成"实时监测、有序竞争、规范服务、管控行为"的监测服务体系。

该平台上线后，对湖北省近18万台"两客一危一货"车辆实行全天24h不间断实时动态监测，及时发现、实时报警、纠正和协助处理驾驶员超速、疲劳驾驶、使用手机、超越线路运行、非接驳运输车辆凌晨2:00—5:00违规运行等行为，将监测结果自动生成报表，向运输企业、相关部门推送，为车辆安全起到"加把锁、保平安"的作用。

2. 建立动态监控违规信息闭环处理机制

2019年2月1日，省厅印发《关于印发〈湖北省"两客一危"车辆动态监控违规信息闭环处理基本规范（试行）〉的通知》，围绕打通监管部门到运输企业、运输企业到驾驶员安全责任传导2个"最后一公里"，将驾驶员不规范驾驶行为处理情况与诚信考核挂钩，开展试点探索，采取2个"五种形态"建立"12345"安全闭环处理流程：

"1"就是聚焦1个痛点：驾驶员超速行车、疲劳驾驶、开车使用手机等危险驾驶行为。

"2"就是打通2个"最后一公里"：一个是打通监管部门到运输企业（主要负责人）安全责任传导"最后一公里"；另一个是打通运输企业（主要负责人）到驾驶员安全责任传导"最后一公里"，解决车辆承包人"二老板"、安全管理"二传手"、企业成为"第二运管机构"、安全要求"耳边风"等问题。

"3"就是发挥3个平台作用：运输企业监控平台、运管部门监管平台、第三方监测平台等3个平台同步运行、各司其职、联合监控监管。

"4"就是运用"四双眼睛"进行监督：发挥企业监控平台"第一双眼睛"、运管机构联网联控"第二双眼睛"、第三方监测平台"第三双眼睛"、智能视频报警监控设备"第四双眼睛"的作用，实施全天候、全过程、不间断的监控警示驾驶员危险驾驶行为。

"5"就是实施5种形态处理：对第三方监测平台推送的驾驶员危险驾驶行为数据置若罔闻的运输企业，采取通报、约谈、整改、罚款、吊销《道路运输经营许可证》5种形态处理；对不理会危险驾驶行为提示报警的驾驶员，督促运输企业采取批评教育、停班学习、经济处罚、辞退开除、联合惩戒（注销从业资格证、纳入黑名单）等5种形态进行处理。

3. 聚焦关键环节，推进道路运输平安建设

湖北省紧紧围绕构建"平安道路运输"的总体目标，坚持"一个平台、一批制度、一个流程、一套台账、一个标准"的工作思路，突出"谁来管""怎么管""管得好"的问题导向，大胆创新，探索出了一条操作简单、流程规范的违规信息闭环处理之路。

（1）确定了"谁来管"的课题。针对运输企业车辆动态监控管理"责任不清、职责不明、制度不全、监控不严、处理不力"的突出问题，以梳理监控责任体系为抓手，以运输企业监控室为突破口，逐级厘清监控员、监控室主任、安全科长、分管安全负责人、主要负责人责任清单，明确监控员、监控室主任、安全科长、分管安全负责人该"做什么"，主要负责人该"知道什么"，通过建立5级管理体系，划清层级责任边界，形成制度上墙，使每个层面、部门和岗位的工作职责清晰、有机衔接，建立了层级清晰、职责明确、运转高效的企业车辆动态监控管理组织体系，倒逼企业落实主体责任，基本理清了车辆动态监控"谁来管"的问题。

（2）解决了"怎么管"的问题。对照5级管理责任清单，科学制定"两客一危"车辆动态监控规信息闭环处理流程（图1），形成监控、警示、记录、报告、处理、汇总上报、调查分析"七步走"的闭环管理流程，对每项流程基础性工作进行规范，制作统一表格的台账和报表，并

规范装订，每月按时逐级上报，省局定期通报，使每项工作都有流程，每个环节都有标准，从而实现可操作、可执行、可量化和可追溯，达到闭环处理的目的。

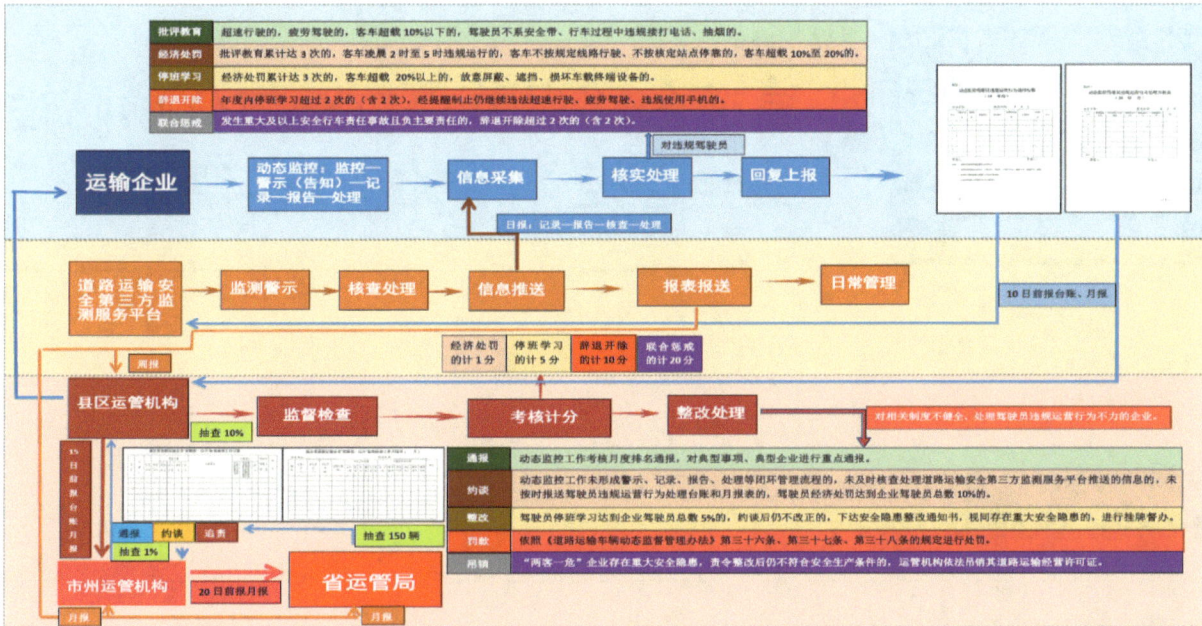

图1　湖北省"两客一危"车辆动态监控规信息闭环处理流程图

（3）破解了如何"管得好"的难题。坚持以制度管事、以制度管人，将监控行为和闭环处理纳入制度化、标准化建设，建立健全违规信息闭环处理"五种形态"，为切实发挥车辆动态监控违规信息闭环处理作用提供制度体系保障。监管部门通过"双随机一公开"的方式，督导企业"五种形态"落实情况，并每月对车辆动态监控违规信息闭环处理情况进行调查分析，总结监控情况，针对问题分析原因，提出整改措施，形成动态监控驾驶员违规运营行为处理台账和动态监控驾驶员违规运营行为处理月报表逐级上报，扎实推进了车辆动态监控违规信息闭环处理工作落实落地。

三、应用成效与评估

自全省开展"两客一危"车辆动态监控违规信息闭环处理工作以来，第三方监测服务平台共监测"两客一危"规模化运输企业1250家，相关报警提示数据均予以保存备查，并以短信和邮件、周报、月报、季报、半年报等方式推送给运输企业和省、市、县三级运管机构。

全省采取2个"五种形态"建立"12345"安全闭环处理流程，共通报企业661家次，约谈企业153家，处罚企业36家次共82000元，整改企业263家，下达省级整改建议函8份；批评教育57857人次，经济处罚12488人次共2338477元，停班学习1996人次，辞退开除87人，联合惩戒37人。第三方监测平台发现的驾驶员和车辆不规范行为提示报警数量下降31.35%，月均递减4.09%。道路运输行车事故起数和死亡人数"双下降"，事故起数下降67%，死亡人数下降45%，没有发生重大及以上道路行车安全责任事故。

四、推广应用展望

2019年2月，省厅确定襄阳、孝感、咸宁为闭环处理试点地区，继而逐步在全省"两客一危"重点营运车辆中推广试行，其他车辆参照执行。违规信息闭环处理工作的实施，显著减少了驾驶员的违规行为和行车事故的发生，夯实了道路运输平安交通建设的基础，得到了交通运输部、省委、省政府的一致肯定，第三方监测模式被北京、广西、湖南、河南、海南、青海、新疆等省借鉴应用。

案例11 ▶ 高速公路运营单位一体化预防性安全管控体系的构建与实施

基本信息

申报单位： 山东高速股份有限公司

所属类型： 安全管理

专业类别： 道路运输

成果实施范围（发表情况）： 山东高速股份有限公司所辖路桥运营主业

开始实施时间： 2019年1月

负责人： 王洪涛

贡献者： 米　刚、嵇晓欢、贾　庸、李　鹏、刘文超

案例经验介绍

一、背景介绍

随着高速公路里程数不断延长，新设备、新工艺与新技术不断推进，各类事故隐患和安全风险交织叠加，事故的成因类型和数量增加，多因素复合事故增多，安全生产面临新形势、新挑战。

山东高速股份有限公司（以下简称"山东高速"）安全管理的基本特点是点多、线长、面广，安全风险点多且分散，现有的安全管理模式是以区域为单位自主管理，呈现出风险管理与安全管控工作脱节，安全生产管理工作忙于救火、补位及被动代位（错位），运行效率低下，信息共享存在制约瓶颈，管理层和一线作业人员信息不对称，风险跟踪机制不完善，数据碎片化，以及风险信息查询、比较、反馈流程烦冗不畅等弊端。一线员工缺少主动查摆隐患、主动想办法治理隐患的意识，对安全检查工作存在抵触情绪，不明晰本岗位动态隐患，存在对隐患"见而不问、问而不干、干而不实"的事不关己高高挂起思想，与公司"打造本质型安全单位"的目标相悖。因此，山东高速从打破区域各自为战的安全管理模式入手，构建一体化预防性安全管控体系。

二、项目目标

全员、全方位、全过程动态管控安全风险，持续更新隐患排查清单，推动风险分级管控与隐患排查治理互融互通，实时跟踪、评价，量化工作、考核员工，关联性数据监测、分析、预警，提升精益管控能力和水平，实现安全管理由管隐患向管风险的源头控制转变、由结果控制向过程控制的方式转变，有效保障路段路产、人员和营运安全，确保山东高速安全生产形势稳定向好。

三、技术路线及成果

以山东高速安全生产一体化预防管控为目标，以细化落实党委领导责任、部门安全监管责任、各单位主体责任、各岗位员工直接责任的"四级责任体系"为根本，以"识风险、查隐患、管现场、抓关键、严教育"为重点，以专家诊断检查、安全精准帮扶、作业现场风险辨识、网格化巡查管控为手段，借助信息化技术，探索"互联网+安全监管"模式，搭建一体化安全风险监测预警系统平台。

1.明确思路，建立工作机制

从建立纵向领导小组、横向矩阵团队（图1）、整体规划实施方案出发，分解细化指标任务，领导带头营造氛围，构筑安全生产责任体系，推进预防性安全管控体系实施。

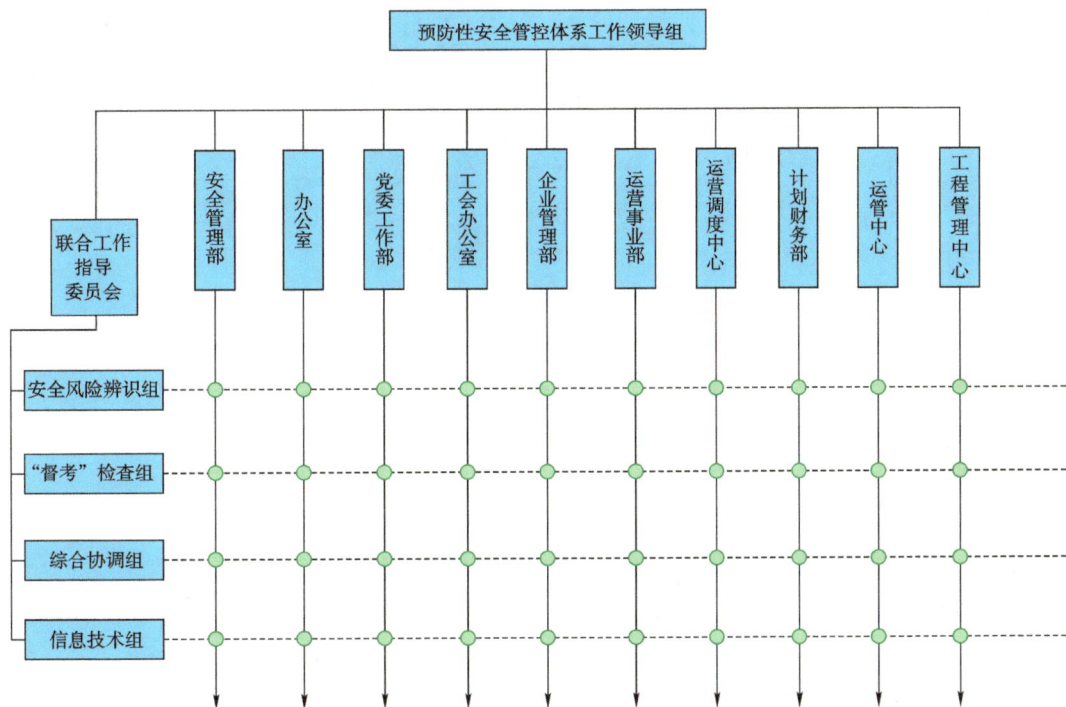

图1 预防性安全管控体系矩阵工作领导者

2.科学风险评估，夯实安全风险控制基础

结合实际，组建安全风险辨识工作组，制定安全评估工作指南；系统梳理历史、行业、区域数据，摸清公司风险底数；从"点、线、面"3个方面开展科学的安全风险评估（图2），制定运营安全风险管控标准。

3.以辨识风险为基础，"全员、全过程"排查安全隐患

以法规、标准、制度为基准，制定共性和自定义安全检查标准，依托"互联网+移动终端"，开创"全员、全过程"安全监管，推进安全风险分级管控和隐患排查治理体系互融互通（图3），实现闭环管控。构建综合风险画像，全面掌握安全生产现状，即时共享隐患信息，改善组织环境。

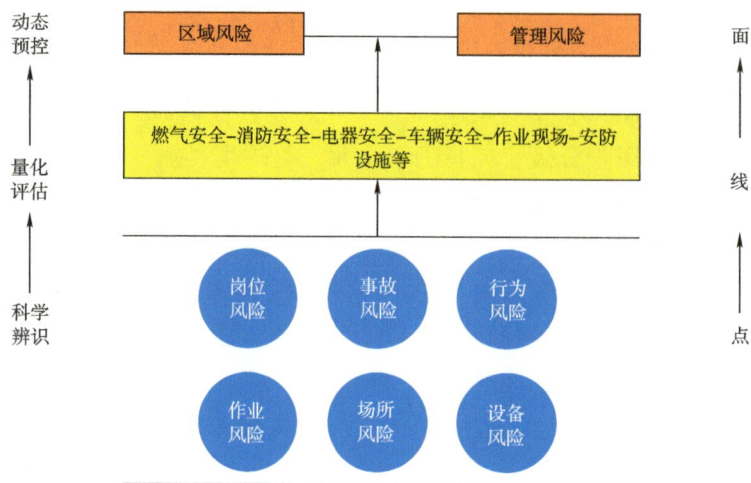

图2 "点、线、面"科学风险评估

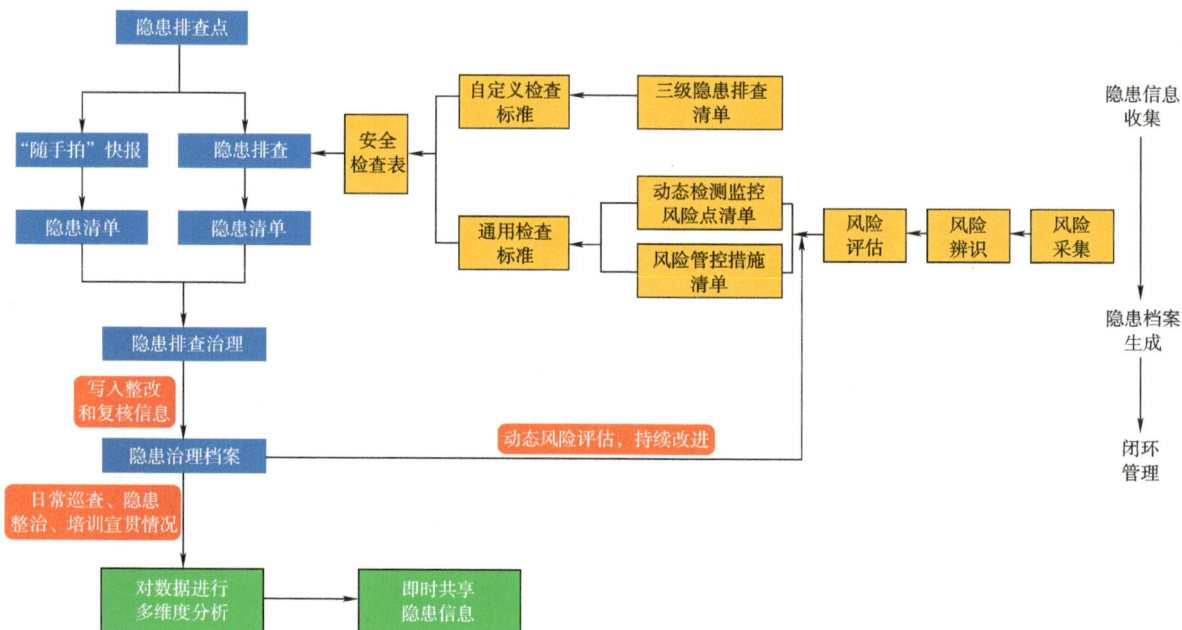

图3 安全风险分级管控和隐患排查治理体系互融互通

4. 推行"网格化"管理运行机制，逐级落实风险管控责任

按照"全覆盖、易管理"的要求科学合理"分片"，将所有生产运营单位和相关方，依地域及人员数量构筑公司、运管中心（分公司）、监管巡查、责任区四级全覆盖安全管理体系（图4），确定网格，定人员、定责任，完善网格职责。通过范围定格、网格定人、人员定类、实施群防群治、监管前移，实现区域监管全覆盖，建立健全基层单位的安全监管网，真正做到无缝对接。

5. 以信息技术平台为支撑，搭建"互联网＋安全监管平台"的安全管理信息系统

创新应用物联网、云计算、大数据、远程实时监测、发布安全关联信息预警等现代信息技术，实现安全生产与"互联网+"（图5）的深度融合。

6. 创新员工培训教育形式

搭建"共享式"安全知识体平台（图6），建立完善个人绩效考核机制，营造安全文化氛围，推进本质安全型员工"四个能力"建设，有效提升其日常安全管理能力。

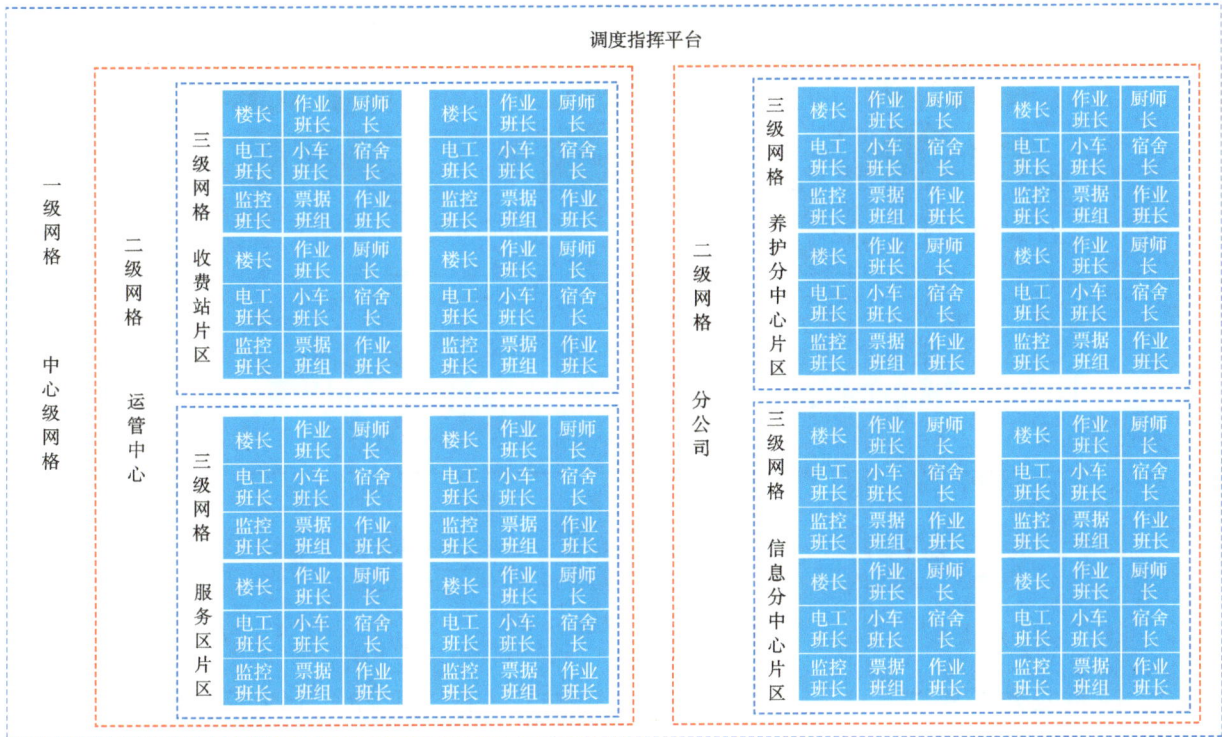

图4　"网格化"四级安全管理体系

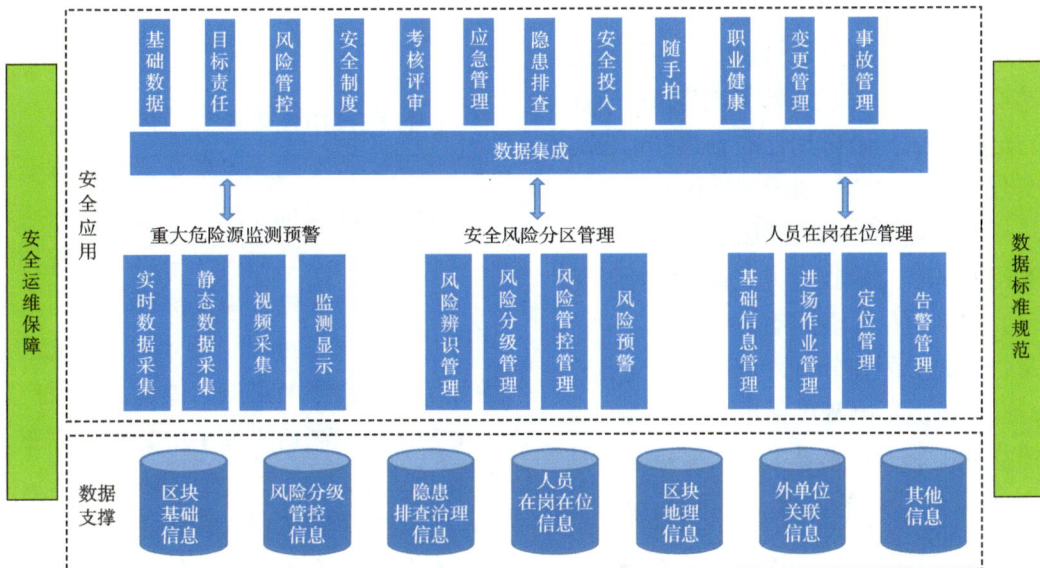

图5　"互联网+安全监管平台"的安全管理信息系统

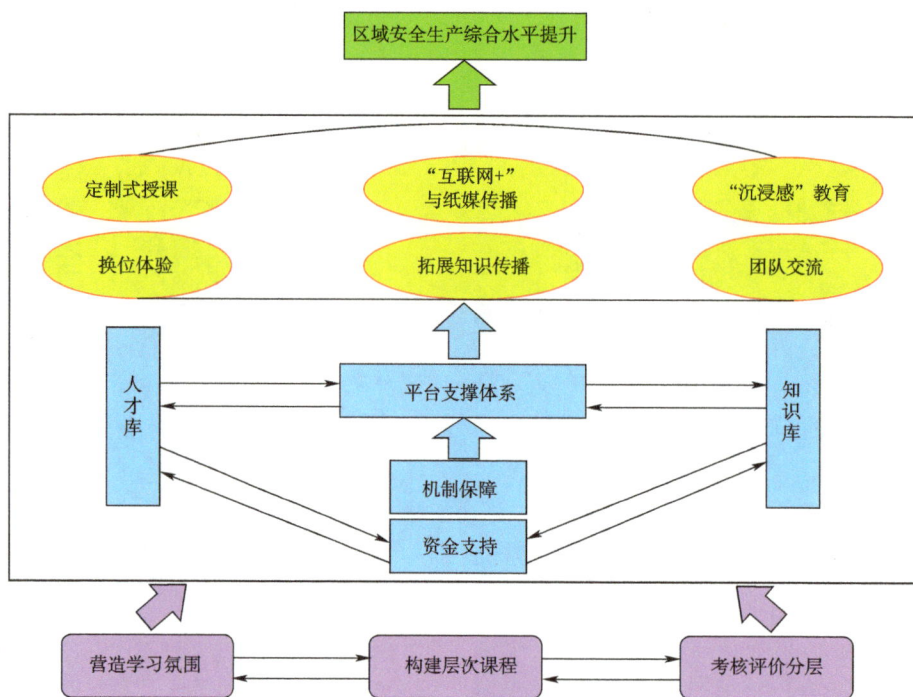

图6　"共享式"安全知识体平台

四、应用成效与评估

本项目应用成效主要包括以下3个方面：

1.安全管理总体水平不断提高

一体化预防性安全管控体系建设坚持"事前预警、事中纠偏、事后评估"基本理念，坚定道路运营安全生产"一切风险均可控，一切意外均可避"的信念，进一步改变高速公路运营安全管理工作思路和方法，转变了长期以来的事后管理、被动式管理的局面。开启风险超前预控、主动式管理的全新模式，以可视化的方式展现辖区道路运营安全状况，达到一图看清辖区安全风险位置分布、一图掌控风险隐患控制现状、一图看透各业务单位安全管控措施的实质意义；能够依据动态数据，准确定位出现异动的业务及业务流程，通过关联性的监测和分析，精确分析问题产生的原因，进而依据影响程度做出提前警告和处理，提升精益管控能力和水平，有效保障了所辖路段路产、人员和营运的安全，实现了预防事故、夯实安全生产基础的目的。

2.员工安全素质明显提升

一体化预防性安全管控体系的实施，让每一位员工能全过程参与本单位的安全管理，及时发现生产运营环节中的"出血点"与"发热点"，有效防控安全生产风险。员工在发现风险隐患的同时，能够获取山东高速所属领域内安全防控知识和隐患治理信息，极大地提升了全员的安全意识，使安全文化入脑入心，员工安全技能水平、素质素养得到了提高，落实在每一项工作中，形成具有公司特色的安全文化，为公司打造"本质安全型"复合型人才奠定了基础。

3.社会形象大大提升

一体化预防性安全管控体系创新了安全监督检查模式，将专题式、单一式的运营安全监管转变为平台式的安全监控，一是发现一些影响公众通行质量、满意度的、原本没有被发现的隐患；二是高效解决了过去需要协同解决的隐患，而这些隐患恰恰很大程度上影响公众满意度；三是增加了双向沟通的渠道，体系的建设扩宽了交流渠道，让山东高速更加了解公众的期望、意愿。截至2020年5月份，平台累计收到安全隐患报告3657个，其中非所报人员所在单位隐患1103个，发出协同处置单652份，督促相关业务单位积极开展横向沟通配合，减少了流程阻滞，提高隐患处置效率。安全保障水平稳定、对客户的服务能力和服务质量明显提高，为山东高质量发展提供了坚强的道路保障，多次圆满完成省、市政府安排的各项安全保障任务，包括"一带一路"高峰论坛、"中华人民共和国成立70周年大庆"等多项重大活动的安全保畅工作，让公众享受到高品质的出行服务，得到社会广泛认可，彰显山东高速服务社会大众的优质形象。

五、推广应用展望

一体化预防性安全管控体系，通过系统梳理，摸清现状，科学风险评估，将高速公路运营过程中各分散的安全点导入风险库，依托"互联网+移动终端""网格化"巡查、本质安全型员工"四个能力"建设，实施"全员、全过程"安全监管，推进安全风险分级管控和隐患排查治理体系互融互通，实现闭环管控，并针对山东高速所属各单位具体情况，发布安全关联信息预警，多措施强化隐患防控。这种风险超前预控、主动式管理的全新模式，依据动态数据，准确定位出现异动的业务及业务流程，通过关联性的监测和分析，精确分析问题产生的原因，对提升精益管控能力和水平以及预防事故、夯实安全生产基础具有重要作用，因此具有较高的推广和应用价值。

案例12 ▶ 阜阳公交安全事故重点监测系统研发

基本信息

申报单位：阜阳市公共交通总公司

所属类型：安全管理

专业类别：道路运输

成果实施范围（发表情况）：阜阳市公共交通总公司，成果获第十八届全国交通企业管理现代化创新成果二等奖

开始实施时间：2020年2月1日

负责人：任　鑫

贡献者：王　林、张祥军、何　飞、徐峰源、崔　明

案例经验介绍

一、背景介绍

安全管理工作存在于运营生产全过程，随着社会的进步、科技的发展以及行业发展形势的变化，安全管理工作也应当与时俱进，通过不断创新适应新形势，服务新时代。

1.安全管理精准化的需要

城市公交的运营特点是点多、线长、面广，这也决定了公交安全管理难度相对较大，对于安全管理力量的分配提出了更高的要求。

城市公交道路交通事故（包括责任事故、无责事故和轻微事故）相较于其他行业事故具有多发性特点，其大量的事故数据可以反映安全生产中的重点突出问题。比如驾驶员的违法违规次数、责任事故次数，甚至无责事故次数较多，都能反映出驾驶员在安全行车中存在突出问题。

公司在安全管理工作中坚持"抓住安全重点、管好安全重点"的安全管理理念，强化重点人、重点时段、重点路段安全管理，这对安全管理精准化提出了要求。突出重点问题，更好地统计排查安全管理重点，采取针对性的管理措施，做到有的放矢，是提高安全管理效果的有效途径。

2. 安全管理科学化的需要

公司在安全运营管理中，形成了很多宝贵的安全管理经验，是应该坚持和传承的。但是，社会发展日新月异，在新技术的大量运用、员工的结构性变化以及新的安全管理理念的冲击下，有些经验已经不合时宜，有些经验有待创新升级。比如，对于一些重点人员的排查，过去往往凭主观经验进行判断，难免会有偏颇，缺乏科学性和规范性。现在，利用信息化技术对大量的生产运营数据进行梳理，更能真实、全面地反映问题，也更具说服力。

3. 安全管理信息化的必然

2018年，公司开始推进信息化管理，安全管理工作也乘势而为，把在安全运营生产过程中产生的大量数据用"活"，最大程度体现数据的价值。基于ERP（企业资源计划）信息化管理系统，建立了事故管理、动态监控管理、违法违规管理、稽查管理等安全管理基础模块，有了信息化的安全管理"数据库"，城市公交安全事故重点监测才具备了实现的条件。

4. 坚决防范遏制重特大安全事故的安全形势需要

国家高度重视安全生产工作，多次对坚决防范遏制重特大事故发生作重要指示和批示。2015年8月15日，习近平总书记就切实做好安全生产工作作出重要指示，要求各级党委和政府牢固树立安全发展理念，坚决防范遏制重特大事故发生。2019年3月，国务院安委会发出紧急通知，部署认真贯彻落实习近平总书记重要指示精神，坚决防范遏制重特大事故。坚决防范遏制重特大安全事故，是人民群众"幸福感、获得感、安全感"的重要保障。城市公交安全事故重点监测系统采用"抓重点、管重点"的安全管理思路，对道路运输行业安全发展起到积极作用。

二、项目目标

1. 深度挖掘安全生产数据，实现数据的有效利用

借助ERP信息平台已录入的数据，实现信息数据的再挖掘、再利用，服务安全管理。

2. 围绕"抓重点、管重点"的安全管理思路，实现精准施策

排查和发现重点人、重点时段和重点路段，为安全管理提供数据支撑，结合风险排查与管控、隐患排查与治理和安全教育培训，实现抓重点、管重点的安全管理。

3. 充分运用现代科技，实现安全管理信息化，突破传统经验式安全管理模式

重点人等安全重点管理方法在城市客运中普遍存在，但以往多是凭借主观经验来判断，排查重点的标准不清晰，数据利用不充分，精准性差，针对性不强。城市公交安全事故重点监测技术突破传统方式，提高了效率，实现了质量和效果的提升。

三、技术路线及成果

1. 城市公交安全事故重点监测系统设计思路

城市安全事故重点监测系统由安全事故信息模块、违法违规信息模块、动态监控信息模块和安全事故重点监测模块等组成。其设计思路是"全面监测、规范标准、动态监测"，是基于ERP信息化平台，通过对安全检查、动态监控、稽查信息、事故信息等数据进行提取、判断，形成重点人、重点时段、重点路段等的等级列表，并自动监测和动态调整。对于重点监测等级列表变化的，也相应调整安全管理措施以促进、改善和提升安全管理效果，形成闭环管理（图1）。

2. 城市公交安全事故重点监测系统的监测模块构建

1）重点人（驾驶员）监测

（1）重点人是指由于驾驶员的工作态度、安全意识、安全技能和安全经验的欠缺，以及人的性格缺陷，造成安全行车工作中事故多、违法违规多的少数驾驶员。

道路交通运输事故90%以上都是人的违法违规行为和不安全行为造成的。有必要加强对重点人的排查与监测，从而强化驾驶员的重点管理。公司以事故信息、违法违规信息等作为安全事故重点排查参考项，按照不同阈值条件，将驾驶员

按照红、黄、蓝3种等级进行分类，红色为最高等级，黄色为较高等级，蓝色最低。其中需要说明的是，把无责任事故也作为参考条件，是因为无责任事故多发的驾驶员在文明驾驶、安全经验或者性格方面可能存在问题（图2）。

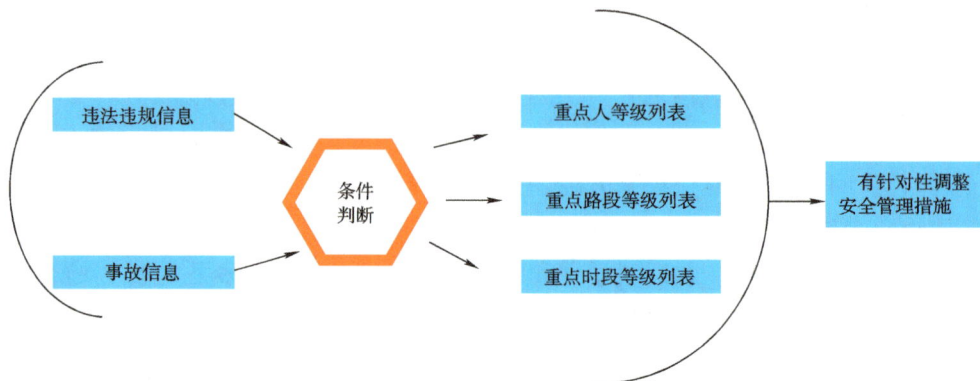

图1　重点监测工作机制设计思路

图2　重点人监测

（2）重点人监测标准条件设置如图3所示。

蓝色等级：责任事故1起，或无责任事故2起，或违法违章2次。

黄色等级：责任事故2起，或无责任事故起数大于等于3起且小于5起，或违法违章次数大于等于3次且小于5次。

红色等级：责任事故起数大于3起，或无责任事故起数大于等于5起，或违法违章次数大于等于5次。

（3）动态监测周期设置。

每位驾驶员的重点动态监测周期为1年，即：该驾驶员距上次等级变化1年内等级未上升的自动下调1个等级；若该驾驶员距上次等级变化1年内发生问题符合上调等级条件的，即时上调。表1～表4为对某重点人的动态监测过程演示。

通过动态监测，反映驾驶员在阶段时间内（1年内）安全工作进步与否，从而调整对驾驶员的针对性安全管理措施。

2）重点路段监测

（1）重点路段是指事故（不区分责任事故和无责事故）多发或违法违规行为多发的路段、

路口。道路交通环境的良好与否，也是影响事故发生的一个客观因素。同样，公司按照不同阈值条件，将事故路段按照红、黄、蓝设置3种等级，红色为最高等级，黄色为较高等级，蓝色为最低等级，如图4所示。

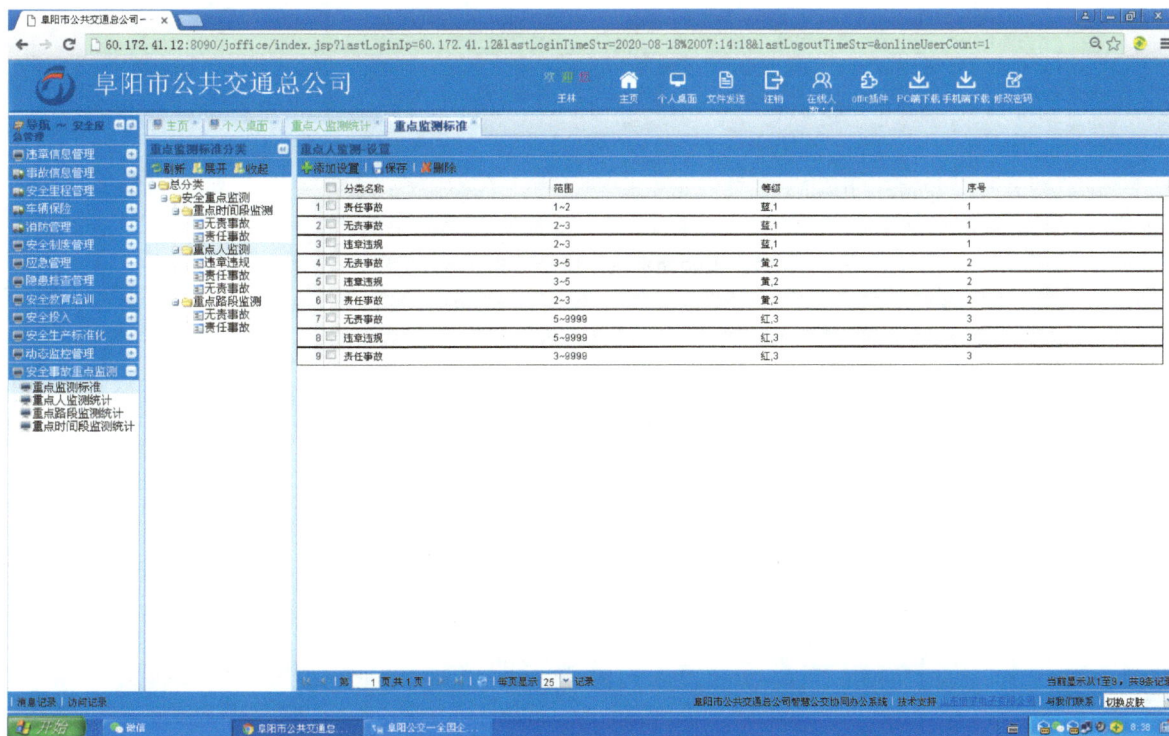

图3　重点人监测标准设置界面

重点人的动态监测过程演示（1）　表1

驾驶员	事件情况			等级情况	动态监测周期内（1年）事件情况					实时等级
	事件类别	起数（起）	发生时间		类别	起数（起）	发生时间	条件变化	等级变化	
张三	责任事故	1	2019年7月2日	蓝	责任事故	1	2020年5月6日	大于等于2	黄	黄（取最高等级）
	无责事故	1	2019年5月6日	—	无责事故	1	2020年5月5日	大于等于2	蓝	
	违法违规	1	2019年6月15日	—	违法违规	—	—	—	—	

重点人的动态监测过程演示（2）　表2

驾驶员	事件情况			等级情况	动态监测周期内（1年）事件情况					实时等级
	事件类别	起数（起）	发生时间		类别	起数（起）	发生时间	条件变化	等级变化	
张三	责任事故	1	2019年7月2日	蓝	责任事故	—	—	—	—	蓝（取最高等级）
	无责事故	1	2019年5月6日	—	无责事故	1	2020年5月5日	大于等于2	蓝	
	违法违规	1	2019年6月15日	—	违法违规	—	—	—	—	

重点人的动态监测过程演示（3）　　　　　　　　　　　　　表3

驾驶员	事件情况			等级情况	动态监测周期内（1年）事件情况					实时等级
	事件类别	起数（起）	发生时间		类别	起数（起）	发生时间	条件变化	等级变化	
张三	责任事故	1	2019年7月2日	蓝	责任事故	—	—	—	—	蓝（取最高等级）
	无责事故	1	2019年5月6日	—	无责事故	—	—	—	—	
	违法违规	1	2019年6月15日	—	违法违规	2	2020年5月5日 2020年6月1日	大于等于3	蓝	

重点人的动态监测过程演示（4）　　　　　　　　　　　　　表4

驾驶员	事件情况			等级情况	动态监测周期内（1年）事件情况					实时等级
	事件类别	起数（起）	发生时间		类别	起数（起）	发生时间	条件变化	等级变化	
张三	责任事故	1	2019年7月2日	蓝	责任事故	—	—	—	—	（退出重点监测等级列表）
	无责事故	1	2019年5月6日	—	无责事故	—	—	—	—	
	违法违规	1	2019年6月15日	—	违法违规	—	—	—	—	

图4　重点路段监测界面

（2）重点监测路段标准设置（图5）。

蓝色等级：责任事故1起，或无责事故起数大于等于2起。

黄色等级：责任事故2起，或无责事故起数大于等于3起且小于6起。

红色等级：责任事故起数大于等于3起，或无责事故起数大于等于6起。

（3）重点路段动态监测周期设置。

每个事故路段的重点监测周期也是1年，即：该路段距上次等级变化1年内等级未上升的自动下调1个等级；若该路段距上次等级变化1年内发生问题符合上调等级条件的，即时上调。

通过动态监测来反映该路段交通环境秩序情况，或驾驶员对该路段安全风险的了解和重视程度，从而调整对该路段的安全风险排查与管控措施，或隐患排查与治理等安全管理措施。

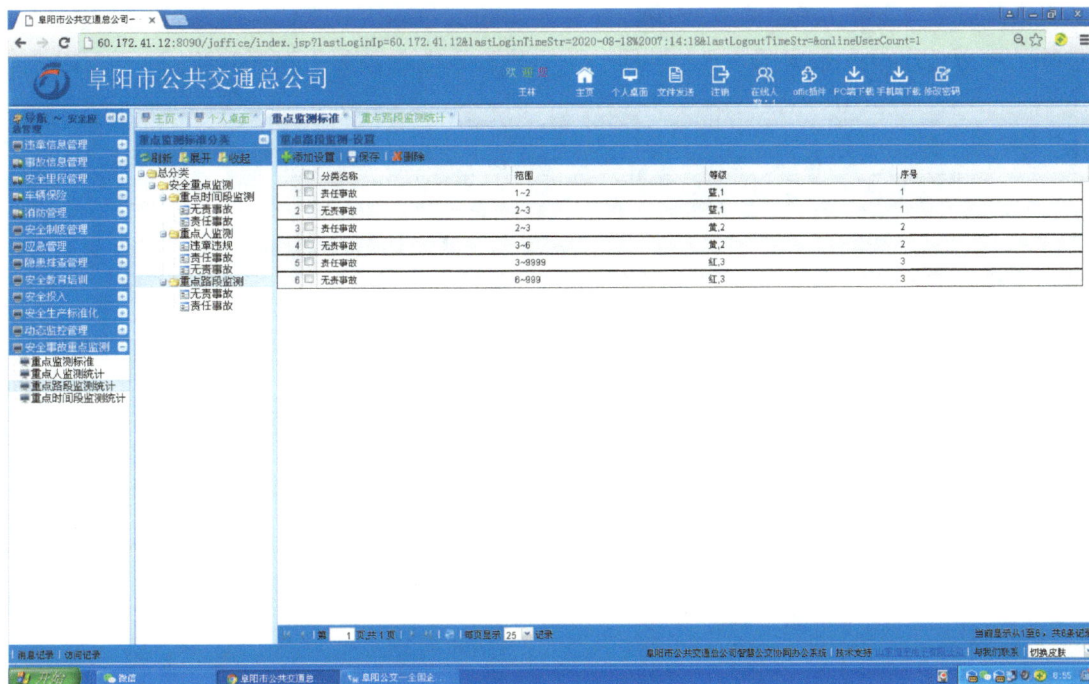

图5　重点路段监测标准设置界面

3）重点时间段监测

（1）重点时间段是指事故发生较多的时间段。时间段划分以每1h为1个时间段。公司根据事故发生时间的分布情况排查重点时间段，研究事故发生的一些规律，从而为重点时间段的安全管理提供数据支撑。同样，按照不同阈值条件，将事故时间段分为红、黄、蓝3种重点时段等级，红色为最高等级，黄色为较高等级，蓝色最低，如图6所示。

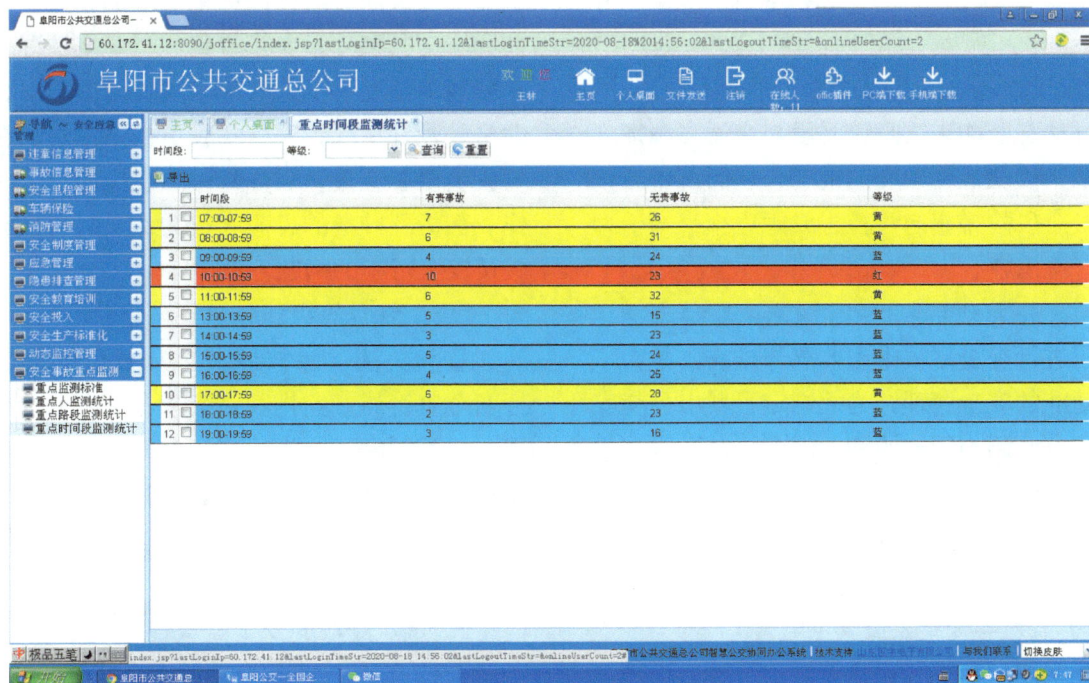

图6　重点时间段监测界面

（2）重点时间段监测标准设置（图7）。

蓝色等级：责任事故起数大于等于3起且小于6起，无责任事故起数大于等于20起且小于30起。

黄色等级：责任事故起数大于等于6起且小于10起，无责任事故起数大于等于30起且小于50起。

红色等级：责任事故起数大于等于10起，无责任事故起数大于等于50起。

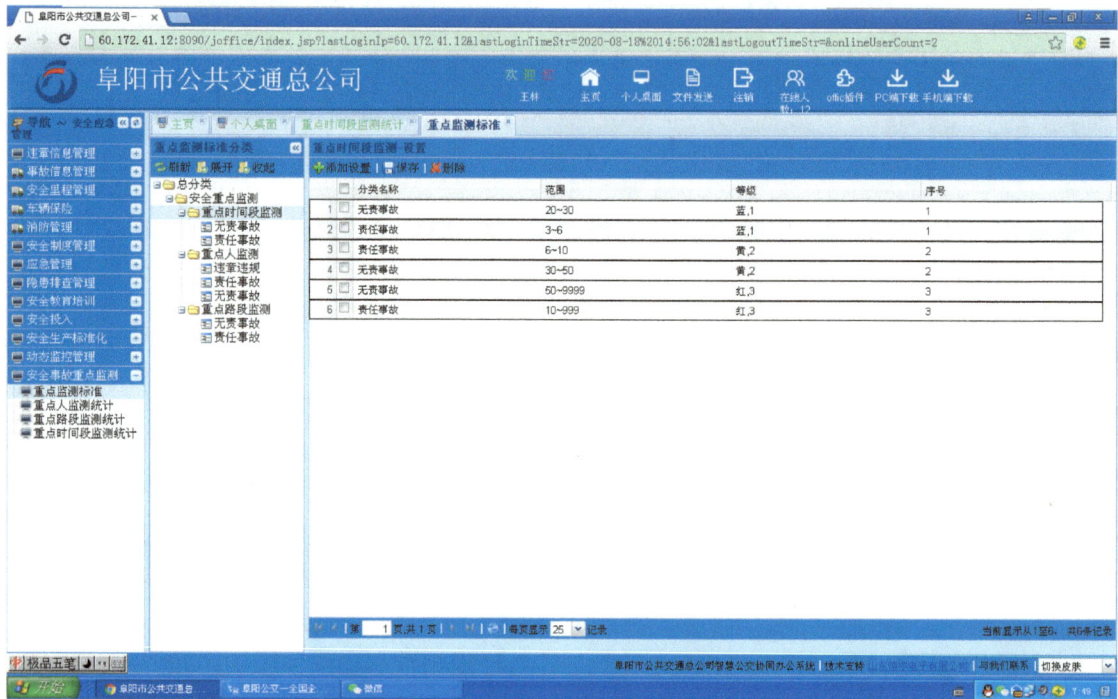

图7　重点时间段监测标准设置界面

（3）重点路段动态监测周期设置。

每个事故时段的重点监测周期原则上也是1年，即：该时段距上次等级变化1年内等级未上升的自动下调1个等级；若该时段距上次等级变化1年内发生问题符合上调等级条件，即时上调。

通过动态监测来反映该时段与交通高峰期之间的关系，以及运营调度的情况，从而调整对该时段的安全风险排查与管控，或隐患排查与治理等安全管理措施。

3. 城市公交安全事故重点监测结果的应用

公司进行安全事故重点监测与排查，是为了实施更精准的安全管理，为此制定了城市公交安全事故重点监测与管控的相关制度，对进入"重点人、重点路段、重点时间段"等级列表的，采取针对性的安全管控措施。

1）对重点人的安全监管

（1）蓝色等级驾驶员安全监管。

给予关注。了解其安全技能和经验方面的不足，以及对安全法律法规的熟悉程度和正确运用与否，加强对其的安全教育培训和安全叮嘱。

（2）黄色等级驾驶员安全监管。

高度关注。除按照蓝色等级加强安全教育培训和安全叮嘱外，要摸排驾驶员基本情况，包括家庭基本情况、个人心理和生理健康情况，以及性格、爱好情况，完善驾驶员档案信息。注重与驾驶员谈心交流，引导驾驶员积极向上、快乐工作。剖析驾驶员的思想和行为，及时解决影响驾驶员安全行车的问题。

（3）红色等级驾驶员安全监管。

重点关注。除按照蓝色和黄色等级措施进行安全监管外，安排其停班学习。充分从思想认识、规章制度、行为纠正等方面开展再教育。安排重新实习，严格考核，必要时心理疏导介入，直至有较大改观。仍无法促进改观的建议解除劳动合同或调整工作岗位。

2）重点路段的安全监管

（1）蓝色等级重点路段安全监管。

重新对该路段进行安全风险排查，制定针对

性管控措施，修订线路风险告知卡并对驾驶员进行安全叮嘱。

（2）黄色等级重点路段安全监管。

除按照蓝色等级进行安全监管外，收集该路段上发生的事故案例，组织驾驶员开展警示教育，使驾驶员充分吸取事故教训。

（3）红色等级重点路段安全监管。

除按照蓝色和黄色等级进行安全监管外，由总公司安全应急部联合营运管理部、稽查管理部及相关分公司组织专项调研，从风险排查与管控、隐患排查与治理等方面细致开展工作，制定切实可行的管控和整改措施，并加强对该路段驾驶员行为安全检查，强化驾驶员遵法守规意识。

3）重点时间段安全监管

（1）蓝色等级重点时间段安全监管。

给予关注。研究该时段交通出行特点，修订安全风险告知卡。

（2）黄色等级重点时间段安全监管。

高度关注。除按照蓝色等级进行安全监管外，提取交通出行高峰时段和平峰时段数据，由总公司安全应急部协同营运管理部研究营运调度是否存在不合理现象，并及时解决发现的问题。

（3）红色等级重点时间段安全监管。

重点关注。除按照蓝色和黄色等级进行安全监管外，还要研究该时段和交通环境对驾驶员心理和生理的影响，采取必要的防范措施，并加强该时段现场安全监管。

四、应用成效与评估

阜阳公交通过对安全生产中的大量数据和事故信息数据的整合、分析，排查安全监管重点，使各运营分公司能够及时获取安全事故重点监测的动态结果，并采取相应的针对性措施，有的放矢，提高了安全管理效果。自2019年初实施城市公交安全事故重点监测以来，累计排查出重点驾驶员171人次、重点路段95个、重点时间段12个。其中，重点驾驶员由初期120人次下降到现阶段103人次；重点路段由初期93个下降到现阶段89个；重点时间段由初期13个下降到现阶段12个。截至2020年7月发生责任事故35起（今年受疫情影响2月份车辆停运1个月），与去年同期（75起）相比下降53.3%。

本项目成果获第十八届全国交通企业管理创新成果二等奖。

五、推广应用展望

现如今，企业管理信息化进程不断加快，但对大量数据的挖掘和利用水平有待进一步提高。阜阳公交安全事故重点监测系统就是"安全管理+信息化"，与传统安全管理相比，在数据处理分析和结果精准可靠等方面优势巨大，能够促进企业安全管理水平再上新台阶。

1. 城市公交安全事故重点监测对公交企业具有普遍的借鉴意义

公交企业共同的安全管理难点在于点多、线长、面广，以及环境因素影响大。通过城市公交安全事故重点监测，全面真实排查出安全重点问题，能够有效分配安全管理力量，有的放矢，做到精准管控，实现"抓重点、管重点"的安全管理，对于公交行业具有借鉴意义。

2. 城市公交安全事故重点监测对道路交通运输行业防范遏制重特大事故具有积极作用

道路交通运输行业安全生产形势严峻，2017年秦岭一号隧道"8·10"特大交通事故、2018年重庆万州公交坠江事件、2020年贵州安顺公交坠湖事件等，无不警示道路交通运输企业防范遏制重特大事故任重道远。城市公交属于道路交通运输行业，安全管理工作与道路运输行业具有相似性，城市公交安全事故重点监测对道路运输行业强化安全重点管理具有启发意义，能够对道路交通运输行业防范遏制重特大事故起到积极作用。

案例13 ▶ "筑隧"安全管理体系

基本信息

申报单位：河北省高速公路延崇筹建处

所属类型：安全管理

专业类别：交通工程建设

成果实施范围（发表情况）：适用于特长隧道监测、人员培训、应急管理等隧道施工过程管理

开始实施时间：2019年5月

负责人：陈彦欣

贡献者：李亚军、李志达、罗燕平、王　生、康　毅

案例经验介绍

一、背景介绍

翠云山特长隧道是一项极为复杂的建设工程，海拔高、冬季严寒，地质环境多变，施工存在极大的未知性和不确定性，安全风险大。为做好隧道施工安全管理，筹建处针对施工中存在的安全隐患做了充分细致的准备，以保证隧道项目施工的安全稳步推进。

二、项目目标

提升项目人员全体作业人员安全素质，增强其应急意识，提高其防灾减灾救灾能力，有效防

范和遏制隧道事故发生，指导延崇高速公路隧道工程建设，全面提高隧道施工安全管理水平。

三、技术路线及成果

结合当前隧道施工条件恶劣、地质条件复杂、员工安全意识较弱、机械化程度低等特点，本项目在做好初喷、支护、临时用电等常规安全措施的同时，着重从以下几方面加强管控：

1.设立安全演讲厅、体验馆，强化安全教育培训

设立安全演讲体验馆，围绕"安全第一，预防为主"的施工理念，强化安全教育培训工作，

通过一体化设计，采用数字多媒体、仿真等高科技技术，通过展板展示、实景模拟、实物展示、互动体验等形式，展示消防、安全生产、职业健康等方面的安全知识和防灾避险技能，建成了面向全体一线作业人员的"综合性公共安全教育体验基地"（图1）。

图1　综合性公共安全教育体验基地

2. 成立奥旋巡纠大队

沿用主线金家庄螺旋隧道建设安全管理好的经验做法，将有隧道施工经验的作业人员与管理人员有机结合，成立"奥旋巡纠大队"（图2），通过学习培训让每一名队员熟悉和掌握隧道施工各个环节。对整个现场进行24h全天候巡查，同时通过监控调度中心对整个施工现场进行勘察与管理，最大限度保证施工现场的平安稳定。

图2　奥旋巡纠大队

3. 严格人车分离

隧道洞口进行"人车分离"（图3）设置，通道主要由"人行门禁系统"和"ETC车行门禁系统"两部分组成，既能够严格控制人员出入，又可以控制车辆出入，保证施工人员安全，确保隧道施工稳步推进。

图3　人车分离

4. 安全防炫射灯

安装安全防炫射灯（图4），防炫射灯主要由防炫玻璃和射灯两部分组成。防炫泛光灯在降低了灯具眩光的同时提高了照明质量，投射出"安全警示标志"的防炫灯光，时刻提醒过往的施工人员和施工车辆，在人最容易疲乏的时间段进行警示，在不影响过往行人和车辆安全的情况下，对隧道洞内的施工起到了提醒警示的作用，预防事故发生。

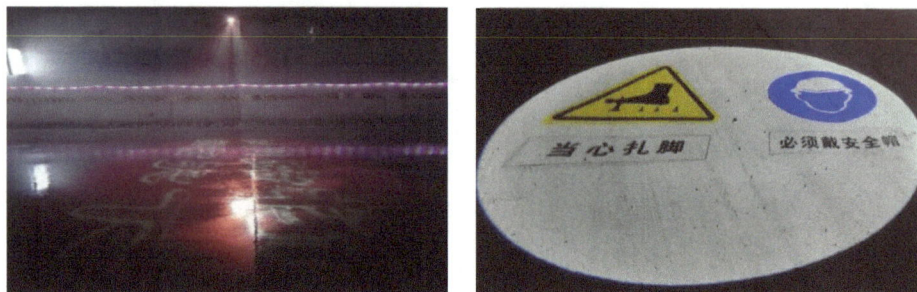

图4　安全防炫射灯

5. 弧形反光板

翠云山特长隧道进口洞内安装了一种折叠式弧形反光板（图5），包括底板、反光板。隧道洞内的超车道顶部采用红色反光板，当有过往车辆经过隧洞且准备超车时，车辆灯光会照射到反光板上，由于反光效应产生弧形警示反光带，以此来缓解驾驶员的疲劳感，从而较大程度保证了隧道内的行车安全。

图5　弧形反光板

6. 可伸缩安全带

传统安全带有佩戴后无法长距离移动、频繁松紧影响工作、安全绳易打结等缺点，直接导致了隧道内高空作业的工人不愿佩戴安全带，对隧道内安全施工造成了极大的安全隐患。

为了克服现有安全带的缺点，我们在传统安全带的基础上自行改进，发明了一种可伸缩的高空作业安全带——可伸缩安全带，其结构示意如图6所示，并成功申请了实用新型专利证书。

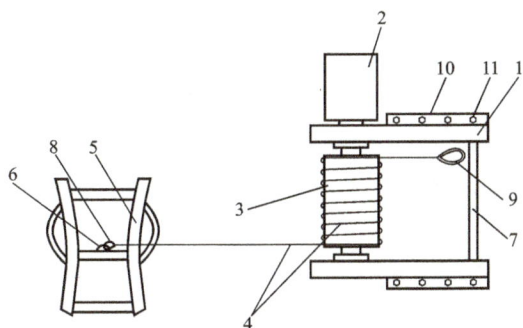

图6　可伸缩安全带结构示意图

1-机架；2-电机；3-辊筒；4-钢丝；5-马甲；6-套环；7-连接杆；8-马鞍卡A；9-马鞍卡B；10-安装板；11-地脚螺钉

7. 无记名人脸识别系统

加装无记名人脸识别系统（图7），无记名人脸识别系统采用最新人脸识别算法，内置智能人员情绪识别系统，能高效便捷地记录进出人员的信息，同时根据面部肌肉状况、血压、心跳等心理指标判断施工人员当日情绪状态是否适合施工，对于得分60分以下的从业人员，严禁进入隧道施工现场工作，从源头上尽量避免人的不安全行为，确保施工安全。

8. 安全施工工艺二维码

现在"互联网+"无处不在，已经渗透到了社会的各个角落。工程建设中充分利用"互联网+安全生产"技术，对办公平台、综合管理信息系统、网络实时监控平台等互联网管理技术不同程度地加以使用。二维码技术以其形式新颖、制作方便快捷、成本低廉等特点，可替代传统的标识牌及多种纸质、电子资料等，越来越多地应用到工程实践中（图8）。

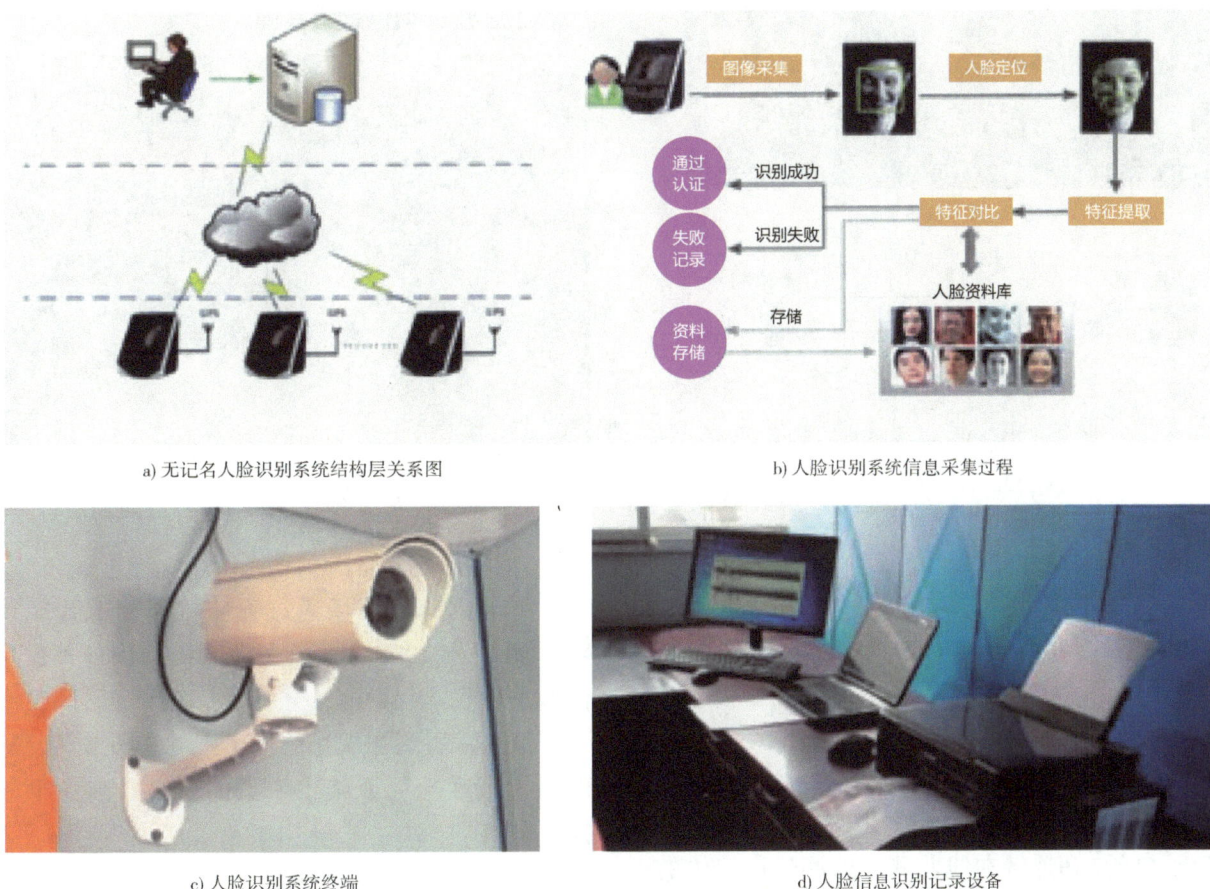

a) 无记名人脸识别系统结构层关系图　　b) 人脸识别系统信息采集过程

c) 人脸识别系统终端　　d) 人脸信息识别记录设备

图7　无记名人脸识别系统

图8　现场技术人员使用施工工艺二维码

9. 创新监测系统

为了对隧道进行动态高频的监测以及时发现问题，在隧道中间位置设置倾斜仪、激光测距仪（图9）等设备，不间断地采集隧道的数据。其中，激光测距仪的工作原理如图10所示。

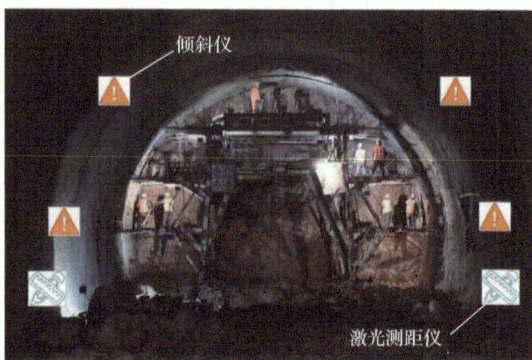

图9　倾斜仪布置图

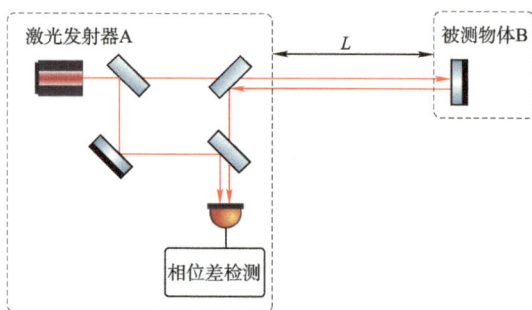

图10　激光测距仪工作原理

监测点的布设是监测项目的主要关键点之一。监测方式有两类。

1）隧道墙体的相对位移监测

当隧道墙体之间发生位置变化或墙体发生变形时导致墙体之间的距离发生改变，通过对墙体间距离的24h连续在线监测来监测隧道墙体的变形。

2）隧道变形监测

隧道的任何扰动都会对施工安全产生影响。利用倾斜仪采用24h监测的方法，对隧道内壁位移进行监测，及时发现隧道的微小变形。

10. 应急物资库

隧道施工现场建立标准应急物资库（图11），配备一系列完备的物资，包括应急药品、医用担架、强光手电、反光背心、防噪耳塞、安全带以及雨衣雨鞋等，为隧道施工中可能出现的突发情况的应急救援提供物质保障。

图11　应急物资库

11. 生命信号输送管

1）隧道施工智能预警系统

隧道内施工现场通过安装隧道施工智能预警系统（图12），可以有效地对隧道内各种危险信号进行收集、处理、分析，并在第一时间发出预警信息，提醒在现场的施工人员立即撤离，从而最大限度地保证施工人员的安全，减少事故损失。

2）生命信号输送通道

设置生命信号输送通道（图13），预防突发事件发生。当隧道施工发生安全生产事故等应急突发情况时，首先要及时开展救援工作，以确保安全救出隧道内未及时撤离的现场施工人员。此时通过配合施工人员安全帽中的人员定位系统，可以第一时间掌握隧道内现场施工人员的位置信息及生命体征，有针对性地开展救援工作，同时也可以最大限度地避免在救援过程中由于无法确定隧道内被困人员的位置信息而造成的二次伤害。救援人员也可以通过生命信号输送管第一时间了解隧道内掌子面的实际情况，为救援方案的布置实施提供直接有效的依据，同时还可以将食物、水、应急药品等生活必需品及时输送给隧道内被困的施工人员，配合救援。

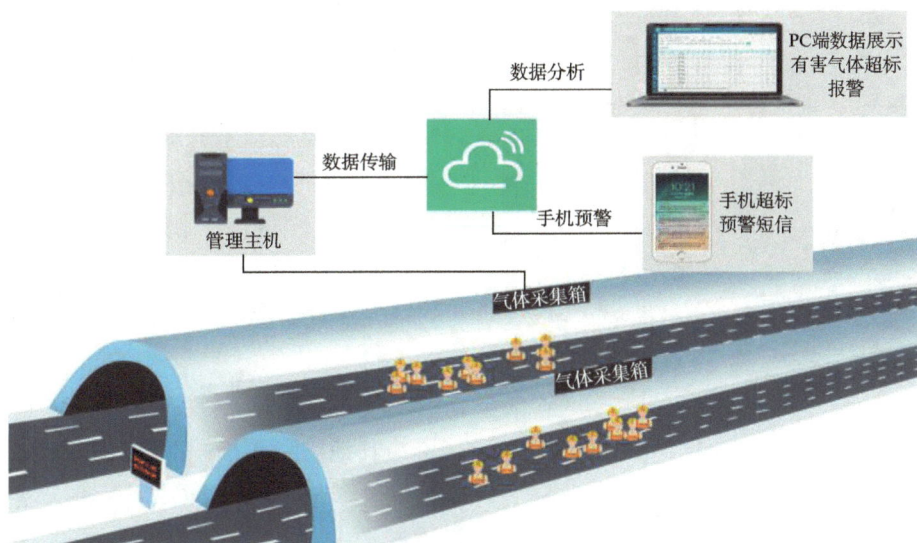

图12 隧道施工智能预警系统

图13 生命信号输送管

12. 芯片定位系统

隧道施工人员安全帽内配备定位芯片，动态显示隧道内人员信息，并将信息实时输入多台远程设备，结合隧道全方位监控系统，能让管理人员对隧道施工情况有全局把握。定位芯片不但具有位置信息传输功能，同时具备生命信号强弱识别与传输的功能，能让施工人员在被困时，准确提供被困者的位置和各项生命指标。

13. "生命之环"

"生命之环"（图14）是特制的手环，包括中央处理器、电源模块、定位模块、蓝牙通信模块、温度测量模块、心率测量模块、报警求救模块和防水外壳。电源模块分别与中央处理器、定位模块、蓝牙通信模块、温度测量模块、心率测量模块和报警求救模块连接；手环能够加强对施工人员的日常监测和管理，在出现险情时，能及时定位被困人员，实现高效且迅速的救助，把握好最有效的抢救时间。

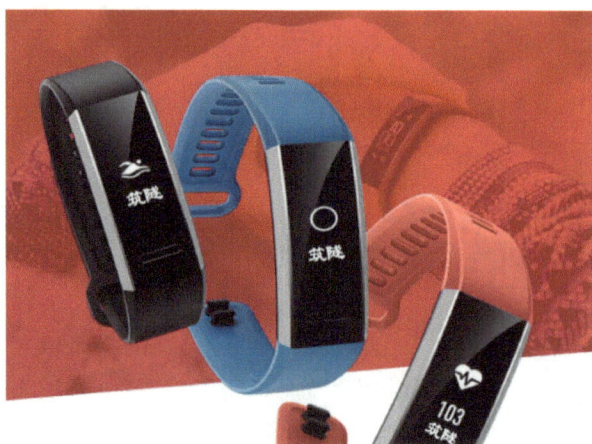

图14 "生命之环"

14. 智能预检台车

二衬混凝土浇筑过程中胀模和爆模现象产生的原因多数是模板质量差、刚度不够或施工人员操作不当，而防止胀模和爆模的发生只能通过管理人员的施工经验以及肉眼观察进行判断。引进隧道监测技术后，通过将多个形变传感器附着在二衬模板外侧，在中央处理器的分析下，将混凝土浇筑过程中实时监测到的模板形变量与预设值进行比较，超过预设值时报警器进行报警，帮助管理人员作出正确判断，及时制定应对措施。

15. 新型装配式电缆沟

项目采用新型装配式电缆沟（图15）。该电缆沟采用了多功能柔性复合盖板与侧板，这种绿色新型材料具有以下特点：

（1）不吸湿、不霉变、耐寒、耐高温、耐酸耐碱、阻燃、不开裂、板幅大、可加工成任何长度，特别适合在地下环境中使用；

（2）强度高、韧性好、弹性强、耐冲击、耐磨损、使用寿命长；

（3）质量轻、搬运操作劳动强度低、施工效率高；

（4）可加工性好，可刨、可锯、可钉钉、可与其他类型盖板同时使用；

（5）可大幅提高高速公路隧道工程的质量；

（6）损坏或者超过服役年限的盖板材料可全部回收再生，在不产生污染的同时节约成本。

图15 新型装配式电缆沟

四、应用成效与评估

通过科学、合理的预防措施，加之严格同时不失人性化的管理，尽可能地减少安全隐患及事故带来的损失，最大程度保证施工人员的安全，确保隧道施工安全稳步开展。

五、推广应用展望

"筑隧"安全管理体系技术难度系数低，过程操作性强，经验易复制，在本项目施工过程中取得了很好的应用效果，若应用到今后的隧道建设上，将极大地提高隧道施工安全管理水平。

案例 14 ▶ 墩柱施工装配式安全防护平台

基本信息

申报单位： 广西邕洲高速公路有限公司

所属类型： 高速公路施工现场安全措施

专业类别： 科学技术

成果实施范围（发表情况）： 南宁沙井至吴圩高速公路建设项目桥梁工程施工现场

开始实施时间： 2020 年 3 月 8 日

负责人： 苏爱斌

贡献者： 陈应基、马君成、刘德金、袁野真、董玉朕

案例经验介绍

一、背景介绍

传统桥梁墩柱施工作业平台采用搭设脚手架的方式，脚手架搭设过程中涉及高空操作，安全隐患大，且搭设脚手架费时费力，专业性要求较高，不利于项目建设的快速推进，同时伴随着巨大的安全隐患。违规作业人员为贪图方便，忽视搭设脚手架、作业平台等安全措施，经常出现裸模施工现象。裸模施工容易发生高处坠落、坍塌等伤亡事故，近年来裸模施工造成的安全事故时有发生。

为有效解决桥梁墩柱裸模施工问题，南宁沙井至吴圩高速公路建设项目推广采用装配式安全防护平台，具有安装简单便捷、省工省时及设计合理、架体牢固等特点，进而杜绝桥梁墩柱裸模施工现象，提高施工的安全性。

二、项目目标

装配式安全防护平台具有安装简单便捷、省工省时、架体牢固、作业方便等特点，提高桥梁墩柱施工作业安全性，有效杜绝墩柱裸模施工的违规现象。

三、技术路线及成果

装配式安全防护平台，适用于直径2.2m以下的圆柱墩和方形墩施工过程中使用。代替以往安装烦琐的钢管脚手架作为施工作业平台，同时配备相应的上下步梯及安全防护措施。

装配式安全防护平台，设计结构简单，采用装配式框架结构，安装方便、结构稳固。环绕墩柱四周设置作业平台，施工作业人员在框架结构内开展施工作业，同时配备上下步梯和安全防护设施，有效提高墩柱施工的安全性。

装配式安全防护平台全部由钢构件拼装而组成，主要构件平台、楼梯等均采用焊接工艺，构件四面独立形成围护体系。与传统杆件式脚手架不同，装配式一体化施工防护安全梯笼产品是组装成单元节，安装效率高，整体稳定性强。

组装或拆除作业平台时，操作人员只需在框体内部操作，避免了高空作业的风险。在搭设高度过高、施工人员人数较多、上下频率高的时候更比传统的电梯提高效率。还可选配调节底框，可以根据施工现场搭设位置高低不平时，调节水平使用。

装配式安全防护平台主要的技术参数为：公称尺寸为4300mm×3600mm×2000mm（长×宽×高）。所使用材料均为国家标准型材。

（1）连接横梁与底座横梁使用80mm×3mm方管制作，连接件使用100mm×6mm角钢、底座横梁设置有圆弧牙形调节螺杆，便于调节不易被泥沙卡紧。

（2）架体侧框与系梁侧框使用80mm×3mm方管、网片采用优质深冲板加工的菱形钢板网，网格为6mm×10mm，网梗为3mm，板厚为3.5mm，护网加强筋使用40mm×3mm角钢制作。

（3）梯楼侧梁采用分条带卷经过专业设备一次成型、梯步板使用厚度为2.75mm防滑花纹

板，楼梯扶手内置钢板加强，整体更牢固。

（4）安全网采用角钢边框，网片采用优质深冲板加工的菱形钢板网，网格为6mm×10mm，网梗为2mm，板厚为2.5mm。

（5）脚踏板使用75mm×25mm×2mm矩形管制作，设置有500mm与320mm两种宽度，便于调节使用。

（6）镀锌脚踏板为镀锌卷一次成型，设置有480mm与240mm两种宽度，便于调节使用。

（7）所有连接部位均采用8.8mm级或以上高强度螺栓（防护网使用4.8级螺栓）。

（8）平台表面处理采用国家规定环保水性漆，具有附着性强、硬度好、抗划性好、漆膜户外抗粉化、保光保色性好等优点。

四、应用成效与评估

桥梁墩柱施工传统做法是搭设双排钢管脚手架，用扣件连接搭设，搭设过程安全隐患大，材料零星且接头较多，质量验收过程繁杂，施工安全性得不到保证。

采用装配式安全防护平台，可以根据施工需求灵活搭设墩身防护高度，同时提供了施工人员上下步梯通道，有效提高施工过程中的安全性。同时平台配备有标准的临边防护栏杆，增加了施工过程中的便捷性，大大提高了桥梁墩柱施工作业的安全性和灵活度。

装配式安全防护平台具有安装方便、牢靠安全、外形美观等特点，满足规范使用要求。目前已在南宁沙井至吴圩高速公路建设项目桥梁墩柱施工领域普遍应用。

五、推广应用展望

在交通行业桥梁施工领域内推广使用，作为圆柱墩施工安全作业平台防护标准化形式。

案例15 ▶ 声光报警器在公路施工安全管理中的应用

基本信息

申报单位： 宁夏中达公路建设有限公司

所属类型： 安全管理

专业类别： 交通工程建设

成果实施范围（发表情况）： 宁夏中达公路建设有限公司承建项目实施应用

开始实施时间： 2019 年 4 月

负责人： 柴继昶

贡献者： 孟　威、万玉玲、王文蔚、李世龙、李宗耀

案例经验介绍

一、背景介绍

声光报警器，又称声光警号，是一种用在危险场所，通过声音和各种光来向人们发出示警信号的一种报警信号装置。目前，声光报警器在日常生活及工厂中已经较为广泛运用，但在宁夏区内公路工程建设中还未得到广泛应用。

在公路施工中，经常出现各种机械、设备和作业人员在同一地点或区域同时工作，存在"人机交叉"作业的情况。由于机械设备运转声较大，机械设备操作人员难免存在视觉盲区，不能及时发现配合人员或其他作业人员是否进入危险

范围，或作业人员未意识到自己已进入危险区域或临界范围，或机械设备已临近其他设备及建筑物等，以往做法是：在机械上安装倒车蜂鸣器，人员穿着反光背心，现场摆放警示牌、锥桶等，拉设警戒线，施工中仍存在较大安全隐患，极容易发生机械伤害事故，造成人员和财产损失。为减少施工现场这类安全隐患，公司率先引进了一批声光感应报警系列装置，在承建的公路施工项目安全管理中进行应用，通过微波感应周围声音和距离发出各种醒目、穿透力强的不同示警信号声音和光线，来提醒接近的人员和机械设备操作人员。

二、技术路线及成果

公司承建项目实施过程中，在路面摊铺碾压作业现场、路面成型段落处，采用在压路机后侧安装声光报警器、给作业人员配发LED胸牌和LED声光报警肩灯、使用太阳能声光报警锥桶设置人员作业区域围护；在施工便道口和平交路口，安装太阳能声光报警器；在混凝土、水稳和沥青拌和站安装拌缸清理声光报警器；在沥青拌和站安装可燃气体泄漏报警器；在门式起重机施工作业中安装红外线声光报警防碰撞仪等。在白天和夜间施工作业过程中，通过较高的灵敏度微波感应周围声音和距离，发出醒目的、穿透力强的声、光示警报警信号，提醒现场施工机械驾驶人员及作业人员注意安全。

（一）路面施工现场

在路面摊铺碾压施工现场，防机械伤害是安全管理工作的重难点。现场机械设备多且集中、人机交叉作业多且移动频繁，各种施工机械运转声、倒车蜂鸣器声、人声等各种声音相互混杂，传统倒车蜂鸣器工作时声音较小（声级85dB）且提示音单一，与施工现场其他声音没有明显的区分，容易使人产生惯性思维和安全距离还较远的麻痹思想，已不能满足现有施工进度和安全要求。在施工作业过程中，若遇到特殊或极端天气，能见度降低，无穿透力较强的示警信号灯，存在较大安全隐患。

1. 压路机安装声光报警器

路面施工时，将声光报警器安装在压路机后方（图1），当人员、机械等靠近时，通过微波感应发出醒目、响亮的声光警报信号，及时提醒交叉作业人员和机械驾驶人员避开或采取安全措施，有效减少机械驾驶人员因视线盲区或操作不及时所导致的机械伤害事故发生。安装在压路机上的声光报警器，由压路机蓄电池供电，发出的警报声级达到110dB，穿透力强，与倒车蜂鸣器有着明显的区分、示警作用更大，且能够与倒车蜂鸣器共同工作，起到双保险的作用，可以达到"声控感应"的效果。警报提示音可根据实际情况定制，有人声播报、普通警报音可供选择，如

"您已进入危险作业区域，请注意安全！"该报警器有自动和手动两种报警模式。一般情况下设置为自动模式，在感应器距离15m范围内若有人员走动声光报警器便会发出警报；在人员和机械相对集中区域、交叉作业频繁区域、突发极端天气等，如遇到特殊情况，由现场安全管理人员操作，切换至手动报警模式，根据现场具体情况灵活运用，设置不同的报警提示音进行警示。

图1　安装声光报警器

2. 太阳能声光报警锥桶

为确保路面施工现场试验检测人员的人身安全，在路面成型待检测区，采用"太阳能声光报警锥桶"（图2），设置试验检测人员区域围护，用以提醒现场施工机械操作人员提前采取相关措施，保证相对安全距离。

图2　太阳能声光报警锥桶

3. 配发LED胸牌和声光报警肩灯

为保证路面施工的顺利推进，加强现场安全管理水平，使机械驾驶人员能够更清晰地看见作业人员，减少机械伤害的发生。在夜间或能见度较低或车流量密集的交叉路口巡查时，为现场安全管理人员配备LED胸牌和声光报警肩灯

（图3），使过往施工人员和机械驾驶人员可以清晰看到巡查人员，起到醒目的警示作用。在路面施工作业面，夜间或能见度较低时，为作业人员配备LED肩灯，配合反光背心，能够使机械驾驶人员时刻注意到作业人员，从而有效地减少机械伤害事故发生。

a) LED 胸牌

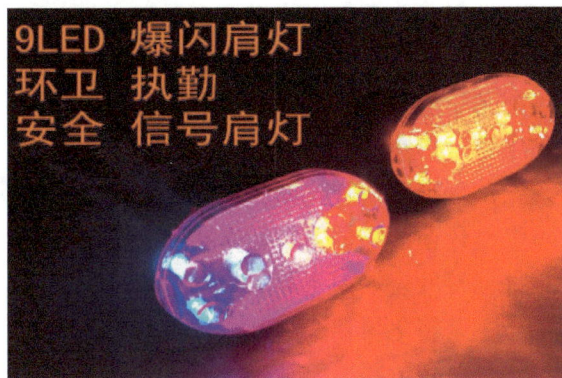

b) 声光报警肩灯

图3　LED胸牌和声光报警肩灯

4. 太阳能雷达测速限速仪

路基施工结束，面层施工前，主线路况较为平坦，车辆在主线行驶过快，存在较大安全隐患。在路面、防护、绿化和交安施工过程中，为降低所有参建单位行车不安全的风险等级，限制各施工车辆在主线行驶不得超过规定速度，传统施工限速的方式为设立限速 40km/h 标牌、安装测速牌和设立相关标识标牌。上述方法在以往实际使用中效果不佳：限速标志、测速牌和相关标识标牌等交通安全设施只起到提醒、警示的作用，无法控制所有车辆的行车速度低于 40km/h。公司承建项目安装太阳能雷达测速仪（图4），对过往施工车辆进行限速、抓拍，在每千米增设限速标志和安全警语，并制定相应车速受控措施，对于经常性超速车辆的驾驶员实施重点监管、精准治理，取得了一定的实效，实现了降低车速和行车风险等级的目的。

（二）施工便道口和平交道口

部分项目临近村庄，时常有社会车辆和人员从施工便道进入现场，以往设置普通警示牌示警效果不明显。为此，引进太阳能声光感应报警装置，通过微波感应周围声音和距离发出示警信号音，来提醒接近的人和车辆驾驶员，不得进入工地，可设置提示音为"施工重地，闲人免进"。安装在施工便道口和平交道口的声光报警器（图5），可通过太阳能板进行供电，当无关车辆和人员即将进入工地时发出警报音后，由路口值守人员将无关人员和车辆驾驶员进行劝离，可适当减少路口值守人员的工作量，降低无关人员进入工地带来的安全风险。

图4　太阳能雷达测速限速仪

图5　声光报警器

（三）沥青拌和站可燃气体泄漏报警器

天然气是一种热值高、燃烧稳定、清洁环保的优质能源。目前，宁夏区内沥青拌和站多采用天然气代替煤作为燃料进行供热。但它也是一种易燃易爆气体，常因阀门垫片损坏、出现裂缝、压力表损坏、管道破裂等原因引起燃气泄漏，造成人员中毒、燃烧和爆炸事故发生。为了能够及时发现天然气泄漏，查找确认泄漏的原因，公司引进可燃气体泄漏报警器。沥青拌和站可燃气体泄漏报警器接收现场探测器输出的4～20mA模拟电流信号，并将电流转换为气体浓度值显示。当测量值达到设定的报警值时，可燃气体泄漏报警器发出声、光报警，同时输出控制信号（开关量触点输出），提示操作人员及时采取安全处理措施，同时自动启动事先连接的排风扇、电磁阀、声光报警器等设备，以保障人员及设备安全。可燃气体泄漏报警器采用壁挂式箱体设计，安装简单，全中文界面，操作简单、直观。四通道同时显示数值及状态，适用于非防爆要求的控制室、值班室、楼道等场所。

（四）拌缸清理声光报警器

为有效防止拌和机拌缸在人工清理或设备检修过程中，误合闸所造成的人员伤亡事故，在拌和机上安装声光报警器（图6）。在拌缸清理和设备检修时，声光报警器会发出声音和闪光报警信号，警示其他人员不可合闸供电或启动该设备。

图6　声光报警器

（五）门式起重机红外线声光防碰撞仪

在公路工程施工中，预制场在同一作业区域内设置有多台门式起重机。为了减少多名操作人员同时操作这些设备时，人为原因导致这些设备之间发生碰撞事故，公司承建项目引进了红外线声光防碰撞仪安装在门式起重机行走部，普通声光报警器安装在天车上。在门式起重机行车移动到达危险区域时，该装置可以自动检测5m内的障碍物和人员，一旦检测到有障碍物，立即输出制动信号，启动液压夹轨器夹紧进行紧急制动，预防碰撞和机械伤害事故的发生。

三、应用成效与评估

在路面摊铺碾压作业现场、路面成型段落处，施工便道口、平交路口、拌和站、门式起重机等地点或设备安装声光报警系列装置，给作业人员配发LED胸牌和LED声光报警肩灯，通过感应发出警报，提醒相关人员及时采取有效措施，有效降低施工安全风险。

声光报警器，声光一体，安装便捷，户外布线简单；该系列装置费用较低、信号穿透力强、灵敏度高、机动灵活、周转率高，在我公司承建项目施工现场得到了较好的应用，既能起到示警作用又达到了"高效、智能、环保"的效果。

四、推广应用展望

声光报警器不但可以应用于公路施工现场的上述地点、区域，也可应用在钢筋加工集中棚、爆破警戒区、桥涵基坑周围、梁板安装现场等场所或部位，提醒人员、机械、车辆不得靠近危险区域，起到保护现场作业人员安全的作用，有效降低施工风险；还可安装在工地门房、库房等附近用于日常防盗。目前，该系列装置已在我公司承建的多个项目进行推广应用。

我国交通事业发展迅速，将声光报警器应用至公路工程施工中，能够将公路施工安全管理逐步推向"智慧工地"范畴，符合国家提倡的节能要求。

案例 16　交通建设工程特种设备管理创新与实践

基本信息

申报单位：宁波舟山港主通道项目工程建设指挥部

所属类型：安全管理

专业类别：交通工程建设

成果实施范围（发表情况）：浙江、河南等省100余个工程建设项目和30余家企事业单位

开始实施时间：2014年11月

负责人：蒋　强

贡献者：伍建和、吴　博、蒋剑锋、杨东锋、韩成功

案例经验介绍

一、背景介绍

随着"交通强国"战略的实施，我国交通基础设施建设仍将处于高峰期。交通建设工程规模大、任务重，涉及特种设备种类繁多。以宁波舟山港主通道项目为例，项目全线同时使用的特种设备近200台套，涉及通用桥式起重机、电动单梁起重机、通用门式起重机、架桥机、普通塔式起重机、履带起重机、施工升降机等特种设备近10种，一旦发生诸如通用门式起重机、架桥机等设备倾覆事故，易造成重大人员伤亡和经济损失。

2019年7月，陕西汉中勉县汉江2号大桥架桥机倾覆事故造成5人死亡、4人重伤，直接经济损失约1295.3万元。据统计，近年来由特种设备造成的事故占交通建设工程事故总量的15%以上。特种设备管理专业性强，对管理人员和操作人员的要求高，但施工单位专业管理人员匮乏、设备安全管理制度不健全、日常检查维修不到位、检验检测证和使用登记办理不及时的问题普遍存在，仅依靠工程参建各方往往难以形成有效的管理，设备信息化管理水平低，适用于交通建设工程的高质量设备管理体系文件和著作较少。

二、项目目标

通过交通建设工程特种设备管理模式的创新，弥补交通建设工程行业设备管理能力不足，完善参建各方设备安全管理程序，及时发现消除设备安全隐患，防范设备安全事故的发生。

三、技术路线及成果

在分析交通建设工程特种设备使用管理现状的基础上，以问题和目标为导向，申报团队于2014年11月在乐清湾大桥及接线工程首创特种设备第三方安全顾问模式，并通过实践形成一系列成果。

1. 通过需求分析、现场调研、实践探索，首创并完善特种设备第三方安全顾问模式

（1）根据《中华人民共和国安全生产法》《关于加强安全生产促进安全发展的意见》（浙委发〔2014〕5号）和行业主管部门对安全生产费用使用的相关规定，按照"依法依规、立足需求、确保实效、经济合理、企业自主"的原则引入服务。

（2）根据交通费、人工费、管理费等形成服务报价，相关费用由施工项目部从安全生产费用列支，服务采取"现场+远程（电话、网络）"形式开展，服务范围覆盖项目部所辖的特种设备、操作人员及其相关安全管理体系等。

（3）服务内容主要包括：

①检查、指导和完善设备管理体系；

②协助开展设备检验检测和证件办理；

③协助开展特种设备操作人员取证培训和管理人员安全教育培训；

④安排专家开展设备专项安全检查出具检查报告；

⑤审查设备相关专项方案并现场指导；

⑥联合开展设备相关科技创新和安全事故（事件）调查处理等。

2. 开发专用平台推动设备安全管理信息化，荣获中国设备管理创新成果二等奖

基于特种设备第三方安全顾问模式，融合应急管理、交通运输、市场监督等管理部门规定，通过实践联合开发"特种设备安全管理顾问服务平台"，荣获2018年中国设备管理创新成果二等奖，经中国公路学会鉴定为国内领先。

平台主要功能包括：

（1）提供特种设备安全监管大数据、特种设备法律法规、技术标准、事故案例、阶段性风险警示等信息，推进特种设备资源在线集成，提升人员的安全管理水平。

（2）建立"一机一档"信息化档案，实时更新设备进出场、作业人员等信息并发布提示通知，提升设备管理效率。

（3）将检查的问题通过网络、手机App即时反映各关联人员处，要求整改反馈，时刻显示整改状态，做到过程控制。

（4）针对设备故障及隐患无法及时修复处理的现状，选择符合相关资质许可要求的维修单位入库供选择，制定评价规则规范并引导维修单位提升竞争意识和服务质量。

（5）结合现场人员持证及能力提升的需要，根据报名需求组织专家到现场对作业人员进行相应培训、评价、考核。

（6）集成现有架桥机、普通塔式起重机等"安全监控预警系统"，实时反映现场作业人员操作状态和设备运行状况，实现全员、全过程、全方位的现场管理。

3. 编制设备管理著作，建立长效设备安全管理机制，在全国公路水运工程质量安全工作会上推广

（1）全面总结服务经验，联合编写《公路桥梁工程特种设备安全管理与技术》《交通工程特种（专用）设备安全隐患识别与防范手册》2本著作，对常用的各类特种设备结构、作业原理、安全管理要点等进行图文并茂的系统阐述，助推行业高质量发展。

（2）为完善设备安全管理长效机制以加强项目设备安全管理工作，实现设备全过程安全管理的规范化、标准化，充分考虑设备选型和进退场等各环节，编制《特种（专用）设备安全管理办法》，提出7个100%，即：设备选型和证书符合率100%、设备操作工持证率100%、设备（危险性较大）安拆方案编审及落实率100%、设备信息公示牌标准化率100%、规定设备安全信息化系统安装使用率100%、设备重大安全隐患控制率100%、设备进退场和日常使用维修资料完整率100%。围绕设备安全管理全过程明确具体管理要求，如明确在设备选型时要充分考虑设备出厂年限、使用环境、使用情况（如起吊物的形状与质量）等因素，设备进场执行"报验制"，设备退场执行"报备制"，设备信息公示牌按标准样式做到规范统一等。

四、应用成效与评估

近6年来，通过服务完善了特种设备安全管理程序，及时发现、消除了设备安全隐患，服务覆盖项目有效避免了设备安全事故的发生。联合开展科技创新助力行业发展，有力夯实了交通建设工程领域特种设备安全管理基础、增强了从业人员素质、提升了安全管理水平、降低了设备事故率、提高了设备使用率，具有显著的社会效益和经济效益。

特种设备第三方安全顾问模式已成为互利多赢的典范，得到了参建各方和各级行业管理部门的广泛认可。2017年8月，浙江省两位副省长对服务模式给予批示肯定并建议推广。2018年2月底，在乐清湾大桥及接线工程承办的全国公路水运品质工程现场推进会上，设备专项安全顾问服务作为项目亮点之一进行了宣传、介绍。具体成效包括：

（1）有效消除设备安全隐患。累计服务各类特种设备约3600台套，设备价值10余亿元，约有6000余名作业人员接受了特种设备安全教育与专业技能培训，排查档案台账1万多本，排查隐患3万余条项，书面及口头（含电话与网络）提出的整改建议约2.5万条。经统计，设备隐患数量年均30%左右递减，人员持证率从40%左右到100%，设备故障率年均降低了50%左右。

（2）有效提升人员专业素质。一大批管理

人员通过服务收获了丰富的设备安全管理经验，设备安全隐患辨识和治理能力、日常管理水平和应急处置能力均得到显著提升，各施工项目部设备安全管理制度、应急预案、操作规程、"一机一档"等体系逐步完善，积极引入架桥机、普通塔式起重机监控、电动夹轨器等先进设施推动了设备安全管理关口前移。

（3）有效降低设备故障率。通过标准化、规范化现场管理，防止或减少设备带病运行的状态，让计划性、周期性的维护代替临场即时维修，通过提升作业人员素质能力降低了操作失误，通过在线管理平台的维保评价机制，确保形成高质量维保单位的进入，提升维保服务质量。

（4）有效提升设备信息管理效率。在特种设备安全管理服务平台中建立设备"一机一档"的服务，将设备基础信息、对应操作人员、设备进出场状态、设备检验相关信息等作统一化管理，大幅减少企业对设备信息管理及处理的时间。同时，可减少相关处理人员数量，优化调整人员结构，降低企业人员成本支出。

五、推广应用展望

目前，已实施服务建设工程投资概算达累计服务工程项目100余个、企事业单位30余家，涉及工程项目投资额累计约1500亿元，包括浙江沿海高速复线、宁波舟山港主通道工程、瓯江北口大桥、杭州绕城西复线、河南台辉高速等大型工程项目和浙江省内各地交通工程质量安全监督管理部门、浙江省交通投资集团、中铁二十三局等单位。

随着我国劳动力的减少和品质、安全要求的不断提高，在国家安全生产改革和强化安全预防控制的背景下，在交通基础设施工业化、装配化建造的趋势下，交通建设工程安全保障需求与日俱增，特种设备第三方安全顾问模式、服务平台和管理机制等成果应用前景广阔、推广价值大，将为创建"平安百年品质工程"提供安全保障。

案例17 ▶ 智慧工地安全管理系统

基本信息

申报单位： 中交公路规划设计院有限公司白沙快速出口路代建指挥部

所属类型： 科学技术

专业类别： 交通工程建设

成果实施范围（发表情况）： 白沙快速出口路项目

开始实施时间： 2018年10月

负责人： 熊　峥

贡献者： 柳邵波、曹　军、吉伟清、冯大清、黄扬帆

案例经验介绍

一、背景介绍

白沙快速出口路项目起点位于海南省儋州市那大镇西南侧，接万宁至洋浦高速公路儋州互通，沿S315走廊布线，终点位于白沙黎族自治县县城西侧牙叉农场三队，是海南省推进"五网"基础设施建设的重点公路项目，也是白沙黎族自治县县城至儋州市区的快速通道和海南中西部区域的快捷旅游通道，对实现白沙快速出行、加快融入西部组团发展、实现与儋州海口等大城市紧密联系具有十分重大的作用。

路线全长约36km。本项目采用"代建+监理一体化"管理模式及设计施工总承包建设模式，工期32个月，批复概算总投资为32.327亿元，建安费为23.381亿元，设计施工总承包合同额为21.760亿元，是目前海南省交通运输行业最大的设计施工总承包项目，项目由中交公路规划设计院有限公司代建，中国公路工程咨询集团有限公司作为牵头单位与中交一公局厦门公司组成联合体中标设计施工总承包。

二、项目目标

为提升项目管理信息化水平，白沙快速出口路项目深入推进工程管理信息化，探索"互联网

+交通基础设施"发展模式。推行建筑信息模型（BIM）技术，积极推广工艺监测、安全预警、隐蔽工程数据采集、远程视频监控、隧道智能安全预警等设施设备在项目管理中的集成应用，建

设"智慧工地"。白沙快速出口路项目把安全管理与智慧工地建设深度融合，搭建智慧工地安全管理系统（图1），全面提升项目安全信息化管理水平和安全预警能力。

图1 智慧工地信息管理中心

三、技术路线及成果

（一）建设智慧工地安全信息化管理平台

白沙快速出口路项目与中咨集团BIM中心合作，通过自主开发，搭建了白沙快速出口路项目智慧工地安全信息化管理平台，服务终端有Web段和手机App，实现移动办公大大提高了工作效率。在白石山隧道洞口和总承包部驻地建立两处信息管理中心，通过对施工现场的信息采集、视频监控等，实时掌控施工现场的安全状态。平台主要功能如下。

1. 落实风险分级管控，实现预警信息智能推送

风险分级管控和隐患排查治理应是项目安全管理的轴线，如果项目所有的安全风险能够得到

有效的控制，即可实现"零事故、零伤害"的安全管理目标。白沙快速出口路安全管理平台以有效落实风险分级管控为目标，开展策划和研发。

将项目风险评估以及危险源辨识清单中较大风险导入安全信息化管理平台，形成白沙快速出口路项目风险分布图，同时根据项目风险分布图中各工点的风险类型储备相对应的应急物资，建立应急物资仓库，所有参建人员在Web端都可以直观地了解项目的重大风险点。

根据风险分布图制定相应的风险控制措施清单和责任清单，明确相应责任人，并向相关责任人推送风险源和风险控制措施，相关责任人完成控制措施并在系统上传相应的证据（方案或现场整改照片）后系统自动进行销号处理（图2）。

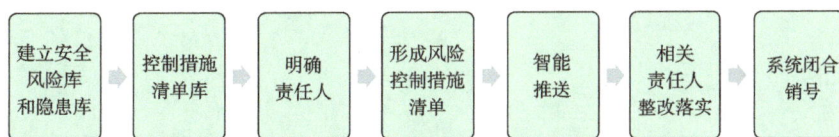

建立安全风险库和隐患库 → 控制措施清单库 → 明确责任人 → 形成风险控制措施清单 → 智能推送 → 相关责任人整改落实 → 系统闭合销号

图2 风险分级管控子系统技术路线

目前，风险管控子系统已完成搭建，正在白沙项目进行测试，由于该子系统由白沙快速出

口路项目总承包部与中咨集团BIM联合开发，拥有知识产权，根据项目的进展可以对项目的风险

库、隐患库以及控制清单库进行不断的补充更新，同时该系统可以在同类型建设项目中继续使用，避免重复开发（图3）。

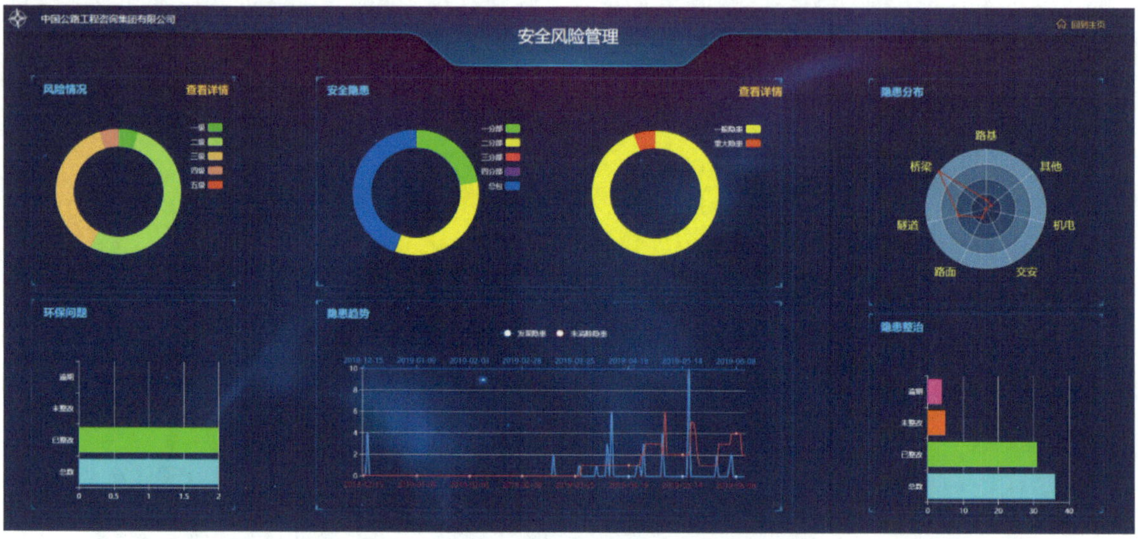

图3 安全风险管理统计

2. 智能视频监控系统

高速公路建设工地存在链式分布、分布广泛、位置偏远、临时道路通行条件差、现场环境恶劣、安全隐患多等特点，采用现场巡查方式，效率低，车辆人员成本较高，而且不能实时监视，很难保证巡查的全面性和效果。白沙快速出口路项目在全线隧道、大桥、预制梁场等重要工点安装高清摄像头36个，所有参建人员都可以在Web端和手机App实时查看现场视频监控，大大提高了管理人员掌握现场安全施工情况的效率。

此外，还在梁场、钢筋加工厂等作业区域固定的场所安装智能高清摄像头，实时对未佩戴安全帽、外来车辆以及危险驾驶等不安全行为进行智能识别，并通过手机App向相关管理人员发送预警信息。

3. 安全巡检

通过手机App中的巡检功能，实现现场隐患随手拍，并上传至系统（图4），相关安全隐患将直接关联各工点的管理人员，由各工点管理人员整改后上传回复，安全管理人员进行复查通过后，整个流程才能闭合（图5）。安全巡检功能极大地提高了监管分离机制的执行力度，同时对不断提升全体参建人员的安全意识具有积极意义。

图4 安全巡检隐患台账

图5　安全巡查界面

通过白沙BIM手机App上传的安全隐患，通过后台可以对各工点、各工序的安全隐患进行多维度的统计分析，找出各工点和工序的安全管理的薄弱环节，并采取针对性的措施进行提高。

4. 班前教育

创新班前教育方式，通过白沙BIM手机App对现场作业人员的班组、姓名、工种、身份证号等信息进行采集，自动生成独立的二维码，张贴于安全帽上，每天班前教育时，由各班组长通过白沙BIM手机App进行扫描，并上传班前教育视频、班前教育图片以及班前教育内容，能清楚地记录每天各班组工人参加班前教育培训情况。

目前班前教育子系统已在白沙快速出口路项目进行试运行，根据现场实际反馈存在操作不便、耗用时间较长的不足。白沙快速出口路项目积极进行优化，将采用人脸识别技术代替目前扫描二维码，预计2019年9月份将完成开发工作，班前教育将更加便捷。

5. 绿色施工，环保数据自动监测

绿水青山，就是金山银山，在绿色发展的建设理念下，白沙快速出口路项目始终将绿色施工作为重点工作来抓，在碎石加工厂、拌和站等容易产生粉尘污染的场所，安装自动雾炮喷淋设备终端和环境监控信息采取终端，对PM2.5和PM10进行实时监测，监测数据将实时上传安全信息化管理平台，粉尘指数超标时，雾炮喷淋设备将自动进行降尘，直到监测数据满足环保要求止（图6）。

（二）建设隧道安全预警平台

白沙快速出口路项目有在建隧道4座，共计6993m，监控量测数据的准确性对于隧道施工安全至关重要。当前隧道监控量测工作从测量、数据分析、超限识别到处置几乎全由人工填报，不仅效率较低，且人为因素影响较大，数据的真实性及准确性无法保证；现场测量后，需回到办公室对数据进行计算后才能得出监测结论、发现超限情况，而施工现场的管理人员或公司管理人员，更要在经过层层上报后才能了解到该情况并安排处置工作，这存在较长时间的延迟，使得现场风险不能得到及时妥善处置。

白沙快速出口路项目利用BIM技术建立隧道模型，将施工期间监测点与模型关联，利用"互联网+大数据"实现自动采集隧道监控测量数据（图7）。首先，通过BIM技术与隧道监控量测技术体系集成，为现实监控量测工作提供超前直观规划，使监控量测工作有序开展。其次，通过

外业智能采集终端及配套软、硬件，建立与测量仪器（如水准仪、全站仪等）的无线连接，自动从仪器采集原始数据，并实时进行分析计算，现场给出超限提示，如果超限，将自动通过系统向相关人员发送预警信息和超限值，直至采取措施

整改闭合后，此预警才会自动解除。最后，测量完成后，成果数据通过手机网络实时上传到数据服务器，现场测量人员可通过内业数据软件导出对应的原始数据和成果报表（图8），整个过程人工无法对数据做任何编辑。

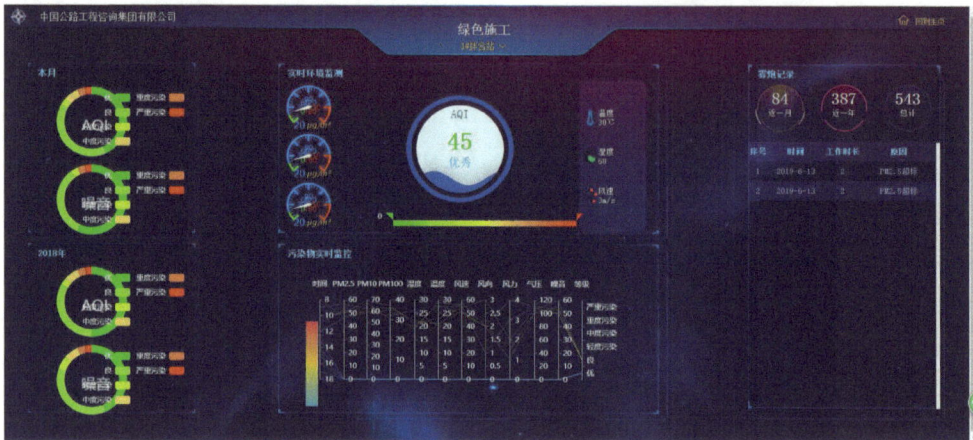

图6 绿色施工子系统

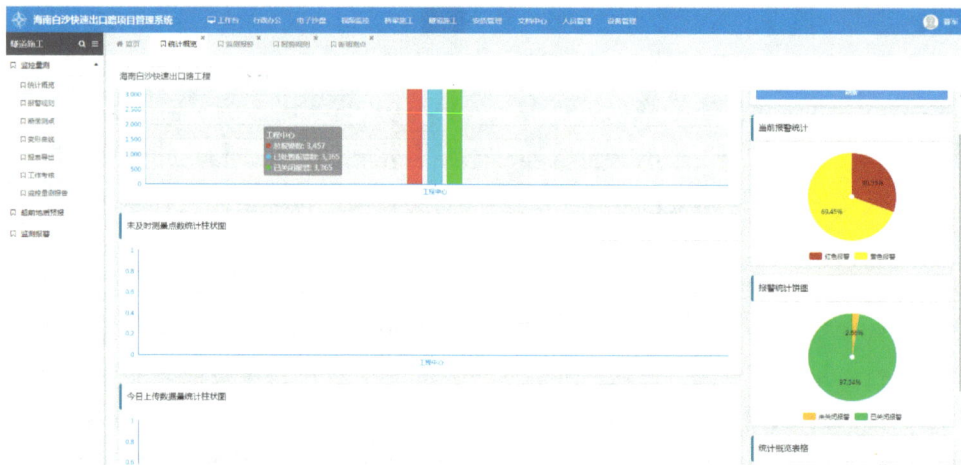

图7 BIM系统隧道监控量测界面

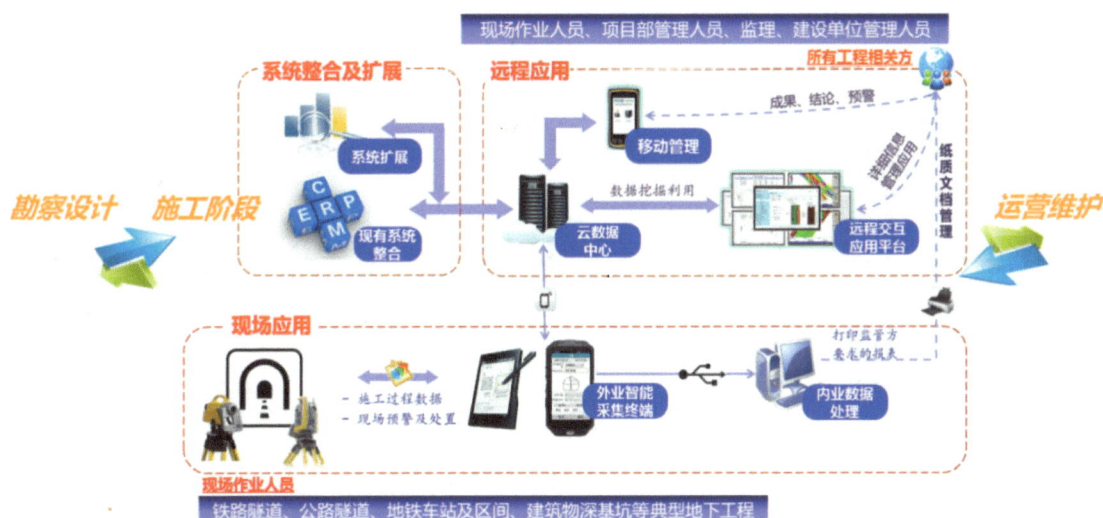

图8　隧道工程智能监测安全预警平台系统技术路线

智慧工地的安全管理系统还具有人员管理、机械设备管理、下发安全隐患整改通知单、填报日报、收发文等功能。此外，本系统是由中咨集团自主研发，是中交安全管理平台的有效补充，根据需要可以接入中交安全管理平台，能够加强公司层面对项目安全作业的监督和管理。

四、应用成效与评估

白沙快速出口路项目经过一年的开发和不断改进，白沙快速出口路项目智慧工地安全信息化管理平台和隧道安全预警平台已正常投入使用，不仅满足现场施工，同时满足监管要求，受到各参建单位的一致好评，特别是隧道安全预警平台自2018年10月上线以来，大大提高了监控量测数据的准确性和及时性，同时对项目抵御隧道施工安全风险提供数据支撑。

五、推广应用展望

信息化是安全管理发展的趋势，未来的项目管理特别是项目安全管理将越来越智慧化，最终将走向智能化。公路工程建设普遍存在安全风险大、施工战线长、参建单位多、临时道路通行条件差的问题，运用信息化创新安全管理的方法和手段，能更加有效地消除各种风险，使高速公路项目管理，特别是高速公路项目安全管理迈上新的台阶。

案例18 ▶ 船舶目视化管理研究与实践

基本信息

申报单位：中远海运特种运输股份有限公司

所属类型：安全管理

专业类别：水路运输

成果实施范围（发表情况）：公司本部和所属公司所有船舶

开始实施时间：2015年

负责人：翁继强

贡献者：梁　杰、郭芝鸿、吴继荣、江洁龙、蔡万群

案例经验介绍

一、背景介绍

"行船跑马三分险"，海上环境、气象复杂多变，船上环境特殊，生活和医疗条件受限，作业风险普遍比陆地高。中远海运特运公司从事特种船、特种货物运输，船型种类多，货物特殊，结构复杂，装卸作业、"运输+安装"海工作业和货物运输作业技术要求高、难度大，工伤事故风险较高，安全管理难度较大。船员职业吸引力下降，优秀船员流失严重，船员队伍存在"资源不足、素质不高、管理不平衡"的问题，船舶现场管理也存在"不平衡、不到位、不彻底、不规范"的问题，船舶的安全生产面临较大压力。

党中央、国务院高度重视安全生产。习近平总书记指出，人命关天，发展决不能以牺牲人的生命为代价，这必须作为一条不可逾越的红线；李克强总理强调，人命关天，安全生产这根弦任何时候都要绷紧。为贯彻落实党和国家领导人对安全生产工作的重要指示、批示精神，落实国家的安全环保大政方针，中远海运特运公司根据中远海运集团的统一部署，围绕公司发展战略和经营目标，持续强化风险管理、隐患治理、生态环境保护和管理创新，专门成立项目组，开始了船舶目视化管理研究与实践的探索，逐步夯实安全发展基础，安全生产形势稳定向好，为公司高质量发展提供安全保障。

二、项目目标

探索一套简明实用的管理方法，对"人—机—环境"因素的风险进行评估，将已认定的风险可视化（视觉化、透明化、界限化）——让风险一目了然；通过船舶的目视化、标准化管理，促进船风船貌建设，促进船员安全意识、安全技能和安全水平的提升，进一步提高公司"举重若轻"的实力，擦亮公司"举轻若重"的品牌，筑牢安全基础，实现公司长治久安。

三、技术路线及成果

1. 用目视化管理手段实现管理目的

将《中华人民共和国安全生产法》《海员安全工作手册》《安全标志及使用》《海事劳工公约》等相关公约和法规对船舶安全管理的要求与船舶的管理实际结合起来，用目视化管理手段实现管理目的。

2. 与国际安全管理领域享有盛名的赛顿公司合作，研究船舶目视化管理方案

一方面全面整理公司原来已有的标识和传统航海习惯做法，项目组人员进行评审，符合要求的继续沿用原来的标识和做法，不符合要求的重新进行设计，原来没有的船舶风险点，补充设计相应的安全标识。

3. 统一规定安全标识的粘贴位置

统一规定安全标识的粘贴位置，并根据船舶张贴位置的不同，对张贴材料和印刷工艺进行了优选，特别是根据船舶墙壁大多是钢质材料的特点，创造性地使用磁胶材料来制作标识，既降低了成本，又避免了对墙壁的损害。

4. 安全文化建设

根据中远海运特运公司的传统和船队特点、管理需要、企业愿景提炼出来的安全文化（图1）、《黄金法则》（图2）、《安全管理十大理念》（图3）和"永盛精神"（图4），是目视化管理的重要组成部分，用400mm×600mm的磁性铝合金框，在餐厅指定位置张贴，美观规范，让全体船员时时刻刻接受安全文化的熏陶。

图1　安全文化

图2　黄金法则

图3　安全管理十大理念

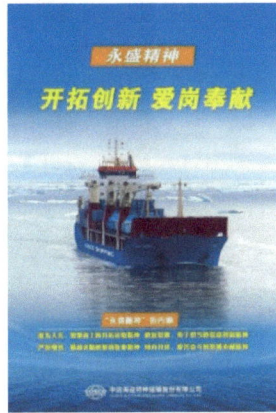

图4　永盛精神

5. 坚持问题导向

坚持问题导向，强化对"人—机—环境"因素的风险评估，使风险和管理要求可视化。

1）艏楼甲板

艏楼甲板环境复杂，带解缆作业风险大，是船员人身伤害事故多发的场所，通过对现场作业风险的评估，对锚机、绞缆机、缆桩、导缆桩、缆绳反弹区等影响作业安全的要素做出统一设计和标识（图5），改善了作业安全环境，减少了带解缆作业人身伤害事故的发生。

2）甲板安全通道

甲板安全通道必须保持干净、整洁，标识清晰（图6）。通道宽度为600mm，通道颜色与甲板颜色相同，通道两边的边界线为标志黄色，宽度为80mm，甲板的地脚线与甲板颜色相同，高度为100mm，分界线平直整齐，当处于通道内的

人无法通过视线识别方位时，通道应用中英文标识船艏和船艉方向。

3）油漆间

油漆间门口张贴有"当心爆炸、禁止吸烟、限制区域、注意通风"组合标识（图7）；油漆桶应分类存放，摆放有序；开过的油漆桶必须及时盖上，防锈漆每月倒置一次，面漆3个月倒置一次，以防油漆变质；油漆间配有专门定做的MSDS有机玻璃盒和油漆安全资料，配有PPE。

图5　艏楼甲板标识

图6　甲板安全通道标识

图7　油漆间组合标识

4）克令安全操作须知

克令是多用途重吊船队最重要的设备之一，不安全使用克令将会给克令、货物、船舶、人员带来很大风险，需要将克令使用时存在的主要风险和注意事项，编写成克令安全使用须知（图8）。

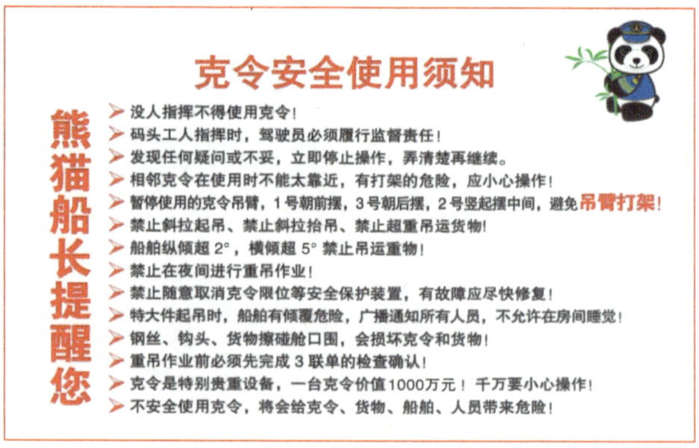

5）密闭空间

密闭空间，可能存在有毒气体或缺氧的风险，未经许可禁止进入。需要进入密闭空间工作前，必须办理作业许可证，按照作业许可证的要求，采取通风、测氧、测爆、人员防护等安全措施后，经批准方可进入。为保证人员安全，在密闭空间的道门入口，粘贴有"密闭空间，未经许可禁止进入"中英文警示标识（图9）。

图8　克令安全操作须知

6）下舱道门

人员上下货舱，存在各种风险，不小心容易坠落造成人身伤害；道门盖打开后应及时插上保险销，否则容易意外关闭伤人；航行中货舱下舱道门应保持常闭，需要进入货舱时，应按照进入封闭舱室的规定，办理许可证，充分通风，测氧合格，才能进入货舱。根据分析出来的这些风险和管理要求，我们专门设计了一张下舱道门组合标识（图10），考虑到室外环境，由塞顿公司协助设计、出图、用自粘性乙烯印制，张贴在下舱道门附近，对每一个下舱作业的人员，能起到很好的提醒和警示作用，避免在上下舱时发生意外。

图9　密闭空间警示标识

10　下舱道门组合标识

7）卫通天线

卫通天线产生的微波会对人体造成伤害，应标识危险区域提醒人员不要靠近。危险区域以红色圆圈做标识（图11），红色线宽80mm。设备

说明书一般有规定危险区域的半径，如果没有具体规定，可按半径1.4m做标识。

8）主机缸头

主机缸头部件很多，根据不同部件不同的功能，用不同的颜色标识出来（图12），既实用又规范，缸头吊环红色，排气阀高压滑油管接头黄色，台阶的边缘涂100mm宽黄色标识，提醒在缸头检查和检修人员需特别小心，注意安全！

图11　卫通天线警示标识

图12　主机缸头层标识

9）车床

车床（图13）附近显眼位置应张贴有"禁止戴手套""必须戴防护眼镜"警示标识，作业人员必须束紧服装、袖口、佩戴防护眼镜或护眼罩；操作平台四周张贴黄黑胶带或涂黄色油漆带，提醒工作人员靠近车床应注意安全；车床维护良好，夹具可靠，无铁屑、无废料、导轨无障碍物；工作结束，工具复原，清理现场。

10）电焊机

电焊机（图14）附近张贴有"当心触电"，地线可靠搭铁，电缆无老化、无破损、无漏电。

焊接工作台张贴有"职业病危害——电焊"和"电焊烟尘"，告知作业人员进行电焊操作的

健康危害信息、特性、急救处理和防护措施，避免受到伤害，保证作业人员身体健康。

图13　车床标识

图14　电焊机标识

11）汽车专用安全警示标识

集团使用的汽车专用安全警示标识如图15

所示。

图15　汽车专用安全标识

6. 试点推行目视化管理

以树立标杆、典型引路、推广应用的工作思路，并结合集团安全生产标准化建设示范船舶的要求，在北极航行先锋"永盛"轮上进行试点推行目视化管理。

7. 总结固化"永盛"轮的良好做法

总结固化"永盛"轮的良好做法，并进行系统性整理和完善，2017年编印《船舶目视化管理手册》，在公司所有船舶推广实施。

8. 对《船舶目视化管理手册》进行第二次改版

2019年8月，《船舶目视化管理手册》进行第二次改版，以适应公司船队转型升级的管理需要。

四、应用成效与评估

通过船舶目视化研究与实践，船员安全意识

不断增强，船舶船风船貌持续改善，"让标准成为习惯"逐渐深入人心，"让习惯成为文化"的效果逐渐显现，船舶的安全绩效持续向好，安全生产标准化水平不断提升。

安全生产标准化建设示范船舶"永盛"轮，被中远海运集团授予第一艘"劳动安全标准化建设示范船舶"，中远海运特运公司的安全品牌在业界得到越来越广泛的认可，取得经济效益和社会效益双丰收。

五、推广应用展望

船舶的目视化管理，是船舶安全管理的新理念、新方法，系统性、实用性强，简单实用，可复制，易推广，可供船舶管理同行借鉴，有利于提升船舶安全管理水平，促进船舶安全生产工作系统化、规范化、标准化建设。

案例 19 ▶ "互联网 +"网络预约出租汽车领域安全文化建设与实践

基本信息

申报单位：滴滴出行科技有限公司、中国船级社质量认证公司、北京龙之辉管理咨询有限公司

所属类型：安全文化

专业类别：企业管理

成果实施范围（发表情况）：网络预约出租汽车运营

开始实施时间：2019 年 1 月

负责人：白云峰

贡献者：董永鑫、任晓蕙、陈　爽、宋相辉、王　毅

案例经验介绍

一、背景介绍

滴滴出行科技有限公司（以下简称"滴滴公司"或"公司"）借助领先的一站式移动出行平台，在亚洲、拉丁美洲和澳大利亚与数千万车主和驾驶员一起，为数亿用户提供全面的交通运输服务，年运送乘客超过100亿人次。公司秉承安全第一、预防为主、综合治理的安全方针目标，坚持安全红线底线高压线意识，夯实安全生产基本功，以人工智能技术推动交通安全创新，为社会大众出行提供安全有效的服务。

作为网络预约出租汽车（以下简称"网约车"）领域的领跑者之一，公司积极向优秀企业学习，不断完善安全责任体系、安全制度体系，强化安全投入和人员培训，努力构建超前预防和应急处理保障机制；同时，充分应用网络化、信息化手段，不断创新安全管理方法，形成了具有"互联网+"特色的交通运输企业安全文化。

二、项目目标

（1）探索和实践"互联网+"特色的网络预约出租车行业安全文化运营和建设方式。

（2）基于互联网背景，建立公司安全文化内核——"滴滴安全十条"，为业务长期健康发

展保驾护航。

（3）创新公司安全文化营建模式，搭建驾驶员、用户等多方参与、沟通、激励的线上和线下文化营建舞台。

（4）体系化建设安全文化、量化安全文化践行标准、数据化评估，将滴滴文化发展分为4大阶段、5大维度、13个要素，并利用组织文化成熟度诊断工具不断推动迭代，为公司安全文化建设向更高层级发展提供指引。

三、技术路线及成果

公司始终秉持安全第一价值观，立志于出行更美好。为保障安全有效落地，将安全放至"0188"公司战略且制定3年安全规划和年度安全计划保障层层落实。同时体系性建设安全文化，首创5大维度13个要素的安全文化建设框架，依照领导力与承诺、安全组织、安全能力、员工行为与意识、审核与评估5大维度系统化构建，营造出"领导重视、全员参与、社会共建"的安全文化氛围。

（一）安全先行，领导垂范

1. 领导层践行安全承诺

公司积极开展安全领导力建设，领导层做出安全承诺、履行安全职责，充分参与和支持公司安全发展（图1）。领导层通过"四个动作"践行安全承诺，定期参与安全听音、参加事故现场勘查、参加安全会议、接受安全培训。领导层每年进行安全述职，围绕"一岗双责"对其分管业务的安全管理情况进行量化总结与反思。

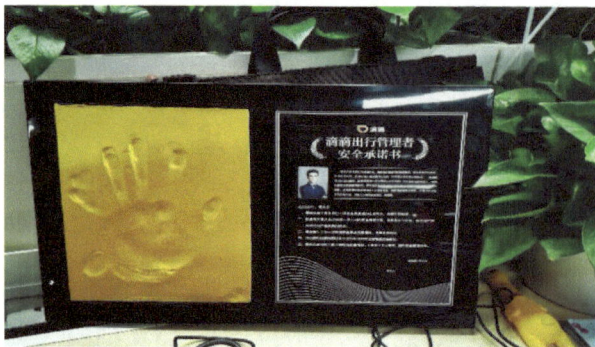
图1 滴滴出行管理者安全承诺书

2. 高管层充分树立安全风险意识
公司将安全风险意识和防控能力作为高管

层准入和保持的基本要求。一方面，对新晋高管人员进行安全赋能，提升安全风险识别能力；另一方面，以"风险意识""风险分析""风险管理"3大维度及6种安全风险为基础，对其安全风险意识和防控能力进行个性风险测评。

（二）建章立制，组织成熟

1. 安全责任体系"横到边、纵到底"

2019年，公司发布了网约车安全组织管理体系全景图，构建安全责任体系。成立安全管理委员会，层层压实安全责任；全体员工签订安全责任书（图2），安全责任到人到岗；建立安全生产目标、责任制考核机制，将安全责任落实并与绩效相挂钩。

图2 签订安全责任书

2. 安全制度体系"重规范、强落实"

2019年9月，公司发布了《滴滴网约车安全标准》（图3），建立了四级安全管理制度体系架构：安全标准为统领、安全制度为依据、安全流程为载体、安全细则为保证；全面更新了驾乘安全、运营安全、安全处置、安全策略等方面的安全管理流程。

（三）员工参与，公众共建

1. 安全会议促行动

公司贯彻一周双会、安全共创、行动落实的会议机制，每周一召开安委会会议，部署本周安全重要工作；每周五召开安全办事会，开展案件复盘、集中讨论分析、回顾总结。2019年度共开展会议精神落实行动172项，完成率超过90%。

2. 隐患提报促整改

公司定期组织开展"风铃花""隐患上报"

等有奖征集活动，鼓励员工主动发现、上报风险隐患并予以奖励，安全部门确认隐患的优先级并

积极落实整改（图4）。自2019年4月起，已收到64份隐患报告。

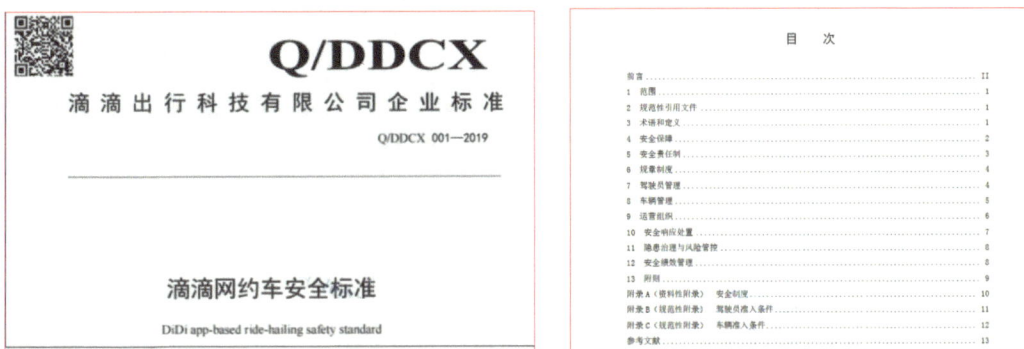

图3 滴滴网约车安全标准

图4 隐患上报线下奖励

（四）安全活动促氛围

1. 积极推进"安全生产月"和"交通安全日"活动

2019年"安全生产月"期间，公司安全话题超过115万人次参与，收获安全寄语和建议692

个；在全国七个区域组织管理团队参加了《本质安全》学习与共创工作坊（图5）。

在2019年全国"交通安全日"，公司倡导网约车交通安全"三做到"，发布《交通安全小漫画》等。

图5 "安全生产月"部署会议

2. 组织"在一起"安全专场活动

2019年8月，以"复盘安全，了解进展"为主题，集团高管带领全体员工回顾安全工作进展，反思不足，展望未来，探讨安全能力共建（图6）。

图6 安全专场"在一起"

3. 组织开展"系好安全带"活动

公司持续开展"前后排都要系好安全带"活动。通过语音提示、驾驶员提醒、活动推广、AI识别等多种方式，促进用户系安全带的意识与习惯。通过多方努力，长距离出行乘客安全带实系率提升了20.39%（图7）。

图7 "系好安全带"活动

4. 公众共建促共识

1）开展线上"公众评议会"活动

2018年11月2日起，公司公众评议会上线运行，倾听乘客、驾驶员及社会各界的声音，促进安全和服务质量提升（图8）。截至2020年5月，公众评议会已开展12期，收到数十万条用户建议。

图8 线上公众评议会 第12期

2）组织"安全主题媒体开放日"活动

2019年7月2日，公司举办了"安全主题媒体开放日"活动。集团高管、公司安全管理团队详细披露安全工作进展，坦诚沟通目前安全管理工作中的难点和痛点，积极倾听社会各方意见，推动共治、共建、共享出行安全（图9）。

图9 安全主题媒体开放日

5. 安全宣传促交流

公司建立"安全第一线""安全守护神社区""安全文化"等宣传平台。汇集安全知识讲解、安全经验分享、安委会决策、安全动向等安全资讯，构建安全交流全员互动的良好氛围。截至2020年6月，共分享了300余篇安全资讯。

从公司总部到各城市单位，以安全文化墙为依托，定期更新宣传内容，持续输出安全教育及文化信息，引导全体员工看见安全、感受安全并学习安全（图10）。

6. 安全激励促引导

2019年，公司总部组织了"滴滴安全之星"评选活动，评选出"十大安全小桔人""五大安全团队"；举行了两次"区域安全荣誉激励"活动，充分发挥了正向激励和导向作用（图11）。

图 10 安全文化墙

图 11 区域安全荣誉激励活动

（五）能力建设，科技助力

1. 安全培训百花齐放

1）"开天眼"学习全球先进安全管理经验

2019 年公司积极组织管理层走出去，学习国家电网、松下等安全管理的成熟经验，探寻公司安全稳定可持续发展之路（图 12）。

图 12 安全开天眼

2）多层级安全培训广覆盖

公司分批分类组织各总部、区域公司等各层级安全管理人员以及全体员工参加各类安全教育培训，采用专家解读、领导分享、线上云课堂等方式，内容涵盖安全理论、安全数据分析、安全实操等。

3）驾驶员安全教育创新方法

（1）基于驾驶行为感控系统采集的超速、疲劳、分心、急制动、急加速、急变道、急转弯等危险驾驶行为数据，结合驾驶员个人特征、乘客服务评价等信息，为驾驶员量身定制安全教育课程，实现精准培训。

（2）采用线上线下多种方式，对驾驶员开展岗前培训、每月周期教育、回炉教育、隐患驾驶员分层教育、订单行为教育、应急专项教育等。2019 年，共推出 111 个驾驶员安全教育课程，其中线上课程 95 个，线下课程 16 个；组织开展各类线上安全宣教超过 3000 万人次 / 月、线下安全培训超过 60000 场次（图 13）。

图13　线下驾驶员安全教育

2.科技创新助力安全

1）超前预防保障交通安全

针对疲劳驾驶引发交通事故难题，公司充分利用技术优势，在识别、预警与控制三大核心技术展开研究，以事前、事中和事后三步走为预防手段，在防群死群伤、防高危亡人、防劳累猝死上进行强化预防，实现了疲劳亡人事故占比大幅下降，保障驾乘人员安全。

2）构建机制保障驾乘人员安全

公司建立驾乘人员冲突高危隔离、中危威慑、低危教育的机制，精准识别冲突场景并线上跟进，同时针对醉酒、未成年乘车、深夜偏远订单等场景提供更多关注和保护，有效保障驾乘人员安全。

（六）应急管理，夯实能力

1.建立应急预案体系和响应机制

2019年，公司制定了生产安全事故应急预案，并在天津市交通运输委员会备案；成立了线上安全响应团队和线下应急响应团队，实现99%的安全事件在30min内升级至安全客服、95%的安全事件在1h内处理的目标，优于24h内处理响应、5天内处理完毕的行业规定。

2.打造快速反应的应急保障能力

公司不断完善线下应急处置流程，在全国32个城市组织了超过200名具有医疗、法律和保险等专业背景知识的工作人员，7×24h服务线下安全处置。

3.组织开展常态化应急演练

2019年，公司在北京等7座城市，联合当地公安和急救中心开展了机动车与机动车、两轮车或行人相撞致人伤亡等7种模拟场景的交通事故应急演练，完成了发现事故、分析研判、现场处置、总结分析等系列演练动作。

（七）社会责任，共同抗疫

1.制定网约车防疫标准

2020年3月，针对疫情期间网约车运营，公司参与了《网络预约出租汽车平台公司疫情防控服务规范》的制定，内容涵盖网约车驾驶员安全防护、运营服务组织、疫情应急处置等。

2.网约车防护膜安装行动

疫情以来，公司第一时间在全国范围内为231个城市的近百万辆坚守服务岗位的滴滴网约车免费安装了防护膜，此行动也延伸到警车、公交大巴和海外网约车（图14）。

图14　线下防护膜安装

3.设置线下防疫站送关怀

疫情以来，公司在200多个城市设立了线下防疫站，为一线驾驶员免费发放口罩、消毒液等防护物资，为车辆免费消毒（图15）。

图15　滴滴线下防疫站

4.成立医护保障车队

疫情期间，公司在全国15个城市成立医护保障车队（图16），累计服务37987名医务工作者，行驶总里程超过1500万km。在海外，近5万名驾驶员志愿加入，为一线医务工作者提供免费或优惠的出行服务。

图16 医护保障车队

四、应用成效与评估

1. 构建起安全文化成熟度模型

2020年以来，滴滴公司通过对标《企业安全文化建设导则》《企业安全文化建设评价准则》及壳牌、杜邦等行业内外的先行者，结合企业实际，构建了具有网约车行业特色的安全文化成熟度模型。其由指标体系以及评测方法两部分组成，包含5个一级要素和13个二级要素。

2. 安全文化成熟度评估

采取线上量表实测及线下专家打分相结合进行安全文化实测。一是通过向全体员工发放《安全文化量表调研问卷》进行线上员工调研；二是搭建内部专家组，对典型人员进行线下访谈。

经量化评估，现阶段滴滴公司安全文化处于"目标文化"向"自主文化"过渡阶段。通过差距分析，为公司安全文化建设向更高层级发展提供指引。

五、推广应用展望

目前交通行业变革日新月异，新业态层出不穷，线上和线下业务相结合，滴滴公司在此背景下创建并践行本公司安全文化建设，形成了符合行业特征的"互联网+"安全文化，具有很强的参考价值，有如下三点：

一是文化营建模式创新，搭建平台和沟通渠道，让用户、驾驶员积极参与，共建安全氛围。

二是文化体系结构创新，构建了领导力与承诺、安全组织、安全能力、员工行为与意识、审核与评估五大要素和13个维度进行系统性建设，利用组织文化成熟度诊断工具不断迭代更新。

三是文化搭建能力创新，首先，搭建多方参与、沟通、激励的线上和线下文化营建舞台，其次，利用科技创新促进安全发展。

在此背景下，滴滴公司摸索和创建了安全文化建设新模式，且公司内部践行效果良好，对出行行业企业开展安全文化创建工作具有较好的借鉴作用和参考价值。

案例20 ▶ 京港地铁安全训练营

基本信息

申报单位：北京京港地铁有限公司

所属类型：安全文化

专业类别：道路运输

成果实施范围（发表情况）：北京市中小学学生及家长

开始实施时间：2015年1月

负责人：杨 苓

贡献者：徐梁晶、刘 芳

案例经验介绍

一、背景介绍

地铁作为城市最重要的交通工具之一，因其快速便捷成为很多人出行的第一选择。作为负责任的企业公民，北京京港地铁有限公司（以下简称：京港地铁）始终秉承连接和促进社区发展的理念，积极践行社会责任，持之以恒地开展地铁安全文明理念推广活动，加强与沿线社区的交流与融合，以共生的理念和专业的优势，通过与各方跨界合作，鼓励员工贡献自身力量，为企业发展营造良好环境的同时，推动解决社会问题，助力社区和谐发展。

"京港地铁安全训练营"项目，是京港地铁充分发挥自身行业独特优势，结合日常运营乘客实际发生的常见问题，特别是青少年在日常地铁出行过程中可能出现的各类状况，如地铁设备设施的正确安全使用、地铁站内各类标志标识的含义等，特别发起的大型乘客安全推广系列公益活动。

二、项目目标

"京港地铁安全训练营"项目，通过科学互动实验与地铁安全课程宣讲相结合的方式，宣传地铁安全出行知识，提高乘客地铁出行的安全文明意识，有效降低地铁出行不如意事件发生率，令地铁出行更加安全、有序。

三、技术路线及成果

（一）打造地铁出行安全教育系列公益活动

京港地铁安全训练营项目，主要面向5~15岁少年儿童及其家长，宣传地铁安全出行、文明出行相关知识，提高乘客地铁乘车安全意识。根据不同年龄层少年儿童的知识结构、接受新鲜事物方式等不同的特点，将项目分为：京港地铁安全课堂、地铁职业体验两部分。其中，"京港地铁安全课堂"活动，根据小学生在不同时期主要活动场所的不同，细分为"京港地铁安全课堂进校园"和"京港地铁安全课堂进社区"两部分。2020年在疫情常态化防控背景下，坚持开展地铁安全文明出行理念普及工作，结合线上直播创新开展了"京港地铁安全课堂直播"活动。

1. 京港地铁安全课堂

1）京港地铁安全课堂进校园

主要面向小学1~3年级学生，借助集知识性、趣味性为一体的科学实验互动表演秀和应急演练等形式，将"黄线外候车""搭乘自动扶梯勿追跑打闹""地铁突发紧急状况如何自保"等地铁安全出行知识，与物理、化学原理、逃生应急演练相结合，为同学们详细讲解搭乘地铁时需要注意的各项安全细节。

2）京港地铁安全课堂进社区

主要面向3~15岁少年儿童及其家长，内容结合亲子教育戏剧、亲子国学课堂、亲子绘本阅读等时下热门的亲子教育体系，通过亲子互动和京港地铁安全辅导员风趣、幽默的知识讲解，令孩子和家长们感悟地铁安全文明出行的重要性。

活动自2015年开展以来，共成功组织开展活动6次，为近200个家庭提供地铁安全文明出行主题公益亲子课程；媒体报道174篇；京港地铁官方微博共播报4次，阅读量共达19.7万次。

3）京港地铁安全课堂直播

2020年京港地铁借助线上直播的形式，在疫情常态化防控背景下，开展了三期线上直播课，向网友们传授地铁安全文明出行相关知识，打造

安全的公共出行环境。

2. 地铁职业体验

主要面向10~16岁青少年，通过带领同学们走进地铁车站、地铁维修车辆段等地铁运营核心地带，与地铁工作人员近距离沟通、互动、尝试志愿服务等，在潜移默化中提升他们的地铁安全文明出行意识。

（二）设计开发11款地铁安全文明出行主题公益课程

自2015年至今，京港地铁安全训练营项目共设计开发11款地铁安全文明出行主题公益课程，针对受众人群年龄的不同，其中，京港地铁安全进校园课程5款、京港地铁亲子课程3款、京港地铁职业体验课程3款。

四、应用成效与评估

截至2020年底，京港地铁安全训练营项目已成功组织开展活动近70次线下活动，为超过1.8万名中小学生提供地铁安全文明出行公益课程，获媒体报道千余篇；开展三场线上直播课，在线观看人数共计394.36万人，点赞量共计283.4万次。

京港地铁安全训练营项目自2015年开展以来，获得了社会各界的一致好评，凭借项目为京港地铁赢得以下荣誉：

（1）2016年，成为"丰台区中小学生社会大课堂资源单位"；

（2）2017年，获得"企业社会责任中国榜金蜜蜂企业奖"；

（3）2018—2021年，京港地铁成为"北京市中小学生社会大课堂资源单位"，也是北京市首家获得这一资质的地铁运营企业；

（4）2018年9月，荣获2018年第三届CSR中国教育奖颁发的"最佳CSR品牌CSR CHINA TOP 100"奖项。

五、推广应用展望

京港地铁自成立以来，一直以关心的态度，积极践行企业社会责任，推动市民安全文明出行意识的形成，并普及各类地铁内的出行常识。未

来，京港地铁将持续发挥自身优势，开放优质地铁行业资源，搭建以地铁为载体的安全教育创新平台，加强青少年学生对于城市轨道交通的认识和理解，在学习和实践中开拓视野、收获成长；持续创新"京港地铁安全训练营"项目内容，扩大课程受众的年龄层，让地铁安全教育覆盖青少年成长的全过程，与乘客携手共同营造和谐、安全的地铁出行氛围，为倡导绿色、安全出行贡献力量。

案例 21 ▶ "安全隐患随手拍"助推全员参与安全文化建设

基本信息

申报单位：中国船级社

所属类型：安全文化

专业类别：企业管理

成果实施范围（发表情况）：中国船级社系统安全管理

开始实施时间：2017 年 1 月

负责人：莫鉴辉

贡献者：钟小金、单学军、王 珏、张立群、韩 飞

案例经验介绍

一、背景介绍

秉承"安全、环保，为客户和社会创造价值"的宗旨，运用管理体系和风险思维，中国船级社（以下简称"我社"）不断推进安全文化建设，打造本质安全的长效机制。自2013年起，我社建立满足ISO45001/OHSAS18001要求的职业健康安全管理体系并通过第三方认证，将推进安全文化建设作为提升安全管理水平的重要基础，努力用浓厚的安全文化氛围，夯实安全文化建设的基础，让文化落地、让安全持续。我社安全文化建设主要包括以下方面：

（1）大处着眼，立足长远：建立三合一综合管理体系，全面保障质量、环境和职业健康安全；定期和随时相结合的风险分析，识别安全风险和隐患，减少事故的发生；与利益相关方紧密协作，建立安全质量共同体，形成环环相扣的安全链条。

（2）小处着手，突出特色：举办形式灵活多样的群众参与活动，例如安全隐患随手拍、安全知识网上答题等，创造人人参与的良好安全文化氛围。特别是自2017年以来，我社在"安全生产月"活动中将"安全隐患随手拍"作为保留"节目"一直组织开展。"安全隐患随手拍"已

成为我社安全生产月宣传特色和亮点，其效果已日渐显现，值得深化、推广和应用。

二、项目目标

鼓励员工利用手中的手机/相机及时、真实地记录生产、生活中乃至身边的各类安全隐患，为安全生产尽一份力。通过对"随手拍"成果的应用，对存在的问题进行提示和整改，与管理体系的结合，让活动的结果有机地融入体系，不断营造"安全生产我有责、安全生产我参与"的良好氛围，助推全员参与安全文化建设。

三、技术路线及成果

1. 管理体系保安全

1992年，我社率先建立并实施了质量管理体系（按ISO 9001和IACS QMSR标准要求建立），通过了国际船级社协会的认证，并在2009年通过独立第三方SGS的认证。2013年，我社建立并实施了职业健康安全管理体系（按OHSAS18001和ISO 45001标准要求建立）和环境保护管理体系（按ISO 14001标准要求建立）。

通过管理体系有效运行，不断提升我社产品和服务质量，确保我社技术、管理、辅助人员在开发、维护、提供产品和服务过程中的健康和安全，办公地点环保，规范绿色环保。

2. 风险分析防事故

我社高度重视风险思维的应用，在日常管理中，经常性开展风险隐患排查治理，基于风险思维开展各项工作：一是将风险思维理念纳入管理体系运行全过程，在季度运行分析、年度管理评审等环节，均要求按照风险思维识别业务过程存在的安全风险隐患，采取有效措施予以管控；二是按照职业健康安全管理体系要求，在场所安全和人员安全方面进行了充分的危险源识别和评价，形成了《危险源识别和评价表》《重要风险清单》，针对性地进行整治和防范；三是结合"安全生产月"和专项行动，不定期部署开展风险隐患排查治理，确保风险受管控，隐患治理有成效。

3. 共建航运安全链

造船、航运、港口和相关制造业和金融保险业形成了完整的航运产业链，中国船级社是其中重要一环。我社以合格性评价和安全性服务为载体，强化与业界联合开展技术研究，加强与政府部门的沟通和合作，在服务过程中和客户建立伙伴关系，扩大战略合作广度和深度，促进造船、航运、金融保险、海洋资源开发等全产业链密切合作，打破行业藩篱，共同应对安全、质量、绿色、智能等新技术和新问题带来的新机遇与新挑战，实现航运高质量、可持续发展。

4. 安全文化我参与我奉献

随着经济社会生活水平的不断提高，手机日益普及并已逐渐成为人们必备的电子工具，普通手机的照相功能已经完全满足日常记录需要。据工信部截至2020年5月末数据，三家基础电信企业的移动电话用户总数达15.92亿户，手机普及率极高，且绝大多数都具备拍照功能。存在开展"随手拍"活动的物质基础，无须增加额外的费用。

在每年开展"安全生产月"活动时，我社将"安全隐患随手拍"作为活动的主要内容之一延续开展，通过部署宣传，号召人人都为安全生产尽一份力，用手中的手机及时、真实地记录生产、生活中乃至身边的各类安全隐患。

通过"安全隐患随手拍"，调动了员工的积极性和主动性，提高了全体员工科学的思维方式和追求安全的行为取向，促进了在安全知识、技能、修养方面不断自我完善，落实了"安全第一"思想，有效推进我社安全文化的建设。

四、应用成效与评估

全体干部员工广泛参与，积极开展"安全隐患随手拍"案例反馈：2017年，共收集随手拍案例150幅；2018年，共收集随手拍案例180多幅；2019年，共收集随手拍案例230多幅；2020年，共收集随手拍案例280多幅。从数据看出，收集到的随手拍案例逐年增多，大家参与活动的认可度和积极性均不断提升。

同时，我社注重"随手拍"成果应用，特别是与综合管理体系的结合，让活动的结果有机地融入体系。对于收集到的案例，涉及我社场所的，我社有关单位均在提交案例后及时安排进行整改；涉及相关方的，我社均积极告知相关方关注可能存在的风险隐患，督促相关方进行整改，确保验船师现场检验的安全。

其次，我社注重对收集案例的汇总分析，将每次活动收集到的随手拍案例分门别类地进行整合分析，通过近几年开展"安全隐患随手拍"，形成了《中国船级社2017年随手拍案例汇编小册子》《中国船级社2018年随手拍案例汇编小册子》和《中国船级社2019年随手拍案例汇编小册子》，编制了《中国船级社员工出行安全通用指南》，提醒全体干部员工注意常见的安全隐患，指导员工识别、辨析身边存在的隐患风险。对于风险隐患案例集中、问题突出的方面，在后续安全生产管理环节中予以特别关注，作为安全生产工作整改的重点。

"风险隐患随手拍"案例以及相关的安全文化建设的作用正在逐步显现，全体干部员工安全意识逐渐加强，"我要安全"氛围更加浓厚，有效促进了我社安全文化建设，近几年员工安全事故基本平稳，没有发生重伤以上员工伤亡事故。

五、推广应用展望

"风险隐患随手拍"易于推广复制，可以营造安全生产全员参与氛围，能够发现身边的风险隐患，有效提升安全意识，活动成效明显。后续我社也计划结合信息化系统将随手拍纳入体系管理、动态更新，使除隐患、保安全深入人心，成为习惯。

目前手机和移动网络普及性高，可以建立"安全隐患随手拍"随报系统，不局限在本单位。政府和行业监管机构也可以通过建立"安全隐患随手拍"随报系统，采取必要的手段和措施去引导、鼓励人民群众为安全生产监管做些力所能及的事，对于查实的，视隐患程度严重程度，可考虑给予适当的经济或物质奖励，与《安全生产领域举报奖励办法》相呼应。

总之，组织的安全文化建设对于强化安全意识、形成安全习惯、推动单位的安全长效机制意义重大，作用明显。开展适合组织特点、方便易行的一些安全文化教育活动是一个推动安全文化建设的有效手段，我社通过"安全隐患随手拍"活动，有效地推动了自身的安全文化建设，值得深化、推广和应用，逐步形成全社会的安全文化网络，让安全畅通，让隐患遁形。

案例22 ▶ 岗位安全操作规程视频教程

基本信息

申报单位：广东省南粤交通云湛高速公路管理中心阳化管理处
所属类型：安全文化
专业类别：科技兴安
成果实施范围（发表情况）：适用于员工岗位安全操作培训教育
开始实施时间：2019年5月
负责人：李立新
贡献者：刘大明、温魁刚、龚海平、李逸凡、程立航

案例经验介绍

一、背景介绍

在传统的安全教育中，通常会采用宣讲或实战演习的方式。然而纯粹用语言进行宣讲太苍白无力，说服力不强，而采用实战演习的方式又太耗费人力物力，成本过高，若是组织者能力不够，还会导致场面混乱、成员参与度低等情况的发生。

为了进一步提升教育效果，让员工更加直观掌握岗位安全操作规程，提高员工整体安全素养。阳化管理处根据各岗位工作特点，并结合养护、路政、收费、稽查、票管、监控和后勤等岗位安全操作规程，通过直观有效、通俗易懂、便于理解的方式拍摄一整套安全操作多媒体教程，以有效解决部分员工对本岗位安全操作规程理解程度不深入、岗位安全培训教育效果不理想、执行相关安全管理规定不到位等问题。例如养护施工现场警示标志设置不足、警示区域距离不规范、部分施工人员未穿反光衣、厨房后勤人员有时不注意食品卫生等。

二、项目目标

安全生产最核心的保障是员工安全素养。岗位安全操作规程视频教程致力于确保安全生产培训入眼、入脑、入心，全面提升生产班组安全责任意识、风险识别能力、安全操作规范性，最终实现全员、全程、全覆盖安全教育，持续提升员工安全素养。

三、技术路线及成果

岗位安全操作视频教程主要以各岗位具体操作指南和相关技术规范为编写依据，结合阳化管理处安全生产风险辨识评估管控报告中不同岗位作业流程步骤，罗列各作业步骤潜在危险因素，明确劳动防护用品佩戴要求，并结合安全生产管理、应急措施等基本要素初步编写拍摄脚本。脚本内容在管理处各部门的充分讨论和广泛征求意见的基础上，反复修改完善，最终制定6个紧贴实际、通俗易懂并安全规范的教程拍摄脚本。

同时，为确保视频制作的规范化、专业化，管理处通过比选采购的方式，选聘了一家专业媒体进行合作。并由管理处各岗位优秀员工出演，根据不同的岗位的工作环境，参照拍摄脚本，对各自工作场景现场作业流程和相关注意事项，进行规范动作演示。通过不断的修改、完善，最终完成了《养护作业人员安全操作规程》《路政人员安全操作规程》《收费及稽查岗位安全操作规程》《票管人员安全操作规程》《监控人员安全操作规程》和《后勤人员安全操作规程》等6个教程视频，为90%以上员工提供了紧贴实际、通俗易懂并安全规范的操作指南。

四、应用成效与评估

岗位安全操作规程视频作为员工教育培训的常规素材，也是阳化管理处各部门、各中心站每月安全教育必选内容。经过现场检查情况反馈并收集各岗位员工意见，视频教程相比书面教程更加简单通俗，观看后印象深刻、记忆犹新。该系列教程持续提升员工规范作业水平，有效增强员工整体安全生产素养，入选省南粤交通公司营运岗位安全教育的备选教材，并于2020年4月获评广东省交通运输行业科技兴安和安全宣教"特别优秀课件"。

五、推广应用展望

岗位安全操作规程视频相比书面教程更加简单通俗，提高教育培训质量，切实提升员工规范作业水平，建议视频教程作为高速公路营运单位生产岗位安全操作的培训教材进行推广应用。

案例 23 ▶ 弘扬安全文化，传播安全知识
——《安全宣传手册》

基本信息

申报单位：玉溪公路局

所属类型：安全文化

专业类别：交通设施运营养护

成果实施范围（发表情况）：云南省公路养护系统范围内

开始实施时间：2019 年 11 月 1 日

负责人：陈 波

贡献者：马建峰、王廷强、李崇芬、施昆宏、黄向荣

案例经验介绍

一、背景介绍

为认真贯彻习近平总书记关于安全生产工作的重要论述及指示精神，牢固树立安全教育培训不到位是最大安全隐患理念，将安全宣传教育作为安全生产管理工作的一项极端重要的工作来抓，全面推动安全生产方针政策和法规标准落实、传播安全生产知识、增强职工安全意识、提高职工安全素质、预防事故发生。玉溪公路局创新"互联网+安全"的教育方式，将二维码技术应用于公路养护安全管理、安全宣传教育等工作中。通过扫二维码，职工可轻松学习安全法律法

规、安全作业规程、事故案例等知识，有效提高职工安全意识、安全技能，使广大干部职工将安全知识、安全意识入心入脑，从思想上筑牢安全防线，让职工逐步养成良好的安全习惯。

二、技术路线及成果

（一）强化安全宣传手册编制组织领导

玉溪公路局成立由党委书记、局长任组长的安全宣传手册编制组织机构，领导亲自抓编制工作，指定专门的部门和人员负责，认真研究部署，动员全局干部职工参与，齐抓共管、常抓不懈，推进了安全宣传手册编制工作的开展。

（二）编制具有行业特点的安全宣传手册

一是运用"互联网+"思维编制安全宣传手册。将相关安全法律法规、公路养护安全作业规程、经典事故案例等视频学习资料制作成二维码，使用大数据，扫二维码即可学习安全知识；二是内容丰富，涵盖面广。《安全生产宣传手册》是根据公路管理养护安全生产实际，内容涵盖了公路养护安全作业规程知识、安全文化建设、安全隐患对比、经典安全事故案例、安全漫画等内容；三是实用性强、职工容易接受。因公路养护职工文化素质参差不齐，公路养护站所点多面广、人员分散等特点，集中安全学习难度大，效果不明显，《安全生产宣传手册》形象直观且完整全面的培训材料，扫二维码就可以轻松学习安全知识，操作简单、通俗易懂，解决了授课老师水平不一、职工接受出现差距的弊端。同时，也解决了点多、面广难于全面反复教育的客观实际和困难。

（三）创新方法，扎实开展安全宣传培训教育

1. 将安全宣传培训延伸到基层站所

各公路分局的公路管理站所充分利用班前会、班后会、板报、文化墙等方式向职工宣传安全法律法规、规程制度、操作规程。利用典型案例，开展警示教育，汲取事故教训，增强职工防范事故的意识，调动职工学安全、讲安全、保安全的积极性。

2. 创新安全培训教育方式

（1）制作3D动漫培训教材。不断探索公路养护安全生产管理课题，经过系统总结、提炼、整合，2013年在全省率先创作了《云南国省干线公路养护施工安全防范解析》3D动漫，并在全省公路系统推广。动漫以直观、形象、生动的形式，开展职工安全知识宣传、培训、教育，从而提高了公路养护干部职工的整体安全意识、安全技能和事故防范能力，在公路管养行业内为首创。结合新规范《公路养护安全作业规程》（JTG H30—2015），对《云南国省干线公路养护施工安全防范解析》3D动漫重新进行了改版、升级。

（2）建设综合安全体验馆。玉溪公路局在云南省公路养护行业内建成首个安全体验馆，安全体验馆分为实体安全体验区和VR安全体验区，占地面积86m²。实体安全体验区包括：综合用电体验、安全帽撞击体验、安全带体验、安全急救体验等项目。VR安全体验区包括：养护作业交通安全事故、高空坠落、火灾应急逃生、灭火器使用、机械伤害事故、车辆坠落事故等项目。

（3）编制具有行业特点的安全文化手册。参照《企业安全文化建设导则》相关要求，树立了正确的安全文化理念：以"打造平安交通、建设幸福家园"为安全愿景；以"关注安全、杜绝伤害"为安全使命；以"安全为天、生命无价"为安全价值观；以"以人为本、生命至上"为安全宗旨；以"生产无隐患、安全零事故"为安全目标；以"安全生产高于一切"为安全生产工作核心；以"一岗双责，人尽其责"为安全责任；以"全员、全方位、全过程，提升职工安全"为安全教育理念。借鉴、收集了部分安全成语、安全哲理、安全定律、寓言事故与安全哲理等内容，深刻阐述安全生产理念，通过行之有效的安全宣贯举措促使文化落地，不断增强职工安全素质和安全意识，营造良好的安全文化氛围，引导规范全局职工安全生产行为，从而形成完整的安全文化体系。

（四）安全培训的质量和效果得到明显提升

《云南国省干线公路养护施工安全防范解析》3D动漫、VR安全体验馆打破了传统的安全培训方式。《云南国省干线公路养护施工安全防范解析》3D动漫，动漫以直观、形象、生动，解决了授课老师水平不一，职工接受出现差距的弊端。VR安全体验区让职工能够感受施工过程中可能发生的各类危险场景，从而亲身感受违规操作带来的危险，积极主动地去提高安全意识、掌握安全操作技能，防范事故发生。VR安全体验区将以往的说教式、灌输式、填鸭式教育创新为在安全可控的环境中，"动态模拟互动体验"教育，更能体现出以人为本、安全发展的理念，让这种"触手可及"的教育方式将安全防范意识和安全知识形象地展示在职工眼前。

三、应用成效与评估

1. 激发职工学习兴趣，营造浓厚的安全学习氛围

运用"互联网+安全宣传教育"将安全学习资料制作成二维码，运用大数据，通过扫二维码即可轻松学习安全知识；操作简单、通俗易懂，从而激发了广大公路养护干部职工的学习兴趣，学规程、用规程逐步转变为主动行为、自觉行为，营造了学规程、用规程的浓厚氛围，职工安全意识和安全素质得到了提高，遵规守纪的自觉性和自我防范能力明显提升。

2. 提高行业安全管理水平和层次，树立良好的行业形象

2019年度"平安交通"创新案例评选、征集活动，玉溪公路局3个项目获评，《玉溪公路局公路养护综合安全体验馆》《云南国省干线公路养护安全作业规程3D动漫解析》被评为"重点推荐"案例，《构建安全文化新体系》被评为"优秀案例"，得到了省交通运输厅、省公路局、省市应急管理局、玉溪市政府领导的表扬和肯定。《云南公路局关于转发2019年平安交通创新案例征集评选活动情况通报文件的通知》（云路安便〔2019〕416号）在全省公路局系统内推荐宣传学习三个创新案例。先后有玉溪红塔集团、云南省交通投资建设集团有限公司、云南省交通职业技术学院、云南安晋高速公路开发有限公司以及玉溪市相关单位（企业）、部门、学校等来我局参观交流学习。

3. 安全宣传工作受到社会各界的好评

玉溪公路局将安全宣传积极融入地方政府各项安全宣传工作中，结合安全宣传"五进"（进企业、进农村、进社区、进学校、进家庭）工作要求，自制安全文化展板、安全宣传手册及扫二维码学安全知识；安全文化教育作品则紧贴群众的生活和工作，将漫画、典型事例和典故相结合，趣味性强，令人印象深刻，有较深远的警示意义。向群众普及了安全生产知识，提升了群众安全文化素养，得到社会群众的好评。

4. 行业安全文化十年磨一剑，成果突出

玉溪公路局在公路养护安全生产管理过程中不断探索研究，经过系统总结、提炼整合，首创了《云南国省干线公路养护施工安全防范解析》3D动漫，编制完成了《安全文化手册》《安全漫画手册》《安全工作日志》《安全工作纪实》等10余本安全教育培训教材。玉溪公路局安全生产工作在省交通运输厅、省公路局领导的关心和支持下，在全局干部职工的共同努力下，被云南省交通运输厅评为安全生产"五星级"单位称号；被中华全国总工会、国家安监总局评为"全国安康杯竞赛优胜单位"称号；玉溪公路局通海分局秀山所、养护中心被团省委、省安监局命名为2014—2015年度"云南省青年安全示范岗"称号；玉溪公路局峨山分局、江川分局等9个分局被团市委、市安监局命名为2014—2015年度"玉溪市青年安全示范岗"称号；2017年玉溪公路局被省安监局授予"全省安全文化建设示范单位"，2018年被中国交通企业管理协会评为"全国交通运输系统安全文化建设优秀单位"等荣誉称号。2019年度"平安交通"创新案例评选、征集活动，玉溪公路局3个项目获评，《玉溪公路局公路养护综合安全体验馆》《云南国省干线公路养护安全作业规程3D动漫解析》被评为"重点推荐"案例，《构建安全文化新体系》被评为"优秀案例"。

四、推广应用展望

建议在交通运输部管辖的单位（企业）中推广应用。

案例 24 ▶ 公路养护作业安全课程包

基本信息

申报单位： 广东省交通运输高级技工学校

所属类型： 安全文化

专业类别： 交通设施运营养护

成果实施范围（发表情况）： 全国各类高速公路、国道、省道、城市道路和乡村道路的公路养护人员安全教育培训

开始实施时间： 2017 年 3 月

负责人： 朱玉虎

贡献者： 李新梅、黎明亮、邝青梅

案例经验介绍

一、背景介绍

2016年6月交通运输部发布《交通运输部关于印发"十三五"公路养护管理发展纲要的通知》（交公路发〔2016〕96号），通知指出公路养护管理是公路交通工作的基础，对保障路网整体效能，促进公路交通更好适应经济社会发展和人民群众安全便捷出行具有十分重要的意义。文件指出要推进养护转型，加快构建现代公路养护体系。要推行养护决策科学化，研究出台公路养护科学决策指导意见，加快建立公路养护科学决策机制和技术要求，推进养护管理制度化，健全养护工程管理制度体系，完善养护预算管理制度，建立养护监管与考核制度。实行养护作业标准化，构建以技术标准和规范要求为约束的养护检测、实施、评价一体化标准流程和固定行为。高水平的公路离不开高水平的公路养护，安全养护是高水平的公路养护作业的基本保障。我省在公路养护作业过程中因养护人员操作不规范，导致安全事故时有发生，如何快速提高养护作业人员的安全意识和安全技能是公路养护单位的难题。因此建设公路养护作业安全课程包，通过风

趣幽默的视频提高学员的培训积极性，培养公路养护工人和养护现场管理人员的安全意识和安全作业流程具有积极意义。

二、项目目标

1. 构建基于公路养护工作岗位的安全模块课程资源及标准

以公路养护工作场景为导向，制作公路养护安全模式下的校本教材和教学资源，以安全规范为根本、安全案例为引导，通过虚拟现实的方法模拟安全事故，进行安全培训。使学员掌握扎实的安全技能；以养护岗位为导向，开发安全培训包标准，要在符合国家公路施工和养护相关安全管理规定的基础上，增加符合广东省公路养护现实场景安全知识和技能。

2. 构建公路养护安全作业监控标准

高水平的安全作业监控是保障公路养护良好运行的基础，产教深度融合，校企共建、共享公路养护作业安全课程包，各模块均有明确的培训目标，明确说明学员需要掌握的知识和技能，并且依据培训目标对学员学习过程和能力进行全程测试，做到评价的及时性。

3. 提高公路养护作业人员安全培训效果

很多养护公司的安全培训往往都是高强度的灌输，很可能发生"左耳进右耳出"的情况，针对这种情况，课程包的设计要具有短小精干、风趣幽默、贴近现实等特点，既使学员记忆深刻，又不脱离实际。尽可能地让学员"喜欢"安全课程，变被动培训为主动学习，提高安全培训效果。

三、技术路线及成果

公路养护作业安全视频课程内容涵盖了养护作业控制区安全要求、养护施工作业安全技术、机械设备安全操作、工种安全操作、养护作业典型事故案例（图1）等公路养护作业安全技术知识、安全管理知识以及安全风险防范知识。

图1 典型事故案例

课程包以多媒体动画视频为主要表现形式，直观生动、易于理解。摒弃以往单调的宣教模式，通过对故事情节、人物搞笑动作表情等设计，充分效调动学员学习兴趣。课程制作穿插现场真实图片、视频、案例等元素（图2），有效增强学习效果。课程包同时注重理论与实际相结合，兼顾管理人员、专业技术人员及现场作业人员的安全教育培训需求。

四、应用成效

公路养护作业安全课程包的开发与应用创新了安全培训模式，激发了公路养护人员的学习兴趣，提升了学员的专业能力和职业素养，提高了培训质量，达成公路养护安全培训的目标，收到了较好的效果。该视频课程符合广大高速公路公司、公路养护公司使用需求，基于该视频课程开展公路养护作业安全培训，能进一步提高公路养护作业的规范操作流程，提高养护工人安全意识和操作规范，培训效果明显，经济效益、社会效益显著提升。

图2　视频课程

五、推广应用

从公路养护安全作业保障的角度来说，养护工人不按规范操作、安全意识不强、职业素养不高是构成公路养护安全隐患的重要原因。课程案例从事故概括、事故经过、事故原因、事故教训等方面进行综合解读和分析，能有效提高养护作业人员的安全意识和操作规范。成果应用各公路养护企业均指出，课程具有良好的适用性、有效性、针对性，具有良好的应用效果和推广价值。

从市场化的角度来说，该课程的潜在市场十分广阔。广东省2019年底高速公路总里程达9495km，全省67个县(市)实现"县县通高速"的目标。以"九纵五横两环"为主骨架、以加密线和联络线为补充，形成以珠江三角洲为核心、以沿海为扇面、以沿海港口（城市）为龙头向山区和内陆省区辐射的快速路网。全省公路养护人员超过10万人。成果推广应用前景十分广阔。

案例25 ▶ 交通运输行业风险隐患智能预警平台

基本信息

申报单位： 北京恒济引航科技股份有限公司

所属类型： 科学技术

专业类别： 企业管理

成果实施范围（发表情况）：适用于交通运输行业安全生产风险防控和隐患治理双重预防体系信息化智能预警管理

开始实施时间： 2019 年 5 月

负责人： 郭志南

贡献者： 王 冀、杨 帆

案例经验介绍

一、背景介绍

交通运输行业风险隐患智能预警平台是深入贯彻落实中共中央、国务院《关于推进安全生产领域改革发展的意见》的重要举措，是现代信息技术与安全生产深度融合，另外，随着科技进步和智慧化的发展，安全设施的智能化程度逐渐提高，信息化建设与安全工作的融合发展，自动识别分析预警效果不断提升，为安全监管工作提供预警决策的条件越来越成熟。

交通运输作为安全生产重点行业，安全形势依然严峻，事故多发频发。企业多小散弱，安全监管手段落后，积极运用信息化手段加强交通运输风险信息智能预警能力建设，坚持源头防范，构建风险分级管控和隐患排查治理双重预防工作机制，实现事后追责向事前预防转变，进一步督促企业落实主体责任，是创新监管方式、提升企业安全管理水平、推进行业安全发展的有效途径。

二、项目目标

通过本平台可实现安全生产风险分解到岗到

人，实现动态评估、分级管控、智能预警。同时搭载移动端App，又可轻松实现安全隐患随时随地进行，信息自动同步，实时查看治理状态，督促事故隐患闭环管理，将风险防控和隐患排查治理落到实处。进一步通过风险指标，为风险防控提供智能预警，多维度开展隐患排查治理情况统计分析，严防风险演变、隐患升级，减少生产安

全事故发生。

三、技术路线及成果

本平台涵盖的建设内容包含"11123"五大体系（即1清单、1库、1图、2翼、3应用）。本平台架构如图1所示。

图1　平台架构

"1清单"即1张风险和隐患清单：通过风险管控和隐患清单，为行业企业开展风险分级管控和隐患排查治理进行指导。

"1库"即1个数据库：建成包含安全生产风险、隐患、安全监督等信息的数据库。

"1图"即1张图综合展示服务：利用GIS地图信息系统，实现风险、隐患等信息的综合展示以及查询分析，实现可视化监管。

"2翼"即安全运维和标准规范2翼支撑。安全运维：系统等级保护等安全和全方位运维支持。标准规范：我公司对行业有深刻的理解，熟悉交通运输安全业务相关的法律法规规章标准的要求，同时参与了交通运输安全生产监管监察数据元标准的制定。

"3应用"即风险隐患智能预警、安全综合监管、大数据分析预警。

风险隐患智能预警应用：按照国务院以及交通运输行业风险防控要求，实现企业运输车辆联网联控预警信息、运输船舶驾驶信息的分析研判，针对风险等级高的车、船以及企业，形成重点监管名单，实现车、船等历史信息、实时信息的跨区域、跨行业比对，为监管部门和企业提供风险预警；进一步强化隐患排查力度，系统预设各类排查清单，形成隐患排查治理整改验收闭环

管理，通过多维度分析，针对反复出现的问题自动提醒。

安全综合监管应用：通过督查任务下达接收，配合现场移动端实现监督检查数据的实时定位上传，系统自动提醒待办，实时查看督办任务详情，形成监管闭环，实现责任落实跟踪，同时与风险隐患智能预警应用打通；另外系统搭建学习之窗、知识库，系统用户可根据需要实时查询和学习。

大数据分析预警应用：包含舆情监测、数据分析研判等大数据平台，搭载驾驶舱和工作台，采用云计算、人工智能等新技术手段，实现对企业从业人员、车船等基础信息、安全管理变动信息、风险隐患预警信息、监督检查信息等动态监管，推动安全监管方式创新。

四、应用成效与评估

通过本系统建设，横向融合联网联控、公路监控、综合执法等系统，消除信息壁垒，纵向向上打通与交通运输部，向下与市县各级监管部门以及企业间安全生产信息通道，形成交通运输综合安全监管大数据，实现各级行业管理部门在交通运输安全生产重点监管对象、监督检查工作安排、挂牌督办以及安全生产工作年度工作重点、

重大异常情况管理等的业务协同，提升业务联动能力。解决交通运输行业管理部门对管辖区域内"安全生产整体情况掌握不够、行业安全生产监管监察能力不足、安全监督管理缺乏手段"的问题，为各级交通运输监管部门综合监管提供决策支撑。

五、推广应用展望

通过在河南、安徽、甘肃、广西等省区交通运输系统的使用，广泛积累项目实施以及信息化建设经验，不断优化和改进系统，可推广至各省市县交通运输监管部门以及行业企业（道路运输企业、交通工程建设企业等）。

通过平台实现安全业务运作的在线化、数据化、互通化，帮助企业建立风险和隐患双重预防体系，形成风险清单库、隐患清单库，通过实时预警数据，提炼模型算法，提升风险防控的预测预警，实现行业安全生产监管由被动应急型向主动预防型转变，为行业安全生产监督、产业政策调整提供有效的决策支持，进一步督促企业和监管部门落实安全生产责任，提高安全监管信息化水平，推动交通运输安全监管能力提升。

案例 26 ▶ 基于驾驶模拟的道路设计安全评价与优化技术

基本信息

申报单位： 交通运输部公路科学研究院

所属类型： 科学技术

专业类别： 道路运输

成果实施范围（发表情况）：授权发明专利 2 项，受理发明专利 3 项，获得软件著作权 4 项，发表学术论文 8 篇

开始实施时间： 2012 年 6 月

负责人： 张巍汉

贡献者： 王　萌、郭　达、毛　琰

案例经验介绍

一、背景介绍

道路交通安全问题一直是国家机动化过程中威胁人类生命安全、制约经济发展以及人们普遍关注的社会问题，尤其是交通强国战略提升道路本质安全的要求，给道路工程设计项目的交通安全水平提出了更高的要求。近年来，我国交通基础设施建设取得了巨大成就，但是随着道路建设向山区（水域）、城郊人口密集区发展，以及载运工具的两极化发展和驾驶行为的不规范性，使道路设计的安全性分析和优化设计面临的挑战

日益增加。特别是地下/水下互通立交、立体双层高速公路、小间距互通群等设计需求的出现，迫切需要能够综合道路设计诸要素的设计方案安全性分析技术支撑道路设计方案的安全评价和设计优化。另一方面随着公路设计理念的提升，道路设计除了要满足相关标准规范，也要求道路基础设施的设计更加人性化，符合道路使用者的多种需求。此外，随着我国陆续推动诸如港珠澳大桥、深圳至中山跨江通道工程等国家重特大工程项目的建设，也要求有更加系统、全面、精确的交通安全分析技术助力国家重大工程项目的建

设，确保百年工程，百年品质。

二、项目目标

驾驶模拟技术是综合了道路环境虚拟现实、天气条件仿真、车辆动力学仿真、交通流仿真和驾驶员模拟驾驶于一体的综合虚拟现实仿真系统，是目前唯一能够同时实现人、车、路、环境综合仿真的技术体系。本项目建立基于驾驶模拟的道路设计安全评价与优化技术体系，通过驾驶模拟技术，实现"未见先知"，在道路设计阶段即能够对设计方案以及关键设计指标进行系统分析验证，能够充分体现不同驾驶员、不同车辆类型在设计方案道路上的量化特征，识别潜在风险路段，辨析风险成因，支撑道路设计阶段的安全性分析和设计优化工作。

三、技术路线及成果

1. 技术路线

本项目的技术路线如图1所示，利用驾驶模拟综合仿真技术，依据道路设计方案构建虚拟现实场景，根据道路特征和预评估结果配置车辆动力学模型、交通流模型和天气仿真条件，通过驾驶模拟试验获取驾驶员在设计道路上的驾驶行为和车辆运行数据，利用速度、加速度、转角速度、车道偏离等车辆运行参数和驾驶员操作加速踏板、制动踏板和转向盘的操作行为数据，开展道路设计安全性分析，并根据分析结果给予交通安全综合评价与改进对策。

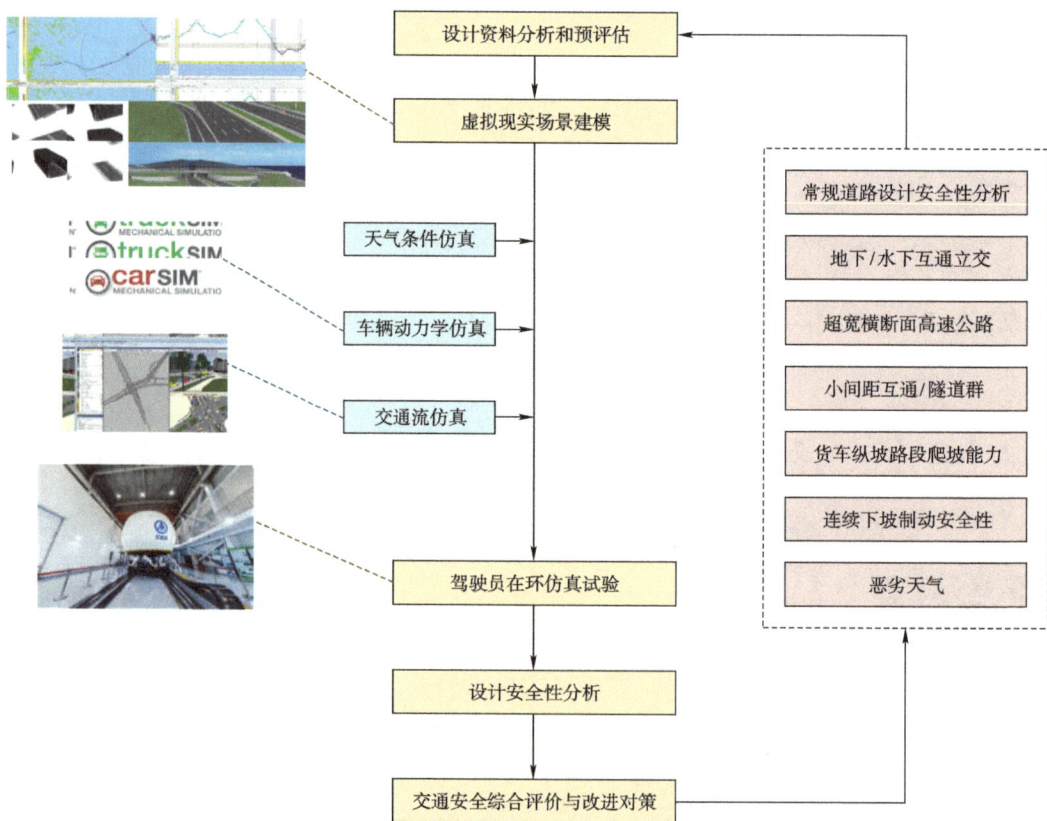

图1　技术路线

2. 成果

本项目形成了基于驾驶模拟的道路设计安全评价与优化方案（图2），该方案不但可以用于常规道路设计项目的安全性分析，而且适用于地下/水下互通立交工程、超宽横断面高速公路、小间距互通/隧道群、货车纵坡路段爬坡能力及连续下坡制动安全性、雾风雪等恶劣天气条件等复杂条件下公路设计方案分析和关键指标论证。该方案解决了交通安全评价方法无法体现不同驾驶员个体差异的问题，形成的分析和评价技术应用了模式识别、机器学习等数据科学方法，为传统基于经验的分析提供了量化、精确的补充和验证，主要包括以下几个部分。

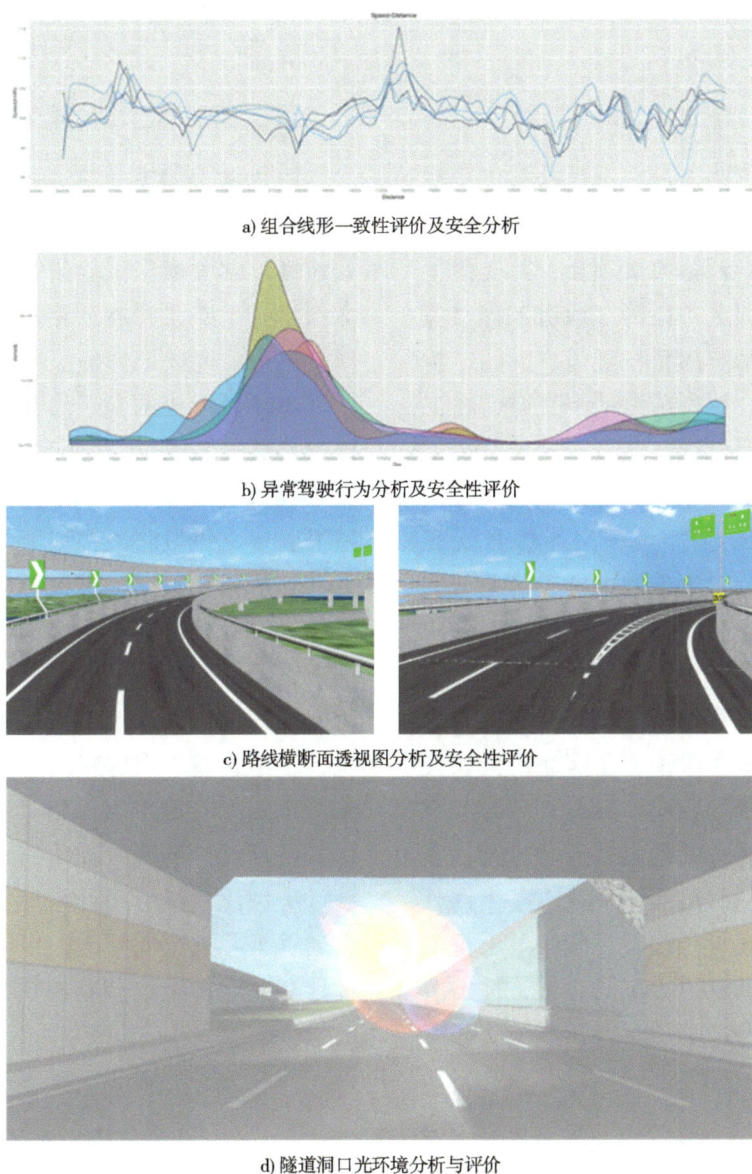

a) 组合线形一致性评价及安全分析

b) 异常驾驶行为分析及安全性评价

c) 路线横断面透视图分析及安全性评价

d) 隧道洞口光环境分析与评价

图2　基于驾驶的道路设计安全评价与优化技术成果

1）组合线形一致性评价及安全分析

在道路路线设计参数标准规范符合性分析基础上，运用驾驶模拟技术在设计方案的虚拟现实道路上开展试验，分析车辆运行变化、速度分布差异等，研究路线一致性水平。

2）异常驾驶行为分析及安全性评价

分析驾驶模拟试验数据中驾驶员的加速踏板、制动踏板、挡位、车速、加速度、车道偏移等驾驶行为和车辆运动状态指标变化，识别驾驶员在道路设计方案中的纵向、横向和转向行为的异常驾驶值等，分析驾驶员异常行为发生的致因，

形成以驾驶员为核心的道路安全性评价方法。

3）路线横断面透视图分析及安全性评价

基于虚拟道路路线横断面透视图，分析道路的动态视距、景观协调性，交通标志设置合理性，道路设施之间的匹配性，研究通过驾驶模拟器同步采集的驾驶员操作行为信息、心率变异性等生理心理数据和交通流信息，对行车的安全性、舒适性以及道路设施配置的合理性进行评价。

4）隧道洞口光环境分析与评价

利用驾驶模拟技术建立与设计道路经纬度相

同、坐标相同的虚拟现实道路环境，模拟仿真太阳在一年中运行轨迹，分析并确定隧道洞口受阳光影响的时段和程度。

四、应用成效与评估

基于驾驶模拟的道路设计安全评价与优化技术相关成果已经成功应用于ETC门架系统设置对驾乘人员视觉影响医学评估测试项目，并支撑了港珠澳跨海大桥、深圳至中山跨江通道工程、莲花山过江通道、西藏米拉山特长隧道、虎门二桥海鸥岛互通立交工程、深圳前海地下交通枢纽工程、深圳妈湾跨海通道工程、北京东六环改造工程等重特大项目的建设。

其中，港珠澳大桥主体工程交通仿真研究项目，基于驾驶模拟器对港珠澳大桥项目设计文件进行了论证与评价，并提出了相关设计改善建议，得到了业主认可和采纳；深圳至中山跨江通道驾驶模拟仿真项目，在采用传统安全评价方法的同时，利用交通仿真手段论证了跨海桥梁长大下坡的安全性，并基于驾驶模拟器对其互通区匝道的安全性进行了评价，并提出了安全对策；莲花山过江通道驾驶模拟试验研究项目，基于驾驶模拟研究对该项目工程可行性研究阶段单层桥梁方案、双层桥梁方案和隧道方案的比选，提出了安全性建议；深圳前海地下道路特长隧道交通安全与驾乘环境研究项目，基于驾驶模拟器研究论证了现有地下道路的线形指标、地下道路进出口的安全性，并提出改善对策。

五、推广应用展望

国内多所高校、科研院所以及勘察设计院都搭建了驾驶模拟试验平台，均具备虚拟现实场景建模、驾驶模拟试验研究的技术能力，都可按本项目技术路线开展道路设计安全评价与优化工作。项目研究成果具备了很好的推广基础。

本项目形成的基于驾驶模拟的道路设计安全评价与优化解决方案，适用于地下/水下互通立交工程、超宽横断面高速公路、小间距互通/隧道群、货车纵坡路段爬坡能力及连续下坡制动安全性、雾风雪等恶劣天气条件等复杂条件下公路设计方案分析和关键指标论证，同时也适用于常规道路设计项目的安全性分析。随着我国重大工程建设的推进，以及对人民权益和需求的日益重视，本项目技术对保障道路工程设计安全水平起到了重要的支撑作用，相对于传统的安全评价技术具备直观、准确、细化、系统的优势，能够为设计单位优化线形设计指标、管理运营单位制定交通管理和安全保障措施提供技术支持，在道路设计和交通设施运营养护领域有很好的推广应用前景。

案例 27　水上船舶交通安全智能预警系统

基本信息

申报单位：中国交通通信信息中心

所属类型：科学技术

专业类别：综合监管执法

成果实施范围（发表情况）：已实际运行于烟台海事局、威海海事局、董家口海事局

开始实施时间：2018 年 11 月 14 日

负责人：阚　津

贡献者：张杰平、蒋　炜、宋海龙、隋　远、王维圳

案例经验介绍

一、背景介绍

随着我国社会经济快速发展，海上船舶流量和密度日趋增长，碰撞、搁浅等潜在风险增多，保障海上交通安全，维护海上运输安全有序，已成为海上交通安全管理部门工作的重中之重。但船舶流量增大、种类增多，导致安全监管的复杂性和难度越来越大，传统的人工监视和规则预警，存在人工劳动强度大、预警率低等问题，难以适应监管要求。针对此种情况，中国交通通信信息中心联合烟台海事局、中电莱斯信息系统有限公司从工作实际出发，利用大数据治理、机器学习等先进技术，研制了"水上船舶交通安全智能预警系统"，通过对海量船舶历史航迹数据进行学习训练得到船舶航行规则模型，实现海上交通预警规则的自适应设置、船舶异常航行行为的自动监测。

相比于传统规则设置方法，该成果具备以下三点优势：①规则模型来自系统自动训练生成，大量减少人工干预，更加省时省力；②利用全辖区的船舶航行数据进行模型训练，监管区域更全（可覆盖全海域所有辖区）；③系统可利用新生成数据增量训练，规则模型与时俱进，告警准确率更高。为辅助相关部门监管船舶航行动态，保

障船舶航行安全，提供了有力支持。研制成果于2018年11月14日通过中华人民共和国山东海事局组织的验收评审，在烟台海事局部署应用，效果良好。2019年12月，推广应用至威海海事局和董家口海事局。

二、项目目标

充分利用机器学习及大数据技术，发掘船舶正常航行、系泊和作业规律，并利用这些规律及时发现事故险情并进行预警，辅助海事监管人员，更早、更好地发现海上船舶的异常行为，从而减少海上事故或降低事故损失，提高违法行为识别率，让航行更安全，海洋更清洁。

三、技术路线及成果

（一）技术路线

本项目主要应用机器学习和大数据技术，支持对监管水域内所有船舶进行监测，对船舶位置异常、速度异常、航向异常、AIS信号异常、船舶航行特征与上报类型不符等行为自动检测并及时生成告警信息并反馈给监管人员。系统采用分层结构设计，层内高内聚、层间低耦合，训练和监管可异地部署，训练层输出训练模型供监管层使用。数据接入层的数据包括覆盖整个监管水域的海量船舶航行行为数据、监管水域的电子海图数据、水域内通航环境数据以及系统实时接入的船舶航迹数据；数据训练层通过建设分布式大数据治理平台，完成对海量船舶航行行为数据的治理，本项目采用了基于密度聚类的无监督学习方法对数据进行训练，来去除异常数据的干扰，生成与船舶实际航行情况更加吻合的船舶航行模型；智能预警层基于多进程并行处理技术利用船舶航行模型实现对全水域船舶的实时监管及预警信息生成，最后通过显示终端将水上交通态势展现给水上交通监管人员。

（二）技术成果

1. 基于多维航迹数据密度聚类的船舶航行规则提取技术

目前船舶异常检测主要通过规则匹配实现，这种方式需要人为设定检测区域、规则阈值，不仅误报率高，且无法覆盖全海域。因此本项目对历史航行数据进行机器学习，自动提取船舶航行规则来指导船舶航行异常检测。但实际中船舶航行数据存在诸如数据量大、数据无标注、正负样本不均衡、航行规则动态变化等问题。针对数据量大的问题，本项目搭建分布式大数据集群，将历史航行数据存入分布式文件系统，训练时将数据分块加载到弹性分布式数据集中，分配到不同机器的不同进程节点中进行计算，最后汇总整合。集群规模可以根据数据量和计算资源动态分配，实现资源的有效利用。其次综合考虑数据无标注和样本不均衡的问题。

本项目基于无监督学习密度聚类的思想，采用DP算法将航行数据中的特征抽稀为航迹线段，以航迹线段间的水平距离、垂直距离、角度距离、速度距离、航向距离作为多维特征，并将多维特征通过高斯缩放加权合并为特征距离，计算航迹线段领域内的近邻线段集合。通过构建误差损失函数计算最适合的邻域范围和近邻线段数量，将航迹进行密度聚类，无法聚合的样本即为异常航行数据。最后对聚合的簇进行海域分割，构建不同区域不同类型船舶的数量、速度、航向等模型指导实时检测，排除异常数据的干扰，提升异常检测的准确率。针对航向规律动态变化的问题，本项目以时间为权重提取船舶航行数据，进行增量训练定期更新模型，以保证模型的时间有效性。

2. 基于多重决策树的船舶航行特征分类技术

水域环境中，船舶种类多种多样，每一类船舶的监管重点不同，同时航行船舶存在改身份标识数据、逃避海事监管的问题。如渔船在禁渔期篡改AIS身份信息，违法出海打鱼。传统监管方式对此几乎毫无办法，完全依靠海事人员的经验进行监管。

本项目提出了采用弱监督学习Bagging算法的思想，利用决策树构建多重基学习器的船舶航行特征学习方法。该方法对船舶历史航迹数据和系统实时积累的航行数据进行分权重提取，获得提取后的船舶航行速度、位置、航向、船首方向、吃水等动态数据信息，然后建立基于弱监督学习与航行特征相结合的船舶类型模型，再通过对实时接入的航迹数据进行动态采样，进行船舶类型模型的航行特征匹配。匹配过程采用时间采样和航迹点采样结合的方法降低系统实时检测的性能负担，并通过投票机制提升船舶类型识别率。使得系统具备自动鉴别目标船舶疑似仿冒其他类型船舶的能力。

3. 基于船舶静止点自学习聚类的习惯锚泊区训练技术

船舶在非锚泊水域静止往往伴随着船舶碰撞、故障、搁浅等航行事故，及时发现这类异常行为有助于提前发现潜在事故或对事故及时救助。传统方法只能对划分好的锚泊区进行监管，但是在全水域中除指定锚泊区外，船舶常常会自发在一些水域停泊，如航道等待区、渔船集中打鱼区、临时锚泊区、锚地周围可停泊区域，且这类区域往往会随时间变化而变化。

本项目提出了一种利用墨卡托投影欧氏距离密度聚合的习惯锚泊区训练方法。该方法首先对历史航迹数据进行速度阈值筛选，并根据航迹点时间赋予不同的时间因子；之后通过航迹坐标墨卡托投影转换，利用k-distance算法确定距离和数量参数进行密度聚合，利用时间因子与欧氏距离乘积影响密度计算，时间久远的航迹点核心距离将被减少以降低其对模型的影响；对于聚合成簇的习惯锚泊点集，利用外接圆检测算法提取习惯锚泊区坐标范围。通过判断船舶是否在习惯锚泊区停泊进行锚泊异常告警，降低告警的误报率。系统同样自动收集接入的船舶静止点，并进行增量动态训练，动态更新船舶习惯锚泊区。

四、应用成效与评估

实施时间：2018年11月14日。

实施情况：目前本项目成果于2018年11月14日在烟台海事局正式部署应用，2019年12月推广应用至威海海事局和董家口海事局，2020年被纳入山东海事局监管指挥系统建设项目中。

适用范围：本项目适用于对大面积海域的船舶进行自动监管，保障船舶航行安全的场景。在单监测中心情况下，水上船舶交通安全智能预

警系统技术指标如下：①辖区覆盖率：100%覆盖辖区；②检测容量：支持10000批船舶实时目标；③实时性：在满指标的情况下，告警响应时间小于1s；④异常检测性能：船舶异常行为平均识别率大于90%，平均误报率小于10%，且随着数据的积累，预警准确率会越来越高。支持规则动态更新，支持船舶类型自动识别。

成果成效：本项目成果在烟台、威海、董家口三地海事局运行期间，发现多起船舶异常行为，协助海事监管人员成功处理船舶超速航行、规定航道逆行、船舶误入养殖区、船舶迷航、AIS信号异常、船舶异常锚泊、船员生病开辟绿色航道、渔船仿冒货船航行等多起险情。如图1所示，系统发现一艘在传统规则系统不会报警的非重点监管区域的油船行为异常，发出航向异常预警，值班员核查得知该船上有伤员需要救助，船舶计划靠岸，就为其开辟绿色通道，并联系港调为该船预留泊位，为救助伤员争取了时间。系统有力保障了辖区内船舶航行安全、减少了事故隐患，符合"平安交通"发展战略。

五、推广应用展望

海上事故无小事，事故不仅会造成重大财产损失甚至造成大量人员伤亡，船舶异常行为的及时预警对事故事前预防、事后发现及船舶违法行为自动识别等都具有重要意义，能有效减少海上人命和财产损失，让航行更安全，海洋更清洁。本项目研究成果水上船舶交通安全智能预警系统可用于交通运输部海事局及其直属海事局、分支海事局、海事处，交通运输部北海、东海、南海航海保障中心，交通运输部长航局及其所属长江海事局，各省市地方海事局，中国/省/市海上（水上）搜救中心，农业农村部渔业管理部门，国家海洋局及其所属单位，地方政府海洋渔业单位。辅助相关单位工作人员及时发现船舶航行异常行为。在部署方面，以海事局为例，本成果分直属局、分支局、海事处三级部署，可在直属海事局部署数据训练中心，用于对海量船舶历史航行轨迹进行挖掘训练，并生成船舶异常行为监测模型；在分支海事局部署异常行为监测中心，用

以对辖区内的所有在航船舶进行实时监测，并产生预警信息；分支局的指挥中心和海事处部署态

势监视台位，用于人工交互和预警处理。

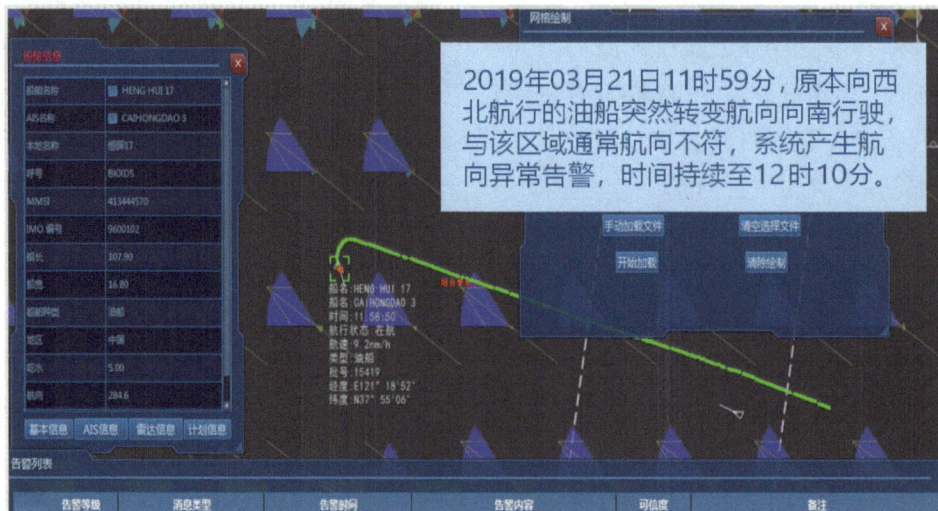

图1　船舶航向异常预警示意图

案例 28 ▶ 服务区智能引导停车系统

基本信息

申报单位：广西交通投资集团南宁高速公路运营有限公司

所属类型：科学技术

专业类别：交通设施运营养护

成果实施范围（发表情况）：

（1）2019 年 4—5 月，项目启动研发；

（2）2019 年 9 月 18 日，项目在高岭服务区建设成功；

（3）2019 年 9 月 19 日项目受邀到中国公路学会全国第四期高速公路服务区高层研究班作专题报告；

（4）2019 年 9 月 22—24 日项目在第 16 届中国东盟博览会上展示；

（5）2019 年 12 月 20 日受邀请到中国公路学会第十三届中国高速公路服务区管理年会作专题报告；

（6）2019 年 12 月项目被评为广西交通投资集团"四新"技术在全集团内推广；

（7）2020 年 4 月，项目被评为广西交通运输厅 2020 年度"科技示范"创新典型案例；

（8）截至 2020 年 5 月，项目被列入广西智慧交通一体化示范项目内容，广西交通投资集团公司辖区有 7 对服务区拟推广建设

开始实施时间：2019 年 9 月 18 日

负责人：刘　奕

贡献者：廖春华、张培铭、麦　冬、朱庆铖、粟程桦

案例经验介绍

一、背景介绍

广西交通投资集团南宁高速公路运营有限公司（以下简称南宁运营公司）是广西交投集团的子公司，主要负责广西首府南宁周边共525km高速公路的收费、养护、排障、服务区等运营管理工作。公司管养路段是广西作为西部陆海新通道铁海联运的陆海交汇门户和陆路干线的关键组成部分，是中国—东盟自贸区和"一带一路"经济活动以及人民群众出行的重要通道，是广西加快构建"南向、北联、东融、西合"全方位开放发展格局的关键节点，具有重要的区位优势。

随着广西路网越来越完善，南宁市周边的高速公路出行车流量大成为常态，南宁运营公司的保畅通、保安全压力与日俱增。2019年3月广西公安厅、广西交通运输厅、广西应急管理厅联合发文，规定重大节假日和重点时期危险化学品运输车辆限时通行广西高速公路。高岭服务区位于G7201南宁绕城高速公路，服务区总面积60亩（1亩=666.6m²），停车位164个，日均断面车流量为1.67万辆/日，车型日、夜间变化大，夜间危险品车辆较多，随着车流量的快速增长，服务区管理工作面临巨大考验：危险化学品车辆缺乏智能识别与引导，容易造成安全事故；服务区公共场所缺乏有效手段对高速服务区人流、车流检测与统计；针对现场应急情况，缺乏实时可视化调度指挥；现有监控点位分散，摄像头间缺乏关联互动。简言之，现有管理模式已无法满足大众安全出行需求，利用科技手段建立智慧型服务区、提高监管效率、满足人民日益增长的美好出行需要，是亟须解决的问题。

广西交投集团为了提高高速公路科技运营水平，于2019年提出了4个治理目标——"治堵""治逃""治危""治臭"，要求集团120多对服务区和停车区加快现代化进程。2019年3月，为了贯彻落实集团公司的智慧交通部署，南宁运营公司联合广西机械研究院有限公司"产学研"结合，以高岭服务区为试点，共同研发服务区智能引导停车系统。

二、技术路线及成果

"服务区智能引导停车系统"通过融入视频监控、互联网+、物联网、人工智能、大数据等技术，将收集到的基础信息（如危险化学品车辆信息、车流信息、监控信息等）和路况信息（交通流量数据、交通事件信息等）通过建模分析和深度学习，正确识别各种大货车、小客车、"两客一危"等车型，利用智能车辆策略引导技术、可变信息情报板技术、消息推送技术等，从车型识别、进区引导、车位识别、车位管理、车位占用情况等方面进行智能化管理，对往来车辆的快速引导、人员监管和服务；实现对服务区内环境的实时监控，便于服务区管理人员了解当前服务区内的环境变化，避免潜在的安全隐患；通过在服务区内各硬件设备安装物联网控制器，使用统一的物联网协议进行通信连接，实现设备智能化，服务区管理人员通过相应的界面即可查看设备的运行状态和远程对相应设备进行操控，为服务区的管理人员的日常工作增添便利。

1. 合理规划服务区停车位

根据服务区的特点重新规划停车位，单侧67个车位，合理分区，将部分车位设置为小客车/货车混合停车位，根据车流量变化，通过人工智能计算，智能显示车型车位，解决服务区日间夜间车型变化大的问题。

2. 深入调研，研究算法，系统架构

项目课题小组，深入服务区进行需求调研，结合服务区管理的需求和实际，共同进行人工智能算法研究，进行智能引导停车系统架构设计。

3. 智能引导系统硬件建设

经过实地勘察测量和土建施工，在服务区建设了4块智能信息情报板及1套车型识别设备，

8个监控相机、5个卡口相机,1台图像识别服务器,1台视频存储服务器以及4个红外热感、烟雾传感器。

4. 建设6个系统

系统主要分为停车智能引导、危险化学品车辆监控引导、服务区车辆数据分析子系统、区域事件分析管理子系统、加油站安全隐患检测管理子系统、红外热成像监控子系统。可以实现以下功能:

(1)智能引导车辆停放。通过在服务区各个停车区域建立情报板,为进入车辆提供智能引导指引,规范服务区的停车;车流高峰时段智能调节车位,提升高峰时段车辆驶入率,减少安保工作量,甚至可以实现停车场无人管理。

(2)实现对危险化学品车辆安全监管:自动识别、记录所有危险化学品车辆的车型并智能引导其规范停车,实现区域事件的检测和报警。危险化学品车辆进出服务区均进行卡口记录自动计数,并通过手机平台通知当前的值班人员;项目建成支持远程管理的推送式监测平台,运营公司应急服务中心可以远程对其进行监管。

(3)加油站禁火区安全隐患检测管理,实现区域事件的检测和报警。针对服务区现场情况,在加油站的合适位置安装传感器,监控加油站的异常行为,对有安全隐患的行为进行通报,避免加油站安全事故的发生。

(4)建成支持远程管理的推送式监测平台,管理中心可以实时掌控服务区视频和有关数据。

(5)实现服务区的主要管理业务集成在统一网络管理平台,能够自动处理设定业务和推送异常信息。

(6)开放相关接口,接受上级的监管与任务指派,实现上下级系统透明联动。

三、应用成效与评估

(一)应用成效

2019年9月18日,高岭服务区下线智能停车系统建成,2020年5月,该系统不断升级,进一步整合5G、机器人、人工智能、智能传感器等

新装备新技术,实现了以下几方面的成效:

(1)实现对危险化学品车辆安全监管。通过人工智能学习,目前危险化学品车辆自动识别率达98%。危险化学品车辆进出服务区均进行卡口记录自动计数,并通过手机平台通知当前的值班人员;项目建成支持远程管理的推送式监测平台,运营公司应急服务中心可以远程对其进行监管。

(2)智能引导车辆,实现无人管理。通过在服务区各个区域建立情报板,为进入车辆提供智能引导指引,可以根据服务区日间小客车多、夜间货车多的特点智能切换停车位,规范服务区的停车,减少安保工作量,甚至可以实现停车场无人管理。2020年春节和清明、三月三、五一节等重大节假日服务区单侧(30亩)车流量翻倍增长,达到8000辆/日,67个车位车辆停放有序,不需要增加临时保安人员,不需要太多人工干预管理。

(3)在加油站周边安装摄像机监控卸油区、加油区等区域以及在合适的位置安装红外热感、烟雾等传感器,配合人工智能识别技术,监控加油站区域的危险事件,检测存在安全隐患时通知对应的管理人员,避免发生安全事故。

(4)实现服务区的公共区域管理主要业务集成在统一网络管理平台,能够自动处理设定业务和推送异常信息,提升服务区的管理效率。

(5)提升服务区车辆的驶入率,提高服务区经济效益。项目实施9个月,服务区下线车辆日均驶入数由实施前的2000辆/日增至5000辆/日。

(二)效果评估

1.社会效益

(1)提高了服务区安全性。填补了危险化学品车辆运输过程中服务区方面的实时、智能监管空白;规范停车场车辆停放;实现对服务区加油站区、禁火区安全隐患检测管理,对异常行为和火源实现区域事件的检测和报警。

(2)提高了服务区行车便捷性。对服务区停车场进行智能化管理,有效管理服务区停车场,提高车位的使用率、周转率,给予驾乘人员更好的驾乘体验;提高重大节假日车流高峰时段

小规模服务区驶入率。

（3）具有很强的行业适用性。该项目是智慧服务区的有效落地方案，有效解决了大流量小面积服务区的管理痛点问题，是交通运输部《高速公路服务区信息化建设工作指南（2020—2022）》中服务区公共服务系统有效应用方案，可以在全行业推广。

2. 经济效益

（1）项目实施以来，服务区车辆日均驶入率提高150%，直接提高服务区的经济效益。项目实施在每对服务区可产生智慧交通新装备产值300~450万元。

（2）项目"产学研"结合，自主研发，智能导视牌由广西交投集团下属广西机械研究院公司生产，随着项目的推广实施，成套技术设备产业化可期。

（3）项目实施加快互联网+、物联网、人工智能、大数据等技术在高速公路领域的实施，加快数字交通产业生态体系的培育，对广西数字交通发展起到促进作用。

（4）解决小面积大车流量服务区的停车问题，减少安保工作量及人工，减少重要节假日临时聘用人工；提升服务区的车辆驶入率，减少服务区征地扩建投入。

四、推广应用展望

广西交通投资集团南宁高速公路运营有限公司以高岭服务区为样板，采用智能监控、人工智能技术打造"智慧服务区"，实现对往来车辆的快速引导、人员监管和服务，让高速旅途既有"城"的便利，又有"家"的体验，提升人们在高速旅途中的安全和便捷性，真正使"智慧服务区"落地，领先行业。项目"产学研"结合，部分产品由广西机械研究院公司生产，促进高速公路智能交通产业发展，引领广西交投集团产业转型升级，打造广西区域经济发展新发动机，助力广西交投集团成为"国内一流、东盟知名"的综合交通投资与服务商。项目纳入南宁高速公路智慧交通一体化示范工程，为广西数字交通提供信息化支撑平台，形成5G、大数据、物联网、人工智能等先进技术在交通安全领域应用场景，对推动交通运输服务转型升级有积极意义。项目所在南宁周边高速公路有独特的区位优势，随着项目在新建高速公路的推广，将伴随国家"一带一路"互联互通、衔接东南亚的西南国际运输走廊、西部陆海新通道等项目的建设，形成安全、高效智能的智慧交通运营管理成套技术，推动智能交通产业发展，辐射到东南亚。

案例 29 ▶ 地铁车辆改造信息化管理

基本信息

申报单位：北京市地铁运营有限公司

所属类型：科学技术

专业类别：企业管理

开始实施时间：2020 年 2 月 1 日

负责人：赵媛媛

贡献者：王思民、高利华

案例经验介绍

一、背景介绍

随着地铁线路的不断延伸，网络化运营模式已形成，小故障大影响越发凸显，乘客对美好的出行愿望越发强烈。车辆质量是安全运营的基础，消除车辆隐患需要细致和严密的管理流程，让质量管控形成闭环，消除安全风险，保障车辆稳定的质量，满足乘客的出行需要。

随着各线路运营里程提升，车辆隐患改造项目的增多，开发一套适合地铁的车辆隐患改造信息化应用已迫在眉睫。车辆隐患改造功能模块旨在有效记录车辆隐患改造过程，及时反馈现场车辆质量问题，车辆隐患改造现涉及公司技术部、

生产调度室、检修中心、乘务中心等多部门，传统模式下使用纸质传真方式进行工作安排，各专业在规定时间内自行安排工作，每个部门一本账，管理人员更难以实时掌握改造工作进度。为提高基层工作效率并使管理人员能够高效直接地了解实际情况，加快各专业间信息传递速度开发此项功能。

二、技术路线及成果

车辆改造信息化管理实现车辆改造过程从方案制定、现场处理到试验验证等多环节的全过程管理，通过信息技术实现数据的传输、交换及共享；结合车辆知识及改造业务流程对车辆进行合

理分类，串联整体工作流，完成功能实现；利用NFC技术实现现场到位率管理；通过权限管理及移动端办公的便捷型和时效性，实现信息精准定位及靶向推送，提高工作效率；通过数据复用，完成管理界面及报表统计，提高数据应用能力。车辆改造信息化管理流程如图1所示。

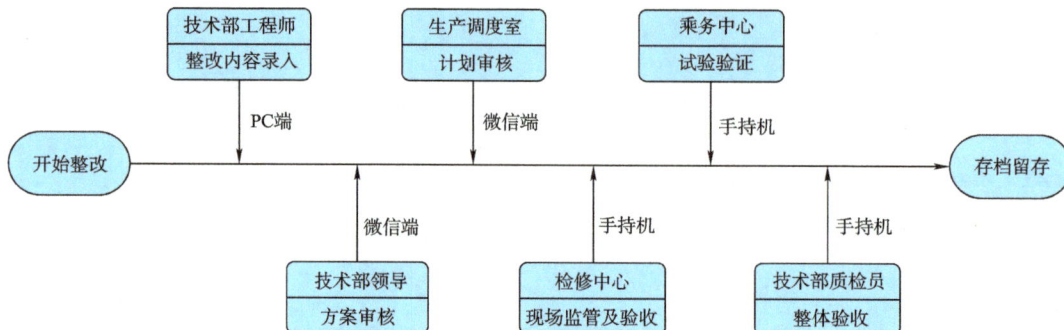

图1 车辆改造信息化管理流程

1. 整改方案制定与审核

技术人员根据具体问题制定改造方案，并通过PC端进入系统录入界面进行方案录入。录入内容包括整改方案、限定起止日期、涉及车型、车组号、涉及人员等。录入后系统将通过网络结合键入信息要求将相关整改信息靶向推送至方案审核及计划审核的相应负责人。审核人可通过微信实现相关内容的确认及意见提交。审核后，系统将按权限设置自动将每条整改内容推送至相关人员手持PDA。微信审核界面如图2所示。

图2 微信审核界面

2. 整改方案实施

整改执行人员通过手持PDA接收车辆隐患整改信息，能清晰准确了解自己的作业内容、作业要求及作业地点。当任务下发后，系统向执行人员手持机发送任务提醒，并即时生成整改任务。

各专业人员通过手持机接到指派的任务后，进入执行计划功能可直找对应股道上车辆进行操作，实现准确定位，节省了联系查询过程，从而完成对作业任务的认定，并快速查询与作业计划有关的信息。在操作过程中如发现问题，可及时用手持机进行拍照及添加备注，照片将实时传输至数据库，可随时调取查看，各专业人员可及时了解整改工作状态。同时，还可通过手持机实现整改

标准在线查看，提高了现场人员的工作质量及工作效率。整改实施界面如图3所示。

图3　整改实施界面

传统的纸质信息上报方式，由于作业环境、流程等因素影响，信息填报可能与操作过程相脱节，造成信息的缺失，信息的准确性也存在一定的偏差，影响后续的工作安排。因此在作业过程中嵌入相关信息填写流程，避免实际操作与填报脱节的情况发生，从而有效提升信息的可靠性。

3. 整改信息统计分析

系统通过对数据整理、复用，完成基础数据的记录及分析，同步实现电子化数据存档，并可形成基于管理需求的报表及界面。通过整合车辆、人员的其他业务信息，形成完整的业绩管理模型，实现科学管理和精细化管理。整改信息存档界面如图4所示。

图4　整改信息存档界面

三、应用成效与评估

地铁车辆改造管理功能于2020年2月在北京地铁运营二分公司随房山线车辆满载率修正改造开始实施。在该系统实施前，有关车辆整改信息都需要纸质传递，技术部工程师评估车辆质量后，需填写整改通知单传真给生产调度室；生产调度室安排生产任务后再传真至对应线路相关单位；相应单位接到通知后，将工作分配至相关人员进行维修。这样传统的纸质办公使信息滞后，给工作效率造成了极大的影响，降低了工作质量和水平，不利于工作整体的组织和调配，且故障信息不易查询，故障后续追踪困难。这种情况下，就需要将信息的收集、整合和传递的方式进行优化，依托计算机和网络技术把各专业相关岗位人员密切联系在一起，消除各专业间信息孤岛，实现工作流程的高效联动。地铁车辆改造管理功能实现了车辆改造的全过程管理，根据车辆隐患改造工作特点，将整改通知下发、方案及计划审核、现场实施及验收工作流程电子化，可实时录入、查询及指导进度。完成整改后生成整改报单，并可对超出整改时间或未尽环节进行重点提示。相比于传统模式的管理模式，通过信息技术可对车辆改造作业流程进行定位、追踪。通过NFC扫码可实现工作流程的过程控制，并通过手持机实现作业标准化、现场提示、标准查询、过程记录等多重功能，从而以技术手段提高专业人员到位率及作业质量。对于整改过程中发现的问题，通过拍照、文字等手段进行记录，及时发现、处理车辆安全隐患。

四、推广应用展望

地铁车辆改造信息管理在原有信息化建设基础上，实现改造过程的PC端录入、微信端审核、手持机扫码及查询等模块，实时上传车辆整改信息，进一步提高了生产过程安全监管能力，运用信息化手段提高了管理的精细化程度，其过程数据可以为企业管理提供有力支持，提高生产效率，同时各个环节的有机联动也有利于降低运营成本。后续可根据人员权限的不同，将相关信息靶向推送给操作者或管理者。操作者通过信息的推送，实现任务计划及相关信息的接收，并实现信息的快速提示；管理者接收未完成提示信息或统计信息，便于下一步的生产安排和管理，形成安全生产闭环管控。此外系统操作界面可进一步优化，完善用户提示内容，提高页面设计友好性，提升系统的易用性和适应能力。计划与车辆检修其他的综合业务联动，提高检修管理的智能化程度，使智能设备与生产信息相融合，优化数据采集方式，进一步提高数据实时性、准确性和可靠性，形成车辆整体的综合业务分析，最终实现地铁车辆及其设备的全寿命周期管理。

案例 30 ▶ 高速公路安全评价方法研究

基本信息

申报单位：山东高速集团有限公司

所属类型：科学技术

专业类别：交通工程建设

负责人：张宏庆

贡献者：李洪印、毕玉峰、李　冰、张文武、姜海龙

案例经验介绍

一、背景介绍

我国高速公路网规模的不断完善，高速公路的重心逐步从建设转向运营管理，道路使用者对高速公路的服务质量要求逐步提升，需要政府提供更为安全的高速公路公共服务。近年来，高速公路桥隧结构物大幅增加，交通量激增，交通组成向小型化、重型化发展迅速，高速公路运营安全风险不断提高，交通安全问题受到了各级领导和社会舆论的广泛关注。2019年9月19日，中共中央、国务院印发《交通强国建设纲要》提出安全保障完善可靠、反应快速的要求，为提升高速公路运营安全管理水平，提高公路设施本质安全和应急救援能力，本项目从宏观、微观两个层面对高速公路风险评估与后评价方法进行研究，针对高速公路总体运营和公路设施的现状，提出安全性评价方法，加强山东省运营期高速公路安全性评价工作，为提升山东省高速公路安全风险管控能力和安全水平提供技术支撑。

二、技术路线及成果

本项目结合山东省高速公路交通特征和安全现状特点，从宏观和微观两个层面开展具体研究，最终形成了风险评估系统软件和安全后评价清单机制。

（一）风险评估模型研究

宏观层面主要研究路网级的交通安全风险评估模型，重点从如下几个方面开展研究。

1.高速公路风险评估指标体系研究

对收集到的山东省高速公路交通事故、基础设施（包括车道数、几何线型等）、交通量、交通组成、运行速度、交通环境等数据进行分析处理，转变成可直接供分析研究的数据格式和具有交通安全含义的变量。采用相关性分析、因子分析、聚类分析等数据分析和挖掘技术，研究多种相关元素对交通安全水平的影响程度，基于对安全的影响分析，筛选出对安全有显著影响的关键变量，建立山东省高速公路风险评估指标体系。

2.高速公路风险评估模型研究

研究高速公路风险评估指标与交通事故发生率和严重程度之间的量化关系。建模过程包括变量的分析和处理、样本的提取、建模分析、模型选择、模型验证和评估以及模型的修订研究等。最终建立包含基础设施和交通运行指标的高速公路风险评估模型。

3.高速公路分级标准研究

根据山东省高速公路网的交通安全特性，并考虑基于安全分级结果将采用的安全改善措施情况，确定安全分级的等级和阈值标准。阈值标准的确定将在国内外相关研究成果的基础上综合确定。最终将高速公路风险等级划分为五级，一级为最低风险，五级为最高风险。

（二）安全性评价方法研究

微观层面主要研究路段级的安全评价方法，重点从如下几个方面开展研究。

1.高速公路后评价方法适应性分析

通过文献资料收集、调查座谈等方式，对国内公路项目后评价中主要采用的定性定量评价方法进行梳理分析，明确各评价方法的评价目的、适用条件、基础数据要求、评价重点等，通过分析，对基于驾驶符合度、基于运行速度、基于评价清单的几类方法进行了梳理。

2.高速公路后评价总体评价方法研究

在对公路项目后评价中常用总体评价方法进行梳理分析的基础上，综合考虑交通事故、交通量、交通组成等因素，依据《公路项目安全性评价规范》关于后评价中总体评价内容的要求，考虑评价工作的可操作性和便捷性等因素，提出了推荐的高速公路安全后评价总体评价方法。

3.高速公路后评价公路安全状况评价方法研究

在对公路项目后评价中常用公路安全状况评价方法进行梳理分析的基础上，结合公路运营管理部门安全状况评价需求，依据《公路项目安全性评价规范》关于后评价中公路安全状况评价内容的要求，提出基于安全检查清单等技术的高速公路安全后评价安全状况评价方法。

（三）风险评估系统研究与开发

基于确定的交通安全分级应用流程，以及相关的数据管理、数据分析、结果输出的需求，在风险评估模型的基础上，进行山东省高速公路网交通安全风险评估系统研究与开发。在开发过程中，充分贯彻系统工程思想和要求，既满足功能上的需求，又稳定可靠、方便操作。在风险评估模型的基础上，研发出风险评估系统进行实际应用，对山东省高速公路网进行风险评估，对不同路段的风险等级进行评估和分级，形成风险地图，并针对风险等级较高（四级风险、五级风险）的路段特点，提出适用的安全评价方法，为山东省高速公路网交通安全风险管理决策提供技术支撑。

三、应用成效与评估

在宏观层面对管辖范围内的高速公路网进行全面的风险评估，得出不同路段的风险等级，形成风险地图，一般一级为最低风险等级，采用绿色进行表示，五级为最高风险等级，采用黑色表示，二级、三级、四级分别为浅黄、深黄、红色表示，通过风险地图可以明确看出，高速公路各运营管理单位高风险路段比例，进一步明确各单位风险管理成效。该成果既可以为不同管理单位的安全风险管理水平对比作为支撑，还可以为设施完善、路面养护等资金分配提供依据。同时，本项目还依据高风险路段的特点，通过对基于事故、运行速度和驾驶负荷的评价方法进行适应性分析，结合山东高速公路运营安全现状，研究提出了山东省高速公路后评价方法技术体系。针对识别出的高风险路段，建立适应山东高速公路交通特点、准确可行的安全评价方法，分析路段高风险成因，制定交通安全提升方案。同时，研究建立山东省高速公路后评价安全检查清单评价机制，逐步将整个高速公路网维持在中低风险条件下。项目研究成果对促进行业安全发展、提高山东省高速公路安全水平具有重要意义。

四、推广应用展望

本项目的相关成果，为高速公路安全风险管控提供了技术决策支持，从事后的被动处置向事前的风险管控转变。其中风险评估技术的研究成果，可实现对高速公路网风险的全面排查，并对高速公路路段的风险进行等级划分，为高速公路的安全改造决策提供参考；同时针对山东省公路特点提出的高速公路安全后评价方法，也根据高

风险路段的情况提出具体的评估流程、改造建议等；并建立山东省高速公路安全评估系统，提高山东省高速公路的安全管理效率，加强安全改造决策的科学性，系统提升高速公路网总体安全水平。随着公路发展及社会文明进步，在新的交通环境和技术手段下，原有的一些安全管理方式仍然存在较大改善的空间，本项目提出的高速公路安全性评价方法，旨在降低交通事故发生风险，为交通参与者出行提供更为安全的出行服务，研究成果的应用及推广，在减少路产损失、减少人员伤亡、提升高速公路安全管理效率和交通安全水平、服务群众安全便捷出行方面具有重要作用，经济效益和社会效益十分显著。

案例 31 ▶ 隧道施工安全标准化管控提升

基本信息

申报单位：广西北部湾投资集团有限公司

所属类型：高速公路

专业类别：科学技术

成果实施范围（发表情况）：在建高速公路隧道施工

开始实施时间：2018 年 1 月 1 日

负责人：李志群

贡献者：陈开恒、覃海梦、韦德康、罗昌淑、杨晓琳

案例经验介绍

一、背景介绍

都安至巴马高速公路二分部路线全长为18.76km。主要工程划分有隧道、路基、涵洞、防护排水等工程。其中隧道10座，含特长隧道1座，长隧道7座，短隧道2座，均为双向四车道分离式隧道，共15.13km；路基3.63km，包含3段高路堤填方，最大填高33m；涵洞及通道工程共17座，共长1256.1m。本项目施工特点：项目隧道占比高达80.6%，且隧道线路穿越断层破碎带、岩溶峰丛区，浅埋岩堆区，水平岩层段，高应力区，高富水区等不良地质段，施工风险高，难度大。

二、项目目标

隧道施工是高速公路不可或缺的重要分部分项工程，为完善隧道施工安全标准化，确保隧道施工人员作业安全，利用先进设备装置及工程技术手段从根本上消除或隔离隧道施工危险源，防止隧道安全事故的发生。

三、技术路线及成果

（一）隧道洞口安全管理

1. 隧道洞口

隧道洞口：隧道洞口合理布设值班室、绿化

广场、门禁系统、管线等（图1）。

图1 隧道洞口实景

2. 门禁系统

引进隧道洞内人员精准定位和门禁通道系统，人员进出系统利用自动刷卡机、脸部识别、指纹识别、作业人员佩戴定位器，实时定位人员洞内位置；车辆门禁系统也采用自动识别进出，可以提升对现场车辆的及时管控；避免无关人员、车辆进入隧道洞内（图2）。

洞口值班室内安排专业保安人员24h进行值班登记并实时监控隧道洞内及人员动向，有效监督施工现场落实安全防范措施，全面提升隧道施工安全管理水平。

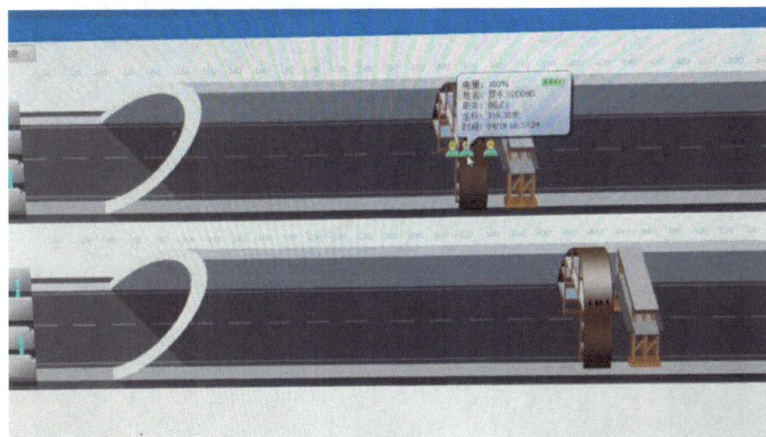

a)

b)

c)

d)

e)

图2 门禁系统示例

（二）隧道洞内管线上墙

隧道管线（即：高压水管、高压风管、动力线、照明线）设置方面按照规范、统一、整齐进行布设。洞内高压水管、高压风管安装在同一侧，管距为20cm，管道均刷红白相间油漆，张贴标识牌。有效保障洞内作业人员免受风管、水管及用电带来的伤害（图3）。

（三）隧道洞内照明

洞内照明灯具采用冷光源、漏水地段采用防水灯具。成洞地段每隔30m装设限速标志或安全标语LED灯箱一个，每30m安装50W照明灯一个，与灯箱均习分布，隧道洞内每50m安装环形轮廓灯带、每100m安装600W照明前照灯一盏、电缆沟安装反光标，总体提升洞内作业环境及洞内交通安全，有效保障洞内行人、行车安全（图4）。

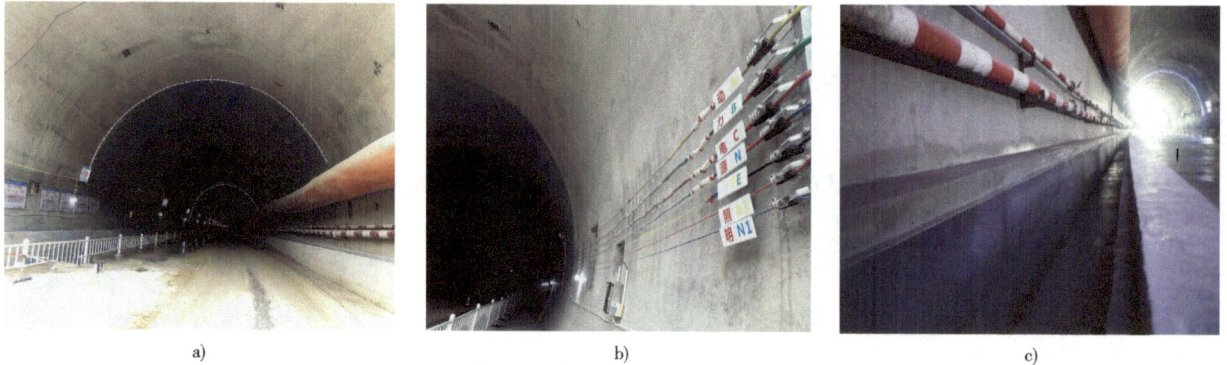

图3 隧道洞内管线上墙

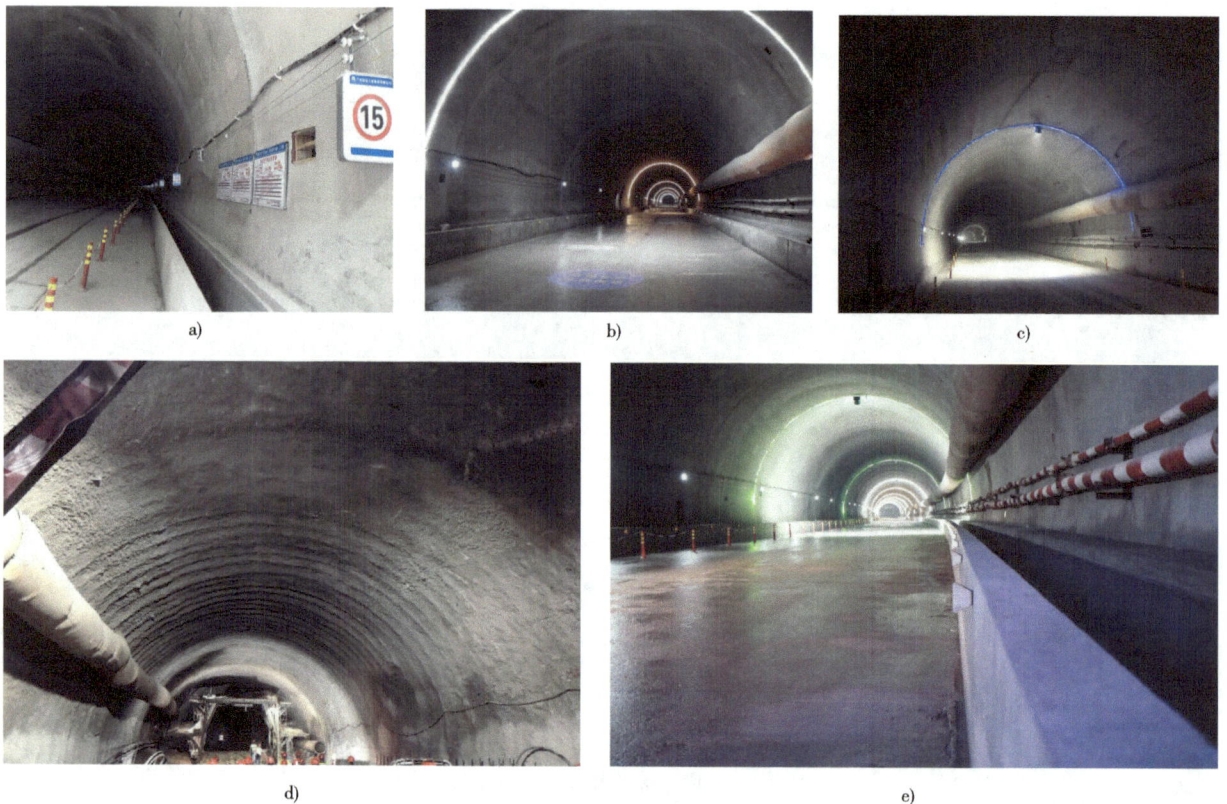

图4 隧道洞内照明设施

（四）隧道洞内防尘降尘

为改善洞内施工作业环境条件，现场技术员每天使用气体检测仪对隧道洞内进行检测，并将检测结果公布在醒目位置，提醒作业人员注意防范。此外，项目还引进多功能扫地机（可喷雾降尘、洞顶检测）、多功能洒水车，安排专人定期对洞内路面进行清扫冲洗，24h保持通风机正常运行，通过多种方式方法结合降低扬尘，改善洞内施工环境，有效减少作业人员对有害气体、粉尘带来的伤害（图5）。

（五）隧道应急管理

隧道施工洞口配备应急救援机械、监测仪器、堵漏和清洗消毒材料、交通工具、个体防护、医疗设备和药品和救援物资等并定期进行检查维护更换。隧道内交通道路及开挖作业等重要场所设置安全应急照明和应急逃生标志，应急照明灯及应急逃生标志灯每30m设置一套。在掌子面区域设置逃生屋，逃生管道、逃生屋的刚度、强度及抗冲击能力应符合安全要求。逃生通道内径不小于80cm。有效提升项目隧道施工应急救援能力，保障洞内作业人员安全（图6）。

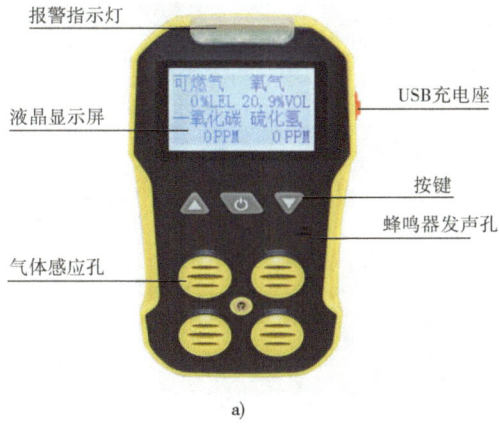

a)

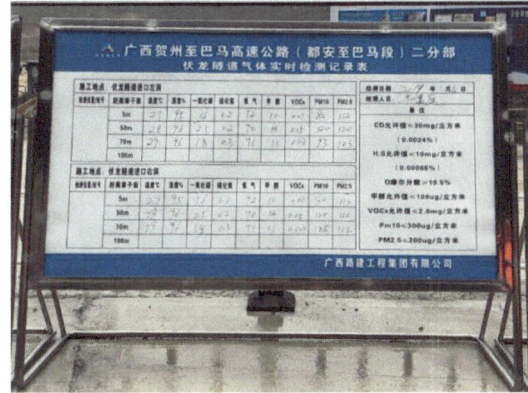

b)

c)

d)

图5　隧道洞内防尘降尘

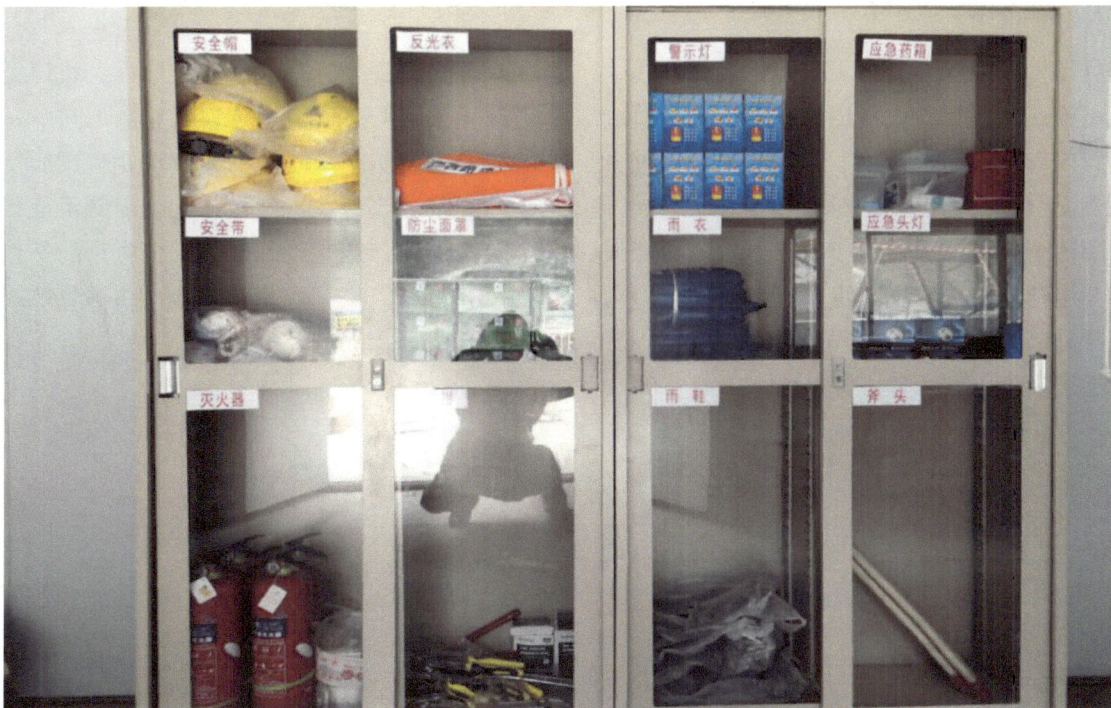

a)

图　6

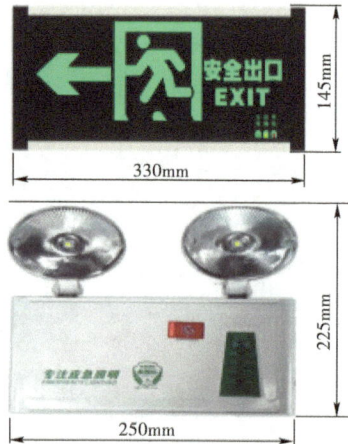

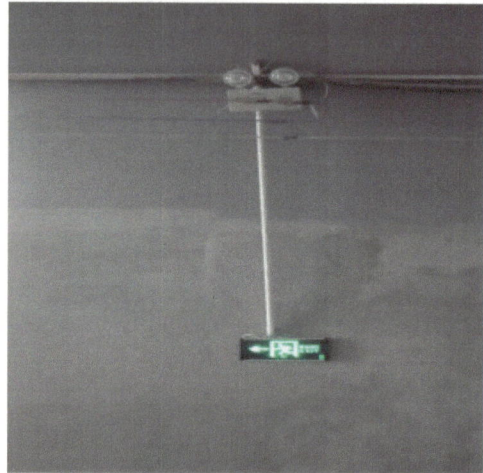

b)   c)

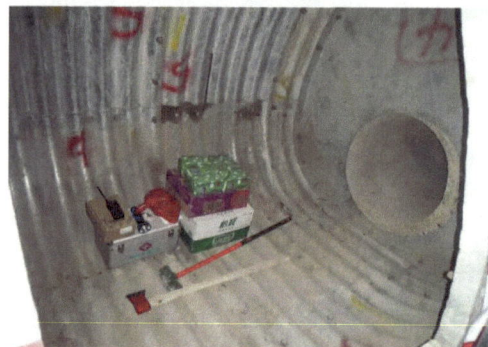

d)   e)

图6　隧道应急管理设施设备

四、应用成效与评估

通过建设、完善隧道施工安全标准化体系，规范隧道施工从洞口布设、门禁系统、洞内管线布设、洞内照明、防尘降尘、应急管理等一整套隧道施工安全标准化，统一隧道施工安全防护标准，隔离隧道施工所存在风险源，有效规避隧道施工安全生产事故，确保隧道施工作业安全，为都安至巴马高速公路二分部安全生产打下牢固安全生产基础。

五、推广应用展望

该隧道安全标准化体系推广后，将广泛应用于高速公路等交通隧道建设领域。通过统一制定的隧道安全防护措施标准，带动相应配套防护设施的完善及改进。进一步强化当前隧道建设的安全防控措施，提升施工单位安全生产防护措施的把控和管理，将有效改善在建交通项目的隧道安全生产技术及工艺。

案例 32 ▶ 湛江港全自动智能铁路道口改造

基本信息

申报单位： 湛江港（集团）股份有限公司铁路分公司

所属类型： 科学技术

专业类别： 企业管理

成果实施范围（发表情况）： 适用于港区道口、交通情况复杂、环境恶劣，粉尘大、易发生交通事故道口

开始实施时间： 2019 年 7 月

负责人： 颜　明

贡献者： 李军复、韩　藕

案例经验介绍

一、背景介绍

基于湛江港（集团）股份有限公司铁路分公司石头道口车辆人员流动大、铁路调车作业频繁，通行的汽车驾驶员抢越红灯现象严重、附近村民安全意识淡薄，存在较大安全隐患，自2015年至今累计撞断（坏）栏杆等道口设备144件次，道口安全事故频繁，港内交通安全形势严峻，为进一步确保铁路道口安全运行，按"总体规划、分步实施"的原则，在确保安全的前提下实施全自动智能铁路道口改造工程。

二、项目目标

（1）提高道口通行的安全性。道口事故率较高，进而影响港区机车运行效率，应该对机车和道口进行实时监控，机车通过道口一旦出现安全隐患即向监控中心预警，监控中心做出及时处理，所以要实现机车、道口、中控的互联互通协同工作，确保铁路运输的安全。

（2）减轻港口人力成本或道口工的劳动强度。此监控系统可以在监控室远程检测道口的状态、远程进行语音报警，实现道口的智能化控

制。在道口状态自动改变的前提下，机车在通过前方道口的时候，道口及相邻道口会自动做出相应的状态变化，则不需要道口工作人员进行操作，杜绝人为的失误。

（3）提高港区道口的通过率。港区的环境比较复杂，港区内道路和铁路之间交错纵横，导致港区内有大量的铁路道口，存在许多股道距离相近的相邻道口。相邻道口在不同的工况下需要实时的联动打开或关闭。在道口状态为自动改变的前提下，机车通过道口及相邻道口的时候，能够保证机车通过多道口的安全性，减少剩余机车通过道口的等待时间、道口关闭的时间，能提高机车、公路上机动车、行人通过道口的效率和安全。

三、技术路线及成果

为保证道口交通安全，在道口智能自动化项目改造中引用了先进的科学技术、安装了机车车载装置、道口激光雷达扫描及视频扫描检测、栏木机防砸雷达及冲红灯视频抓拍系统。

（一）机车车载装置

机车车载装置如图1所示。

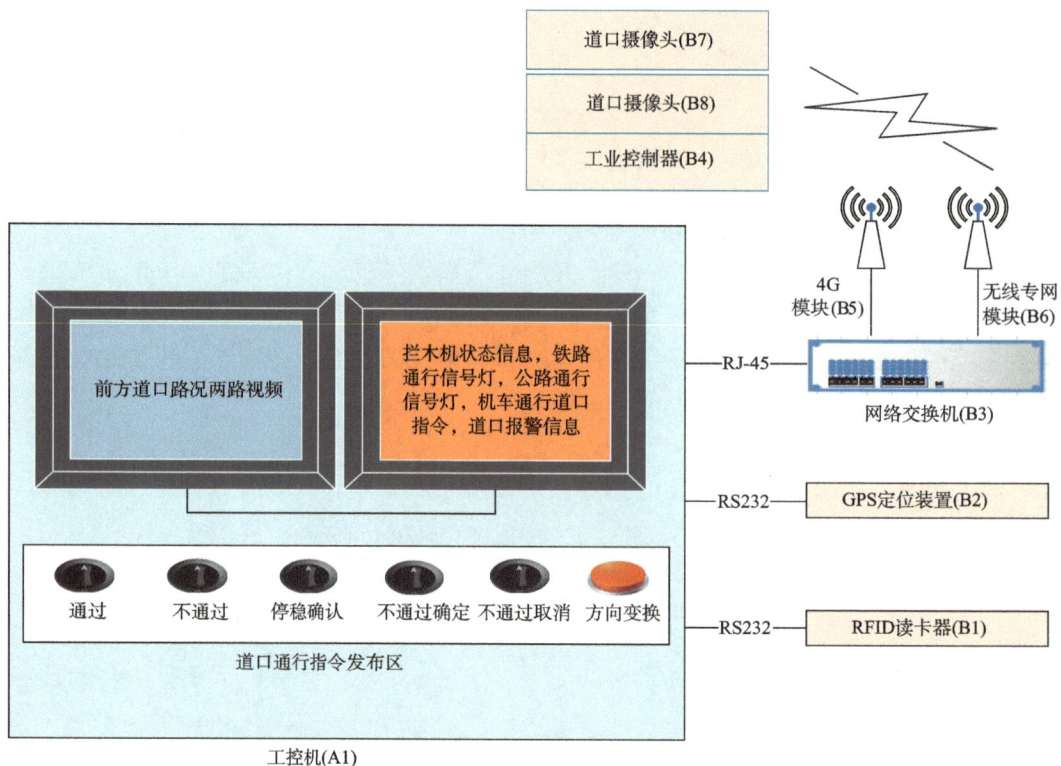

图1　机车车载装置

设计该功能后驾驶员可提前看到道口实际状况、对存在的各种安全隐患进行预判以便提前采取措施。

1. 系统硬件装置

（1）工控机及显示器：运行车载监控系统软件（双显卡，多COM接口）。

（2）RFID装置：车载RFID读卡器读取股道上的RFID卡（通过COM口连接工控机）。

（3）应答控制盘：机车驾驶员与被检测出的前方道口PLC控制系统应答。每道口必有至少一次应答。

（4）GPS定位装置：接收GPS定位数据（经纬度）。

（5）4G网通信模块。

（6）车载无线专网接收单元（含天线）。

2. 网络连接方案

（1）机车访问道口PLC：无线专网。

（2）机车访问监控中心：优先顺序为无线专网-4G网。

（3）机车访问视频平台：无线专网。

（二）道口监控中心

道口大屏可实时监控道口动态，在紧急情况下可采取人工措施控制。道口控制系统示意图如图2所示。

1. 系统硬件装置

（1）应用服务器/工控机+大屏显示器：运行道口监控系统，显示监控界面。

（2）数据库服务器：保存道口设备运行数据、机车位置及应答数据、报警和故障数据等。

（3）Internet宽带接入设备：监控中心向电信申请的公开IP、至少2M的宽带网。

（4）Internet防火墙：隔离监控中心内网和4G外网。

（5）无线专网接收单元（含天线）：构建监控中心与道口控制系统的无线网络，用于监控中心与道口控制系统的数据交换。

（6）光纤接入设备：构建监控中心与道口控制系统的光纤网络，用于监控中心与道口控制系统的数据交换。

2. 系统软件功能流程设计

（1）实时接收下面数据并保存到数据库：

①道口控制设备运行状态。

②机车GPS位置、机车行驶股道、机车前方道口。

③道口报警信息、设备故障信息。

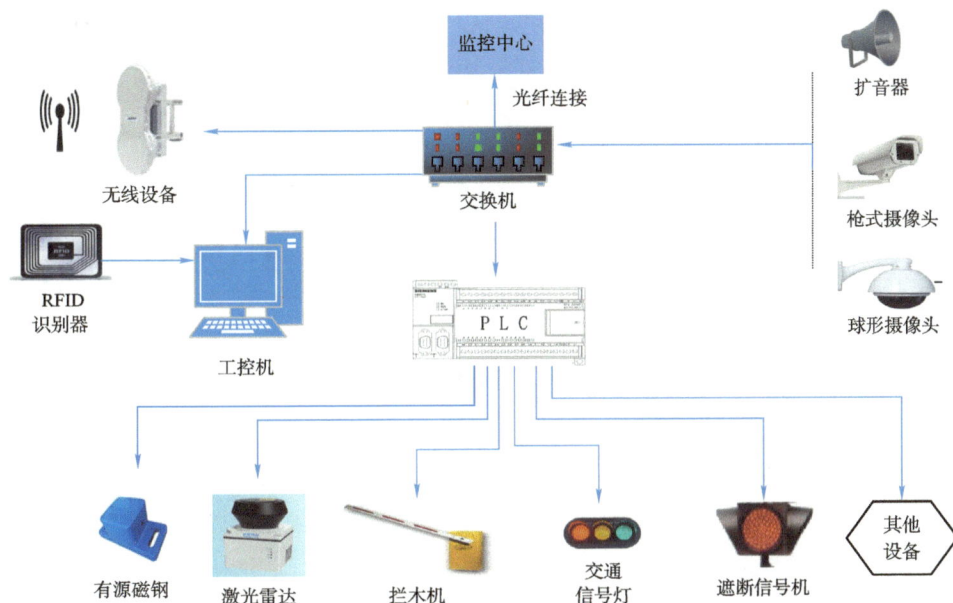

图2　道口控制系统示意图

（2）实时监控机车运行、道口状态：

①实时显示所有机车运行模拟轨迹（机车图标方式），点击机车图标，显示机车运行图标：如所处铁轨股道及位置，前方道口等信息（文字窗方式）。

②实时显示所有道口的报警信息（文字窗方式），处理完毕自动取消本项报警显示。

③实时显示设备故障信息（文字窗方式），处理完毕自动取消本项报警显示。

④在模拟轨道图像上实时显示所有道口的通行信息，点击可以显示某道口栏木机设备的运行信息（文字窗）。

⑤在模拟轨道图像上对具体道口发布远程控制指令，点击某道口发布远程控制指令（文字窗）并记录。

（三）道闸雷达（防砸系统）

该功能大角度检测道口行人车辆通行情况，为人车通行提供安全保障，具有以下优点：全天时全天候工作；检测准确；工作可靠。

（四）激光雷达

全道口不间断进行扫描。检测道口障碍物、人、车等情况。当检测到道口内不安全时栏杆禁止下放，道口防护信号机不能开放，保证道口安全。

（五）视频抓拍

该项目设计了视频抓拍功能，对车辆冲红灯情况抓拍记录，提高汽车驾驶员的安全意识。

四、应用成效与评估

（1）项目有较好的经济效益。该片区有道口5个，原来设有道口值班室4个，按工作要求每个道口值班室需配置道口值班工4人，则所有道口值班室需配置16人。每人每年用工成本为9万元/年，16×9=144（万元）。进行智能化改造后，目前该片区道口值班工按8人设置，减员8人，则每年减少用工成本72万元。项目研究及改造成本为266万元，投资回收期约为4年。

（2）项目有较好的社会效益。提升港区铁路道口的整体安全监控能力，促进港口铁路运输通畅和港口装卸能力进一步提高，降低道口值班工的劳动强度和改善工作环境，有利员工职业健康。

五、推广应用展望

该项目具有非常好的推广价值，首先是可以对港内其他50多个道口继续改造，建立1~2个道口监控中心（霞山港区和调顺港区相距较远），减员增效的效果更为显著。同时，该项目已申请1项发明专利和1项实用新型专利，具备在其他港口或工矿企业铁路道口实施智能化改造服务的能力。

案例 33 ▶ 应急视频调度系统

基本信息

申报单位：成都地铁运营有限公司

所属类型：科技兴安

专业类别：应急通信

成果实施范围（发表情况）：用于地铁应急处置前、处置中、处置后的通信联络

开始实施时间：2020 年 5 月

负责人：薛　亮

贡献者：李向红、孙　斌、李晓龙

案例经验介绍

一、背景介绍

目前成都地铁应急通信系统主要依靠800M、400M手持台和调度台、专用电话、公务电话，辅助以视频监控系统、手机等其他系统和设备。随着线网快速发展，运营工作专业多、管控复杂、覆盖区域大、各线路设备不统一等特点凸显，这对生产、运营信息和突发事件应急信息的交互、流转提出了更高要求。但传统通信系统和设备在应急指挥调度过程中单独运用时，均存在其固有的局限性。多系统、设备综合运用时，各系统和设备之间的衔接、匹配要求较高，操作烦琐，从而降低了应急人员现场处置的效率，不利于调度、指挥人员对现场情况的快速掌握和指令准确发送。

基于上述情况，成都地铁目前在建立、推广、运用一套可实现全域性、移动性良好，具备音视频对讲、自由建组、多级指挥调度及视频会商、视频直播功能的应急通信系统。

二、系统介绍

1.传输网络选择

为避免对行车等关键网络的影响和干扰，减少挤占现有专用网络传输资源，同时实现通信网

络的有效覆盖，目前应急视频调度系统（单兵应急指挥系统）采用民用通信4G网络传输（图1）。

后续5G网络运用条件成熟后，该系统可升级为5G网络传输，进一步提升运用效能。

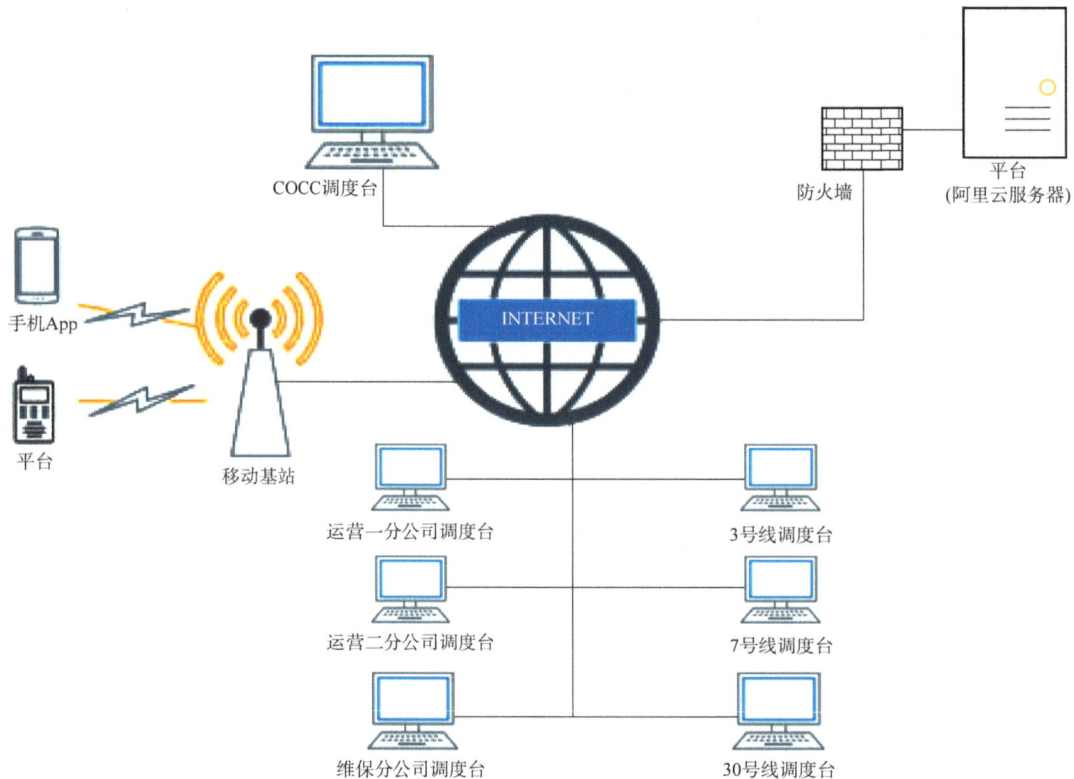

图1　单兵应急指挥系统网络传输图

为避免因地下车站信号盲点和新线通信系统未接入等原因所造成的单兵应急指挥系统网络传输问题，公司一是对既有线车站、场段、主所等区域进行了信号盲点测试，补强网络信号覆盖面和覆盖强度；二是在新线建设期间，适当提前民用通信的接入和调试时间节点。

2. 组网方式

按照优化调整后的成都地铁线网应急救援指挥体系运转流程，成都地铁单兵应急指挥系统采用集中方式组网，形成单兵应急指挥系统综控平台（该平台可单独运作，也可嵌入COCC调度指挥系统），并根据应急和作业需要，逐级设置调度台和通话组，其拓扑图如图2所示。

3. 服务器设置

新建的单兵应急指挥系统结合我公司目前正在开展的信息化建设工作，统一在数据中心增加后台服务器，便于系统的维护、管理。

4. 运作模式

1）按需建组

各调度台和高权限手台可依据应急处置职责和工作需要，建立临时或永久群组。如：应急指挥中心组、现场应急指挥组、行车客运应急组、专业抢修应急组、站区工作组等。

2）应急优先

通话权限设置具备高开放性，公司可结合生产作业和应急抢险需要，由各调度台建立工作群组时自由设置不同层级的通话权限。目前我公司在设置相关通话组群权限时，应急群组对讲权限设置高于普通工作群组。已纳入应急群组的通话终端，其正在进行的日常通话可根据需要被应急群组高权限通话终端打断。

3）影音辅助

应急通话过程中，可通过通话终端内置摄像头进行现场画面拍摄和传输，一是便于故障处置过程中，后台专业人员有效指导现场故障处理，极大提升现场故障处置效率；二是便于指挥机构和专业技术人员通过调度台和手机App对现场状况有更为直观认识和准确掌握，相关指令的下达

和执行更符合现场处置需要；三是设备具有的存储、回放功能，便于事后的分析、总结，促进相关机制、流程的优化、提升。

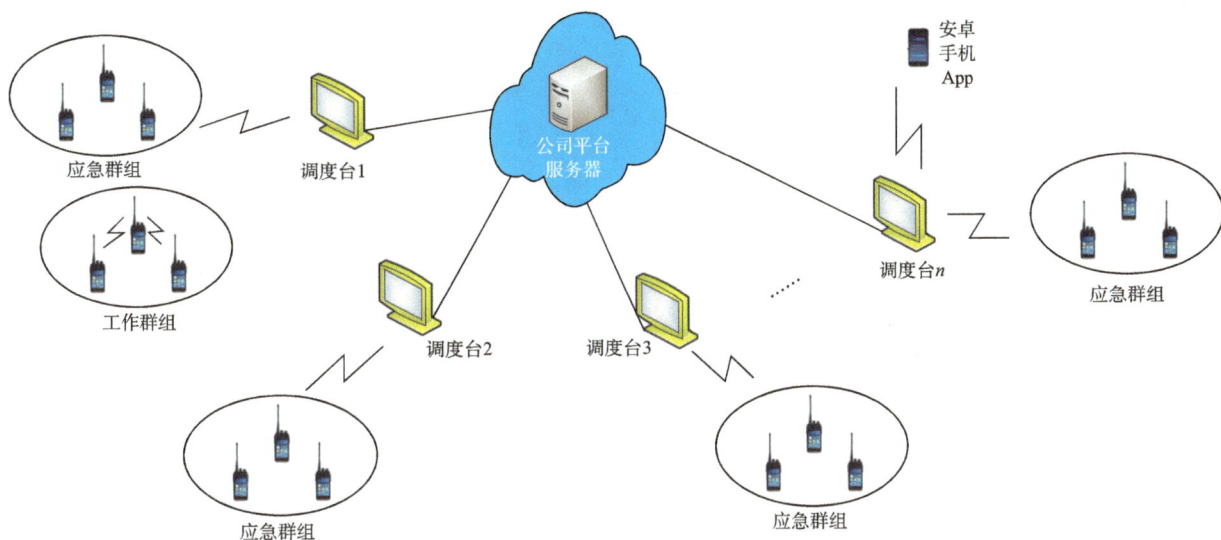

图2　单兵应急指挥系统组网拓扑图

4）拓展能力

随着5G技术运用后数据传输速度的大幅提升，该系统不仅适用于应急抢险时现场处置人员与应急指挥、技术指导人员之间的沟通、联络，还可满足员工日常生产、运维过程中信息联络使用，定位移动终端所在位置，快速组织紧急视频会议、直播应急演练等。

三、应用成效

成都地铁新建应急视频调度系统，其依托无线宽带通信技术和资源，通过单终端实现了实时视频功能，增强了指挥中心对现场应急事件的掌控和指挥。单终端高度集成语音对讲，图传取证，调度指挥、车辆及人员定位等多项功能，减轻了人员设备佩戴负担，实现可替代400M并对800M形成有效补充；同时系统自动存档备份所有语音/视频通信，方便事后查询/追溯。

应急视频调度系统向上面对用户保持行业平台独立性，向下面对通信技术发展，支持4G/5G平滑过渡，能够适应宽带通信系统快速发展趋势；能够支持多样化的终端形式（4G执法仪、普通手机、VR眼镜等），能够融合接入已有的

PDT、TATRA、LTE宽窄带专网系统，形成统一的移动视频指挥调度平台。

四、推广应用展望

1. 依托 4G\5G 网络，构筑统一、快速的城市轨道交通运行指挥、信息共享平台

依托4G\5G网络的广泛覆盖和高带宽，使日常工作联络和应急处置不再受地域限制，地铁运营单位可以构筑一套覆盖所有工作区域、统一、快速、高效的运行指挥平台，同时，可以借助平台的开发接口，与其他信息平台实现信息共享。

2. 系统具有的可开发性和兼容性特点，助力大数据分析

后续，系统可将实时通信与业务流程紧密融合，完善事件处置子系统，在事件上报、事件派单、事件接单、事件处置、修复反馈和核实销号等业务相关流程中关联通信数据存档，真正实现通信为业务服务，并能为大数据分析提供有效数据，做到业务优化有据可依。我公司在推广运用过程中，也会持续进行该系统使用功能、运用范围等方面的优化、完善，更好地匹配地铁生产、运营和应急保障工作需要。

五、应用评估

1. 系统功能多样性，提升了工作效能

系统集视频图像、数据信息、集群通信、多媒体等功能于一体，可实现实时现场直播、即时方便地建立沟通群组、远程视频会商、列车及人员定位等功能，工作沟通速度加快、沟通更便利，提升了工作效能。

2. 系统"可视化"，提高了应急处置效率

通过系统的"可视化"方式，可实现处置命令下达、应急资源调动、多专业综合协调的高效应急处置手段，较于传统手段，极大地提高了现场应急处置效率及临机决策科学性。

3. 系统"可定制化"，契合工作需求，提高工作效率

系统的可定制特点，可以结合公司业务开展实际特点和需求，量身打造和开发运用功能，使工作需求与实践应用无缝贴合，提高工作效率。

4. 系统高度集成与可开发性特点，降低了运营成本

系统集成了语音、视频、数据、定位等功能，同时系统具有可开发性强的特点，可以将地铁运营管理的工作需求及时转化为实践应用，减少了项目管理成本和设备软硬件购置成本，降低了运营成本。

案例 34 ▶ 基于安全生产信息化建设的风险隐患排查体系

基本信息

申报单位：山东高速集团有限公司

所属类型：科学技术

专业类别：企业管理

成果实施范围（发表情况）：集团所属各权属公司

开始实施时间：2019 年 1 月 1

负责人：刘殿君

贡献者：房建果、王恩新

案例经验介绍

一、背景介绍

1. 交通企业提升安全管理水平的迫切需要

当代大型交通企业集团不再是单一经营领域的生产运营型企业，而是跨国、跨省区、跨行业的混合型企业，既有总部基地，又有各地区生产或施工场所；既有高危行业，又有人员密集型企业；既有设备生产线的运行维护，又有人员及其作业的管理；既有自动化的设备，又有人工操作；既有交通运输特种设备，又有物资材料危险化学品。再加上企业的快速发展与用工体制的多样化演变，以及交通行业本身固有的点多、线长、面广的特性，导致了安全风险隐患在交通企业集团中普遍存在，不仅数量众多，而且错综复杂、瞬息多变。如何做到全面识别安全风险隐患，并以此为突破口强化安全管理工作，对于安全管理难度和复杂程度不断提高的交通企业集团而言无疑是亟待解决的一个难题。

2. 集团公司实现安全发展的现实需求

集团公司安全生产工作仍然面临着诸多的问题：一是集团公司下属超过20家二级权属企业，大部分二级权属企业又下辖数量巨大的三级企业，从业人数超过7万人，各企业安全管理水平不统一，安全管理人员业务知识不全面、素质不均衡，导致各企业无法做到风险隐患的全面、彻底排查；二是受制于集团公司的庞大规模和安全管理机构设置，集团公司仅通过对极少比例企业安全管理工作的抽查，无法全面掌控各企业特别是一线作业企业的安全管理动态，尤其是对于项目变动频繁、流动人员多的建筑施工类企业，安全管控的及时性、有效性不足；三是集团公司全员安全生产责任制虽已建立和实施，但全员参与安全生产工作的积极性与主动性仍然不高，员工对于身边的风险隐患视而不见，麻痹侥幸和盲目冒险的心理依然存在，为事故的发生埋下了伏笔。

二、技术路线及成果

1. 打造安全生产管理信息系统，实现安全管理线上运行

集团公司打造安全生产管理信息系统，将各单位的各类安全生产内业资料、现场照片录入系统，强化远程监控、远程监管，解决点多、线长、面广情况下安全管理难度大的问题。一是实现下属单位全覆盖，使用范围从集团公司到最基本单位，确保安全生产管理横向到边、纵向到底，全面覆盖，通过系统权限设置，做到集团公司可以查看系统各级所有信息，上一层级单位可以查看所有之下层级单位的系统使用情况，达到安全管理一级压一级，层层抓落实的效果。二是设立危险源管理模块，各单位将本单位的危险源和重大危险录入系统，按照风险分级管控的原则，明确控制责任人和控制措施，安全管理部门可以及时通过线上巡察发现各单位存在的风险隐患，及时督促整改，实现风险隐患管理的动态化和过程管控。三是设立安全检查及隐患整改模块，及时掌握各单位风险隐患排查工作的第一手资料。四是实现部分工作的智能提醒，应当按期完成的工作任务，到期前系统自动提醒，过期仍未完成的发出告知提示，避免因人员疏忽造成安全管理缺失和漏洞，有效提升了安全监管工作效率。

2. 开发安全隐患"随手拍"，创新风险隐患全员排查模式

一是为做到风险隐患的实时定位排查，集团公司基于移动互联技术开发了安全隐患"随手拍"App，充分发挥移动互联网的移动便捷和实时优势，结合GPS定位技术，做到了及时发现和准确定位隐患，通过在手机上设置隐患的发现—整改—反馈—复核过程，切实提升了隐患排查治理工作的实效性和有效性。经实际测量，员工定位拍照上传一处隐患，平均只需要6s；相关单位完成一处隐患整改，平均不到24h。

二是为切实发挥好隐患"随手拍"的作用，集团公司每月对各单位"随手拍"推广使用情况进行调度，通过月度通报、定向约谈的方式，督促各单位强化"随手拍"推广使用力度。

3. 依托现有业务信息系统，实现重点风险隐患的实时监控

集团公司利用现有各类信息系统，对各类风险隐患进行搜集汇总。

一是充分利用全程监控、电子地图等设备开展风险隐患的排查，利用电话、对讲机、微信群等通信设备与现场人员取得联络，随时关注风险变化情况。

二是利用桥梁监控系统对所辖桥梁的安全风险进行实时监控，通过各种传感器、采集设备，对桥梁隧道的结构状态和各类外部荷载作用下的响应情况进行适时监测，及时掌握长大桥梁隧道的风险隐患状态。

三、应用成效与评估

1. 全员安全意识和安全素质实现双提升

通过组织全员进行风险隐患排查等措施，切实提升了全体从业人员识别风险隐患的能力，全体从业人员将安全作为一切工作的先决条件和前置要求，真正实现了安全生产由"要我安全"到"我要安全"到"我能安全"的转变。

2. 各单位安全工作执行力显著增强

各级安全管理人员主动强化个人业务能力和综合素质，积极推进各项安全基础管理工作，持

续完善横向、纵向协同机制，安全工作执行力显著增强。

3.高风险单位安全管理水平持续提高

在各类安全检查考核力度不断加强的情况下，发现的安全隐患数量持续减少，在多位省级领导和各行业主管部门的明察暗访中，均对集团公司高风险单位的现场安全管理水平给予了高度的评价。

四、推广应用展望

基于安全生产信息化建设的风险隐患排查体系抓住了安全管理的灵魂和核心，切实做到了安全生产的全员参与，大大提高了隐患排查治理工作效率，为进一步规范交通企业集团的安全管理工作做出了有益的探索和实践。

案例 35 ▶ "高速学堂"培考平台

基本信息

申报单位：广东省高速公路发展促进会

所属类型：科技技术

专业类别：企业管理

成果实施范围（发表情况）：全省高速公路营运管理单位、公路工程施工建筑单位

开始实施时间：2020 年 3 月

负责人：吴 谊

贡献者：唐志强、曾昭辉

案例经验介绍

一、背景介绍

随着移动互联网的飞速发展和 5G 时代的到来，线上教育培训得到了强大的技术支撑，线上课程直播，师学互动，多媒体教学资源运用，VR 虚拟现实体验等高质量培训课程让学习变得更加直观与富有乐趣。同时，微信公众号、微信小程序、仿真业务学习系统平台等为企业和员工的学习提供了便捷、多样化的学习入口，线上培训已进入了高速发展的时代，特别是今年新冠肺炎疫情的爆发也加速推动了线上教育的发展。

高速公路行业经过多年的发展，各工种、岗位都已经形成了较为成熟的运作体系。各岗位员工标准化、规范化、系统化的业务操作培训已经成为高速公路行业的培训刚需，如高速公路收费及监控员、路政员、养护工、道路运输驾驶员、高速公路工程建设相关人员以及安全员等。广东省高速公路发展促进会（以下简称"粤高促会"）肩负推进广东省高速公路的创新与发展的使命和任务，同时作为"交通运输建筑施工企业安全生产标准化"和"收费公路运营安全生产标准化"评价机构，在新时代、新技术、新服务理念的形势下，顺应线上培训高速发展的潮流，为了创建一个行业共享，企业交流共赢、优化员工培训学习管理的线上学习教育平台，经对企业需求的多方了解和调研，粤高促会委托广州极智信息技术有限公司开发了"高速学堂"线上教育平台。该平台考虑企业和员工的不同使用习惯，可提供微信公众号、微信小程序、PC客户端等在线学习入口以供使用。目前该平台还开发了高速公路收费业务技能实训模块、线上直播培训模块以及高速公路营运安全生产VR培训模块，可以全方位为高速公路行业的各岗位从业人员提供时效性高、针对性强的学习培训资源，为高速公路行业的整体业务操作及服务水平提升提供强力支援。

日前《"高速学堂"培考平台》被广东省交通运输厅评为科技创新技术装备产品优秀案例，广东省高速公路发展促进会也成为广东省交通运输厅推荐的"安全培训机构"之一。

二、项目目标

"高速学堂"的建设目标是：成为高速公路行业领域内专业化、标准化、实用化、能够让高速公路一线生产人员广泛参与、能够交流互动的行业陪考平台。

三、技术路线及成果

高速学堂在线培考平台运用多种创新技术，提供多样化创新服务。

1. 小平台大内涵

所谓小平台是平台占用计算机、手机空间小，充分运用云计算、微信公众号、小程序等特点，使用方便快捷。而大内涵则是平台可根据用户数量的不断增加，自动扩容，支持庞大的后台数据和容纳庞大的教学资源。目前，平台植根广东省高速公路行业，线上录播课程可达5000课程，学习内容涵盖了收费管理、机电、养护、安全生产、监控、财务、人力资源、党建、路政业务等，基本覆盖高速公路行业所有工种培训。

2. 多样式教学方式，学习趣味性强

（1）提供日前最流行的直播教学功能。采用视频流媒体技术，实现高清音视频直播培训，并支持直播课程的历史回放。教学课程资源制作方便，操作简单，教师在家即可独立完成课件的制作以及课程直播，同时可线上与学员进行互动交流，并对应章节发布练习题，得到及时的教学反馈，培训效果更优于线下培训。

（2）教学内容引入3D动画、VR、AR、MR等技术来开发课程，让学员的学习更直观、更生动、更富乐趣。目前，高速学堂的VR和AR技术，主要运用于高速公路营运安全生产培训，该技术是利用计算机建模产生一个三维空间的虚拟工作场景，提供关于视觉、听觉、触觉等感官的模拟，让学员可以在虚拟的工作场景中进行岗位技能培训以及岗位安全教育培训。

VR和AR技术主要运用于机电安装及养护作业、路面养护工程作业、路政现场作业、收费站现场管理、突发特情事件等安全生产领域课程。

在虚拟的工作场景中如果学员没有按照相应的岗位安全操作规范来进行作业时系统可自动触发相应的安全事故，例如：被车辆撞击、隧道火灾、边坡滑坡、危险化学品泄漏（爆炸）等事故，在保护学员安全学习的同时又能体验各种现实危险场景，加深学员学习印象，帮助学员在真实现场中更规范更安全地进行各项业务操作。

3. 搭建模拟仿真业务系统，帮助业务技能提升

通过对高速公路联网收费系统的完全仿真模拟，可以使收费员在培训教室里学习联网收费系统的使用操作以及系统操作的强化训练。改变了以往需要在收费车道里培训的方式，减少了因员工操作错误导致的收费错误以及因员工操作不熟练而导致的收费站拥堵，同时在保证人员安全的前提下提高业务培训效率。目前高速学堂平台已开发高速公路收费员现场实操模拟仿真系统，系统通过对高速公路现场业务操作系统进行深度剖析，总结收费业务现场的各种特情，对其进行标准化的操作流程整理，从而实现全仿真系统流程操作。学员通过任何一台计算机及简单的外设配件，即可完全模拟收费亭内的系统和设备的操

作，企业可通过该系统对收费员进行培训、考核，收费员培训考核合格即可上岗，有效解决了以往收费员进入收费岗亭培训操作造成的收费站场拥堵等问题，有效提高了业务培训效果。该系统还成为2018年和2020年广东省高速公路车辆通行费收费员职业技能竞赛的竞赛系统平台，效果很好。

4. 完善的练考模式，知识掌握一做便知

高速学堂各功能都提供有练习模式和考核模式，学员可通过对知识点的习题训练，对自己的学习进行查漏补缺，企业可以发布考题对员工各阶段的学习成效进行考核，作为对员工业务知识掌握程度的考核依据。同时练考模式会帮助学员对题库进行分类，排查已做题、未做题、错题和对题，帮助员工更好地为练考内容进行管理和分析。

5. 有据可依，提供全面的教学反馈

高速学堂后台管理平台通过智慧数据分析系统，可以帮助企业细分各类层级管理，同时对学员学习周期进行全期跟踪，以图表形式及时反馈学员的学习学时、学习进度、考核练习成绩等数据，为企业制定学习计划、分析学习效果、跟踪培训过程提供充足的数据依据。

四、应用成效与评估

目前，高速学堂已有注册用户约1.6万人，微信公众号入口日活跃人数达4000人，在高速公路收费业务领域应用和安全生产管理培训领域应用上较为广泛，通过实践，高速学堂培考平台的各功能在目前的应用中颇有成效，线上教育能满足当下用人单位的培训管理要求，培训成本更小，范围更广、效果更好。我们预计，未来2年内，"高速学堂"培考平台在行业内运用会越来越多、越来越广，注册用户量也将成倍增长，也能使企业管理在信息化、智能化发展上更进一步。

五、推广应用展望

未来，高速学堂要做成高速公路行业培考平台的标杆，不仅在广东省范围内得到较好的应用，还希望在交通运输部的推动下，在全国高速公路行业范围内有较好的展现，可以逐步收录全行业更加丰富、优质的教学资源，逐步组建更庞大的师资队伍，开发更多的培训仿真实操系统和虚拟现实培训资源，为行业提供全面、优质、便捷、高效的一体化培考服务。

基本信息

申报单位： 宁夏路桥工程股份有限公司

所属类型： 科学技术

专业类别： 交通工程建设

成果实施范围（发表情况）： 在宁夏银百高速宁东至甜水堡段工程 I 项目部实施应用，本微创新成果中所用拼装式箱梁施工安全平台已向国家知识产权局申请实用新型专利，专利号：ZL 2018 2 1112973.4

开始实施时间： 2018 年 4 月

负责人： 夏东升

贡献者： 秦国荣、王　飞、柴继昶、赵兰花

案例经验介绍

一、背景介绍

在以往预制梁板施工过程中，由于梁板顶板宽度较小，板顶存在大量钢筋，在绑扎钢筋及浇筑混凝土时，施工人员直接在梁体上来回行走，存在诸多事故隐患，因此，为了确保作业人员的人身安全，提高工作效率，搭设安全平台是非常必要的。

公司本着"节能保安"的思想，严格按照《公路工程施工安全技术规范》（JTG F90—2015）的相关要求进行设计，并结合施工现场实际情况，设计制作了一种施工效率高、使用方便、拆装快捷的拼装式安全平台，该产品保障了作业人员在梁板预制施工过程中的人身安全。

二、项目目标

该作业平台结构简单、安全、整体稳定性好、整齐美观，可根据梁体长短进行拼装，可拆卸及多次重复使用，提高了工作效率，确保作业人员在工作过程中的人身安全。

三、技术路线及成果

（一）设计原理

公司根据力矩和力臂原理，设计上挂下靠式

拼装安全平台，按2m一节分段设计，悬挂于梁板模板侧模后肋拉杆槽钢外沿。根据梁板长度制作相应数目的安全平台（图1）。

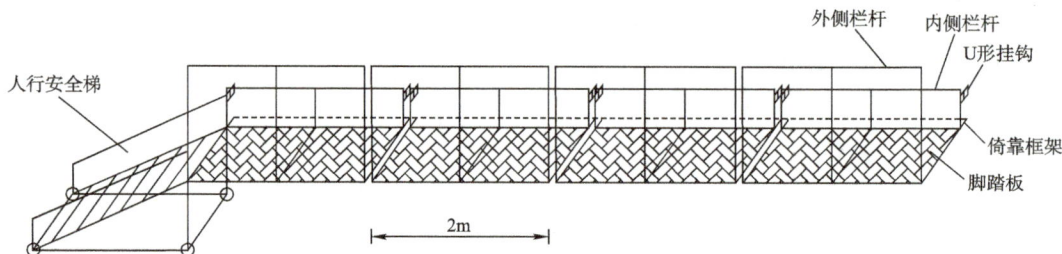

图1 拼装式安全平台立面图

（二）组成方法

拼装式梁板施工安全平台包括脚踏板、平台栏杆、卡挂在侧模后肋拉杆槽钢外沿上的U形挂钩、倚靠框架，还包括从地面上行至安全平台的可移动式人行安全爬梯。

1. 脚踏板

脚踏板包括槽钢和木板。用两根横向长2m、两根纵向长0.6m的槽钢分别在4个顶点焊接形成矩形，并在垂直于横向中心位置处加焊一根长0.6m的槽钢，以增加框架整体稳定性。在框架满铺2m×0.6m的木板。

2. 平台栏杆

平台栏杆包括内侧栏杆、外侧栏杆和密布钢丝网。内、外侧栏杆钢管焊接于矩形框架4个顶点及横向中心位置处。钢管为整体式钢管，外侧钢管横向长度为2m，竖向高度为1.2m，密布钢丝网布满整个外侧钢管。内侧钢管横向长度为2m，竖向高度为0.45m，便于施工人员进出梁板。使用时可根据梁板高度适当调整内侧钢管的竖向高度。

3. U形挂钩

在钢板中心位置处开U形槽口，钢板一端与内侧栏杆固定焊接，焊接高度为内侧栏杆竖向钢管顶面向下10cm，在内侧栏杆两边竖向钢管分别焊接两块。U形挂钩通过U形槽口悬挂于侧模后肋拉杆槽钢外沿。

4. 倚靠框架

倚靠框架由钢筋焊接形成矩形，并在横向中心位置处加焊一根钢筋，增加框架稳定性。矩形

框架长度为2m，宽度为脚踏板内侧至侧模后肋的宽度。框架一侧边水平焊接在脚踏板内侧槽钢上，另一侧边顶在侧模后肋，用以防止安全平台来回晃动，增加安全平台的稳定性。使用时，钢筋的直径宜采用16mm。使用时应根据脚踏板至模板背肋的距离确定倚靠框架的宽度，不可过宽或过窄。过宽会导致平台倾斜，过窄倚靠框架无法顶在模板背肋上，起不到应有的作用。

5. 可移动式人行安全爬梯

可移动式人行爬梯由滑轮、槽钢、踏板、钢管组成，由槽钢焊接形成矩形框架，在矩形框架4个顶点底部焊接4个滑轮，框架4个顶点上方各垂直于框架焊接4根槽钢，前侧槽钢高度低于后侧槽钢高度，形成斜面。前侧槽钢顶面与后侧槽钢顶面分别焊接两根钢管，用作扶手。移动式安全人行爬梯通过扣件与安全平台进行固定连接。可以方便作业人员上下安全平台，且移动方便，稳定性好，安全性高。使用时只需人工将安全梯推往指定位置即可。

以往的爬梯没有扶手，安全性能较差，当作业人员通过爬梯时爬梯会上下晃动。通常的预制场场地都是由混凝土硬化的，故以往的爬梯不好在混凝土表面进行固定。而可移动式安全人行梯便可轻松解决这些问题。

梁板侧模安装完成后，通过U形挂钩的卡槽将加工制作好的拼装式安全平台挂于侧模后肋拉杆槽钢外沿。本安全平台2m为一段，施工时可根据梁板长度来加工制作相应数量的安全平台。安全平台全部悬挂于梁板侧模后肋拉杆槽后，将

可移动式人行安全爬梯移动至安全平台端头，通过扣件将可移动式安全人行爬梯与安全平台进行固定连接（图2）。

a) 2m悬挂式安全平台

b) 拼装完成后的安全平台

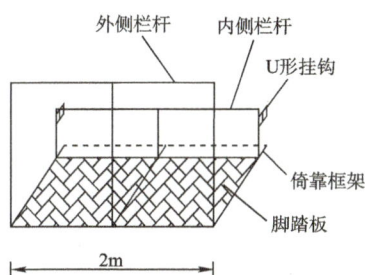

c) 2m悬挂式安全平台立面图

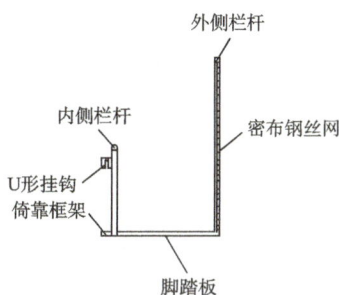

d) 2m悬挂式安全平台侧视图

图2　拼装式安全平台结构图

四、应用成效与评估

在梁板侧模安装完成后，只需将安全平台拼装好悬挂于梁板侧模后肋拉杆槽上即可，人工将可移动式人行安全爬梯推至安全平台端头，然后将4个滑轮位置处的制动锁锁死，使可移动式人行安全爬梯不来回移动。将可移动式人行安全爬梯固定好之后，作业人员便可通过可移动式人行安全爬梯上下至安全平台进行作业。作业完成后，松开扣件，解除制动锁，人工将可移动式人行安全爬梯推至下一施工位置。在梁板预制施工前设计出图、受力验算、制作该安全平台，并且在使用前组织专家论证，并满足受力荷载验算。

我公司在宁夏银百高速公路宁东至甜水堡段工程Ⅰ项目部（地处盐池县高沙窝镇）实施应用，本项目共有预制箱梁199片，预制T梁133片。在大面积梁板预制施工时，使用该平台保障了作业人员的人身安全，并且大大提高了工作效率，且该项《拼装式安全平台在梁板预制中的应用》已于2018年获得国家知识产权局实用新型专利（专利号：ZL 2018 2 1112973.4）。在施工中由工厂加工成型，结构稳定，外形美观，便于运输、安装、拆卸。

五、推广应用展望

公司项目施工时安装该安全平台后，作业人员在上面进行梁板预制作业施工时安全系数大幅提升，而且操作灵活、高效，保证了作业人员安全，加快了施工进度和提高了质量。同时，现场整洁、规范，体现了文明施工的管理水平。因此，该创新有广阔的应用前景。

案例 37 ▶ "高速公路隧道突发事件监测和危化品车辆跟踪警示系统"推广应用

基本信息

申报单位： 山西交通控股集团有限公司

所属类型： 科学技术

专业类别： 交通设施运营养护

成果实施范围（发表情况）： 适用于危化品运输车辆通行的高速公路运营隧道

开始实施时间： 2015 年 3 月

负责人： 陶云川

贡献者： 牛彦峰、杨耀荣、刘 轲、刘 佳、贾 磊

案例经验介绍

一、背景介绍

中国是世界第一位的危险货物运输大国，每年12亿t的危化品运量中，有70%的运输量由公路运输来完成，危化品车辆成为公路运营安全管理的重点。同时，隧道由于其半封闭空间环境特点，卫星信号接收不良，车辆无法实时跟踪监控，一直是安全管理的难点。

2014年3月1日14点，晋城市境内的晋济高速岩后隧道内两辆甲醇车追尾，驾驶员违规处理引发甲醇燃烧，导致隧道内42辆汽车、1500多t煤炭燃烧，并引发车辆液态天然气爆炸，事故共造成31人死亡，给交通运输行业敲响了惨痛的警钟。沈海高速"6·13"温岭槽罐车危化品燃爆事故，沪昆高速"7·19"特别重大危化品燃爆事故、大广高速"9·11"重大危化品燃爆事故等，给人民群众的生命财产安全带来巨大损失。

如何提高高速公路危化品车辆过隧道的安全监管水平，减少人民群众生命财产损失，成为亟待解决的难题。山西省政府在第1号文件中，明确提出在道路交通领域"探索研究开发高速公路危化品车辆过隧道信息化监控技术"攻关任务，山西省交通运输厅在2015年安排启动科技攻关工作。

二、项目目标

危化品运输车辆安全顺利通过高速公路运营隧道，不仅需要隧道运管单位在日常管理上采取科学合理的运营养护措施，还需要在技术层面上，通过合理的装置设备和技术手段，实现隧道内危化品车辆全程跟踪和监控，形成高效的警示、预警和应急处置机制，形成技防上的保障体系。

三、技术路线及成果

（一）前期准备

收集整理国内高速公路危化品车辆过隧道信息化监控系统相关资料，并对项目依托工程实际工况进行调研分析，调研高速公路危化品车辆过隧道信息化监控系统需求和软件功能需求，为后期课题开展打下坚实基础。

（二）系统方案设计

在前期调研的基础上，针对依托工程实际特点，设计高速公路危化品车辆过隧道信息化监控系统技术方案，兼顾性能和成本因素达到平衡。

（三）开展"高速公路隧道突发事件监测和危化品车辆跟踪警示系统"研究

根据系统技术方案，融合视频、雷达、激光技术，基于计算机视觉、深度学习、神经网络等技术，从危化品车辆及危险货物特征识别、隧道危化品车辆定位监控和运行轨迹动态仿真技术、隧道危化品车辆事故应急处置策略研究，最终搭建高速公路危化品车辆过隧道信息化监控系统软硬件平台。

（四）测试与验证

开展系统稳定性测试，在满足设计方案要求前提下，针对依托工程进行实地应用，验证高速公路危化品车辆过隧道信息化监控系统软件平台稳定性；并基于深度学习和计算机视觉等技术，持续优化车辆特征识别、危险运输货物识别和车辆多目标跟踪算法研究，并对高速公路危化品车辆过隧道信息化监控系统应用后的采集的数据统计分析，进一步完善危化品车辆事故应急处置策略。

（五）优化与改进

针对应用过程中暴露出来的问题，追溯硬件设计、软件程序开发、控制策略等过程中的技术问题和不合理情况，重新优化或设计，使整个系统能够在性能和指标方面达到最优。

最终形成一套完整的危化品车辆过隧道信息化监控技术方案和研究体系，研发出"高速公路隧道突发事件监测和危化品车辆跟踪警示系统"，利用信息化监控技术手段，对高速公路隧道内的各类突发事件进行动态实时监测，并重点对危化品车辆开展"全覆盖、全方位、全天候"的精确感知，实时掌握隧道内突发事件和危化品车辆的运行情况。

四、应用成效与评估

（一）精确辨识，主动预警

当危化品车辆到达隧道前2km，系统采用两种方式自动识别：一是通过抓拍车牌号与运政管理系统的车辆信息进行比对；二是借助人工智能技术对车辆外观进行判断。确认为危化品车辆后，可变信息情报板显示"前方2km进入隧道"；隧道应急广播播报"隧道内进入危化品车辆，请注意安全"等预警信息；配合车道指示标志、警示灯带闪烁等措施，提醒社会驾乘人员保持警戒。系统主界面如图1所示。

（二）动态跟踪，实时警示

当危化品车辆进入隧道后，系统借助高清视频和毫米波雷达传感技术，全程、实时监测危化品车辆的行驶轨迹和运行状态。当发生超速、缓行、停车、违规、火灾等异常事件时，系统自动捕捉并及时向值班室上报警示信息，放大推送异常画面，便于值班员及时关注和响应（图2）。

（三）高效应急，数据共享

当确认发生碰撞、火灾等突发事件时，系统及时上报危化品车辆位置桩号、车牌号码（图3）；通过与运管、公安等部门数据共享，及时获取危化品种类、驾驶员押运人员、电子运单等信息，同步给出处置此类事件所需物资清单和专家队伍，为应急救援提供充分的时间和技术保障。

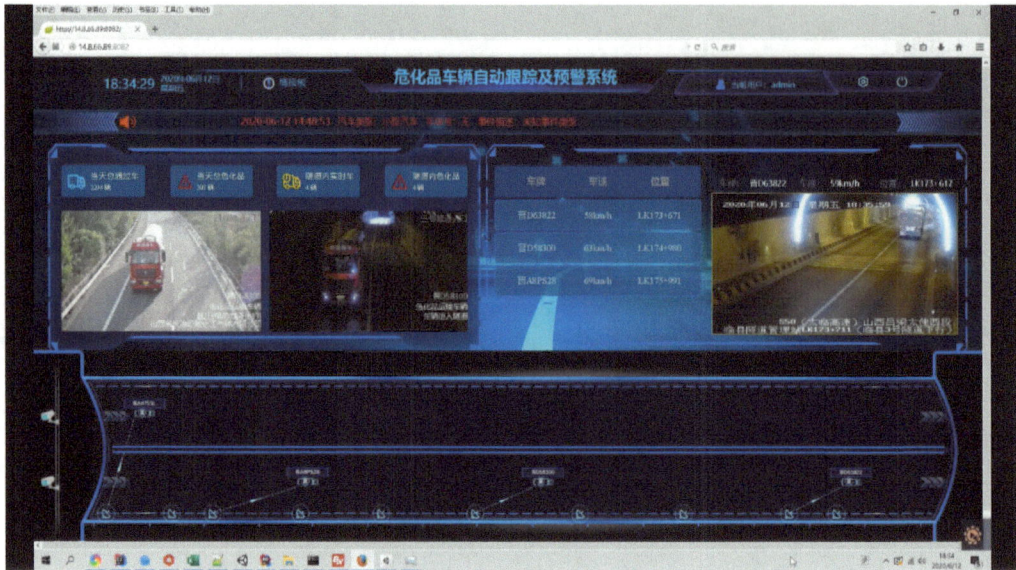

图1　系统主界面

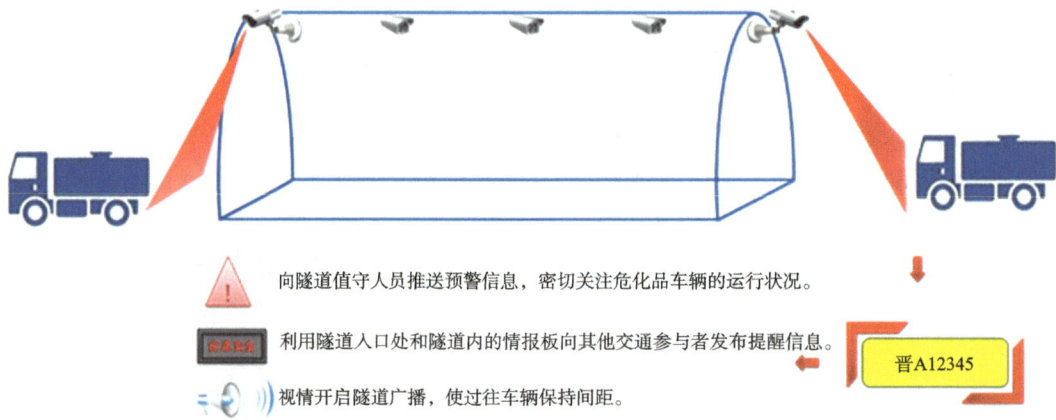

图2　系统原理

a) 着火

b) 事故

图3　事件识别

五、推广应用展望

项目技术在太佳高速公路临县3号隧道左洞（3408m）等隧道应用，在采用本项目技术应用后，均未再有危化品车辆事故发生，有效保护了隧道和人民群众的生命财产损失。

本项目涉及的高速公路危化品车辆过隧道信息化监控系统作为交通安全领域一种前沿高新的

主动安全和预警技术，有效解决了隧道内危化品车辆车载GPS信号丢失、无法在隧道内实时监控的问题，实现了危化品车辆的全路段监控。该系统不仅适用于危化品车辆的监管，而且可根据管理需要，对隧道内通行车辆进行全部覆盖；同时可在高速公路服务区推广应用，实时监控服务区危化品车辆停放数量，解决服务区危化品车辆停放监管难题，项目的应用具有广泛的应用领域与推广应用前景。

该系统的应用实现了能够实时监控危化品车辆隧道内的运行状态，对于进入隧道的危化品车辆的主动预警、突发事故报警和事故救援指挥辅助等功能，完成隧道危化品车辆通行风险防控。预期能够显著降低事故发生率，确保群众生命财产安全，提高公路隧道的安全性和管理水平，对我国公路安全具有重大的社会意义，同时也对其他安防领域具有指导和参考价值。

案例38 ▶ 江苏省交通工程建设局安全信息化监管体系建设

基本信息

申报单位：江苏省交通工程建设局

所属类型：科学技术

专业类别：交通工程建设

成果实施范围（发表情况）：江苏省交通工程建设局所辖项目；中交三航局所辖项目；上海航道局江苏分公司所辖项目；江西省高速集团项目建设管理公司所辖项目等。截至2020年12月已在全国108个工程项目、452个施工标段应用

开始实施时间：2016年1月

负责人：刘世同

贡献者：李洪涛、江 臣、袁振中、马文宁、刘厚云

案例经验介绍

一、背景介绍

重根据国家和行业主管部门印发的《公路工程施工安全技术规范》及江苏省印发的《江苏省高速公路建设现场安全管理标准化技术指南》《公路工程建设现场安全管理标准化指南》《江苏省高速公路建设工程施工安全技术规程》等文件要求，围绕"交通强省"建设目标，为了提高项目安全管理水平和应急保障能力，切实抓好"平安工地"建设活动，促进安全生产形势持续稳定，同时为进一步强化江苏省交通工程安全信息化管理，经深入调查与研究，并认真分析当前安全管理现状，江苏省交通工程建设局联合南京飞搏智能交通技术有限公司于2016年开始组织建设工程安全信息化监管体系。从2018年开始部分建设成果开始推广至全国其他单位与项目应用。

二、项目目标

以构建安全信息化监管体系为核心，利用物联网、大数据、云计算、AI等技术，打造集监管、建设、监理、施工于一体，涵盖人机管理、安全活动、内业资料、隐患排查、危大工程、应急管理、监测监控等功能的统一信息平台，通过资源整合，为提升工地安全监管提供快速、科学、有效的技术途径。

三、技术路线及成果

《江苏省交通工程建设局安全信息化监管体系建设》紧紧围绕"交通强省"建设目标，深入推进"平安交通"建设，采取强有力的针对性措施，提高项目施工本质安全度，提升建设工程安全生产保障水平和监督管理工作。"体系建设"分为三个阶段实施。

第一阶段为项目级安全管控系统建设，建立

建设、监理、施工单位三层应用的一体化工程安全管理平台——平安守护系统。

平安守护系统基于PC、智能平板、手机、微信（图1），面向监管、建设、监理、施工等单位建立统一的工程安全信息管理平台，内容涵盖人机管理、风险管控、应急管理、方案管理、隐患排查、经费管理、安全活动、视频监控、分析研判等。通过系统的应用，在提高安全管理工作效率的同时，可以为参建各方提供及时、科学的决策分析。项目管理人员可以随时随地了解现场安全情况，调阅安全资料，督导安全工作；专职安全管理人员可以通过系统高效便捷地开展日常安全管理工作（图2）。

a) 计算机端　　　　b) 手机端（App/小程序）　　　　c) 平板端

图1　平安守护系统组成

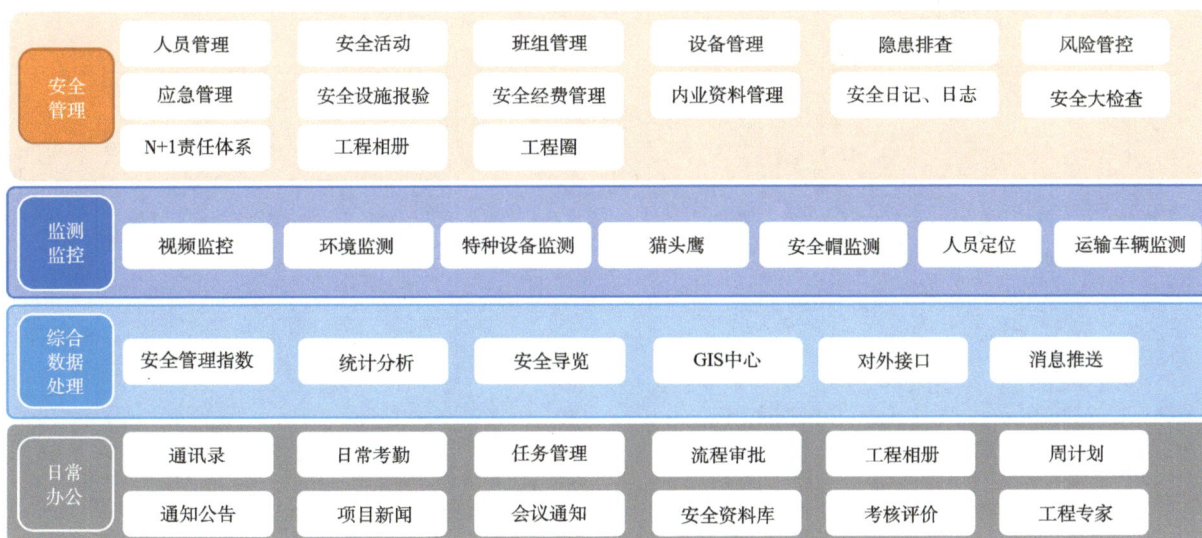

图2　平安守护系统功能清单

目前该系统已覆盖江苏省交通工程建设局所辖所有在建项目。

第二阶段为省级安全数据中心建设（图3），在全面应用平安守护系统的基础上，建立集安全

数据采集、数据存储、数据分析与预警、数据报告、监控监测等功能于一体的可视化、大数据平台。

图3　安全数据中心数据平台

平台包括人员、设备、安全活动、危大工程、隐患排查、事故应急、视频监控、知识库等9个板块，涵盖安全管理人员、特种作业人员、特种设备、关键设备、安全会议、教育培训、安全大检查、日常巡查、危大工程方案与审查、安全事故等40多类统计信息。

安全数据中心对采集的数据进行实时预警。预警内容包括人员、设备、危大工程、隐患处置4大项。预警级别按隐患处置时长分为项目部督办、总监办督办、指挥部督办、安全数据中心督办4个层次。除自动预警外，安全数据中心还通过人工在线巡查、查找隐患，所有问题均发送至责任单位相关平安守护系统中，督导整改。此外，安全数据中心还提供月度、季度、年度分析报告（图4）。

图4　安全数据中心工作报告

第三阶段为安全管理动态评价与大数据融合研究，充分利用已有大数据基础资料，开展公路工程施工安全管理指数与应用研究。

该研究将建立公路工程施工安全动态、定量评价方法，构建了涵盖现场管理机构、监理单位、施工企业（标段）3类主体，新建、改扩建、过江大桥、隧道、路面5种施工类型的公路工程施工安全管理指数评价体系，研发了信息化安全管理指数模块，实现了公路工程建设安全管理的实时、动态、可视化管理（图5）。

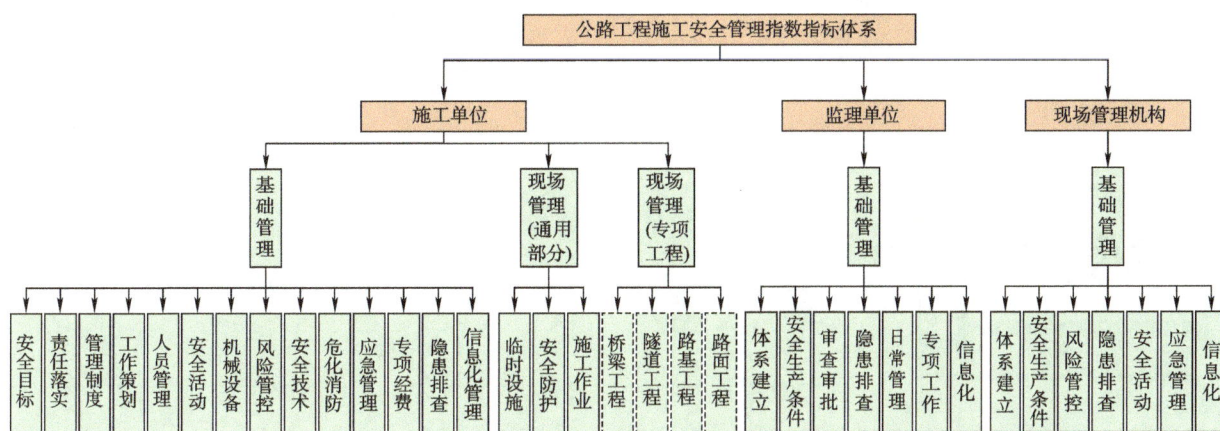

图 5　安全管理指数指标体系

四、应用成效与评估

（1）平安守护公路工程施工安全管控系统获得 2019 年度中国公路学会科学技术奖二等奖。

（2）获得实用新型专利 1 项、软件著作权 24 项，制定团体标准 1 项。

（3）截至 2020 年 12 月，平安守护系统已在江苏、安徽、浙江、山西、江西等省份 108 个工程项目、452 个施工标段应用，涉及公路、隧道、大桥、地铁、港口、航道等多种类型交通工程。安全数据中心除在江苏省交通工程建设局应用外，还推广至中交三航局、上海航道局江苏分公司、江西省高速集团项目建设管理公司等大型施工集团全面应用。

（4）平安守护系统自上线以来累计完成了近 10 万名工人实名制登记，2 万多台设备信息登记，80 万人次教育培训，10 万多次的安全检查，排查出 3 万多条安全隐患，隐患平均闭合周期已由 2018 年的 2 天 17h 缩短至现在 21h12min。

（5）安全数据中心总计自动发出 4000 多条安全预警信息。所有预警信息分为四个级别分别发送至不同层级管理人员，督导各责任单位进行处置，加强现场安全管控能力，提升隐患处置效率。

（6）"新冠肺炎"疫情发生后，安全数据中心在 1 月 21 日迅速筛选出在建项目湖北籍与武汉籍人员，追踪人员进出场情况。2 月 7 日紧急上线疫情防控模块，助力施工现场疫情监管。

五、推广应用展望

预计到 2022 年，平安守护系统推广至 20 个省份 300 个工程项目进行应用，安全数据中心推广 10 个施工集团应用，同时建立交通工程人员实名制标准与信息化工人信用评价体系。

案例 39 ▶ "北斗智能安全帽"助力企业复工复产

基本信息

申报单位：中国交通信息科技集团有限公司

所属类型：科学技术

专业类别：交通工程建设

成果实施范围（发表情况）：中国交通建设集团有限公司

开始实施时间：2020 年 2 月

负责人：崔银秋

贡献者：刘　玲、夏蜀科、钱道庆、张爱华、王景宇

案例经验介绍

一、背景介绍

新冠病毒疫情的发生给整个社会经济及人民生活带来了诸多问题，国内高精尖技术在抗击疫情中带来了正向影响，也为新基建建设迎来了新的发展机遇。以北斗建设与应用发展为核心的我国卫星导航与位置服务产业，是融合了云计算、5G、移动互联网、物联网、光电子制造等新兴技术的复合型"高精尖"产业。在这次抗击新冠肺炎病毒的特殊战斗中，北斗卫星导航系统作为我国独立自主建设的时空基准和定位导航服务重大空间基础设施，发挥了重要作用，中交集团快

速响应，全面融入防控疫情的主战场，为抗疫一线提供时空精准服务。

基建施工是一个人员、物资流动频繁的场所，面对新冠疫情，管理人员无法到现场进行安全检查，工程人员无法实现聚集施工及协同作业，施工及运输车辆无法精准监控，对施工现场的违规指挥、违规操作和违反劳动纪律无法实时监管，缺乏科学、高效的危险区域提前预警机制，为施工现场的安全管理及科学抗疫工作带来极大挑战。怎样利用有效手段，优化监管，实现施工实时、全过程的监控，助力企业复工复产是中交集团面临的现实问题。

二、项目目标

为进一步做好新冠肺炎疫情防控工作，确保各企业科学有序组织疫情防控期间的生产经营工作，做到"两不误、两手抓"，保证各企业在疫情防控期间安全生产形势平稳可控，信科集团打造针对施工项目这一主营业务的远程监控管理平台，将视频会议、视频监控、无人机、可穿戴北斗智慧安全帽集成为一体，利用北斗等高精度坐标定位、传感器、云平台、无线通信等技术，通过人机交互、远程监控方式，实现对施工现场安全、质量、进度、设备、环保、标准化、中心实验室、成本控制等方面的远程管理，实现全景可视化监管，满足集团大型直属项目集中管控、隧道等施工现场监控、数据展示等要求。在疫情期间利用集团应急指挥大厅，实时调取现场视频、电子地图、天气情况、当地疫情状况等信息，及时进行工作部署，让管理工作从被动转向主动、从传统经验型向现代高科技型转变，促进公司创新管理机制。

三、技术路线及成果

信科集团自主研发的"北斗智能安全帽"高度集成了北斗卫星导航定位、摄像头、语音、4G通信主板等模块，具有北斗室内外一体定位、高清视频采集、实时语音通信对讲、本地视频存储等功能，通过该穿戴式设备，实现施工现场精准定位、数据采集、电子围栏报警、信息共享、多方视频会议及"云端监工"，真正意义上实现远程安全监督检查管理。

"北斗智能安全帽"及工程远程安全管控平台作为中国交建智慧工地平台的组成部分为各层级管理人员提供信息化服务，涉及智慧工地平台的工具层、平台层和应用层的相关功能，如图1所示。

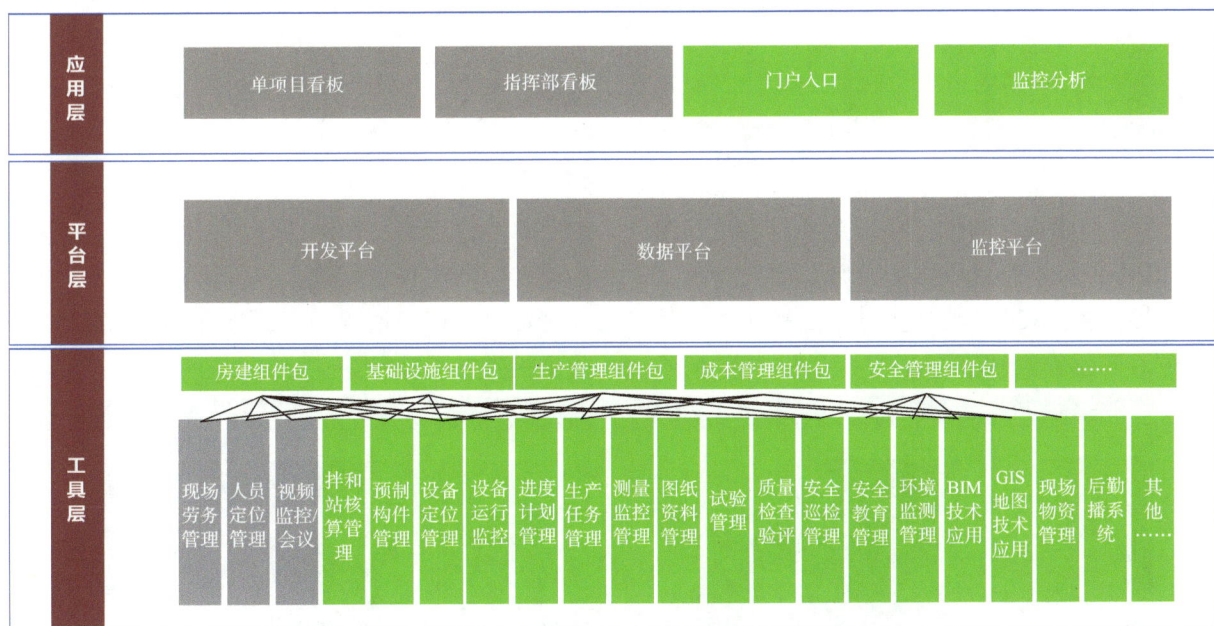

图1 工程远程安全管控平台功能

"北斗智能安全帽"具体功能包括：

（1）定位模块：在电子地图上实时显示在线人员位置。

（2）轨迹模块：在系统中查询、显示各用户的历史轨迹和实时轨迹。

（3）电子围栏模块：可在电子地图上绘制电子围栏，实现进入报警。配合智能安全帽使用，可实现人员进入自动语音播报。

（4）数据采集模块：支持查看各终端采集回传的音视频、位置数据等。支持对回传的视频、图像数据进行下载。

（5）GIS地图模块：用户可自行切换百度卫星地图与平面地图模式，用户可利用工具栏进行地图操作，包括搜索、测距、圈选、全选、取消选中。

（6）报警模块：查询各智能终端触发电子围栏的报警记录。报警记录包括告警时间、告警人员、告警区域。

四、应用成效与评估

通过打造工程远程安全管控平台，并针对无人机、智慧安全帽等设备等关键核心产品研发，可以远程解决企业复工复产安全生产现场作业过程中遇到的新问题，实现"感知、分析、服务、智慧、监管"的智慧化、精细化、过程结果并重的安全生产管理新模式，助力各单位疫情防控期间远程督察工作，确保疫情防控期间安全生产持续平稳可控提供高效的信息化管理方式。通过疫情防控期间基础建设远程视频安全检查，有效保障施工人员安全，降低项目施工风险，保障项目复工复产。平台主要界面如图2所示。

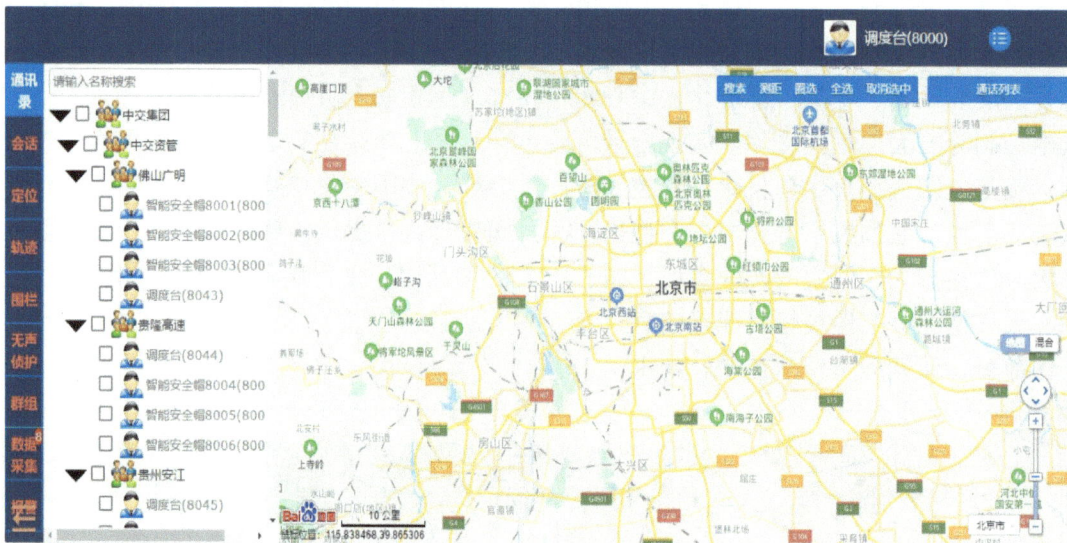

图2　平台主要界面

以中咨集团应用为例，项目总承包单位利用可穿戴的智能安全帽远程多人视频、多人对话、安全隐患拍录、SOS求救、实时定位等功能，对现场施工进行安全巡查。同时，通过中咨集团BIM中心打通了与白沙快速出口路项目管理系统的连接，所有项目管理人员都可以通过平台观看安全员现场巡检情况，共同排查安全隐患。项目安全检查如图3所示。

a)

图　3

b)

图3 项目安全检查

目前，基于"北斗+"北斗智能安全帽已经在中交集团国内外200多个项目中得到广泛应用，设备在工作过程中运行稳定、安全、及时、有效，对疫情期间施工现场的安全生产、安全管理等各项工作起到了显著的支撑作用；也为项目部的安全生产提供借鉴方案，获得高度认可。未来，经过在集团层面进行试点应用后，可推广至国内外各个项目，形成产业化发展。同时，该平台可作为集团项目管理和智慧工地平台的有益补充，通过对施工现场数据的积累，还可为信科集团的重点业务大数据产业发展提供数据支持，形成联动。

五、推广应用展望

2020年，随着北斗三号系统全面建成，国家综合时空体系建设发展规划的启动，以及国家"军民融合"发展、"一带一路"倡议等战略的实施，正迎来"北斗+"和"+北斗"融合创新发展的新高潮，中交集团应用北斗新技术在工程建设各阶段应用迎来了"标配化"和全球服务推广

的新阶段，助力集团新基建的发展。

通过无人机、北斗智能安全帽及远程安全管控平台，可以彻底解放用户的双手和双脚，遇上棘手的技术难题时还可以通过视频通话与后台的专家直接连线并快速解决问题，极大地提高工作效率，除中交集团内部，还可在建筑安监、物流行业、矿产行业、电力巡检、热力巡检、水利巡检、通信行业、轨道交通行业、抢险救灾等行业广泛应用与推广。融合物联网、大数据的北斗的时空大数据平台市场应用会大规模普及，市场发展前景清晰，市场规模需求庞大。

此外，当前新冠肺炎疫情防控中也暴露出在应急事件管理、重点人员物资监控、智能化城市运行保障、无人化物流及出行服务、时空大数据挖掘应用等方面信息化建设能力水平不足。而这些都恰恰是北斗应用和时空信息技术发展的重大创新方向和重点服务领域，预期将在疫后一定程度引发新的应用创新高潮，形成巨大的市场需求。

案例 40 ▶ 应用智能化高端装备确保隧道施工安全

基本信息

申报单位：山西路桥第二工程有限公司

所属类型：科学技术

专业类别：交通工程建设

成果实施范围（发表情况）：呼北国家高速公路山西省隰县至吉县段第 LJ3 合同段

开始实施时间：2019 年 11 月

负责人：梁学锋

贡献者：李　朋、成海伟、窦英杰、徐金生

案例经验介绍

一、背景介绍

基于当前公路隧道机械化施工程度总体不高、适应性较差、工程造价偏高。随着物联网、大数据、人工智能等技术的不断发展，以及机械技术本身的进步，信息化、智能化、成套化和装配化将是公路隧道机械化施工的主要发展方向。目前隧道施工技术日新月异，隧道施工机械化程度得到越来越广泛的应用，尤其在隧道初支、仰拱、二衬上采用了一系列的新型设备和新的施工工艺，为隧道施工安全、质量、进度及效益带来了较好的改善。

二、项目目标

通过应用智能化高端装备提高隧道施工质量及效率，降低劳动强度、施工成本和安全风险。

三、技术路线及成果

在本项目实施过程中，主要开发和应用了以下隧道施工设备：

（1）圪针隧道出口端及牛中岭隧道进口端湿喷机械手分别采用HPS3016WA型及WHP30型的混凝土喷射机。机械手动作灵活，施工无死角，工作范围大，向前最远喷射距离达15.3m；

工程底盘采用全液压四轮驱动，最大爬坡能力达46%；工程底盘可以四轮转向，转弯半径小。工人远离掌子面，作业环境安全性高。

（2）圪针隧道出口端及牛中岭隧道进口端拱架安装台车分别采用HLC1215E型及SCD112S型的多功能拱架安装车。配备两支机械臂和两个工作平台，工人远离掌子面，作业环境更加安全；节省人力投入，操作方便，加快工序循环。

（3）圪针隧道出口端及牛中岭隧道进口端投入两台防水板/钢筋作业台车。臂架采用遥控控制，自动化程度高；无须铺设轨道，行动方便快捷；顶部平台满铺；拱部设置可调式阶梯平台，可根据施工需要进行调整；两侧设置可伸缩平台，保证施工人员与作业面的安全距离；多节伸缩式防水布作业臂，可实现防水布的快速回转及定位。操作简单，减少人工成本。

（4）圪针隧道出口端及牛中岭隧道进口端投入两台自动浇筑衬砌台车。不用人工拆管、换管、清洗、接管和固定等，实现机械化施工，操作简单快捷，所需人员少，耗时短；管路分层布置实现分层浇筑，克服一孔灌到底浇筑导致混凝土离析、产生"人"字坡冷缝的弊端。管路从进料口直通出料口，无中间操作环节，简单易行；管路均为封闭式，不会漏混凝土，造成材料浪费和现场污染；可实现有压输送，便于清洗；分层浇筑换管耗时短，不会造成混凝土坍落度损失而堵管和影响浇筑质量；采用混凝土分层浇筑布料

机有效提高了二衬混凝土浇筑的实体质量和外观质量，减少了换管施工工序，降低了劳动强度，减少了操作人员，节约了浇筑时间，提高了效率，降低了施工成本和安全风险。

（5）项目部所属每个洞口均投入一台衬砌喷淋养护台车。衬砌喷淋养护台车与传统人工喷水养护降低了水的用量，实现适量多次喷洒，保障了水资源回收利用；降低了洞内粉尘浓度，改善了作业环境，有利于隧道内作业工人的职业健康；能够减少由于停放水车、施工台车移动等造成的交通堵塞时间，使隧道施工各工序衔接顺畅，加快了施工进度，提高了施工质量，施工安全性更高，进一步节约了成本。

四、应用成效与评估

通过湿喷机械手、拱架安装台车、二衬自动浇筑台车、防水板作业台车、衬砌喷淋养护台车，使隧道施工各工序有效衔接，提高了施工质量，提高了施工效率，降低了劳动强度，降低了施工成本和安全风险。

五、推广应用展望

大力推行公路隧道新奥法施工的机械化配套技术，不仅在隧道开挖、初期支护等关键工序采用先进的机械化设备，而且在隧道二次衬砌施工和养护、防排水施工以及附属工程上也实现机械化施工。同时，在设计和施工方法的选择上与机械化相匹配，以实现机械化率的最大化。

案例 41 ▶ 地铁隧道结构检查车的应用

基本信息

申报单位：重庆市轨道集团运营二公司

所属类型：科学技术

专业类别：交通设施运营养护

成果实施范围（发表情况）：重庆轨道交通 10 号线

开始实施时间：2020 年 6 月 1 日

负责人：杨富强

贡献者：宋 佳、陈学东

案例经验介绍

一、背景介绍

地铁隧道在营运过程中，由于受到地面、周边建筑物负载及土体扰动、隧道周边工程施工、隧道工程结构施工及地铁列车运行振动等，会造成隧道结构病害，如裂缝、渗漏水、剥落剥离、收敛变形、错台等病害，进而可能影响列车的行驶安全。为规范城市轨道交通隧道结构养护，保障结构安全，提高养护管理水平，中华人民共和国住房和城乡建设部编制的行业标准《城市轨道交通隧道结构养护技术标准》（CJJ/T 289—2018）中对隧道结构检查周期进行了规定：日

常检查（1~3）次 / 季度，常规定期检查（1~2）次 / 年，可知检查频率较高。 地铁隧道每天作业窗口时间短，为了达到规定检修频率并保证检修效果，需要耗费大量人力。为了提高检测效率，达到节约人力成本，同时确保隧道病害检出率和准确性，急需引进更加智能高效的检测设备。地铁隧道结构检查车，正是在这样的背景下应运而生。

二、技术路线及成果

地铁隧道结构检查车是国内首个地铁自动化隧道无损车辆，根据重庆轨道集团的需求定制，通过车载多种精密设备，实时、动态对隧道内结构病害和变形进行采集与分析，为日常隧道维护提供真实准确的数据参考，对保证地铁车辆在隧道内安全运行具有重要的现实意义。地铁隧道结构检查车使用多项先进技术来保证实现快速准确检查的目的，关键技术简单介绍如下。

1. 基于机器视觉的地铁隧道结构快速检查车系统集成技术

针对城市地下轨道交通隧道巡检中人工巡检效率低、病害种类多、数据量大等问题，研究不同类型病害的检测指标以及设备安装布局方式，集成三维激光扫描、工控机和高速高清工业相机阵列等高精度测量设备，研制操控系统对多种测量设备进行一体化同步控制，实现对地铁隧道结构的多源信息非接触快速采集。采用高速高精度图像传感器、光学镜头、照明光源、主控计算机组成图像采集系统，对隧道结构病害进行图像采集；采用激光扫描仪对隧道轮廓数据进行采集，利用陀螺仪、位置编码器、定位摄像装置等设备，实现隧道内的精确定位，并可获取行车姿态。利用定位信息，通过定距离触发同步输入输出卡，实现各设备同步、准确数据采集。

2. 基于多镜头的隧道病害展布图自动快速拼接技术

依据隧道轮廓三维扫描和陀螺仪定位数据，自动计算各分镜头衬砌图像的环向和纵向裁剪度，依据裁剪度对各相机图像进行缩放、裁剪、镜像、拉伸和拼接等图形操作，实现隧道展布源图快速拼接，并依据隧道病害位置信息将病害快速、准确地绘制于展布源图以形成病害展布图。利用隧道轮廓信息与相机在隧道内的空间位置，计算出每个相机的拍摄范围、拍摄位置，从而计算出两个相机之间的重叠区域；再利用特征匹配算法，计算出图像精确环向重叠参数。利用环向拼接参数，计算出每个相机的图像精度，利用预设的相邻帧触发距离、图像特征匹配算法，精确计算每个相机的纵向拼接参数。

3. 灰度图像的病害快速自动识别智能分析算法研究

隧道病害图像背景极为复杂，快速提取病害图像困难。为此，依据2.2亿张隧道结构图像训练样本，针对裂缝、渗漏水、剥落等病害，建立多尺度感知域病害特征提取与选择的多级联深度学习模型，实现了病害图像的快速、准确筛查。针对因裂缝形态复杂、分岔严重、边界模糊等带来的辨识难题，提出基于二叉树最远距离解析的裂缝路径分岔智能搜索算法，保证了裂缝形态的精准识别；基于分层多尺度形态学算法建立了裂缝边缘自适应修正方法，改进了基于Zernike正交矩模板的裂缝边缘亚像素检测方法，实现了裂缝边缘精细分割和宽度精准计算；针对渗漏水、剥落剥离等区域病害，基于灰度能量差异提出了改进的水平集边缘分割模型，结合中心区域灰度特征，快速辨识病害边缘及面积计算。

4. 基于结构光的隧道错台快速检测技术

基于斜射式激光三角法原理获得错台量与相机参数的函数关系，利用成像原理和数学方法简化关系，明确错台量与像素位移量的函数关系。利用线性拟合方法，将不易测量的角度参数转换为函数常量，避免了角度测量，便于现场标定。通过大津法对采集的光条图像进行分割得到目标光条，利用图像像素灰度不连续性和光条宽度自适应阈值法进行光条边界定位及修正，避免后续光条中心点提取产生偏差，采用灰度平方加权重心法对光条中心进行亚像素级提取，依据直线间距离公式获得像素位移量，便于实际错台量计算。

5. 基于三维激光扫描和图像特征的多层次精准定位技术

为了实现病害空间的精准定位，建立环向激光扫描—纵向编码器测量—图像特征标准的多层次定位模型。依据编码器测量数据进行里程初步定位，提出了基于时间序列和标志物识别的里程反向修正校准方法，消除累积误差。基于纵向里程和时间序列，提出了极坐标系下图像与激光点云的环向位置映射算法，建立了适用不同隧道轮廓的病害环向精准定位方法，同时利用隧道内环缝、百米标等标志进行定位修正，实现了隧道内病害厘米级精准定位。

6. 基于距离最小二乘法曲线拟合的噪点多层次自动剔除方法

受隧道内部复杂环境因素的影响，激光扫描过程中不可避免地会产生与隧道管片结构无关的噪点，噪点会直接影响隧道断面轮廓拟合的效率和精度；基于隧道结构特征和三维激光扫描仪工作特点，利用距离最小二乘法的曲线拟合方法进行噪点三次迭代剔除，可满足不同层次的精度需求，方法具有明确的物理意义，算法稳定高效。

7. 基于三维激光扫描和图像特征的多层次精准定位技术

为了实现病害空间的精准定位，建立环向激光扫描—纵向编码器测量—图像特征标准的多层次定位模型。依据编码器测量数据进行里程初步定位，提出了基于时间序列和标志物识别的里程反向修正校准方法，消除累积误差。基于纵向里程和时间序列，提出了极坐标系下图像与激光点云的环向位置映射算法，建立了适用不同隧道轮廓的病害环向精准定位方法，同时利用隧道内环缝、百米标等标志进行定位修正，实现了隧道内病害厘米级精准定位。

8. 基于距离最小二乘法曲线拟合的噪点多层次自动剔除方法

受隧道内部复杂环境因素的影响，激光扫描过程中不可避免地会产生与隧道管片结构无关的噪点，噪点会直接影响隧道断面轮廓拟合的效率和精度；基于隧道结构特征和三维激光扫描仪工作特点，利用距离最小二乘法的曲线拟合方法进行噪点三次迭代剔除，可满足不同层次的精度需求，方法具有明确的物理意义，算法稳定高效。

9. 基于三维激光扫描和图像特征的多层次精准定位技术

为了实现病害空间的精准定位，建立环向激光扫描—纵向编码器测量—图像特征标准的多层次定位模型。依据编码器测量数据进行里程初步定位，提出了基于时间序列和标志物识别的里程反向修正校准方法，消除累积误差。基于纵向里程和时间序列，提出了极坐标系下图像与激光点云的环向位置映射算法，建立了适用不同隧道轮廓的病害环向精准定位方法，同时利用隧道内环缝、百米标等标志进行定位修正，实现了隧道内病害厘米级精准定位。

10. 基于距离最小二乘法曲线拟合的噪点多层次自动剔除方法

受隧道内部复杂环境因素的影响，激光扫描过程中不可避免地会产生与隧道管片结构无关的噪点，噪点会直接影响隧道断面轮廓拟合的效率和精度；基于隧道结构特征和三维激光扫描仪工作特点，利用距离最小二乘法的曲线拟合方法进行噪点三次迭代剔除，可满足不同层次的精度需求，方法具有明确的物理意义，算法稳定高效。

11. 地铁隧道结构检查车的技术路线

通过上诉技术的联合应用，地铁隧道结构检查车实现了高精度检测，具体如下：

（1）裂缝宽度识别精度：0.2mm；

（2）区域面积识别精度：0.01m²；

（3）识别率：≥95%；

（4）收敛变形精度：2mm；

（5）错台精度：6mm；

（6）里程定位精度：±5cm；

（7）检测速度：20km/h（可定制）；

（8）行驶速度：100km/h。

三、应用成效与评估

目前检测车主要在重庆地铁隧道10号线承担隧道检查作业，使用效果与人工检测对比如下。

1. 检测效率

隧道结构检查车采用成像技术，一次作业全断面检测，检测速度达20km/h，较人工检测有数倍的提升，且可实现结构病害、隧道变形、限界分析等一次检测，检测数据客观真实、分析结果丰富。

2. 检测精度

检查车可检测出95%以上宽度≥0.2mm的裂缝及所有的渗漏水、剥落剥离等区域病害。以人工检查为基准，检查车裂缝检测准确率达96%，满足规范对0.2mm及以上的裂缝可检测精度要求；渗漏水识别准确率达100%，识别面积精度误差为0.01m²。

3. 检测成本

依据现有养护成本预算，隧道定期检查费用约为10万元/km，采用本项目成果的检查费用不足2.5万元/km，直接节省成本超70%。

综上所述，本检测车的使用将极大程度上提供地铁隧道检测的效率，可节约70%的运营维护成本，项目具有广阔的产业前景，经济效益显著，促进了我国地铁隧道结构检测技术的发展，有力了保障了地铁交通运营安全。

四、推广应用展望

根据交通运输部发布的《2019年交通运输行业发展统计公报》显示，截至2019年年底，全国拥有轨道交通运营线路190条，拥有轨道交通运营里程6172.2km；其中，重庆轨道交通十号线运营总里程约34km，当前十号线二期正在建设中。依据规范对隧道结构检查周期的要求：日常检查1次/季度，常规定期检查（1~2）次/年，使用隧道结构检测车后每年节约成本超1500万元。如果进行全国推广，其产生的社会和经济价值极为可观，并贴和国家推广智能化轨道运维新方向。

案例 42 ▶ 支架安全监测云平台研究及系统开发应用

基本信息

申报单位：云南云岭公路工程注册安全工程师事务所有限公司

所属类型：科学技术

专业类别：公路工程

成果实施范围（发表情况）：公路满堂模板支架、公路跨越式模板支架

开始实施时间：2020 年 5 月

负责人：李俊德

贡献者：黄显周、魏治国、陈　实、文　勇、侯丁语

案例经验介绍

一、背景介绍

为有效避免支架安全监测施工期间，因支架沉降、变形导致支架失稳坍塌等不良现象发生，云南云岭公路工程注册安全工程师事务所有限公司自主研发了支架安全监测预警系统，投入至多种类型的支架安全预警监测过程中，并取得了较好的经济效益和社会效益。

随着公路现浇桥梁项目桥型多样、工地分散，原有的满堂支架安全预警系统已不能满足日益发展的需要。加之原有预警系统数据采集、传输、分析和智能化预警整合度不高，数据处理功能较为单一，因此构建一套适用于公路工程的安全监测云平台系统显得尤为重要。公司联合云平台软件开发公司、相关院校，开发出云岭注安安全监测云平台管理系统，实现对支架搭设进行现浇混凝土施工的项目进行实时监测及多目标分级预警管理，将原有监测预警系统整合，使系统设备满足"产品化、标准化、小型化、智能化、信息化"功能需求，充分集成"物联网、大数据、云平台"等信息化手段，通过开发具有核心知识产权的数据分析及处理系统及专家系统，提高支架安全预警监测的预警、报警效率及准确性。

二、项目目标

（1）开展支架安全监测云平台研究及系统开发，打造基于物联网技术的云岭注安安全预警监测平台。

（2）在云南省内基础交通建设中的满堂支架现浇桥梁上推广使用支架安全监测云平台监测项目5个。

（3）通过开展支架安全监测云平台研究，统计收集现浇桥梁数据，为编制《云南省高大模板支撑体系监测技术规程》奠定技术基础。

三、技术路线及成果

（一）成果技术路线

2016年，云南云岭公路工程注册安全工程师事务所有限公司开展对《满堂支架重特大事故预防关键技术的研究》，并取得了重大突破。2017年4月，该项目被原国家安全生产监督管理总局列为安全生产重特大事故防治关键技术科技项目，项目的立项、研究、技术推广，对承重支架工程事故预防具有重要的意义。该项目于2018年9月，顺利通过应急管理部（原国家安全生产监督管理总局）验收，受到与会专家的一致好评。经权威机构评价为：总体上达到国内领先水平；在系统构建及智能预警方面达到国际先进水平。"满堂支架重特大事故预防关键技术推广项目"被列为2018年交通运输行业重点科技成果推广项目。"智能化的全过程满堂支架施工安全预警管理"被列为2019年交通运输部安全委员会"平安交通"创新案例"特别推荐"项目。"满堂支架重特大事故预防关键技术的研究"荣获中国安全生产协会第一届安全科技进步奖二等奖。

云南云岭公路工程注册安全工程师事务所有限公司研发的支架安全监测云平台系统监测技术，适用于公路、铁路、房建、水电等多项超高大跨度临时模板支架监测领域，通过系统感知层对支架不可见的受力及变形情况进行全天候不间断的监测，将支架轴力、竖向与水平方向变形及基础沉降等情况以数值形式上传至系统云平台。系统平台后台程序对大量收集的实时数据进行实

时分析，及时发现异常情况并分级预警，便于迅速采取应急措施，及时消除安全隐患，最大限度地保障施工安全。成果技术路线如图1所示。

（二）工作原理

支架安全监测云平台系统综合运用了传感器技术、无线传输技术、激光测距技术及定位技术，对支架关键部位不可见的受力及变形情况进行全天候不间断监测，通过物联网技术把监测数据传至系统主机、云平台及手机App，通过对数据的实时分析，及时发现地基和支架受力变化等情况，全自动、分阶段现场声光报警，系统云平台、手机App同步响应。便于迅速通过优化调整支架体系，控制施工操作顺序及速度等措施，及时消除安全隐患，最大限度地保障了工程施工安全。

系统采用轮辐式压力传感器监测支架竖向荷载数据；采用激光测距仪及倾角仪监测支架位移情况；采用静力水准仪监测支架地基沉降数据。经过有限元设计建模，设立确保支架体系安全的三级预警阈值，构建预警体系。支架安全监测系统有以下五大特点。

1. 提前预警

对支架施工过程中的基础沉降、立杆轴力、支架水平位移以及杆件变形进行分析，将不可见的受力情况用数字、曲线、图片、声光报警等方式表现出来，为管理人员提供科学有效的决策支持。指导建议管理人员采取地基加固、杆件加固等有效的安全专项处置措施，确保现浇桥梁施工安全。预警流程如图2所示。晶体管调节器性能参数试验数值见表1。

2. 提高效率

对支架关键部位不可见的受力及稳定情况进行全方位监测，可以同时收集多个实时数据，提高数据的收集质量，有效避免人工疏忽等问题，确保工程质量，提高管理效益。在施工现场安装传感器，配备数据无线传输装置，连接计算机终端，实时监控施工数据变化，并将数据通过互联网传输至数据云平台，根据预先设置报警值，当存在报警状态时，及时将情况反馈至现场施工人员及管理人员，为管理人员提供科学有效的决策

支持。三维建模全方位监测情况如图3所示。

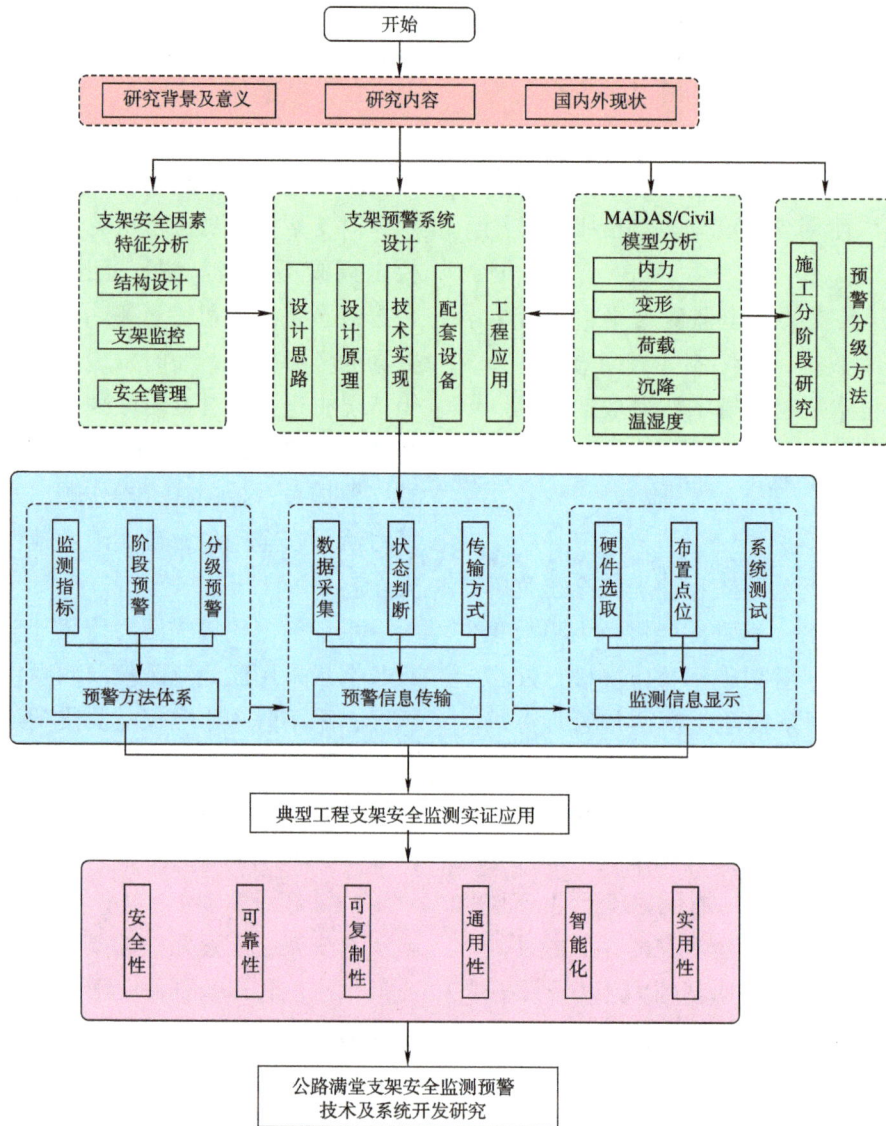

图1　成果技术路线

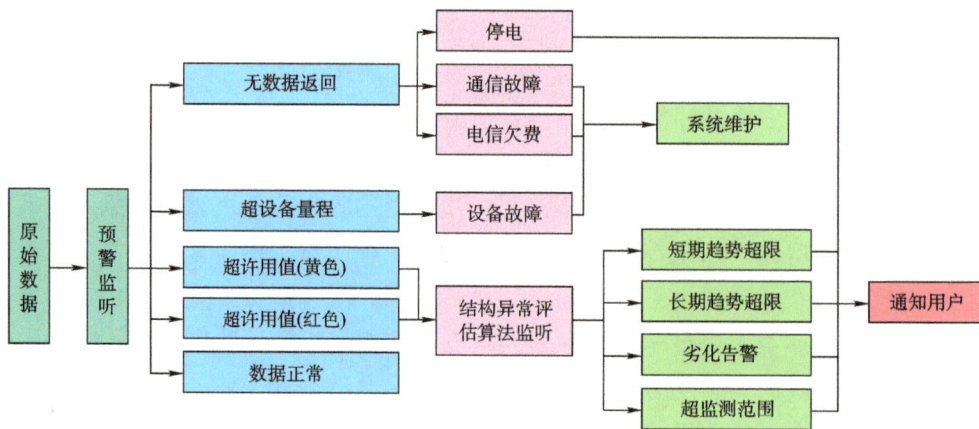

图2　预警流程图

晶体管调节器性能参数试验数值 表1

序号	预警事件	事件类型	说　明	预警等级
1	正常	正常	无异常	绿色
2	无数据返回	停电	—	黄色
3		欠费	—	黄色
4		信号故障	—	黄色
5	超量程	设备故障	监测值超过传感器量程，传感器故障	黄色
6	短期趋势超限	结构异常	监测变量短期趋势变化大	黄色
7	长期趋势超限	结构异常	监测变量长期趋势变化过大	红色
8	劣化警告	结构异常	与初始安全余量相比，当前安全余量下降过大	红色
9	超预测范围	结构异常	监测值不在可能出现的预测范围内	红色

图3　三维建模全方位监测

3. 数据同步

通过大量的有限元建模，分析识别脚手架质量、安全管控的一般控制点和关键参数、关键位置、关键阈值等控制指标，针对实际施工时桥梁的特点和需要观测的技术指标，安装采集数据的传感器系统，传感器系统将不同采集频率、不同类型的数据采集后，无线传输至平台进行集中同步处理。通过现代通信与信息技术，支持短信、电话和串口数据唤醒，并且存在预警情况时，实时发送短信至管理人员手机，保证了预警的时效性和准确性。建立大数据平台，可在平台中使用上传现场照片、实时预警监控、历史查询、预警查询、统计分析、管理安全设备等功能，使数据信息化、可存化。数据同步监测界面如图4所示。

4. 监控平台

通过智能化数据监控平台，实时对项目数据进行监控。使用各方根据不同权限，可使用手机登录智能化数据监控平台，在线查询设置设备状态、实时数据、预警状态、历史预警等功能，真正实现智能化操作（图5）。项目现场施工根据智能化的数据监控平台管理，让每一个数据变得更具价值性，同时也保障了施工质量和安全。

5. 智能化系统

智能化安全预警系统综合运用了传感技术、无线传输技术、激光测距及定位技术，符合以人为本，安全环保的理念（图6）。系统对实时数据进行自诊断，分类识别出传感器失效、信号异常等情况。发现异常数据时自动将异常情况上传至控制中心，实时对系统信息进行打印，并提供图形、报表、曲线、报警信息、各种统计计算结果等功能，故障的传感器或子系统不影响系统的正常工作。

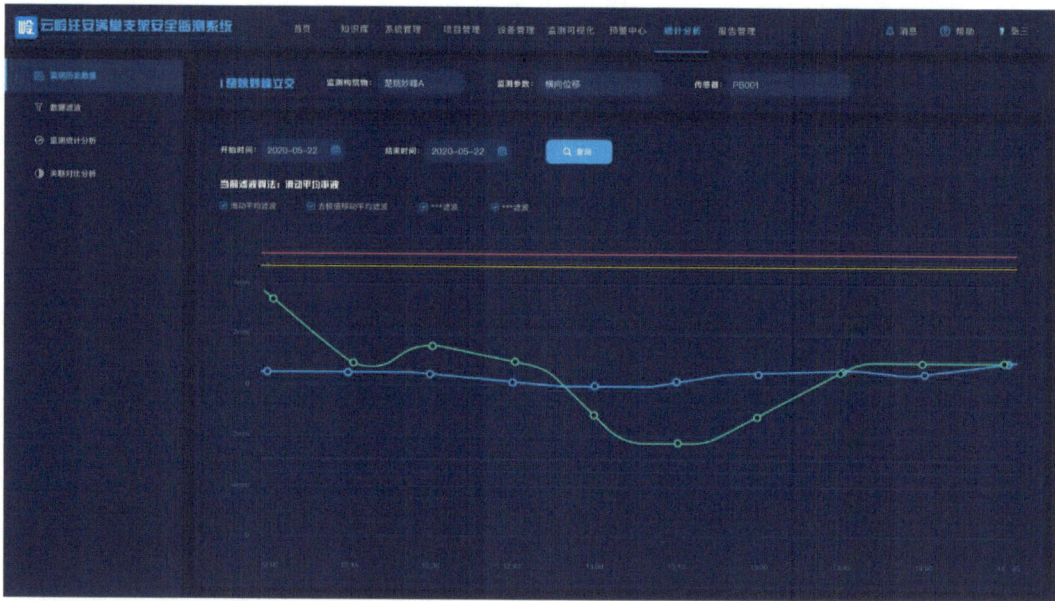

图4 数据同步监测

图5 云岭注安监测云平台

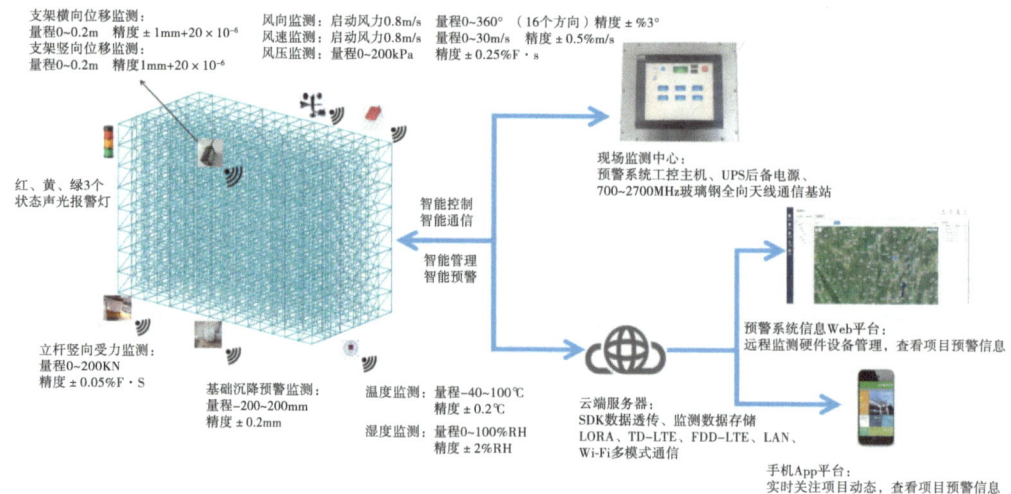

图6 智能化安全预警系统

（三）技术先进性和创新性

（1）对支架预压过程中的基础沉降差、立杆竖向受力、支架横向位移以及杆件变形进行分析，指导管理人员采取地基加固、杆件加固等有效的质量专项处置措施，确保现浇桥梁施工的质量。

（2）将传感技术、无线传输技术、激光测距及定位技术等现代科技运用到施工现场的管理中，丰富了项目质量及安全管理理论，既符合以人为本、安全环保的理念，又符合智慧工地的要求。

（3）系统通过迈达斯软件进行有限元建模，可自主进行支架安全事故分析，管理流程梳理，控制点安全识别。

支架安全监测云平台的成功应用，实现了平台化、通用性、全方位、智能化、及时性、可视化、全天候七大独具特色的功能。

四、应用成效与评估

通过支架安全监测云平台研究及系统开发应用项目的研究，实现如下应用效果与评估：

（1）平台以高新技术手段从监控层面进行安全控制和事故防范，集物联网、大数据、云平台于一体，对监测项目实现远距离、低功耗、自组网、自动采集、分级预警等智能化监测功能。

（2）通过对委托项目监测，评估监测支架的稳定状态及变化情况，预测支架变形发展趋势，检验支架搭设效果，为模板预压及预拱度设置提供指导意见。

（3）通过收集大量的实时数据，并对收集数据进行分析、过滤、筛选，发现异常值和找出变形规律，选取合理的报警阈值，在发现异常情况时及时对监测项目的架体稳定情况进行分级预警，将预警情况实时上报监测委托方，并提出处置建议，及时消除安全隐患，最大限度保障施工安全。

（4）云平台通过智能算法对上传数据进行解算，根据不同桥梁的跨径、桥宽、墩高、承重质量、曲线半径、支架形式、水文地质、地形地貌施工等情况，对立杆轴力、基础沉降、模板底部横向位移及纵向位移、架体倾斜度、环境监测等进行实时监测和分析，对支架整体稳定性进行综合评估。

（5）在被监测指标达到一定的预警阈值时，启动分级预警机制，通过web平台、手机App、微信、短信、电话等方式自动发布预警、告警信息，并提出相关的施工处置建议和应急处置措施，保障委托方施工监测项目安全及减少相关损失。

五、推广应用展望

（1）支架安全监测云平台系统的运用，实现平台系统对支架施工全天候监测，极大地提升了监测方的便利性。通过对各监测项目在云平台上的系统集成，节约了社会资源，降低了监测成本，提高了监测管理效率。

（2）通过对支架施工进行全天候监测，可以科学合理地对支架现浇施工过程进行评定，有效地提高了支架现浇施工的效率，保证了支架现浇过程的连续性，缩短工期，节约人工费、材料和机械费用等。

（3）支架安全监测云平台监测技术的推广应用，能有效降低满堂支架使用过程中的安全事故率，不仅能产生直接的经济效益，也可以创造巨大的社会效益。作为落实安全责任的施工企业主体，在支架施工中应用支架安全监测云平台监测技术，能有效预防支架重特大事故的发生，避免安全事故带来重大的人员、财产经济损失，避免安全事故导致对社会的恶劣影响。因此，具有非常显著的社会效益。

（4）放眼未来，在互联网信息化及物联网技术高速发展的今天，计算机辅助安全监测及预警取代传统的人工监测及预警方式已经成为各行各业支架安全预警技术的必然趋势。支架安全监测云平台监测技术的推广运用，能填补我国支架监测方面的技术空白，同时有利于施工监测、物联网、施工应急响应等相关产业结构调整和优化升级。

案例 43 ▶ 高速公路中央分隔带双层双波门型护栏研发与应用

基本信息

申报单位：重庆市高速公路集团有限公司

所属类型：科学技术

专业类别：交通设施运营养护

成果实施范围（发表情况）：G42 沪蓉高速公路重庆至万州方向 K1494、K1496、K1538、K1616 路段进行了示范工程应用

开始实施时间：2019 年 7 月 1 日

负责人：李海鹰

贡献者：代高飞、李连双

案例经验介绍

一、背景介绍

我国高速公路中央分隔带普遍设置分离式双波形梁护栏，立柱间距一般为4m，整体高度小于76cm，防护能量在160kJ以下。在我国高速公路早期的应用中，双波形梁护栏作为重要的交通安全设施，对于保障道路交通安全、提高道路服务水平、提供视线诱导和增加线形美观度等方面起到了重要的作用。但随着我国经济的不断发展，高速公路交通量持续增长，车型组成发生了较大变化，重型车辆穿越中央分隔带进入对向车道而造成的交通事故频发。多年的实际应用表明，双波梁护栏有效防护高度较低，结构刚度较小，防护能力相对较弱，其使用存在一定的局限性。2017年，交通运输部修订了原有的护栏设计规范和细则，并颁布了《公路交通安全设施设计规范》（JTG D81—2017）和《公路交通安全设施设计细则》（JTG/T D81—2017），自2018年1月1日起施行。新规范和细则对公路护栏的设置原则、设置等级及结构形式进行了较大的调整。2017版公路交通安全设施设计规范和细则的颁布实施，使得按照1994版规范和2006版规范设置的

中央分隔带双波形梁护栏的符合性产生了问题。此外，由于公路加铺罩面、路基沉降等问题，原有护栏高度可能会较大地偏离标准规定值，这样就加剧了旧护栏与现行规范的偏离程度。如在公路改扩建工程或养护工作中将已经设置的大量旧护栏全部淘汰或者低成本处理，换为新结构护栏，会产生较大的资源浪费。本次申报项目中央分隔带双层双波门型护栏在四级（SB级）小型客车、中型客车和大型货车碰撞条件下，经国家交通安全设施质量监督检验中心进行的实车足尺碰撞试验检测，中央分隔带双层双波门型护栏的阻挡功能、导向功能、缓冲功能指标符合《公路护栏安全性能评价标准》（JTG B05-01—2013）的要求，该护栏的安全性能满足四级（SB级）防护等级要求，防护能量达到280kJ。

二、技术路线及成果

该护栏由 ϕ114mm立柱、ϕ140mm门型外套管、托架、3mm波形梁板、4mm波形梁板等构成。ϕ114mm立柱打入或先钻孔再打入中央分隔带种植土里，通过 ϕ140mm门型外套管将中分带两侧 ϕ114mm立柱连接起来，形成刚度较大的门型组合式立柱，立柱间距为2m。将上下两层波形梁板通过托架与门型组合式立柱相连，形成双层双波门型护栏。下层波形梁板厚度为4mm，中心距离路面或路缘石的高度为60cm；上层波形梁板厚度为3mm，中心距离路面或路缘石的高度为100cm。在四级（SB级）小型客车、中型客车和大型货车碰撞条件下，经国家交通安全设施质量监督检验中心进行的实车足尺碰撞试验检测，中央分隔带双层双波门型护栏的阻挡功能、导向功能、缓冲功能指标符合《公路护栏安全性能评价标准》（JTG B05-01—2013）的要求，该护栏的安全性能满足四级（SB级）防护等级要求，防护能量达到280kJ。

中央分隔带双层双波门型护栏既可以用于新建高速公路中央分隔带护栏的设置，也可以用于原有中央分隔带护栏的升级改造。与JTG/T D81—2017细则中推荐的SBm级三波形梁钢护栏

相比，当门型护栏用于护栏新建时，可节省7.3%的用钢量；当门型护栏用于护栏改造时，如果原有波形梁板厚度为3mm时，可节省28.3%的用钢量，而如果原有波形梁板厚度为4mm时，则能节省33.6%的用钢量。当门型护栏用于大规模护栏改造时，与拆除原有护栏新设SBm级三波形梁钢护栏和新设整体式混凝土护栏相比，门型护栏改造的工程造价可分别节约17.1%和29.2%，经济效益显著。此外，通过在立柱上预留螺栓孔，采用调整螺栓孔相对位置的方法，可解决路面加铺后导致原有护栏高度不足的问题，还能在公路大中修时进一步节省护栏改造工程的相关费用。

三、应用成效与评估

通过采用中央分隔带双层双波门型护栏结构，在G42沪蓉高速公路（重庆至万州方向）K1616+200m ~ K1616+700m路段进行了示范工程应用。示范工程中，原有立柱不拆除，仅拆掉原有护栏的连接螺栓，并将原有拼接完整的波形梁板直接安装于门型护栏的上层，在保障安全和节省用钢量的同时，提高了施工的效率，缩短了工期。

四、推广应用展望

中央分隔带双层双波门型护栏能够有效兼顾大型车辆和小型车辆的不同防护要求，具有较好的安全性能，同时具有通透美观、省材经济、适于普及推广的优点。通过中央分隔带双层双波门型护栏核心技术的应用，可以给新建或改扩建高速公路护栏实施工程以及特殊路段的护栏改造工程提供一种可靠的中央分隔带护栏型式。新型门型护栏将在重庆市乃至全国各地的高速公路或城市快速路上使用，能够为道路的安全运营提供具有可操作性的研究成果，可在一定程度上消除现有护栏因防撞能力不足而存在的安全隐患问题，以防止或减少道路重特大交通事故的发生，提高道路的整体交通安全防护水平，社会效益显著，具有较好的推广应用前景。

案例 44 ▶ 轨道式全位置焊接机器人在钢板—混凝土组合梁桥中的应用

基本信息

申报单位：陕西省高速公路建设集团公司西镇项目管理处

所属类型：科学技术

专业类别：交通工程建设

成果实施范围（发表情况）：西乡至镇巴高速公路泾洋河特大桥钢板组合梁桥

开始实施时间：2019 年 1 月 1 日

负责人：王学礼

贡献者：陈志弈、边旭辉、尉泽辉、梁　凯、卢　超

案例经验介绍

一、背景介绍

西乡至镇巴高速公路泾洋河特大桥是目前国内在建钢板—混凝土组合桥梁一次性建设里程最长、用钢量最大的新型结构桥梁，全长6.05km，钢结构材质为Q345qDNH（耐候钢），总用钢量为2.4万t，被陕西省交通厅列为重大关键技术攻关项目和桥梁示范引领项目。桥梁主体钢结构材质为Q345qDNH，主桥采用工字型直腹板钢板组合梁，行车道板宽12.25～12.75m，钢板梁标准间距为6.7m，主梁高度为1.8m，混凝土行车道板和钢板梁采用集束式焊钉连接；主梁间采用焊接横梁加强横向联系，跨内小横梁纵向间距为7m。

考虑到山区高速钢板梁桥线形复杂，制作难度大，采用耐候钢的新型材料，可能给焊接质量带来一定难度。加之高空作业较多，安全风险较大，现场施工场地较小，交叉作业多。焊缝一次性焊接合格率高等实际问题，亟须寻找一种能提高焊缝一次性合格率，同时能降低工人焊接风险的新的焊接工艺。

二、技术路线及成果

在传统的钢梁焊接中，焊工的技术水平是影

响焊接质量的重要因素。另外，由于操作错误、忽视安全警告、注意力分散等人的不安全行为，往往会增加焊接过程中的安全风险。为此，西镇项目在经过多方查找、比选，并参考国内外在钢梁焊接方面的先进工艺工法，最终选择自动化程度高、运行安全平稳的焊接机器人，并结合耐候钢—钢板梁特殊的焊接材料和结构对其性能和参数进行了适应性优化。相较于传统的CO_2气体保护焊，西镇高速项目采用了钢结构数字化焊接机器人，很大程度上减轻了焊接人员的劳动强度，减少了高空作业时间、提升了焊接质量和工作效率，避免了人为因素所带来的差异，节约了生产成本。

为了实现"车间化、机械化、自动化"的制作理念，西镇项目引入北京石油化工学院研制的轨道式焊接机器人，轨道式焊接机器人由焊接小车、导轨、控制箱、触摸屏、手控盒、机器人配套焊接电源及送丝系统等构成。其特点包括：一是根据焊接方式的不同，提供"横焊""堆焊""立焊"三种方式供选择，并提供对应的参数选择；二是具有"轨迹存储"功能，可记忆焊缝位置偏差及焊枪高度偏差，因而在焊接过程中自动调节焊枪以适应焊缝的变化；三是特有的"坡口偏差自动校正"功能。对于坡口两端宽度不同的坡口，只需输入坡口起点宽度、终点宽度以及焊缝长度，机器人可自动完成该破口的焊接；四是手控盒与触摸屏控制相结合，实现焊车运动与焊接参数的智能化控制。

针对西镇项目大桥腹板对接组焊的特点，设计了加高导轨支撑座，开发了无盲区自动焊接，能实现西乡泾洋河特大桥腹板的全位置自动焊接作业。焊接小车行走机构采用齿轮啮合驱动、轨道导向的方式。具备"弓""之""点之""直线"等多种摆方式，焊接时可根据施工位置的不同，对焊枪的摆动方式进行选择，并可大范围电动调节焊枪高低、水平偏差。

三、应用成效与评估

轨道式焊接机器人具备焊缝轨迹自动跟踪、坡口规划自动排道、程控焊接参数等数字化功能，在开展大量的钢主梁腹板对接焊接工艺试验研究基础上，率先将该机器人自动焊技术大规模应用于西乡泾洋河特大桥节段组焊中，减少了人为因素对焊接质量的影响，确保了项目的顺利实施。在西乡泾洋河特大桥344孔钢板梁中，采用轨道式焊接机器人焊接1184条腹板立位对接焊缝，总长约2131m，总体一次探伤合格率为99.73%；其中，998条焊缝一次探伤合格率达到100%，占腹板对接焊缝条数的84.3%，焊缝内部质量取得了前所未有的成绩。在相同的条件下，轨道式机器人焊接和手工焊接相比，焊接效率比手工焊接提高1倍；另外，以前焊接同类焊缝需优秀焊工完成的工作，现在只需一般的焊机操作工即可完成，人力资源成本大幅降低；轨道式机器人焊接和手工焊接相比一次性成型无须修磨、焊缝饱满过渡均匀，不论是从质量、美观还是从效率、安全，轨道式焊接机器人都取得了决定性的优势。轨道式焊接机器人在西乡泾洋河特大桥的成功应用，将钢主梁制作精度和质量提升到了一个新的高度，开创了总拼生产自动化的先河，推动了行业进步，为西乡泾洋河特大桥建设树立了典范。

四、推广应用展望

针对西乡泾洋河组合梁钢主梁节段腹板对接特点，采用定制的轨道式焊接机器人系统进行应用前的工艺试验与评定，试验包括板厚18mm和22mm的两种对接焊缝，坡口形式为V形坡口，机器人自动焊的焊缝外观和内部质量均很好。通过工艺评定试验表明，该机器人自动焊方案能满足总拼现场焊接需要，已在西乡泾洋河特大桥钢主梁中总拼现场大范围应用，取得了很好的技术、经济和社会效益，同时也为打造品质西镇奠定了基础。

案例 45 ▶ 扩建高速公路预警系统

基本信息

申报单位：浙江交工集团股份有限公司

所属类型：科学技术

专业类别：交通工程建设

成果实施范围（发表情况）：杭金衢改扩建二期土建 5 标

开始实施时间：2020 年 6 月

负责人：何泽波

贡献者：李文佳、李福健、王　鹏、陈　畅

案例经验介绍

一、背景介绍

G60 沪昆高速金华互通至浙赣界段改扩建工程全长 150km，其中大部分路段为双向四车道通行，目前杭金衢高速车流量大，重型货车、危化品车较多，且杭金衢高速包含大量长上下坡、隧道、急弯路段，路况复杂。杭金衢高速拓宽施工中，需占用应急车道安装 A 级可移动护栏，再进行路基拼宽施工，应急车道被占用后交通流管控难度大大增加，一旦出现事故，清障施救、交通组织将面临巨大困难，如何防患于未然，在日常生产中提高行车安全系数，降低交通事故发生的概率，对拓宽施工的正常进行和既有高速运营，有着极大影响。

二、项目目标

完善高速公路安全管理系统，提高高速公路行车安全系数，降低事故发生概率，减少高速预警车辆、人员投入，降低高速运营成本。

三、技术路线及成果

高速公路扩建预警系统由堵车检测系统、声光警示系统、铁马巡逻机器人、远程信息发布系统构成，是一款结合物联网、人工智能技术的智慧化高速道路安全预警系统。

(一)系统构成

1. 堵车检测系统

堵车检测系统由高灵敏堵车检测雷达和承放立柱构成。高灵敏堵车检测雷达,能够实现拥堵路况检测和拥堵信息传输,实现拥堵路况定点监测功能。

2. 声光警示系统

声光警示系统由安装在道路两侧的多个声光警示器组成,声光警示器每隔30m或者50m安装于两侧高速护栏立柱上,启动声光警示器后,声光警示器灯面闪烁红灯、黄灯、蓝灯或组合色爆闪灯,同时喇叭口播放警示音,起到警示、预警作用。声光警示器具有3种灯光颜色、12种灯光模式,可自定义灯光模式、语音内容。支持太阳能自动充电,充满后可实现8h全功能预警。内含90dB喇叭,远程控制应用场景可多变,可设定时间、地点进行预警工作。

3. 铁马巡逻机器人

铁马巡逻机器人是一款借助以信息采集处理、无线数据传输、网络数据通信、自动控制等多学科技术综合应用为一体的自动识别信息技术产品。铁马巡逻机器人自身带有堵车检测雷达、高清视频监控系统、声光语音预警系统、高精度定位系统。铁马巡逻机器人,依托护栏和铁马安装并运行,作为智能声光警示系统的辅助和补充。

(二)应用场景

1. 堵车场景

当发生堵车情况时,扩建预警系统能主动监测到该情况,智能设备紧急联动,自动开启一系列预警模式,达到信息的全面互通,以减少堵车时间,并避免发生交通安全事故以及二次事故。

1)堵车场景①(图1)

(1)工作模式①。当1号感知端感知堵车后,A段启动相应的预警模式。以警示即将驶入该路段的车辆,使驾驶员获知前方路况,产生谨慎驾驶意识,减速行驶。

(2)系统解除模式①。当1号未检测到堵车情况时,A段自动关闭;当2号检测到堵车情况时,A段自动关闭。

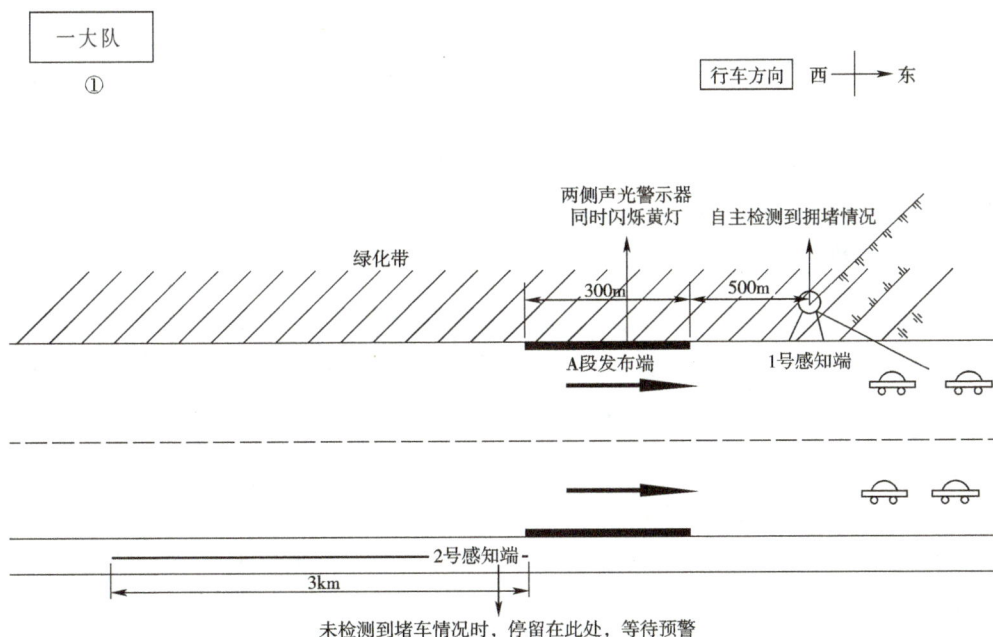

图1　堵车场景平面图①

2)堵车场景②(图2)

(1)工作模式②。当2号感知端感知到堵车后,A段自动关闭,2号启动相应的预警模式,移动至堵车车辆末端500m处进行移动堵车检测和预警。

(2)系统解除模式②。当2号未检测到堵车情况，2号移动至始端等待移动堵车预警。

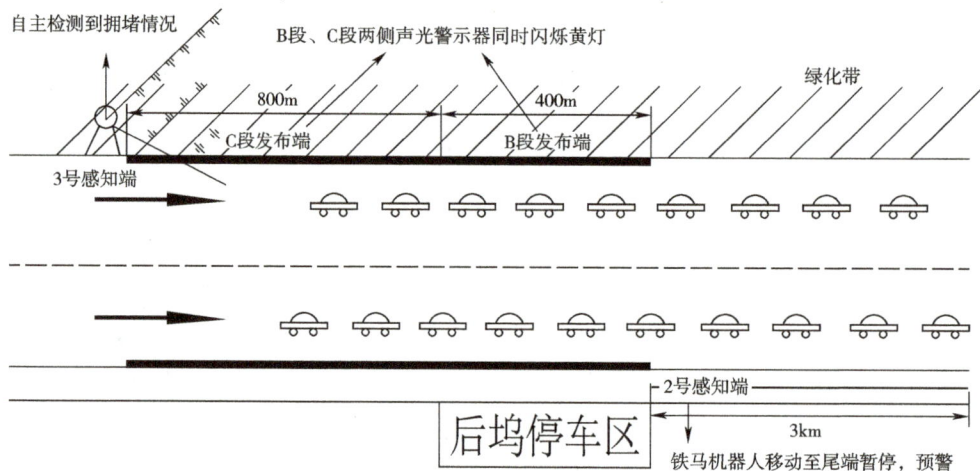

图2　堵车场景平面图②

3）堵车场景③（图3）

（1）工作模式③。当2号感知端在最末端仍感知到堵车后，B段、C段同时启动相应的预警模式，2号感知端停留在末端进行预警。

（2）系统解除模式③。当2号在最末端未检测到堵车情况，2号移动至始端等待移动堵车预警。当2号和3号感知端同时未检测到堵车情况，B、C段自动关闭。

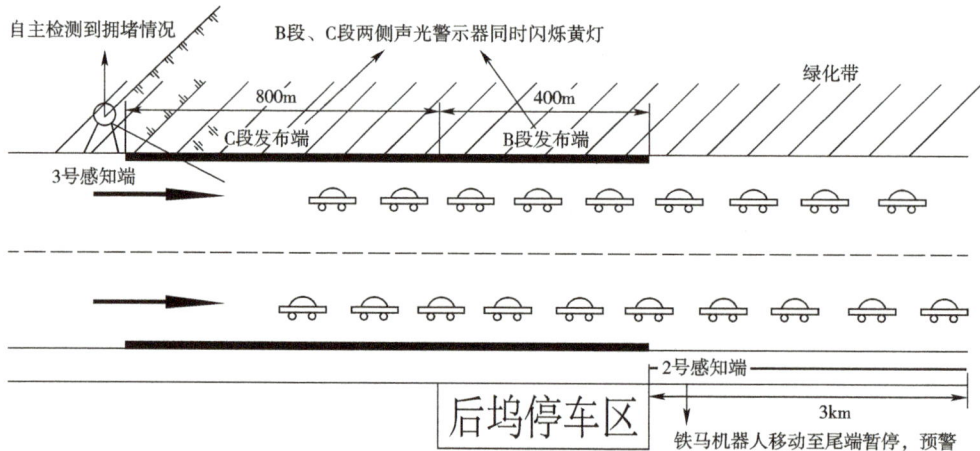

图3　堵车场景平面图③

2. 事故场景

当发生安全事故时，扩建预警系统能一键报警，智能设备紧急联动，自动开启一系列预警模式和后台管控，达到信息的全面联动，以减少事故处理时间，并避免发生堵车情况以及二次、三次等重大事故。

工作模式：当事故发生时，车主可下车按下一键报警，即按即报警，该声光警示器播报"车靠边、急报警、人撤离"的语音警示音，同时

A、B、C段声光警示系统闪烁红色灯光，进行全线预警；同时交警平台即时收到报警信息和事故具体位置，交警可通过事故具体位置关联的云台远程观看并处理事故，根据现场情况，拟订相应的救援措施，立刻出警处理。

事故处理完成，路段恢复正常行驶后，交警通过交警平台或者手机App关闭声光警示系统。

3. 其他场景

（1）施工事故预防：在道路施工时段，起

到预警巡逻的作用，保障行车有序通过该路段，保持路面畅通，避免发生堵车、交通安全事故以及二次事故。

（2）夜间疲劳唤醒：夜间时段，在B段设置黄光闪烁，唤醒疲劳驾驶的驾驶员，引导车辆夜晚行车安全。

（3）恶劣天气线性诱导：可通过后台管控开启恶劣天气线性诱导模式，保持车辆有序行驶，保证行车畅通，减少事故率。

四、应用成效与评估

高速公路扩建施工堵车预警系统的使用，极大完善了高速公路安全管理系统，提高了高速公路行车安全系数，减少了事故发生概率。同时减少了高速预警车辆、人员的投入，降低高速运营成本。

五、推广应用展望

通过智能设备代替人员进行高速安全预警，既提高了既有高速行车安全系数，又通过机器换人，降低了人员车辆投入，保证了驾乘人员的安全。

案例 46 ▶ 桥梁墩柱施工安全标准化

基本信息

申报单位：青海西互高速公路管理有限公司

所属类型：工程施工

专业类别：安全管理

成果实施范围（发表情况）：在西宁至互助一级公路扩能改造工程施工中已得到全面应用，通过使用该标准，规范了施工程序，提高了安全标准，安全措施得当，降低了安全风险，有力推动了西互项目安全、有序的建设步伐

开始实施时间：2020 年 3 月

负责人：李国全

贡献者：李金龙、孔令坤、张西雷、蒠生海、赵青彪

案例经验介绍

一、背景介绍

桥梁墩柱施工是桥梁施工中风险较高之一，稍不注意，极易引发生产安全事故，特别是模板安装与拆卸更是高风险作业，人员需要攀附在墩柱模板外侧进行临空作业，作业时间久了，人会产生疲劳感，极易发生高处坠落的安全事故。采用一种既保证人身安全，又提高施工效率的方法势在必行，也是体现施工单位主体责任的一种态度。

因此建立一种适用于墩柱模板施工的安全施工标准，既可以规范施工，又可以提高安全性，防范高处坠落、墩柱模板坍塌事故的发生，对于改扩建公路工程安全施工具有重要意义。

二、项目目标

投入低、效果好、操作性强、安全性高。

三、技术路线及成果

1.技术路线

项目的技术路线如图1所示。

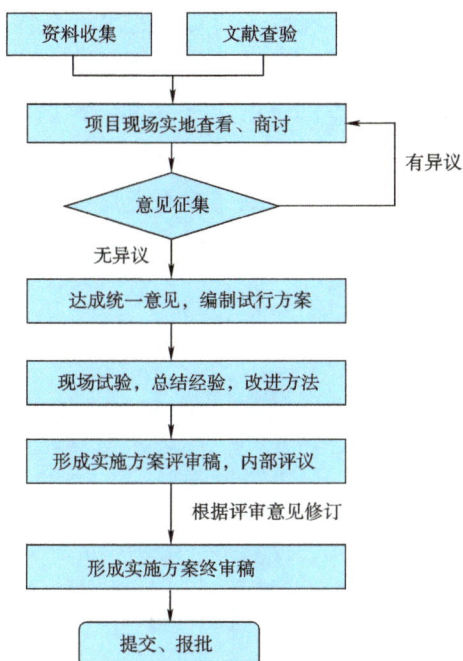

图1　技术路线

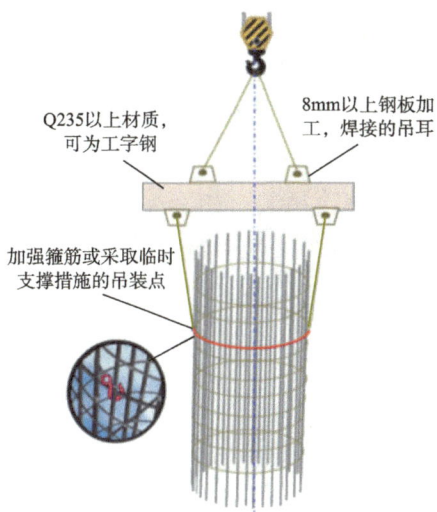

图2　钢筋笼两点吊装

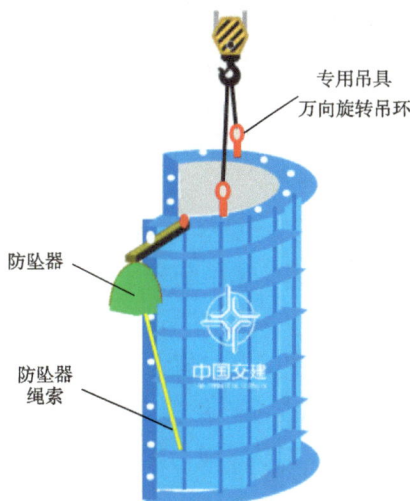

图3　半圆模板吊装

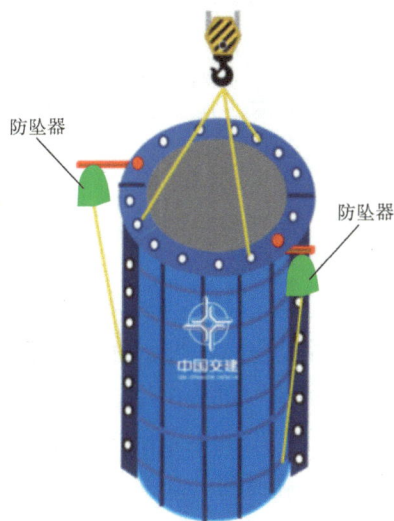

图4　整圆模板吊装

2. 成果

墩柱施工工序一般为钢筋笼安装、模板安装、混凝土浇筑、拆模四个工序，均为高风险的高处作业。施工前应从人、机、物、环、法方面进行准备，做好各项物料、设备、吊索吊具、安全设施及用具等相关方面的安全检查，确保施工现场具备安全作业条件。

（1）模板、钢筋笼吊装前，吊装机械所选位置合适，就位应平稳、牢固，吊装所用的钢丝绳、卸扣等吊索吊具要满足吊装的安全要求，吊点须合理、牢固（钢筋笼吊点应选择在环向加强筋与纵向骨筋交叉处，必要时应加强，确保系点坚固），卸扣等吊具应使用正确、规格满足吊装需求。

（2）钢筋笼或墩柱模板起吊后，其中心点与吊钩应处于中轴线上，上下呈垂直状态，保证钢筋笼或墩柱模板处于水平状态，严禁出现歪斜现象。钢筋笼吊装时应采用横梁两点起吊法（图2），保证起吊时吊装钢丝绳不与钢筋笼接触，便于起吊，横梁吊钩钩在环向加强筋与纵向骨筋交叉处，以增强吊点的抗拉能力；吊装墩柱模板时，半圆模板吊装时应采用二点吊装方式进行（图3）；整圆模板吊装时，应采用三点吊装方式（图4），以此确保模板始终处于垂直、水平状态。

（3）钢筋笼就位后，应立即进行焊接作业，底部钢筋与桩基钢筋全部焊接完成或隔根焊接完成全部钢筋的50%后才能解除吊装吊钩（不需设置缆风绳除外）；高度超过6m的应在拉好缆风绳后才能解除吊装。如有剩余即还未焊接的50%钢筋应在解除吊装后继续进行焊接作业，直至全部完成焊接工作。

钢筋笼焊接长度应按照设计要求进行焊接。当无要求时单面焊应不低于钢筋直径的10倍（图5），双面焊不低于钢筋直径的5倍（图6），且焊接饱满、连续，满足焊接质量要求；当采用机械（套筒）连接时，钢筋端面应打磨平整，套筒紧固后外露丝应等于或小于2丝（图7）。

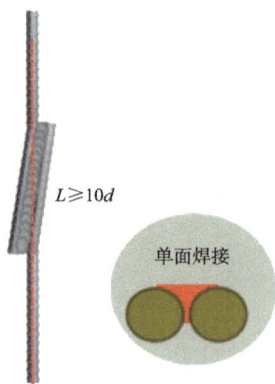

图5　单面焊接

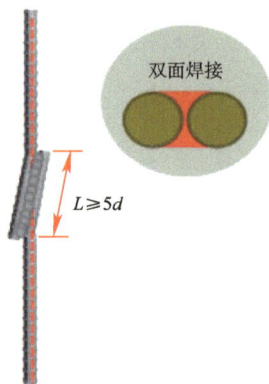

图6　双面焊接

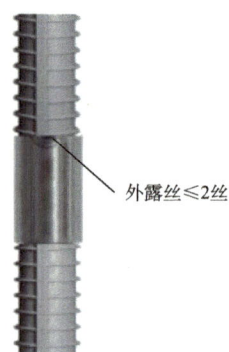

图7　套筒连接

（4）当钢筋笼高度超过6m且低于10m时，应立即设置缆风绳；起吊前应先将缆风绳系于或挂接在1/3H~1/4H处位置后，再起吊安装（便于及时锚固），在钢筋按规定焊接完毕和缆风绳固定到位后，才能准许解除吊装保险；设置的缆风绳应不少于3根，绳与绳夹角应为110°~130°，缆风绳与地面夹角应为45°~60°；缆风绳拉紧时应垂直于钢筋笼或墩柱模板的横向水平线即缆风绳应与钢筋笼或墩柱模板的纵向中轴线（垂直线）保持竖向平行状态，不得出现斜拉等现象（图8）。墩柱模板设置也如其一样。

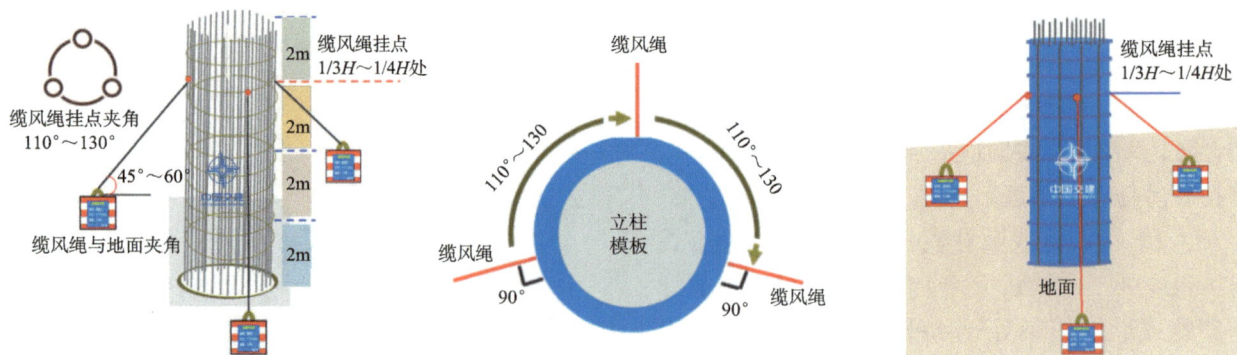

图8　缆风绳设置方式

（5）当高度超过10m，且不大于15m时，应设置双层缆风绳（图9）以增强钢筋笼的稳定性；每根缆风绳一端采用专用挂钩挂接在确定位置的环向加强筋和纵向骨筋交叉点上（图10），确保拉点坚固、牢固。

（6）墩柱模板安装或拆卸时，安装或拆卸螺栓的作业人员必须采用防坠器或防坠缓冲器+全身式安全带+安全腰带+托架组合的安全方式进行临空作业，以便于人员站立，降低疲劳度，提高安全性（图11）。

（7）在吊装墩柱模板前，应先将两个防坠器安装在模板顶端，一侧一个，同时将防坠器的

吊索拉挂于模板底部，便于地面人员随时取用，作业完成人员返回地面后，再将吊索挂至模板底

部，便于拆卸模板螺栓时再循环使用，直至模板拆卸完毕（图12）。

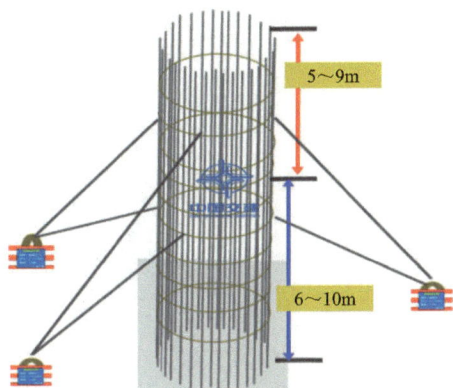

图9　双层缆风绳

图10　缆风绳挂接点

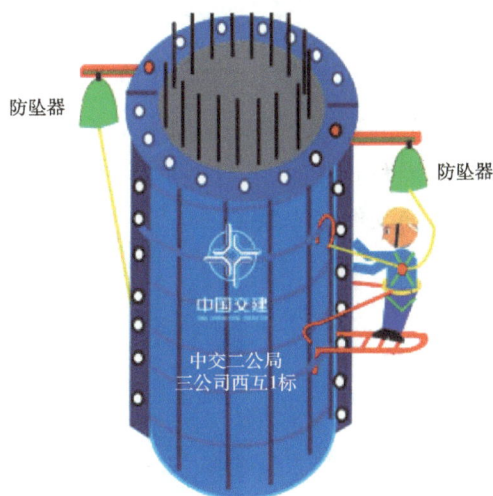

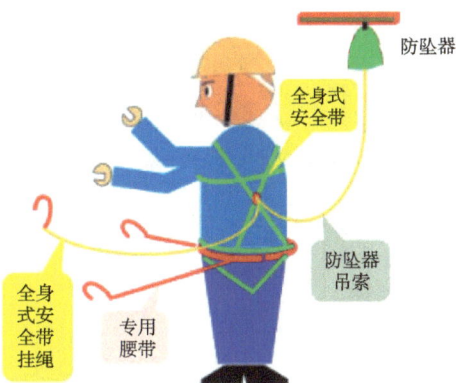

图11　临空作业防护示意图

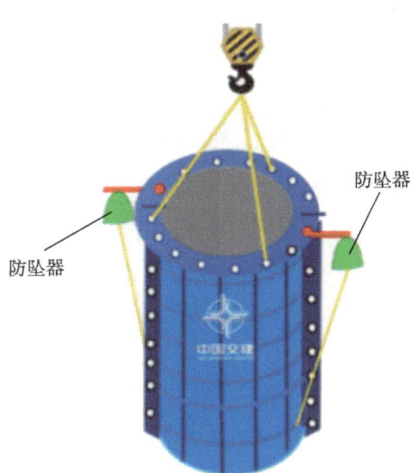

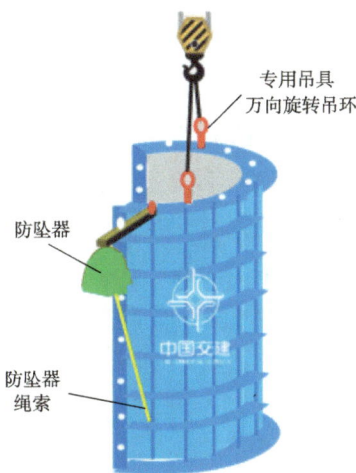

图12　防坠器挂设位置

（8）当采取分片吊装墩柱模板时，第一片安装到位后，应采取固定措施，防止倾覆。可采用以下任一种方式：一种为在模板上端、两侧位

置与钢筋笼进行连接，必要时，在下方再采取支撑措施（图13）；另一种为将提前系挂好的两个缆风绳以环抱钢筋笼方式进行固定（图14），确

保不发生倾覆危险。

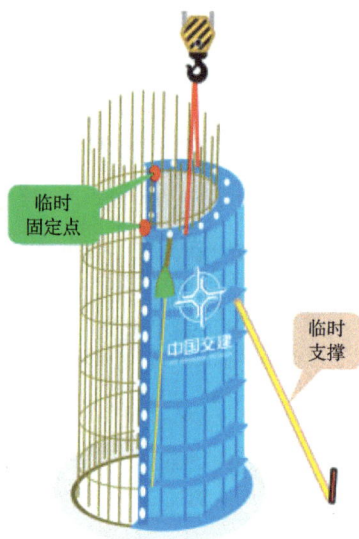

图13 顶端与支撑临时固定

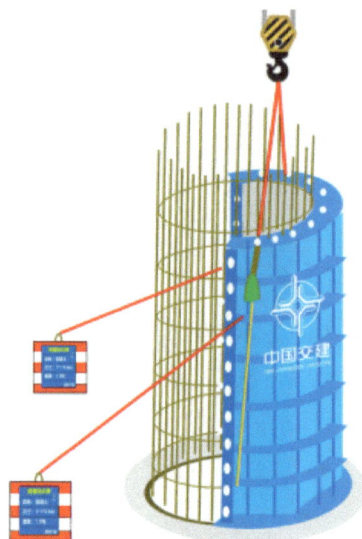

图14 缆风绳环抱法临时固定

（9）墩柱模板连接螺栓应全部采用高强度螺栓（8.8级或以上），严禁使用普通螺栓，螺栓终拧后，螺栓外露丝扣应不少于3扣，且不得小于10mm（图15）；墩柱模板的螺栓（横向连

接与竖向连接）必须上满上全并紧固到位，严禁缺失或跳孔紧固；连接应以施工方便为准，但穿入方向须保持一致（图16）。

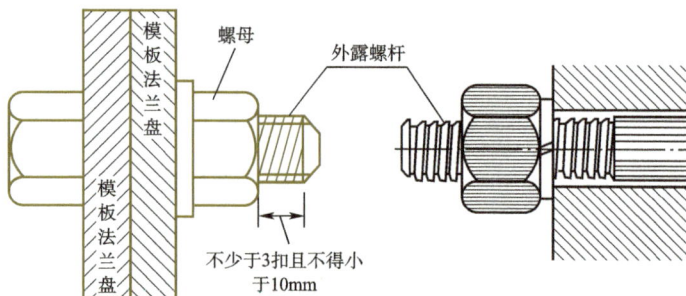

图15 螺栓紧固后标准

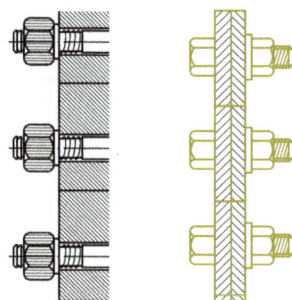

图16 螺栓穿入方向

（10）模板螺栓安装与拆卸为悬空作业，作业人员需要站立在模板的横向箍圈上，当箍圈较细、紧贴模板钢板时，作业人员立足面就很小，人员很容易疲劳或腿脚麻木，为提高作业人员的舒适度和操作方便，作业时可增加铁质托架。该

托架由直径为14mm的圆钢加工而成，长度约为45cm，一端弯曲别于墩柱模板的箍圈上，人员站立或坐在托架上面进行螺栓紧固作业，使用简单（图17）。

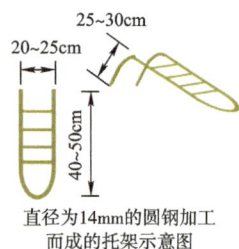

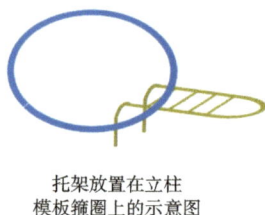

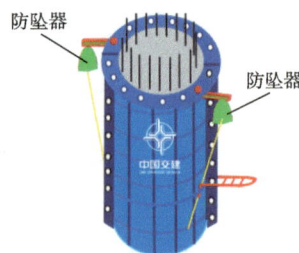

图17 托架示意图

（11）缆风绳挂接的地锚，可以采用专用预制块做地锚，便于挂接方便和周转循环使用，但预制块地锚其质量应经过验算，确保其锚固力满足要求。

①预制块应采用C25混凝土进行预制，形状为四方形或圆柱形，尺寸基本为长1.0m×宽1.0m×高0.6m，质量不得小于1.5t，外涂红白或黄黑相间的警示漆。

②锚环应为直径不小于12mm的圆钢，严禁采用螺纹钢，锚环钢筋应加工成"Ω"形状，浇筑于混凝土中（图18）。

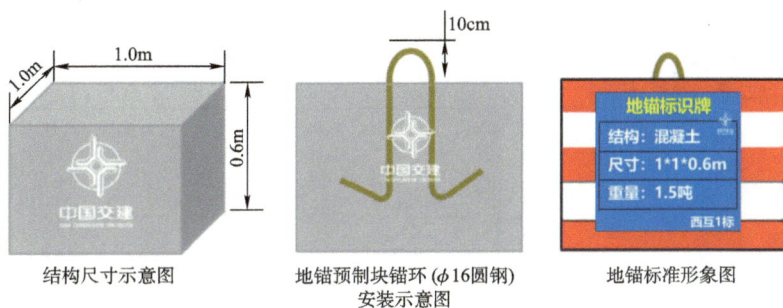

图18　预制地锚示意图

（12）如锚固力不足时，可以采用埋深法（图19）或覆土法（图20）增加锚固力，即将其埋入地中或用土覆盖（可根据实际情况选择），周围夯实，以此增加锚固力。

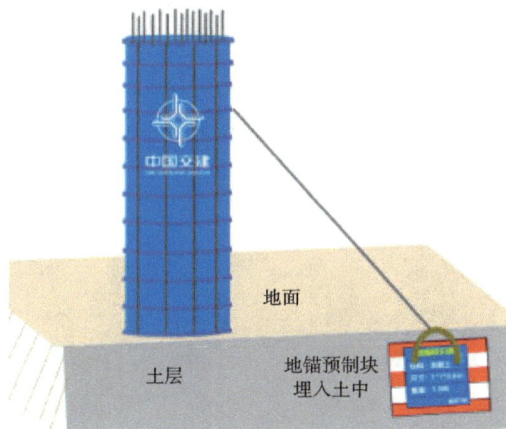

图19　埋深法

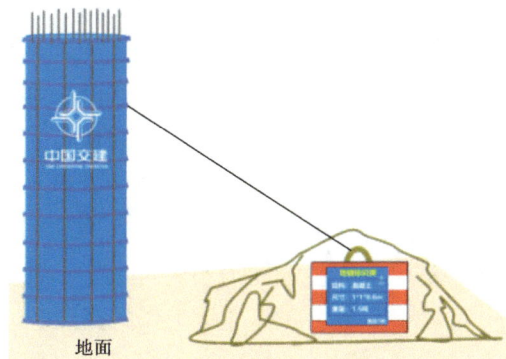

图20　覆土法

（13）浇筑墩柱混凝土时，应设置安全爬梯及墩柱安全操作平台，便于作业人员上下及安全施工。

四、应用成效与评估

墩柱施工安全标准化的实施，极大增强了墩柱及钢筋笼安装时的安全性，确保了钢筋笼及墩柱模板不会发生倾覆、坍塌的风险；采用防坠器相当于增加了二次保险，不管是人员在同一位置作业还是上下攀爬时，防坠器始终处于保险状态，只要使用，在任何情况下都能起到防止坠落的作用；使用安全腰带和铁托，可以防止人员疲劳，特别是在螺栓紧固和拆卸时，安全腰带能够让作业人员用上劲，方便作业；使用安全爬梯及墩柱安全操作平台，便于人员上下，且施工更便捷、安全。

该标准符合相关要求，便于操作、标准程度和安全性能高。

五、推广应用展望

墩柱施工是公路桥梁施工必不缺少的分部分项工程，且该工程安全风险大，稍不注意，极易引发安全事故。制定出一个安全的施工标准，有助于规范施工，更能防范事故的发生，该标准使用方便、科学合理，操作性、实用性强，安全程度高，具有很高的应用前景。

案例 47 ▶ 交通运输企业安全生产标准化管理系统

基本信息

申报单位：交通运输部规划研究院

所属类型：科学技术

专业类别：企业管理

成果实施范围（发表情况）：系统已被全国31个省（区、市）600余管理部门、50000余家交通运输企业、1000余家评价机构、30000余名评审员使用，自2012年运行以来，已持续运行8年

开始实施时间：2012年11月

负责人：徐志远

贡献者：王　佳、王　旺、李琳琳、周国强、李柏丹

案例经验介绍

一、背景介绍

为进一步规范企业安全生产行为，改善安全生产条件，强化安全基础管理，有效防范和坚决遏制重特大事故发生，2011年，党中央国务院要求全面推进企业安全生产标准化建设。2016年12月，中共中央国务院下发了《关于推进安全生产领域改革发展的意见》，要求大力推进企业安全生产标准化建设，实现安全管理、操作行为、设备设施和作业环境标准化。

部党组高度重视并严格贯彻落实国务院有关工作部署，2012年全面推动交通运输企业安全生产标准化建设工作。交通运输安全生产标准化（以下简称"安标"）具有企业数量多、类型复杂的典型特点，最初的标准化建设采用传统线下模式，造成标准化评价工作不规范、评价工作效率不高、评价流程不一致、评价工作不透明、评价时效性差、行业监管能力不足等问题，严重制约了交通运输安全生产标准化工作的开展。

为保障以上问题的解决，交通运输部积极开展了"交通运输企业安全生产标准化管理系统"的立项和研发工作，该系统2012年底全面运行，并多次开展了升级完善工作，到目前为止，该系统已平稳运行8年，在全面支撑交通运输企业安标评价工作、促进企业落实安全生产主体责任、提升管理部门安全监管水平方面，发挥了重要作用。

二、项目目标

系统针对传统线下标准化建设造成的评价工作不规范、评价工作效率不高、评价流程不一致、评价工作不透明、评价时效性差、行业监管能力不足等问题，实现行业企业基础信息的集中管理，企业安全生产标准化在线申报，评价机构和评审人员的统一管理，安全生产标准化的科学评级，重点企业安全生产的跟踪监督，建立交通运输企业安全生产标准化管理统一的对外信息交换和服务窗口。

三、技术路线及成果

根据企业安标评价工作的实际要求和各用户角色，本系统以行业管理办法为基础，结合管理体系认证流程等实际经验，设计了多用户交互型系统架构和工作流程，并通过文献分析法、专家法等明确系统建设目标，优化实际功能和使用体验，保障了系统的科学性、稳定性和先进性，为标准化业务开展和管理部门分级监管提供了强有力的支撑。

（1）收集国内关于安全生产监管和企业安全生产标准化等相关文献和法律、法规以及管理办法等，分析行业安全生产现状和存在问题，调研各用户需求，明确了系统的建设目标、功能定位和原则。

（2）借鉴其他行业和体系认证工作管理模式，结合线下工作实际，立足各用户需求的有机融合，建立了系统架构，明确了建设方案、数据来源、工作流程和用户功能。

（3）依据前期工作成果，进行系统开发。运行中，采用问卷调查方式，针对不同用户对系统功能及使用效果集中反馈，并邀请行业内6家评价机构进行系统实操评测，根据专家意见和建议，对系统功能进行了优化升级。

2012年11月，交通运输企业安全生产标准化管理系统正式建设并投入使用，并持续优化完善。

四、应用成效与评估

系统建成后，在促进企业安全生产管理体系建设，强化管理部门分类指导、分级监管方面成效显著。

一是实现了安标评价工作的便捷化、规范化。系统建成后，有序地规范了评价流程和评价工作，提升了工作效率和服务水平，切实有效减轻企业负担，实现了企业网上申请、评价、跟踪管理和信息发布，增强了安标评价管理的科学性。截至目前，系统内企业用户数量已达52000余个，完成达标企业评价发证70000余张。另外，项目为评价机构和从业人员的备案和业务开展提供了信息化平台，实现了评价机构和评审员在线申报、评审员在线测试和继续教育、网上跟踪管理和信息发布，为管理部门对评价机构和从业人员的监管指导提供了更为灵活和及时的信息化监管方式。截至目前，系统内已备案评价机构1000余家，评审员30000余人。

二是为交通运输行业安全生产监管提供了支撑手段。项目为交通运输企业安全生产管理及重点企业跟踪管理提供了可靠的数据支撑，为管理部门对企业安全生产实施分类指导和分级监管方面提供了重要依据。目前系统提供的企业达标数据已共享至交通运输部政务信息系统和安全生产监管监察综合信息服务平台，以及部分省份的安全生产监管平台。部分省份将企业达标数据作为经营许可延续、安全生产检查和相关优惠政策的重要依据。同时，项目为管理部门安全生产形势研判和评估提供了数据支撑，实现了达标数据、问题清单等统计分析，从企业层面掌握不同地区或不同行业类型的标准化管理工作存在的问题及产生原因。

三是促进了交通运输行业安全生产主体责任有效落实。系统通过标准化的建设过程，促进企业明确管理职责，落实安全生产主体责任，提升了安全生产事故防范能力，有效提升了行业安全生产管理水平。同时系统为社会公众提供了便利的信息展示及查询平台，为生产经营单位选择承运方或建设单位招投标提供了安全生产方面的重要参考依据，为行业合力提升安全生产管理水平形成了良好氛围。

五、推广应用展望

系统自运行以来，交通运输部及31个省（区、市）行业管理部门在系统内积极开展了安标建设及相关工作，收到了较好的效果，未来将在以下方面做好系统的推广应用工作：

（1）在全行业稳步持续推广应用。目前，系统用户尚未达到预期，在法律和政策的持续推动下，各省将加大推进力度，根据《全国安全生产专项整治三年行动计划》的要求，进一步拓展安标建设评价范围，提升达标建设等级，未达标企业逐步达标，已达标企业稳步升级。

（2）积极加强安全生产标准化数据抓取应用。借助标准化建设评价工作的开展，细化完善企业达标评价数据抓取，将数据分析展示与安全生产管理有机融合，有效构建安全生产标准化大数据中心，深度挖掘企业安全生产管理薄弱环节，在各省将形成有效的数据分析应用需求。

（3）结合行业安全生产业务数据形成综合分析应用。进一步加强与企业安全生产信用、企业风险隐患上报和安全生产责任保险等方面信息的交互，结合交通运输安全生产事故、行业安全生产监管等数据，为管理部门及时掌握企业安全生产动态，研判、预测安全生产形势提供应用支持。

案例 48 ▶ 运用交通大数据构建平安交通站点的实践经验

基本信息

申报单位：上海市国际机场股份有限公司

所属类型：科学技术

专业类别：企业管理

成果实施范围（发表情况）：上海浦东机场

开始实施时间：2017 年 3 月 1 日

负责人：冯　昕

贡献者：曹　流、高　忠、吕　俊、张　明、吴辉华

案例经验介绍

一、背景介绍

上海机场（集团）有限公司下属上海国际机场股份有限公司交通保障部是浦东机场陆侧交通区域管理主体责任单位，致力于成为"国内最好、世界一流"的枢纽交通运行保障标杆，打造最安全的出租车站点环境。浦东机场出租车站点作为旅客来到上海的第一个窗口，日均保障到港旅客用车1万余辆，出租车拒载、抛客等问题也一直受到社会各界的关注。为解决多年来出租车站点管理过程中存在的问题，上海机场集团在市交通委的大力支持下，于2017年3月起正式接手

出租车站点并进行自主管理。近年来，上海机场集团通过树立"始终坚持安全第一"的理念，从以下方面着手，不断提升浦东机场出租车站点区域的安全管理水平：①加强制度建设，完善安全责任体系；②强化"三基建设"，筑牢安全管理基础；③坚持科技运用，强化安全管理能力；④多方协同合作，提升安全管理力度等。通过落实各项管理措施，出租车站点发车效率、旅客满意度都较以往有了大幅提升。目前，旅客约10min即可坐上出租车，即使在极端高峰下，95%以上乘客排队等候时间不超过20min；抛客、拒载等针对站点驾乘矛盾的旅客投诉基本为

零，成效显著。

二、技术路线及成果

1. 加强作风建设，牢固树立安全理念

安全是企业的生命线。安全从业人员良好的工作作风和对安全工作的正确认识是不断提升安全管理水平的重要基础。上海机场集团充分利用安全生产月例会机制，定期组织员工学习领会《习近平总书记关于坚持不懈抓好作风建设重要论述摘录》《关于促进民航安全从业人员工作作风建设的指导意见》等上级安全文件相关精神，要求始终坚持"安全第一"的工作理念，不断提升员工的安全意识。同时要求各部门利用科务会、班组会、班前会等各类平台，宣教员工爱岗敬业，以"敬畏生命、敬畏规章、敬畏职责"为内核，切实增强敬畏意识，深入推进作风建设，不断提升专业素养，确保员工能够警钟长鸣，坚决不触碰"集团安全行为禁令"的红线，严守安全底线。

2. 加强制度建设，完善安全责任体系

一是落实"四个责任"，进一步健全安全生产责任制，结合工作实际依法依规制定安全管理规章制度，定期对安全措施和规章制度的落实情况以及安全管理岗位人员的履职尽责情况进行监督检查。

二是完善"党政同责、一岗双责、失职追责"安全责任体系，推进各级安全生产"责任清单""履职清单"编制和落地。

三是按照5+X全员安全理念，根据岗位的性质、特点和具体工作内容，建立健全涵盖所有层级、各类岗位的安全生产责任书、安全承诺书，确保安全生产责任书内容与部门、班组、岗位职责相匹配，体现个性化、具体化，层层传递安全压力，确保责任落实到岗位，具体到个人。

3. 强化"三基"建设，筑牢安全根基

一是通过培训加强安全业务能力。积极组织基层员工通过线上线下相结合的方式参加各类安全培训课程，其中包括机场使用手册培训、内保反恐防范安全培训、公司安全工作方法培训、航空安保培训、消防安全管理培训、安全生产责任制及相关法律法规培训，以及安全管理体系（SMS）专项培训等应知应会课程，丰富公司安全文化，营造良好学习氛围。

二是强化风险管控与隐患治理能力。每年2次进行风险源辨识和岗位安全风险评估，对现有风险源进行量化分析、通过技术改进、个体防护、现场管理、应急处置、培训教育等方面制定管控措施，对风险实施有效管控；健全安全隐患排查机制，采用日常隐患排查与专项隐患整治相结合的方式推进安全隐患治理工作，对整治中发现的问题进行整改闭环；健全安全隐患信息管理机制，对站点区域内的安全隐患信息进行收集和管控，形成隐患月报；健全隐患治理跟踪机制，对隐患治理措施的有效性、一定时间内是否有反复等情况进行复核，保证安全隐患排查治理工作达到预期效果。

三是坚持预案与演练相结合，提升应急处置能力。根据相关安全规章制度，结合现场运行保障实际需求及变化，及时修订各类应急预案，确保与现场安全运行实际相适应。在2020年"安全生产月"活动中，出租车站点积极开展消防演练、防汛抗台演练以及不明物体处置演练等，共计79人次参加。此外，一线岗位坚持每月每班组开展一次预案实操，做到演练前有计划，演练后有分析有评估，不断提升预案可操作性和员工的执行力。

4. 坚持科技引领发展，提高现场管理水平

一是通过GPS智能识别系统，有效杜绝拒载、抛客。针对长、短途出租车管理短板，依托空港社区联建共治平台，联合市交通委等行业主管部门、执法部门、中科大及各大出租车公司，通过多方协作，采取智能化科技手段，采用GPS系统识别轨迹的方法，解决出租车管理中的超速、抛客等顽症，维护公平、合理、有序的运营环境。

二是通过非法运营智能识别预警系统，一"镜"跟踪面部识别系统的自动采集、自动分析、自动与数据库内的非法揽客人员脸部数据进行比对，对可疑人员进行全程的视频跟踪与记录，并将固化的视频证据移交相关执法单位进行

处理。

三是开发出租车站点应急逃生系统，在发生紧急情况时，打开蛇形通道内设立的应急逃生门，及时疏散旅客。同时利用站点区域的岗亭顶部屏、落地大屏、排队区域提示屏等设备提示旅客疏散信息。

5. 主动担责，全力做好疫情防控工作

"疫情就是命令，防控就是责任"。为响应习近平总书记的重要批示精神，在市疫情防控领导小组正确领导下，上海机场集团主动承担起了本市疫情防控工作环节中的关键一环，负责对浦东机场入境的所有人员进行闭环管理，其中包括信息登记、转运至隔离点等任务。目前，浦东机场两座候机楼的出租车站点管理区域，已成为市疫情防控的主战场，肩负着守护疫情防控的艰巨使命。上海机场集团与各有关单位通力合作，努力做好疫情防控各项工作：

一是根据动态变化的隔离政策对转运现场的工作流程及时修订，确保各岗位、各封闭区域都能满足当前的防疫要求。

二是准备充足的防疫物资，确保防疫人员的个人防护措施精准到位。

三是针对客包机、骨髓交接等特殊保障任务，做到提前筹备，截至目前两楼转运点已完成17架次客包机保障任务、4次骨髓交接保障任务。

四是对进入出租车站点的人员进行体温监测，截至目前已对现场旅客测温43.5万余人次。

五是出租车站点为确保车辆之间的安全距离，目前只启用单数车位。为使旅客有效保持安全距离，同时要求站点调度人员始终与旅客、驾驶员及车辆保持1m以上的距离进行引导协调，尽量不与旅客行李及车辆进行直接接触。进一步确保了站点旅客的安全。

三、应用成效与评估

经过多方协同努力，目前浦东机场出租车站点管理取得了明显的成效：

（1）定期宣教，形成了良好的安全文化，有效增强了员工安全意识。

（2）多维度培训课程，切实提升了基层管理人员的安全业务知识水平；定期的预案演练，加强了基层管理人员的安全基本功。

（3）科技化智能化手段的运用，提升了现场安全管理效率，有效解决了拒载、抛客等出租车管理难题。

（4）每年顺利完成上级下达的安全工作目标。

（5）自疫情发生以来，在严格按要求开展疫情防控工作的基础上，始终保证工作人员零感染。

（6）自2017年以来，浦东机场在出租车站点管理工作上已得到国内外旅客广泛好评和主管部门、行业内高度认可，获得了中国质量协会现场管理成熟度五星级、上海市工人先锋号、上海市优秀青年突击队等一系列奖项与荣誉。

四、推广应用展望

安全体系的建设主要分为软件和硬件。软件主要是指安全意识、安全作风、安全基本功等；硬件包括安全投入、设备技术、运行维护等。近年来出租车站点安全管理水平的提升也证明了构建安全管理体系在站点现场安全管理工作中起到了至关重要的作用。因此，上海机场集团在今后的工作中，以深化安全体系建设为抓手，不断筑牢基础，开拓创新，努力打造"国内最好、世界一流"的平安站点。虽然出租车站点通过加强管理，已取得了一定的成绩，但仍存在不足：当前，"三基"建设强调"四个到班组"，但是目前基层班组在安全管理中起到的角色更偏向于根据指令进行操作，专业技术能力仍有待提高。特别是智能化设备的不断投入使用，培养一大批安全管理人才是基层班组建设努力的方向。

案例 49 ▶ 车载道路病害智能检测系统

基本信息

申报单位：中远海运科技股份有限公司

所属类型：科学技术

专业类别：交通设施运营养护

成果实施范围（发表情况）：适用于公路养护运营管理

开始实施时间：2019 年 6 月

负责人：王军群

贡献者：李　川、袁　彬、于艳玲、张文凤、杨东烨

案例经验介绍

一、背景介绍

随着道路建设、地铁建设和地下空间开发的步伐日益加快，城市车辆急剧增加。与此同时，因道路车流量不断增大、路面老化、路基沉降、雨水冲刷、路面渗水、地下管道漏水等原因，导致路面局部不平整、局部坑洼、路面裂缝、坑槽、壅包、啃边、脱落、掉渣、推挤、烂边等现象时有发生，情况严重地会导致道路路面开裂、变形、沉降、塌陷等问题，这些都不同程度地影响汽车行驶速度、行车舒适度等，有些道路路基结构受到破坏，影响行车安全，甚至造成交通事故，对社会影响极大。能否及时准确地检测病害类别，正确分析病害成因，直接关系道路维护能否正确、及时，影响道路的营运水平。

传统的路面检测工作需要人工走查来完成，在进行路面检查过程中一名检查员每天只能进行不到10km的检测，不仅耗费大量的时间和精力，且工作效率不高，并存在巨大的安全问题。因此，通过有效的检测手段，积极开展积极有效的道路病害检测和控制，减少道路病害引发的交通问题，显得尤为重要。

目前的道路裂缝检测系统主要分为可移动的机械设备和手持终端两种，但这些检测系统主要基于传统的图像识别算法，手持检测设备费时费力，效率较低，检查结果主观性较强，不够客观，检查结果无统一标准，且危险性大。

二、项目目标

公路交通对国民经济与人民生活有着极大的影响，传统人工公路病害检测方式人员安全无法保障、检测时间长、人为因素影响大，本项目提出的车载道路病害智能检测系统，基于前沿深度学习技术对道路病害进行检测，与道路运营养护维护车辆结合，快速识别横向裂缝、纵向裂缝、龟裂、坑槽、窨井盖高差等道路病害。应用互联网+、人工智能、大数据分析技术，搭建可视化病害管养信息系统，辅助道路智能养护决策。实现路面病害检测、养护、管理和服务的实时化、数字化、可视化、联动化与智能化，提升公路养护的及时性、信息化水平和科技化水平，降低检测和养护费用，保障路检人员安全，并为政府及行业管理部门提供智能化辅助决策支持，可较好地适应目前养护运营管理使用需求。

三、技术路线及成果

1. 系统总体架构

本系统由道路病害检测车载前端、智能决策分析平台、道路养护管理平台、掌上App和云服务器组成。实时采集"道路地面的线裂、网裂、坑槽、松散"等病害图像数据，并通过4G传输方式把数据上传到道路病害管理平台。前端车载实时视频可推送视频直播云服务器，后端实时播放道路路况，总体架构如图1所示。

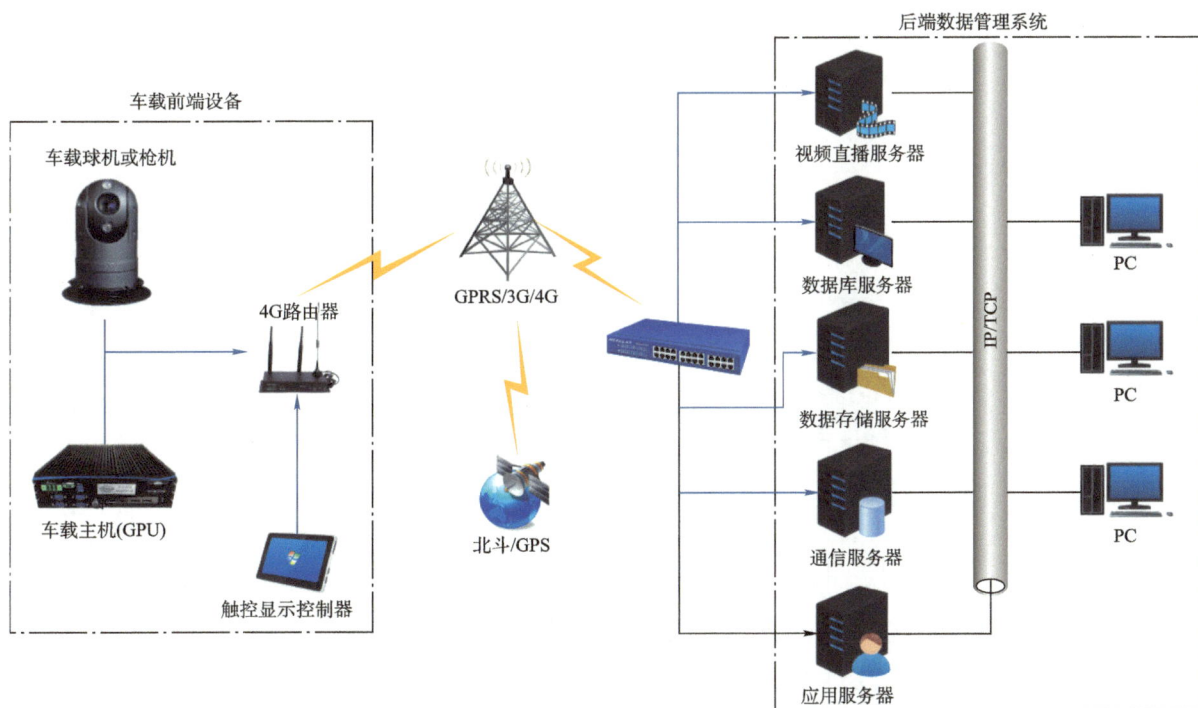

图1　系统总体架构

2. 车载前端硬件结构

车载检测前端由高清车载摄像机、车载处理器、平板控制器和高速4G无线路由器组成，如图2所示。

各部分功能介绍如下：

（1）车载摄像机：提供路况实时视频。

（2）车载处理器：部署道路病害识别服务，采用深度学习技术快速识别道路病害图像。

（3）平板控制器：主要为智能平板及配套App，实现对摄像头方向的操控，异常路面的手动抓拍及上传等功能。

（4）高速4G无线路由器：提供4G专用网络，安全高效的将视频、图像、病害数据等传输到后台。

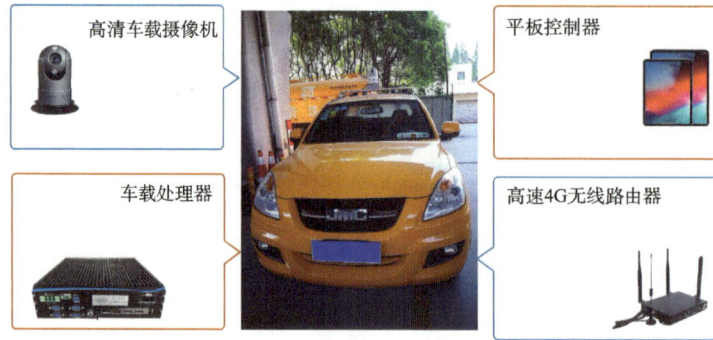

图2 车载前端设备硬件结构

3. 道路病害自动检测识别技术路线

道路病害自动检测识别技术路线如图3所示，车辆起动时设备开机自启，软件初始化GPS数据服务、无线通信服务、深度学习推理框架服务，加载深度网络模型，连接摄像机，获取实时视频图像数据进行预处理（包括图像去噪、光线白平衡、图像缩放等），利用深度学习计算推理框架对图像数据进行推理识别，判断是否是病害数据。如果是病害数据，则建立数据档案编号，结合GPS高精度定位信息，保存图像数据和生成病害消息，分别进行文件存储和消息入库，并通过无线网络对数据进行实时上传。

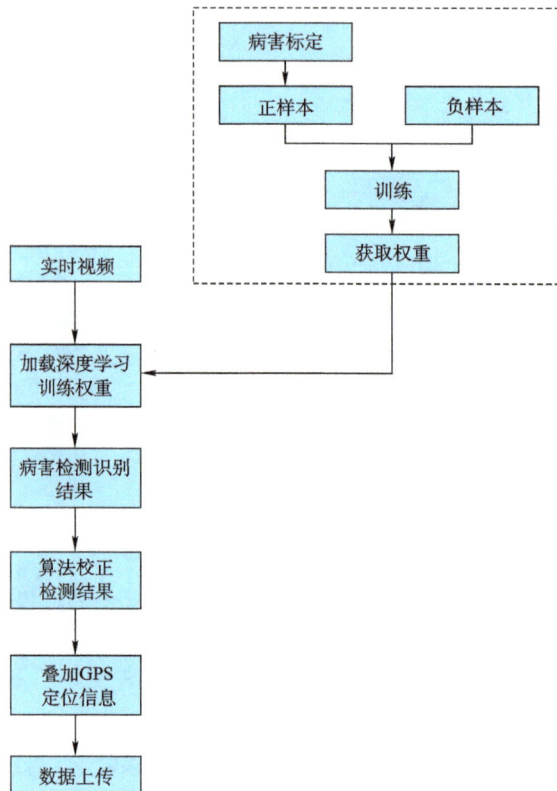

图3 病害自动识别系统技术路线

4. 道路病害数据管理系统技术框架

公路病害管养系统包括：数据层、处理层、交互层、显示层和应用层，支持对外二次开发接口，提供病害数据、视频直接、推理决策、电子地图等基础数据接口，系统采用前后端分离模式进行架构，后端采用Spring、Spring MVC以及Mybatis进行搭建以及数据的获取。数据库采用Mysql作为主要数据源，引用了rides和mongodb这种Nosql数据库，优化平台数据存取速度。前端使用Vue、vue-router、vuex、echarts以及高德地图组件。病害数据综合管理平台汇聚病害检测设备巡视的道路病害数据，按照养护路段、病害类型、时间段、病害数量、病害程度等内容对数据进行存储，实现车辆在线状态实时更新，地图上对车辆位置以及车辆路况视频实时监控，整个技术框架如图4所示。

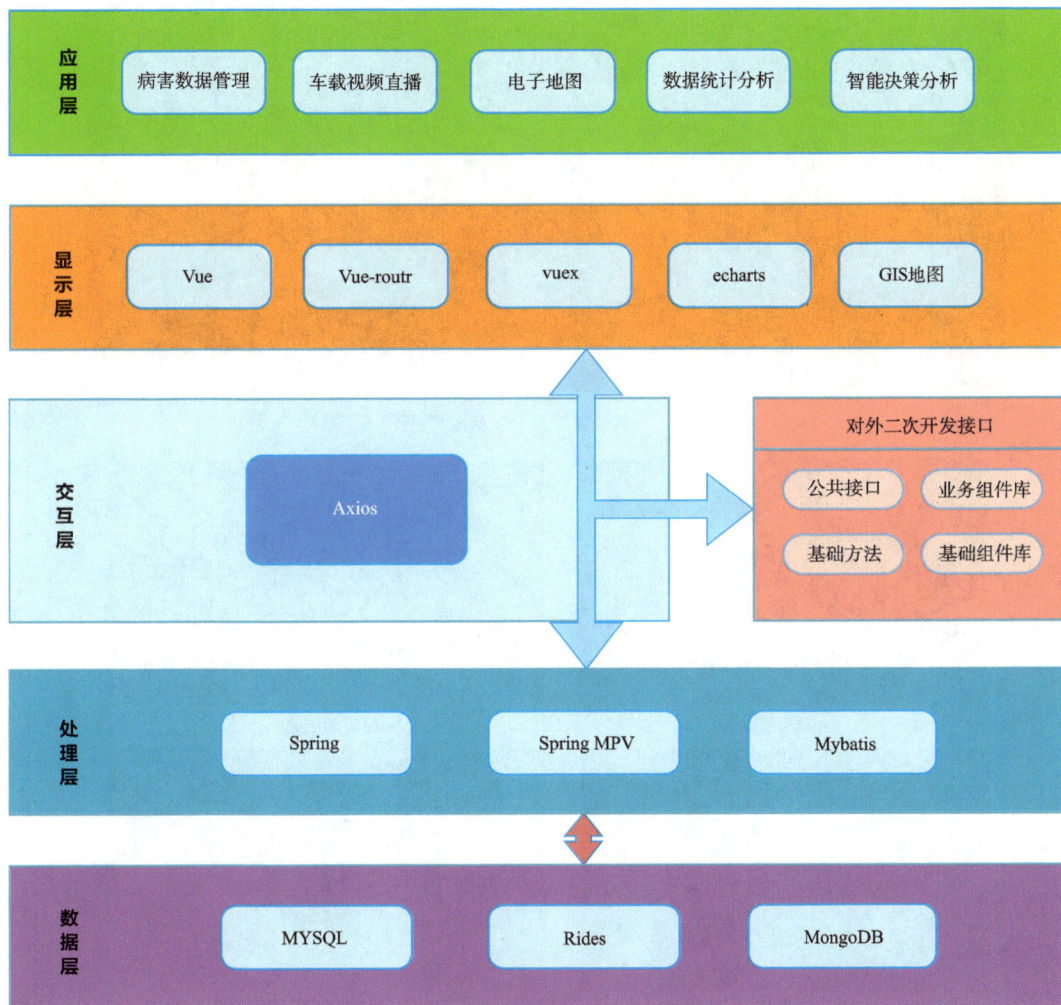

图4　道路病害管理系统技术框架

四、应用成效与评估

中远海运车载式道路养护智能检测系统是一个集监控摄像、通信、智能检测、互联网和人工智能等技术于一体的综合系统，为国内首创（图5）。本系统在日常养护巡检过程中实现自动检测，检测种类丰富，仅需在养护车辆上安装摄像机即可，改装方便且成本低，可较好地适应目前使用需求。通过实时视频拍摄公路路面和路边包含的重要信息，如裂缝、坑槽、窨井盖、道路交通标志和绿化带垃圾。

系统目前支持8种目标检测识别，如图6所示，准确率超过95%。

目前系统已与上海市浦东公路署展开合作，浦东公路署联合18家养护公司，建设浦东道路病害智能巡查系统，安装智能巡查设备54辆，以平均每辆车速度30km/h、每天巡查3h计算，所有智能设备全部运行，每日覆盖道路长度达4800多km，视频图像AI道路养护识别技术基于高度优化的深度学习算法，通过对视频图像自适应迭代的智能分析，精准识别道路设备损坏、道路路面病害，解决复杂交通场景下病害识别精准度的问题，提升交通事件处置和道路病害养护的及时性。

上海市浦东新区城市大脑——道路管养平台如图7所示。

图5　车载式道路养护智能检测系统

a) 横向裂缝

b) 纵向裂缝

c) 龟裂

d) 坑槽

e) 窨井盖高差

f) 绿化带垃圾

g) 标志标牌遮挡

h) 标线磨损

图6　系统识别目标种类

图 7　上海市浦东新区城市大脑——道路管养平台

五、推广应用展望

车载道路病害智能检测系统实现病害检测的低成本、多样化、智能化、便捷化，大大降低人工成本，同时可对多种病害等目标进行检测，系统可扩展性强，同时通过对错误样本再训练，可以不断提高检测准确率，更好满足用户需求。

1. 促进道路智慧养护建设，提高道路养护效率，降低道路养护成本

本系统实现对养护车辆各方面数据的读取，并通过 4G 网络将车辆信息实时传送到后端信息平台，通过分析得出车辆行车轨迹数据和道路养护检测目标，并将这些信息实时呈现在后端信息平台上，后端信息平台立即将需要维修的道路信息发送给养护公司，督促养护公司实时跟进，维修和维护道路。本系统实惠，性价比高，长期使用的单位成本远低于传统养护系统。

2. 缩短单位病害养护周期，提升道路通畅率

传统道路养护系统，由于主要由人工发现病害，一段时间内收集大量待养护信息，再对大量病害进行集中养护，病害集中路段甚至封路养护，导致路面车辆通行不畅，本系统针对待养护对象实时勘测，即时上报，实时处理，做到小病害立即发现并处理，从而避免集中封路养护等问题。

3. 带动人工智能 + 智慧管养产业的发展

目前人工智能技术普遍面临落地难题，本系统的开展将有力推动我国人工智能+智慧管养产业的发展，显著提高道路管理部门的精细化管理水平和道路养护公司工作效率，全面提升智能养护行业服务品质和科学治理能力。

4. 保障交通系统运行安全，促进国民经济发展

智能道路养护技术已成为智能交通技术一个重要组成部分，对保障交通系统的运行安全，提高运输效率，促进国民经济的发展有重要的意义和重要经济价值。

案例50 ▶ 高速公路交通气象安全监测预警系统

基本信息

申报单位：河南省交通运输厅京珠高速公路新乡至郑州管理处

所属类型：科学技术

专业类别：交通设施运营养护

成果实施范围（发表情况）：京港澳高速公路新乡至郑州段

开始实施时间：2019年11月

负责人：鲁云杰

贡献者：王祥瑞、谭中楠、杨　萌、范一斌、赵　沛、李秀红

案例经验介绍

一、背景介绍

刘江黄河大桥原名"京珠高速郑州黄河公路大桥"，于2004年建成通车，位于郑州市东部，南起郑州市惠济区，北端位于新乡市蒋庄，桥梁全长9848.16m，桥宽42m，双向8车道，设计速度120km/h，是国道主干线北京至珠海高速公路跨越黄河的特大型桥梁。据统计，2016年8月以来，雨、雪等天气条件下因驾驶员操作不当导致的交通事故多大25起，造成的路产损失多大4.07亿元。

十九大报告明确提出我国要建成"交通强国"，2019年9月，中共中央、国务院印发了《交通强国建设纲要》，"智慧交通""平安交通""服务交通"成为新时代交通事业的发展理念。为了践行"平安交通"，2019年11月1日，河南省交通运输厅新乡至郑州管理处在刘江黄河大桥安装一套DZZJ8型公路交通气象观测站，建设针对刘江黄河大桥的高速公路交通气象安全监测预警系统，用于对刘江大桥沿线的空气温度、空气湿度、风向、风速、雨量、路面状况、能见度等要素进行实时监测，通过软件平台实现数据的收集、处理、存储与分析，能够与其他业务系统进行对接、数据共享，并结合业务部门实际需求，开展不同形式、不同层次的应用，为新郑管理处的公路养护管理、公共服务、气象预警提供数据支撑与决策支持。

高速公路交通气象安全监测预警系统提供的针对性和时效性气象预警预报服务功能，将极大提高气象为公路安全运营的保障能力，为交通、气象、公安等部门的科学决策提供有力支撑，为公众安全出行提供科学服务。该系统可以有效地提高新郑管理处对道路的智能化管理水平和应急处置能力的提升，对减少因气象灾害引起的交通事故、保障人民生命财产安全具有十分重要的意义。

二、项目目标

本项目主要针对京港澳高速公路新乡至郑州段公路沿线浓雾（团雾）、道路结冰、强降水等易造成道路交通事故开展气象条件监测，通过大数据分析、云计算进行交通态势研判，为河南省交通运输厅京珠高速公路新乡至郑州管理处提供气象监测实时数据和预警预报服务，提升道路管理处运营指挥管理能力，加强恶劣天气条件下应急处理能力，增强道路交通运输质量和服务水平，保障广大人民群众的安全出行，切实践行"平安交通"。

三、技术路线及成果

1. 技术路线

（1）进行多光谱测量、红外探测技术研究。

①采用多光谱技术实现路面状态（水、冰、雪）自动化观测，包括：建立光谱响应和路面状态的算法模型；建立光谱响应和覆盖物厚度的算法模型；镜面污染程度测量技术。

②采用红外探测技术实现天气现象自动观测，包括：建立前向散射能见度算法模型；建立天气现象算法模型。

（2）建立路网状态研判气象模型。

（3）运用大数据、云计算进行气象数据融合，进行中小尺度气象预警。

2. 技术成果

建立恶劣天气下驾驶安全行车模型：

（1）雾对行驶车辆影响主要有：低能见度、低道路附着系数，建立雾天条件下驾驶员识别及反应时延模型。

（2）雨天对行车影响主要有：轮胎与路面摩擦因数、水膜厚度等，建立雨天驾驶下滑水临界速度模型。

（3）冰雪环境下轮胎与冰雪直接接触替代了轮胎与地面间的接触，道路的附着系数也相应发生变化，建立冰雪环境下路面摩擦因数模型。

四、应用成效与评估

设备自2019年11月1日安装至今，设备运行情况良好，期间经历了2次降雪、2次低能见度及1次冰雹共5次恶劣天气过程，设备均能在第一时间监测到相应气象要素的改变，并做出相应的预警，加强了河南省交通运输厅新乡至郑州管理处在恶劣天气条件下的应急处理能力，提高了道路交通安全和道路通行能力及道路交通运输质量和服务水平；为制定正确的运营管理措施提供气象科学依据，提升了运营指挥管理能力。以下分别对上述几次恶劣天气数据进行展示说明。

1. 降雪天气数据展示

设备安装至今共经历2次降雪天气，一次为2020年2月5日，造成路面结冰及积雪；另一次为2020年2月27日，只造成路面积水。两次降雪天气经过人工比对，设备观测数据准确。

其中2020年2月5日降雪较大，设备于中午13:31第一次检测到路面结冰，并于下午16:17检测到路面积雪，数据示例如图1所示。

2020年2月27日降雪幅度较小，且路温在0℃以上，没有造成路面结冰积雪现象，只是出现了水膜厚度累计。

2. 能见度天气数据展示

设备运行期间一共检测到2次能见度低于500m的大雾天气，分别发生于2020年1月18日凌晨与2020年2月27日夜晚。其中1月18日能见度于凌晨1:14首次降到500m以下，之后能见度缓慢下降，到凌晨3:19降低到100m以下，并持续到早上10:18恢复到100m以上，随后持续恢复到正常水平，数据如图2所示。

台站号	观测时间	入库时间	路面状况	水膜厚度	冰层厚度	雪层厚度	湿滑系数	1min平均水平能见度	温度
0A3007	2020/2/5 12:47	2020/2/5 12:47	积水	0.5	0	0	0.61	8306	-0.3
0A3007	2020/2/5 12:46	2020/2/5 12:46	积水	0.5	0	0	0.61	7948	-0.3
0A3007	2020/2/5 12:45	2020/2/5 12:45	积水	0.5	0	0	0.61	7869	-0.2
0A3007	2020/2/5 12:44	2020/2/5 12:44	积水	0.5	0	0	0.61	7511	-0.2
0A3007	2020/2/5 12:43	2020/2/5 12:43	积水	0.5	0	0	0.61	7528	-0.2
0A3007	2020/2/5 12:42	2020/2/5 12:42	积水	0.4	0	0	0.61	7629	-0.2
0A3007	2020/2/5 12:41	2020/2/5 12:41	积水	0.5	0	0	0.61	7567	-0.2
0A3007	2020/2/5 12:40	2020/2/5 12:40	冰水混合物	0	0.3	0	0.39	7627	-0.2
0A3007	2020/2/5 12:39	2020/2/5 12:39	冰水混合物	0	0.3	0	0.39	7558	-0.2
0A3007	2020/2/5 12:38	2020/2/5 12:38	冰水混合物	0	0.3	0	0.39	7346	-0.2
0A3007	2020/2/5 12:37	2020/2/5 12:37	冰水混合物	0	0.3	0	0.39	7192	-0.2
0A3007	2020/2/5 12:36	2020/2/5 12:36	冰水混合物	0.4	0.1	0	0.36	7080	-0.2
0A3007	2020/2/5 12:35	2020/2/5 12:35	冰水混合物	0.4	0.1	0	0.36	7208	-0.2

台站号	观测时间	入库时间	路面状况	水膜厚度	冰层厚度	雪层厚度	湿滑系数	1min平均水平能见度	温度
0A3007	2020/2/5 16:29	2020/2/5 16:29	积雪	0	0	2.6	0.19	5922	-1.5
0A3007	2020/2/5 16:28	2020/2/5 16:28	积雪	0	0	2.5	0.19	5760	-1.5
0A3007	2020/2/5 16:27	2020/2/5 16:27	积雪	0	0	2.4	0.19	5314	-1.5
0A3007	2020/2/5 16:26	2020/2/5 16:26	积雪	0	0	2.4	0.19	4951	-1.5
0A3007	2020/2/5 16:25	2020/2/5 16:25	积雪	0	0	2.2	0.19	4600	-1.4
0A3007	2020/2/5 16:24	2020/2/5 16:24	积雪	0	0	2.1	0.19	4498	-1.5
0A3007	2020/2/5 16:23	2020/2/5 16:23	积雪	0	0	2	0.19	4374	-1.5
0A3007	2020/2/5 16:22	2020/2/5 16:22	积雪	0	0	2	0.19	4484	-1.4
0A3007	2020/2/5 16:21	2020/2/5 16:21	积雪	0	0	1.7	0.19	4503	-1.5
0A3007	2020/2/5 16:20	2020/2/5 16:20	积雪	0	0	1.3	0.17	4694	-1.5
0A3007	2020/2/5 16:19	2020/2/5 16:19	积雪	0	0	1.1	0.16	4753	-1.4
0A3007	2020/2/5 16:18	2020/2/5 16:18	积雪	0	0.1	0.8	0.12	4801	-1.4
0A3007	2020/2/5 16:17	2020/2/5 16:17	积雪	0	0.1	0.6	0.1	4933	-1.4
0A3007	2020/2/5 16:16	2020/2/5 16:16	结冰	0	0.1	0.4	0.26	5027	-1.3
0A3007	2020/2/5 16:15	2020/2/5 16:15	结冰	0	0.2	0.3	0.17	5616	-1.3

图1 2020年2月5日降雪数据展示

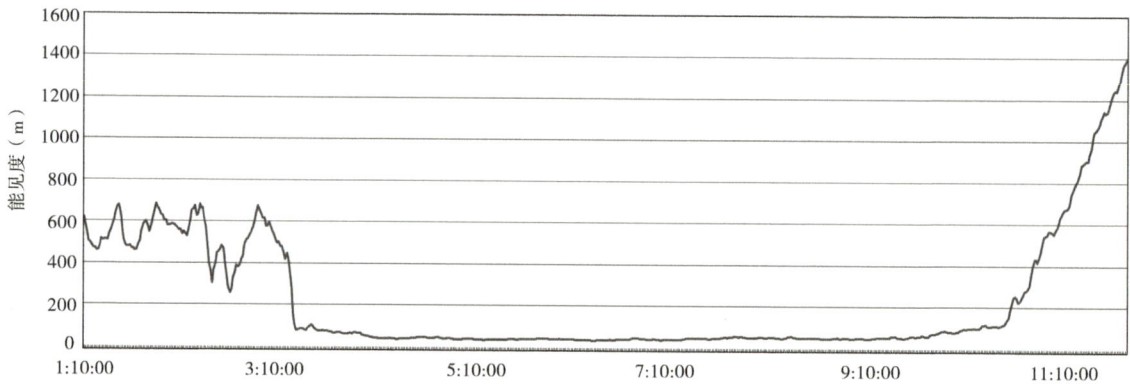

图2 2020年1月18日大雾天气能见度趋势图

2月27日晚间大雾天气是由于白天下雪导致的能见度降低，从晚间11:46降低到500m之下，之后在500m附近振荡，直到早上恢复到1000m以上（图3）。

刘江黄河大桥-1min平均水平能见度曲线图

图3 2020年2月27日大雾天气能见度趋势图

3. 冰雹天气数据展示

2020年4月10日清晨郑州下起了小雨，并于上午9:30左右转变成了冰雹天气，持续半小时左右，由于路温较高，路面只是出现积水状态，数据如图4所示。

路面状况	水膜厚度	冰层厚度	雪层厚度	凝滑系数	台站号	观测时间
干燥	0	0	0	0.82	0A3007	2020-04-10 06:42:00
干燥	0	0	0	0.82	0A3007	2020-04-10 06:43:00
干燥	0	0	0	0.82	0A3007	2020-04-10 06:44:00
干燥	0	0	0	0.82	0A3007	2020-04-10 06:45:00
潮湿	0	0	0	0.82	0A3007	2020-04-10 06:46:00
潮湿	0	0	0	0.82	0A3007	2020-04-10 06:47:00
潮湿	0	0	0	0.82	0A3007	2020-04-10 06:48:00
潮湿	0	0	0	0.82	0A3007	2020-04-10 06:49:00
潮湿	0	0	0	0.82	0A3007	2020-04-10 06:50:00
潮湿	0	0	0	0.82	0A3007	2020-04-10 06:51:00
潮湿	0	0	0	0.82	0A3007	2020-04-10 06:52:00
潮湿	0	0	0	0.82	0A3007	2020-04-10 06:53:00
潮湿	0	0	0	0.82	0A3007	2020-04-10 06:54:00
潮湿	0	0	0	0.82	0A3007	2020-04-10 06:55:00
潮湿	0	0	0	0.82	0A3007	2020-04-10 06:56:00
潮湿	0	0	0	0.82	0A3007	2020-04-10 06:57:00
潮湿	0	0	0	0.82	0A3007	2020-04-10 06:58:00
潮湿	0	0	0	0.82	0A3007	2020-04-10 06:59:00
潮湿	0	0	0	0	0A3007	2020-04-10 07:00:00
潮湿	0	0	0	0.82	0A3007	2020-04-10 07:01:00
潮湿	0	0	0	0.82	0A3007	2020-04-10 07:02:00
潮湿	0	0	0	0.82	0A3007	2020-04-10 07:03:00
潮湿	0	0	0	0.82	0A3007	2020-04-10 07:04:00
潮湿	0	0	0	0.82	0A3007	2020-04-10 07:05:00
潮湿	0	0	0	0.82	0A3007	2020-04-10 07:06:00
潮湿	0	0	0	0.82	0A3007	2020-04-10 07:07:00
潮湿	0	0	0	0.82	0A3007	2020-04-10 07:08:00
潮湿	0	0	0	0.82	0A3007	2020-04-10 07:09:00
潮湿	0	0	0	0.82	0A3007	2020-04-10 07:10:00
潮湿	0	0	0	0.82	0A3007	2020-04-10 07:11:00
潮湿	0	0	0	0.82	0A3007	2020-04-10 07:12:00
潮湿	0	0	0	0.82	0A3007	2020-04-10 07:13:00
潮湿	0	0	0	0.82	0A3007	2020-04-10 07:14:00
潮湿	0	0	0	0.82	0A3007	2020-04-10 07:15:00
潮湿	0.1	0	0	0.67	0A3007	2020-04-10 07:16:00
潮湿	0.2	0	0	0.65	0A3007	2020-04-10 07:17:00
潮湿	0.2	0	0	0.62	0A3007	2020-04-10 07:18:00
潮湿	0.2	0	0	0.62	0A3007	2020-04-10 07:19:00
积水	0.2	0	0	0.61	0A3007	2020-04-10 07:20:00
积水	0.3	0	0	0.61	0A3007	2020-04-10 07:21:00

水膜厚度	冰层厚度	雪层厚度	凝滑系数	台站号	观测时间	路面状况
0.8	0	0	0.61	0A3007	2020-04-10 09:30:00	积水
0.8	0	0	0.61	0A3007	2020-04-10 09:31:00	积水
0.8	0	0	0.61	0A3007	2020-04-10 09:32:00	积水
0.8	0	0	0.61	0A3007	2020-04-10 09:33:00	积水
0.8	0	0	0.61	0A3007	2020-04-10 09:34:00	积水
0.8	0	0	0.61	0A3007	2020-04-10 09:35:00	积水
0.8	0	0	0.61	0A3007	2020-04-10 09:36:00	积水
0.8	0	0	0.61	0A3007	2020-04-10 09:37:00	积水
0.9	0	0	0.61	0A3007	2020-04-10 09:38:00	积水
0.9	0	0	0.61	0A3007	2020-04-10 09:39:00	积水
0.9	0	0	0.61	0A3007	2020-04-10 09:40:00	积水
0.9	0	0	0.61	0A3007	2020-04-10 09:41:00	积水
0.9	0	0	0.61	0A3007	2020-04-10 09:42:00	积水
0.9	0	0	0.61	0A3007	2020-04-10 09:43:00	积水
0.9	0	0	0.61	0A3007	2020-04-10 09:44:00	积水
0.9	0	0	0.61	0A3007	2020-04-10 09:45:00	积水
0.9	0	0	0.61	0A3007	2020-04-10 09:46:00	积水
0.9	0	0	0.61	0A3007	2020-04-10 09:47:00	积水
0.9	0	0	0.61	0A3007	2020-04-10 09:48:00	积水
0.9	0	0	0.61	0A3007	2020-04-10 09:49:00	积水
0.9	0	0	0.61	0A3007	2020-04-10 09:50:00	积水
0.9	0	0	0.61	0A3007	2020-04-10 09:51:00	积水
0.9	0	0	0.61	0A3007	2020-04-10 09:52:00	积水
0.9	0	0	0.61	0A3007	2020-04-10 09:53:00	积水
0.9	0	0	0.61	0A3007	2020-04-10 09:54:00	积水
0.9	0	0	0.61	0A3007	2020-04-10 09:55:00	积水
0.9	0	0	0.61	0A3007	2020-04-10 09:56:00	积水
0.9	0	0	0.61	0A3007	2020-04-10 09:57:00	积水
0.9	0	0	0.61	0A3007	2020-04-10 09:58:00	积水
0.9	0	0	0.61	0A3007	2020-04-10 09:59:00	积水
0.9	0	0	0	0A3007	2020-04-10 10:00:00	积水
0.9	0	0	0.61	0A3007	2020-04-10 10:01:00	积水
1	0	0	0.61	0A3007	2020-04-10 10:02:00	积水
1	0	0	0.61	0A3007	2020-04-10 10:03:00	积水
1	0	0	0.61	0A3007	2020-04-10 10:04:00	积水
1	0	0	0.61	0A3007	2020-04-10 10:05:00	积水
1	0	0	0.61	0A3007	2020-04-10 10:06:00	积水
1	0	0	0.61	0A3007	2020-04-10 10:07:00	积水
1	0	0	0.61	0A3007	2020-04-10 10:08:00	积水

图4　2020年4月10日冰雹天气数据展示

五、推广应用展望

1. 社会价值

高速公路交通气象安全监测预警系统是基于河南省公路气象条件监测的需求和对气象保障服务的需求，也是社会大众出行对交通气象服务的迫切需求，是实现交通、气象、公安等部门共同建立交通气象灾害条件下的应急联动机制的基本保障。本系统的建设普惠于民，是政府、交通和气象等部门树立良好服务形象的有效举措，具有十分良好的社会效益。

2. 生态价值

气象灾害是在一定生态环境背景下发生的，也是导致生态环境恶化的一个重要因素。而人类的生产活动导致生态环境的日益恶化，其结果也使气象灾害发生的概率显著增加。高速公路交通气象安全监测预警系统的建设有利于获得道路交通气象灾害监测信息，可为生态治理提供决策所需的气象依据，有助于理解生态系统与全球变化的复杂关系，加深对碳循环、水循环、气候资源等方面某些环节的了解，有助于推进环境友好型社会建设，提高对河南省生态环境和资源的管理水平，对生态环境保护和资源合理开发利用起到不可替代的重要作用。

3. 经济价值

高速公路交通气象安全监测预警系统的实施，是提高道路通行能力、减少或避免重大交通事故发生的有效手段。通过对公路气象环境实时监测，在应对气象灾害过程中，及时获取气象服务信息，特别是可以提前获得气象灾害的预警预报信息，在河南省路网的统一调度和管理中，为制定正确的运营管理措施提供气象科学依据，可以有效提升道路交通管理部门运营指挥管理能力，加强恶劣天气条件下应急处理能力，提高道路交通安全和道路通行能力，提高道路交通运输质量和服务水平，有效地减少人员伤亡和财产损失，保障广大人民群众的安全出行，减少不良气象条件或恶劣天气对公路运营的影响，经济效益十分显著。

案例 51 ▶ 简易牵引式钢腹板面漆涂装安全工作平台

基本信息

申报单位：宁夏路桥工程股份有限公司

所属类型：科学技术

专业类别：交通工程建设

成果实施范围（发表情况）：在宁夏路桥工程股份有限公司承建宁夏石嘴山红崖子黄河公路大桥第 HYZ1 标实施应用，本项目已向国家知识产权局申请实用新型专利，专利号：ZL 2018 2 0679538.3

开始实施时间：2018 年 3 月

负责人：姚爱军

贡献者：刘家全、林金彪、孟　威、王文蔚、万玉玲

案例经验介绍

一、背景介绍

在宁夏石嘴山红崖子黄河公路大桥第HYZ1标项目建设中，黄河大桥全桥共划分为十二联，桥跨布置为（4×40）+（45+75+45）+4×（5×40）+（62+14×90+62）+[2×（5×40）+3×（4×40）]=3389（m）。其中第二联（跨堤桥）、第七联（主桥）上部结构设置为波形钢腹板预应力混凝土连续箱梁：第二联跨堤桥：45+75+45=165（m）；第七联主桥：

62+14×90+62=1384（m）。单幅主梁采用单箱单室直腹板形式。钢腹板总体数量大，总长度为6196m，高度为2.20~4.28m，总计质量3823t。

梁体腹板为钢腹板，为了保证钢腹板的耐久性以及美观性，避免运营过程钢腹板长时间暴露而生锈，设计钢腹板防腐涂装为4层，依次为无机富锌底漆1道（75μm）、环氧封闭漆1道（25μm）、环氧云铁中间漆2道（2×100μm）、氟碳面漆2道（2×40μm），前三层及氟碳面漆第一道在工厂进行涂装，最后一道氟碳面漆在大桥合龙桥面系完成后现场涂装。

跨堤桥上跨滨河大道边通车边施工，主桥上跨东侧岸滩、西侧岸滩及黄河主河道，由于桥体高、边通车边施工、地基软弱、涉水、风大等自然、地质、气候条件限制，且处于二级（5~15m）高处作业、水上作业，工期紧，任务重。

施工现场最后一道面漆涂装作业时，若选择对桥检车工作平台局部进行加高改造后进行现场涂装作业，改造后的涂装平台悬臂太长（16m），悬臂上下摆动幅度较大，同时针对变截面腹板平台加高较大(6m)，高宽比大于6，涂装人员现场作业极不安全。大桥合龙后外翼缘板宽2.63m，内侧梁翼缘腹板净距为5.25m，梁高3.00~6.00m，且中央分隔带净宽仅为0.50m，致使桥检车曲臂无法伸到中分带内作业。桥下为临水或湿软滩地且净空较大，无法搭设满堂支架，吊车吊篮、高空作业车等机械和车辆也无法进入施工。鉴于此情况，为了确保施工质量，降低施工成本，降低施工安全风险，并使总体进度处于受控状态，在多个方案比选下，最终选择了本方案，自主设计、制作简易牵引式钢腹板面漆涂装安全工作平台，有效了降低安全风险，节约工期，保证了钢腹板面漆涂装如期、有序、安全、保质保量地完成。

在多个方案比选下，最终确定了本设计方案，通过各部位受力验算，确定各部位主材的规格和型号，并邀请相关专家对方案进行论证，再次优化方案后，进行加工制作。

二、技术路线及成果

简易牵引式钢腹板涂装工作平台主要由底篮、吊杆、行走体系三部分构成。通过各部位受力验算，各部位所需主要材料采用施工现场现有废旧I12工字钢、∠50×50角钢、10mm厚钢板、[160槽钢、2t橡胶轮、1t定滑轮、3t倒链、ϕ16mm钢丝绳等加工而成。

1.底篮

底篮长5.15m、宽1.62m、高1.70m。底篮主

桁吊架由I12工字钢和[100槽钢焊接而成，吊篮部分由[50槽钢和∠50×50角钢焊接而成，在吊篮长边两侧安装定位螺杆，防止工作状态吊篮横向摆动。

2.吊杆

吊杆长4.50m，由单根I12工字钢上打孔通过10mm厚夹板、M28螺栓把底篮连接起来，再通过ϕ30销轴固定于行走平车上。底篮升降通过工人拉动悬挂于行走平车横梁的两根倒链进行升降，当达到需要高度时，由桥面配合人员换插销轴进行固定。

3.行走体系

行走体系主要由行走平车、轨道、牵引绳等构成。行走平车长2.1m、宽2.0m、高0.6m，其中行走轮宽0.912m。行走平车由I12工字钢按照"井"字形框架焊接而成，在行走平车短边靠护栏两侧安装防脱轨滑轮，在其长边方向纵梁下安装行走轮行走于护栏顶上的轨道内。

轨道由4根4m长的槽钢循环铺设使用，槽钢通过卡子固定于护栏上，在平车牵引端和前方30m处各设定滑轮一组，牵引绳端系于平车牵引端，通过固定于平车前方30m处的定滑轮再到吊篮平台，工人可在吊篮平台上拉动牵引绳使平车和吊篮整体前移。轨道铺设时，在槽钢轨道底面与防撞墙之间铺设1层土工布保护成品防撞墙。施工现场如图1、图2所示。

该安全工作平台使用方便，可行走于防撞护栏顶端安置的轨道内，涂装作业人员通过牵引安装于护栏前端固定于护栏上的定滑轮牵引绳可自行行走，平台工作空间大，作业人员上下安全，同时不影响桥面系交叉施工作业，解决了采用桥检车或其他机具进行涂装，工作空间受限、工作面小、不灵活，不能准确到达工作面并且影响其他施工面作业的问题。

三、应用成效与评估

该涂装安全工作平台于2018年12月获得《一种梁桥钢腹板涂装的安全工作平台》实用新型专利（专利号：ZL 2018 2 0679538.3）。

图1 施工现场图

图2 施工现场图

在涂装时间相同（25天涂装期）、投入人工相同的前提下，采用桥检车最少需要4台，每台班5000元，需要设备租赁费用500000元。采用简易牵引式涂装平台需要6套，每套2.5t，共计15t，加工安装费共90000元，预计残值15000元，实际成本75000元。仅从设备投入上就可节约成本425000元。涂装安全工作平台与桥检车成本对比见表1。

涂装安全工作平台与桥检车成本对比

表1

对比项目	设备数量（台）	每日经济成本（元）	涂装天数（天）	总经济成本（元）	成本差额（元）
桥检车	4	5000	25	500000	425000
涂装安全工作平台	6	600	25	75000	
备注	使用桥检车的经济成本为20000元/天（为满足施工要求每天需用至少4台车），简易牵引式涂装安全工作平台总经济成本为制作平台所用的材料费、人工费等所有费用				

该涂装安全工作平台适用范围较广，不仅适用于钢箱梁、钢板梁、钢腹板桥梁涂装施工，也可用于桥梁检测、梁下施工、旧桥梁下病害处理等工作；在桥墩较高、施工场地受限或跨越河道、沟渠等不宜搭建脚手架的情况下使用，相对桥梁检测车费用较低；该平台可根据桥梁的宽度进行量身定制，既可垂直提升，又可平行移动；该平台安全可靠，在梁下涂装等工作使用期间，有效降低高处坠落风险；拆装灵活、便于运输，可多个项目调度，周转使用年限较长。

四、推广应用展望

在宁夏红崖子黄河公路大桥建设项目成熟应用后，宁夏路桥工程股份有限公司已在承建的后续类似桥梁工程的各施工项目大力推广，目前已在京藏高速公路改扩建项目、乌玛高速公路建设项目、中卫南站黄河公路大桥等推广应用，减少了安全事故的发生，极大减少了钢腹板漆面破坏或变形后的修补，提高了工作效率，降低了施工成本，减少了物料的消耗。

通过不断总结，促进各个环节安全、文明、高效作业，取得了一定的经济效益与社会效益，得到了地方政府监督管理部门、建设单位及项目管理公司的认可。

案例 52 ▶ **"安培宝"——现代网络教学创新平台**

基本信息

申报单位： 重庆贝叶科技发展有限公司

所属类型： 科学技术

专业类别： 道路运输

成果实施范围（发表情况）：已在重庆、四川、青海、云南、贵州、内蒙古、甘肃等多个省区推广，目前平台学员用户 3 万余人，主要对象为行业专家、监管干部、企业主要负责人及安全管理人员等

开始实施时间： 2019 年 5 月 1 日

负责人： 唐 勇

贡献者： 邓植薰、王 皆

案例经验介绍

一、背景介绍

根据《中共中央 国务院关于推进安全生产领域改革发展的意见》，要求强化安全生产宣传教育和舆论引导。日前，交通运输部印发了《安全生产专项整治三年行动工作方案》，方案强调，要坚持问题导向、目标导向和结果导向，深化源头治理、系统治理和综合治理，推动各级交通运输管理部门严格履行部门安全监管责任；推动交通运输企业主动加强安全管理，严格落实安全生产主体责任。

然而，作为源头之一的安全教育工作，其落实问题已经成为行业的普遍难点。尤其是今年新冠疫情暴发，涉及面太广，让各级交通运输行业相关人员都不能以传统的方式参加安全学习。而首当其冲的是各级交通运输主管部门的安全专家培训、监管干部培训等工作都趋于停顿状态。如何及时提升安全专家培训、监管干部的安全职业素质，顺利宣贯国家相关法规，传达行业文件及指示，丰富专业知识，提升职业素养已迫在眉睫。为此，经重庆贝叶科技团队上下一心，刻苦攻关，"安培宝"应运而生。

"安培宝"充分应用"互联网+大数据"对学员进行安全素质情况进行评价（画像），结合主管部门的课程要求及评价结果，输出必学课程及选学课程（系统自动匹配），可以让学员在不知情的情况下，有效补充自有的知识缺陷，完善知识结构。

二、项目目标

"安培宝"，作为"互联网+安全+教育"针对监管干部、专业人士进行的安全培训，以"科技兴安、教育强安"为己任，不但以覆盖全国交通运输主要领域的监管干部及专业人士为目标，更将扩展至交通运输以外的其他应急管理行业为宏图，包括建筑、冶金、矿山、机械、化工、食品、医药、消防、仓储、学校等。我们将利用"大数据+ARVR+AI"等新技术，不断增加课件数量、提升课件品质、增强培训效果，逐渐让互联网的高效便捷、个性化、及时性与平台组建的国内外顶尖专家团队权威性优势相结合，充分挖掘出适应时代趋势和市场刚性需要的高品质内容，服务于安全教育，为中国各行各业的安全生产作出重要贡献。

三、技术路线及成果

技术路线：平台将行业安全专家、安全监管干部定为主要服务对象，以移动互联网为基础，通过云存储、流媒体服务、人工智能、大数据等技术，将安全培训、在线考试、隐患排查治理、安全台账管理、安全事务处理、安全生产监管等多个安全生产业务模块进行充分整合，并实现计算机、平板、微信、手机App全覆盖，为行业高层管理者的行业决策、监管措施等提供依据，同时提升该区域行业管理水平。

主要成果："安培宝"现代网络教学创新平台，是"安培宝交通运输安全生产信息化平台"子系统，拥有独立的知识产权（著作权证号：软著登字第5493186号），自2019年开始推广。

四、应用成效与评估

（一）经济效益

传统的安全教育培训模式对于安全专家以及安全监管干部而言，在防疫抗疫期间是一个非常困难的事情，行业需要专家以及专业的监管干部，而采用"安培宝"在线学习模式，将节约95%以上的费用；同时，"安培宝"的信息化安全管理工具的普及使用，大幅度地减少了学员学习成本以及行业监管、决策的成本。

（二）社会效益

1. 解决工学矛盾，拓宽新渠道

平台创造性地开创了政府主管部门、安全专家的远程网络学习培训的新通道，对普及新知识、交流新动态、研究新问题、借鉴新方法等方面，起到了重要作用。

2. 提升行业监管水平，促进行业信息化发展

通过丰富行业专家以及政府监管干部安全知识，继而在提高工作效率的同时，降低行业监管难度，继而促进交通运输企业的信息化深入应用，进一步推动行业全面信息化的实施，造福社会。

五、推广应用展望

"安培宝"现代网络教学创新平台，作为交通运输行业安全培训领域针对专家及行业监管干部的再教育高端系统，不但实现了"互联网+安全+教育"的充分融合，而且应用较多的先进技术，创新了学习模式，有效降低相关人员获取知识以及积累的时间成本。该技术将会延续到其他从业人员领域，为服务好交通运输行业更广泛的区域作出应有的贡献。

案例 53 ▶《船舶防疫安全指南》研究

基本信息

申报单位：中国船级社

所属类型：理论研究

专业类别：水路运输

成果实施范围（发表情况）：该指南作为中国船级社规范性文件发布，提供的船舶防疫安全技术标准覆盖所有船舶

开始实施时间：2020 年 8 月 1 日

负责人：席 璟

贡献者：周耀华、王中华、王峥嵘、晏顺兆、谢大明

案例经验介绍

一、背景介绍

新冠肺炎疫情肆虐全球，给经济社会和人类生命健康带来巨大影响，全球航运业也因此遭受重创。大批邮轮带着乘客漂泊海上，长时间没有港口允许靠泊。受影响的不只是邮轮，相关案例表明，目前无论是大型客船/邮轮还是常规货船，均在应对传染性疾病导致的公共安全卫生事故方面存在一定的安全隐患。此外，受到船上人员被感染的影响，各国均对船员轮换和船舶航运实施了限制措施。航运公司、船舶管理公司等也

都采取措施调整船舶航线或运力，减少在疫情严重国家的挂靠港。船上大量活动都受到了影响，包括船员的更换、船员上岸、亲属探视、船舶引航、检验发证等。而更大的影响是对船员身体和心理健康的影响，这些影响难以统计，但对船舶的安全航行是一个非常大的一个潜在风险。

事实上，进入21世纪以来，类似的大规模暴发疫情还发生过5次，包括2003年的非典病毒，2009年的N1H1流感病毒，2014年的野生型脊髓灰质炎病毒，2014年的西非埃博拉病毒，2016年的巴西塞卡病毒，2018年的刚果（金）埃博

拉病毒。因此疫情病毒与人类将长期共存，科学、系统性地防控是人类必须严肃思考和面对的问题。

考虑到IMO尚未制定相关的技术要求，因此有必要适时开展有关船舶防疫安全方面的技术要求研究，有力支持船舶应对此类事故的能力，全面保障海上人命安全。当前形势下，为贯彻落实中央"六稳""六保"方针，积极应对百年未有之大变局中各种风险挑战，中国船级社开展了船舶防疫安全相关技术标准的研究。

二、项目目标

结合突发公共卫生安全事件的防范和处理中，传染性疾病传播的预防、检疫、隔离、治疗和人员转移安置的技术需求，开展船舶防疫安全要求研究。发展基于目标型的安全技术要求，制定船舶防疫安全指南，有效提高船舶（特别是大型客船和邮轮）在紧急情况下应对传染性疾病传播引起的公共安全卫生事件的能力，充分保证船上人员健康安全，降低疾病传播风险，确保船上人员获得安全隔离。

三、技术路线及成果

项目组借鉴了国内外相关标准和规定，考虑了业界和防疫疾控部门专家的意见，通过制定船舶防疫安全相关功能要求，提高船舶及早发现和应对疫情事件的能力，降低船上传染病传播风险，达到保障船上人员生命健康安全的目的。

针对传染源、传播途径、易感人群三要素参照"四早"原则，为船舶建立卫生保障条件和疫情应对能力。结合陆地传染性疾病的防控经验，充分分析了在船舶上开展防疫工作的特殊性，通盘考虑了船上空间狭小，人员密集，通风系统和日常生活设施实际上不利于病毒防控措施的有效执行等难点。确立了船舶作为商业运营交通工具，不应以治疗为侧重点，而应侧重早发现，早隔离，通过控制病毒传播规模、尽快靠港获得专业医疗资源的指导思想。指南克服了现有的纯管理性措施的不足，从船舶布置设计、构造、设备配备和人员管理等方面提供了软硬件相结合的综合性技术要求和标准，一方面为开展疫情防控提供了操作性防控措施，一方面特别注重为防疫工作提供必要的物质基础，从而全面提高了船舶防疫安全水平。最终形成《船舶防疫安全指南》（以下简称《指南》），于2020年7月1日正式发布，于2020年8月1日开始实施。

《指南》是全球首创的综合性船舶防疫技术标准，具有创新性和先进性。船舶防疫技术要求编制尚没有现成经验，国内一些相关规定或指南都是操作性、管理性的。国际上，近期法国船级社发布了COVID-19病毒和传染病管理指南，意大利船级社发布了生物安全信任认证体系，国际劳工组织（ILO）发布了关于海上劳工问题和冠状病毒的信息说明。此外，巴黎谅解备忘录秘书处（Paris MOU）和相关PSC机制以及一些港口国主管机关也针对港口控制（PSC）发布了一些指南。但相关文件均侧重于采取管理性措施克服疫情的影响或解决疫情下的检验问题和一些劳工问题，具有较大的局限性。

CCS紧抓痛点，积极作为，求取"无问之答"，担起"无责之责"，组织开展集中攻关，专项工作组查阅国内外大量典籍资料，结合诸多标准规定，力求在经济性与安全性之间找到最佳"结合点"。在目前缺乏国际统一的、综合性、强制性技术标准的情况下，对于船舶工业和航运业克服疫情影响、全面保障海上人命安全和复工复产具有重要指导意义。

四、应用成效与评估

本项目在立项初始就将适用性、可操作性作为重要原则考量，贯穿整个研究、编制、验证、评审过程。《指南》适用于在海上以及内河航行的各类货船、客船乃至豪华邮轮，范围十分广泛。主要分管理预防及保障条件、舱室布置（分区隔离）、空调通风系统三个方面规定了船舶防疫安全保障功能的相关要求，由低到高分三个级别；并在此基础上给出了四项可选的附加功能：健康调查检测功能（HIT）、远程医疗辅助功能（TAS）、空调通风系统卫生功能（SVS）和负压隔离病房功能（NPR）。

实际应用时，新造船设计时可根据船舶用途、建造和营运成本、航线、总体布置、船员和旅客人数等具体情况，选择适合的防疫能力等级和不同功能要求的组合；现有船根据实船条件和限制，可通过建立日常管控体系、储备防疫物资、制订疫情应急预案和临时隔离措施建立基本的防疫应对能力；在此基础上，还可进行一定的加装或改造来获取更高一级的防控能力。

经我社初步评估，相关技术要求带来的建造、改装成本可接受度较高。项目组对某2000客大型客滚船进行的防疫改装初步评估结果表明，改装主要涉及对部分区域增设两道非钢质的B级分隔舱壁，实际改装难度和成本较低，可操作性较强。

本指南具备极高的应用价值，防疫安全技术标准的制定执行将帮助业界克服疫情可能会长期存在并对航运业产生持续性的巨大负面影响，提振主管机关、普通民众、社会各界和航运业的信心，其社会效益将是极为可观的。不仅有助于提高生命安全水平，更有利于航运业的恢复。

五、推广应用展望

《指南》的制定得到了业界、国家疾控医疗单位各方面专家及各大船东、船厂、设计方的热烈响应和大力支持，为《指南》的优化完善，积极建言献策，提供宝贵意见。集采众家之智，凝聚各方之力，提出规范性标准，突出平战结合、防控融合、分层分级分流，破解船舶狭小密闭空间内如何防范管控的软硬件问题，筑起以防为主、及早发现、快速反应、精准施策、有效处置的坚实堡垒，以保障船上人员的卫生健康安全、船舶航行和服务的安全。

有鉴于此，《指南》有望在业界获得全面推广和应用，提升现有船舶和未来新造船舶的防疫能力，特别是人员密集的客船、邮轮等，面对疫情能够及时反应、科学应对，避免大规模爆发。

目前，CCS正在积极与船东沟通交流，作宣贯推广准备，以尽快提高国内大型客船的防疫安全水平，为全面复工复产保驾护航。《指南》已经确定在渤海轮渡集团的"中华富强"号大型豪华客滚船和星旅远洋邮轮的"鼓浪屿"号豪华邮轮上应用。"中华富强"号是一艘总长186m、总吨37300t、载客2256人的大型豪华客滚船，如图1所示。"鼓浪屿"号是一艘总长261m、总吨70000t、载客1880人的豪华邮轮，如图2所示。两船均已按照《指南》要求开展了相关改装工作，以便符合《指南》EPC 2等级防疫安全要求。根据《指南》要求，开展舱室和区域布置设计的示意图如图3所示。

图1 "中华富强"号示意图

图2 "鼓浪屿"号示意图

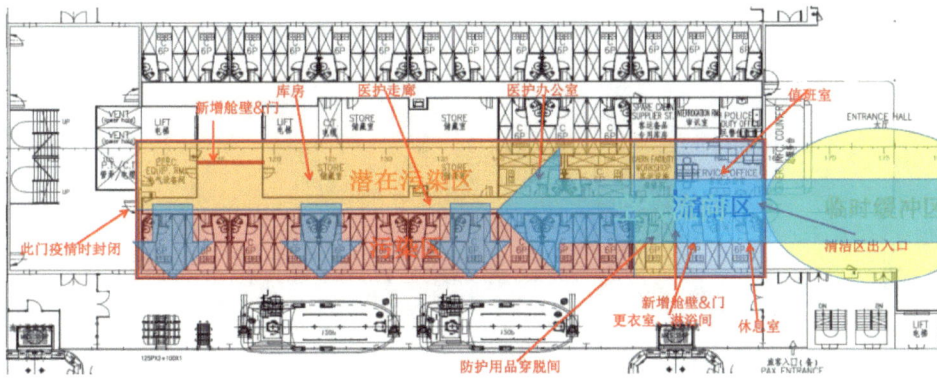

图3 根据防疫指南开展船舶舱室和区域布置设计示意图

案例 54 ▶ **2018 年水路运输重特大事故案例研究**

基本信息

申报单位： 大连海事大学

所属类型： 理论研究

专业类别： 水路运输

成果实施范围（发表情况）： 适用于水路运输重特大事故调查及致因分析

开始实施时间： 2019 年 7 月

负责人： 王　欣

贡献者： 刘正江、耿　红、蒋卫东

案例经验介绍

一、背景介绍

近年来，我国水路运输安全形势保持着总体平稳、稳中向好的发展态势。根据《交通运输行业发展统计公报》数据，在2011—2018年我国水路运输客运量和货运量均保持增长的情况下，水上交通事故数量、死亡失踪人数和沉船数量都实现了平稳的下降，表明我国水上交通安全运行情况良好。在安全形势总体稳中向好的同时，我国水路运输重特大安全事故时有发生。2017年我国未发生死亡失踪10人以上的重大等级水路运输安全事故，2018年我国发生了2起死亡失踪10人的重

大等级水路运输交通事故，即上海"1·2"碰撞事故和上海"7·15"碰撞事故。通常，水路运输安全事故会造成一定的人员伤亡、经济损失或环境污染，特别是一旦发生重大等级以上的水路运输安全事故，后果不堪设想，对社会、经济和环境的影响十分巨大。为此，减少各类水路运输安全事故数量，特别是遏制水上运输重特大安全事故的发生，一直都是我国和世界各沿海国政府普遍重视和着力解决的重点问题之一。

据海因里希事故法则，在20世纪美国机械事故中，每一起重大事故背后必然有29次轻微事故和300起未遂事件。尽管对于不同行业、不同

年代、不同类型事故，上述比例关系不一定完全相同，但该事故法则表明在同一项活动中，无数次意外事件，必然导致重大事故的发生。2019年1月中旬，全国交通运输安全生产视频会提出将"开展重特大安全生产事故原因深度调查和整改落实评估"作为做好2019年交通运输安全生产工作的重点内容之一。为此，针对已发生的水路交通重特大事故进行事故调查与致因分析研究，及时采取有效措施排除事故隐患，能有效防范同类水路重特大事故的再次发生。

二、项目目标

本研究主要目标为明确2018年水路运输重特大事故深层次、根源性原因，同时有针对性地提出措施建议，特别是提出完善政策法规、标准规范等方面的对策建议，为交通运输部相关政策法规的"废改立"，防范和遏制相似的水路运输重特大事故再次发生提供支撑。

三、技术路线及成果

本研究的主要技术路线为：

（1）确定可能导致事故发生的重要原因。初步收集现有的2起事故资料，组建由具有丰富理论知识和实践经验的专家团队；采用德菲尔法，整理形成初步事故原因汇总表；同时开展实地调研，召开事故案例专家研讨会，确定可能导致事故发生的若干个重要原因。

（2）判明在整个事故发生过程中对事故起作用的各种事件。以上述若干重要原因为基础，筛选能真实反映事故事实的资料；随后再现事故发生背景、发生和发展过程以及结果，构建事故事件链；采用头脑风暴和标准分析技术相结合对事故事件链中的事件进行分析，判明在事故萌芽期、发展期、形成期或整个事故过程中对事故起作用的各种事件。

（3）事故深层次原因分析。将在整个事故过程中对事故起作用的各种事件按照"人—船—环境—管理"进行分类，随后采用假设分析技术、FMEA、HAZOP、PHA、德尔菲法、FTA等方法分析深层次原因，然后充分考虑各类事件间

的相互影响关系，归纳总结事故发生的深层次原因。

（4）提出相应政策建议。根据事故深层次原因，从有关政策法规、规章制度、行业标准规范、基础设施、船舶设备、人员管理等方面提出有针对性的政策建议，同时综合考虑各政策建议的相互叠加效应，结合我国水上交通的实际情况，从经济性、科学性、可操作性的角度提出有效的政策建议。

研究取得的成果为：

一是完成《2018年水路运输重特大事故案例研究报告》，主要内容已收录于《交通运输部安全委员会会刊》2019年第4期，报安委会全体成员审阅。

二是研究项目成功入选2019年度交通运输行业重点科技项目清单的重点项目，同时研究成果有力支撑了大连海事大学2019年专业学位研究生示范课程建设项目《交通运输工程专业学位研究生教学案例库》工作，将典型水路运输安全事故案例用于交通运输工程专业学位研究生教学。

三是研究团队向国际海事组织（IMO）人的因素、培训和值班分委会（HTW）提交的"海事事故中驾驶台资源管理缺陷情况"重要提案获得通过，该提案分析了船舶事故暴露出的驾驶台资源管理存在的重要缺陷。

四、应用成效与评估

本研究的成效主要体现在两个方面：

一是初步建立了水路运输重特大事故深层致因分析框架和模型，能够有效完善和补充现有水上安全基础理论体系，可用于明确船舶航行安全事故发生和发展的演化机理，有助于从源头上防范化解重大安全风险、遏制重特大事故的发生，真正把问题解决在萌芽之时、成灾之前。

二是研究成果能够有助于缓解今后类似事故造成的后果，减少人员死亡和降低经济损失；根据统计信息，2起事故分别导致了10人死亡和数额巨大的直接经济损失，根据评估若在事故发生前本研究所提政策建议已得到实施，2起事故将不会达到重大事故等级，预计每起事故会造成1

人以上3人以下死亡（含失踪）和一定数额的经济损失，属于一般事故等级。

五、推广应用展望

本研究在推广应用方面有两个层次：

一是理论层次，未来能以本研究成果为基础持续开展水路运输安全事故演化机理、重大风险辨识和评估等研究，不断完善水路运输安全基础理论体系。

二是在应用层面，未来能以本研究成果为基础建立水路运输典型事故和险情案例常态化研究机制，针对近年来已发生和未来可能发生的事故原因进行深入的分析和研究，并提出防范和遏制事故发生，以及缓解事故后果的切实有效的政策建议，及时补上有关政策法规、技术规范等漏洞，以实时高效的保障水路运输安全，提升水路运输安全生产治理能力。

案例 55 ▶ 澜沧江—湄公河船员心理测评

基本信息

申报单位：云南交通技师学院

所属类型：理论研究

专业类别：水路运输

成果实施范围（发表情况）：适用澜沧江—湄公河水域船员、云南内河船员

开始实施时间：2020 年 10 月

负责人：何江华

贡献者：徐文晋、何艳兵、季世全、童　森

案例经验介绍

一、背景介绍

根据国际海事界的统计资料显示与海上交通事故的分析结果，事故中人为因素占 75%~80%。如果加上人为的其他因素与船舶、环境因素共同作用，至少有90%的安全因素与人有关。这项统计结果促使海事界把人为因素提高到前所未有的高度。根据专家研究，人为直接因素占事故50.6%（知识技能），人为间接因素占事故49.4%；人为间接因素中态度因素占19.2%，人为心理因素占81.8%。说明船员的技能水平与心理素质有待进一步提高，心理素质因素对水上交通安全有较大影响。

水上交通由人、船、环境三要素构成，这三个要素中，环境是基础，船是根本，人是关键。水上交通安全事故的发生与人、船、交通环境三方面密切相关，三者相互依赖，相互作用。人、船、环境三个因素中，人与船、船与环境、人与环境因素，其中任何一个危险性超出安全范围时就发生事故。人为因素是海上交通的重要因素，也是安全系统中最为活跃、最难控制的因素。

二、项目目标

本文研究的对象是澜沧江—湄公河水域船员

及云南内河船员，澜沧江—湄公河水域属于内河国际流域水域，具有"一江通六国"的特点。选取的对象为中、老、缅、泰等各国船员，进一步研究船员心理因素对船舶安全的影响提供较为科学的依据；选取的水域为澜沧江—湄公河水域，该水域具有通航复杂、水流湍急、突发事故较多的特点，对研究该水域船员驾驶船舶的心理因素具有典型性。澜沧江—湄公河水域随着经济的发展，外籍船舶数量及从业人员数量剧增，尤其是老挝和缅甸籍船舶数量成逐年递增趋势，对研究船舶管理规范、船舶驾驶员心理指标等具有必要性。

澜沧江—湄公河水域大开发给沿江各国人民带来福祉，让沿江人民摆脱贫困看到了希望。经调研了解，在中国关累（243号界碑）—老挝琅布拉邦630km航道上直接从事水路运输的从业人员为3000人左右。在澜沧江—湄公河水域推广船员心理测评，提高澜沧江—湄公河水域船员的心理素质，有利于船舶监督管理机构的监督与管理，减少人为因素对船舶安全的影响。

三、技术路线及成果

（一）建立船舶驾驶员心理测评综合指标

为船舶驾驶员提供上岗前心理测评，在测评中充分利用计算机3D虚拟环境，配合USB手动控制器实现对船舶驾驶员个性特征及船舶安全驾驶要求的各项行为指标进行测评。

1. 船舶驾驶员的感知与反应指标

通过以下测试设备（表1）测试船舶驾驶员的感知与反应指标，判断船舶驾驶员是否具有航行环境的判断能力；是否具有急躁或迟缓的倾向；是否具有空间感知的船舶大小、现状、方位、距离等知觉；测试船舶驾驶员受外界刺激所做出的反应时间以及对船舶驾驶环境变化的反应速度等。

船员心理测评采用的仪器　　表1

测评项目	具体指标	测量工具	是否稳定
深度知觉	物体凹凸或不同物体前后距离的知觉能力	深度知觉测试仪（EPT503A）	否
速度知觉	感知物体运动速度的能力	速度知觉测试仪（EPT503）	否
反应时间	多个刺激信号做出迅速、准确反应的能力	反应测试仪（EPZ-212）	否
注意力广度	刺激信号的注意分配、处理的能力	注意力广度测试仪（EP719）	否
夜间视力	低亮度和低照度条件下的视力	夜间视力测试仪测评（YJS-01）	否

2. 艾森克EPQ人格测评与SCL-90症状自评性情量表测量

通过问卷形式测评船舶驾驶员的心理状况，采用表2的多维度测量量表对船舶驾驶员进行分析，初步筛查船员的是否适合从业标准，对不适合的人员拒绝从业。

（1）艾森克人格问卷（Eysenck Personality Questionnaire EPQ）包括四个分量表：内外倾向量表（E）、情绪性量表（N）、心理变态量表（P，又称精神质）和效度量表（L）。从事船舶驾驶员较为理想的性格脾气应该是脾气温和，胆大心细、反应灵敏、决策果断、自控能力强等。驾驶员能充分了解自己的个性，有利于对船舶驾驶过程中的预防和干预。

（2）SCL-90症状自评性情量表从多维度测量船舶驾驶员性情：焦虑驾驶、愤怒驾驶、分心驾驶、冒险驾驶、激进驾驶、痛苦减轻驾驶6个维度进行测评。

船舶驾驶员心理测试量　　表2

测评项目	具体指标	测量工具	是否稳定
人格因素指标	人格测试	艾森克EPQ	是
	特质焦虑	状态—特质焦虑量表STAI	否
适应性、性情指标	环境适应能力	卡特尔16PF（参考）	是
	分心驾驶	SCL-90症状自评量表	是
	焦虑、痛苦	SCL-90症状自评量表	是
	冒险、激进	SCL-90症状自评量表	是

（二）搭建船舶驾驶员心理健康评测数据平台

充分利用船舶驾驶员心理测评系统对船员心理测量数据进行分析，并提供检测报告，科学地建立船舶驾驶员心理健康档案。对测量结果有问题的船员做好心理危机预防与干预机制，防患于未然。所有测评数据上传"数据管理平台"，实现远程测评和大数据管理，船员只要扫描心理测评二维码，可简便、快捷地测评，能及时获得测评报告，实现船员心理素质测评的普及化和网络化。

四、应用成效与评估

1. 澜沧江—湄公河水域船员岗前心理筛查效果凸显

多年来船员的身体硬性指标得到较大提升，船员的心理压力与日俱增，减少心理因素对船舶航行安全的影响意义重大。STCW公约及《中华人民共和国海船船员适任考试与发证规则》的实施，IMO要求对上船人员作相应检测，船舶驾驶员应满足相应要求。通过船舶驾驶员岗前心理检测，实现全面摸排，对夜视性、适应性、应激性反应等不符合指标要求时拒绝驾驶员上船工作，这对降低船舶发生事故方面可取得较好的效果。

2. 船舶驾驶员取证前心理筛查

（1）通过心理测评可以筛查船舶驾驶员的性格特点，充分优化其性格特点是否会对船舶的航行安全产生影响。测量量表可以判断驾驶员的心理应激反应，夜视适应能力及反应能力，能满足规定要求。

（2）船员心理评估数值超过标准指标时，应对船员进行心理疏导，心理有疾病的船员及早发现、及早治疗，对防止航行安全事故的发生起到及早控制的作用。

五、推广应用展望

（一）推广应用展望

1. 澜沧江—湄公河水域推广船员心理素质筛查势在必行

针对船员心理因素产生的海事安全的案例较多，减少人为心理因素产生的事故刻不容缓。在澜沧江—湄公河水域航行由于滩险、流急，要求驾驶员有足够好的心理准备，扎实的专业操纵技能，良好的船舶管理能力，从而减少船舶的航行安全事故。

2. 云南水域推广船员心理素质的筛查应该及早进行

云南航运的发展起步较晚，近几年发展迅速，船员素质普遍不高，很多专业技能水平也一般，此时再不重视船员的心理素质，对船舶的航行安全难以保障，虽然云南水域多为库区水域，航行安全风险较低，但是船员的心理生理的保障也应该重视。

3. 澜沧江—湄公河水域推广船员心理测评有利于提高船舶航行安全

在澜沧江—湄公河水域推广船员心理测评，有利于提高澜沧江—湄公河水域船员的心理素质，有利于船舶监督管理机构的监督与管理，减少人为因素对船舶安全的影响。

4. 建立全国船员心理测评数据平台，有利于提高我国内河船员的整体素质

截至2019年底，全国共有注册船员1659188人，内河船舶船员874833人，船员队伍数量庞大，船员的心理健康应引起人们的高度重视。首先，船员工作场所相对陆地更为封闭，可利用空间较小，是易引发船员心理健康的因素；其次，船员工作压力大，作息时间较无规律，也是引起船员心理健康的因素；再次，船员间的文化差异大，性格内向型的船员在混派过程中，语言沟通障碍，生活习惯不同，中西文化差异，均会产生心理健康的问题。所以在全国范围内开展船员健康筛查，建立心理健康数据平台势在必行。

（二）今后努力的方向

澜沧江—湄公河船员心理测评项目，自2020年10月开展以来，得到云南省地方各级海事管理机构的大力支持。根据目前开展情况看，澜沧江—湄公河船员心理测量量表内容较多，覆盖面较广，本地区船员在测量过程中没有认真回答测评题目，得出的结论并不理想。接下来，我单位

将持续优化船员心理测评量表、采用多种方式了解船员情况，充分掌握船员现状与测量量表之间的关系，提高船员心理测评的精度，力争在申请注册船员证书前，将船员心理测评纳入作为船员能否从业的评定指标。

案例 56 ▶ 山西省公路危险路段辨识标准

基本信息

申报单位：山西省交通运输厅

所属类型：理论研究

专业类别：交通安全

成果实施范围（发表情况）：《山西省公路危险路段辨识标准》山西省安全生产监督管理局、山西省交通运输厅、山西省公安厅联合发文实施

开始实施时间：2016 年 12 月

负责人：任大为

贡献者：李新杰、高建荣、申文杰、刘　佳、闫　鹏

案例经验介绍

一、背景介绍

随着山西省国民经济的快速发展和筑路技术的不断提高，当前全省公路发展已处于完善路网阶段，特别是高速公路2019年底已经达到5711km，初步建成了"三纵十二横十二环"的路网结构，全省的交通环境和出行状况有了显著改善。

在全省交通快速发展的同时交通安全形势也非常严峻。交通事故频发、死亡人数居高不下、道路运营环境不良等因素严重影响出行安全。交通安全问题正逐步成为制约我省道路交通

事业进一步发展、区域经济协调发展以及人口急剧增长的客运需求的主要因素。由于道路危险路段、事故多发点段等危险源具有一定的隐蔽性，排查的方法又多种多样，得出的结论自然有很大差异。在当前交通安全管理水平相对较低、各项治理资金相对有限的现状下，各级交通管理部门、公安部门、城市建设等部门开展的此项工作实际操作过程中难度较大，筛选出的危险源质量不高，治理效果得不到充分体现，影响了相关排查治理工作的积极性和主动性。

因此建立公路危险路段、事故多发点段辨识

标准以及危险等级评定与治理效果评价体系，可为各级交通管理、公安和城市建设等部门开展公路危险路段、事故多发点段排查与治理提供理论支持，有助于完善公路危险源筛选理论和提高道路危险路段排查治理水平，在促使事故隐患路段排查治理工作深入推广的同时，对切实提高道路交通安全水平具有重大意义。

二、项目目标

建立公路危险路段、事故多发点段辨识标准以及危险等级评定与治理效果评价体系，为各级交通管理、公安和城市建设等部门开展公路危险路段、事故多发点段排查与治理提供理论支持，完善公路危险源筛选理论和提高道路危险路段排查治理水平，切实提高道路交通安全水平。

三、技术路线及成果

为了进一步加强山西省公路危险路段的排

查治理工作，完善公路危险路段排查治理长效机制，预防和减少交通事故的发生，2016年12月28日，由山西省交通运输厅和山西省交通规划勘察设计院有限公司主编的《山西省危险路段辨识标准》正式实施。该标准由山西省安全生产监督管理局、山西省交通运输厅、山西省公安厅联合发文。《山西省危险路段辨识标准》从公路使用者行车安全性的角度对公路危险路段进行危险性评定并采取相应的整治措施，以达到减少交通事故、降低交通事故危害程度的目的。《山西省危险路段辨识标准》适用于高速公路、一级公路、二级公路的危险路段辨识。公路危险路段辨识工作，遵循客观、科学和高效的原则，积极采用先进的检测和评价手段，保证检测与评定结果的准确可靠，标准的技术路线如图1所示。该辨识标准，填补了危险路段事前辨识的空白，在全国尚属首例。

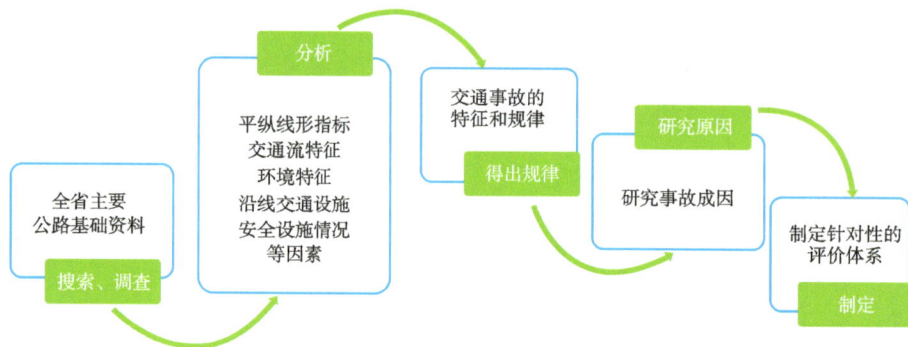

图1 技术路线

四、应用成效与评估

1. 山西省高速公路危险路段排查评估工作

2018年由山西省交通规划勘察设计院有限公司牵头承担了山西交控集团所属5065km高速公路危险路段排查评估工作。该项工作按照《山西省危险路段辨识标准》要求对全省5065km高速公路进行了全面排查和评估，在全省第一次实现了全省范围的高速公路危险路段排查和评估，为运营单位进行相应的管控提供了理论依据和技术支持。

排查评估工作主要对高速公路的路线平纵指标、桥梁隧道设置、事故发生情况等基础数据的收集、录入和整理分析，以及对各分公司所属高速公路的现场调查走访，编制排查评估报告等工作；并以本次排查工作为契机建立了全省高速公路电子基础数据库，包括全省各高速公路的路线平纵指标、桥梁隧道设置、事故发生情况等基础数据，方便后期调取使用。评估在遵循客观、科学和高效的原则下，从高速公路使用者行车安全的角度对高速公路危险路段进行判定分级并采取相应的整治措施；达到减少交通事故、降低交通事故危害程度的目的。

评估工作按照《山西省公路危险路段辨识标准》的要求收集相关道路指标、交通量、车速、交通构成比例、交通工程及沿线设施以及公路沿线地形地貌、气候环境、气象条件等数据资料，并进行必要的现场调查研究。然后根据公路技术指标确定需要进行公路风险评估的点或路段；通过公路风险评估模型计算风险评估点或路段的风险值；最终确定公路风险评估点或路段的风险等级，最后根据可能产生风险的危险程度提出相应的管控建议。

2. 山西省高速公路危险路段整治工作

2019年5月15日在山西交控集团召开了"风险较高路段和事故多发路段整治工作"专题会议，就上一阶段《山西交通控股集团有限公司运营高速公路风险较高路段排查评估报告》排查出的21处运营高速公路风险较高路段整治工作进行了具体安排。

2019年6月山西省交通规划勘察设计院有限公司就21处运营高速公路风险较高路段进行了现场调查、收集资料以及与相关运营单位沟通交流，于2019年7月完成了山西省21处运营高速公路风险较高路段整治工作施工图设计，全省的运营高速公路风险较高路段整治工作于2019年底前全部完成。此项工作得到了相关运营单位和路段交管部门的一致好评。

五、推广应用展望

《公路危险路段辨识标准》结合山西省高速公路以及国省道干线公路的道路特征、交通特性和环境特点进行编写，进一步提高了我省公路的交通安全水平，尽量避免恶性事故发生。《公路危险路段辨识标准》广泛适用于山西省辖区内新建、改扩建高速公路以及国省道干线公路的安全辨识工作，同时还可指导公路的管理与养护。其他等级公路以及市政道路也可参考使用。《公路危险路段辨识标准》的社会效益十分显著，应用前景十分广阔。建立公路危险路段辨识标准以及危险等级评定与治理效果评价体系，可为各级交通管理、公安等部门开展公路危险路段、事故多发点段排查与治理提供理论支持，有助于完善道路危险源筛选理论和提高道路危险路段排查治理水平，在促使事故隐患路段排查治理工作深入推广的同时，对切实提高全省公路交通安全水平具有重大意义。

第三篇

优秀案例

案例1 ▶ 救助飞行品质监控系统

基本信息

申报单位：交通运输部东海救助局

所属类型：安全技术

专业类别：综合监管执法

成果实施范围（发表情况）：东海第一救助飞行队

开始实施时间：2016 年 4 月

负责人：张其欣

贡献者：吕泓昭、张　本、张　维、韩小彬、卢敬超

案例经验介绍

一、背景介绍

飞行品质监控是国际上公认的保证飞行安全的重要手段之一，已得到世界民航业的普遍认可。在经过了大约20年的发展后，国内大型航空运输企业都已建立起十分成熟的飞行品质监控体系。民用航空局的飞行品质监控基站工程已投入使用，可为局方完善安全政策、标准和规章，分析行业安全趋势和典型不安全事件，提供有力数据支持。

直升机飞行品质监控经过多年发展，已经日趋成熟。全世界绝大多数直升机油气服务公司都已开展飞行品质监控业务。2014年，美国联邦航空管理局（FAA）为降低紧急医疗救护过高的事故发生率，要求所有执行紧急救护的直升机必须开展飞行品质监控。近年，国内通用航空运行风险不断增加，对直升机飞行品质监控的需求也愈加迫切。从2010年开始，南航珠海直升机公司、中信海直公司、东方通用航空等国内主要直升机营运企业，已陆续完成飞行品质监控系统的部署。但是在救助飞行单位部署飞行品质监控系统，用于提高安全水平，国内尚无先例。

"十三五"期间，交通运输部东海第一救助飞行队面临由昼间简单气象向全天候救助转变、单一基地向多基地运行转变、老机型向新机型过渡三大安全挑战。到2020年，我队将新增飞行人员20名以上，新机长搭配新副驾驶、新教员带飞新学员、新飞行员与新空勤员执行任务的现象将不可避免地大量出现。由于新飞行员平均飞行年限短、执行任务经验不足，将给运行带来的巨大风险。实现全天候待命值班后，夜航搜救运行风险将成倍增加。同时，外基地运行缺乏有效监控手段，安全风险随时可能失控。机型转换期间，维护人员面临机型不熟悉等问题，可能无法及时发现排除重要故障。以上风险相互叠加，将对我队"十三五"期间安全形势形成严重挑战。解决这些问题，仅依靠传统"人盯人"的安全管理方式已经无法满足我队发展需要。必须依靠科技创新，建立覆盖飞行运行全过程的数据分析系统，实现向科技要安全，向数据要安全的重要转变。

二、项目目标

通过实施飞行品质监控系统，尽早地识别出救助飞行运行过程中的不安全因素，包括飞行员的不规范操作、飞行程序缺陷、部件故障、航空器性能衰减等安全隐患，为改进措施的制定及实施提供数据和信息支持，从而提升工作效率，弥补安全漏洞，实现持续安全。

三、技术路线及成果

飞行品质监控项目的建立与实施主要分为三个阶段，即筹备阶段、实施阶段和持续运行阶段。

（一）筹备阶段

2016年，我队在充分调研的基础上，召开党政联席会，研究决定启动飞行品质监控项目。为此，我队专门成立由航空安全部、飞行管理部、机务工程部相关人员组成的项目组，明确各自部门的使用需求，确定项目的规模和范围。

1. 选择技术方案

飞行品质监控系统获取飞行数据一般有三种方法：FDR、QAR和HUMS。FDR主要用于事故调查，作为飞行品质监控的数据源，存在记录时间短、下载不方便等缺点。QAR记录数据量大，但需加装设备，并取得飞机制造厂的认证和民用航空局适航许可。HUMS称为飞机健康状态监控系统，用于记录飞机各系统工作状态和飞行数据。目前，我队的S76D和S-76C++飞机都配备了HUMS系统，数据获取方便快速，不需加装设备，经过比较权衡，我队选择使用HUMS数据进行飞行品质监控，定期下载FDR数据，用于FDR数据有效性检验和事故调查。

2. 选择监控软件

我队根据安全监控需求和飞行数据类型，制定了飞行品质监控软件的技术要求，分为基本功能、监控功能和回放功能三个方面。基本功能主要包括：软件应该能够实现所有机型的HUMS和FDR数据的解码和复现；用户界面友好；能够管理用户权限；自由导入和导出原始数据；能够多方式查看数据。监控功能主要包括：允许用户自定义超限事件和事件标准，可以设置超限自动报警；可以通过各类指标进行数据筛选和统计；可集成机场和跑道数据库；可提供各类统计报告，支持多种统计报告格式。回放功能主要包括：根据现有机型定制仪表和飞机图像模型；可创建3D地形模型和跑道模型；可集成CVR/ATS音频，提供时间同步工具；可同步显示同一飞机的不同视角或场景动画；支持AVI视频文件快速输出。

2017年，我队正式启动飞行品质监控软件采购。经过反复慎重比较，最终选择加拿大Plane Sciences公司的Insight FDM软件作为我队飞行品质监控软件。

3. 制定监控项目和监控标准

制定监控项目和监控标准主要考虑安全管理、飞行培训、机务维护等方面的需求。安全管理方面，在事件发生前识别危险源，主要用于开展风险评估，前移安全关口，改变发现问题后调查处理的老路。飞行方面，通过分析飞行数据，飞行部门可以对飞行员的技术状态保持情况进行监控，教员可以全面掌握飞行学员技术水平，并通过三维回放给学员讲解存在的技术问题。机务维护方面,工程部门可利用飞行数据开展发动机等重要部件的状态监控。

因此,我们将监控项目分为操作监控项目和维护监控项目,操作监控项目主要监控飞行姿态数据,用于飞行员技术状态分析。而维护监控项目主要监控飞机各系统工作参数,用于部件状态监控和故障跟踪。最终,我队设置监控项目80个,其中操作监控项目65个、维护监控项目15个。

在事件等级上分为蓝、橙、红三个等级,蓝色级别最低,表示已经接近限制值区域,需要进行提醒和关注;橙色等级略高,表示已经进入限制区域下限,需要加以警告和改正。红色警告级别最高,表示已经超过手册或运行标准限制,并已危及安全,需要航空安全部进行核实和调查。同时,针对不同级别事件设置有相应风险值,结合相应事件出现的频次,就可以计算出一段时间内的风险指数,为开展风险评估和防控奠定了基础。

(二)实施阶段

2017年8月,经队党政联席会研究决定,我队签署了飞行品质监控软件采购合同。9月,我队派遣相关人员赴民航干部管理学院参加飞行品质监控基础培训,为软件投入运行提前储备操作人才。9月、10月,完成了飞行品质监控系统的硬件购置和安装。11月,软件厂家的技术代表来我队安装调试软件,并对我队软件操作人员进行现场培训。12月,我队按照采购合同完成了飞行品质监控系统的验收。2018年初,我队制定了飞行品质监控工作程序,标志着我队飞行品质监控工作步入正轨。

(三)持续运行阶段

2018年至今,飞行品质监控工作处于持续运行阶段,此阶段的工作重点是数据处理和信息获取过程中的系统优化。通过对飞行品质监控系统定期评估,我队共查找出系统存在的问题和不足40余处,并于软件厂家保持沟通,持续改进监控效能。同时,定期召开飞行品质监控会议,发布最新飞行品质监控信息(图1),及时获得飞行和机务部门的反馈信息,确保飞行品质监控信息准确、及时和实用。

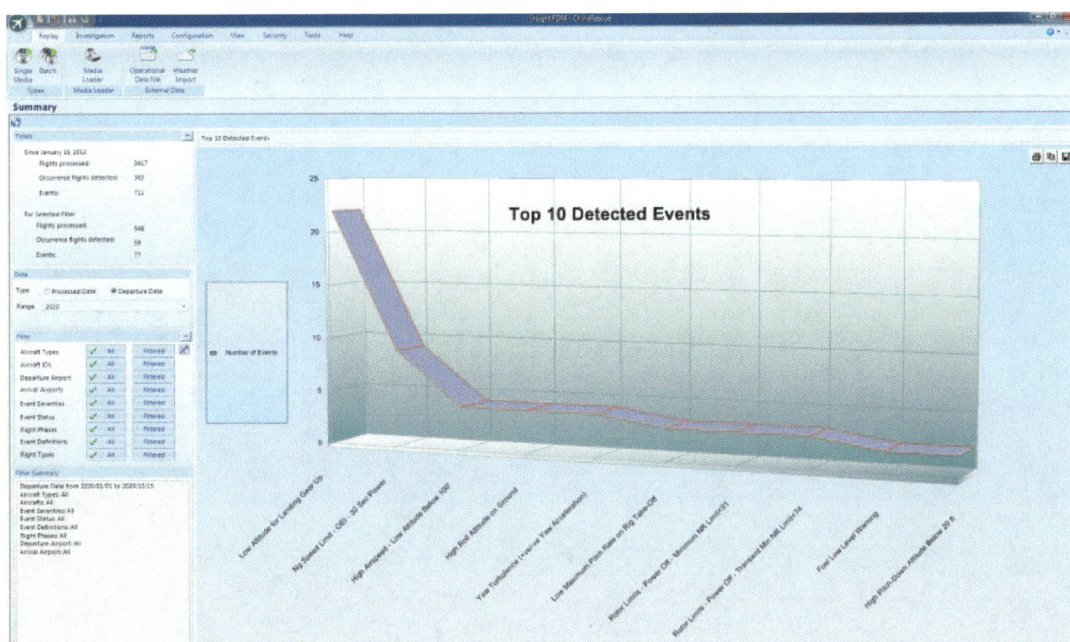

图1 发布最新飞行品质监控信息

四、应用成效与评估

飞行品质监控系统投入使用至今,我队已录入飞行数据1166项,3059架次,识别监控事件269件,其中属于维护监控项目35件、操作监控项目234件。特别是在S-76D机队主减滑油压力偏低、起落架收起不及时、备用油量不足等问题的发现、分析和控制过程中,飞行品质监控系统都发挥了不可替代的作用。当前飞行品质监控系统已成为我队飞行员技术管理、机队状态监控和安全风险评估工作中不可或缺的技术工具。

五、推广应用展望

下一步，我队将通过大量飞行数据分析，进一步找出事件背后可能存在的组织因素，通过改进系统缺陷，从而推进"人文内涵式"管理方式的形成，促进诚信、公正等安全文化的建设。相信经过不断积累经验和持续改进，飞行品质监控系统必将发挥出更高效能，为实现平安交通提供有力科技保障。

案例 2 ▶ 江苏海事信用管理体系建设

基本信息

申报单位：江苏海事局

所属类型：安全管理

专业类别：综合监管执法

成果实施范围（发表情况）：江苏海事局辖区

开始实施时间：2020 年

负责人：朱汝明

贡献者：徐　伟、王秀峰、王士明、沈贵平、葛同林

案例经验介绍

一、背景介绍

2014年，国务院出台《社会信用体系建设规划纲要（2014—2020年）》，要求加快推进社会信用体系建设，构筑诚实守信的经济社会环境。2017年，交通运输部海事局印发《海事信用信息管理办法》，对海事系统信用信息的采集、评价和发布做出了具体规定。在社会信用体系建设大步前进的同时，海事信用管理因其管理对象的特殊性、职能管理的专业性、信息化系统建设的相对独立性等原因，在确定守信失信标准、建立联合奖惩机制、对接社会信用体系等方面还存在很大的提升空间。为此，江苏海事局为贯彻落实上级关于信用体系建设的有关部署要求，结合长江江苏段水上交通安全监管实际，以"共建共治共享共赢"理念为指导，积极探索建立江苏海事信用管理体系。通过完善法律法规和标准体系，推进信用信息资源共享，全面发挥守信激励和失信惩戒机制作用，切实增强行政相对人诚信守法意识，营造依法治理的信用环境，推动水上安全监管由"保姆式"向"教练式"转变，推动航运企业由"要我安全"向"我要安全"转变。

二、项目目标

根据江苏海事局"二次飞跃"发展战略部署，将通过三步走，用三年时间全面建成符合社会信用体系建设要求、适应水上安全监管需求的信用管理体系，建成全国交通海事信用管理先导区。

三、技术路线及成果

江苏海事信用管理体系建立和运行是一项系统工程，对内贯穿于海事业务的各个领域，对外牵涉到涉水管理的方方面面。具体工作思路为：2020年，搭建江苏海事监管领域信用体系框架。印发《关于加快推进江苏海事监管领域信用体系建设的指导意见》，发布《江苏海事监管领域信用规定（试行）》，与相关部门、组织、机构建立联合惩戒机制或签订备忘录，形成《江苏海事监管领域失信惩戒清单》，构建"1+1+N+X"信用制度体系。初步构建以信用为基础的新型监管机制，同步开展重点领域失信惩戒工作，稳步推进局信用管理信息系统建设。2021年，完善《江苏海事监管领域信用规定》，引入信用承诺与信用报告制，形成《江苏海事监管领域信用管理实施办法》，拓展联合惩戒空间范围，丰富《江苏海事监管领域失信惩戒清单》，完善"1+1+N+X"信用制度体系。结合局年度重点工作，完善局信用管理信息系统，与相关信息系统互联互通，全面开展失信惩戒工作。2022年，形成可推广、可复制的"1+1+N+X"信用制度体系，完善跨地区、跨行业、跨领域的失信联合惩戒机制，健全以信用为基础的新型监管机制，江苏海事监管领域"守信者畅行无阻，失信者步步难行"，建成交通海事信用管理样板。

四、应用成效与评估

2020年以来，江苏海事局成立工作专班，全力推进海事信用管理体系建设工作。一是初步建立了信用管理制度体系。印发《关于加快推进江苏海事监管领域信用体系建设的指导意见》，作为工作推进的纲领性文件。发布《江苏海事监管领域信用管理规定（试行）》，规定了信用主体范围、信用名单认定、信用奖惩措施和信用管理制度。印发《江苏海事监管领域信用管理办法》，明确内部职责分工和操作流程。印发《江苏海事监管领域黄、黑名单认定指南》，对失信行为认定予以规范。初步形成了统一规范、内外兼顾、突出重点、便于操作的管理制度体系。二是积极探索建立联合奖惩机制。先后走访江苏省信用办、交通运输厅、市场监管局、银保监局，并和南京海事法院、南京海关、江苏省港口集团等单位开展沟通交流，协商签订相关协议及备忘录。三是通过多种方式试点开展信用管理实践。太仓全面启动涵盖内贸船舶、码头企业、内贸船员、代理机构、货主和港口辅助作业单位等六大要素的安全诚信一体化港口管理机制；南通成立首个沿江干散货高质量选船暨安全诚信管理共同体联盟；扬州启动"文明、平安、绿色、智慧"港区建设；镇江多方签署《关于联合实施京杭运河与长江干线交汇水域内河船舶信用奖惩的合作备忘录》。海事信用管理工作已在江苏海事局辖区全面铺开并取得良好成效。

五、推广应用展望

下一步江苏海事局拟从创新事前环节信用监管、加强事中环节信用监管、完善事后环节信用监管三个方面，在更高层次、更大范围、更宽领域里进一步扩大和巩固信用管理工作成果。

1. 事前信用监管

（1）建立信用承诺制度。梳理可开展信用承诺的行政审批事项，整合安全状况报告等监管领域各类承诺事项，制定格式规范的信用承诺书。提交信用承诺的行政相对人优先享受"绿色通道""容缺受理""直离直靠"等便利措施。书面承诺履行情况作为信用管理的重要依据，违背信用承诺的行政相对人列入重点观察对象或联合惩戒对象。

（2）探索应用信用报告。在行政审批、资质审核等事项中，鼓励行政相对人提供由公共信用服务机构和第三方信用服务机构出具的信用评级报告。或根据需要，向对应公共信用信息中心提出审查申请，取得有关行政相对人的信用审查报告，并作为业务办理的重要参考。

（3）广泛建立联合惩戒机制。加快建立跨地区、跨行业、跨领域的失信联合惩戒机制，通过签署合作备忘录、建立选船机制、联合发文等形式，形成海事系统融合互动、政府部门协同联动，港航行业齐抓共管的良好局面。依法依规出具行政相对人在海事管理方面的信用审查报告，供有关部门、组织在评定、审核或管理中作为参考。及时公布联合惩戒失信行为清单，广泛开展守法诚信教育。

2. 事中信用监管

（1）全面建立监管对象信用记录。以统一社会信用代码和身份证件为标识，建立健全完整的海事监管对象信用记录。根据权责清单建立信用信息采集目录，在办理各项海事业务和海事现场执法过程中，及时、准确、全面记录监管对象信用行为，失信记录建档留痕，做到可查可核可溯。对现有各业务信息化系统进行改造，实现符合认定标准的失信行为的自动抓取和归集，形成江苏海事监管领域信用信息系统。

（2）着力推进信用分类监管。根据红、黑名单以及重点关注名单采取差异化的监管措施。对列入"红名单"的监管对象，按照法定最低抽查比例和频次进行监管，减少对正常生产经营的影响。对列入重点关注对象名单的监管对象，提高抽查比例和频次，作为日常监督检查的重点。对列入"黑名单"的监管对象，在提高抽查比例和频次基础上，依法依规施行惩戒措施。

（3）积极融入社会信用体系。建设江苏港航信息一体化共享系统，推进行业信用信息互联互通，畅通政企数据流通机制，形成行业信用信息"一张网"，支撑形成数据同步、措施统一、标准一致的信用监管协同机制。在完善江苏海事门户网站的基础上，主动对接"信用交通""信用江苏"等平台，推动行政行为7个工作日内上网公开。

3. 事后信用监管

（1）建立联合惩戒对象认定机制。依据在事前、事中监管环节获取并认定的失信记录，依法依规建立健全失信联合惩戒对象名单制度。以相关行政处罚、行政强制等处理结果为依据，按程序将涉及性质恶劣、情节严重、社会危害较大的违法失信行为主体纳入失信联合惩戒对象名单。

（2）全面开展失信联合惩戒。建立江苏海事局监管领域失信行为惩戒清单，对列入"黑名单"的失信主体，依法依规采取行政性约束和惩戒措施。建立"黑名单"失信主体信息披露机制，通过联合惩戒机制，对列入"黑名单"的失信主体实施行业性、市场性惩戒措施。与海事法院、地方人民法院加强对失信行为的联合惩戒。

（3）依法追究违法失信责任。对被列入"黑名单"的法人或其他组织，依法依规对其法定代表人或主要负责人、实际控制人实施失信惩戒，并将相关失信行为记入其个人信用记录。已纳入联合惩戒机制或签订联合惩戒协议的企业，不履行约定义务的，海事机构可以直接或联合其他主管部门，将其纳入信用管理对象，实施信用监管。

案例3 ▶ 港口危险货物安全监督管理体系研究

基本信息

申报单位： 交通运输部水运科学研究所

所属类型： 交通运输战略规划政策研究项目

专业类别： 水运交通安全

成果实施范围（发表情况）：适用于港口危险货物安全监督管理、日常监督检查工作等

开始实施时间： 2016年6月

负责人： 谢天生

贡献者： 周宝庆、徐宏伟、韩　超、卢　新、胡玉昌

案例经验介绍

一、背景介绍

随着港口行业的快速发展，危险货物装卸储运规模不断增大。全国由交通运输（港口行政）管理部门监管的危险货物作业码头达1800多个，储罐9798个，总罐容9623万m³，港区内危险货物输送管线长度超过5900km，港口危险货物集装箱堆场面积达92.3万m²，总箱位数4.1万个。危险货物一般具有易燃烧易爆、有毒、易泄漏扩散等危险性，港口装卸储运设施多、作业量大、存储区域相对集中，因此装卸储运生产中存在较大安

全风险，一旦发生事故，后果将十分严重。

近年来，我国危险货物装卸储运环节事故时有发生，"7·16"大连中石油国际储运有限公司原油库火灾爆炸事故、青岛市"11·22"中石化东黄输油管道泄漏爆炸特别重大事故、天津港"8·12"瑞海公司危险品仓库特别重大火灾爆炸事故，造成了重大人员伤亡、经济损失或严重的环境污染，危害公共安全并造成严重不良社会影响。这些事故给港口安全生产工作敲响了警钟。

事故的发生，除因危险货物本身固有的危

险性，企业安全生产主体责任落实不到位、人员违章操作、违章指挥、设备或工艺缺陷，以及个别企业违法经营等原因外，也反映出危险货物安全监管体系中存在一些问题，如监管体制不顺、机制不完善，监管机构设置不合理，监管职责交叉，法规标准缺失不健全等。在此背景下，开展《港口危险货物安全监督管理体系研究》是实现"平安交通"的迫切需求。

二、项目目标

对当前港口危险货物安全监管体系现状和

存在的问题进行研究，提出相应安全监管对策和建议，完善现有安全监管体系；规范安全监督检查活动，制定安全监督检查指南、指导各级管理部门有效履行监管职责。从而提高港口危险货物安全监管能力，降低事故风险，避免和减少人员伤亡、财产损失及环境污染，促进港口行业安全发展。

三、技术路线及成果

1. 技术路线

本项目技术路线如图1所示。

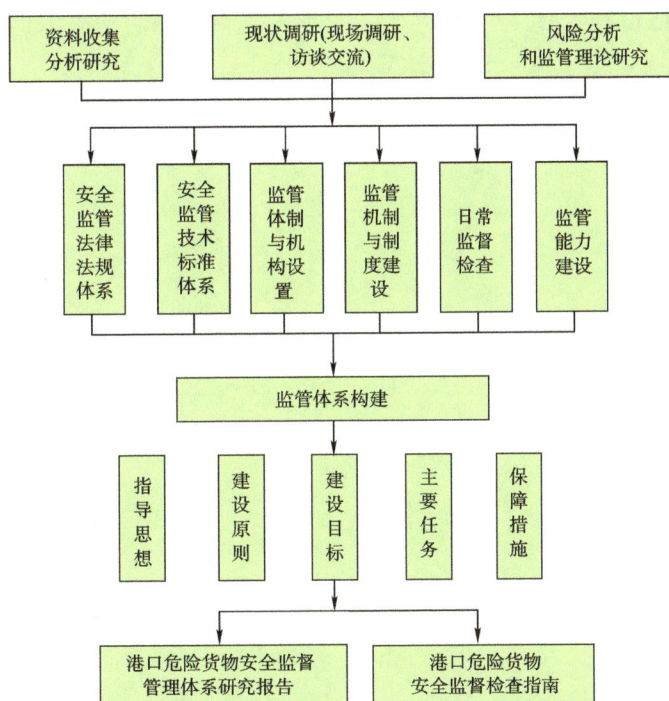

图1　本项目技术路线

2. 研究成果

（1）《港口危险货物安全监督检查工作指南》（交办水〔2016〕122号）。

（2）《港口危险货物安全监督管理体系研究报告》。

（3）《港口危险货物安全监督管理调研报告》。

（4）国内外学术期刊发表论文2篇。

四、应用成效与评估

（1）项目分析了我国港口危险货物装卸储运安全现状，港口危险货物作业的规模、主要危

险货物类别及品种、作业工艺方式、装卸储运设施、安全技术条件与企业安全管理条件；分析了港口危险货物安全生产的形势、典型事故案例及经验教训，结合港口危险货物安全生产现状，基于风险管理理论和事故致因理论，分析研究港口危险货物作业过程中存在的主要危险因素、事故类型等，并结合事故案例对主要危险因素和可能存在的隐患问题进行分析研究，为相关管理部门开展安全监管和港口企业安全管理提供了参考。

（2）项目分析了我国港口危险货物安全监管现状、问题及对策研究，从法律法规、监管体制、安全技术标准、监管机制和制度建设、监管

队伍建设等方面进行分析，并与国外先进做法经验进行对比分析研究；找出我国港口危险货物安全监管存在主要问题；针对主要问题提出了对策措施和政策建议。

（3）项目针对港口危险货物安全监管，提出一套适用交通运输（港口管理）部门的港口危险货物安全监督管理体系的建设方案，包括指导思想、建设原则、建设目标、主要任务、保障措施等。对加强行业安全监督管理产生了重要积极作用。

（4）项目为交通运输主管部门制定了《港口危险货物安全监督检查指南》（交办水〔2016〕122号），并在行业内实施。该指南明晰了基层港口行政管理部门的安全监督检查工作的具体内容、程序和要求，对统一规范安全监管行为，指导基层港口行政管理部门的监管、有效开展工作具有指导意义。

五、推广应用展望

本项目研究成果对各地方交通运输/港口行政管理部门加强危险货物安全监督管理具有指导意义。项目研究成果在与各地安全管理实践相结合的基础上，进一步进行推广，可有效提高所在地港口行政管理部门对危险货物的安全监督管理水平，降低事故风险，促进平安交通建设。

案例 4　▶ 船员安全互动体感训练新模式

基本信息

申报单位：中远海运船员管理有限公司天津分公司

所属类型：安全管理

专业类别：安全管理

成果实施范围（发表情况）：中远海运船员管理有限公司

开始实施时间：2017 年 1 月

负责人：张景增

贡献者：李建国、杜昌义、齐　嘉、王红旗、孙亚平

案例经验介绍

一、背景介绍

航运是高风险、事故易发多发的行业，安全是航运企业的生命线，而船舶作为一线独立作业单元，具有管理监控难、船员流动频繁、事故多发、损失金额巨大等特点。船员工伤和意外事故的发生也往往造成船员的提前遣返，不但给船员与家庭带来身体和精神上的痛苦，也给船东和船员家庭造成巨大的经济损失。因此应高度重视安全生产的预防工作，树立和固化"安全是一切工作的底线"的理念，"以安全之桨，撑发展之舟"。保障船员的专业履职能力和安全技能是航运企业的责任和义务，也是防止出现各类安全事故，确保安全运输生产的重要前提和保障。

船员工伤率高，是目前物流业和造船业的3倍之多，同时船员工伤损失巨大，且逐年增加，每名船员重伤/死亡的直接损失均在200万元以上。人为因素在船舶碰撞、触礁搁浅、污染、机损、人员伤亡和其他各种事故中发生的概率占90%，即大量的事故都涉及船舶管理、人员操作错误和人的不安全行为等人为因素。企业采用多层次、多渠道、全方位的方式对船员进行持续有效的培训是企业生存发展、降低安全风险的不二法则。

在船员培训领域投入资源是对公司未来重要的投资。目前，很多国内航运企业也纷纷加大对船员的培训教育，但从目前掌握的情况来看，大多还是采用灌输式、填鸭式的方式，培训的效果不甚理想，往往花了很多的时间、人力和物力，但没有取得预想的效果，往往是初期卓有成效，一段时间后会陷入停滞不前的瓶颈。因此，亟须探索全新的船员安全培训模式。

二、项目目标

通过新常态互动体感式船员培训体系的建立，改变目前岸基培训缺乏实物和现场感，而船上培训又缺乏系统性和规范性的现状，改变船员在培训中处于被动接受状态、培训效果差的痼疾。通过体感培训，学员对知识点的吸收率更高。培训体系建成有利于船员培训质量和效果

控制，实现系统化整合培训资源，力求培训效率最大化、培训效果最优化、培训体系方法精益化。

本次研究的最终目标是提高船员综合素质，降低船员不安全行为率。达成该目标，企业不但会取得保护人命和海洋环境的社会效益，提升企业品牌形象，增加无形资产价值，同时也会减少事故造成的直接和间接损失，提高生产效率，将会给企业带来巨大的经济效益。

三、技术路线及成果

互动安全体感训练（图1）采用个人体验、实操模拟、多媒体互动、现场研讨等模式，引导学员亲身体验船舶各种主要和特殊作业中潜在的危险，激发学员兴趣和注意力，使船员熟悉掌握预知风险和自我防护的管控方法，提升船员在船工作的安全意识，降低劳动工伤的发生概率。

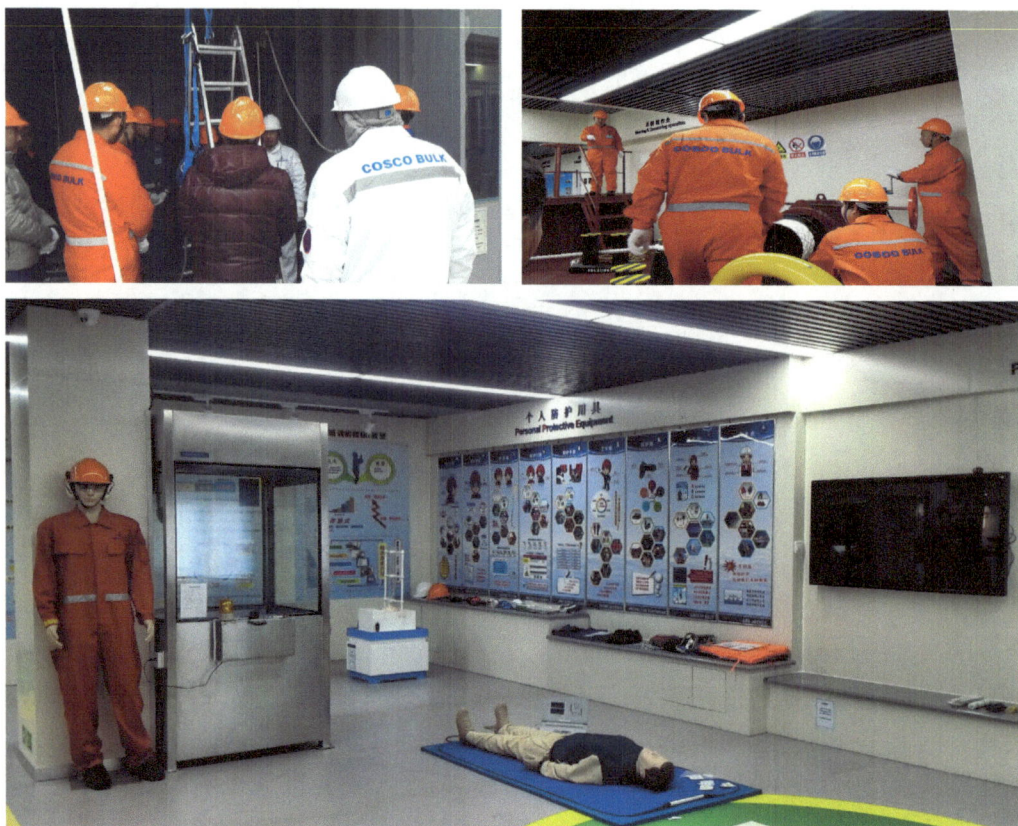

图1　互动安全体感训练

（1）从船舶安全风险防御角度，研究并建立针对船员职业特点的岸基培训模式，开发建设

体验式训练中心，模拟船舶运营中工伤事故率较高的工作场景，设置针对性体验模块，开发、设

计互动式安全体验装置。船员安全体感训练中心在室外场地设置：高空/舷外作业、人员坠落、重物坠落撞击安全帽、物体打击安全帽、钢板倾倒、垃圾吊使用等多个体验模块；在室内场地设置：噪声、急救、缆绳断裂、系解缆作业、电动机摇把飞出、皮龙弹击、高压气体、高压液体、触电体验、气体爆炸、火场逃生、多媒体互动等体验模块。所有的体验模块设计均尽贴合船舶实际工作场景，体现真实感，增强效果。

（2）同时，利用多媒体技术，开发出岸基难于实现、船上开展培训也存在困难的实操培训模块，例如：船舶开关舱体验式培训、船舶起重机钢丝更换体验式培训等。

（3）此外，在建设室内外各种体验模块的基础上，针对船员各职务面临的风险概率以及个人成长不同时间节点，研发船舶安全培训课程，形成多维度、多方位、更具科学性和针对性的船

员安全教育培训矩阵，形成"新、老、专、管、差、特"的层次化和差异式的培训模式，以满足所有职务特点的人员接受安全培训。

四、应用成效与评估

互动体感安全培训模式形式新颖，参培者反馈好，贴近航运企业安全生产特点、突破传统培训效果局限的创新型培训模式，对解决航运业安全培训普遍存在的形式枯燥、员工积极性不高、成效不足的难题具有十分重要的启示意义，极大地提升了培训的实效。

本次研究是一项管理创新和管理提升的课题，其直接的成效是提高船员综合素质，减少船员职业伤害或其他海上事故的发生，保障船舶正常高效运营和可持续发展。安全生产关系到企业的生死存亡，关系到企业乃至社会的稳定，关系到每个员工和家属的切身利益（图2）。

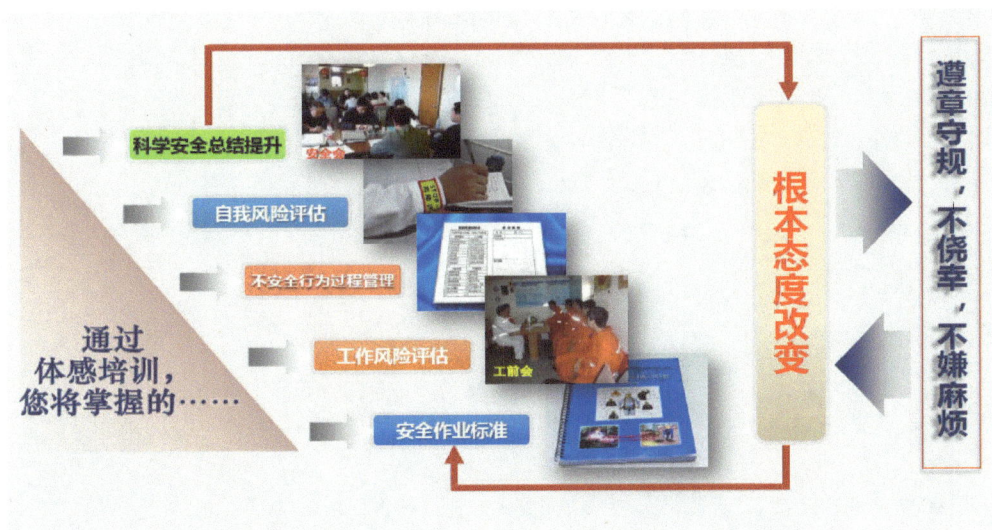

图2　应用成效

船员安全体感训练中心自2017年建成至今已经完成上百次船员培训和外部参观接待任务，培训船员5000多人次，国内外多家航运企业和院校同行观摩后对中心给予了高度评价。参培员工在意识层面实现了"深刻触动"的目的，有效促进船员从"要我安全"到"我要安全"的自发转变，在行为上员工不安全行为和现场不安全状态大幅减少，安全绩效有所改善，为船舶的安全生产提供了可靠保障。以本公司为例，自体感训练

开展以来，船员工伤率下降50%以上。

五、推广应用展望

从减少经济损失来计算，以一名船员工死亡为例，正常赔付总额在200万元左右。加之船员工伤引发的经济上附加损失众多，船期损失、转运损失、船上医治条件有限等对在船其他船员心理影响极大，存在更多潜在的不安全因素，隐性损失更为巨大。使用"船员安全体感中心"培训

过的船员，由于劳动安全意识的加强提升，预期船员不安全行为的发生率下降50%，工伤率同比例下降。

船员安全体感训练中心（图3）的建立及互动体感安全培训模式将会改变当前船员被动接受培训的现状，形成一套立体化培训体系。该培训模式可操作和复制性强，可扩展至各航运企业，逐步形成集约化、高效的品牌安全培训模式，为实现船舶管理提升、降本增效的目标提供坚实的基础。

图3　船员安全体感训练中心

案例 5　高速公路"应急与服务"二维码电子名片应用

基本信息

申报单位：广西壮族自治区高速公路发展中心玉林分中心

所属类型：科学技术

专业类别：道路运输

成果实施范围（发表情况）：G7212 线柳北高速公路贵港段；S40 线苍硕高速公路桂平段

开始实施时间：2020 年 5 月 26 日

负责人：包传毅

贡献者：倪德阳、黄　铭、陈　林

案例经验介绍

一、背景介绍

随着我国高速公路里程的不断增长、路网不断优化，交通流量每年都呈现阶梯式的增长，车辆的行驶安全越来越受到社会的广泛关注。高速公路的便捷性、时效性、经济性等方面的优势使它成为现今交通运输的主要途径之一。但由于公路运输的自身特点，对比河道、铁路、航空等运输方式，道路运输的交通事故率也相对偏高。进一步加强"平安交通"品牌建设工作，探索高速公路应急救援与服务的新思路，推进交通运输安全生产治理体系和能力现代化，是目前高速公路管理的迫切需求。

二、项目目标

为了提高交通运输服务水平，践行"阳光路政"精神，实现互联网与高速公路应急服务的深入融合。广西壮族自治区高速公路发展中心玉林分中心建立了"应急与服务"二维码电子名片项目，并在桂平路政执法一大队辖区试点实施。二维码名片以应急救援与服务为中心，整合了高速公路交通事故应急指南、快速微信定位发送、求助电话快速拨号等相关信息资源，同时也包含了高速公路相关的行政许可申办指南、法律法规、路政服务等功能，形成一站式信息平台。通过设置在高速公路服务区、停车区、道路主线的扫码点，以方便快捷的方式实现高速公路应急救援及多样式的服务。

三、技术路线及成果

"应急与服务"二维码电子名片是通过互联网网站与二维码进行连接，从而实现在手机移动终端的应用。在移动终端发展较为成熟的今天，将高速公路求助电话路牌，发展成为信息化一站式求助与服务平台，能够将以往单一的电话求助转变为多形式的便捷求助服务。突破了电话通信求助慢，需要纸笔记录等不便操作，通过定位、文字指南等互联网手段补充电话通信求助的不足，从而提升救援与服务的效果、效率。

驾乘人员在高速公路有应急救援及服务需求时，只需手机轻轻一扫，便能掌握相关的信息动态、接受全方位的服务体验，进而扩大服务覆盖面，做到真正的利民便民服务，践行"平安交通"建设。

四、应用成效与评估

桂平路政执法一大队设置的"应急与服务"二维码电子名片于2020年5月26日正式投入使用，投放地点为G7212线柳北高速公路贵港段、S40线苍硕高速公路桂平段，合计约100km的高速公路主线，共投入二维码扫码点200余个，海报20余张。截至2020年6月18日（投入使用24天时间），后台扫码数据达2923人次。

该创新项目在广西贵港市电视台的贵港新闻栏目、广西桂平市电视台的桂平新闻栏目推广播放。路政工作人员在开展"应急与服务"二维码名片群众意见收集过程中，得到了使用人的极力好评，并称："不出门，尽享云服务。"通过访问数据和现场意见征求的回馈来看，"互联网+服务"试点项目在前期取得了较好的成绩，达

到了互联网和传统应急求助与服务深入融合的目的，使应急求助服务水平得到质的提升。

五、推广应用展望

1. "应急与服务"二维码电子名片的应用

目前，我国大部分高速公路主线上获得应急救援服务的方式都是拨打高速公路的路牌展示求助救援电话。"应急与服务"二维码电子名片可通过手机微信软件的应用，及时建立"一对一"的救援服务，而准确无误地定位发送交通事故当事人、求助人的地点，弥补电话求助的不足。故而可适当在原高速公路的路牌上增加"应急与服务"二维码电子名片，补充求助救援方式，让"二维码"也成为一个路牌，方便实际应用。

2. "应急与服务"二维码电子名片展望

在进一步研发过程中，可整合高速公路各项服务需求，发展成为智能高速公路救援与服务平台。高速公路相关管理部门可将车辆维修、拖车施救、送油送水等服务结合，统一高速公路的相关服务收费价格，进行多个高速公路服务行业的全方位的需求整合，形成一体化智能平台。使用人扫码后通过在手机终端进行简单的选项操作，进行一键式智能发送应急、救援、求助、服务等需求信息，并全智能地发送手机定位至相关服务部门，以快速便捷方式得到高速公路相关部门的全方位服务。

3. "应急与服务"二维码电子名片的推广

"应急与服务"二维码有较强的推广性和复制性，可在高速公路应急车道波形护栏上的"百米桩号"的基础上进行改造，加大推广力度。将"应急与服务"二维码电子名片项目转变为高速公路应急救援重要途径，加大宣传力度，让每个驾乘人员都了解到高速公路应急车道的"每一公里"甚至"每一百米"就会有一个"应急与服务"平台扫码点可以实现求助与服务的功能，让"平安交通"落到实处。

案例 6 ▶ 基于智慧交通数据融合应用下的交通运输安全生产信息化管控体系

基本信息

申报单位： 安徽省淮北市交通运输局

所属类型： 安全管理、科学技术

专业类别： 综合监管执法企业管理

成果实施范围（发表情况）： 淮北市交通运输行业和国内部分省区市交通运输企业

开始实施时间： 2019 年 9 月

负责人： 韩海林

贡献者： 李文杰、徐高峰、丁言柱、耿　强、李本纲

案例经验介绍

一、背景介绍

交通运输行业安全生产具有事故总量大、人员伤亡多，重特大事故比例高和突发性、多发性、群体性与多样性等特点，是党中央、国务院关注的重点，社会舆论关注的焦点，人民群众关心的热点，交通强国建设的短板，已经成为国家安全生产工作的"主战场"。由于行业管理部门和运输企业在安全生产管理上手段单一薄弱，存在的突出问题主要集中表现在以下三个方面：

一是运输企业安全生产管理意识淡薄，存在不想管、不愿管的问题。部分运输企业在生产经营过程中，单纯追求经济效益，对挂靠或承包的营运车辆只收费不管理，忽视和缺少安全生产管理意识；风险辨识评估、隐患排查治理、车辆技术管理、车辆运行监控、所属人员安全教育等工作形同虚设，企业没有从源头上切实履行安全生产管理主体责任。

二是多数运输企业缺乏科学细致的安全生产管理方法，存在着不会管、管不了的问题。运输企业安全管理人员（包括企业负责人、安全经理）没有从事过交通运输安全生产管理工作导致无从下手；同时由于企业所属营运车辆因业务特性分散在全国各地、驾驶员流动性大等因素，管理难度不言而喻。

三是行业安全生产监管手段不足，存在管不严、管不细的问题。少数基层行业管理人员思想麻痹、存有侥幸心理和惰性行为，对安全生产管理工作布置和转发得多，安全生产检查项目浮于表面和发现问题后续督促跟进落实少。

为破解这些全国性管理难题，全面提升交通运输行业安全生产管理能力和水平，淮北市交通运输局坚持科技引领、勇于探索、基层原创、先行先试的实践路径，采用大数据、云计算、人工智能、区块链等现代信息技术，围绕"强化数据资源整合、增强行业感知能力、提升行业监管能力、落实企业主体责任、打造线上服务渠道、推进管理协同联动"等重点工作，自主研发"交通运输安全生产云控平台、运输企业安全生产管理系统、交通运输安全生产服务公众微信号"三套信息化系统，加快建立源头管理、动态监管和监督检查、整改处置相结合的交通运输安全生产信息化管控体系，并在实际应用中取得良好的实效。

二、项目目标

以习近平总书记对安全生产问题系列重要论述为引领，以国家和省、区、市安全生产管理相关法律法规为依托，以跨部门、跨层级、跨行业数据资源整合与融合应用为基础，以大数据、云计算、人工智能、区块链、卫星定位等信息技术为手段，明晰区域内各级交通运输管理机构、运输企业各自在安全生产管理上的工作内容和边界，建立区域内源头管理、动态监管、智能预防和监督检查、整改处置、跟踪落实相结合的信息化管控模式。通过政企数据协同和管理联动，实现实时化、智能化、可视化、精准化和监督管理层级责任链条完善、监管与主体责任有效落实的安全生产管理目标，构建起服务于全面建成小康社会和交通强国建设相适应的安全发展支撑体系。

三、技术路线及成果

1. 技术路线

交通运输安全生产信息化管控体系建设采用 B/S 集中式架构和 J2EE 技术，通过开展与交通运输行业管理部门、运输企业以及公安、市场监管和第三方服务等单位间的数据整合与融合应用，构建集大数据、云计算、人工智能、卫星定位等技术应用为一体的交通运输行业安全生产动态实时监测、违规行为线上检测的智能监测网络。通过建设交通运输安全生产云控平台及其配套的企业安全生产管理系统、安全生产服务公众微信号等辅助系统，实现行业管理部门和运输企业间的安全生产管理信息交互与运营数据互联，形成区域内智能监管、协同联动的交通运输安全生产信息化管控体系。并利用区块链技术不可篡改的特性，实现对企业日常管理行为信息和行业管理部门监管行为信息的上链运行，强化行业安全生产全过程穿透式监督，最大化地发挥信息化对强化行业安全生产管理的支撑作用。

2. 形成成果

交通运输安全生产云控平台围绕"政企信息沟通、重点人员管理、事故快报、监督检查、重大风险管控、重大隐患治理、重点监管、挂牌督办、社会监督、趋势分析"等行业安全生产重点工作开展建设与应用，宏观上可掌握本地区安全生产总体情况，微观上可具体了解运输企业安全生产管理情况。通过工作流技术建立的管理联动机制，有效强化在交通综合执法改革后，执法机构和管理服务中心各自在行业安全生产监管责任上的落实。

交通运输企业安全生产管理信息系统围绕"政企信息沟通、基础信息、数据采集、风险管控、隐患治理、安全检查、安全资金提取与使用、安全教育、车辆运行监控、预警提醒"等企业安全生产重点工作开展建设与应用，通过行业管理数据与企业运营数据广泛与深入的融合应用，为企业智能化、精准化、可视化的第一时间掌握和降低、消除自身安全生产风险和隐患提供支持，并与行业管理部门实现整改跟踪数据协同，有效解决运输企业安全生产不会管的问题，切实协助企业落实安全生产主体责任。

交通运输安全生产服务公众微信号围绕"信息发布、安全教育、安全考核、出车检测、安全检查、投诉举报、信息查询"等重点工作开展建设与应用，强化从业人员安全生产意识，建立安全教育、考核与违章查询、出车前车技检测、安全生产投诉举报等多样化的线上服务渠道，有效加强运输企业对所属从业人员管理，破解运输企业安全生产对从业人员管不了的难题。

通过三套系统的组合应用，形成了区域内实时监测、智能监管、政企联动和管理层级责任链条完善、监管与主体责任有效落实的交通运输行业安全生产信息化管控体系。主要特点：一是转变了行业安全生产监管模式，实现了行业安全生产监督管理跨越式发展；二是依法依规强化运输企业安全生产管理内容，有效落实企业主体责任；三是智慧交通大数据和新技术融合应用，为政企安全生产管理提供多方位的数据与手段支撑；四是丰富多样化的预警，提醒企业及时消弭各种安全隐患；五是翔实细致的分析评估，助力管理部门和运输企业开展重点管控；六是有效构筑起管理部门和运输企业安全生产尽职履责的防火墙；七是为构建以信用为核心的新型监管体系提供数据支撑。

交通运输安全生产信息化管控体系中建设的各系统功能经安徽省科技情报研究所2019年的查新报告说明，目前国内尚无同类产品文献报道。

四、应用成效与评估

交通运输安全生产信息化管控体系自2017年开始设计建设，2019年9月起在淮北市全域开展试点应用，目前已经实现280家典型运输企业和22669台营运车辆纳入体系中开展应用，切实有效地实现了行业监管和企业主体两个责任落实。预期到2021年，将实现在安徽省淮北市、阜阳市、淮南市、蚌埠市近1700家重点交通运输企业的覆盖应用，并力争在淮海经济区实现跨省应用突破。建设与应用的主要成效体现在以下几个方面：

1. 大数据融合应用

开展行业安全生产信息化管控体系建设不仅需要运输企业、运输车辆、从业人员基础数据与运营数据，还需要实现跨部门、跨层级、跨行业的运行数据实时联通共享，为利用大数据、云计算、人工智能等技术开展监管提供支持。淮北市在行业内实现与部、省、市、县四级交通运输管理数据和四客一危一货、机动车检测站、汽车修理厂、驾校等运输企业的运营数据融合应用；行业外实现与市数据资源局、公安局、市场管理局、第三方互联网企业等数据资源的联通与融合应用。

目前，淮北市已经实现全省76.6万经营业户、189.9万营运车辆、319.6万从业人员的基础静态信息和运营动态数据对接，全省每日40万条网约车订单、全市交通动态检测点和公安卡口、微卡每日700万条过卡数据实现对接。淮北市交通运输安全生产信息化管控体系建设所需的行业基础数据与日常运行数据丰富健全，走在全省前列。

2. 智能监测网络建设

开展行业安全生产信息化管控体系建设需要由卫星定位监控、智能视频分析等基于新一代技术应用的设备设施组成布局完善的运行监测网络，为实时化、智能化、精准化、可视化的监管提供动态运行数据支撑。2018年来，淮北市加快构建和完善全域数字交通感知网络，全面推进交通要素数字化和在线化，先后已陆续投资7000余万元，在全市国省道干线及重要道路建设动态检测卡点25个，交通和公安部门相互配套建设检测点116处，并与淮北市公安、城管等部门实现7500余路视频与图像抓拍信号互通。2019年通过建设规范的车辆运行第三方监控，集中开展全市营运车辆超速、超载和疲劳驾驶监控管理，并实现和政企系统数据协同，为企业强化落实所辖车辆动态监控提供支撑。

淮北市交通运输智能监测网络的建设，不仅为行业管理部门落实道路运输车辆动态监督管理办法和开展"黑车"非法营运、行业违规治理提供了运行动态数据支撑，也为公路治超、运输市场监管提供了数据支撑。

3. 新技术融合应用

淮北市以"全面感知、信息共享、协同联动、精准执法"为目标建立的智能监管模型，通过对行业内外多种信息资源的实时研判分析，强化对交通运输市场运行的非现场执法检查和违法违规行为的甄别发现，全面实现行业运行数字化监管、违规行为智能化发现、调查取证科学严谨和跨部门协同处置、规范处置的信息化管控模式成效突出。

2020年8月1号人工智能模型正式启用后，3个月的时间里发现和取证行业各类违法违规行为2322起，其中人工智能模型甄别出的违法违规行为有2223起，占比达到了95%以上。交通运输区块链技术应用受邀在2020年世界交通运输大会成都论坛上做主题发言，并作为全国交通系统典型示例被中国公路学会列入《交通运输区块链白皮书（2020）》。

4. 安全生产协同联动

为确保政企安全生产管控责任的落实，有效遏制行业重特大事故发生的概率。淮北市通过结合交通综合执法改革后的工作实际，建立交通运输局业务科室、交通综合执法支队、道路运输管理服务中心、公路管理服务中心、海事（港航）管理服务中心日常行政检查、安全生产检查、管理巡查的工作机制，明确各责任部门、检查人员、检查巡查范围、检查程序、检查频次、统计分析、效能监督等工作要求，强化跨部门间的业务协同与数据互联。

5. 交通强国与城市大脑建设

2020年10月，交通运输部批复《关于安徽省开展推进皖南交旅融合发展等交通强国建设试点工作的意见》，明确交通强国建设安徽省试点任务要点，淮北市交通运输局承担其中的"推动智慧交通技术应用"试点任务。

2020年11月，淮北市交通运输局以交通运输安全生产信息化管控体系和市场监管协同为基础，申报安徽省城市大脑应用场景建设试点任务。2020年12月15日，安徽省数据资源局下发了关于开展第一批"城市大脑"应用试点工作的复函。

淮北市利用交通运输安全生产信息化管控体系对行业安全生产工作实施数字化、智能化管理，利用信息化手段明晰管理部门和运输企业各自在安全生产上的工作内容，并通过推行行业运行数字化监测、风险隐患智能化预警、整改落实跟踪到位、违规行为流程化处置等安全生产联动管理，有效落实了行业监管与企业主体责任，形成了对交通运输行业安全生产管理与监管执法的强效合力，促进了行业治理体系和治理能力现代化，具有高度的现实与实践意义。

五、推广应用展望

交通运输安全生产信息化管控体系建设以国家相关法规制度为基准，行业安全生产管理实际需求为核心，安全生产管理规范化、数字化、可视化、智能化和实效化为目标，切实形成了可复制、可推广的企业主体、政府监管、社会监督、科学有效的交通运输安全生产管控模式。

该项目形成的成果具有特色鲜明、实效显著等特点，对省、市、县级交通运输行业安全生产工作具有强大的指导和现实意义，在全国各省、区、市具有良好的推广应用前景。淮北市将加强成果转化推进工作，加快落实交通运输安全生产信息化管控体系在皖北、苏北、淮海经济区和安徽省的推广应用。

案例7

▶ **"互联网＋大数据＋第三方服务"提升货运行业安全监管水平**

基本信息

申报单位： 重庆市万盛经济技术开发区交通局
成果实施范围（发表情况）： 适用重庆市万盛经济技术开发区辖区道路普通货物运输行业
开始实施时间： 2019年1月
项目类型： 安全管理
负责人： 熊基伟
贡献者： 唐富斌、张立军、刘军、杜金、杨正强、李卫军

案例经验介绍

一、背景介绍

近年来，随着万盛经济技术开发区经济社会的快速发展，货运企业和货运车辆数量急剧增加，辖区注册普通货运企业已达579家，货运车辆4.3万多辆，企业数和车辆数均位居重庆市第一，车辆大多属挂靠经营，分布在全国运行。辖区货运行业蓬勃发展的同时，企业安全管理问题日益凸显，企业负责人安全意识淡薄、安全专职人员流动性强、安全投入少等现象突出，由于货运车辆长期在全国各地运行，企业对车辆的掌控力度低，导致整个行业企业安全管理"无人

管、不会管、管不好"，道路运输事故发生率高，严重制约了货运行业的安全健康发展。

在重庆市交通局、重庆市应急管理局等上级部门的指导下，万盛经济技术开发区交通局积极探索创新，引入第三方服务机构整合搭建集企业安全风险管控、车辆动态监控、网络安全教育培训等为一体的"普通货物运输风险管控平台"（以下简称平台），组建了"万盛交通运输安全服务中心"，构建了"企业和车辆驾驶人落实安全主体责任＋第三方机构提供服务指导＋行业监管服务"的安全管理模式，有效破解了货运行业在挂靠经营模式下的企业安全管理和行业安全监管难题，遏制了全区货运行业事故频发态势，为推动辖区货运行业安全健康发展提高了坚强安全保障。

二、技术路线及成果

该模式主要依托安全服务中心作为企业和车辆驾驶员履行主体责任的"助手"和行业安全监管"哨兵"，以货运企业安全管理规范化、档案管理信息化、教育培训网络化、车辆运行网格化、车辆动态监控实时化、风险研判数据化和隐患预警智能化等"七化"建设为重点，以破解货运企业安全管理"无人管、不会管、管不好"为目的，充分发挥"互联网+"、大数据等技术支撑、监督指导作用，推动企业安全生产，实现"有制度、有计划、有落实、有资料"的"四有"管理，为货运企业实现体系建设、过程控制、优化管理结构、提高管理水平。为行业主管部门实现有法可依，推进行业监管职责的落地；有章可循，提升行业对货运企业日常管理能力；有据可查，推动风险防控体系的建立；持续改进，增强行业的服务职能。

1. 推进企业管理规范化建设，变"散乱"为"规范"

一是坚持制度建设先行。严格以《中华人民共和国安全生产法》等法律法规为准绳，帮助指导企业建立健全安全生产责任制、安全生产业务操作规程、安全生产监督检查制度等相关制度和隐患排查治理、安全费用提取使用等多种基础台账，建成企业"横向到边、纵向到底"的安全生产责任制。二是坚持机构设置固基。指导企业按照规定设立符合要求的安全管理机构或配备安全管理人员，对安全管理人员进行安全教育培训，实行上岗条件考核。已指导550余户企业按规定健全了安全管理机构、配备了安全管理人员，新建、完善安全管理制度、台账等基础资料1.6万余份，有效提升了企业规范化管理水平，彻底解决了企业安全管理工作"无人管"的难题。

2. 推进档案管理信息化建设，变"粗放"为"精细"

通过提供"一站式""点对点"服务，帮助

企业建立了涵盖企业资质、驾驶员信息、车辆信息、安全考评信息等内容的"一企一档、一车一档、一人一档"安全管理档案，并通过信息化管理系统，将档案信息导入平台形成数字档案，借助平台信息化管理功能，让企业管理人员快速、准确、真实掌握各类信息资料，及时补充完善遗留、缺失、过期档案，实现对企业安全档案管理的信息化。目前已建立"人、车、企"各类安全管理数字化档案7.4万余册，切实改变了原有手工纸质台账等原始、粗放式管理，实现了数字化、信息化的精细管理。

3. 推进教育培训网络化建设，变"线下"为"线上"

针对车辆驾驶员长期全国各地经营，安全教育培训无法落地的管理难题，积极推行驾驶员网络安全教学培训。帮助指导企业制定安全教育培训计划，及时通过平台推送安全行车知识、事故视频、图片等学习内容，引导驾驶员利用碎片时间，通过电脑、手机等载体进行学习。同时，强化过程管理，充分发挥平台学习记录追溯功能，做好对驾驶员学习情况的跟踪，保证教育培训学习的真实性。截至目前，对3万余名驾驶员开展了岗前培训，驾驶员开展了安全再教育、培训3.6万人次，有效提升了驾驶员的安全意识和驾驶技能。

4. 推进车辆运行网格化建设，变"盲点"为"亮点"

整合接入17家GPS运营商数据，建立以省、市、区县划分网格的"全国一张图"，通过车辆卫星定位装备，对企业车辆进行全天候、全时段动态显现，切实解决企业无法准确掌握所属挂靠车辆运营区域信息，同时有针对性的推送当地恶劣气象信息等安全告知40余万条，提醒驾驶员提前预防。

5. 推进动态监控实时化建设，变"循证"为"精准"

将货运车辆卫星定位装置运行数据接入监控系统，开展实时定位动态监控，利用"大数据"分析，及时报警并处置车辆超速、疲劳驾驶等情况。同时，还根据车辆违章数据、自动划分风险等级，分等级传送给企业管控，降低或消除风险。对211家企业的2.6万余台车辆实施监控，累计处置车辆超速、驾驶员疲劳驾驶等隐患报警362万余起。

6. 推进风险研判数据化建设，变"估计"为"数据"

通过平台收集企业、车辆、驾驶员的静态安全数据，分析企业制度落实、管理人员履职、对车辆和驾驶员的管理等数据，并利用卫星定位监控整理汇总车辆疲劳驾驶、超速行驶等违章数据，形成安全管理"大数据"，综合研判、分析后给企业提供一对一、点对点的风险防控建议30余万条，防控事故发生。

7. 推进隐患预警智能化建设，变"手动"为"自动"

平台预报警功能，自动提醒驾驶员、企业负责人及企业安全管理人员安全隐患，为企业提供智能化、自动化的隐患报警预警，实现主动干预、主动预防。企业安全管理依托平台系统，对企业安全管理状况"一目了然"，实现智能化、简单化管理，大大增强了企业实施安全管理的针对性，切实解决了企业安全管理"不会管"的问题。

三、应用成效与评估

1. 有效遏制了事故增长势头

2019年辖区货物运输事故较2018年同期下降33.3%、死亡人数下降45.5%，杜绝了较大及以上事故的发生。

2. 有效推动企业安全主体责任的落实

指导帮助551户企业设立建立了安全管理机构、配备了安全管理人员，健全了安全管理制度，建立"人、车、企"各类安全管理数字化档案7.4万余册。企业安全风险得以有效管控，"日周月"隐患排查、安全教育培训得以高效开展，有效推动企业安全主体责任的落实。

3. 有效开展监测预警

预警信息发布通道畅通、高效及时，车辆超速、驾驶员疲劳驾驶等隐患得以及时纠正和消除，车辆运行动态得以有效监控，有力保障了车辆的运行安全。

4. 有效提升安全监管效率

安全管理模式的建设，为行业监管部门提供精准的监管数据；为行业监管部门对风险高、隐患多的企业实施重点管控，对风险低、隐患少的企业实施常规监管的"分级分类"安全监管提供了可靠依据，有效提升了行业主管部门的安全监管效率。

5. 有效助推地区经济发展

该安全管理模式的建成和运行，有效避免了企业安全事故的发生，帮助企业节约人工成本约800万元，切实减轻了企业负担，为企业稳步增收奠定了坚实的基础。2019年协助辖区税务部门入库税收8154.90余万元，有效避免了税收流失，助推了地区经济发展。

四、推广应用展望

万盛经济技术开发区道路普通货物运输安全管理模式的建设，破解了货运行业普遍存在的车辆挂靠经营模式下企业安全管理和行业安全监管的难题，探索出了"监管部门抓督促、第三方服务机构抓服务指导、货运企业抓主体责任落实"的管理理念，在货运企业落实了安全主体责任的同时，也为货运行业的可持续发展总结了一条可复制的管理模式，同时易于在其他地区货运行业推广。

该安全管理模式还可利用其风险管理等大数据加以分析、研判，对车辆安全状况进行分类、分级，与保险公司探索建立"保费同车辆安全等级同步"机制；搭建"网络货运"平台，为安全评级较高的车辆赋能优先推送货源信息，建立车辆后车服务平台实行安全积分制，实现"安全好，折扣高"的安全管理良性循环；申报"互联网物流平台企业代开增值税专用发票试点"，降低驾驶员开具增值税发票成本。通过以上经济和服务手段，建立健全"安全管理自循环系统"，提高企业、驾驶员抓安全工作的积极性，提升自查自纠主动性，确保行业安全健康可持续发展。

案例8 ▶ 江苏交通道路运输综合执法机构评估体系

基本信息

申报单位： 江苏省交通运输综合行政执法监督局
所属类型： 安全管理
专业类别： 道路运输
成果实施范围（发表情况）： 江苏省交通运输综合行政执法监督局、江苏省各道路运输执法机构
开始实施时间： 2020 年 1 月
负责人： 张鸿飞
贡献者： 顾　敏

案例经验介绍

一、背景介绍

2019年起，江苏省交通运输厅根据国务院关于江苏安全生产专项整治集中督导的工作要求，落实"一年小灶、三年大灶"的重点任务，全省交通运输执法系统深入开展道路客货运输生产各项安全专项整治工作，突出对"两客一危"企业进行全面整改，落实安全监管职责，多措并举，标本兼治，持续提升道路运输企业本质安全水平，预防和减少生产安全事故。

江苏省交通运输综合行政执法监督局以我为主、主动创新，围绕提升道路运输执法工作效能，推动道路运输执法规范提质的目标，印发了《2020年江苏省道路运输执法监督工作评估方案》（图1），对全省13个市、26县级道路运输执法机构和100家客运企业、100家危货运输企业以及195家普货、维修、驾培、汽车客运站、汽车综合性能检测企业，采取明察暗访的方式进行检查和全方位评估，对检查问题和清单进行跟踪督办、整改闭环处理，对检查成果进行汇总编制，评估各地市运输执法工作履行情况，分析企业主体责任落实的问题，提出预防性建议，全力构建"兜底线、织密网、建机制"的道路运输执法监督新体系。

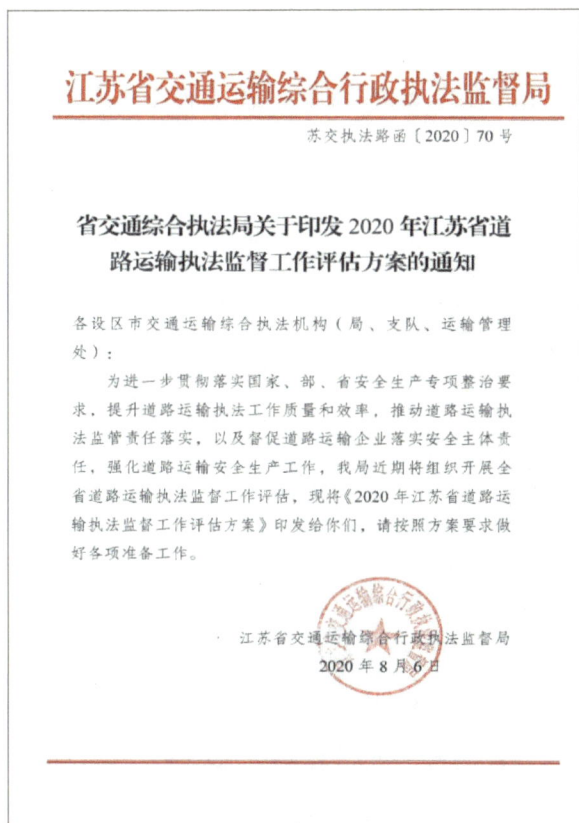

图1　2020年江苏省道路运输执法监督工作评估方案

二、项目目标

加强江苏省对各级道路运输规范化执法监督指导，明确"做什么，怎么做"，通过检查，客观评估"做得怎么样"。

（一）前期准备

在前期准备中，主要形成工作方案和具体检查工作计划，细化道路运输执法机构检查评估内容和企业监督检查表的检查内容。

（二）实施检查

实施现场检查，每个检查对象检查结束后，形成隐患清单现场反馈道路运输执法机构及被检查对象。检查结束后形成检查通报和工作报告。

（三）项目成果编制与审查

对检查成果进行汇总编制，评估各地市运政执法工作履行情况，分析道路运输执法和企业主体责任落实的问题，提出预防性建议，构建道路运输执法监督新体系。

三、技术路线及成果

（一）本案例主要做法

1. 现场检查与年度考核、日常监管结合

检查方案中涉及13个地市、26个县级执法机构，100家客运企业、100家危货运输企业以及195家普货、维修、驾培、汽车客运站、汽车综合性能检测企业的现场检查，将年度考核的目标任务逐项分解到检查内容中，并且结合每周、月、季的执法情况报表、安全简报常态化监管分析，对全省道路运输安全管理和执法情况进行全面分析和评估。

2. 现场检查与暗访、信息系统数据研判相结合

现场检查组采用"看、查、问、访"等方法，对需要检查的单位进行资料收集整理，逐项打分评估；暗访组主要对客、货运站源头进行暗访，对火车站、汽车站、收费站等周边客源集散地进行非法营运车辆暗访，乘坐长途班线车对运输途中进行暗访等；另外，充分运用信息化系统进行数据研判，运用运政在线和动态监控系统对车辆动态运行轨迹和驾驶员主动安全行为进行监督管理，实施精准查处。

3. 企业主体责任与监管责任、党政责任相结合

严格贯彻落实安全生产"三项责任"要求，按照《关于全面强化落实企业主体责任深入推进安全生产专项整治的通知》对运输企业制定监管清单，并逐项对照检查，进一步抓企业建章立制、安全投入、安全管理机构和人员配备、双重预防机制建设等，督促企业落实安全生产主体责任；检查市、县执法机构对执法计划制定、执行、执法规范等的落实情况，专项整治落实情况，上级督导检查问题清单整改情况，以及企业检查情况等，全面落实市、县属地监管责任以及党政领导责任履行情况。做到监管环环相扣、责任层层落实。

4. 省级抽查与市县检查执法、第三方专业检查相结合

这次检查是在各市县日常检查和执法的基础上，省级组织进行抽查，在检查过程中，有地方执法人员参与，是为了让检查中出现的违法行为

可以按照规定实施行政执法处罚；同时借住第三方安全机构的专业力量进行检查，提出专业性的评估意见，更好地为运输执法机构进行综合考评以及为省、市管理部门制定行业安全监管政策提供依据。

5. 检查通报与行政处罚、整改落实相闭环

本次检查流程为检查准备、检查过程、行政处罚、检查问题清单反馈、检查通报、整改反馈、评估报告，是一个检查的闭环过程，并在相关市试点应用信息化系统形成全流程化、全清单化、全留痕化、全透明化的过程，进一步将检查问题和清单落实整改到位，提高行业执法监管水平（图2）。

图2　现场检查

（二）主要成果

1. 企业安全主体责任进一步加强

对按照"双随机、一公开"机制抽取了39家道路运输执法机构，395家客、货、维、驾企业进行了评估，共开具行政处罚15份、下发整改通知单68份、反馈问题清单434份。

2. 执法与安全监管责任基本落实

评估体系贯彻了24个重要文件，通过制定执法工作计划和监管清单，落实了行政执法"三项制度"和安全监管"三项责任"。各地开展了非法营运智能化试点、旅游包车安全管理试点、危化品车辆监管试点、普货车辆安装主动安全智能防控试点、安全生产法执法、双重预防机制建设等创新亮点工作。

3. 专项整治重点工作全面推进

截至2020年10月底，全省9436辆挂靠车辆已全部清理完毕；全省约600家"两客一危"企业建立了双重预防机制，排查重大风险4个，重大隐患13个。各项专项整治工作全面推进落实。

4. 道路运输事故／死亡人数双下降20%的目标全面实现

2020年1~10月，全省营运车辆事故共发生1183起、死亡442人，同比减少2418起、1005人，分别下降67%和69%，未发生一起重特大道路运输事故，"双下降"目标超额实现（图3）。

四、应用成效与评估

（一）实操性

项目方案经过多方科学论证，一系列监督检查指标均有相关法律法规为支撑。具有较强的可操作性，且易于在相关领域直接应用。

通过监督检查结果反馈，各地执法部门可掌握其负责的行业领域安全发展状况，为分类分级管理提供基础数据；通过对行业监管与企业安

全管理的同步检查，相互验证，可综合评估各地市道路运输执法机构执法与安全监管工作实施情况；通过道路运输监督检查方案的实施，可了解监督检查内容，为执法工作提供监督检查依据；通过本项目的反馈结果，生产经营单位可以掌握

安全风险自辨自控、事故隐患自查自纠自报等安全管理能力、安全技术能力和应急处置能力，从根本上控制风险、消除隐患，是落实企业主体责任的重要手段。

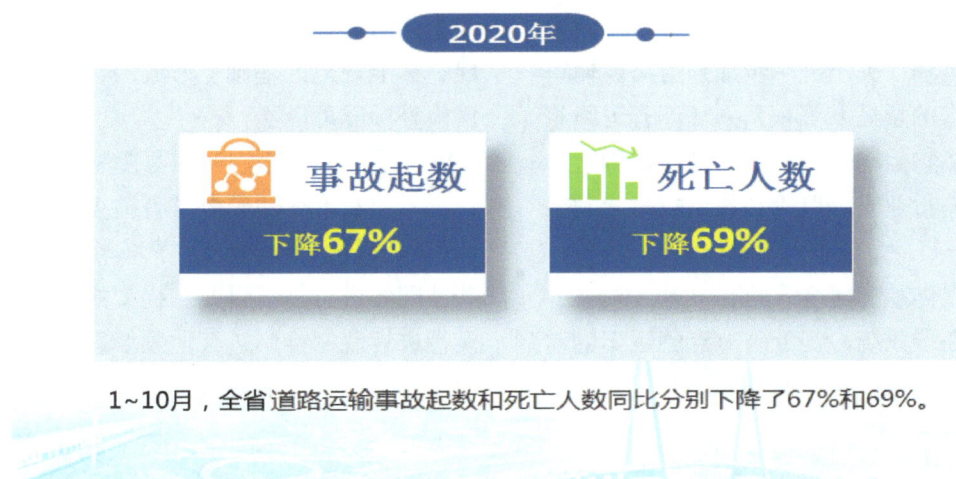

1~10月，全省道路运输事故起数和死亡人数同比分别下降了67%和69%。

图3 道路运输事故/死亡人数双下降20%的目标全面实现

（二）先进性

机制新，建立安全检查和执法监督双闭环融合机制。2019年，我们建立了安全监督检查从发现问题到解决问题到回头检查再整改，直至消除隐患的闭环过程，2020年根据执法监督管理目标管理要求，我们对市、县执法机构建立了执法目标、执法计划、实施处罚、记分、整改、消除违法行为等闭环机制，两个闭环机制既作为日常工作的要求，也是实施道路运输执法监督工作评估方案的主要特点。从而为道路运输执法监督工作建立了双闭环管理机制。

方法新，"双随机一公开"在执法监管和安全检查双应用。为全面贯彻《国务院关于在市场监管领域全面推行部门联合"双随机、一公开"监管的意见》，我们在本次方案实施过程中，在执法监管和安全检查以"双随机、一公开"监管为基本手段、以重点监管为补充、以信用监管为基础的新型监管机制，每市级执法机构随机抽取执法人员参与每个检查单元的检查，随机抽取县级执法机构和各种类型的运输企业进行检查，并且结合高频违法、事故企业作为重点监管对象，检查处罚后即时记分进行信用监管。

手段新，信息化系统全程留痕，大数据应用提升执法效能。试点运用交通综合执法App的企业检查功能进行检查评估，检查企业时，执法人员根据系统App接受的检查任务，对照系统中的检查表事项和检查依据对企业进行检查，执法记录仪全程记录检查过程，并将相关资料现场录入系统，执法机构和检查评估人员可通过系统跟踪检查整改落实情况，形成可追溯可查询的流程化管理系统。同时应用大数据分析，对运输企业车辆动态监控情况、驾驶员主动安全驾驶情况、违法记分情况进行研判；对执法机构执法计划、执法数量、报表等进行大数据分析，作为综合评估的重要手段；改善执法手段，提升一线执法工作效能，提高执法效能。

五、推广应用展望

江苏交通道路运输综合执法机构评估体系项目是一项具有推广意义的安全执法应用课题，项目目标是既在科学论证的基础上创新工作方法，又以解决安全监管问题为导向，形成可在全国各地进行复制、推广应用的项目方案和成果。

（一）制度体系可推广复制

项目印发的《道路运输执法监督工作评估方案》，是在总结《省安委会关于以更高标准 更严措施管控交通运输领域重大安全风险的通知》《省安全生产委员会关于全面强化落实企业主体责任深入推进安全生产专项整治的通知》以及《省道路运输安全生产专项整治实施方案的通知》《省交通运输厅关于进一步加强道路运输车辆技术管理工作的意见》等一系列江苏省道路旅客运输、危险货物运输行业政策文件的基础上形成，对道路运输行业安全监管和执法规范起到很好的作用。

（二）信息化系统可推广复制

江苏运政在线系统、江苏省重点营运车辆动态监控系统（已经融合联网联控系统和主动安全防控系统）、江苏省交通运输综合执法监管系统等，为安全生产检查和交通运输综合执法以及本项目的实施提供了强大的信息支撑，可进行复制推广应用。

（三）检查监管清单可推广复制

本项目形成的道路运输执法机构检查评估表和企业监督检查表的检查内容，是在总结法律法规、标准规范的基础上形成的，其他地市制定监督检查标准可借鉴。

（四）评估报告模板可复制

本项目形成的安全监督检查分析报告，对各地市执法与安全监管工作落实情况进行评估，对共性问题进行分析研究，提交的评估报告可作为模板进行复制推广，其他领域检查可使用，其他地市监督检查可借鉴。

案例 9 ▶ 港口企业基于安全标准化体系的绩效评定制度

基本信息

申报单位：河北港口集团有限公司

所属类型：安全管理

专业类别：企业管理

成果实施范围（发表情况）：河北港口集团有限公司

开始实施时间：2014 年

负责人：马运波

贡献者：冯　伟、潘　伟

案例经验介绍

一、背景介绍

（一）实施安全标准化的意义

习近平总书记明确指出，人命关天，发展决不能以牺牲人的生命为代价，这必须作为一条不可逾越的红线。对于一个企业而言，应当研究一种有效方式，以建立一套完善的技术和管理规范为最低标准，将综合管理和标本兼治相结合，把安全生产纳入规范化、标准化和制度化的轨道，有效提升企业的安全管理水平，杜绝生产安全事故的发生，保护员工生命及财产安全。

安全标准化就是通过建立安全生产责任制，制定安全管理制度和操作规程，完善隐患排查治理制度，推行风险辨识与管控措施，建立预防机制，规范生产行为，使生产的各个环节符合相应安全生产法律法规和标准规范的要求，进而在企业生产经营管理过程中全天候、全方位、全过程地贯彻实施，最终实现企业生产各环节的秩序化、标准化和规范化，确保人、机、物、环处于良好的状态，并持续改进，不断加强企业安全生产规范化建设。

（二）基于安全标准化体系的激励措施

基于安全标准化体系的绩效评定制度是企业经营管理激励约束机制的重要方面，能够进一步明确企业内部各部门、各单位在安全生产工作中所承担的责任，激励并提高员工以安全标准化规范自身安全生产行为的积极性，从被动达标变为主动需要，以安全标准化促进企业生产安全。

二、项目目标

企业应当结合自身实际，将生产作业过程中涉及的人的作业行为、设备的运行技术要求、作业环境等，通过安全标准化的形式逐项予以明确，并建立相对应的考核分值，通过一种定期与不定期相结合的工作方式对各部门、各单位进行考核，将考核的结果纳入组织和个体的年终考核，根据分值高低评判安全生产工作完成效果的优劣，发布综合得分排名。同时，设立以奖代补、专款专用的安全生产奖励基金，对综合积分排名靠前的组织、个体评优奖励，对排名靠后的组织、个体给予批评与处罚，以此方式促进安全标准化的责任落实，创造良好的安全生产工作氛围。

三、技术路线及成果

（一）制定安全标准化考评要素

企业根据人、机、物、环等方面，对生产作业过程中人的作业行为、设备的运行状态、物料的摆放与存放、作业环境状态等逐项详细列明，对每一种行为、状态制定详细的标准（规范）及与之对应的扣分标准。或可根据主管部门职责分为人身安全、设备安全、交通安全、消防安全等四方面为一级考评要素，在二级考评要素中将前述每一种行为、状态及相应标准（规范）相应归类，增加考评人员的可操作性。

同时，结合企业年度安全生产奋斗目标（包括人身伤亡、机损、火灾、交通等四类生产安全事故控制指标）对各部门、各单位的分解目标，作为考评要素中的否决项，在考评工作中一并进行。

（二）考核方式设计

（1）企业安全监督部门依据基层组织安全标准化考评要素，每季度对基层组织安全标准化工作进行一次检查考评。基层组织依据作业队安全标准化考评要素每月对所属作业队的安全标准化工作进行一次检查考评。作业队依据班组安全标准化考评要素每月对所属班组的安全标准化工作进行一次检查考评。班组每旬依据班组安全标准化考评要素进行一次自查。

（2）各级开展安全标准化检查考评工作，应当由2名以上人员组成考评组，按照相应安全标准化考评要素检查，逐项严格考评打分，填写安全标准化考评表。

评定标准：基层组织作业队、班组考评期内考评平均分数95分以上，且未发生生产安全事故，为企业一级安全标准化作业队、班组；作业队、班组考评期内考评平均分数90分（含90分）以上，且未发生超本单位安全生产分解目标生产安全事故，为企业二级安全标准化单位；作业队、班组考评期内考评平均分数90分以上，发生超本单位安全生产分解目标生产安全事故或作业队、班组或考评期内考评平均分数低于90分，为企业安全标准化不达标作业队、班组。

（3）企业每年12月对基层组织安全标准化工作进行年度考评，按照基层组织安全标准化年度综合考评表评定分数。

评定标准：基层组织考评期内考评平均分数95分以上，且未发生生产安全事故，为企业一级安全标准化组织；基层组织年考评期内考评平均分数90分（含90分）以上，未发生超本单位安全生产分解目标生产安全事故，为企业二级安全标准化组织；基层组织年季度考评平均分数在90分及以上，发生超本单位安全生产分解目标生产安全事故或基层组织年季度考评平均分数低于90分，为企业安全标准化不达标组织。

（三）安全标准化绩效评定

企业对基层组织安全标准化的运行质量与效果以考评得分为标准进行绩效评定，结合安全生产目标、指标的完成情况进行综合考评。同时，各级发生一般及以上等级生产安全事故或生产工艺发生重大变化应当重新进行评定。

（1）依据安全标准化考评分数和类项权值，每季度核算安全生产奖励基金综合得分，以满分 100 分为基准，发放奖励。

综合得分＝人身安全考评得分 × 权值＋设备安全考评得分 × 权值＋交通安全考评得分 × 权值＋消防安全考评得分 × 权值

基层组织奖金数额＝∑（季末各类在岗职工人数 × 相应系数）× 综合得分 × 奖励分值

（2）企业进行安全标准化年度考评后，根据综合得分排名，进行年度安全先进表彰奖励包括年度安全标准化优秀单位、安全标准化优秀集体、"安全生产先进管理者" "安全生产先进个人" 的奖励。奖励依据年终安全生产工作考评结果实施。

四、应用成效与评估

河北港口集团有限公司按照企业生产作业实际情况实施了基于安全标准化体系的绩效评定制度，通过对各部门、各单位开展定期安全标准化考评工作，进一步推动了安全管理工作更加规范与标准化。同时，将企业的经济管理和安全管理更加深层次结合，进一步明确了各单位、各部门的安全生产责任，以绩效评定方式激励基层组织与员工自觉遵章守纪，促进安全生产。

河北港口集团有限公司自2014年构建安全标准化绩效评定激励体系以来，不断完善，根据自身生产作业实际进行创新，针对不同的人文环境因地制宜地开展实施针对性管理模式。5年来，各类事故发生率下降61.2%，隐患整改率提升52%，现场巡查发现员工违章率下降79.1%，极大提升了员工的自我安全责任感，减少了不安全行为的发生，从更深层面激发了员工本能意识和安全生产的积极性。

五、推广应用展望

基于安全标准化体系的绩效评定制度能够有效激励基层组织和员工自觉开展安全标准化达标活动，从自身着手，更加全面地提升企业的本质安全水平。河北港口集团有限公司自身的成熟案例可作为其他港口企业的经验借鉴，实现本行业内 "长治久安" 发展。

案例 10 ▶ 智慧用电 App 安全管控技术

基本信息

申报单位：山西路桥集团晋南项目管理有限公司

所属类型：科技兴安

专业类别：安全管理

成果实施范围（发表情况）：在山西路桥集团晋南项目管理有限公司范围内实施

开始实施时间：2019 年 4 月

负责人：刘　刚

贡献者：赵国梁、李庆宏、吕建峰、刘　宏、史佳琪

案例经验介绍

一、背景介绍

安全管理工作是企业发展的重要保障，消防安全是安全管理工作中最重要的组成部分。2017年，公安部消防局下发《关于全面推进"智慧消防"的指导意见》（公消〔2017〕297号），2017年12月11日山西省人民政府安全委员会办公室下发《关于全面推进智慧消防建设开展电气火灾综合整治的通知》（晋安办发〔2017〕109号），文件强调要创新消防安全管理模式，加快智慧用电、智慧消防建设步伐，深入推进安全生产社会化服务体系和安全事故防控综合治理体系建设。

山西路桥集团晋南项目管理有限公司承接着临汾、长治、晋城、晋中等地市大部分地区的旅游公路建设，项目建设中用电范围广、使用量大，用电管理一直采取电工巡查的传统管理方式，电气线路布设不符合规定、电气安全监管不到位等问题未从根本上得到解决，管理手段已明显不能满足当前需要。公司的发展需要从源头上预防电气火灾，借助先进的科技手段解决管理盲区，夯实消防安全软硬件管理基础。这也是健全企业隐患排查治理机制和提升企业本质安全管理水平的迫切需要，同时在实现"科技兴安、科技强安"上能起到重要作用。

二、项目目标

推进智慧消防建设，提升企业本质安全管理水平，实现"科技兴安、科技强安"。

三、技术路线及成果

山西路桥集团晋南项目管理公司使用的智慧用电App管理系统是通过现代科技推动公司消防安全管理水平，将物联网平台、大数据、云计算、无线传输技术充分运用到公司安全管理中，有效解决电气线路老旧、无专业电工即时排查、隐蔽工程隐患检查难等目前安全管理上的难题，公司安全管理人员或电工可以通过下载手机App随时掌握电气线路工作状态，如有异常，系统会通过短信、电话等形式向管理人员发送预警信息，指导开展治理，消除潜在安全隐患（图1）。

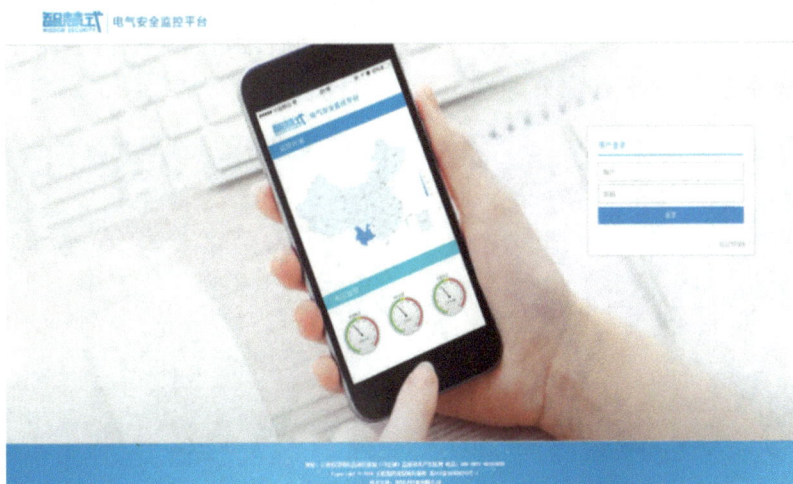

图1　手机 App 实时监控

管理系统（图2）主要有以下功能：

1. 基于电气火灾隐患管理平台的隐患管理

该管理系统主要通过电气火灾隐患管理平台实现各项管理内容的全覆盖管理，平台管理内容涉及设备覆盖情况、隐患分布情况、隐患类型占比情况、隐患治理情况等信息（图3），并生成月报、季报、年报。有助于相关人员及时掌握电气火灾隐患的发展趋势和风险等级，把握管理工作的重点，及时消除隐患，防范电气火灾的发生。同时通过大数据分析和汇总，向职能部门提供相关管理信息。

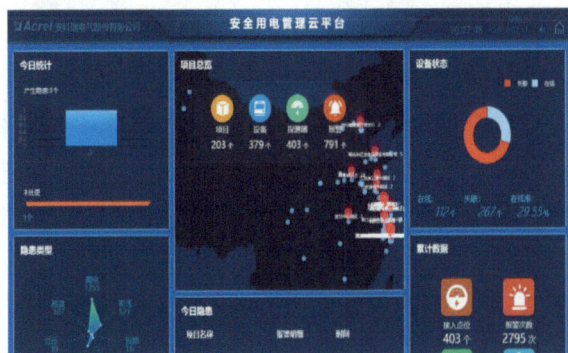

图2　智慧用电管理综合界面

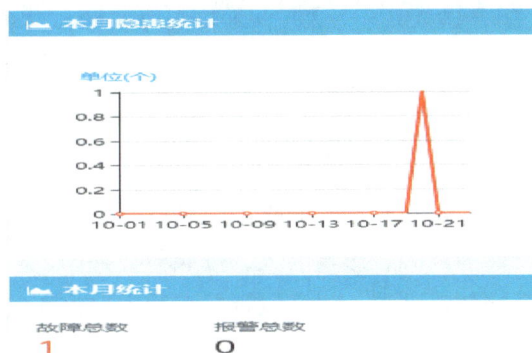

图3　隐患统计

2. 在管理中强化安全用电分析

安全用电管理平台突出技术运用和技术管理职能，可对每个电气回路出具分析报告，分析报告内容可体现项目名称、时间范围、具体位置、设备名称、报警次数、报警状态等关键管理信息。

（1）设备体检功能，可以方便地进行隐患管理，包括隐患巡查、隐患处理、隐患记录、隐患提醒、工单处理和隐患批量处理等功能。

（2）设备回路特征分析，针对采集的数据进行各种模型分析，为客户消除安全隐患。

智慧用电App管理系统充分发挥了安全生产信息化管理技术在保障安全生产的重要作用，进一步提升了安全管理的科学性、及时性、有效性，在实现"科技强安"中起到了引领作用。

四、应用成效与评估

山西路桥集团晋南项目管理有限公司在电气火灾整治工作中，把针对性推广使用智慧用电安全隐患监管服务系统作为项目建设中安全管理的重要内容。采用智慧用电App安全管控技术后，与以往人工管理相比，更加科学可靠，有效预防了电气火灾的发生，提高了工作效率和统计数据的准确性、及时性，节约了管理成本，使施工电气火灾管理网络化、形象化、可视化，使管理数据信息化、共享化。目前，我公司所属太行旅游公路（图4）、尧都区旅游公路（图5）12个施工项目部共计投入使用该系统约120余套。使用以来未发生一起电气火灾事故，在项目管理过程中取得了良好的经济效益和社会效益。

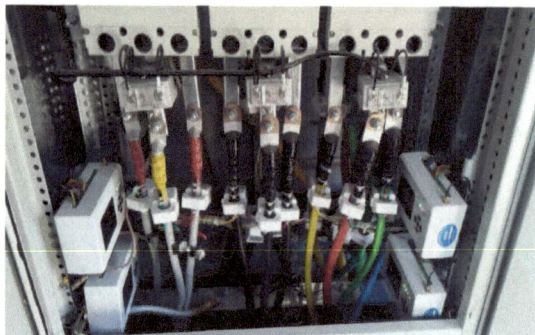

图4 所属晋城太行一号旅游公路建设项目安装图

图5 所属临汾尧都区旅游公路建设项目安装图

五、推广应用展望

我国正站在建设交通强国的新起点，交通基本建设产能巨大，影响巨大，按照科技兴国、科技兴企的战略部署，建立以智慧型为主攻方向的创新管理体系是发展的必然要求和结果，公路工程施工领域基础管理数字化、智能化的提高已成为今后发展的重要方向，山西路桥集团晋南公司智慧用电App管理体系在公路施工领域中的应用可起到一定的引领和带动作用。

案例 11 ▶ 道路运输数字安全治理技术研发与应用

基本信息

申报单位： 深圳市中芫科技物流有限公司，深圳市交通运输培训中心

所属类型： 安全管理

专业类别： 平安交通

成果实施范围（发表情况）： 道路运输物流企业。

发表情况： 2020 年 4 月 7 日以"平安交通"建设为课题，向交通运输部政研一处书面提交

开始实施时间： 2020 年 3 月

负责人： 姜　洺

贡献者： 荣　胜、罗　荣、张柏宇、刘　强、邢年旺

案例经验介绍

一、背景介绍

"平安交通"是交通强国的前提条件，随着我国经济的高速发展，全国道路交通安全形势严峻。交通运输企业为国家三年安全生产治理行动 6 大重点行业之一。调研和分析发现交通运输业安全生产的难点如下：

（1）企业经营状况差，安全生产投入难。

（2）流动性大、作业无规律，驾驶员安全教育、培训难。

（3）车辆行驶过程，驾驶员驾驶行为管理是盲点，监管难。公安部公布的交通事故分析报告显示，驾驶员驾驶失误是导致交通事故的主要原因，占交通事故发生率83.7%。

在北京邮电大学深圳研究院指导下，采用产学研协同合作，以驾驶员驾驶行为治理为基点，近五年时间，投资上千万元，研发了以区块链、物联网、视频技术、4G（5G）传输、人工智能硬件、云计算、大数据、人脸识别、场景分析等关键技术在道路运输企业的应用，打造了数字化

安全生产治理体系，系统包括，技能及安全教育培训子平台、智慧物流子平台、网络货运安全经营监控子平台。

技能及安全教育培训子平台，以人脸识别、大数据、场景分析等关键技术的应用研发的技能与安全培训App，管理和驾驶员可以随时随地在线学习技能、参加安全培训，大幅提升安全生产管理人员和驾驶员的技能及安全意识，抓住了安全生产以人为本的核心。通过典型案例模拟场景设置，学员全过程参与观察、分析、探讨等，强化自身安全生产能力的提升，具有很强的实效性，解决了培训难。

网络货运安全经营监控子平台，以区块链、大数据、云计算、人工智能、视频、双模技术（北斗、GPS）等技术的应用，实现以远程监控、智能、可视、车路协同，有效解决了道路运输企业安全生产监管难、驾驶员在途管理盲点、人工管理成本高等的痛点，大幅度降低事故率50%以上。

智慧物流子平台，利用区块链、大数据、移动互联网等技术，解决网络货运信息不对称，全链条互联互通、信息共享，智能、可视、数据化管理，优化货运资源配比，对驾驶员、货车、货物实现最小成本、最小劳动强度的科学化调度，减少管理人员和驾驶员的非生产劳动强度，提升安全生产。

二、项目目标

2021年装车15000台，2022年实现装车30000台。5年内，实现全国10个港口城市，5个"一带一路"节点城市，15万台车的装车规模。

三、技术路线及成果

道路运输数字安全治理技术的研发与应用体系技术路线：以智能视频、人脸识别、场景分析等的研发和应用实现对驾驶员行车过程中的不规范驾驶行为，如吸烟、打电话、喝水、疲劳驾驶闭眼、打哈欠、跟车距离近、车道偏离等通过视频识别，AI算法实现前端语音提醒和报警提醒。4G（可扩展为5G）传输到后台，大数据分

析、云计算等技术对驾驶员行车过程的驾驶行为统计分析，实现安全管理的可视化、数据化、智能化。人脸识别、移动互联网等技术研发与应用，实现在线技能及安全培训教育。以物联网技术、区块链技术、大数据、云计算等技术研发的智慧物流平台，实现生产的智能化、可视化、透明化。首创安全经营、线上培训、智慧物流三平台协同，用科技的手段提升安全生产治理能力现代化。近三年，百台车的测试，降低事故率60%以上，并为企业降低安全管理成本15%，综合管理成本20%。设备功能符合交通运输部《营运客运汽车安全监控及防护装置整治专项行动方案》（交运发〔2018〕115号）的技术要求，探测距离为1.98~150.32m，报警灵敏为0.5~2s等，获得江苏省地方标准、3C等多项技术认证。

四、应用成效与评估

道路运输数字安全治理技术的研发与应用，经深圳、广州、厦门等地2年多的测试后，2020年3月起在深圳德诚达物流公司、深圳市联合联盟物流公司、湛江晨鸣纸业等企业实施以来，安装车辆数百台。企业安全生产与去年同期相比，在出车次数增加，事故率大幅下降超过60%，降低综合管理成本15%，提升效率30%。安全生产形势明显好转，数字化安全治理体系逐步完善和建立，企业满意。并为政府提供了有效的监管数据。

事故率、管理费用下降、安全生产治理能力提升。先后获得中物联科技进步二等奖、物流技术创新奖、2016年全国十大信息平台风云人物奖、广东省交通运输厅"互联网+交通运输"示范项目等15项国家、省、市奖项，2020年广东省交通厅"科技兴安"重点案例推荐第一名。

创新性：

（1）创新打造了数字化安全生产管理体系。推动交通运输安全生产从经验管理到数据化、可视化、智能化、精准化管理；从事后处理到预警管理；从被动安全管理向主动安全管理的转型升级。

（2）创新打造了安全生产产业链。政府、

保险、企业、驾驶员、车辆、生产、培训、监管等全链条协同，形成闭环安全管理链，避免安全生产各自为政的弊端。科技赋能，不增加企业负担的同时，降低物流企业安全管理成本支出15%，降低事故率30%以上。从管"两头"（车头、人头）到经营"两头"的革命性变革。

（3）推动交通运输业技能与安全培训从线下到线上的转型升级。解决了交通运输企业培训难，避免培训形式化。有识别、有场景、有记录、有分析、有存储，精准化培训。

（4）创新安全、生产、培训三平台协同。解决了生产和安全、生产与培训互为矛盾的难题。远程监控，管理智能、可视、数据化，运营透明化。

（5）创新构建了政府、保险、平台、企业、驾驶员五级数字化安全生产治理体系。有依据、有数据、有监管、有执行、有制度。

实操性强：以利益链打造的赋能安全产业链模式，政府、交通运输企业、保险公司、车辆、驾驶员等全链条协同，构建了完整的安全经营产业链，实现从管安全到经营安全的革命，实操性强。

先进性：智能视频设备及后台，工艺先进、安装简单，稳定可靠，报警灵敏。技能及安全教育大课堂生动、实用，物联网架构的智慧物流平台，操作简单，覆盖交易、运营、财务管理等全链条操作协同，大幅降低管理成本、运营成本，处于行业领先地位。

推广性：创新的模式，领先的技术，操作便捷，各方易接收，易推广和复制。2020年在广东深圳、广州、湛江、中山、江门、汕头等地市复制，并逐步在全国各港口城市复制。

五、推广应用展望

数字安全治理技术在交通运输业的创新研发和应用，数字化安全生产治理体系的建设，创新地从管安全到经营安全的变革，市场反应良好，已落实装车车辆超过2000台，预计2021年装车15000台、2022年装车30000台。可有力促进交通运输业和科技的深度融合，实现安全生产治理数字化的转型升级，为企业降本增效，推动安全生产治理能力现代化的实现，推动安全生产管理的创新和升级，有力落实国家安全生产三年治理行动，促进交通运输业的转型升级和集约化、智能化、可视化、数据化的发展，为"一带一路"建设提供数字化、可视化、智能化的"平安交通"，为千万家庭幸福保驾护航。

后续将在大数据算法，后台智能化管理等技术方面提升，实现道路运输安全全链条智能化、数字化安全管理。

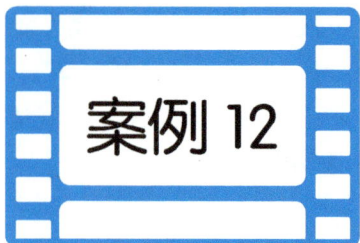

案例12 ▶ **高速公路隧道多维应急管理的研究与实践**

基本信息

申报单位：北京市首都公路发展集团有限公司八达岭高速公路管理分公司

所属类型：安全管理

专业类别：道路运输

成果实施范围（发表情况）：分公司所管辖的27条隧道通过创新案例的具体实施，2019年至今在八达岭分公司所辖隧道中发生的88起交通事故，无一起二次事故，未出现亡人重大事故，隧道突发事故造成的社会影响和财产损失得到有效控制，人民群众生命财产安全得到保障，八达岭分公司所辖隧道通行状况持续平稳运行，为构建和谐高速通行环境奠定基础

开始实施时间：2019年1月1日

负责人：田振勇

贡献者：纪 晔、赵永生、池晓东、贾 辉、王 鑫

案例经验介绍

一、背景介绍

在全面推进依法治国、建设法治交通、营造高速公路隧道法治运行环境、提高高速公路隧道运营管理效率的背景下，高速公路隧道多维应急管理的研究与实践是营造高速公路隧道法治运行环境的需要、是提高高速公路隧道运营安全水平的需要、是推进高速公路隧道安全畅通的需要、是促进高速公路隧道应急管理标准化规范化的需要。

二、技术路线及成果

在全面推进依法治国、建设法治交通、营造高速公路隧道法治运行环境、提高高速公路隧道运营管理效率的背景下，八达岭分公司积极响应号召，深入推进依规治企，针对高速公路隧道通行条件特殊，作为半封闭空间，在运营管理中存在特殊事件可达性低、联络与救援困难、管理养护部门多等问题，建立起一套"基于信息化手段，利用智能化辅助设备对隧道运行情况进行实时监控，加强多单位多部门协同合作的高效处置，适时开展常态化的应急演练，提升高速公路隧道突发事件应急处置效率"的行之有效的高速公路隧道多维应急平台。高速公路隧道多维应急平台的建设本着"及时发现、及时上报、及时处置"的原则，严格执行信息报送制度，并通过人为发现、设备监控、制度优化等措施，加强信息报送管理力度，使得人为主观性造成失误的概率得到降低，突发事件的发现率得以提高，确保高速公路隧道特殊事件得到及时、有效的处置，使得高速公路隧道能够安全、畅通、高效运行。高速公路隧道多维应急平台建设促进企业高速公路隧道运营管理规范化氛围的形成，推进高速公路隧道运营管理提质增效效果的提升，为高速公路隧道使用者构建舒美安畅的通行环境奠定基础。

（1）应急处置预案精细化管理，根据分公司所辖隧道的特点，结合隧道可能出现的突发事故，做好风险源辨识工作，编制"一隧一预"（即一条隧道一套应急处置预案，依据每条隧道的不同特点制定特有的应急处置预案）；结合妫水河隧道下穿水底的隧道特点，根据妫水河隧道不同于山体隧道制定不同的预案。

（2）健全智能化监控手段，高速公路多维隧道应急平台通过构建一个集成化、智慧化的公路隧道智能综合监控管理平台，应用互联网、智能控制技术，采用融合通信技术，完备应急联动处置预案，加强信息化的调度手段，全面提升公路隧道的监控管理水平。多渠道监控手段对隧道运行情况进行实时监控，发生突发事件进行实时报警。

（3）建立高效的应急处置机制，运用不同种类的设备设施进行信息传递，加强各单位间协调联动，提高应急处置效率。隧道作为一个半封闭的空间，一旦隧道内出现突发事件，第一时间获取情况进行应急处置是至关重要的。成立应急处置小组，运用不同种类的设备设施进行信息传递，加强各单位间联动，提高应急处置效率。

（4）应急演练常态化，提高应急处置队伍的处置能力。平时状态下，隧道中心认真履行工作职责，监控人员对隧道情况做到心中有数，做好隧道的管理工作；加强常态化应急演练，每月以班组为单位进行安全演练，每年以隧道中心整体为单位进行多班组现场综合模拟演练，通过常态化的演练，检验信息通报情况及应对情况，做好演练记录，总结演习中的问题，细化改进存在的不足。

三、应用成效与评估

通过前期的应急预案精细化、动态化管理，多手段的实时监控，利用多种媒体进行信息提示，应急处置队伍及时做出响应，加强相关单位间的联动，迅速前往现场协助相关单位处置，建立起多元、有效、全面的隧道应急管理模式。高速公路隧道多维应急管理的研究与实践使得高速公路隧道突发事件发现率得到提高、隧道管理水平得到提升、隧道通行环境得到改善。

四、推广应用展望

2019年至今在八达岭分公司所辖隧道中发生的88起交通事故，无一起二次事故，未出现亡人重大事故，隧道突发事故造成的社会影响和财产损失得到有效控制，人民群众生命财产安全得到保障，八达岭分公司所辖隧道通行状况持续平稳运行，为构建和谐高速通行环境奠定基础。

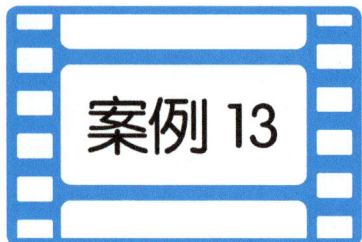

案例13 ▶ 机动车驾驶员防御性培训体系

基本信息

申报单位：云南交通技师学院

所属类型：驾驶员防御性驾驶能力培训

专业类别：交通运输

成果实施范围（发表情况）：驾驶员心理测评与服务、驾驶员安全意识提升、驾驶员防御性驾驶技术提升、交通安全科普

开始实施时间：2020年1月

负责人：李　文

贡献者：孙建强、龚　彦、陈　强

案例经验介绍

一、背景介绍

由于特殊的地理环境限制，云南省内许多通车路线都属于山区路段，从而给道路交通安全带来极大隐患。驾驶员不良驾驶习惯、防御驾驶能力不足和处置突发情况能力缺失等，是造成各类重特大道路交通事故的主要原因。从云南省历年交通事故统计数据分析，因驾驶员导致的交通安全事故占比高达90%以上，交通安全形势十分严峻。

为进一步夯实道路交通安全教育基础，进一步提升全民交通安全意识，进一步推进道路交通安全教育基地建设。云南交通技师学院率先在全国范围内，以安全教育、科研和社会服务三位一体的交通安全文化创新为目标，开展基于防御性驾驶能力提升的道路运输安全能力研究，构建符合云南高原山区道路复杂地形路况特点的交通安全防御性驾驶培训体系，重点加强机动车驾驶人，尤其是"两客一危"营运驾驶员、大货车驾驶员防御性驾驶技能教育与培训和交通安全科普宣教，组织开展驾驶员防御性培训体系的示范建设。

二、项目目标

本体系主要工作是让更多的人学习掌握防御性驾驶技术，通过防御性驾驶的系统培训，强化驾驶员心理和安全意识，矫正不良驾驶行为习惯，有效提升驾驶员安全驾驶风险防范能力、应变处置能力和安全行车意识，有效地降低交通事故发生率；其次能为公众提供各类交通安全法律法规、出行安全注意事项、车辆安全知识等多媒体交通安全科普内容，实现交通安全常识、法规专业性、针对性普及教育。

三、技术路线及成果

（一）建设汽车驾驶员心理测评与服务平台

汽车驾驶员心理测评与服务平台是机动车驾驶员防御性培训体系重要内容之一，通过对驾驶员的心理状况以及驾驶适宜性进行测评，并根据测评结果开展有针对性的训练，使其在今后行车中特别注意，对确保安全行车具有积极意义。

1. 构建驾驶心理测评平台

心理教育信息化管理系统通过对驾驶员个性倾向、驾驶态度、感知能力、反应能力等情况进行适宜性测评，并通过3D模拟图形分析驾驶员驾驶适宜性情况，结合系统后台数据比对生成详细的分析报告并得出测试结果，每项结果都会有测评结论。测评结果由躯体化、强迫症状、抑郁、焦虑、敌对、恐怖、偏执、精神病等十个指标反映测试者的心理情况。图1和图2分别为虚拟现实心理干预训练系统和智能身心反馈训练系统。

2. 有针对性的心理教学服务

通过测试，对存在隐患的报告进行逐一分析，针对存在心理问题的驾驶员进行重点教学服务。通过心理疏导、团体心理辅导等，优化驾驶员的心理素质，消除消极的心理行为，将安全隐患化解在萌芽状态。

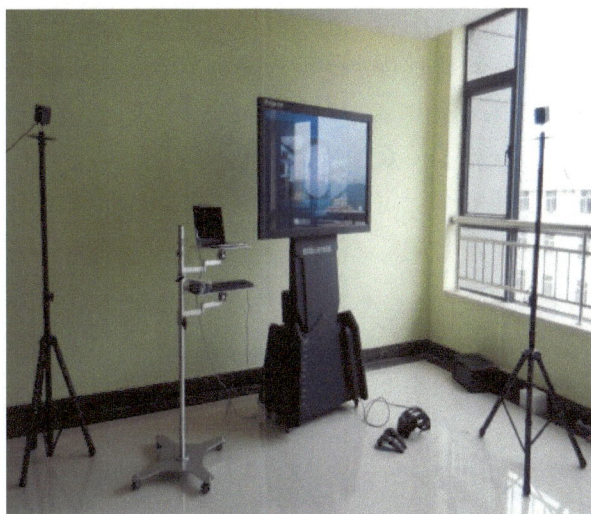

图1　虚拟现实心理干预训练系统

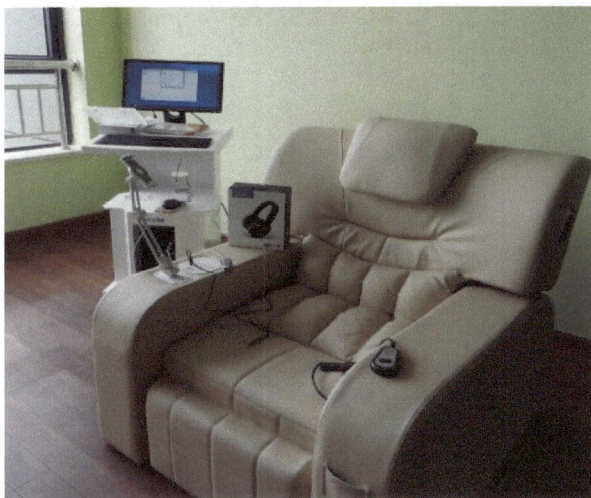

图2　智能身心反馈训练系统

（二）构建防御性驾驶培训理论课程体系

驾驶员防御性驾驶培训的课程设置遵循"创新、高效、实用"的原则。采用"宽基础、精技能"的教学思路，借鉴先进的课程开发理念，以驾驶员为中心，技能培养为重点，进行课程设计和教材开发，防御性驾驶培训理论课程体系注重体现系统性、时代性。

主要课程：健康心理与平安驾驶、不安全驾驶行为与交通事故典型案例分析、防御性驾驶技术、危险源辨识及应急驾驶、驾驶员职业道德及运输行业先进事迹、道路运输相关法律法规等。

（三）构建道路交通安全警示教育区

建设道路交通安全警示教育区和青少年道路交通安全体验区。开发面向社会公众，尤其是普通驾驶员、青少年、儿童群体的道路交通安全警示教育与科普教育示范区。通过互动闯关、触屏答题、场景化体验、观看3D影片等寓教于乐的方式，让社会公众一站式全程参与、遵守和践行道路交通安全。图3和图4分别为车距确认体验设备和翻滚体验设备。

图3　车距确认体验设备

图4　翻滚体验设备

（四）智能模拟设备的运用

智能模拟设备的运用是在虚拟道路人工智能交通流的驾驶环境中，采用云南省多条事故高发路段的实景成像和模拟还原的真实事故案例作为防御性驾驶训练模块。在基础理论教学的指导下，通过对汽车安全驾驶教学实践经验的概括和总结，为完成汽车安全驾驶教学目标和内容而构建形成的稳定且可操作的训练实践活动程序。图5和图6分别为动感模拟设备和互动模拟设备。模拟教学采用"防御性驾驶技术1+5"组训模式，包括1套测评系统和5组智能模拟训练平台，

具体内容有：

（1）驾驶员安全驾驶水平测评系统1套。

（2）5组智能模拟训练平台，包括：模拟驾驶适应训练、典型案例体验训练、危险场景防御训练、营运任务处突训练、驾驶习惯矫正训练。

图5　动感模拟设备

图6　互动模拟设备

四、应用成效与评估

机动车驾驶防御性培训体系自2020年1月10日启动后，先后对昆明耀龙供用电有限公司、云南磷化集团有限公司、中国石油运输有限公司云南分公司、云南昆钢国际旅行社有限公司等单位800多人进行系统培训。从实际效果来看，有效降低了交通事故的发生率。成果的应用成效主要体现在以下几个方面：

1. 提升了驾驶员安全驾驶的综合技能

在短时间内提升了参培驾驶员的防御性驾驶、应急处置能力以及安全驾驶和防风险的能

力，并矫正其不良驾驶行为习惯。

2. 安全意识得到进一步强化

解决了实车训练中不易解决的训练问题，特别是实车训练过程中不易经历的，或者无法经历的驾驶体验，如车辆肇事体验，突发情况应急处理，危险场景的防御训练等，通过系统的培训，进一步强化了驾驶员的安全意识，丰富了驾驶技能。

3. 提升了自我纠错能力

机动车驾驶员防御性培训体系充分利用对错误驾驶的高容忍度，加速技能形成中的试误过程，让驾驶员有意识认知自己的错误驾驶行为，提升自我纠错能力，并在今后的驾驶过程中排除错误操作，从而实现驾驶经验的快速积累。

五、推广应用展望

机动车驾驶员防御性培训体系是一个系统的培训模式，由汽车驾驶员心理测评与服务中心、防御性驾驶培训理论课程体系、道路交通安全警示教育区、智能模拟设备的运用四个部分组成，彼此互相关联、支撑、补充；培训体系针对云南省营运驾驶员特点设计开发了防御性驾驶的培训内容，突破了以往安全驾驶培训仅停留在典型案例分析与警示教育的传统培训模式，为真正降低交通事故的发生率提供了有效解决方法。通过不同道路场景和事故案例的训练，让驾驶员身临其境般地学习掌握特殊路段、特殊气候场景的安全驾驶技能，有效矫正其不良驾驶行为习惯，提高

安全驾驶意识，增强紧急情况临危处置能力，使防御性驾驶能力得到显著提升，从而达到全面降低交通事故特别是重特大交通事故发生的目的。系统具有良好的适用性、有效性、针对性及良好的应用效果和推广价值。

培训体系打破了传统的培训模式，从驾驶员心理健康和安全意识入手，针对驾驶员心理健康进行科学测定和疏导并结合智能模拟设备进行训练，弥补了传统教学模式科技含量低、宣教效果不明显等不足，推动了安全驾驶培训行业的变革，推广应用前景十分广阔。

培训体系集安全教育、科研和社会服务三项功能于一体，为社会公众提供交通安全法律法规、出行安全注意事项、车辆安全知识等交通安全科普内容，有力提升了社会公众的交通安全参与意识，对预防交通事故发生、构建和谐交通具有积极意义。

六、工作目标

以创新道路运输安全驾驶能力提升教育模式为核心，以职业驾驶员防御性驾驶技能培训体系为支撑，强化道路运输安全警示教育，矫正汽车驾驶员不良驾驶行为习惯，力求解决发生交通事故的根源性问题，构建道路运输防御性驾驶研究与应用的安全教育示范基地以及符合云南地形特点的交通安全防御性驾驶培训体系，填补国内营运驾驶员"防御性驾驶能力提升"的空白，为平安交通保驾护航。

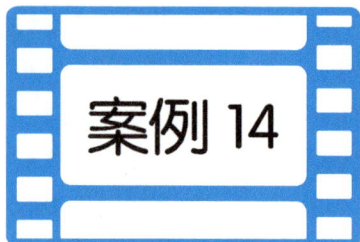

案例14 ▶ "掌上安全"安全信息管理系统

基本信息

申报单位：广西交通投资集团河池高速公路运营有限公司

所属类型：安全管理

专业类别：安全管理

成果实施范围（发表情况）：公司全范围

开始实施时间：2018年10月1日

负责人：唐明旭

贡献者：余康文、缪成琪、黄举文、黎安娜

案例经验介绍

一、背景介绍

"公司那么大，仅有几名安全员，能管好安全吗？"对此，河池高速公路运营有限公司结合公司安全管理现状，基于公司安全管理体系，着眼信息数据发展趋势，整合公司内技术资源，对安全生产管理工作提出信息化、数据化、无纸化要求，构建了"掌上安全"安全信息管理系统，安全管理实现"掌上"办公，推进公司安全生产向精准化、智慧化发展。

二、技术路线及成果

（一）构建安全培训子系统

通过构建"云课程"模块，形成安全培训子系统，该子系统的主要功能是实现线上全员安全教育培训和考核，确保安全培训、考核实现100%全覆盖。同时，管理后台实时记录安全培训、考核进度数据，考核结束后后台可统计出整体考核的达标率和优秀率，便于定期开展考核评价。参培人员在手机端即可参加安全培训、考试，实现"掌上"便捷式安全教育。

1. 培训内容

培训内容包括岗前"三级安全培训""班前五分钟"安全教育培训、专项安全培训教育、复工安全教育、换岗安全教育、"五新"安全培训教育（新技术、新工艺、新产品、新设备、新材料）、特殊工种安全培训教育、突发事故安全培训教育。

2. 考核内容

通过精心设置养护、机电、收费、排障、公共安全等业务课程以及考试题库，满足不同业务板块员工的学习需求，实现了各业务板块员工对安全知识的提升。

（二）"一张表单查隐患"构建隐患排查子系统

"一张表单查隐患"是依据网格化管理要求和隐患排查治理要求，开发隐患排查子系统，根据公司网格化管理要求，预设各级网格层级的安全检查项目和内容，并根据不同检查项目自动调整检查内容。安检人员可以随时随地从手机终端生成及填写检查项目，改变以往安全隐患排查任意选择地点、任意选择时间、任意选择部位的随意性行为，同时具备自动提醒功能，通过设置整改时限通知隐患负责人及时整改直至整改完毕反馈整改结果，完成闭环管理。

1. 隐患排查记录数据

根据《安全生产事故隐患排查治理暂行规定》（国家安全生产监督管理总局令第16号）和交通行业隐患排查治理要求，"一张表单查隐患"根据检查不同地点自动更新检查内容，记录隐患排查治理相关数据，从排查到整改全程追踪各环节责任人及整改进度，直至整改完成闭环管理。

2. 各层级安全生产责任数据

根据网格层级检查频率，按照每日、每周、每月设定检查内容，明确各层级的安全管理职责和工作内容。各级网格人员可进入手机端使用"预设必检+灵活填写"的检查方式，形成多网格化的安全生产管理工作格局，真正做到"界线清晰、任务适当、责任明确、便于考核"。

3. 领导带班记录数据

对涉路施工、大型维护维修、重大节假日、重大安全专项活动及重大突发事件应急处置现场，领导带班数据记录。

（三）构建涉路施工子系统

1. 涉路施工闭环管理

通过该系统的手机端可实现监督检查涉路施工单位相关方安全协议、合同履行情况、安全监管及闭环整改进度。首先对进场施工方各类证件、资质以及公司级教育情况存档记录，工前安全风险告知及安全教育会议记录、各相关业务部门的其他施工安全档案进行存档管理；其次关联涉路施工资料，定期开展涉路施工检查，在"一张表单查隐患"中记录施工问题并以电话、短信、App等提示整改人查阅，以便查阅检查记录；关联检查单，记录整改情况，完成闭环管理，选择抄送人完成整改，如未按时整改可通过电话、短信、App等提示整改人加快进度。

2. 安全生产档案存档数据

对各类安全生产资料进行分类整理存档，确保安全生产资料记录信息完整。

（四）构建"班前五分钟"子系统

实现"班前五分钟"无纸化，各站队人员可通过手机端进入"班前五分钟"子系统，实时上传培训照片及内容，通过系统进行教育记录，有效提高了班前教育的时效性和真实性。

（五）构建事故信息数据子系统

记录事故的天气、时间、路况、车型、桩号等各项数据，以便进行大数据分析。

（六）构建快速应急系统

通过对外公众号、二维码，各类社会车辆发生紧急情况时，可以第一时间上报信息，实现"及时应急响应，服务无处不在"。

1. 事故信息上报

通过微信等各类平台手机端，社会车辆快速上报事故信息，救援队伍第一时间作出准确预判，快速开展救援工作。

2. 社会车辆紧急通行申报

符合免费通行政策的普通牌照车辆参加应急救援时，快速申报紧急通行，收费站提前疏导交通、免费放行，有效提升救援效率。

三、应用成效与评估

依据"掌上安全"安全信息管理系统，实现公司安全管理体系"掌上化"，在提供安全管理人员工作效率的同时，减轻了基层人员的工作负担。通过强化安全科学管理，实现安全生产的规范化、信息化、流程化。有效发挥并运用信息化、数据化技术把高速公路管养工作与安全生产工作高度融合。

该系统通过整合智慧法规及作业标准库、标准化安全检查、班前五分钟、实时跟进涉路施工、档案管理、物资管理、灾害智能预警、云端事故快速处理、安全培训云课堂等，综合提升管养效率，同时遏制重大事故。

该项目荣获中国交通企业管理协会第十七届"全国交通企业管理现代化创新成果"三等奖。

四、推广应用展望

信息化应用已经渗透到生活中的点点滴滴，河池高速公路运营公司也积极探索信息化在安全管理中的应用。"掌上安全"安全信息管理系统，利用信息化管理来提升安全管理水平，使安全标准化与公司安全管理体系有机结合，高效治理。并且把技术门槛降低，将整个高速安全管理工作打造成为一套高效运转的标准化体系。

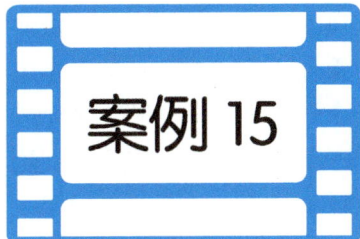

公路、水运工程试验检测领域安全生产标准化管理体系建设研究

基本信息

申报单位：中国船级社质量认证公司、宁波市交通建设工程试验检测中心有限公司

所属类型：安全管理

专业类别：企业管理

成果实施范围（发表情况）：公路水运工程试验检测业务领域

开始实施时间：2019 年 10 月 15 日

负责人：李喜燕

贡献者：窦存金、赵成艳

案例经验介绍

一、背景介绍

安全生产事关人民群众的生命财产安全和身体健康，体现着最广大人民群众的根本利益。试验检测是公路水运工程质量安全管理的重要手段，真实、准确、客观、公正的试验检测数据是控制和评判工程质量、保障工程施工安全和运营安全的重要依据和基本前提。

试验检测作业贯穿于公路水运工程建设阶段的全过程和公路水运工程运营养护的关键过程和阶段。当前，公路水运工程试验检测领域中存在

的安全风险和挑战主要包括以下几个方面：

（1）试验检测领域安全管理政策不健全，安全管理体制不顺畅，"重建"思想仍然严重，缺少定额和规范，从而造成试验检测作业的安全风险。

（2）在公路水运工程建设阶段，危大工程、超模危大工程和危险作业多，安全风险大。

（3）作业环境复杂，安全隐患多。公路养护试验检测作业一般在路面上进行，没有特殊情况不采取断交作业，一些过往车辆车速较快，驾驶员经验不足，有的还是疲劳驾驶，容易出现安

全问题。

（4）流动作业多。有许多工作必须在快车道进行中施工和检测。由于是流动作业，不能设置封闭作业区，只能采用车载警示灯、电子导向标等来提示过往车辆，极易发生追尾事故。

（5）人员危险性高。没有固定作业区的试验检测人员需要在公路上不断移动，甚至要横穿公路，危险性非常高。

（6）人员的安全生产意识不足。在当前的公路水运工程试验检测工作中，由于任务重、时间紧，为赶时间、赶进度而忽视安全防范措施，一些现场工作人员包括管理人员安全意识不足，从事安全检查时流于形式，没有从根本上查出问题，消除隐患，对检查的问题不能深入分析，掩盖矛盾从而埋下隐患，造成事故的发生。

鉴于当前公路水运工程试验检测领域中存在的安全风险和挑战，宁波市交通建设工程试验检测中心有限公司（以下简称"宁波交通检测"）为了积极响应交通运输部"平安交通"安全管理创新工作安排，落实企业安全生产主体责任，夯实自身安全管理基础，全面梳理、掌握公司各项作业活动安全管理工作的重点及难点，提升企业本质安全水平、有效杜绝生产安全事故的发生，打造国内交通工程检验检测行业安全管理一流标杆企业，特联合中国船级社质量认证公司开展公路水运工程试验检测领域安全生产标准化管理体系建设研究课题项目。

二、项目目标

通过本项目的开展，实现以下目标：

（1）通过开展实施公路水运工程试验检测领域安全生产标准化管理体系建设研究课题项目，实现安全管理标准化、作业现场标准化和操作过程标准化，实现岗位达标、专业达标和企业达标。

（2）使企业各岗位安全生产职责更加明晰，安全管理程序更加明确，工作流程更加简捷，使企业领导以及各级管理人员开展安全管理工作能够有章可循、管理顺畅。

（3）为企业培养一批安全管理骨干，帮助

企业的安全管理人员掌握更为先进的安全管理方法，打造一流的安全管理团队。

（4）使企业全体员工能够充分意识到做好安全工作的重要性，促使员工，特别是现场作业人员，加强自我安全管理意识，并在日常工作过程中严格落实各项安全防范措施，有利于企业员工整体综合安全素质的不断提升，建立安全管理绩效持续改进长效机制。

（5）通过开展"平安交通"安全管理创新工作，帮助企业建设"四个一流"员工队伍，助力企业打造成为国内交通工程试验检测行业领域安全管理标杆企业。

三、技术路线及成果

1. 技术路线

本项目采用的技术路线如图1所示。

2. 本项目实施关键点

（1）项目实施依据的全面性、适用性。项目组全面收集、整理交通检测行业适用的安全生产相关法律法规、标准规范等外部文件，以及宁波交通检测发布实施的内部规章制度文件，汇编形成《项目实施依据文件清单》，避免项目实施所依据的重要的外部文件出现遗漏，确保依据文件的全面性、适用性。

（2）交通工程试验检测行业领域主要安全生产风险识别的全面性。风险管理是安全管理工作的核心，各项安全管理活动都是围绕识别风险、评估风险、控制风险这项核心工作而开展的。全面识别出宁波交通检测各项生产作业活动的安全风险，特别是重大安全风险，是保障安全生产标准化管理体系文件全面性、有效性的重要基础。项目组充分识别了宁波交通检测开展的各项危险性作业活动，如：受限空间作业、登高作业、临水作业、关键性设备设施操作等作业活动中存在的安全风险，并以此编制相应的安全生产标准化管理程序文件，明确具体风险控制措施，确保各项作业安全风险，特别是重大风险，能够都到有效控制。

（3）安全生产标准化管理体系文件的充分性、适宜性以及可操作性。结合交通工程检测行业安全管理工作的重点和难点，编制一套符合法律法规要求，且满足宁波交通检测安全管理工作实际情况，易于贯彻执行的安全生产标准化管理体系文件，是有效开展安全生产标准化管理体系研究、建设工作的重要基础。项目组充分依据交通检测行业适用的安全生产相关法律法规、标准规范等要求，借鉴行业以往先进安全管理经验、

事故案例等，采取专家函询、专家集中讨论等方式，建立、完善一套安全生产标准化管理体系文件，并通过体系文件研讨、体系试运行、安全生产标准化自评等方式对安全生产标准化管理体系文件的充分性、适宜性以及可操作性进行检验，并予以进一步的修订、完善。

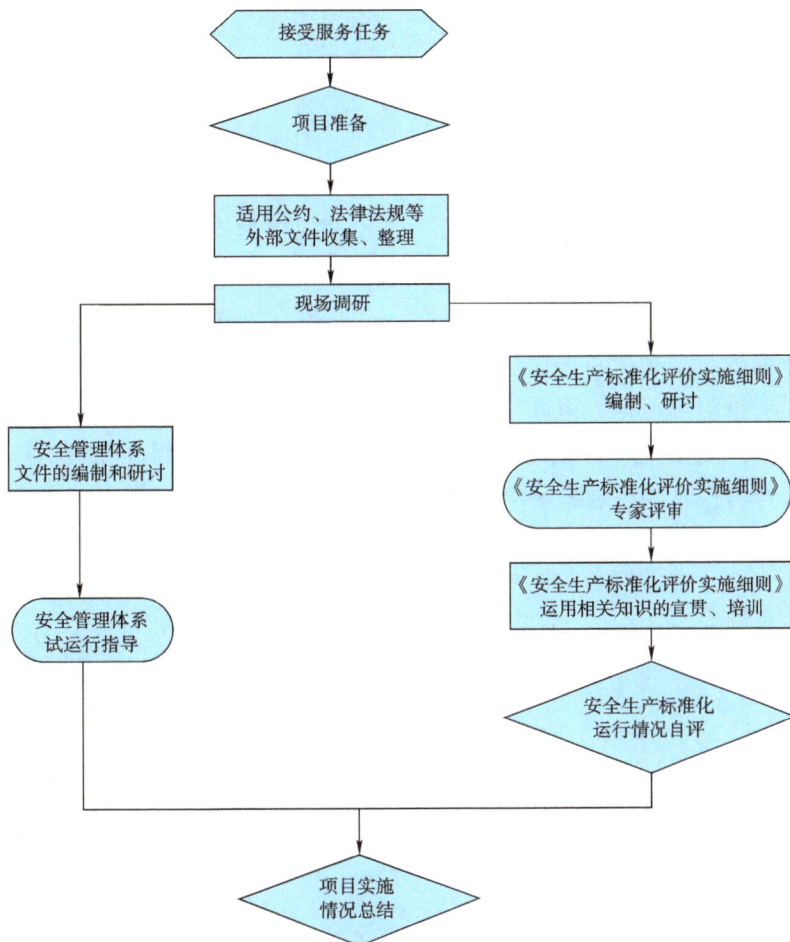

图1　项目采用的技术路线

（4）《公路水运工程试验检测企业安全生产标准化评价实施细则》中评价指标选取的全面性、准确性以及适宜性。项目组对收集的适用安全生产法律法规、标准规范等外部文件，以及交通检测行业安全管理先进经验、做法等进行整理，并参考目前其他交通运输行业现行安全生产标准化评价细则的要求，按照16大章节，系统性地选取、设置安全生产标准化评价指标，并通过专家函询、专家讨论等形式，确定评价指标，确保指标内容的全面性、准确性以及适宜性。

（5）项目组人员的能力和专业配置把控。由于本项目实施过程中涉及不同专业领域，项目组把安全管理体系文件分为三大部分，分别为安全综合管理类文件、作业程序类文件、设备安全操作类文件；把《公路水运工程试验检测企业安全生产标准化评价实施细则》分为16大类别以及若干个专业小项，分别指派具有相应专业背景以及工作经历的项目组成员承担具体工作；参与的项目组成员以及专家须具有本科及以上学历，具备注册安全工程师、安全评价师、体系审核员、

安全生产标准化评审员等职业资质证书，并具有交通工程施工行业以及检测行业相关从业经历。本项目实施前，还组织项目组成员进行集中专项培训，明确具体工作要求。

3. 主要技术成果

（1）《公路水运工程试验检测企业安全生产标准化评价实施细则》。

（2）《安全生产标准化管理体系文件》。

（3）《安全生产标准化管理体系建设总结报告》。

四、应用成效与评估

2020年5月20日，中国船级社质量认证公司和宁波市交通建设工程试验检测中心有限公司联合组织召开了"公路水运工程试验检测企业安全生产标准化评价实施细则"编制项目评审会，与会专家和代表听取了项目组的汇报，审阅了《公路水运工程试验检测企业安全生产标准化评价实施细则》成果文本。经讨论认为：课题研究目标明确、思路清晰、重点突出、技术路线可行、内容基本完善，对宁波市交通建设工程试验检测中心有限公司安全生产标准化管理体系建设工作具有较好的指导性作用，且可供该领域企业借鉴操作应用。

经综合评议，研究成果《公路水运工程试验检测企业安全生产标准化评价实施细则》通过专家组评审。

五、推广应用展望

本课题研究填补了国内在公路水运工程试验检测领域建设安全生产标准化管理体系的空白，研究成果为提升公路水运工程试验检测领域的安全管理水平提供有效路径，是实现企业安全管理标准化、员工作业行为标准化、现场作业标准化的必要手段。在目前安全生产法律法规日趋严格、安全监管边界逐步划清的环境下，研究成果具有较高的可复制性和可推广性，因而具有较高的研究价值和广阔的市场推广前景。

案例 16　▶ 危险货物道路运输智能监管

基本信息

申报单位：辽宁省盘锦市交通运输局

所属类型：安全管理

专业类别：道路运输

开始实施时间：2019 年

负责人：王　宁

贡献者：王　峥、牛春阳、孙洪飞、武　悦、曾祥驰

案例经验介绍

一、背景介绍

盘锦市现有道路危险货物运输企业193家，危货运输车辆5100台，占辽宁省总量近1/4，在全国地级市中也是最多的城市之一。盘锦的化工产业布局分散，点多面广，与之相配套的危货运输也就很难像产业比较集中的地市那样实施集中管理。危货运输安全风险隐患防治已不仅是行业监管问题，更是关系民生的基本安全环境之所在。面对危货运输行业巨大的安全风险隐患，仅靠传统的"人治"方式，越来越难以实现长治久安，实施智能监管是必由之路。

二、项目目标

坚持以人民为中心，注重改革创新，高站位布局、高标准建设、高水平运行，推进各项措施落地见效，借力 5G 新基建的东风，融合 5G、大数据、人工智能、车路协同等新技术，大力推进 5G 石化运输智慧路建设，按照"智慧交通""高质量发展"的要求，立足当前，着眼长远，努力构建危货运输全方位、全链条的智能监管，重塑与再造石化及危险货物运输体系，全力推进智慧交通高质量发展，推动行业治理体系和治理能力现代化，提高防范化解重大风险的能力和安全管

理水平，努力实现危货运输行业的长治久安。

三、技术路线及成果

一是实现基础信息数据化。通过危货运输智能监管系统的建设，实施从终端实时采集第一手数据的直连方式，自动采集人、车、企业基础信息电子化和驾驶员行为违规数据、车辆行驶的违规数据。二是监管事项智能化。梳理、精简交通运输法规规定的监管事项，突出执法检查重点，将无运输许可证、超经营范围、驾驶员及押运人员不具备资质等40项违法违规行为纳入监管系统，实施"互联网+监管"的智能监管。三是考核评价智能化。盘锦市交通运输局已经制定了《危货运输智能考核办法》，针对上述监管事项，由监管系统自动打分，并通过安全风险"颜色"预警的方式月度应用考核结果，通过"A、B、C"三级评价的年度考核进行动力调控，实现优胜劣汰。四是监管流程标准化。在安全上，企业是主体责任。所有的违规数据都将第一时间推送给企业，由企业自行处理，企业如对上述事项不能实施有效管理，系统按照设定的机制，第一时间发现并推送给基层管理部门，基层管理部门将采取责令改正、限期整改，直到行政处罚，督促企业纠正。对于基层部门不能在规定时限内及时督促处理，市级部门也会收到"任务"推送，介入并督促基层部门处理，形成安全监管的有效"闭环"。五是建立部门联动考核机制。与公安、应急、智慧城市等部门，按照各自职责对数据进行科学应用，进而实现齐抓共管、综合治理。

目前，已完成盘锦市道路危险货物运输智能监管系统建设；制定了《盘锦市危货运输智能监管考核办法（试行）》。同时，完成了全市193家危货运输企业监管监控系统建设工作，以及全市5100台危货运输车辆智能视频监控报警装置安装工作，对盘锦市危险品货物运输提供了信息化技术保障。

四、应用成效与评估

盘锦市所有危货运输企业均已建立智能监管机制，5100余台危货运输车辆，已全部完成智能视频报警装置的安装。通过智能化监管，切实解决了危货运输监管粗放、违规行为发现不及时、缺乏系统的综合分析研判等弊端和短板。执法人员可依据系统分析结果，针对具体违法违规行为进行"精准打击"，从而让执法力量得到了有效发挥。

五、推广应用展望

危货运输智能监管的基础工作已经初步完成，做好智能监管的"后半篇"工作任重道远，下一步将继续做好以下工作：一是融合交通运输各细分行业智能监管系统，建设综合交通运输监管与服务平台，实现交通运输内部信息系统融合；二是融合交通运输各类行政执法事项，建设交通运输综合执法系统，实现交通运输执法全类别"一网通办"；三是融合日常检查、行政审验、行政处罚取证等环节，建设移动综合执法系统，实现行政权力运行全过程实时"网传"；四是融合行业监管与廉政监督，建设行政运行智能监督系统，实现监督与行政权力运行"全程同行"；五是聚焦车辆年审、从业人员诚信考核、上岗注册等量大许可事项，探索经营者网上申报"信任"制度，强化事后监督，深化"不见面"审批。

危货运输涉及源头生产企业、路面管控、综合诚信考核等多个环节，仅靠交通部门一家难以实现事半功倍的效果。未来，我们准备将采集的数据实时推送给公安、应急、智慧城市等部门，由各部门按照各自职责综合应用，进而实现齐抓共管、综合治理。同时，不断扩展监管范围，以对本地车辆智能监管为基础，探索对外地车籍车辆实施智能监管，实现智能监管全覆盖。

案例 17 ▶ 高速公路大车流安全保通创新实践

基本信息

申报单位：河南省许平南高速公路有限责任公司许平南运营管理处
所属类型：安全管理
专业类别：交通安全
成果实施范围（发表情况）：许平南高速公路辖区道路
开始实施时间：2019 年 3 月
负责人：郭　鸣
贡献者：王自海、高如鹏、王　斗、李楠楠

案例经验介绍

一、背景介绍

随着我国汽车保有量的稳步增加以及重大节假日小型客车免费行驶高速公路便民惠民政策的落地实施，高速公路交通安全形势日益严峻。面对高速点多线长，车流量大、节假日交通流量井喷，道路交通饱和以及路面大修作业的客观条件下，有效维护道路交通秩序，预防和减少交通事故，提升道路通行效率，不断探索道路安全保通工作新途径、新措施，有效提升道路应急服务保障能力已是迫在眉睫。

二、项目目标

许平南高速公路道路车流量连年攀升，道路管养、安全保畅难度逐年加大。如何最大限度地防范、减少事故，如何调动有效的力量缩短应急抢通时间，确保道路通行安全、畅通，做到保通、抢通，是许平南人的不懈追求。面对新变化、新形势、新常态，许平南高速公路全体干部职工迎难而上，敢于作为，通过创新思路，改进方法，推行一系列行之有效的措施，有效化解道路保通难题，在车流量稳步提升的客观条件下，实现道路交通事故率连年下降，为人民群众的平安出行提供有力保障。

三、技术路线及成果

近年来，许平南高速公路有限责任公司许平南运营管理处在河南省交通运输厅、高速公路管理中心的悉心指导下，认真贯彻落实河南省投资集团"政府使命、企业属性"发展理念，充分发挥国有企业社会服务属性，探索实践了适用于高速公路运营企业的安全生产双重预防机制，提出了前瞻性的道路安全保通"528"工作法，打造了品质化、智慧化高速出行新体验。本文以许平南高速公路在大车流下安全保通工作的创新实践为例，提出创新安全保通工作的具体方法与途径。

1. 紧绷安全之"弦"，凝聚安全发展共识

高速公路作为交通基础设施，承载着带动经济发展、缩小区域间差距的重任，关系着广大人民群众的生命财产安全，保障安全是高速公路企业运营的重要任务。许平南运营管理处严格按照"五有"建设标准要求，全员、全过程、全岗位参与双重预防体系建设，高效推动"3223"（3项制度、2项清单、2张图、3个告知卡）建设成果落地。以路基、路面、桥隧、交安设施等保障公众出行安全为重点的输出型风险，以及收费、路产、养护、机电、服务区等岗位安全操作流程为重点的内控输入型风险等两部分重要指标为基础，累计辨识出安全风险636项，其中重大风险0项、较大风险24项、一般风险204项、低风险408项；制定了科学有效的管控措施，形成了管理处、部室、站队、班组、岗位五级管控模式；保障双体系落地生根，真建真用，隐患排查、治理、验收、销号的闭环管理效应日益突显，构筑了"两道防线"，实现了"关口前移"。

2. 抓好安全之"责"，准确把握5点要求

（1）立足道路应急保畅"基本点"，在道路交通安全上每年投入1.5亿元~2亿元，4年累计投入6亿多元对道路进行提质升级；配备大型清障作业设备，充实清障作业人员，先后在许昌、平顶山辖区组建自主免费施救队伍，提升应急抢通

作业能力；在重大节假日期间养护单位以租赁方式补充起重机、挖掘机、装载机、自卸车等各类机械抢险设备参与驳货、抢险；事故现场处置时间平均缩短30min、驳货时间缩短60min。

（2）坚持服务公众出行"出发点"，充分利用好全程监控、情报板、高音喇叭等新设施设备，提示过往驾乘人员路况及天气，保障安全出行；全线投入使用"救助二维码"，实现了救助扫码方便快捷，施救位置精确定位，应急救援处置快速；一线员工设计发明了"滞留车辆引导装置"，在交通管制过程中对路面车辆起到控速、引导分流作用，有效遏制了恶劣天气路面车辆行车安全和封道、分流事故防范的"最后一公里"。"救助二维码""滞留车辆引导装置"两项发明均获得国家专利。

（3）抓住安全保畅"关键点"，定期召开道路保通和事故防范专题会议，研判各时期保通形势和特点，抓紧抓实道路施工区域安全保通工作。

①施工路段推行夜间施工方案，作为河南省第一个申报并经批准的夜间施工保通项目，得到了河南省高速公路管理中心的充分肯定与推广，为全省高速公路运营单位大车流实施路改保通提供了可借鉴的许平南经验。

②河南省高速公路系统首次提出超国标设置保通设施的超前理念，增设了夜间照明设施和LED标志，夜间通行质量大幅提升，事故量显著下降。

③结合路段实际，施工路段首创双向救援举措，最大幅度缩小事故影响。

④单幅双向通行期间采取锥标双向隔离车流，扩展了单幅双向出入口开口口径，既降低了车速，又防范了事故。

（4）夯实保通举措"细微点"，推行"自主施救+无人机+巡查车"巡查、疏堵模式，配置无人机空中巡查装备，实时传输航拍路况信息助力部署应急力量，弥补了传统路面巡查的不足，保证了全天候的不间断巡视频度。

（5）强化路警联动"着力点"，在"河南省道路交通事故快处快赔"App基础上，深化路

警协作模式，辖段路产管理大队与高速交警签订联动协议，轻微和一般事故交通事故路产、交警"先到先处、快处快赔"，实现现场保通、路产定损、责任划分同时进行，提高了事故现场处置效率和道路通行效率，确保了路段二次事故率逐年下降。

3. 防范安全之"患"，创新采用两种保通预警方法

（1）前置预警，引导全员树立"事故前置"思维，把风险挺在隐患之前，把隐患挺在事故之前，在车流高峰时段，采取路警双向流动预警，缓解车流通行压力，防范交通事故。

（2）尾部预警，根据车流实际情况，增派巡逻车及保通人员适时在车流尾部或交通事故后方预警，提示后方车辆减速慢行，防止追尾事故发生。同时，在保通预警中，利用巡逻车可变升降电子屏幕，大功率警示灯发挥主动预警引导效能；在事故现场采取防闯入预警系统"打头阵"，保障现场人员的安全；声光警示一体机协同配合对车流进行警示预警，提升安全保通效能。

4. 用好安全之"策"，保障保通人员 8min 到达事故现场

在清障自主施救的基础上，全面总结推进合作施救联合管理模式的构建，出台清障救援管理办法，与属地施救单位签订合作协议，通过月度考核管理，兑现考核奖励基金20万元，开启合作施救新模式。通过推行清障布控/防控作业，编

制清障布控图，启用22处"自主+合作施救"清障点，驻守人员，配备作业设备，采取定点值守与流动巡查无缝衔接，实现了1min响应，2min调度，8min救援的应急服务保障能力，竭力打造出行公众"零等待"的窗口服务。

四、应用成效与评估

在许平南高速公路车流量不断攀升的常态下，道路交通事故率实现"三年持续下降"。特别是2020年上半年，在新冠肺炎疫情免费期间，车流量同比上升9.91%的情况下，事故率下降55.20%，二次事故率下降90.85%，为疫情复产复工，地方经济复苏营造了安全、高效、畅通的道路通行环境。许平南运营管理处作为道路安全保通管理工作的先进代表单位，先后在2020年上半年全省高速公路管理工作会议、2018年全省高速公路管理工作会议上做典型发言，介绍推广道路安全保通管理工作经验，并多次受到上级部门的表彰。

五、推广应用展望

许平南运营管理处在道路交通安全管理工作中采取的措施、总结的经验得到了河南省内行业主管部门的充分肯定。河南省高速公路行业主管部门多次在许平南运营管理处召开观摩会议，介绍推广工作经验。省内外多家单位先后到管理处实地考察，学习交流工作经验。

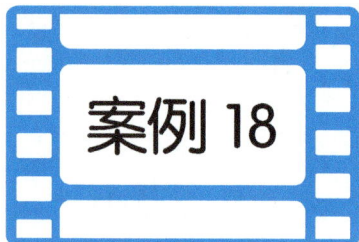

案例18 ▶ 高海拔高瓦斯公路隧道施工
安全线上监督管理

基本信息

申报单位：青海省交通工程技术服务中心

所属类型：安全管理

专业类别：综合监管执法

成果实施范围：宁缠隧道瓦斯工区安全生产监督检查

开始实施时间：2019年9月

负责人：黄班玛

贡献者：石福林、张丹峰、蔡　爽、黄启方、王德超

案例经验介绍

一、背景介绍

国道569曼德拉至大通公路工程宁缠垭口至克图段宁缠隧道为高瓦斯、高浓度硫化氢隧道，且部分段落围岩为炭质页岩，初期支护变形量大，施工安全风险极高。青海省交通技术服务中心（下称中心）是青海省交通运输厅所属的质量安全监督机构，负责省厅直管项目的质量安全监督工作。中心开展针对高风险工程——宁缠隧道的专项检测、定期检查能较好地对现场施工安全、质量起到监督管理作用，但由于中心监督项目点多线长，不能对某个工程进行经常性监督检查，其及时性不能保障，不能掌握日常施工安全管理情况，达不到经常性监督的效果；尤其2020年初疫情期间安全检查次数的减少，常规的监督手段已不能达到预期的监督效果，故而需要创新监督检查方式。监督方集思广益，首先建立了宁缠高瓦斯隧道"重大风险动态监督群"，在此基础上进行拓展，逐渐创新摸索出一套"线上监督"模式。"线上监督"即通过手机微信、互联网视频等方式对现场安全生产情况进行监督，并将所有报送资料均刻盘留存。作为常规监督手段的有

力补充，线上监督管理能够进一步提高安全生产监督的效果，从而达到日常监督、动态监督目的。

二、项目目标

通过宁缠高瓦斯隧道"线上监督"的新型模式，可建立整个青海省的"重大风险性工程线上监督管理平台"，从而实现对全省公路建设工程安全生产、质量等进行"线上监督"，拓宽监督渠道，达到动态监管的目的。

三、技术路线及成果

（一）"线上监督"技术线路

首先评估项目高风险工程（宁缠高瓦斯隧道）安全风险源及安全风险分级管控措施；明确参建各单位职责，各单位按职责通过微信报送信息，定时定员上报；连接施工方的视频监控系统，通过网络从而实现远程视频监控；监督方分析研判报上来的信息和视频，提出意见，通过微信下发并召开视频会议；施工单位整改排除隐患，通过微信报送整改资料，形成闭环监管。

（二）"线上监督"成果

"线上监督"的方式作为常规监督手段的有力补充，能够进一步提升安全生产监督的效果，从而达到日常监督、动态监督目的。

1. 施工单位报送

（1）宁缠隧道进口段瓦斯、硫化氢气体检测结果数据（出现此前的高峰值必须第一时间上报）。

（2）施工专项方案规定的常规动作活动情况（通风、动火作业、安全制度落实、门禁与人员定位系统、防爆设备检修、维护，检测设备标校等情况）。

（3）定期开展的应急演练情况、演练评价等。

（4）开展的安全教育培训情况（计划、内容、记录、签字确认）。

（5）施工单位企业检查情况。

（6）隧道进展情况及掌子面围岩变化情况。

（7）依据《青海省公路工程管理指南》隧道工程相关要求，对隧道隐蔽工程关键部位照片、视频资料、自检数据编制上报。

（8）及时上报各级检查问题整改回复情况。

2. 监理单位报送

（1）监理单位按监理实施细则规定的抽检数据、规定检查频率检查情况。

（2）巡视、检查、旁站时存在的主要问题、采取的整改措施。

（3）监理周、旬、月专项检查情况。

（4）监理单位企业检查情况。

（5）按监理细则填写宁缠隧道高瓦斯工区段监理日常巡查记录表。

3. 项目办报送

（1）项目办组织安全专项检查情况。

（2）第三方监管单位过程中检查的问题及提出的处理措施等情况。

4. 监督方（中心）

（1）对视频图像数据进行监视。

（2）对报送来的信息资料进行研判，对问题提出整改意见。

（3）召开视频会议，及时传达安全生产管理信息，提出监督管理要求。

监理、施工单位执行日报送制度，建设单位、第三方监管单位按巡视、检查情况及时送报；各参建单位要按月总结，每月30日报送本月总结报告。

自从2019年9月建立重大风险项目动态监督群以来，参建单位已报送文字信息月630余条，图片信息350条、视频信息30余条，各单位线上监督总结12份，形成线上监督意见1份，刻盘留存过程监管资料3份，多次召开视频会议，确保了项目安全监管的及时性、有效性，推进了问题整改和隐患排查力度，目前项目有序开展，且"线上监督"的应用使宁缠高瓦斯、高硫化氢、大变形隧道工程至今施工现场无生产安全事故发生。

四、应用成效与评估

通过宁缠隧道"线上监督"的应用，能够精准把握施工进度、施工质量及施工安全措施落实情况，现场安全隐患的排查及整改效果；由于隧道工程不确定性因素多，安全风险性高，动态设计下安全监管也应为动态监管，"线上监督"的应用能够及时、有效地了解现场存在的风险点，有利于动态监管。特别是新冠疫情以来，"线上监督"作为调整后的监督形式发挥着尤为重要的作用，实现了对高风险性工程的及时跟进、跟踪排查、提前预警、靠前监督。确定了以"线下检查+线上监督"的创新型一体化安全监管模式，逐步形成线上线下紧密结合，线上为主线下为辅的监督机制。

五、推广应用展望

青海省地域辽阔，随着交通建设工程的快速发展，施工安全监督管理工作体量大、任务重，随之安全风险性高的工程增多，仅依靠线下检查的监督手段进行安全监督管理已不能满足要求，安全生产监督管理工作不能做到及时、有效。通过对宁缠隧道"线上监督"作为试点的案例不断地发挥着其特有的作用。借助于"物联网"建立"线上监督"的新型监督模式势在必行。通过宁缠高瓦斯隧道"线上监督"的新型模式，可建立整个青海省的"重大风险性工程线上监督管理平台"，从而实现对全省公路建设工程安全生产、质量等进行"线上监督"，拓宽监督渠道，达到动态监管的目的。

案例 19 ▶ 网格化管理在水运工程中的运用

基本信息

申报单位：江西省港航建设投资集团有限公司江西信江航运枢纽工程项目建设管理办公室

所属类型：安全管理

专业类别：交通工程建设

成果实施范围（发表情况）：适用于航电枢纽、水运交通工程建设

开始实施时间：2019 年 12 月

负责人：江　平

贡献者：朱烈庭、胡云卿、黄　勇、梁　冲

案例经验介绍

一、背景介绍

近年来，随着经济快速发展，我国的水运工程建设进入了高速发展时期，在建设技术、装备、管理方面都积累了丰富的实践经验，水运工程建设施工技术和管理水平有了长足的进步。但面临激烈的市场竞争，传统的水运工程管理已经不能满足市场的需要，逐渐呈现出一些弊端，比如管理制度不够完善、作业人员的安全意识和专业性有所欠缺及信息化水平有待提高等。

目前，网格化管理在各项目的安全管理过程中尚未广泛应用，航电枢纽工程施工期较长，施工环境恶劣，而且大多属于野外作业和水上作业，受地形、地质、气候影响极大，安全隐患多；水上作业施工时，常需要多工种同时作业，施工船舶和大型起重机械较多，工作面狭窄，同时水运工程受风浪、洪水、滑坡等自然灾害的影响更为突出。因此极易引发物体打击、车辆伤害、机械伤害、起重伤害、触电、淹溺等重大人身伤亡和财产损失事故；考虑到航电枢纽工程主体施工区域相对集中，对于全面加强和创新航电

枢纽工程安全风险的管理，提高施工现场管理成效，完善管理机制和框架，贯彻落实施工企业安全生产主体责任制，有效控制施工安全风险减少重特大生产安全事故的发生，降低人员伤亡和经济损失，保障航电枢纽工程建设的安全，进一步推动安全生产"双重预防体系"创建工作，推动安全生产关口前移，网格化管理意义十分重大。

二、项目目标

健全全员安全生产"一岗双责"管理体系，实现安全工作齐抓共管、精细化安全管理。

三、技术路线及成果

本项目技术路线如图1所示。

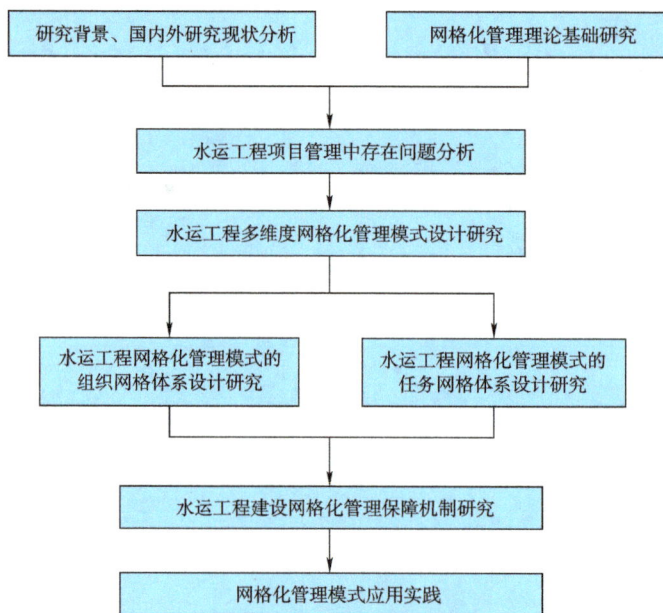

图1　技术路线图

项目成果：

（1）《水运工程建设网格化管理指导手册》。

（2）《多维度网格化管理在信江水运工程中的研究与应用》研究报告。

四、应用成效与评估

（一）应用成效

通过开展网格化管理工作，进一步落实本项目综合管理主体责任和监管责任，有效防范事故的发生，确保本项目人身和财产安全、品质工程创建要求和节点目标实现，促使项目各项工作实现"三个转变"。

（1）由少数人抓，向合力抓安全转变。改变过去安全工作主要由第一责任人、分管领导和安全部门负责，安全管理人员疲于奔命，且效果欠佳的状况，通过明确和细化全员责任，参建各方划分一、二、三、四级网格员分工表（图2），

全面落实"一岗双责"，各司其职，实现安全工作齐抓共管。

（2）从粗放式管理向精细化管理转变。实现网格员全过程、全区域质量、安全、进度管理，明确责任区域、责任人和每日巡检工作任务，参建各方四级网格员通过每日召开碰头会（图3），明确隐患问题、整改措施、责任人和整改完成时间，并在钉钉群进行发布，督促落实整改、闭环；同时，为抓好网格化管理落地，提高全员积极性、主动性，项目办每月组织对网格化区域开展五星区域考评，四星、五星区域奖励，一星、二星区域局部、全面停工整改；改变质量、安全管控工作紧一阵松一阵，呈现出临时性、应付性和间断性的状态，实现、质量安全管控工作清单化、规范化、制度化、常态化，将工作的着力点转移到日常工作上来，使各项工作实现精细化。

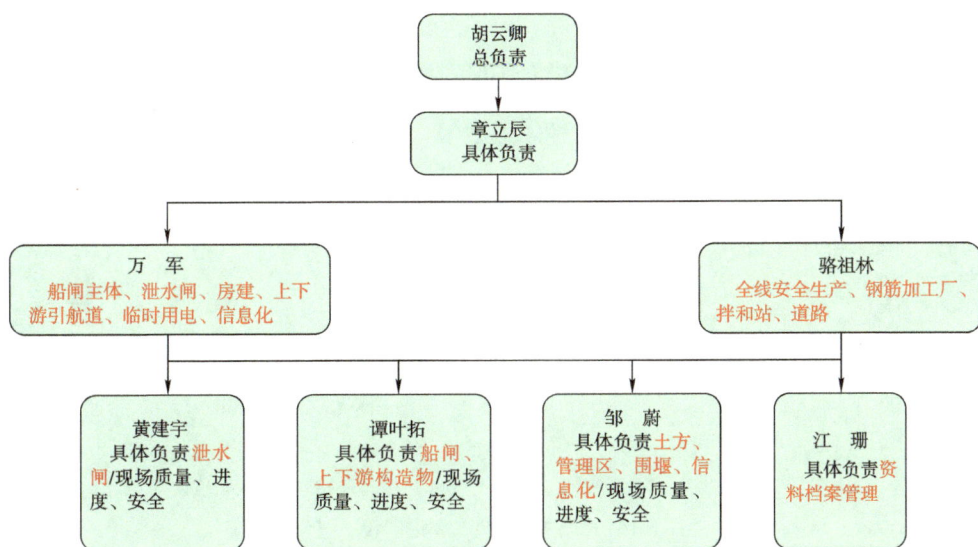

胡云卿
总负责

章立辰
具体负责

万　军
船闸主体、泄水闸、房建、上下游引航道、临时用电、信息化

骆祖林
全线安全生产、钢筋加工厂、拌和站、道路

黄建宇
具体负责泄水闸/现场质量、进度、安全

谭叶拓
具体负责船闸、上下游构造物/现场质量、进度、安全

邹蔚
具体负责土方、管理区、围堰、信息化/现场质量、进度、安全

江　珊
具体负责资料档案管理

注：1.谭叶拓与黄建宇互为AB岗，骆祖林与万军互为AB岗。
　　2.红色为专项管理。

图2　网格化划分分工表

图3　四级网格化每日巡查并召开现场碰头会

（3）从传统管理模式向信息化转变。借助信息化的平台，四级网格员通过每日巡查发起鲁班 App 不得少于 3 条，每日在钉钉群公示通报发布数量和整改闭环情况等流程（图4），并按时间、类型、部位、环节分类，通过大量的风险数据采集、整理和分析，形成安全隐患、措施清单，以实现风险纵深防御、关口前移、源头治理。

（二）应用评估

实施时间：2019 年 12 月。

实施情况：项目的成果已经成果在江西省各重点公路水运工程得到应用。

适用范围：适用于交通工程建设。

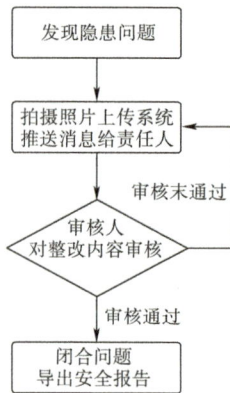

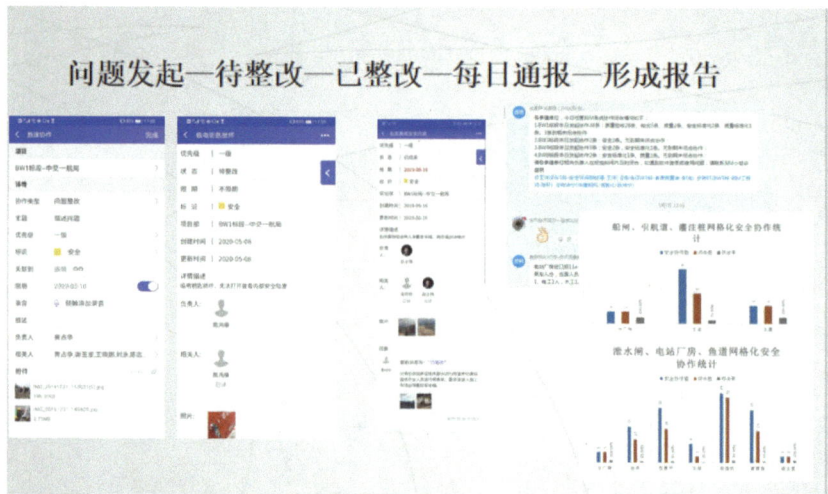

图4　鲁班App安全巡查闭环流程

成果成效：网格化管理使用至今，大幅提高了项目安全管理精细化程度，安全隐患排查治理、质量问题日常化，项目现场进展情况清楚，实施项目未发生任何安全、质量责任事故，并按计划进度完成各项工程建设，符合交通运输部平安工地和品质工程创建要求。

努力方向：接下来，我单位将进一步优化管理体系、责任分工、考评指标标准等，并结合当前信息化管理手段，研究制定多维度网格化管理。

五、推广应用展望

网格化管理对于交通基础建设工程而言，将有助于建设管理人员完善安全、质量、进度等管理手段，提高综合管理水平，形成长期的磁化效应，意义十分深远。

基本信息

申报单位：广西邕洲高速公路有限公司

所属类型：安全管理信息化技术

专业类别：科学技术

成果实施范围（发表情况）：南宁沙井至吴圩高速公路建设项目施工现场安全管理

开始实施时间：2020 年 5 月 2 日

负责人：苏爱斌

贡献者：袁野真、黄　炜、董玉朕、韦宇欣、邱　威

案例经验介绍

一、背景介绍

所谓隐患，是指人的不安全行为，物的不安全状态。不能被及时发现隐患，将导致安全事故的发生。南宁沙井至吴圩高速公路建设项目，利用鹰眼智能监控+行为分析，组建全天候行为识别监控系统，通过视频云联网，结合最前沿的深度学习神经网络技术、人脸识别技术、大数据分析技术，全时侦测、分析、挖掘前端视频图像数据，提供工地警戒区闯入、安全帽佩戴情况等安全风险事件的7d×24h全天候的实时分析识别、跟踪和检测告警，实现现场视频随时随地调取查看、自动化监控、智能化管理。能够第一时间识别出施工现场人的不安全行为和物的不安全状态。且系统性能可靠，可有效缓解施工现场安全管理压力，有效保护现场施工人员的生命及财产安全。

二、项目目标

（1）搭建一张全天候、跨区域的安全监控网。通过在重要风险点位置，设置全天候鹰眼视频监控系统，利用视频云联网技术，实现对施工现场信息的 PC 端和移动端监控，随时随地查看各重要风险点的安全生产情况，第一时间掌握现场安全信息。

（2）搭建一张智能分析的神经网，结合最前沿的深度学习神经网络技术，通过视频监控云联网技术智能识现场人的不安全行为，物的不安全状态，自动发送提示信息，有效提高高速公路建设项目施工现场的安全管理效率。

三、技术路线及成果

（一）技术路线

本系统通过视频云联网，基于智能视频分析，结合最前沿的深度学习神经网络技术、大数据分析技术等，实现施工现场视频随时随地调取查看，对工地施工区域人员活动情况与安全帽佩戴情况进行$7d \times 24h$全天候的实时分析识别、跟踪和检测告警。整个过程不依赖于其他传感器、芯片、标签，直接通过视频实时分析检测，将检测事件截图和15s事件截取视频保存到数据库，同时将告警信息推送给相关管理人员。系统具备自主学习功能，通过与管理人员之间的联动，从而不断提高行为识别的准确率和识别效率。

（二）系统组成

目前本系统共分四个模块：视频实时监控模块、智能分析告警模块、数据分析模块、移动端视频监控和安全告警推送。

（1）视频监控模块：通过单击地图上定位的摄像头，调取查看施工现场实时监控视频。

（2）智能分析告警模块：利用人工智能（AI）技术对云上监控视频进行安全帽佩戴情况、警戒区域人员闯入等智能分析检测，实现无人值守、自动监管。

（3）数据分析模块：供管理者快速、方便、直观地查看各时间段各类型事件统计情况，辅助管理者进行日常安全管理决策。

（4）移动端视频监控和安全告警推送：管理者可不受地域、时间限制，随时随地查看视频监控和现场安全事件告警。

（三）成果预期

通过深度学习神经网络技术，实现对工地

施工区域人员活动与是否佩戴安全帽进行实时分析识别、跟踪和报警。整个过程不依赖于其他传感器、芯片、标签，直接通过视频实时分析和预警。对未佩戴安全帽的危险行为实时预警，将预警截图和视频保存到数据库形成报表，同时将预警信息推送给相关管理人员，可根据时间段对预警记录和报警截图、视频进行查询利用语音识别/空间定位/4G通信/云计算/大数据等技术，提供具有定位、智能识别、预警，配合自主架构的综合管理平台，可实现"识别、上传、分析、交互、远程协助"的五位一体，打造互联网时代的智能化管理、精细化管理、过程结果并重的安全生产管理新模式。解决工地安全监管"三多三少"的难题（施工人员多、监控品牌多、隐患类别多、监管人员少、统一平台少、智能辅助少）。由"监控中心在哪里，管理在哪里"的施工管理模式转变为"管理在哪里，监控中心就在哪里"的新型管理模式，满足不同应用场景、不同监管模式下的安全管理需求。

通过软件自动化分析和记录，及早消除安全隐患，由此带来的经济效益巨大，但因为安全隐患是概率性事件，事故发生后的经济损失也难以量化，所以本项目的经济效益很难具体分析。本项目带来的主要效益如下：

节约现场系统安全检查人力成本，人工及周期能够有效缩短、节省人天服务时间1/3。从安全运营效率提高来看，得益于自动化分析，比人工分析速度更快。从管理规范方面来看，提供了针对自动化安全行为分析统一方法和管理办法、形成了可复用性的用例数据库、完善了场景管理。

四、应用成效与评估

协助沙吴高速公路提升安全管理水平，为建筑施工现场安全管理提供先进的技术手段，解决现场环境复杂、施工作业人员多、效率低、工人自觉性下降，安全管理要求高等问题，通过安装在建筑施工作业现场的各类监控装置，管理者可随时随地查看现场视频监控，掌握项目施工现场情况，实时查看工人工作状态，为施工现场的安全管控提供支撑，构建智能监控和防范体系，有效弥补传统方法和技术在监管中的缺陷，实现对人员、机械、材料、环境的全方位实时监控，变被动"监督"为主动"监控"。真正做到事前预警，事中常态检测，事后规范管理。

施工现场视频联网上云：随时随地任意调取查看施工现场实时监控，由"监控中心在哪里，管理在哪里"的施工管理模式转变为"管理在哪里、监控中心就在哪里"的新型管理模式。

视频智能分析：利用AI技术实现施工现场安全帽佩戴情况及警戒区域人员活动情况进行实时检测分析告警，不依赖于其他硬件感应设备，直接通过监控视频进行实时分析，实现告警推送，形成事件统计报表，辅助日常安全管理决策。

五、推广应用展望

通过对不同工地实时环境的仿真学习，可以实现实时的、全过程的、不间断的施工现场安全管理，规范施工现场管理，提高管理效率，减少事故发生，对施工现场生产状况与施工操作过程中的施工质量、安全与现场文明施工等方面起到了监督和警示作用。

案例 21 ▶ 一种焊机、气瓶及管线的一体式收纳推车

基本信息

申报单位：中铁十五局集团有限公司敦当项目DD2合同段总承包项目经理部
所属类型：科学技术
专业类别：交通工程建设
成果实施范围（发表情况）：敦当高速公路建设项目
开始实施时间：2018 年 12 月
负责人：袁　鹰
贡献者：张心贤、杨　涛、余　杨

案例经验介绍

一、背景介绍

当前，二氧化碳保护焊接作业中通常用到的设备包括气瓶、焊机及多种管线，如需要短距离转移焊接地点时，市场上现有的气瓶推车无法同时装载气瓶、焊机及缠绕管线，且其支撑气瓶的角度往往无法根据气瓶大小进行重心调节，易产生支撑失稳等情况。为解决这一情况，加强现场安全系数，确保顺利完成安全生产目标，中铁十五局集团有限公司敦当高速公路DD2合同段经过精心策划，深入施工现场，通过调查询问一线作业人员，积极采纳有关意见，特设计制作此推车，旨在提高项目安全管理水平，确保安全生产工作稳步推进。

二、项目目标

提升施工现场安全系数，提高工作效率。

三、技术路线及成果

本推车的设计初衷在于，克服现有技术的不足之处，提供一种焊机、气瓶及管线的一体式收纳推车。该推车可实现根据气瓶大小及重心位置调节支撑角度，可实现临时折叠收纳功能，并且结构简单轻便，成本低廉，易于实现，更容易被广大从业人员接纳。图 1~图 3 分别为推车的侧视图、正视图和俯视图。

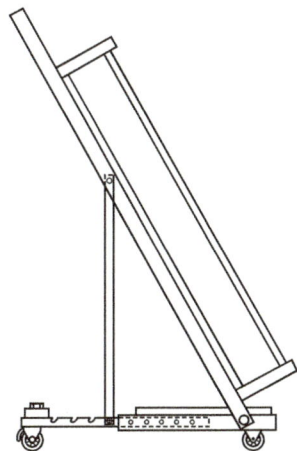

图1　侧视图

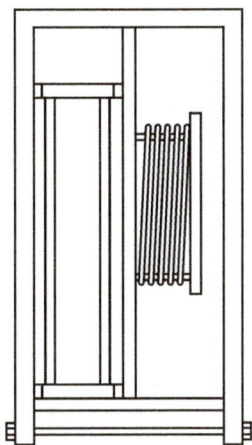

图2　正视图

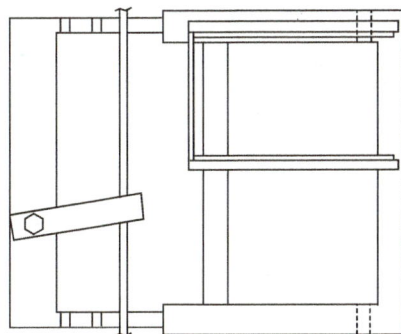

图3　俯视图

四、应用成效与评估

多方询问调查表明，此推车结构简单牢固，稳定性好，便于工人施工，安全系数高，可大大提升工人的工作效率，降低劳动成本，在实际应用中，反响极好，相对于常规的气瓶推车更容易被从业人员接纳认可，深受一线作业人员喜爱。

五、推广应用展望

此种推车，提升了施工现场安全系数，提高了工作效率，简单实用，发展前景极好。

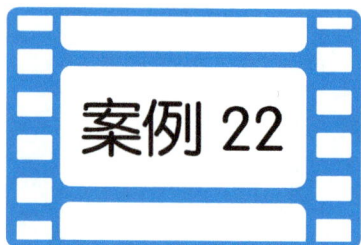

案例22 ▶ 落实"十个一"，构建"五到位"平安工地

基本信息

申报单位：山西路桥东二环高速公路有限公司

所属类型：安全管理

专业类别：交通工程建设

成果实施范围（发表情况）：太原东二环高速全线（并进行全省推广）

开始实施时间：2018年4月29日

负责人：白永胜

贡献者：潘燕妮、贾瑞旭、张赟、白鹏文

案例经验介绍

一、背景介绍

太原东二环高速公路（凌井店至龙白段）项目途径太原市阳曲县、晋中市寿阳县、榆次区2市3县27个自然村，全长33.199km，概算总投资39.098亿元（其中：建安费27.97亿元），建设工期3年。按照山西省交通运输厅关于开展平安交通三年攻坚行动（2018—2020年）的部署要求。针对现阶段安全管理水平参差不齐、安全管理漏洞多的情况，东二环高速公路有限公司自开工开始，结合东二环项目实际，占线长、桥梁多、高填深挖比例大的特点。在实际施工中，为提高人员安全意识，规范施工现场安全管理，加强施工现场安全风险管控，落实隐患排查机制，严格落实安全设施验收程序，积极推行安全标准化建设，确保安全费用足额投入，建立完善安全应急体系建设，全力打造责任落实到位、安全投入到位、基础管理到位、教育培训到位、应急管理到位的"平安工地"。东二环项目积极筹备、合理组织，确保形成一套行之有效的安全生产管理经验，在施工的基础上，从安全生产管理五大体系入手，总结出"十个一"安全管控举措。主要

为：以一套体系、一份清单构建安全生产责任体系；一张风险表、一套软件构建安全风险管控体系；一本规程，一项制度构建隐患排查治理体系；一套预案，一个培训场构建应急救援处置体系；一本图纸、一份验收单构建安全生产保障体系；通过"十个一"安全举措为手段的安全管理体系来构建安全生产五大体系，助推东二环项目"平安工地"创建。

二、技术路线及成果

（1）一套体系、一份清单——构建安全生产责任体系；根据交通运输部"平安交通"安全创新典型案例，全面构建"19+1"安全责任体系，分级签订安全责任清单，确保责任落实到人。

（2）一张风险表、一套软件——构建安全风险管控体系；编制《安全风险分级管控清单表》，开发人员、机械设备信息管理软件，确保风险管控到位。

（3）一本规程，一项制度——构建隐患排查治理体系；执行《公路工程施工安全检查评价规程》，制定《安全生产考核、奖罚制度》，实现隐患排查治理到位。

（4）一套预案，一个培训场——构建应急救援处置体系；编制《工程建设生产安全事故应急预案》，推行岗前"安全培训场"，开展应急演练，确保应急管理到位。

（5）一本图纸、一份验收单——构建安全生产保障体系；编制《安全设施标准化设计图》，推行《安全设施验收单》，确保安全生产投入到位。通过"十个一"举措构建安全生产管理"五大体系"，全力打造责任落实到位、安全投入到位、基础管理到位、教育培训到位、应急管理到位的"平安工地"，目前已得到省厅认可，并进行全省推广。

三、应用成效与评估

落实"十个一"管控措施，作为构建安全生产管理"五大体系"的基础，其合理性、可行性通过东二环项目的试验，已取得一定的成效，通过"19+1"安全责任体系的建立，逐层签订安全责任清单，确保安全责任落实到人；建立安全风险分级管控制度，开发人员、机械设备信息管理软件，确保安全防控落实到位；依据《公路工程施工安全检查评价规程》，制定《安全生产考核奖罚制度》，通过不定期巡查，定期开展月度评价，对发现隐患落实整改措施，确保安全隐患排查到位，落实到位；完善应急预案并组织评审，通过应急演练进行修正，确保实用性，通过进行岗前教育培训场培训，提高应急人员安全意识和人员素质，为应急体系建设奠定基础；结合项目实际，制定印发《安全标准化图册》，借鉴质量控制中的《检验申请批复单》，施工前填写《安全设施验收单》确认后，方可进行主体工序施工，实现了安全设施先于主体施工，有效保证施工安全。为推动安全标准化建设奠定了基础。同时，也进一步固化、深化了品质工程创建成果，对全面提升安全管理水平具有十分重要的意义。其安全管理的理念得到了山西省交通运输厅的认可，并发文在全省进行推广，同时也为进一步推动交通基础设施建设高质量发展，提供了经验借鉴和有力指导。

四、推广应用展望

通过构建安全生产管理"五大体系"，落实"十个一"管控措施的推广应用。能够建立起严格有序、科学有效的安全管理体系，确保了人人有清单，人人有责任，真正构建起"依法定责、全面签责、高效履责、严格督责、奖惩问责"的运行机制；通过制定安全风险分级管控制度，建立完善安全风险分级管控清单，督促风险管控落实，确保风险管控到位；依据《公路工程施工安全检查评价规程》和《安全生产考核奖罚制度》相结合，确保了隐患排查落实到位；建立完善了安全应急救援处置体系，做到了应急救援的"早预防、早发现、早上报"；印发《安全标准化图册》，实行安全设施报验程序，规范了施工现场安全程序，推动了施工现场安全标准化建设，确保了安全费用及时、足额的投入。"十个一"管控措施的推广应用进一步有效规避和化解了施工安全风险。真正将责任落实到位、安全投入到位、基础管理到位、教育培训到位、应急管理到位，为推动安全标准化建设提供了基础，为"平安工地"创建提供了平台，使人人、事事、处处都能将安全生产责任落到实处，实现安全生产形势持续平稳向好。不管从现场管理到内业资料，都形成一个有机整体。进一步推动安全管理规范化，流程化。

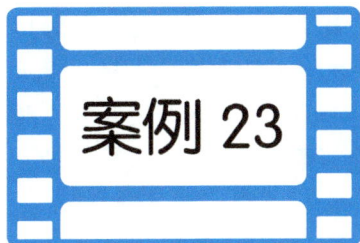

案例 23　施工现场安全生产"网格化"管理

基本信息

申报单位：浙江友工集团股份有限公司

所属类型："互联网 +"管理办法

专业类别：安全管理

成果实施范围（发表情况）：适用于建筑施工、大型工厂等

开始实施时间：2020 年 5 月

负责人：金小平

贡献者：胡　景、马　辉、陈　栋、贾彦庆

案例经验介绍

一、背景介绍

浙江交工集团股份有限公司前身是1953年5月成立的华东第二公路工程纵队及机构改革形成的省交通厅公路局所属工程队，2001年11月成为浙江省交通投资集团有限公司下属子公司，主要经营：道路、桥梁、隧道、港口、航道、船闸、机场、市政、铁路、城市轨道及地下管廊等交通工程施工、设计、技术服务；材料试验；商品混凝土、建筑材料的销售；工程机械的修造和租赁；交通基础设施投资、工程项目管理；开展对外经济技术合作业务，经营进出口业务。

本项目所在合同段路线全长33.31km，其中涉及桩基366根，箱梁及T梁468片、中桥2座、小桥7座、跨线桥8座、通道桥9座、涵洞50道，施工区域点多范围广，安全管理上也存在一定难题。为此，项目经理部根据项目实际，推行安全生产"网格化"管理办法。

二、项目目标

不发生人员伤亡事故。

三、技术路线及成果

（一）网格划分

项目经理部根据项目实际，以施工点为基本单元，按照"区域邻近、工序衔接、动态管理"的原则，划分出覆盖施工全线的安全生产管理网格。划分网格时，应充分考虑网格管理员的合理调配，对一些危险性较大、工序复杂、管理要求高、难度大的网格，可适当增加网格管理员的配置。

（二）网格管理员设置

网格管理员可以由项目技术员、施工员等担任，所辖网格区域醒目位置处设置"网格化管理责任牌"（图1），要求有网格管理员姓名、照片、联系方式及监管主要内容。若有人员变动，管理责任牌应及时更新。

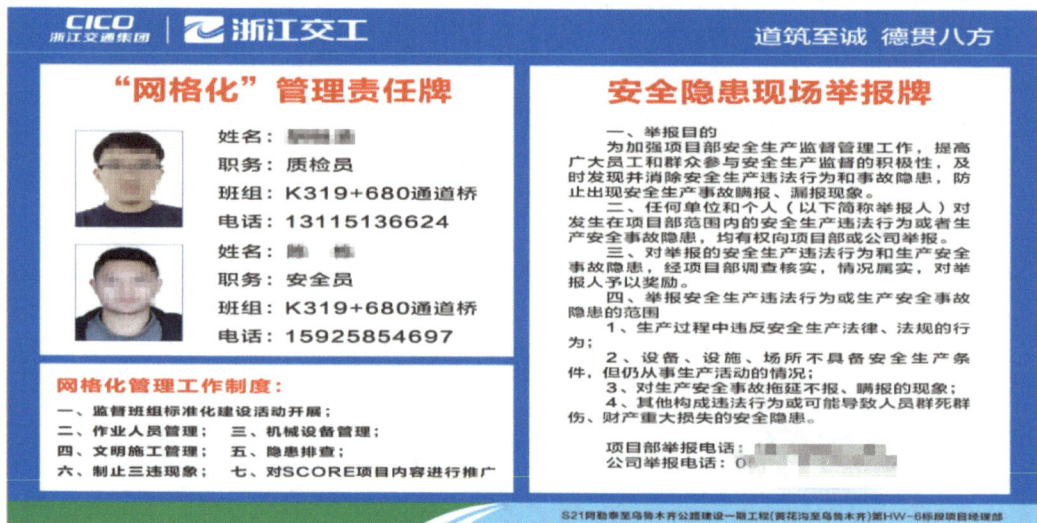

图1 网格化管理责任牌

（三）签订网格化管理承诺书

各网格管理员为本区域安全生产监管责任人，由项目经理部自行指定，应签订施工现场安全生产"网格化"管理承诺书（承诺书内容由各生产经营单位实际情况而定）。

（四）工作平台

1. 平台建立

项目进场后，项目经理部安全科应建立网格化监管工作平台，工作平台宜采用微信群建立，项目经理部领导班子、各部门负责人（工程科、机料科、安全科）和网格管理员应加入微信群。网格管理员应重点督促班组标准化建设活动的开展，加强责任区域人员、机械、文明施工的管理，积极开展安全隐患排查，制止"三违"现象，并将管理过程中发现的问题及时反馈到微信群，由相关部门进行处置或整改。

2. 监督并参与班组标准化建设活动开展

网格管理员应通过班组建设工作平台，监督并参与班组班前会（图2）、班组三检（图3）等

活动开展情况，监督班组一日一题、一周一案、一月一考等活动的参与情况，对活动开展不力的班组，应提出整改要求和措施。

3. 作业人员管理

网格管理员必须深入基层，加强责任区域人员动态管理，如有作业人员新进场，应及时要求其到安全科报到、登记，并做好三级教育和岗前教育，如有作业人员退场，要求在作业人员退场之前，到安全科办理退场登记。项目经理部应加强劳动防护用品管理，规定作业人员必须穿工作服，戴安全帽，以便于网格管理员开展人员动态监管。

4. 机械设备管理

网格管理员应随时掌握责任区域机械、设备的动态，配合机料科、安全科做好设备进场登记、验收，如有新进场的机械、设备，应及时在工作平台上发布，第一时间进行登记、验收，如发现机械设备未检测、有故障、未持证上岗等情况，应及时告知机料科/安全科，由机料科/安全科采取相关措施。

图2 网格员参与班组班前安全会议

图3 网格员参与班中安全检查

5. 文明施工管理

网格管理员应严格按照标准化文明施工规定要求,对网格进行巡查,实行6S管理,要求班组每日加强施工现场的清扫、整顿,做到工完料清,保持现场整洁。

6. 隐患排查

网格管理员对基坑、泥浆池、爬梯、临边防护、高处作业、交叉口等区域,应加强巡查,如发现隐患,及时在工作平台上发布现场照片,告知地点和危险等级,由安全科进行处置。

7. 制止"三违"现象

网格管理员必须随时掌握责任区域施工任务和人员作业动态,必须第一时间发现或制止责任区域发生的常见三违现象,并立即通过工作平台上发布,以便于项目经理部安全科及时采取措施,消除"三违"隐患。网格管理员也可以通过工作平台,加强安全生产制度、操作规程、安全纪律等宣贯、教育。

8.SCORE 项目宣传

网格管理员要深入施工一线宣传SCORE项目(国际劳工组织提出的可持续发展项目)第一模块工作场所合作的相关内容,收集施工过程中工人提出的合理化建议和金点子。各级员工可以积极从工作场所和施工环境等方面提出自己的建议,项目SCORE合理化建议改进小组定期对各级员工提出的建议进行讨论并采纳推广,推广的建议由专人定责定时间完成。

(五)培训交底

项目经理部相关部门应对网格管理员进行监管内容培训,培训内容主要为《施工现场安全生产"网格化"管理指导书》相关内容、安全生产常识和现场安全管理相关要求。

(六)日常监督

各网格管理员应切实履行日常监督管理职

责，落实"一岗双责"，监督班组安全标准化活动，及时掌握管辖网格区域作业人员、机具设备、现场安全状况、隐患排查整治、安全活动开展等情况，通过信息化管理手段的运用进一步加强施工现场安全生产的监督管理。

（七）考核办法

1. 考核原则

客观公正：对各个考核对象一视同仁，做到客观公正，发现问题及时提出、及时解决。

民主公开：成立专项考核小组，网格员月度考核结果与个人"一岗双责"考核挂钩，每月对考核结果进行公示。

2. 考核依据及评分方法

1）考核依据

网格员参与班前会情况、参与班组三检情况、SCORE项目宣传、收集合理化建议、所管辖班组的人员、机械核对，对班组人员进行安全教育交底次数、参与专项施工方案交底、督促方案落实隐患整改闭合情况、各级隐患整改闭合情况、分管班组标准化建设活动开展情况、施工现场文明形象等为考核依据。

2）考核评分方法

每月末由考核组对网格员的网格化管理执行情况与效果进行月度考核。考核小组成员根据"网格化管理考核表"进行评分，由考核组对考核得分进行审核、公正。

3）考核奖罚

对月度考核得分第一名的网格员，评选为"最美网格员"，并在"一岗双责"月度考核中优选评优，得分第二、三名的网格员评选为"安全先进网格员"，并在"一岗双责"月度考核中优选评优，对月度考核得分最后一名的网格员进行通报批评，并取消月度"一岗双责"评好评优资格。

四、应用成效与评估

目前，项目全线33.31km已全部开始施工。通过开展网格化管理，各施工区域网格员积极参与班组班前会，班前检查、班中巡查、班后复查，人员机械定期核查等工作，并把日常工作开展情况第一时间以照片或视频的形式发送至微信考核平台，使项目安全管理更加信息化和透明化。从实际效果来看，项目开工至今进场员工安全三级教育覆盖率达到100%，机械设备进场验收合格率100%，隐患整改率100%，各施工现场"三违"现象出现频次显著减少，使项目安全生产更加平稳可控。

五、推广应用展望

施工现场安全生产"网格化"管理，通过"互联网+"平台，使项目安全管理人员，能够实时掌握各班组的人员动态、机械设备动态、施工现场安全隐患整改等情况。

通过实施施工现场安全生产"网格化"管理办法，进一步完善了项目的安全生产管理制度，缓解了项目安全科的安全管控压力，提升了项目员工的安全生产意识。

案例 24 ▶ "平安交通"安全管理平台

基本信息

申报单位：山西路桥建设集团有限公司

所属类型：科学技术

专业类别：企业管理

成果实施范围（发表情况）：山西路桥建设集团公路工程建设、施工项目

开始实施时间：2018 年 7 月

负责人：杨志贵

贡献者：杨建红、荆冰寅、白永胜、赵海元、陶 锋

案例经验介绍

一、背景介绍

山西路桥建设集团有限公司"平安交通"安全管理平台以《中共中央 国务院关于推进安全生产领域改革发展的意见》提出的新要求为纲领，以"交通运输部平安交通三年攻坚行动"为引领，以安全创新典型案例为指导，以"管理创新、科技兴安、数据共享、安全发展"为目标，全面构建安全生产管理"五大体系"信息化管理平台，进行体系化建设、信息化管理，通过平台应用实现数据来源可查、信息去向可追、责任问题可究、安全规律可循，提升安全管理实效，推进平安交通建设。

二、项目目标

一是通过构建"班组基础管理，标段主体自控，监理安全监理，项目、分子公司全面负责，集团公司全面监管"的安全生产大数据信息化平台，实现五方数据共建、共管、共用，协同管理，做到"一盘棋"管控。

二是利用多个智能终端产品的接入与感知，使工作业务和信息化深度融合，实现智能化"一

张网"，做到"零距离"智能决策。

三是通过安全生产"五大体系"过程管理数据汇总及统计分析，实现"一张图"全方位、多视角展现安全生产态势。

三、技术路线及成果

山西路桥集团"平安交通"安全管理平台是主要集安全生产责任、风险管控、安全生产保障、隐患排查治理、应急救援处置"五大体系"为一体的安全生产大数据平台，并结合安全监督视频报告、智能安全监测硬件终端融合，实现"一张图"全面掌握安全生产动态，可通过PC端、App端全过程安全管理数据汇总，整个平台多视角、全方位展现安全生产态势（图1）。

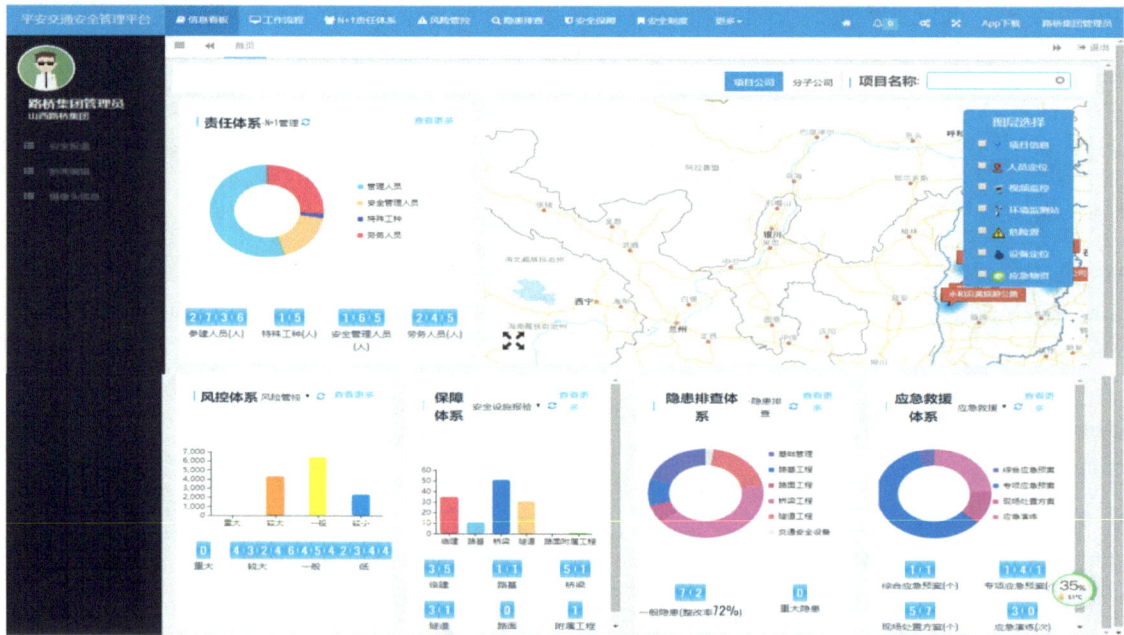

图1 平台"五大体系"管理数据界面

（一）安全生产责任体系

1. 健全安全责任体系

N+1管理体系构建了从集团总部—项目公司—分子公司的全员安全责任体系（图2），按照管理权责层层分解责任。各项目公司从建设、监理、施工单位实行分级负责，内部构建横向到边、纵向到底的安全责任体系。施工单位从项目经理、到副经理、部室、工区、现场安全员、施工作业队、班组、一线作业人员层层压实责任，形成一级抓一级、层层抓落实的工作格局。

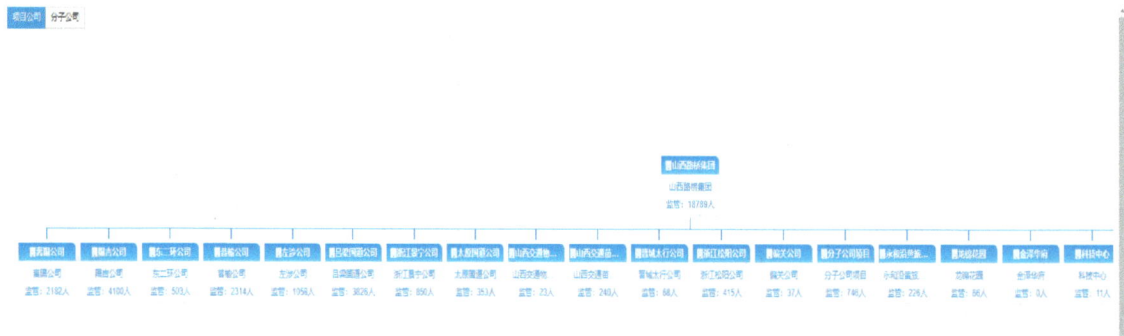

图2 安全生产责任体系

2. 建立全员信息档案

参与项目建设的参建人员全部建立安全信息档案，其中包括：人员的基础信息、持证情况，一人一档（包括责任清单、三级教育、安全承诺、工种技术交底等），以及施工过程中开展的培训教育、技术交底、班组会议。通过PC端、

App端从人员进场到施工结束全过程信息化管理，达到人员管理合规化、流程化、透明化，确保各单位责任落实到位。

3. 明确各级岗位职责

岗位安全责任清单主要依据《中华人民共和国安全生产法》《山西省安全生产条例》《建设工程安全管理条例》《公路工程安全生产监督管理办法》以及定编定岗职责编制，建立公共模板库，签订责任清单，为尽职照单免责、失职照单追责提供依据，推动各项措施落地见效。

4. 加强过程痕迹管理

对生产过程中开展的安全会议、教育培训、技术交底等活动进行规范、留痕管理，为履责尽责保存可追溯性的档案资料。

（二）风险管控体系

1. 风险智能化管控

风险辨识与评估一方面根据《公路工程施工安全风险辩控手册》直接选取应用；另一方面可根据《公路水路行业安全生产风险辨识评估管控基本规范（2018）》，应用系统$D=L×C$评价方法进行评估。并针对重大、较大风险区域，建立危险源清单，编制管控措施，制定检查标准，开展危险源巡查，通过App端填写巡查记录，形成巡查档案。且App端开启GIS定位功能，接近风险区域，自动推送风险信息，提醒管理人员进行风险巡查，促进管控有序化、实效化（图3）。

图3 安全生产风险管控体系

2. 设备可视化管控

设备管控建立集团公司、项目公司、分子公司树状结构图，设备逐一进行编码，可查看各施工项目设备进场情况，了解设备基本信息、合格证书、检验报告等资料，以及施工过程中进行检查、维修记录等。从而通过从进场到施工过程的程序化、实效化管控，保证设备风险可控。

（三）安全生产保障体系

1. 严格落实设施验收制

安全生产条件验收主要为工序施工安全生产条件核查和安全设施验收，作为主体施工的先决条件，进行先验收后施工，按照"不验收不开工不计量"的原则，对于未经验收的设施设备和与安全无关的费用一律不得计量，全方位保障各项措施有效实施。系统内可以随时查看安全设施报验情况及报验批复流程，通过验收制促进标准化建设、规范化施工（图4）。

2. 强化费用过程报审流程

系统内建立线上安全生产费用计划、中间计量报审流程，随时查看安全生产费用总额及累计投入情况，方便了解各参建方安全生产投入情况，实现安全生产费用线上管理。

（四）隐患排查治理体系

1. 强化隐患分析治理

主要根据山西省《公路工程施工安全检查评价规程》，应用PC端、App端开展隐患排查、整改治理、验收销号、考核评价，且可以查看隐患排查治理情况及隐患闭合归档资料。系统建立了隐患统计分析功能，从隐患产生的工程部位进行统计分析，查看隐患分布情况，对隐患多的项

目，加强管理和差异化管控。另外，从隐患可能导致的后果进行统计分析，对隐患高频率发生的

部位，制定方案进行专项治理（图5）。

图4　安全设施报验

图5　安全生产隐患统计分析

2. 开展检查考核评价

根据《公路工程施工安全检查评价规程》进行考核评价，系统自动生成评价结果，对监理、施工单位进行排名，配合奖励处罚机制，形成高压态势，促进安全生产工作持续提升。

（五）应急救援处置体系

1. 规范应急管理机制

按照《中华人民共和国突发事件应对法》《生产安全事故应急条例》《生产安全事故应急预案管理办法》等法律法规、行业要求及地方要求，规范应急管理工作，系统内可查看应急预案报备、应急预案编制和应急演练开展情况等内容

（图6）。

2. 确保物资储备到位

可分类查看应急资源建设情况，在GIS地图显示各单位应急物资和社会资源分布位置，可点击查看储备详情，明确负责人及其联系方式，确保各类应急物资在出现突发状况时找得见、拿得出、用得上。

3. 保证信息渠道畅通

应急值班，在线实时显示各单位当日领导带班和24小时值班情况，有效遏制带班人员及带班领导脱岗、漏岗、缺岗等现象发生，为应急工作做好通信保障。

图6 安全生产应急救援处置体系

(六)安全监督视频报告制

全面落实集团公司"按规范、守着干"的管控要求,突出管控重点,在系统内可查看在建桥梁、隧道、高边坡等风险较大工程的工程数量及工程进展详情。实施重点工程视频报告制度,落实各级负责人安全主体责任,推进"看得见、抓得住"管控新模式(图7)。对应报告次数和实际报告进行统计,跟踪视频报告责任落实情况,推进工程施工安全有序进行。各级管理人员均可对视频报告反映的现场施工情况进行查看,对发现问题下达批示,形成有规矩、有报告、有批示、有落实的持续改进机制。

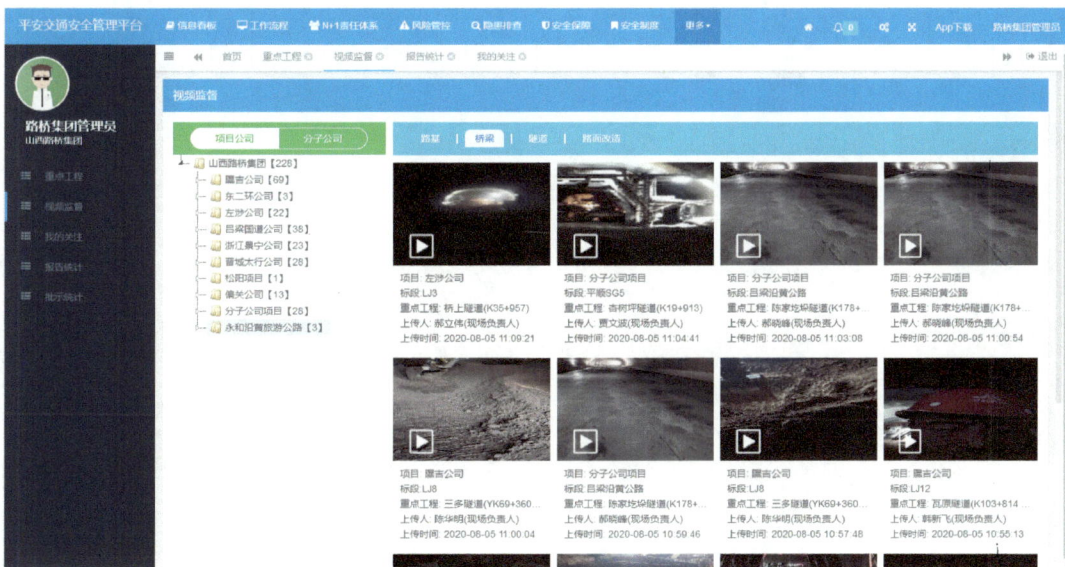

图7 危险性较大工程视频报告

(七)其他功能模块

建立信息看板模块,展示建设项目安全工作最新动态,重要文件公告,安全警示教育类视频资料,以及开展安全教育、技术交底、安全会议等安全活动的视频资料,作为安全宣传窗口及学习园地。同时建立综合管控模块,将危险性较大工程所有智能终端集成、融合,"一张图"对环境检测、视频监控、监控量测等内容进行重点管控。

通过安全管理系统实现落实全员安全责任、对安全风险、设备和隐患进行动态管理,全程跟踪,有效管控重大风险,切实消除安全隐患,杜绝安全事故发生。实行视频报告制度，全面促进桥、隧、坡等危大工程的责任落实和措施落地。规范安全设施报验、安全经费投入，应急管理，安全教育培训到位，推进和完善安全信息化建设。全面提升安全管控水平，对改善项目安全生产环境具有非常重大的意义。

四、应用成效与评估

物联网与人工智能正渗透到社会生活的每一个角落，全面改变生活，从智慧城市、智慧交通到工业互联网，物联网变革众多产业，带来全新的基础设施能力，社会效率大幅度提高，"物联网+安全管理"的模式将促进传统安全管理模式智能化升级。目前，"平安交通"安全管理平台应用于山西路桥建设集团有限公司所属公路工程建设、施工项目，以及房建和市政工程，通过应用安全科技融合、数据积累，未来安全管理将更加丰富多元，系统性和交互性更强，提高安全生产决策科学化水平，驱动安全发展。

五、推广应用展望

该系统平台通过系统化、流程化策划设计，将管理职责、内容明晰化、清单化，将无序、粗放的管理变为系统化、精细化管理。应用"信息化+智能终端"及"物联网+安全管理"综合运用，促使安全"摸得清、看得见、管得住、抓得实"，实现各级"零距离"集约管控，推进工程建设智慧化发展及安全管理与控制的网络化和数字化，实现建设周期安全工作的协同管理、协同监控和决策支持，有效提升安全管理水平和安全生产经营水平，真正将安全工作落到实处，开启安全协同管控、创新发展的新篇章，在转型发展上率先蹚出新路，做出贡献。

案例 25 ▶ 太阳能自发光轮廓标的应用

基本信息

申报单位：广西北部湾投资集团有限公司沿海高速公路分公司

所属类型：科学技术

专业类别：交通设施运营养护

成果实施范围（发表情况）：适用于大雾、团雾、强降雨等低能见度恶劣气候频发路段以及夜间行车需要特别提示路段，如（长大下坡、急转弯坡等）

开始实施时间：2020 年 4 月

负责人：陈　亮

贡献者：李　政、柳显民

案例经验介绍

一、背景介绍

近年来，随着我国社会经济发展的不断进步，高速公路的建设已经十分普及。如何保障车辆出行安全和提高车辆出行服务已成为高速公路运营的一大难题。其中轮廓标作为道路车行道边界的警示标志，可起到夜间诱导、警告驾驶员的作用，在夜间及行车可视情况较差的条件下能很好地保证通行车辆的安全行驶。

目前，广西北投集团沿海高速公路分公司波形护栏附着式轮廓标普遍为一般常见材质的轮廓标。普通的波形护栏附着式轮廓标在高速公路中已经广泛运用，但在现场实际使用中仍有以下不足：一是普通轮廓标反光亮度有限，在面对对向车辆眩光及雨雾天气、低能见度恶劣气候条件时容易失效；二是容易污损，户外运营环境极易沾染灰尘而失效。

二、项目目标

本项目科研创新是从保障高速公路行车安全的角度考虑，结合高速公路基础设施的交通特征，采用动态措施为驾驶员提供安全保障。广西北投集团沿海高速公路分公司为探索能在夜间和恶劣气候条件下安全保障驾乘人员行车的轮廓警示标，需寻求设置一种新型高质量、主动式、亮度高的波形护栏附着式轮廓标。此款波形护栏附着式轮廓标需要起到夜间和恶劣气候条件下诱导及警示驾驶员的作用，以保障通行车辆的行车安全。

三、技术路线及成果

随着社会的不断发展，科技的不断进步，为了满足高速公路的公共服务设施，保证过往车辆的行驶安全，着力提高恶劣天气行车及夜间行车的安全指数，广西北投集团沿海高速公路分公司在辖区范围内选取两个路段进行试点安装新型自发光附着式太阳能轮廓标，选取的路段为G75兰海高速公路茅尾海立交钦州往北海方向匝道和G75兰海高速公路上行K2101+600～K2101+800两处路段作为试验路段。太阳能自发光附着式轮廓标主要是由铝合金防盗型支架、单晶硅太阳能蓄能板、高强反光膜、LED灯珠、控制器和连接件组成，与普通轮廓标相比，太阳能轮廓标有三个最重要的特点：一是发光亮度大。普通轮廓标的反光亮度只有300～400mcd，而太阳能轮廓标的发光亮度可达5000mcd以上，是前者的10倍以上；高强度的光线可以在夜间穿破雨雾，安全有效地为驾驶员指导方向。二是主动发光、动态警示，太阳能轮廓标在低能见度天气以固定频率闪烁、动态警示，使驾驶员的视觉对变化更为敏感，根据不同路段的状况，为驾驶员提供道路轮廓强化和动态警示。三是防水、防尘性能良好，在阴雨天气也能快速充电，工作温度为-50~70℃，耐久性好，恶劣天气下可视距离亦能达到500m以上。

太阳能自发光轮廓标目前使用效果良好，相

比较于普通轮廓标及辖区另一试验路段的荧光轮廓标，具有低能见度主动发光、穿透力强、亮度高、不产生眩光及发光时间长等优点。经过一段时间的对比和试验，太阳能自发光轮廓标相对于其他对比件，有如下优点：一是穿透力极强，以固定频率闪烁，使波形护栏轮廓不管是在雨天、雾天还是夜晚都会更为显著。二是元件耐寒耐热效果良好，储能器件储能功率大，恶劣天气时提示效果极为显著。三是防水防污效果良好，连续阴雨天气未影响其使用效果。

四、应用成效与评估

广西地处低纬度地区，南濒热带海洋，北为南岭山地，西延云贵高原，境内河流纵横，地理环境比较复杂。气候多变，灾害性天气出现频繁，极易发生连续降雨或连续高温的天气，且高速公路团雾多发，对驾乘人员的行车安全造成了极大的影响。

太阳能自发光轮廓标耐热、防水、灯光穿透力强的特点，有效降低了恶劣天气对行车视线的影响，相对于普通轮廓标，安全提示方面相对有较大优势，可考虑在恶劣天气多发路段、事故多发路段、道路路况欠佳区域等推广应用。该项目投入使用至今，大幅度提升了道路行车安全，有效地减少了部分事故多发路段的交通事故发生率，符合"平安交通"的发展战略。

五、推广应用展望

"绿色、环保、安全"是高速公路运营管理的新理念，本项目立足于高速公路当下运营所需，对于高速公路夜间及恶劣气候环境下的安全运营有着重要的理论研究意义和实际使用意义。项目有较好的创新性、实用性、快速普及性，是新时代高速公路运营管理的新导向。

广西北投集团沿海高速公路分公司将持续跟进此项试验，对效果进行分析讨论，结合新材料的特点，将太阳能自发光轮廓标推广应用于辖区事故多发路段、多雾路段、雨天排水不畅区域、长下坡和急转弯等区域，致力于提高道路行车安全系数，确保高速公路安全畅通。

案例 26 ▶ 公路非现场信用治超

基本信息

申报单位：台州市交通运输局
所属类型：安全管理
专业类别：综合监管执法
成果实施范围（发表情况）：路桥区
开始实施时间：2018 年 9 月
负责人：尚卫兵
贡献者：许志斌、曾　剑

案例经验介绍

一、背景介绍

货车超限治理是"平安交通"建设的一项重点内容，公路治超非现场执法是交通领域运用科技手段推进治超现代化的重要手段，也是提升安全生产和监管智能化水平的有益探索。公路非现场执法作为新兴执法手段，近年来国内各地开展了大量探索，积累宝贵经验，但也普遍面临"处罚率低、执行难"问题。路桥区作为浙江省最早开展非现场执法的地区之一，也遭遇了上述难题。为破解难题，2018 年，路桥公路局以台州市交通运输局、市中级人民法院、市发改委《关于建立严重违法失信超限超载运输车辆相关责任主体联合惩戒工作机制的通知》为支撑，秉持"试点先行，分步推进"工作总思路，重点针对超限 100%以上货车探索推进公路超限"科技+信用"治理模式，以全省首创的违超失信定案处罚为基础，以信用惩戒、法院强制为保障，以路警协作、路非联动为补充，倒逼超限车主主动前来处理，取得良好成效。

二、项目目标

探索出一条以"科技+信用"为核心的超限运输治理体系和治理能力现代化之路。

三、技术路线及成果

（一）信用治超工作流程

（1）系统自动抓拍检测，情报板告知。

（2）超限数据录入。

（3）超限数据审核。

（4）浙江省平台一次违法判定。

（5）查询车辆信息并立案。

（6）短信告知车主接受处理。

（7）纳入未处理名单，路警联合查缉并禁止其进入高速公路。

（8）寄发处罚事先告知书。

（9）寄发行政处罚决定书。

（10）寄发缴款催告书。

（11）申请法院强制执行，纳入失信被执行人名单。

（12）抄告发改、运管部门，予以信用信息平台公示及年度信用考核扣分。

（二）成果

1. 形成一套全流程、可复制推广并行之有效的超限运输治理体系

一是试点先行，分步推进的阶梯式工作法：从单点位试点到全域推行，从重点治理超限100%以上货车，到逐步扩大重点治理范围。二是全套规范化的十二步工作流程。从设备选型到点位建设、从超限数据采集入库到法院强制执行，探索出一条全流程、单兵式、规范化的操作体系。三是一整套配套制度体系：从高层次组织领导机构、点位布局规划到非现场执法实施办法、信用治超实施方案等比较完备的制度体系。

2. 构建多维度信用联合惩戒体系

一是针对短信通知后逾期不按规定接受处理的违超失信当事人，即在无法制作询问笔录的情况下，根据技术监控记录资料（即检测记录、现场照片等证据），直接对该违法超限行为进行处罚，实现"来了，罚；不来，照样罚"，提

高案件执行效率，破解"处罚难"，同时纳入浙江省治超平台未处理名单系统，实施高速公路拒抬杆驶入及路警布控查缉。同时邀请台州市法制办、市中级人民法院、基层法院、知名律师等专家开展专家论证，确保"违超失信"处罚模式及执法文书规范严谨。二是针对处罚后逾期不来处理的车辆，依法申请法院强制执行，由法院专人负责对接，并将未按执行通知书履行的当事人纳入失信被执行人名单，向有关部门推送限制其高消费行为，并由发改部门予以信用中国平台上公示。

四、应用成效与评估

（1）自2018年启动信用治超以来，共邮寄处罚事先告知书418份，办结363起，结案率达87%，台州籍车辆主动处罚率达到99%，共收缴罚没款281万元，另有2起法院执行终结。

（2）超限100%以上严重超限违法行为得到有效控制，非现场执法威慑力得到强化。全区100%以上严重超限车辆呈断崖式下降，由日均上百辆下降到几乎为零，货运企业主动称载逐渐成为习惯。

（3）辖区公路好路率逐年提升。近三年路桥区公路好路率分别为93%、96%、97%，逐年得到提升。

五、推广应用展望

在路桥区试点取得成功的基础上，台州市将于2021年将试点区域扩展到全市，并全力推动公路非现场执法违超失信无笔录定案处罚新模式在全省，乃至全国的应用，实现机器换人、信用强交、科技兴安。同时，落实推进超限运输失信记录在交通运输各领域各环节的应用，发挥"守信激励、失信惩戒"的作用，并逐步起建立跨部门、跨行业的信用奖惩联动机制，形成"一处失信、处处受限"的信用治超氛围。

案例 27　新型路面突起路标猫眼道钉护夜间行车安全

基本信息

申报单位：迪庆公路局德钦公路分局

所属类型：安全管理

专业类别：交通运输设施运营养护

成果实施范围（发表情况）：德钦隧道、佳碧隧道

开始实施时间：2020 年 1 月 8 日

负责人：杨　吉

贡献者：张国强、郭晓辉、项家能、黄俊杰、付金宝

案例经验介绍

一、背景介绍

德钦公路分局所辖的G214线西宁至澜沧公路德钦隧道与S237德钦至勐堆公路佳碧隧道平均海拔在3400m左右，在2019年完成改造以前使用的是传统的路面突起路标，传统的路面突起路标是由铝合金和塑料反光条制成，价格较便宜，基本每个突起路标在3~10元不等，传统的路面突起路标发光值较低，安装的间隔距离较短，在一定程度上耗费的材料相对较多，它的发光条件分为接电发光和靠车辆的灯光进行反光，接电式的突起路标，每年需要投入大量的电费，且路面突起

较高，容易被车辆进行碾压而受到损坏，冬季天气寒冷时由于汽车滴水附着在表面，降温结冰时容易损坏，大大降低了使用寿命，不能很好地适应高海拔寒冷地区使用，也给维护带来了困难和经济压力。

二、项目目标

提升路容路况，增强夜间行车安全。

三、技术路线及成果

新型的嵌入式钢化玻璃猫眼道钉（图1）经中咨公路养护检测技术有限公司（原交通部交通

工程检测中心）检测：该突起路标样品外观质量、结构尺寸、发光强度系数、色度性能、耐磨损性能、整体抗冲击系能、破碎后状态、金属反射膜附着性能、抗压荷载、耐温度循环性能、耐盐雾腐蚀性能均符合《突起路标》（GB/T 24725—2009）中的技术要求。

图1　钢化玻璃猫眼道钉

四、应用成效与评估

新型的嵌入式钢化玻璃猫眼道钉，它是钢化玻璃制成的光滑球体，本身硬度较大，路面突起大约只有3cm，突起部位为光滑的弧形，抗压能力较大，不容易损坏，大大提升了使用寿命。发光值较高，靠反射车辆的灯光进行发光。发光部位位于整个球体的中央，能很好地保护发光部位。它不用接电，反射光源发光，不存在用电费用等。新型的嵌入式钢化玻璃猫眼道钉施工安装也较为简易，只需在路面上找好安装位置，用钻孔机钻出大小相等的孔，即可安装，十分简单，且快捷方便。在冬季寒冷天气下，由于它的表面光滑，不易于水滴附着于表面，加之钢化玻璃硬度较大，即使整个球体被冰包围，也不会被冻裂，适合高海拔寒冷地区使用。

五、推广应用展望

德钦公路分局于2020年1月起投入使用此种道钉。相比于传统的突起路标，猫眼道钉性价比更高、使用寿命更长、安装快捷、发光系数更高、抗寒系数较高适合高海拔寒冷地区使用，能够起到很好的交通安全警示作用，在以后的养护过程中，德钦公路分局将会应用到辖区内其余的隧道改造中。

新型路面突起路标猫眼道钉使用前后对比如图2和图3所示。

图2　使用前的路面

图3　使用后的路面

案例 28 ▶ 安全生产管理"五大体系"标准化

基本信息

申报单位：大同南高速公路管理有限公司
所属类型：安全管理
专业类别：企业管理
成果实施范围（发表情况）：大同南高速公路管理有限公司所属基层单位（向全省高速公路运营企业推广）
开始实施时间：2019 年 6 月
负责人：谢鹏远
贡献者：张　俊、赵东宏、张卫琛、刘存胜、田　甲

案例经验介绍

一、背景介绍

为深入贯彻落实关于建设交通强国和安全生产管理等工作部署要求，山西交通控股集团有限公司（以下简称"集团公司"）紧扣新时代安全管理步伐，加强安全生产顶层设计，于2018年初提出安全生产管理"五大体系"。

自集团公司安全生产管理"五大体系"构建、深化、强化以来，大同南高速公路管理有限公司高度重视、认真研究，积极推广安全生产管理"五大体系"向基层延伸、向一线普及，努力实现安全生产管理科学化、标准化，取得了一定成绩，形成了一些经验。但是，仍存在一些不妥，如部分基层单位负责人、安全管理人员文化程度低安全意识淡薄，对安全生产过程中的一些基本安全常识不懂，对一些安全风险辨识、安全操作规程、突发事件信息报送、现场处置方案编制等知识的理解少之甚少，大多只知道凭自己经验办事，而很少遵守行业规范和操作规程。因此，针对基层单位各层级安全管理人员水平参差

不齐，工作实际与安全管理不能有机结合等问题，制定一套符合实际安全生产管理标准化手册具有重要意义。

二、项目目标

2019年6月，大同南高速公路管理有限公司在总结多年实践工作的基础上，组织编制了《安全生产管理"五大体系"标准化》手册（以下简称"手册"）。手册根据集团公司安全生产管理"五大体系"要点要求，与"三基建设"深度融合进行编制，着力提高基层单位安全人员基本能力，供基层单位安全管理人员指导日常生产经营、编制安全资料之用。

三、技术路线及成果

手册依据《中华人民共和国安全生产法》《生产经营单位安全生产事故应急预案编制导则》《山西省安全生产条例》等法规，结合高速公路行业特点，以简洁的文字、翔实的示例、丰富的模板和统一的表格编制成册，手册共包含五部分内容（图1）。第一篇，安全生产责任体系篇。包括安全生产责任清单、安全生产操作规程、安全生产工作规范、安全生产目标考核；第二篇，安全风险管控体系篇。包括开展风险辨识、制定管控措施、落实风险告知和加大智慧管控；第三篇，隐患排查治理体系篇。建立排查标准、实施挂牌督办、深化专项整治；第四篇，应急救援处置体系篇。包括强化信息报送、建立预案体系和规划物资储备；第五篇，安全生产保障体系篇。包括健全组织机构、确保安全投入和加强宣传培训。

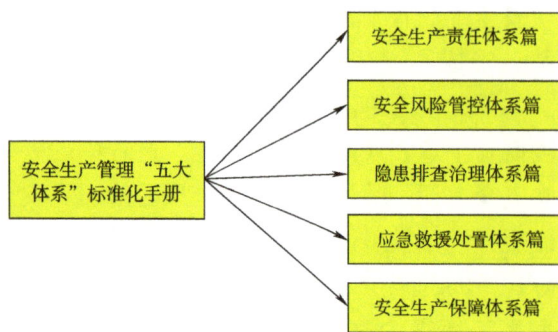

图1 安全生产管理"五大体系"标准化构成

由于手册具有较强的针对性、实用性和操作性，印发以来得到基层单位的一致好评，并先后赴运城南、晋中、太旧、运城北等公司分享"五大体系"成果经验，交流了"高速公路冬季除雪防滑应急处置实操案例""高速公路养护作业施工现场安全保障"和"高速公路突发事件现场处置方案"等内容，受众人数达480余人，受到行业内部企业的一致好评，也得到集团公司等上级部门的多次表扬。

四、应用成效与评估

手册应用以来，基层单位通过建立健全安全生产责任清单，强化安全风险管控，深化隐患排查整治，完善预案体系建设，增强安全生产保障等标准化措施，实现了安全生产管理规范，做到了工作中有章可循、有章可依，通过标准化流程管理达到各项工作有标准、岗位有遵循、行为有监督，理顺了安全管理思路，提高了安全生产管理水平，为推动高质量发展和助力"平安交通"建设奠定了坚实基础。具体应用成效如下：

（1）安全生产责任体系。责任清单实现了"一岗一清单"，切实落实了全员安全生产责任制；工作规范实现了以高速公路运营与养护、装备设施、生产作业为重点的各层级各岗位工作规范及操作规程；目标考核建立了完善的安全生产综合考评指标体系和办法，实行年底考核与动态考核相结合的工作机制；督查问责机制得以完善，保障日常检查和重点事项跟踪督导。

（2）安全风险管控体系。开展风险辨识，根据基层实际制定了科学的安全风险辨识程序和方法，全方位、全过程辨识设备设施、作业环境、人员行为和管理体系等方面存在的风险；制定管控措施，根据安全风险的类别和等级，对安全风险进行有效管控，落实具体的责任单位、责任人和具体的管控措施；落实风险告知，通过在醒目位置和重点区域设置安全风险公告栏，制作岗位安全风险告知卡，强化了风险的监测和预警；加大智慧管控，推进雾区引导防撞系统的应用。

（3）隐患排查治理体系。建立排查标准，

落实隐患排查制度，做到对表检查、对标治理、责任到人、措施到位、验收销号，实行自查自改自报闭环管理；实行挂牌督办，对重大安全隐患实施挂牌督办，建立重大隐患治理情况向政府部门和分公司职代会"双报告"制度；深化专项治理，建立了以长大纵坡、桥梁隧道、团雾和事故多发等路段安全风险防控为重点专项整改方案，研究制定治理措施，明确整治内容、时限、措施、目标，着力解决部分收费站出入口拥堵、隧道内外无法联动、冬季桥梁路面易结暗冰、长大纵坡事故多发等问题，全面提升安全隐患治理能力。

（4）应急救援处置体系。规范信息报送，严格落实集团公司《关于做好突发事件信息报告工作的通知》要求，进一步规范信息报告范围，提高信息报送质量，增强信息报送完整性和准确度；完善预案体系，建立包括综合预案、专项预案、应急处置方案等涵盖各重点环节、重点岗位的应急预案体系；规划物资储备，建立以辖区各路产维护站为辐射面的物资装备储备体系，实施动态管理，完善物资储备清单，确保储备物资品种适宜、质量可靠、数量充足、常备不懈。

（5）安全生产保障体系。健全组织机构，成立应急抢险救援队伍；确保安全投入，确保足额提取和规范使用；重视宣教培训，充分借助和利用报纸、广播、电视等主流媒体、微信微博等新媒体平台，普及安全知识，强化警示教育。夯实从业人员安全素质提升工程，加强对一线职工的教育培训力度，切实提高一线职工安全素养。

五、推广应用展望

安全生产管理"五大体系"标准化手册的推广应用。首先，面向基层。该手册主要针对基层，直达一线，是公司安全管理的直观反映，是各项工作的窗口，推动安全管理标准化落实落地，是企业安全生产管理水平最直观的体现；其次，要素齐全。安全管理"五大体系"标准化手册建设充分考虑了高速公路运营安全责任、风险、隐患、应急和保障的各项要素，突出综合治理理念，注重了管理的科学性、规范性和系统性，促进资源的有效整合和安全管理体系的形成；三是，精细管理。安全管理标准化建设为安全生产管理"五大体系"各项控制指标予以设定，并细化为更具可操作的编制标准、设置要求，促进安全生产管理更加精细化；四是，覆盖全面。安全管理标准化覆盖高速公路运营生产各工序环节，改变传统安全管理的模糊定性认识，准确定量标准方法，促进企业安全管理步入现代化轨道，真正将责任落实到位、安全投入到位、基础管理到位、教育培训到位、应急管理到位，为推动安全标准化建设提供了基础，使人人、事事、处处都能将安全生产责任落到实处，实现安全生产形势持续平稳向好，不管从内业资料到岗位操作，都形成一个有机整体，进一步推动安全管理规范化、流程化。

下一步，大同南高速公路管理有限公司持续将安全管理中的新思想、新方法、新措施，通过安全生产管理"五大体系"标准化建设，与公司运营管理有机统一，形成了独具特色的安全管理模式，继续发挥好的经验做法，推动安全生产管理"五大体系"向标准化、行业化、国际化迈进，为打造一流设施、一流技术、一流管理、一流服务，建成人民满意、保障有力、世界前列的交通强国提供坚强支撑。

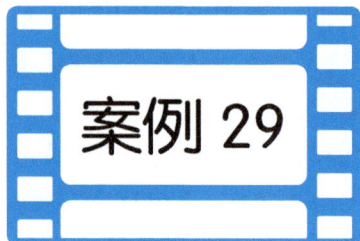

案例 29 ▶ 济南市交通建设工程HSE管理体系创新与实践

基本信息

申报单位：济南市城乡交通运输局

所属类型：安全管理

专业类别：交通工程建设

成果实施范围（发表情况）：济南市城市道路、公路、水运和轨道建设项目

开始实施时间：2017年3月27日

负责人：贾玉良

贡献者：姜春华、刘鸿顺、厉建川、吕守明、杨中生

案例经验介绍

一、背景介绍

为全面贯彻落实相关安全环保政策，针对交通工程建设存在的"工程点多、线长、面广，施工环境和人员组成复杂、多变，安全风险高、生态环境治理难度大"等难题，传统的安全管理模式已渐渐不能适应信息时代发展需求，也无法适应人民日益增长的美好生活需要，特别是2020年初新型冠状病毒肺炎疫情突发，警醒我们必须建立一套行之有效的常态化管控机制。

经过总结以往经验和深入研究发现，在交通工程建设中，健康（Health）、安全（Safety）、环境（Environment）密不可分、相互影响，必须将人员健康、安全生产和环境保护进行融合，以"人"为核心要素，构建"人文关怀、智慧管理"的交通工程HSE管理体系。通过理念引导、制定规范、指导实施、持续改进等一系列的措施，为交通工程建设行业管理提供技术依据和行为准则，提高管控效率和管控水平，加快实现本质安全。

二、项目目标

（1）生命至上、安全发展理念牢固树立。各项工程建设始终将健康、安全、环境的一体化管理纳入工程策划统筹考虑。从业人员参与HSE培训教育、风险防控、隐患治理的途径更加多元，意愿更加强烈，普遍具备较高的HSE常识和意识。心理健康干预和防控体系初步健全、卫生防疫机制更加完善。在行业内形成"我要安全、我会安全、我能安全、我管安全"的良好氛围。

（2）HSE管理体系基本形成。形成预防为主、源头管控、综合治理、持续改进体制机制。打破健康、安全、环境分块管理界限，以健康为核心、以安全为底线、以环境为重点，建立规范约束、样板引路、企业自律、行业自治、社会监督、政府监管的共治格局，形成健康、安全和环境相互关联、相互作用的管理模式，大幅提升管控效率和管理水平。

（3）本质安全水平全面提升。对"人"的关注更加突出，各项管理始终将"人"作为核心要素，通过构建"生理、心理"双控机制，把好预防关；着力推行三基四化，把好过程关；创新培训教育方式方法，把好素质关；加强文化渗透和习惯养成，把好自觉关；不断实施技术创新和管理创新，力求从根本上消除风险。

（4）安全生产状况稳定可控。交通建设工程安全保障水平明显提高，伤亡事故得到有效遏制，职业病和环境影响事件基本消除，"三违"现象大幅减少。

三、技术路线及成果

（一）不断创新，提出 "人文关怀、智慧管理"先进理念

深入研究习近平总书记有关健康、安全和环境重要指示精神，提出交通工程HSE管理"人文关怀、智慧管理"的理念，旨在通过关心员工健康、增进员工福祉、激发员工热情、提高员工素质等管理手段，实现"人文关怀"；通过推动交通工程建设智能化、信息化、标准化、精细化的实施，提高管理水平，实现"智慧管理"。

（二）多措并举，探索并构建完善的济南市交通工程HSE管理体系

1.编制标准规范，夯实体系建设基础

结合国内外先进管理经验和交通工程建设

行业实际，坚持健康、安全、环境三要素融合统一，组织编制了《济南市交通工程HSE管理规范》，对HSE管理提出了基本要求。同时配套出台了推广实施意见，为构建科学系统、运行高效的HSE管理体系打下了坚实基础。

2.细化规范要求，指导体系运行

根据规范要求，细化并规范了HSE管理流程，编制了《济南市交通工程HSE管理指导手册》和管理制度。通过建立"HSE管理中心"，打破传统施工管理模式，从组织机构、目标策划、制度建设、资金投入等层面入手，健康、安全、环境实行整体管理，无缝连接、全员参与，实施计划、执行、检查、改进的PDCA循环，建立持续改进的长效工作机制，实现动态管理。

3.创新衍生风险分析法，严把 HSE 风险预防关

将传统的风险分析方法整合、延伸，以风险的直接影响为基础，充分考虑环境对人、人的行为或情绪对施工产生的间接影响和衍生影响，拓展风险分析"深度"和"广度"，将潜在、不易察觉或常被忽视的风险科学分析、有效管控，编制了《交通工程HSE风险辨识分级管控清单》，为各项工程建设的风险管控提供依据，实现风险管控不留盲区、不留死角。

4.图文并茂，引导 HSE 措施落实

总结以往先进经验，编制了《交通工程HSE管理标准化图册》，对HSE要求进一步具象化，图文并茂，以可视化的标准引导各项HSE管理措施的落实。

（三）样板引路，全面推进HSE管理体系建设

在G220改造工程、春暄路建设工程、二环北路改造工程、轨道交通R3线北延等工程定点试行。组织从业人员前往"泉城HSE体验培训中心"进行系统化、体验式培训教育；建立HSE管理中心、"一站式"培训教育通道；配备高标准的安全帽、工作服、"四防"安全鞋、护耳器等防护用品；现场设置茶水亭、休息室，夏季提供冷饮、冬季提供热饮；采用"四新技术"降低资源消耗等，构建重视职工健康、保障群众安全、

保护生态环境的三重管理机制。通过组织观摩学习和经验交流，将HSE管理体系全面推广应用。

四、应用成效与评估

1. 建立先进、完善的管理体系，事故发生率明显下降

建立规范约束、样板引路、企业自律、行业自治、社会监督、政府监管的共治格局，显著减少了风险点，有效提升了风险的可控性。2019年度济南市交通工程建设领域未发生较大及以上安全生产事故，安全事故数和死亡人数同比"双下降"，且降幅均在30%以上。

2. 多体系高度融合，风险管控能力显著增强

有机整合环境管理体系（ISO 14001）、职业健康安全管理体系（ISO 45001）以及"风险分级管控和隐患排查治理"双重预防体系等，建立规范约束、样板引路、企业自律、行业自治、社会监督、政府监管的共治格局，解决多个体系令行不一的管理缺陷；形成健康、安全和环境相互关联、相互作用的管理模式，切实提高风险可控性和工程风险管控能力。

3. 发挥全员主观能动性，人员综合素质明显提高

由单纯领导负责制向强化全员责任意识转变，员工自我保护意识显著增强，由被动接受安全教育转变为主动学习安全知识，并自觉将习总书记关于安全生产的指示批示落实到工程实践中，实现"要我安全"到"我要安全"的转变。过程中，现场管理人员、劳务人员严格执行HSE管理制度及操作规程，具备了辨识及预防现场危险源和潜在安全风险的能力，从根源上减少和杜绝损害健康和环境的风险及安全事故的发生。

4. 家文化管理，从业人员健康水平明显提升

在行业内首推产业工人"物业化"管理模式，集中建设劳务人员生活区，统一配备宿舍、食堂、浴室、卫生间、洗衣房、娱乐活动室、健身区等生活设施，配置保卫、保洁、保管等专业人员，管理和发放床上用品、洗漱用品等生活用品，定期对生活区进行清扫消毒，有效杜绝各类疾病传播，实现"拎包入住"、以工地为"家"的家文化管理理念，有效减少人的不安全因素导致的安全事故发生概率。

5. 智慧管理，施工技术水平明显进步

大力推行智慧管理，建立自动化集中加工中心，机器代替人，实现钢筋加工、焊接、下料全自动，向智能建造转变；通过面部识别、隧道人员定位、手机端劳务人员信息系统等技术应用，实现工程管理信息化，BIM技术水平居全国行业前列；坚持推进"设计标准化、生产工厂化、施工装配化"，实现工业化建造；空间上分段施工、时间上错时施工，弹性组织、动态优化，施工效率大幅提升。

6. 绿色施工，具备良好的环境及经济效益

秉承"能绿化不硬化、能硬化不覆盖""超过3个月的裸土必须绿化"的理念，使用草皮绿化代替原有的防尘网覆盖，在有效节约成本的同时，杜绝了防尘网的二次污染，实现"工地变花园"。

创新设计绿色仿草皮印花喷绘围挡，减少仿真草皮的二次污染，在济南市每年节约购置费用约3000余万元，目前已在全国广泛推广应用。

将绿色生态理念贯彻工程建设全过程，采用工程材料循环使用、建筑垃圾再生利用等技术，综合成本降低约1%，同时大幅度减少不可再生资源消耗，助力可持续发展。

大力推进工业化建造和BIM信息技术全生命周期应用，施工周期缩短约15%，全过程综合成本降低约5%。同时减少了现场加工，施工环境大幅改善、施工质量大幅提升。

据监测评估，实施HSE管理体系的交通工程PM10改善率达15%以上，扬尘排放量减少50%以上，为济南市"蓝天指数"的提升做出了巨大贡献。

五、推广应用展望

交通工程行业特点分明、工艺复杂，各项目之间条件不一、不可复制，实施HSE一体化管理是保障人民身心健康、生命安全和生态环境保护的重要手段、也是必然趋势。通过HSE管理体系

的实施，济南市交通工程建设安全生产事故明显减少、事故损失明显降低、生态环境明显改善、投诉率持续下降，管理效能提升显著，实现经济、社会、环境效益一体化发展，取得的经验可在全国范围内推广，从而有效促进行业新旧动能转换，提升行业整体管理水平。

案例 30 ▶ 非现场执法，治理车辆超限超载

基本信息

申报单位：德州市交通运输综合执法支队

所属类型：安全管理

专业类别：综合监管执法

成果实施范围（发表情况）：德州市

开始实施时间：2018 年 8 月 1 日

负责人：杜守军

贡献者：焦　晖、吕晓光

案例经验介绍

一、背景介绍

超限超载运输严重破坏道路运输市场秩序，威胁道路交通安全，污染大气环境，社会深恶痛绝。然而，它又是公认的痼疾顽症，自2004年全国统一治超以来，虽经过15年的不懈治理，仍然不能根绝，甚至屡屡反弹。特别是治超路面执法工作，由于执法力量不足、执法手段落后及违法车辆闯岗绕行、阻挠执法、昼伏夜出等原因，执法单位承受着极大压力，执法人员冒着极大的风险，延长工作时间，开展不规律的突击检查，超限检测站24小时执勤值守，穷尽人力，仍未能取得理想效果。以致队伍疲劳，社会不满，超限超载车辆寻隙偷驶。

二、技术路线及成果

1. 立足实战，探索科技监管模式

为有效解决上述问题，切实依法规范履行职责，支队决心根据《超限运输车辆行驶公路管理规定》等有关规章、文件规定，以技术监控手段，推行治超非现场执法。首个非现场执法系统建在哪里、能否成功发挥作用至关重要。支队经

全盘研究后，决定依托德州市德城公路超限检测站（下称德城站）设置非现场执法系统，使两者充分结合、互为支持，真正发挥作用，确保首战必胜。首个非现场执法系统设在超限检测站前方适当距离，利用车辆高速动态自动称重设备、车辆号牌识别系统、公路监控设备、车辆信息数据智能处理系统等，采集货运车辆超限超载运输信息。系统检测发现的涉嫌超限超载货车，以可变信息提示板、引导标志，引导其进入超限检测站进一步处理；不按提示进站的货车，可以通过对讲手机呼叫附近执法队伍拦截检查，或者根据采集的数据信息审核认定违法事实，依法实施追踪处理。

2. 质量挂帅，保证系统稳定可靠

尽管迫切需要，但不能仓促上马。支队在项目规划之初，多方面了解国内同类项目设计施工单位的背景、信誉。项目招标过程中，把设备稳定性、精确度放在首位，精挑细选，力求最好。项目施工过程中，由聘请的公路施工监理工程师和本单位具备相应专业背景的人员全程参与、监督，确保质量过关，并把经行货车可能突然加速、减速、向土路肩偏斜、S形行驶等因素考虑在内，保证系统检测精度在各种情况下都能严格保持在合理误差范围内。项目完工后，经质检部门计量检定、试运行并向社会公告后方正式投入使用。对非现场执法系统检测确认的超限车辆实施处罚时，均向当事人出示设备计量检定证书，并将其收入执法案卷。治超非现场执法系统启用以来，没有发生对设备检测精度产生争议的案件。

3. 信息共享，破解违章处理难题

支队安排专人负责系统检测信息的筛选，超限运输车辆信息经筛选、审查、确认后立案调查，通知当事人接受处理。起初，相当一部分当事人不以为意，拒不配合处理。为此，支队依托全省交通运输行政执法综合管理信息系统与运政系统实现信息共享，根据交通运输部《道路运输管理工作规范》和山东省交通运输厅文件规定，在执法管理系统录入的本地违法超限车辆，其信息在运政系统中自动锁定，暂停办理相关业务，

对违法超限运输当事人予以有力督促。截至2020年6月，支队通过非现场执法系统检查超限运输车辆2000余辆次，对超限1t以内的货车，全部予以电话告知，对违法当事人进行教育警告；对超限运输情节较重的109辆次本地货车作出了行政处罚。

4. 跨区协作，解决异地车辆处理

对外地超限运输车辆，在文书送达、督促处理等方面存在明显困难，外地违法当事人也因此肆无忌惮，多次在非现场执法系统产生超限运输记录。为此，支队一方面坚持规范违法行为告知，对系统检测的违法车辆，及时以电话方式告知有关事实、证据、当事人权利、义务及拒不接受处理的后果等；一方面根据《公路安全安保条例》，对1年内违法超限运输超过3次的车辆，抄告车籍地道路运输管理机构依法吊销车辆道路运输证。目前，已有25辆外地超限车辆因此被吊销道路运输证，外地超限运输车辆在系统中的记录大幅下降。

5. 部门协作，威慑逃避检测行为

按照山东省交通运输厅有关部署，会同公安交警部门，科学设置超限车辆引导设施和禁令标志、电子抓拍设备，对违法超限车辆遮挡号牌逃避检测、拒不按系统引导信息和禁令标志进站处理等行为，由公安交警部门依法予以处罚，对逃避检测行为形成有力威慑。

6. 人技结合，打击绕行超限车辆

德城站非现场执法系统启用一个阶段后，超限超载车辆为躲避检测，大量绕行周边路段。为此，支队在违法车辆绕行的重点路段，安装了无线地磁车辆检测系统，通过该系统获取的路面监测数据，掌握违法车辆的运行规律，有针对性地联合公安交警部门开展治超联合执法集中行动，有效防止周边路段超限超载运输反弹。针对非现场执法系统运行之初，遮挡号牌、涂改号牌超限车辆增多的趋势，多次联合公安治安、交警部门开展专项整治行动，因涉牌行政拘留2人，驾驶证一次扣12分2人，并联系新闻媒体对涉牌的违法行为进行曝光，及时压制了此类违法势头。

为在全市推行治超非现场执法，支队编制

上报了《全市非现场执法系统网络布局和建设规划》，计划到2023年建成51处非现场执法系统，同时在货车交通量相对较小、存在绕行可能的路段布设无线地磁车辆检测系统27处，初步建成覆盖全市高速公路出入口、普通国省道公路和重点县乡公路的治超非现场执法系统网络。截至目前，全市已建成非现场执法系统14套，在建22套，建设规模和应用数量为全省之最，推进全市非现场执法工作实现良好开局。

三、应用成效与评估

2018年8月，德城站非现场执法系统建成，经2个月试运行后正式启用，其所在的G105线鲁冀界段，货车超限率由试运行期间的17.14%下降到目前的1%左右，德州籍违法超限车辆基本消除，公路完好率、人民群众满意率明显提高，德城站非现场执法系统，也成为全省首个长期有效应用的治超非现场执法系统。非现场执法系统所在路段未发生一起因超限运输引发的交通事故。实践证明，应用非现场执法系统，坚持科技治超，是超限超载顽疾的对症良药。

四、推广应用展望

德州治超非现场执法工作得到了山东省交通运输厅高度评价，在全省治超工作考核中，德州连续三年名列第一。德州市委《政策研究与改革创新》也刊发《我市创新工作机制提升"治超"成效》，介绍交通运输部门开展非现场执法工作典型做法供全市学习借鉴。内蒙古、河北、北京、山西等地30余家兄弟单位共300余人次前来观摩学习。非现场执法，是治超工作的一个发展趋势，实践证明，应用非现场执法系统不仅需要先进的科技手段，更需要一套行之有效的工作机制。德州市交通运输综合执法支队在实践中逐步完善的工作机制，对推广应用治超非现场执法系统具有重要借鉴意义。

案例 31 ▶ "互联网＋" 道路养护平台工程

基本信息

申报单位：甘肃省公路局

所属类型：安全管理

专业类别：信息化智能化技术及系统研发与应用

成果实施范围（发表情况）：甘肃省公路局所属 14 个州市的省属公路局、高养中心、各公路段、各养护工区养护队

开始实施时间：2018 年 7 月

负责人：王九胜

贡献者：吴祥海、许　辉、缪中岩、徐　婧、周　成

案例经验介绍

一、背景介绍

2018年7月至2020年5月，甘肃省公路局投资2700余万元实施了"互联网＋"道路养护信息化工程，本工程是面向全省的道路养护平台。"互联网＋"道路养护平台以基础海量数据资源为依托，以信息化网络为载体，以大数据和人工智能技术为核心，将甘肃省各级养护单位连接成一个高效、科学的养护业务整体，可统一接入各省属公路局的相关系统，实现养护数据的有效融合，

并利用大数据分析手段，为省公路局提供养护决策支持。

（1）完成基本数据和高优先级业务数据的接入，实现信息共享，道路养护数据及时更新，形成道路养护数据开放共享环境。

（2）建设全省道路养护数据管理子平台，形成面向全省的道路养护电子地图，实现道路养护可视化，包括养护路段、养护单位、养护安全布设、养护结果评定等相关内容。

（3）形成道路养护智能决策体系，基于历

史数据，结合地理、资金投入等诸多因素，达到道路检查、养护智能决策、效果分析等智能化目标。

（4）利用互联网平台，进行养护工程安全监管，形成互联网考评体系，推动道路养护的社会化监督，创新公众服务管理模式。

（5）系统集成了突发事件监测、预警、资源调度及指挥等功能。决策者和指挥人员可以借助数据可视化系统来了解突发事件的发生地区、现场状况和视频等信息，并可借助视频系统和综合分析系统评估影响范围，对参与应急行动的单位和人员进行指派，迅速明确各职能单位和人员的分工，明确事件发展及相关信息处理，同时通过平台已经接入的相关业务信息，获取与突发事件相关的各类实时信息。

二、项目目标

通过本项目，可实现对基础数据、养护计划、养护过程、养护安全等信息资源的共享和管理，通过对各项数据的科学分析，为养护决策、风险评估、风险管控及施工作业安全管理提供科学的依据。

三、技术路线及成果

（一）平台架构

本工程建设的技术架构主要通过 J2EE 平台及集成 GIS-T 技术平台进行构建，采用模块化、构件化、面向对象的设计开发模式、基于 SOA 的技术架构 N 层结构的技术体系（图1）。本架构涵盖了对当前业务应用系统整合需求的理解和最新技术的运用，也包含对未来业务应用系统整合需求的前瞻和对未来技术发展趋势的把握，确保信息系统技术层面可持续发展。有效地整合了各部门、各系统的数据，提高各部门业务之间的协同，能够满足未来甘肃省公路局管理的可持续发展。

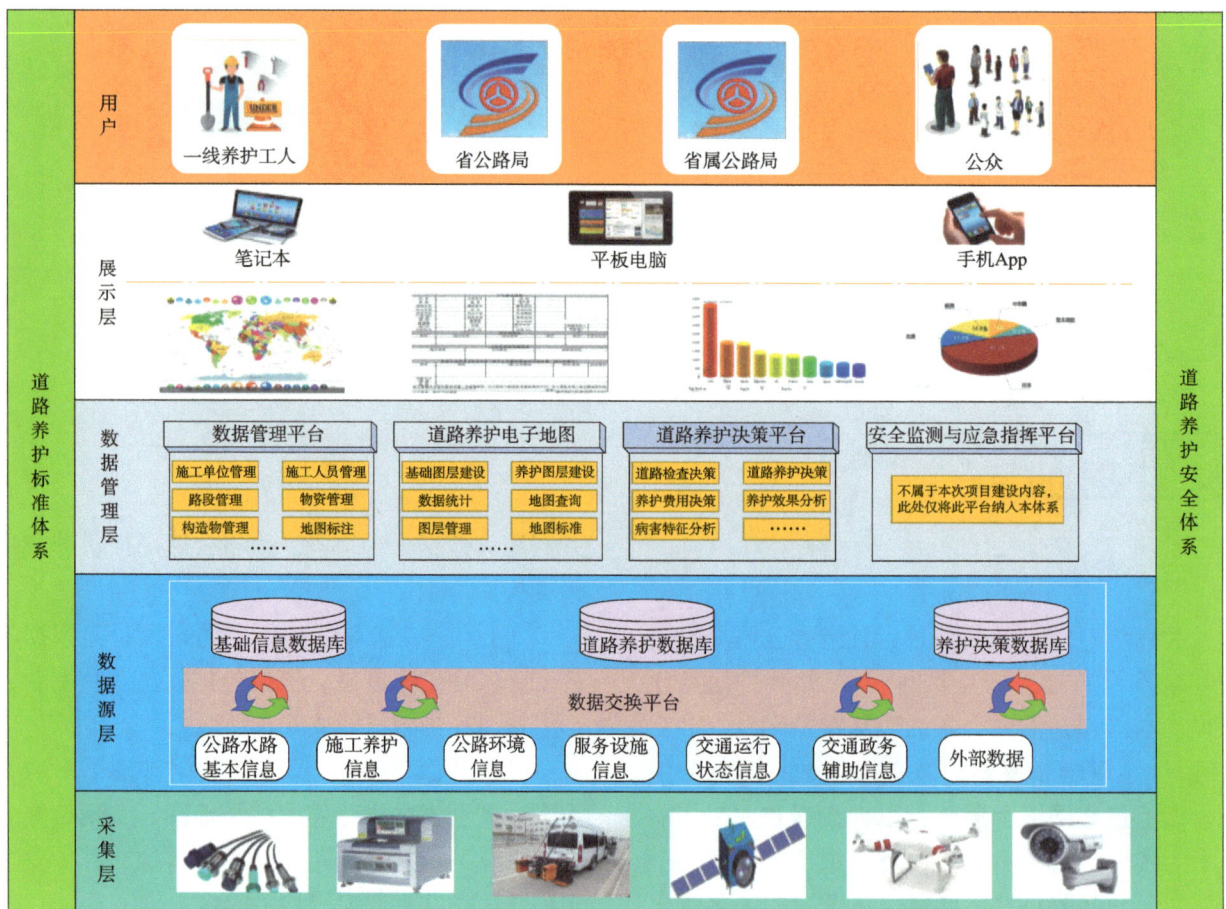

图1　平台总体架构图

（二）技术路线

本平台主要包括三大部分：一是道路养护数据交换系统，按照统一标准，实现与各省属公路局、省公路局及省交通运输厅等相关系统的对接。二是道路养护数据管理系统，对道路养护数据进行综合管理。三是甘肃省道路养护App，解决因场地限制、网络限制引起的工作滞后问题，提高工作效率。

（1）系统采用B/S体系结构，具有稳定性、安全性、可维护性和可扩展性。

（2）系统支持多种主流数据库，可在多种环境中运行。

（3）系统开发语言采用目前主流的开发语言。

（4）支持短信、网站等接入。

（5）能够与其他相关系统进行数据对接和业务对接。

（6）系统配备健全的开发接口和丰富的开发工具，充分支持现有的开发手段和开发成果，易用并能满足变化的需求。

（三）成果

1. 全省公路概览

对全省公路详细信息、统计信息等可显示、查询，内容包括甘肃省国家高速公路、省级高速公路、普通国省干线公路及农村公路等。

2. GIS地图平台

在电子地图上对线、点的选择或通过属性查询对全省的公路概况、公路等级、桥涵、沿线设施、沿线环境和沿线构造物详细信息进行查看，进行管理与养护。

3. 在线监测

同时规范道路养护、设施维修作业流程，实现对全省道路大中修养护施工过程质量的预控，提升对养护维修作业质量和安全监管。

4. 道路安全预警管理

道路预警管理涉及路面、桥梁、隧道、边坡、沿线设施等，通过养护路段监测实时动态结构健康监测元器件发送的数据，比对数据库专家分析系统和历史数据，形成结构健康安全告警，向用户推送道路预警信息。

5. 数据采集

道路养护人员可使用终端采集道路信息，及时填报养护作业情况和对道路通行的影响等信息，上传至养护数据管理平台，为养护数据管理平台提供数据支撑。

6. 电子巡更

利用手机或手持终端实现对公路重点设施（如高边坡、桥梁、隧道、涵洞等结构物）及特殊路段的巡检安全工作监督和信息化管理，提高公路病害巡检的实效性和及时性，增强公路预防灾害能力。将巡查信息上传至本平台，通过数据管理平台对巡查数据进行管理，上传巡查信息时既支持文本录入，也支持附件上传（图片、视频等）。

7. 公众服务

对公众发布养护信息、施工信息，配合道路管理单位引导交通，方便公众安全出行。

8. 视频直播

用户可利用手机终端将现场视频上传至甘肃省公路管理局安全监测与应急调度指挥中心改造工程中建立的视频服务器，由该视频服务器和对应的视频管理平台及大屏系统将实时视频画面投射在大屏上，实现远程视频直播，提升道路养护可视化水平。

四、应用成效与评估

（一）应用成效

系统利用手机或手持终端实现对公路重点设施（如高边坡、桥梁、隧道、涵洞等结构物）及特殊路段的巡检工作安全监督和信息化管理，提高公路病害巡检的实效性和及时性，增强公路预防灾防灾能力。并通过养护路段监测实时动态结构健康监测元器件发送的数据，比对数据库专家分析系统和历史数据，形成结构健康安全告警，推送道路预警信息。与道路养护数据管理系统应急抢险模块联动后，通过道路养护App直接实现上报应急简报，接收上级指示，下发应急指令、通知、新闻等功能。

道路养护人员对道路进行维修开始前进行安全区布设，可将安全区布设照片或视频上报至系统进行审核。如果在手机信号不好的地段，可定位桩号信息，并不允许修改，将数据先暂存在本地，等到了信号好的地方自动上传数据。并可与道路养护数据管理系统中养护维修记录模块的养护作业区安全设施布设记录联动。在道路维修的过程中，安全监督人员可以通过手机拍摄现场照片，填写安全检查单上传到平台的方式来监督道路维修过程。如果在手机信号不好的地段，数据先暂存在本地，等到了信号好的地方，自动上传数据。

（二）评估

目前，甘肃省公路局"互联网＋"道路养护平台已基本完成了基础数据资源和道路养护数据管理子平台两大模块的基础研发。2020年5月29日前，已完成甘肃省公路局14个省属局基础数据资源和道路养护数据管理两大模块的现场培训工作，平台正式进入试运行阶段。截至2020年6月4日，平台总共运行数据79525条，其中基础数据资源建设65960条，日常养护数据8245条。

五、推广应用展望

项目投入使用至今，对全省道路养护施工安全风险管控起到了显著作用，有效提高了风险分级管控与隐患排查治理效能，降低了养护施工作业"三违"事件发生起数、事故发生起数及伤亡人数，符合海因里希事故致因理论，并有效指导和防范各类事故发生。

将继续优化风险管控体系，建立科学的风险动态评价模型，为事故预防提供科学的依据，进一步防范化解各类风险隐患。

案例 32 ▶ 全过程本质安全管理在产业工人培育方面的实践

基本信息

申报单位： 浙江交工集团股份有限公司第四分公司

所属类型： 安全管理

专业类别： 安全文化

成果实施范围（发表情况）： 浙江交工集团股份有限公司第四分公司

开始实施时间： 2018 年 7 月

负责人： 许建兴

贡献者： 蒋华龙、夏国锋、刘朝振、麻桢凯、朱森森

案例经验介绍

一、背景介绍

现阶段，我国基础建设正处于高速发展阶段，交通运输行业更是处于蓬勃发展期，但交通运输行业安全事故频发，在建项目安全管理形势严峻，其根本性的问题是交通运输行业工人年龄普遍较大、文化程度较低、地域文化差异较大。因此，保障交通运输施工安全关键在于如何有效从源头本质上做到安全。

杜邦十大安全理念之一：所有安全事故都可以预防。从源头上解决安全隐患才可以有效地保

障施工安全。钱江通道及接线项目北接线段工程PPP项目部探索本质安全管理，提出源头改、过程查、结果明的模式。

二、项目目标

希望通过全过程本质安全管理在产业工人培育方面的实践，促使有效降低施工现场同类安全隐患的发生率，提高了施工现场本质安全能力，让现存的施工安全管理更上一个台阶，降低交通运输行业的安全事故发生率，提高交通运输行业的发展进程。

三、技术路线及成果

经过持续不断的摸索和改进，本项目分别在生活区、施工区以及个人素质上从源头加以改进，保障本质安全的前提下，制定完善的监督检查管理体系，通过过程检查消除施工现存安全隐患，最后通过结果公示进行奖惩，杜绝今后出现类似的安全隐患。

（一）源头改

1. 宿舍 USB 充电

一线工人宿舍区内经常存在大功率电器，但宿舍区的主体结构却是易燃材料，一旦发生电器火灾后果不可预估。项目部为此将宿舍内可充电插座统一更换成USB插座，只可以用作手机充电使用，从源头上杜绝了大功率电器的使用，提高了生活区临时用电的安全管理。

2. 可移动式充电滑槽

（1）宿舍内全部采用USB插座，剃须刀、吹风机等电器无法充电使用，项目部建立集中充电房，充电房内配备可移动式充电滑槽提供充电方式，此方法既解决充电难的问题，同时该材料防火、防雨的性质可以保障临时用电的安全，从源头上杜绝了安全隐患的发生。

（2）场站内电动车、电动三轮车数量多，传统充电插座在室外易淋雨、易损坏且数量固定，使用可移动式充电滑槽避免触电、火灾的同时也增加了电动车的充电数量，从源头上解决了安全隐患的发生。

3. 宾馆式住宿配置

"被子、衣服、水桶、洗脸盆不要忘记了"，传统过程中一线工人随身所带的生活用品往往会堆满宿舍区，宿舍内的环境也是脏乱差，无疑给安全管理带来了极大的挑战。项目部通过数次改进，建立了员工宿舍标准间，宿舍内统一配备三件套及棉被、衣架、储物柜以及水桶等必需品，全部按照指定位置放置到位，一线工人只需携带衣物便可入住，此举增加了宿舍内的活动空间的同时，规范化的5S管理也提高了宿舍内的安全管控水平，从源头上杜绝了一些不必要的安全隐患。

4. 配电箱自动闭门器

建筑施工过程中，三级配电是临时用电管理的基本要求，但往往在临时用电检查过程中，配电箱门未关闭是安全检查过程中常常发现的安全隐患。为此，项目部制作配电箱自动闭门器，配电箱使用或检查过后无须手动关闭，从源头上避免了安全隐患的发生。

5. 重力式保险扣

起重吊装是施工现场最为常见的作业方式，吊钩保险扣是否完好也是日常安全检查的内容之一，由于现场施工强度较大，吊钩保险扣往往易损坏且不易更换。为此，项目部一线工人发挥其才智，制作出重力式保险扣，利用重力的方式制作出经久耐用的吊钩保险扣，从源头上解决了保险扣易损坏的问题，彻底消除了施工现场此类安全隐患。

以上案例全部都是在施工一线过程中，为消除安全隐患，从源头、本质上解决问题，有效地预防了安全事故的发生。

（二）过程查

施工现场安全检查一般为安全员的过程巡查，目前存在执行力度小，检查范围小的缺点，并不能及时发现问题及解决问题。为此，项目部实行两套双保险安全检查制度。

1. 领导跟班作业制度

针对项目领导班子，将项目危险性较大分部分项工程进行划分，项目领导分别分管一项或多项危险性较大分部分项工程，每日对分部分项工程的安全施工情况进行记录。此举让安全工作的落实度得到了极大的提升，有效且及时地解决了施工现场存在的安全隐患。

2. 网格员跟班作业制度

每个分项工程都配有一个现场网格员进行施工管理，为此项目部将分项工程的安全管理也分配至现场网格员，由于网格员与班组交流密切且施工过程监督及时，施工现场安全隐患可以第一时间得以发现，保证了安全隐患发现的及时性，同时与班组的密切交流可以及时将安全隐患传递至班组，使得安全隐患可以及时得以解决。

（三）结果明

一般施工单位都是通过月度安全标准化会议或者表彰会议对本月施工班组的安全隐患行为进行公示并进行奖惩，此措施存在曝光时间长、警示效果差的缺点。为此，项目部制定了安全隐患日曝光群及安全隐患约谈制度。

1. 安全隐患日曝光群

项目部通过建立微信群，将协作队伍班组长、负责人及项目部领导班子、网格员拉入群中，每日领导班组、网格员及安全员将日安全巡查隐患发至群中，相关班组长及负责人在群中接收信息，并及时将整改内容反馈至曝光群。此举有利于安全隐患的落实及降低安全隐患的重复率，激发班组长及负责人的荣誉感及竞争力。

2. 安全隐患约谈制度

项目部建立项目经理一月一大谈、分管领导一周一小谈、安全科一隐患一约谈制度。针对安全隐患的发生，及时对班组进行安全教育及交底，提高班组安全规范行为的同时也降低班组安全隐患的重复发生率。

四、应用成效与评估

产业工人本质安全管理典型做法开始于2018年8月，在项目部不断摸索并逐步完善后，现已形成比较完善的安全管理办法。

在经过一系列本质安全改进之后，施工现场同类型安全隐患数量显著降低，从另一方面也提高了施工质量。项目部荣获2019年度全省公路水运"平安工地"省级示范合同段、建设"两美"浙江重点工程立功竞赛省级参赛项目、2019年上半年度省级执法大检查优秀合同段、嘉兴市执法检查第一名、嘉兴市"九创系列"大满贯、预制场施工班组、路基灰土施工班组作为嘉兴市美丽班组通报表彰。

截至目前，项目已接待前来参观的各省区市级领导、业主单位、兄弟单位120次，共计3400人，并被多家媒体宣传报道。

五、推广应用展望

（一）提供收集建议的平台

施工现场存在大量的常见型安全隐患，如何引导一线工人发挥思维从本质上改变安全隐患点至关重要。通过对一线工人进行宣传及建议奖励的方式，鼓励大家利用头脑风暴想出更好的解决办法。

（二）安全重视度提高，执行力得到加强

基于目前社会对安全施工重视度的提高，项目的安全管理系统更为完善，将项目领导班子纳入日常安全管理过程中更加有利于安全管理工作的落实，也是给协作队伍负责人一种信号：安全第一、预防为主、综合治理。

案例 33 ▶ 高速公路养护作业安全教育视频

基本信息

申报单位：山西交通养护集团有限公司

所属类型：安全文化

专业类别：交通设施运营养护

成果实施范围（发表情况）：山西省高速公路运营养护企业

开始实施时间：2020 年 1 月

负责人：郭重阳

贡献者：曹军生、韩毛虎、邢　涛、乔国威、郝　飞

案例经验介绍

一、背景介绍

参与高速公路养护作业的人员既有管理者、技术人员、机械操作手等，也有大量临时的劳务人员，人员素质参差不一，安全生产意识差别很大；又因养护作业涉及范围广、项目较多等特点，一般的岗前安全生产知识培训说教多、文字多、规章制度标准条文多，作业人员很难快速普遍掌握。结合日常养护作业的特点和发现的安全问题，我们制作了《高速公路养护作业安全教育视频》，以真人实景演示、3D动画模拟、警示案例现场等视频内容，配以通俗易懂的解说词，可以让养护作业参与者快速高效地掌握安全生产常识，培训效果良好。

二、项目目标

在全国高速公路、国省干线公路的养护作业中推广，实现安全生产标准化。

三、技术路线及成果

1. 制作依据

本视频依据《公路养护安全作业规程》

（JTG H30—2015）、《建筑施工安全技术统一规范》（GB 50870—2013）、《施工企业安全生产管理规范》（GB 50656—2011）和《沥青拌和站》安全操作规程制作。

2. 内容板块

（1）综述：《高速公路养护作业安全教育视频》是从一线各类施工项目等5大板块中提取素材，收集在施工作业当中的安全视频材料。

（2）检测作业安全常识：在检测过程中要布置好安全作业区，给予作业车辆驾驶员驶入手势，确认穿点安全帽、安全带，将安全带悬挂在安全绳上，所有作业人员必须穿戴安全作业服。

（3）路面养护施工安全常识：养护施工安全标示的布设，分为警告区（从公路养护作业控制区起点布设施工标志到上游过渡区起点位置，用于警告驾驶员已经进入养护作业区域，警告区长度控制在1600m）。上游过渡区（保证车辆从警告区平稳的横向过渡到缓冲区起点，上游过渡区最小长度不宜小于190m），缓冲区（上游过渡区终点到工作区起点之间的位置，长度不宜小于150m），工作区（应按实际工作长度设置），下游过渡区（不小于50m）及终止区（不小于50m），安全设施布设顺序应从警告区开始向终止区推进，确保摆放的安全设施清晰可见，在封闭区域内设置专职安全员，引导过往车辆有序通过作业区域，养护作业控制区应设置专门的养护车辆出入口，应设在顺行车辆的下游过渡区，在终止区的末端应设置恢复正常交通标志和解除限速标志等交通标志，施工车辆严禁违法行驶和停车，施工车辆必须悬挂红旗、车况良好、标示清晰、车辆手续保险齐全，施工车辆进出施工区时应当在施工引导员的指挥下行驶，在施工区按序合理停放施工车辆，在急弯下坡道路施工时要延长警示区的距离，增加施工作业区警示标志、导向标志，增加黄色警示灯、太阳能爆闪灯、安全锥等措施，施工人员应按规定穿着橘黄色反光服，严禁夜间施工。

（4）桥梁隧道养护作业安全常识：在作业当中首先检查安全帽是否完好，是否符合自身尺寸，帽寸顶端与帽壳内顶的间距为4~5cm，安全帽必须戴正，安全帽带必须系紧下颌处，在隧道施工中施工人员必须穿戴好防护设备，做好灭火工具的维护和更换，在施工区域内布置安全员增加照明设施。

（5）沥青拌合站作业安全常识：在工作期间必须穿戴工作服、工作鞋、安全帽，进入拌和厂的所有车辆都必须服从工作人员的指挥不得随意行驶和停放，禁止在设备运转时调试设备，等设备停稳后方可检修，工作人员要熟练地掌握灭火器使用方法，在拌合设备开机之前操作手需要按喇叭示警，机器周围人员听到示警后必须离开设备附近危险部位，操作手确认外面人员安全的情况下才能开动机器。

（6）安全生产事故案例：2011年7月6日9时40分许，江苏连云港市驾驶员驾车沿京昆高速公路由东向西行驶，车辆冲入施工作业区内，造成三车及路产损坏的伤人道路交通事故，对此案例进行详细的分析、解剖，起到警示作用。

3. 展示方式

真人实景演示、3D动画模拟、警示案例现场。经过剪接整理，结合实际养护作业模块，整合为30min的教育视频。

四、应用成效与评估

2019年上半年，3D动画初稿完成，通过微信小视频培训和现场集中视频培训，安全生产常识应知应会率由65%提高到88%，安全隐患排查整治率由91%提升到97%，事故发生起数下降35%。经后半年改进、内容扩充后，安全生产常识应知应会率由88%提高到97%，安全隐患排查整治率由97%提升到98%，事故发生起数下降50%。

五、推广应用展望

希望在全国高速公路、国省干线公路的养护作业中推广，实现安全生产标准化。

案例 34 ▶ 依托平安先生奖励超市和移动互联技术，提升从业人员安全意识

基本信息

申报单位：中铁七局集团第三工程有限公司

所属类型：安全文化

专业类别：交通工程建设

成果实施范围（发表情况）：中铁七局集团 2019 年管理制度创新成果，中国中铁 2020 年引导性科研课题

开始实施时间：2019 年 6 月

负责人：路庆伟

贡献者：潘兴良、邢宏亮、李明毅、杨 猛

案例经验介绍

一、背景介绍

近年来，随着国家基础建设市场的高速发展，交通建筑施工企业规模迅速扩张，"四新"技术全面引入施工现场，与此同时，社会各界对生产安全要求日益严格，违规失信行为惩处严厉。为保护作业人员权益，保障企业健康发展和维护社会稳定，各企业为此投入大量人力和物力，但未达到预期的效果，安全生产形势依然严峻，究其原因主要受以下两方面因素影响。

1. 一线从业人员个体原因对安全生产的影响

一线工人缺乏正规职业培训和安全教育，文化素质和安全意识普遍偏低。目前，建筑行业仍属于劳动密集型产业，技术含量相比其他行业偏低，自动化水平受行业特点限制，劳动力体量依然庞大，并且绝大部分劳务人员所接受的文化教育、职业培训几乎为零，安全生产意识淡薄，参与安全管理的意识不强。如果企业在用人过程中监管措施不当，这部分人员往往会成为安全生产事故的肇事者或受害者。此外，劳务人员流动性大，作业环境频繁更换埋下较多安全隐患。受作业模式影响，施工企业对劳务人员的约束力较弱，造成其自由流动性大，加之其本身安全生产意识比较薄弱，对新环境下的危险源缺乏能力辨识，经过流程式的岗前教育培训就施工作业，发生事故的概率增大。

2. 施工管理原因对安全生产造成的影响

当前施工企业项目管理许多固有问题尚未解决：对作业人员现有的安全培训教育时间短、培训内容笼统，针对性不强，效果差，无法达到提升安全意识目的；施工安全管理不到位，生产安全责任落实不彻底；现场安全监督人员配备不足，安全事故预防措施不完善，造成对劳务人员的安全管理疲于应付；安全管理制度体系罚多奖少，不能有效激发作业人员的安全生产积极性。这些问题都会造成安全管理基础的薄弱和作业人员安全意识的淡化。因此，建筑企业须采取科学的方法，对安全生产进行全面、具体的分析，寻求源头治理方法来化解这些问题，改变管理模式，充分运用人工智能、大数据、万物互联等移动互联技术，乘上科技快车驶入安全发展的快速车道，推动企业安全管理再上新台阶，最终达到本质安全的状态。

二、技术路线及成果

（一）技术路线

1. 问题提出

通过查阅相关文献，结合工程项目安全生产管理、移动互联等信息技术工程应用现状，多渠道提升从业人员安全意识，实现从被动安全管理向主动寻找安全的转变。

2. 问题分析

对现行国家和行业安全质量管理制度、标准和规程等政策解读、制度分析、关联规则，对安全管理学、系统论、行为心理学、信息技术等相关理论架构、数据架构和数据支持标准全面深入分析和研究，提出基本思路、方法和创新点，从假设到验证确定机制和框架。

3. 问题解决

依托平安先生奖励超市和移动互联技术提升从业人员安全意识。首先，创办奖励超市，让知安全、懂安全的劳动者最大限度地受到尊敬，让讲安全、宣安全的劳动者享受到安全发展的红利，让模范遵守和执行项目各类安全质量技术交底、各项安全操作规程的班组进一步得到项目的激励，开办平安先生奖励超市，以鼓励作业人员遵守基本的安全质量管理制度为出发点，规范自身的安全行为，将各类行为和隐患对应相应的分数，采取积分制的办法，让每个遵守制度、发现身边隐患、积极整改隐患的作业人员凭积分兑换超市的日常生活用品，以物质奖励的办法让每个作业人员、每个班组彻底实现从"要我安全"到"我要安全"的转变，从而杜绝人的不安全行为，实现每一个自我的人身安全，改变施工现场安全管理罚多奖少模式，向以奖促安转变；其次，基于奖励超市的运营和移动互联技术开发的平安先生App；最后，基于智慧工地等互联网信息技术，将有关安全风险管理的各项指标整合，对搜集的数据进行分析，沿用或研发适用于各类建筑工地的监测控制系统，以技术手段降低安全生产事故发生概率。

（二）技术成果

1. 工作方法成果

"13251"工作法："1"是使用平安先生一个应用程序管理平台；"3"是包括作业人员、管理人员、上级监督的三类人员；"2"是通过两个渠道，其中一个渠道是标准作业：作业人员能在其影响范围内，在规定的时间周期内，规范自己的行为，执行安全质量交底要求，现场管理人员认可的标准行为而获取奖励，让作业人员直观地看到标准作业的价值。另一个渠道是隐患行为：三类人员通过发现现场隐患，通过分类、处置、整改、提高等手段治理隐患获得积分；"5"是五个措施，通过完美方案、落实交底、不踩红线、整改彻底、不断创新的五个措施，来实现隐患的消失和安全质量管理的受控提高；"1"是最终实现一个各尽其责、各得其所、共保平安的目的。

2. 软件著作成果

（1）形成了完整的研究报告1份。

（2）取得平安先生App软件著作1项，并注册商标，目前已升级换代至2.0系统。

（3）编制了完整的平安先生App使用手册。

（4）获得中铁七局集团2019年管理制度创新成果二等奖。

（5）获得公司2020年科研计划引导性科研立项。

三、应用成效与评估

截至2020年6月，中铁七局集团第三工程有限公司已开办平安先生奖励超市20余家，运营情况成效显著，App软件寓教于行、寓教于乐、模式新颖，线上线下结合，实现隐患发现、办公协同、处置整改的闭环机制，让所有作业人员实现安全质量管理的自我管理机制。同时，通过App应用中适当的娱乐性，强化作业人员的使用惯性，逐步让所有的作业人员将平安先生App应用作为随身的安全管理工具，实现自我管理，助力施工项目安全质量管理，切实加强了施工生产中最薄弱环节——人的管控力度，坚固了最关键一环链条，构筑起了与一线作业人员沟通的心灵驿站。此外，通过对智慧工地开展应用型研究，在依托项目中，本课题按"人、机、能、环"几个方向深挖细掘。其中，在中铁七局集团第三工程有限公司杭州地铁项目采用了"劳务实名制系统"实现人员定位和考勤管理，采用了"临电监测管理系统"实现临时用电的安全管理，采用"空气环境监测系统"实现了施工区气象和扬尘监测管理；在中铁七局集团第三工程有限公司韶关曲江大道项目采用了"塔吊安全监测系统"实现了机械类实时安全监测管理。采用传感器作为数据采集端，数据自动采集和统计，将隐患信息实现自动化采集和监测，作为人为排查隐患的有效补充，一方面减少了人为干预，保证数据的真实性，另一方面，通过自动化采集和统计，减少了人工用量，节省了人力，施工标准不断得到提升。

四、推广应用展望

将移动互联网技术和施工项目安全质量管理有机结合是企业现代化进程必由之路。通过本项目落地一款适用于现代企业管理的移动端App应用，建立科学化的安全质量激励机制，促进全员查找和消灭安全质量隐患，有效降低事故发生概率，推动企业安全管理再上新台阶。其实质是管理模式的创新尝试，和中国中铁股份公司"管""监"分离的岗位责任明晰理念高度融合，是集科技、信息、人文有机结合、三位一体的管理，不仅在建筑施工领域，在其他行业应用前景也十分广阔。

案例35 ▶ 贵州营运高速公路安全教学实训基地

基本信息

申报单位: 贵州省高速公路管理局

所属类型: 安全教学类

专业类别: 交通涉路施工养护

成果实施范围(发表情况): 暂无

开始实施时间: 2019 年

负责人: 许明雷

贡献者: 周承涛、舒建军、张晓笛、冉光洲、陈昱卓

案例经验介绍

一、背景介绍

高速公路发展迅速,截至2019年,贵州省建成高速公路已突破7000km,2030年全省高速公路里程将达到10196km。随着管养里程的增加,管理机构人员增速较快,管理人员的专业技能及安全知识不足矛盾日益突出。为快速提升高速公路管理人员安全知识体系和专业素养,急需探索新型教育培训模式。《中华人民共和国安全生产法》规定,生产经营单位应定期组织制定并实施本单位安全生产教育和培训计划。安全培训具有

经常性和长期性的特点,建立高速公路安全管理的培训基地显得十分的必要及迫切。贵州省高速公路管理局下辖9个高速公路管理处,111个路政大队(站),综合考虑现有路政大队地理位置,空闲场地面积可利用性,兼顾教育资源基本平均的原则下,选定水城、安顺、遵义、都匀、铜仁5个片区建设教育实训基地。水城基地满足水城和毕节地区教育需求,安顺基地满足安顺和兴义地区教育需求,遵义基地满足遵义地区教育需求,都匀基地满足都匀和贵阳地区教育需求,铜仁基地满足铜仁地区教育需求。

二、项目目标

基地建设目的为，供各规划片区的路政安全监管、运营管理人员、养护管理人员和涉路施工人员等进行实地安全教学培训及演练，让理论和实践相结合，"提高交通运输安全管理能力，夯实管理人员安全管理基本功"，打造出一支高效管理、素质过硬、业务能力强的安全管理及监管队伍。

三、技术路线及成果

1. 技术路线

教育实训基地分外场及场外建设，场外只有功能区，并利用路政大队空地建设。功能区按现有道路走向及场地布局。现场模拟道路划定为双向四车道高速公路（单向两车道），功能区设置分为涉路施工模拟区、道路通用标志标线区、桥涵模拟区、避险车道模拟区、隧道模拟区、展板宣传区、防护模拟区等功能板块。其中宣传展板根据各功能区现场条件和宣传内容综合布设，场内主要为室内教学。教学实训基地以现场演练、室内视频及沙盘推演等培训教学。

2. 成果

教学实训基地模拟现场为双向四车道（单向两车道）高速公路，是集高速公路路政巡查、公路设施、涉路施工、道路保畅等现场教学、研讨和示范为一体的多功能基地。为充分利用现有资源，达到更好的教学目的，在实训基地现场设置公路养护（涉路）施工作业控制区和公路养护安全设施均按相应比例（特殊路段根据实际情况布设）缩放布设和制作。

（1）实训基地外场建设实现基地项目门头、涉路施工区模拟、防护模拟区、桥梁涵洞区模拟、避险车道区模拟、隧道区模拟、道路标志标线模拟及相关安全知识宣传区等建设模块。外场针对养护（涉路）施工作业、事故现场勘验演练、事故现场组织救援演练、水毁抢险、凝冻保畅和协助交警交通管制／分流等实地教学。

（2）对现路政大队和治超站会议室做提升改造，场内以视频或现场授课、沙盘推演、方案研讨等教学为主。

实训基地为现场安全消防及应急演练功能为一体，供各规划片区的路政安全监管、运营管理人员、养护管理人员和涉路施工安全教育实训基地。

四、推广应用展望

（1）以创新教育模式为手段，以提高交通运输安全管理能力为重点，夯实管理人员安全管理基本功，建设高效管理、素质过硬、业务能力强的安全管理及监管队伍。

（2）因地制宜、切合实际、合理规划，有效利用，突出实训教育的重点，基地建设重视理论和实践相结合，图文并茂，提升高速公路养护（涉路）施工作业及道路应急处理等安全管理能力，为安全管理水平提升积累经验。

案例 36 ▶ 港航公众聚集场所火灾风险评估方法研究与应用

基本信息

申报单位：交通运输部水运科学研究院

所属类型：科学技术

专业类别：水路运输、港口营运

成果实施范围（发表情况）：邮轮母港风险分析、邮轮替代设计，获 2019 年中国航海学会科学技术奖二等奖

开始实施时间：2018 年

负责人：褚冠全

贡献者：汪金辉、庄　磊、谢启苗、毛少华、卢　新

案例经验介绍

一、背景介绍

港航公众聚集场所一旦发生火灾，极易造成群死群伤和巨额财产损失，严重的还会造成恶劣的社会影响。在今后很长的一段时期内，随着邮轮港口的发展和客运船舶大型化，港航公众聚集场所的逐渐增多是必然趋势，由其带来的火灾风险控制是摆在我们面前的一个重要课题。无论是港口客运场站的消防设计，还是豪华邮轮的替代设计和布置，都需要火灾风险评估给出令人信服的定量结果作为指导。传统的模型与方法已不能适用于港航公众聚集场所火灾风险评估的需要，其突出问题表现在：

（1）火灾风险评估过程涉及的随机性分析不完善，亟须突破火灾场景发生概率和人员伤亡后果评估随机性分析方法等。

（2）部分模型在港航公众聚集场所不适用，亟须攻克船舶狭长空间火灾早期烟气传输延滞理论模型、火灾探测时间模型与烟气沉降随机模型构建问题。

（3）大型邮轮环境下的人员疏散时间计算建模需要进一步优化，亟须解决不确定性参数作用下人员疏散设计参数的优化难题。

为此，在国家自然科学基金项目、工业和信息化部高技术船舶科研项目、国家安全生产监督管理总局科技项目、上海市自然科学基金项目的支持下，依托上海、深圳国际邮轮母港工程和我国自主开展邮轮设计与建造前期项目，开展了港航公众聚集场所火灾风险评估方法研究与应用。

二、项目目标

项目瞄准当前港航领域公众聚集场所火灾安全迫切需要解决的重大问题，开展火灾风险评估方法研究，提出符合行业特点的评估方法，以期为制修订港航领域有关标准规范、技术指南、国际海事组织提案提供可靠理论依据，为邮轮母港客运中心、邮轮建造等工程设计与咨询，提供技术引领和决策支持，提升港航公众聚集场所火灾风险预防预控能力。

三、技术路线及成果

本项目技术路线图如图1所示。

项目研究形成1个规范性文件、2个技术指南、1项进入实质性审查阶段的国家发明专利、5项经国际海事组织采纳的提案，发表学术论文21篇［其中科学引文索引（SCI）/工程索引（EI）检索10篇，EI检索5篇，EI/科学会议录索引（ISTP）检索2篇，ISTP检索2篇］，学术专著1部，中国国防船舶科技报告5部。培养了一批交通科技人才，引领了我国港航公众聚集场所火灾风险评估方法的自主创新，推动了港航公众聚集场所火灾风险评估方法的国际交流，显著提升了港口客运站和豪华邮轮火灾风险评估的技术水平。

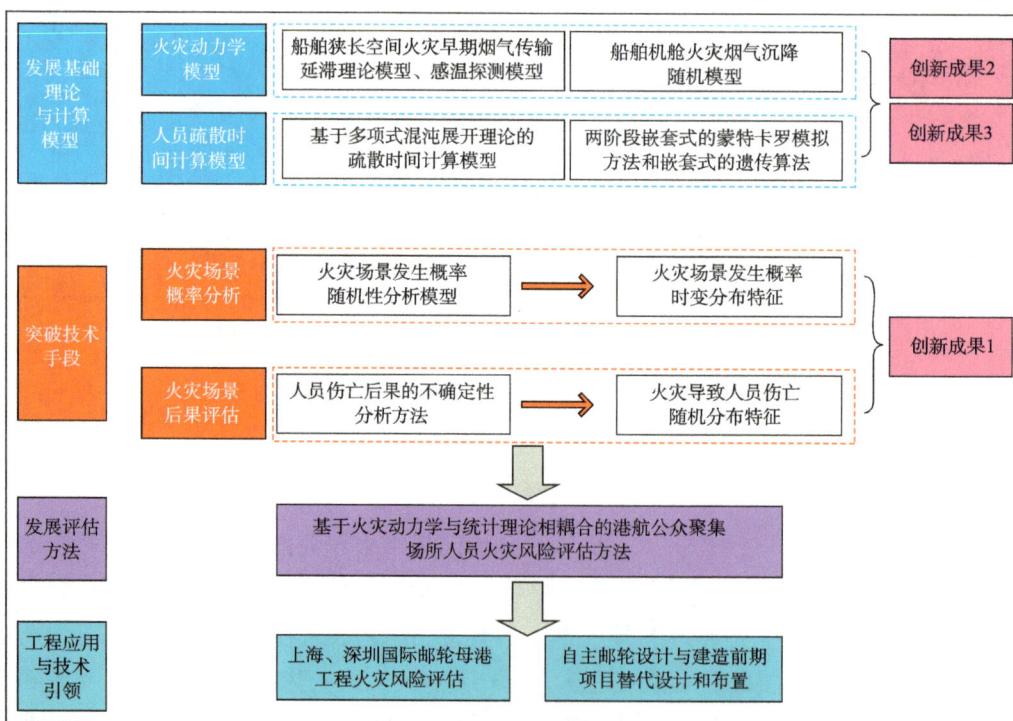

图1　技术路线图

四、应用成效与评估

（1）研究提出的船舶火灾条件下人员安全撤离准则，构建的可用安全疏散时间ASET和所需安全疏散时间RSET评估方法，为我国船舶消防安全替代设计和布置中人命安全性能标准的制定提供了强有力的理论支撑。依据研究成果向国际海事组织提出的5项提案获得认可和采纳，成为全球海事和航运界推荐执行的标准。这是中国在国际海事组织船舶等效和替代设计领域提案首次获得认可和采纳，为扩大中国在国际海事领域，尤其是风险评估议题有关规则制定的话语权方面做出了突出贡献，打破了发达国家在邮轮替代设计方面的技术封锁。

（2）项目研究支撑出台了规范性文件《交通运输部办公厅关于印发〈客运码头安全管理指南〉的通知》（交办水〔2018〕173号），对提升客运码头安全运营、安全检查、疏散与应急等方面的安全管理水平，加强客运码头安全管理，保障港口安全生产，具有重要的指导意义。

（3）项目成果支撑编制了我国第一部船舶替代设计和布置应用指南：《船舶替代设计和布置应用指南（2019）》，为实施公约、法规和规范所允许的替代设计提供了技术指导和方法示例，对邮轮设计中高难度替代设计和布置具有实质性贡献，为我国开展豪华邮轮的自主设计建造，促进中国造船业从传统制造业转型为高端装备制造业的发展战略实施，提供了科技引领和技术支持。

（4）通过将火灾风险评估方法与船舶综合安全评估（FSA）相结合，提出了面向火灾风险的船舶综合安全评估流程、关键技术、风险评估模型和方法，编制形成了《船舶综合安全评估应用指南（2015）》。该指南对于我国船舶安全管理和技术人员树立综合安全评估新理念，建立全面综合考虑问题和基于风险意识的新观念，提升综合安全评估应用能力水平具有重要作用。

（5）针对欧盟《油船机舱低压燃油喷射管应当采用双套管》提案，提出反对提案并获得压倒性支持。这是在国际海事组织综合安全评估议题上，中国首次基于风险评估对欧盟国家的研究成果进行反驳并得到采纳，每条船从建造到维护成本减少了约4万美元，有力维护了我国造船业和航运业的权益。

（6）研究成果为上海港国际客运中心、深圳蛇口邮轮中心等港航公众聚集场所火灾风险评估提供了理论方法和技术支撑，为船舶设计单位和造船企业开展船舶替代设计和布置应用提供了标准引领和技术示范。

五、推广应用展望

项目攻克了多项关键技术，创建了适用于港航公众聚集场所的火灾风险评估方法，在港口大型客运站、邮轮母港的火灾风险评估，豪华邮轮替代设计和布置等方面得到了广泛应用，提高了我国港航公众聚集场所的消防设计和管理水平，有助于防范化解交通运输重大风险，促进了我国水上客运的安全可持续发展。

项目多项成果填补了技术空白，总体达到了国际先进水平，培养了一批交通科技人才，大幅度提升了我国港航公众聚集场所火灾风险评估能力和水平，显著推动了学科发展和技术进步，是我国具备了赶超世界前列水平的条件。

项目成果促进了港航公众聚集场所火灾风险评估的工程应用，具有进一步广泛推广应用的前景，特别是对于我国自主开展豪华邮轮设计和建造国产化具有重要的引领作用。

案例 37 ▶ 三峡船闸船舶防撞警戒装置优化完善

基本信息

申报单位：长江三峡通航管理局

所属类型：科学技术

成果实施范围（发表情况）：适用于库区水位变化、防撞警戒装置检修、应急提升、例行动机等情况

开始实施时间：2019 年 9 月

负责人：吴　炅

贡献者：吴　炅、王锐锋、李业舟

案例经验介绍

一、背景介绍

防撞警戒装置安装于长江三峡水利枢纽工程永久船闸第二、三闸首人字门的上游侧，该装置能起到提醒船舶或船队进闸时谨慎驾驶操作、严格按规定航速进闸的作用，以及在遇到船舶设备故障或船员操作失误撞向人字门险情时，能有效吸收船舶滑冲能量，起到阻拦船舶或致使船舶减速作用，从而保护人字门等重要船闸设施（图1）。

在防撞装置功能性调试或设备检修情况下，时常需要将该装置提升至上限位或更高，此时需要屏蔽其上到位、上极限信号等相关操作。此类操作一直存在防撞冲顶的风险，即吊钩组与卷筒组相撞。防撞冲顶故障对船舶安全通航存在一定的安全隐患，若此时卷筒组的钢丝绳脱出，则会产生碍航事件。本文通过对防撞装置限位开关选型及其支架的设计，提高了船舶防撞警戒设备运行维护的安全性及操作便捷性。

图1　三峡船闸防撞警戒装置

二、项目目标

1. 提高防撞警戒装置限位高程调节的便捷性，降低限位开关的维护成本

三峡船闸防撞警戒装置原有的限位开关为凸轮式机械限位开关。长期运行后，发现凸轮开关调节工序繁复、维护成本高、调整精度低及备件难购买等问题。凸轮开关调整时需用专用扳手对照刻度盘按照程序将凸轮片缓慢调整好，同时要防止调节过程中信号线误碰、松脱，其内部结构图如图2所示。综合以上因素考虑，此次优化改造需在提高防撞警戒装置限位高程调节的便捷性的同时降低限位开关的维护成本。

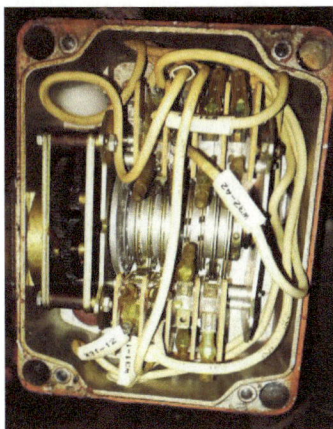

图2　凸轮限位开关内部结构图

2. 解决防撞警戒装置冲顶安全隐患问题

在防撞警戒装置遇到检修维护或其他紧急情况需要屏蔽限位开关时，存在防撞警戒装置冲顶安全隐患问题。为杜绝此类安全隐患的发生，此次优化将通过对实际环境及设备技术层面的勘察、分析，从根源上解决防撞警戒装置冲顶隐患。

三、技术路线及成果

1. 对三峡船闸防撞警戒装置原有的限位开关进行换型

通过对工作环境及设备状态进行分析，决定将原凸轮式机械限位开关更换为船闸常用的电感式接近开关。经电气选型后，最终确定两款电子式接近开关（倍加福NBB15-30GM60-A2、倍加福NBB15-30GM60-W0）作为防撞上到位、上极限限位开关。现由电感式接近开关代替凸轮式机械限位开关，降低了后期运行的维护维保成本，增强限位开关动作可靠性、运行稳定性。具体主要体现在以下5方面：

（1）调整限位开关位置变得简单易操作。

（2）更换开关时工艺要求降低，节约了安装时间。

（3）减去了定期维护涂抹润滑脂的工艺。

（4）限位开关动作情况易观察。

（5）电感式接近开关结构简单，故障点少。

2. 完善了解决三峡船闸防撞警戒装置冲顶问题安全隐患的方式方法

经过电气装置比选及机械安装装置设计，最终设置了（欧姆龙WLCL机械限位开关）防撞警戒装置防冲顶机械限位开关作为防撞警戒装置最后安全防护设备，消除防撞警戒装置冲顶问题安全隐患。新增防冲顶为摆杆式机械开关，作为防撞警戒装置最后一道可靠保护。在此之前，为避免此类隐患发生，运行部门主要以人防（人员现场监护）、技防（规范操作流程）来避免冲顶隐患。

患的发生，现加入了机防（运用设备防护），从而保障人防、机防、技防齐全，有效降低了防撞冲顶故障发生率。

3. 上升限位信号回路采用软、硬闭锁方式相结合，双重保障防撞警戒装置运行的安全性、可靠性

该警戒装置的上到位信号采用的倍加福NBB15-30GM60-A2（24V），此信号接入防

撞警戒装置的PLC，为该装置提升时的软闭锁（图3）。上极限信号采用的倍加福NBB15-30GM60-W0（220V），该信号接入对应接触器的控制线包，为防撞提升时的硬闭锁（图4）。两种限位信号既有相互独立的电源，又有相互独立的控制回路及控制方式。此方法从技术层面增强了防撞提升时正常触发限位信号的容错率。

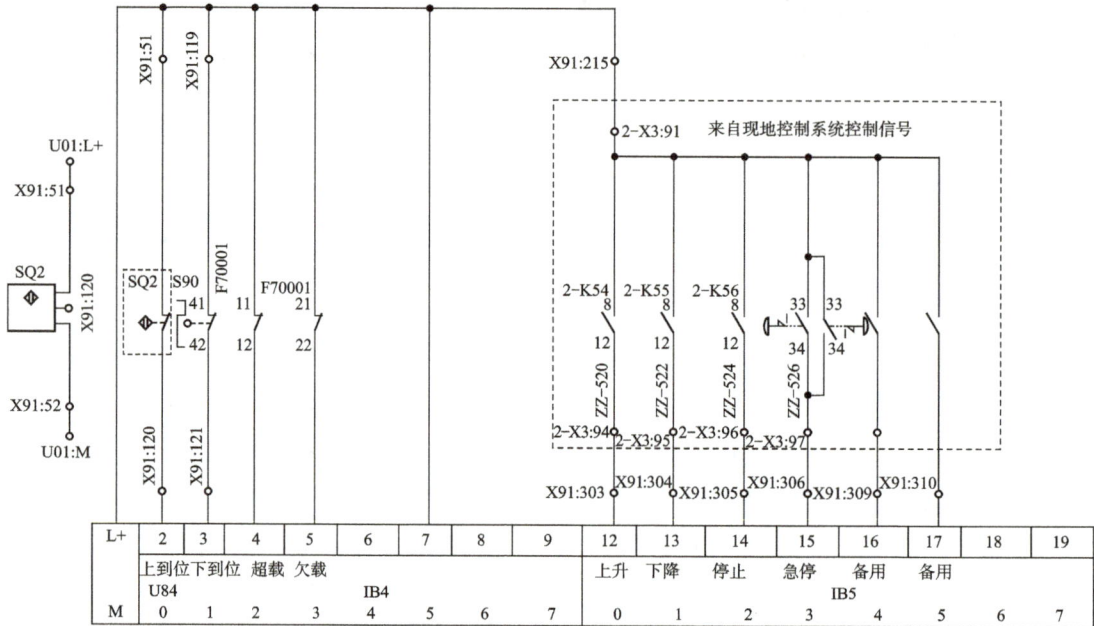

图3 限位开关信号软闭锁

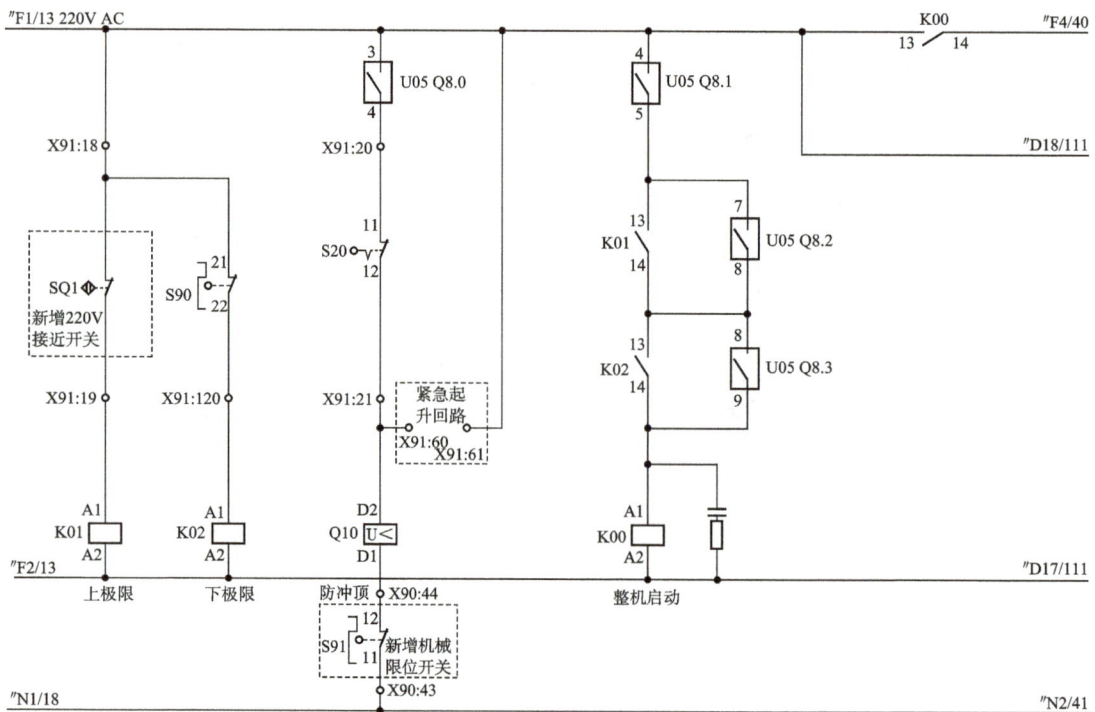

图4 限位开关信号硬闭锁

4.设计并制作了限位开关专用支架，实现限位开关三向坐标可调功能

限位开关专用支架采用5mm镀锌钢板制作而成（图5），所有限位开关及感应板均可在0~15cm范围内调整，具备三向坐标同时可调功能，有效提高了限位开关位置的调整精度；同时，通过开关支架的调节底板可调整限位开关高度，从而实现防撞装置限位高程可调功能。此装置改变了限位开关的调整方式，并减少了调整时间。

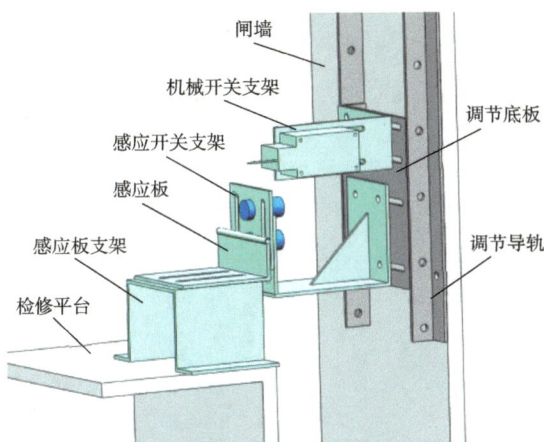

图5 限位开关安装支架示意图

四、应用成效与评估

本次优化基于三峡船闸船舶防撞警戒装置设备保护现状和亟须优化改进的实际需求，在保证防撞警戒装置安全可靠运行的基础上，针对其保护动作及冲顶问题提出的改造方案。此方案已在三峡船闸完成实施，运行至今能正常满足所有项目设定目标。主要成效如下：

（1）有效保障三峡船闸防撞装置运行可靠性，规避其限位故障，同时提高了检修便捷性，对船闸运行效率的提升有极大的促进作用。

（2）库区水位变化时期，该成果的应用使得船闸防撞钢丝绳限位高程调节更加便捷，有效保障了防撞设备的使用寿命，增强了防撞警戒系统的安全性。

五、推广应用展望

本方案在三峡船闸实施后效果明显，针对在内河流量大、水位波动频繁区域有显著的适应性及指导意义。特别是为常通过中大型船舶、已设有防撞警戒装置设备的船闸提供了新的安全防范思路。

（1）该方案成功实施的成果可推广至同处于三峡水利枢纽的升船机和其他内河船闸的防撞起升设备，并为船闸起重设备的限位方式提供新的参考依据。

（2）本次研究以保障船舶安全过闸、提高通航效率为主要目的，并从改造防撞警戒装置着手实施，为解决内河船舶进闸的安全隐患提供新的应对方式。随着标准化大长宽的货运船舶在内河不断普及，保护船方安全及船闸设备安全也成了船舶过闸防范的重中之重，船舶防撞警戒装置及其限位保护功能的应用可推广至多数内河中大型船闸。

案例 38 ▶ **5G+ 船舶实时远程检验技术与应用**

基本信息

申报单位： 中国船级社

所属类型： 科学技术

专业类别： 水路运输

成果实施范围（发表情况）： 应用于验船师无法登轮情况下采用实时远程检验方式全面有效地评估船舶安全状况

开始实施时间： 2020 年 3 月 24 日

负责人： 蔡玉良

贡献者： 向林浩、唐伟强、潘忠兵、周增辉、吕奇伟

案例经验介绍

一、背景介绍

中国船级社于 2019 年发布了《船舶远程检验指南》，适用于部分船级临时检验项目的远程检验，可采用视频通话和/或审核文件、照片、声明等远程方式完成检验。新冠疫情期间，各地港口码头对上下船人员进行了严格管控，在此情况下远程检验的申请量增长非常迅速。

受通信条件限制，在船舶机舱、货舱等封闭处所内无法以实时音视频通信方式开展远程检验，在部分处所开展的实时远程检验中存在图像声音卡顿、音视频清晰度不够、检验沟通效率不高等问题。

为避免"新冠"疫情对船舶检验、审核、证书的有效期带来影响，满足因疫情防控而显著增加的船舶远程检验要求，以及在"后疫情时代"以"无接触"方式进行船舶检验、执行国际公约、落实国际规则，为切实保障船舶检验质量、切实维护水上交通安全，开展面向年度检验的船舶实时远程检验关键技术研究和应用试点需求迫切。

二、项目目标

通过5G、自组网、AR眼镜、智能手机和无人机等新技术、新装备等船舶实时远程检验关键技术研究，找到解决船舶封闭处所通信、数据采集、远程检验交互平台以及检验等效性等一系列解决方案，并对上述关键技术和方案进行实船示范验证。

三、技术路线及成果

1. 船舶封闭处所 5G＋ 自组网通信解决方案

面对船舶机舱、货舱等封闭处所内无通信信号覆盖，导致位于该处所的船舶检验项目无法远程实时开展的问题，中国船级社联合中国移动集团舟山公司提出了船舶封闭处所自组网通信解决方案，通过5G客户终端（Customer Premise Equipment，CPE）设备+无线网格网络（MESH）自组网技术（图1），将5G宏站信号通过自主网技术覆盖到船舶封闭处所，充分利用5G网络数据传输上具备的高速率、低时延、大容量等特征，满足远程检验所要求的高清音视频信号传输。通过便携式的部署方式，可实现在船舶复杂环境下的灵活布置，也使技术方案具备良好的复制推广条件。

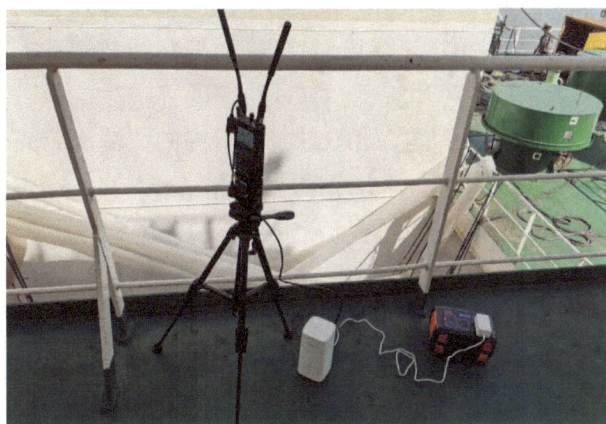

图1　5G客户终端（CPE）设备+无线网格网络（MESH）自组网

2. 远程高清音视频采集及检验交互平台

通过"可穿戴设备"（图2）或"智能手机+云台+降噪耳机"（图3）采集远端船舶的高清音视频，提升实时检验过程中采集画面的稳定性、降低环境噪声影响、保障通话质量。通过检验交

互平台（图4），可远程控制采集设备（变焦、对焦、闪光灯），并对实时视频画面进行标注交互、拍照及录像存档和推送文件。有效地提升了实时远程检验过程中船岸沟通的质量和效率，确保远程检验达到与登船检验等效的检验效果。

图2　可穿戴设备

图3　智能手机+云台+降噪耳机

图4　远程高清音视频采集及检验交互平台

3. 5G＋ 无人机远程实时近观检验

基于5G网络高带宽和低延时的技术特点，充分利用无人机的高空易通行性和灵活机动性，对于难以接近的结构，中国船级社提出了5G+无人机远程实时近观检验解决方案（图5），将无

人机采集的船体结构超高清画面，实时传输至远程检验中心（图6），供验船师全面掌握船体结构状况。有效地解决了脚手架、高空车等传统的结构接近措施存在的成本高、效率低、危险性高、局限性多等问题，为船舶检验供了安全、高效和经济的实现方式。

图5　5G+无人机远程实时近观检验

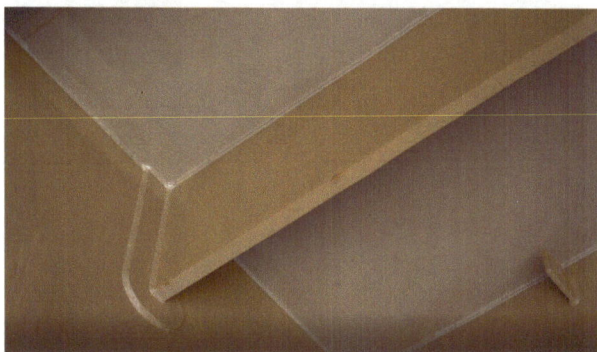

图6　无人机远程实时传输画面

4. 基于船岸协同的场景化检验及操作手册编制

为提高船岸双方在远程检验上的协同执行效率，中国船级社将船舶的年度检验项目表（共计450余项）按检验场景进行划分，细化为20多个场景，由3位验船师与船员协同完成检验。在检验场景的划分中，充分考虑到船舶类型、检验区域、检验路线、检验协同等因素，制订出合理可行的检验计划，并针对每一检验场景制定出具体的检验执行脚本，编制远程检验操作手册，便于船员能优质高效的配合验船师完成远程检验。

5. 示范应用情况

（1）2020年3月24日，中国船级社在"天顺河"轮上成功开展了"5G+船舶远程实时检验"技术应用，通过5G信号在压载水舱和机舱内部的覆盖，验船师与船厂质检员、测厚公司测厚人员共同协作（图7），顺利实施了对压载水舱的近观检验和锅炉内部检查等项目的远程检验技术示范应用。

图7　船厂质检员与验船师协同执行远程检验

（2）2020年4月15日，中国船级社在"天安河"轮上成功开展了"5G+船舶远程实时检验"技术应用，开展了船舶封闭处所内的"油水分离器功能测试、高压油管泄漏报警（图8）、机舱油柜速闭阀试验"等项目的远程检验示范应用。

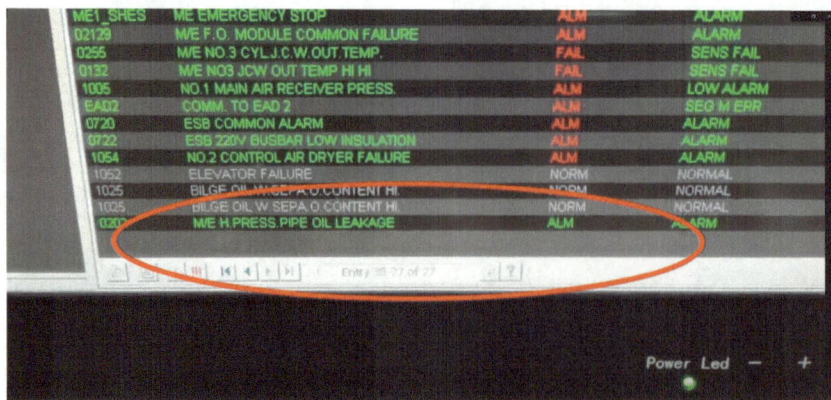

图8　远程检验实时传输画面

（3）2020年5月19日，中国船级社在"REN DA"轮上成功开展了"5G+船舶远程实时检验"技术应用，对年度检验项目（450余项）进行了完整的远程检验示范（图9）。同时，利用无人机开展了货舱结构远程实时近观检验。

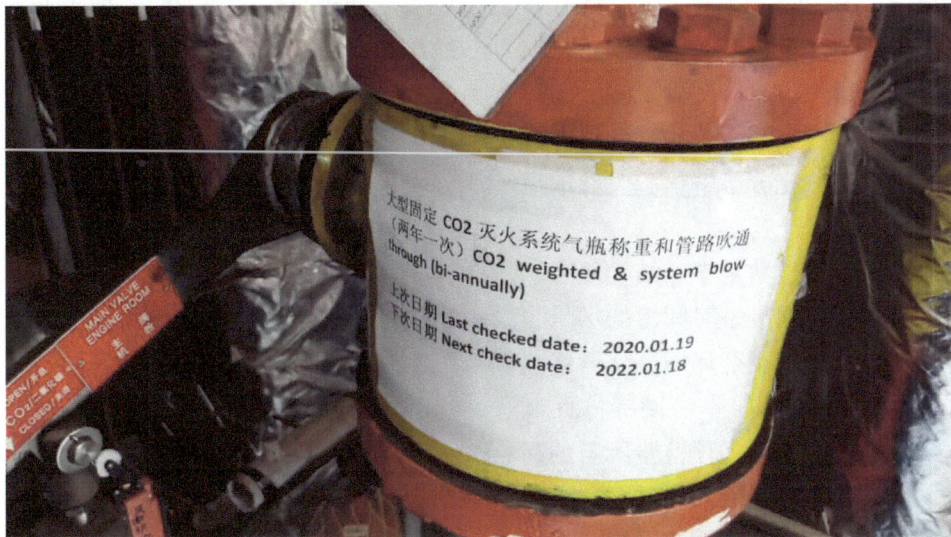

图9 远程检验实时传输画面

（4）2020年8月17日，中国船级社在"远华海"轮上成功开展了"5G+船舶实时远程检验"技术应用，对上层建筑区域、机舱区域的年度检验项目开展了远程检验示范（图10）。

图10 远程检验实时传输画面

四、应用成效与评估

创新性方面，面向船舶远程检验需求，首次将高带宽、低延时的5G通信技术和自组网技术应用于船舶封闭处所，首次提出适应于复杂船舶环境下的自组网解决方案，提供了船舶远程检验所需的高带宽、高抗扰、传输稳定性强的网络环境，充分满足船舶远程检验船岸任务协同所需的网络条件。考虑远程检验与登船检验的区别，创新性地提出了场景化的远程检验模式，按场景制定了检验脚本，编制了远程检验操作手册，保证了远程检验的质量和效率。

实操性方面，提出"船舶封闭处所自组网通信解决方案"，在复杂的船舶环境内，可通过便携式设备实现多点快速组网，实现检验交互平台与船舶检验设备、5G公网的快速连接，具有较强的可操作性。提出"基于船岸协同的场景化检验及操作手册编制"解决方案，明确了检验前应完成的准备工作、检验要点、检验执行动作、画面采集要求等，便于船员充分了解检验关注的重点，易于远程检验的良好开展。

先进性方面，针对船舱数量多、结构复杂、空间密闭、金属干扰、布网准备时间短的场景与任务特点，充分考虑了船舶复杂环境，从网络、采集设备、检验交互平台、船岸协同等方面制定技术解决方案，提供了船舶远程检验所需的高带宽、高抗扰、传输稳定性强的网络环境，为船舶实时远程检验的开展提供了关键的网络通信保障。提出的5G+无人机远程实时近观检验解决方案，充分利用无人机的高空易通行性和灵活机动性，可将无人机采集的船体结构超高清画面，实时传输至远程检验中心。该创新案例属于国内首创，相关技术达到国际先进水平。

推广性方面，本案例从网络部署、软硬件、采集设备、检验执行等方面，提供了全面的解决方案，圆满地解决了船舶实时远程检验所面临的障碍，技术先进、可操作性强、成本低，具有较强的可负责可推广性。在当前新冠疫情防控阶段以及后新冠时代，对及时有效地开展船舶检验、航运业的复工复产、保障船舶正常营运及安全具有重要作用。为船旗国、港口国、船公司、船厂、船用产品厂等行业各方深入开展船舶远程业务提供了示范。

五、推广应用展望

5G+船舶实时远程检验技术，不受时间地域限制，可实现验船师与船员间的实时、有效的信息共享和交流沟通，在疫情防控情况下，为船级社、船厂、船用产品厂、船公司等单位的复工复产，高效运转具有显著的促进作用，具有显著的社会效益和经济效益。

该创新案例，除应用于船舶远程检验外，还可以直接应用于船旗国的监督检查，船公司的船舶管理和船员培训，石油公司等大宗货主的船舶检查，第三方审核机构的安全质量审核，船用设备厂商的远程维修支持等方面，推广应用前景广阔。

案例 39 ▶ 港航领域应对新冠肺炎疫情
防控技术研究

基本信息

申报单位：交通运输部水运科学研究所

所属类型：科学技术

专业类别：水路运输、港口营运

成果实施范围（发表情况）：水运行业

开始实施时间：2020 年 2 月

负责人：郭　健

贡献者：孙国庆、唐海齐

案例经验介绍

一、背景介绍

新冠肺炎疫情发生以来，党中央、国务院高度重视，习近平总书记作出了一系列重要指示批示。交通运输部认真贯彻落实习近平总书记等中央领导同志重要指示精神，迅速对交通运输领域疫情防控工作进行安排部署。

由于本次疫情影响范围广、防疫难度大、不可预见因素多，加之行业在疫情防控领域相关技术储备不足，使得港航领域在应对疫情防控方面缺少针对性的指导，特别是在疫情初期，一些重大关键问题亟待解决。为贯彻落实交通运输领域疫情防控和交通运输保障工作的部署安排，最大限度地减少新冠肺炎通过港口客运站和客运船舶传播，保障从业人员身体健康和生命安全，我单位急行业所急，迅速组织开展了一系列港航领域应对新冠肺炎疫情防控技术研究工作。

二、项目目标

本案例是疫情突发条件下，交通运输行业面临的紧急严峻形势下开展的专项研究，为指导港航领域开展疫情科学防控、有序做好复工复产提供了强有力的技术支持。当前，新冠肺炎疫情仍在世界范围内肆虐，本研究根据疫情防控的形势发展，持续更新防控要求和防控技术，最大限度地防止疫情在港口客运站、客滚、客渡、邮轮码头及船舶等重点区域内扩散，以期更好地保障我国港航领域作业人员生命健康安全，保障广大人民群众生命健康安全。

三、技术路线及成果

1. 港航领域新冠肺炎疫情防控技术指南系列文件制定

疫情初期，结合交通工具、场站设施等方面疫情防控特点和要求，开展适用于港口客运企业、货运企业的疫情防控技术手段研究，制定了交通工具和站场从人员防护（图1）、消毒（图2）、通风、体温检测、运输组织、隔离区设置、应急处置等几个方面的适用性可操作性强的港航领域新冠肺炎疫情防控技术指南系列文件，包括：

（1）《港口客运企业疫情防控工作指南》《港口货运企业的疫情防控工作指南》。

（2）国家标准报批稿《交通运输工具新冠肺炎疫情防控技术指南》。

（3）《港口及其一线人员新冠肺炎疫情防控工作指南》（中文版）由交通运输部发布实施，该文件英文版已向亚太港口服务组织（APSN）、国际海事组织（IMO）推荐应用，IMO发函向所有成员国、政府间组织和非政府间组织推荐，大约覆盖世界172个成员国和3个准成员国。

图1　涉外船舶人员严格穿戴防护用品

图2　公共场所做好日常消毒

2. 医护人员游轮住宿休息服务的风险研究

为缓解援汉医护人员住宿紧张的局面，武汉市政府拟调度游轮为医护人员提供临时住宿休息服务，由于事关游轮疫情防控的重大风险，急需对其可行性及其防护工作要求进行研究。本研究分析了游轮的整体封闭性较高导致聚集性疫情发生的风险大、主要通过中央空调系统进行室温调节和通风换气易引发交叉感染、游轮公共通行和使用区域相对狭小布置密集接触传染的可能性大、人员逃生疏散救援难度大等问题，提出"尽可能不采用游轮作为医护人员住宿休息场所"。

考虑到存在"必须使用游轮住宿"的可能性，针对游轮住宿存在的各类风险和疫情防控的特殊要求编制了《医护人员游轮住宿休息服务的防疫工作建议》。

3. 长江跨省客运复工复产疫情防控工作指南

为切实加强疫情科学防控有序做好企业复工复产工作，从明确责任落实、加强健康监测及进出管控、保持通风及清洁消毒、个人防护、其他防护措施、异常情况处理、宣传教育与应急培训等方面，提出了防止疫情通过跨省长江客船运输传播扩散的具体措施建议。

4. 健全应急物资运输保障体系的具体措施

为共同做好健全统一的国家应急物资运输保障体系研究工作，积极联合交通运输部规划院开展相关研究，并承担了《国家突发公共卫生事件应急运输预案》研究工作。在分析梳理新冠肺炎疫情防控应急物资运输保障做法的基础上，总结了暴露出的主要问题，研究提出了一系列健全统一的应急物资运输保障体系的总体思路、主要任务和有关建议。

5. 建立健全交通运输行业突发公共卫生事件应急预案研究

为保证应急物资及时运输，进一步完善应急运输保障体制机制，研究提出了以下建议：

（1）确立组织体系和职责。

（2）建立健全交通运输突发公共卫生事件预防与预警机制。

（3）明确应急响应分级和措施。

（4）强化应急保障机制建设：重点针对应急指挥协调机制、快速响应处置机制、应急资源储备机制、政策保障机制、属地联动保障机制、跟踪落实和评估机制六项机制进行完善。

（5）完善既有交通运输应急预案及规定：修订完善《交通运输突发事件应急管理规定》《交通运输部突发事件应急工作暂行规范》等规范性文件，以及《交通运输综合预案》《公路交通突发事件应急预案》等。

四、应用成效与评估

1. 新冠肺炎疫情防控技术指南系列文件为交通运输行业新冠肺炎防控及复工复产提供了技术支持

本研究系列文件第一时间在港口协会等多家网站、微信公众号等平台发布推广使用，为港航企业复工复产提供了专业性的指导；《港口及其一线人员新冠肺炎疫情防控工作指南》正式发布实施，其英文版经APSN、IMO推荐应用，IMO发函向所有成员国、政府间组织和非政府间组织推荐，得到国内外同行业的认可和一致好评。

2. 研究成果为科学决策提供了技术支持

游轮作为医护人员住宿休息服务的风险研究及长江跨省客运复工复产疫情防控工作指南研究的研究成果均为相关部门的快速科学决策提供了有力支撑，推动了港航领域开展疫情科学防控有序做好复工复产工作的开展，提升了交通运输行业应对突发公共卫生事件的能力。

3. 为健全完善应急物资运输保障体系提供研究思路

（1）在分析梳理新冠肺炎疫情防控应急物资运输保障做法的基础上，总结了暴露出的主要问题，研究提出了健全统一的应急物资运输保障体系的总体思路、主要任务和有关建议。该研究成果报告为全面支撑国家应急物资保障体系建设做出了巨大贡献。

（2）应急预案研究提出建立健全交通运输行业突发公共卫生事件应急预案的建议，填补了行业空白。该建议已初步落实，在修订交通运输行业突发公共卫生事件应急预案中进一步实施。

五、推广应用展望

研究成果应用广泛，社会效益显著，主要应用情况如下：

（1）《港口客运企业疫情防控工作指南》《港口货运企业的疫情防控工作指南》于2020年2月19日和2月22日分别在中国港口协会官网、微信公众号上发布。

（2）《交通运输工具新冠肺炎疫情防控技术指南》作为国家标准已报批，影响深远。

（3）《港口及其一线人员新冠肺炎疫情防控工作指南》由交通运输部作为指导性文件正式发布实施，英文版已向APSN、IMO推荐应用，IMO发函向所有成员国、政府间组织和非政府间组织推荐。

（4）《医护人员游轮住宿休息服务的防疫工作建议》《长江跨省客运复工复产疫情防控工作指南研究》均为相关部门的快速科学决策提供了专业技术支持。

（5）本研究提出的健全应急物资运输保障体系的具体措施及建立健全交通运输行业突发公共卫生事件应急预案的建议，已受到交通运输部领导的认可，后续将在修订交通运输行业突发公共卫生事件应急预案中进一步实施。

（6）本项目的研究成果丰富，相关的多篇论文已收录在水运科技疫情防控专刊上，受到行业内专家同行的高度赞赏。

案例 40 ▶ 无人机在长江海事监管中的应用

基本信息

申报单位：长江海事局

所属类型：科技兴安

专业类别：水路运输

成果实施范围（发表情况）：岳阳海事局辖区

开始实施时间：2019 年 10 月 1 日

负责人：左中君

贡献者：周崇喜、靳继亮、陈　朋、周　游、赵　鑫

案例经验介绍

一、背景介绍

党的十九大对推动长江经济带发展做出了总体部署，同时指出以生态优先、绿色发展引领推进长江经济带发展，即在生态优先的前提下谋发展，发展不能破坏生态环境。长江经济带实现高质量发展，更急需推进绿色发展。作为服务长江经济高质量发展的重要一环，长江海事局大力创新安全监管手段，提升安全监管效能，配备无人机作为新型绿色监管手段，服务企业发展，服务长江经济带建设。近年来，随着无人机技术的快速发展，长江海事局正逐步推进"水—岸—空"联合监管，为长江全方位立体监管体系的建立提供重要支撑。

二、项目目标

通过探索无人机在长江海事监管的应用场景和功能发挥，逐步优化长江水上安全监管模式，不断提高安全监管效能。

三、技术路线及成果

1. 水上巡航执法

利用无人机进行巡航，建立一个完善的海事巡航体系——海巡艇、车辆和无人机相结合的

"水-陆-空"立体监管体系，有利于提高海事监管效率。通过搭建无人机控制中心平台，根据不同任务需求，由控制中心执法人员指令海巡艇或无人机出动（如岳阳海事局七弓岭水域，因航道蜿蜒曲折，海巡艇到达该水域需40min，而无人机升空后直线飞行，仅需10min便可到达）。多途径的水上巡航执法，可对辖区水域进行全覆盖，增强水上执法能力。

2. 应急事故搜寻和救助

长江发生水上交通事故后，可利用无人机快速到达事故现场，并在目标水域上空进行低空飞行或悬停搜救，同时可通过机载红外热成像设备对有生目标进行探测，发现目标后可通过挂载救援设备如救生圈、急救药品等用空投方式给予被救者及时救助，避免了人工搜救视线受限等不确定因素。无人机还可到达搜救人员和船舶无法抵达的危险水域，将事故现场及搜救情况进行实时传输，便于远程指挥调度及应急处置决策。

3. 船舶溢油和排污监视

对溢油应急工作处置而言，溢油事故发生后的最初几小时是最有效的救援时机，否则扩散后对长江生态和下游百姓饮水将会造成难以估计的影响。首先，无人机可在对溢油事故发生后，快速到达事发水域，监测该水域实况，探测溢油面积和流向。同时，执法人员可根据无人机探测实况针对性地布排防污措施。

无人机还可对油港水域实施不定期巡查，对锚地抛锚船舶进行排污巡查，及时发现溢油、排污水域，实时为油污清理人员提供溢油扩散信息。在一定程度上弥补了海巡艇高度较低带来的视线盲区。

4. 航道综合执法

航标是航行保障的主要手段，辖区重点水域许多航标缺一不可。与传统的长江巡查方式相比，利用无人机进行长江航道巡查优势非常明显，具有"站得高，看得远"的优势，容易把握整体态势，在船舶的动态管理以及船舶流量控制方面具有其他方式不可比拟的优势。

5. 安全宣传

无人机可搭载喊话器对辖区船舶、码头进行安全宣传、播发航行通（警）告、安全预警。此功能可以充分发挥无人机覆盖面广、全程无接触等优点，在2020年新冠肺炎疫情防控工作中，执法人员利用无人机在船舶停泊水域进行广播普及疫情防控知识，宣传相关管控措施，为疫情防控工作做出了巨大的贡献，对辖区船舶码头进行航行通（警）告和安全预警播报，以点对面的方式，弥补执法人员点对点宣传效率弊端与不足。

6. 测绘建模

利用无人机搭载测绘设备，对长江干线不同水位期河床及通航环境进行测绘，形成不同图层，搭建不同水位期电子模型。可直观了解枯、洪水位期通航环境，制定有针对性的服务和监管措施，有利于事故预防预控。

四、应用成效与评估

无人机是一种可控制、可挂载多种任务设备、可执行多任务并能重复使用的航空器，具有反应迅速、载荷丰富、任务用途广等特点，较适合应用在海事领域，完成水上巡航检测、航行安全与防污染监视、抢险救助、规费稽查、安全宣传等工作，与传统水上巡航方式形成互补。

无人机的应用可以有效降低执法人员人力成本，每航次至少减少一班（两名）船员工作；每小时减少海巡艇燃油消耗100kg。同时，可以完善长江海事监管系统，形成全方位立体监控信息网络，提升海事监管和服务能力。

五、推广应用展望

为进一步提升无人机系统在海事监管和救助工作的适用性、实用性，依托无人机构建智慧海事和救助模式，提升工作实效，需优化无人机系统建设与配置。

1. 搭建无人机控制中心平台

无人机控制中心平台应作为无人机执行任务的大脑，可发布指令并进行控制，并实时接收无人机飞行中图像，执法人员通过实时画面，直观查看辖区通航环境和通航秩序，针对性制定飞行路线，同时执行违章拍照、排污监测等飞行任务。

2. 修建无人机"加油站"

无人机应用最大的限制之一就是续航能力不足，在长江沿线修建无人机"加油站"，仿照电动汽车电池更换中心，为无人机提供电池更换，大幅度提高无人机巡航半径和续航时间，更有利于无人机功能的发挥。

3. 探索无人驾驶无人机模式

现阶段无人机飞行离不开飞手的操作，下阶段应重点探索无人机无人驾驶模式。执法人员在指挥中心可通过控制平台对无人机进行操控，使其自动起降、指令巡航、远程实施各种任务，真正实现人机分离、无人驾驶。

无人机作为现代化监管和救助的科学手段之一，在海事领域的应用具有极高的使用价值和应用前景。随着无人机向多功能、长续航、微型化、智能化发展，以及无人机在海事信息系统融合、数据交互分析、基础配套完善、功能开发创新和监管工作模式等方面的持续探索，以"水上船艇巡航、岸基电子巡航和空中无人机巡航"为方式的"水—陆—空"立体化巡航新模式必将极大拓展巡航执法范围，提高海事监管精准程度和应急救助能力，成为提升海事现代化治理能力的前进方向。

案例 41 ▶ 天津港船载散化品监管信息平台

基本信息

申报单位： 中国船级社

所属类型： 科学技术

专业类别： 综合监管执法

成果实施范围（发表情况）： 天津港海事监管部门及相关码头公司

开始实施时间： 2015 年 3 月

负责人： 张　乐

贡献者： 李　进、高慧颖

案例经验介绍

一、背景介绍

随着网络技术的日臻成熟，我国的海事系统已经逐步实现业务办理的平台化、网络化。船载散装液体化学品的安全监管一直是交通管理部门关注的重点。2014年，中国船级社实业公司和天津大沽口海事局合作完成了《天津港水域船载主要散装液体化学品应急手册》课题研究，系统地对进出天津港危险化学品种类、艘次和吞吐量进行了分类统计，并形成了天津港水域船载主要液体化学品的《应急手册》和《避险手册》；同

时，天津大沽口海事局海事执法人员经过多年积淀，已具备丰富的危化管理经验和相应的专业知识储备，并摸索出一套科学的危化品现场检查和监管体系，这都为《天津港船载散化品监管信息平台》的顺利构建提供了必要的支持，为此项研究工作奠定了良好的基础。

二、项目目标

通过《天津港船载散化品监管信息平台》的建设，可以实现海事人员执法监管电子化；促进海事执法人员对监管流程，货物化学品理化性

质、事故应急注意事项的了解和学习；简化海事执法人员关于海事法规的查询和操作流程。

三、技术路线及成果

散化品监管信息平台是一款可应用于便携式移动终端的应用程序，通过输入待查询货品的中英文名称、CAS.No或UN.No即可进行专业知识查询和监管执法。平台设计开发技术路线和流程图如图1所示。

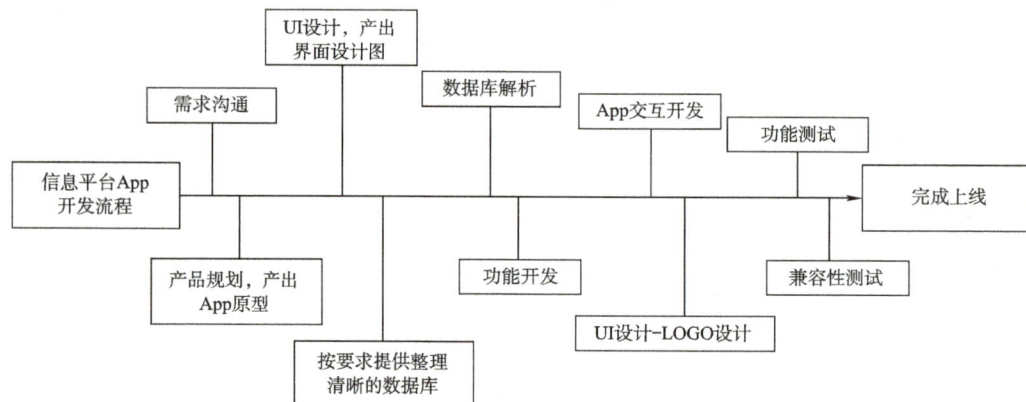

图1 开发技术路线和流程

（1）理清产品功能需求和建设目标。

（2）通过对数据库数据的解析，掌握数据库数据调用的逻辑关系，根据产品功能和数据逻辑关系进行用户界面设计和美化。

（3）进行产品后台语言开发和人机交互语言的设计、编译。

（4）进行App功能的调试和纠错。

成功搭建了天津港船载散化品监管信息平台。以丙烯腈为例展示以下功能界面，如图2所示。

图2 丙烯腈查询功能界面

四、应用成效与评估

2016年至今，天津港船载散化品监管信息平台已经在天津大沽口海事局运行使用了4年多的时间，监管流程模块依据《危险货物现场检查表》《散装危险化学品船舶检查表》《大沽口海事局船载丙烯腈作业监督检查表》《船舶防污染作业现场监督检查表》进行设计，其中危险品监督管理包括危险品证书与文书管理、货物控制和装卸作业检查等方面；防污染管理包括基本信息核查、供受油作业、残油、含油污水接收作业、垃圾接收作业、排放压载水、洗舱水作业、洗舱、清舱、驱气、舷外拷铲漆及油漆作业、冲洗沾有污染物和有毒有害物质的甲板作业、在沿海港口使用焚烧炉等方面的监管要求；货物特性模块主要提供化学品说明书的完整信息的查询，《国际散装运输危险化学品船舶构造与设备规则（IBC）》中的相关专项要求的查询以及应急与避险事项要点等信息的查询；海事法规模块主要包括国际公约、法律、法规、部门规章、规范性文件五个部分的数据信息，可以检索出特定化学品的法规要求。

天津港船载散化品监管信息平台的监管流程模块、货物特性模块、海事法规模块三个模块运行稳定、操作连续性较好，运行结果令人满意，实现了海事人员散化执法监管电子化；有效促进了海事执法人员对监管流程，货物化学品理化性质、事故应急注意事项的了解和学习；极大地简化了海事执法人员关于海事法规的查询和操作流程。整个信息平台运行能够达到预期效果。

亮点一：执法监管电子化。

新的电子化工作模式增强了执法工作的有效性，实现了现场执法工作由常规手段向科学手段执法的转变，进一步提升了海事机构工作质量，保证了工作质量长效机制的稳步实施。帮助受检船舶实行风险源头控制、降低船舶靠离泊作业风险。

亮点二：化学品应急避险简明化。

针对每种化学品的理化特性，绘制隔离疏散图，明确隔离半径和撤离方向两大要素，突出应急避险"快"字当头。

亮点三：海事法规查询精确化。

针对海事执法内容，对海事法规进行全面剖析，按照船舶管理、防污管理、储运要求、装卸要求四大类，自动匹配国际公约、法律法规、规范性文件要点，并经索引链接至法规原文。

五、推广应用展望

天津港船载散化品监管信息平台已经在天津港大沽口港区运行了4年多的时间，获得了显著的效果。该平台易操作、适合在全国主要装卸船载散装化学品的港口码头推广运用，为打好打赢化学品污染海洋环境防治攻坚战、保护海洋环境贡献力量。

案例 42 ▶ 船闸大数据在通航安全创新应用

基本信息

申报单位：广西西江开发投资集团有限公司船闸运营管理分公司
所属类型：科学技术
专业类别：水路运输
成果实施范围（发表情况）：在西江流域的 12 个梯级 16 座船闸
开始实施时间：2018 年 6 月 30 日
负责人：叶瀚涛
贡献者：林　宁、禤德钊

案例经验介绍

一、背景介绍

广西西江船闸运行调度中心（以下简称：船闸调度中心）是广西西江开发投资集团有限公司船闸运营管理分公司的直属部门，成立于2017年12月，目前对西江流域"一干线三通道"的12个梯级16座船闸进行联合调度工作。

船闸调度中心位于梧州市龙圩区四合村长洲船闸管理处集控楼内，通过科技创新实现西江流域船闸"三统一、一分开"联合调度新的运行管理模式，船闸调度中心有工业视频监控

系统、西江船闸联合调度系统、船闸远程集中控制系统、多方融合通信系统、北斗智能过闸系统、大数据分析应用系统等多个先进的智能系统，全年365天24小时为西江流域过闸船舶服务。

随着西江黄金水道建设设施的不断完善，西江沿江经济的持续向好发展，西江水运货物量大幅提升，2019年纳入联合调度的11个梯级15座船闸共运行100058闸次，同比增长18.22%；过闸船舶艘数623098艘，同比增长10.53%；过闸船舶核载量103441.3万t，同比增长22.98%；过

货量57799.62万t，同比增长9.46%，联合调度的各梯级船闸各项过闸数据持续稳步增长，船闸调度中心为促进西江流域经济发展做出重要的贡献。

二、技术路线及成果

船闸调度中心实现对西江流域"一干线三通道"12个梯级16座船闸的联合调度，对12个梯级16座船闸"统一报到、统一调度、统一信息发布"，纳入联合调度的各梯级船闸统一使用西江船闸联合调度系统，实时掌握本船闸以及梯级其他船闸的运行情况。

船闸调度中心大数据分析应用系统将工业视频监控系统、西江船闸联合调度系统、船闸远程集中控制系统、多方融合通信系统、北斗智能过闸系统的数据信息进行优化提升应用，为联合调度工作提供船闸实时、准确的待闸、过闸船舶数据信息以及船舶实时位置、航行轨迹信息，实现更加安全、高效地调度船舶过闸；为行政部门提供船舶动态信息、过闸数据、船舶运输货物种类、航行始发地、目的地等重要数据，对行政部门进行安全管理及经济分析提供较大帮助；为船运企业和船主免费提供船舶待闸、流域水情、货源信息、船舶待运信息、船舶买卖交易信息，为企业和船主搭桥引线，为企业和船主降低运营成本，创造更多经济效益。

（一）大数据在联合调度和安全过闸的应用

利用先进的互联网技术、物联网技术、北斗导航技术和现代信息技术，建设船闸联合调度管理系统，并结合北斗终端定位系统、西江通App系统、西江e支付系统等，打通各系统数据接口、整合系统功能，实现西江流域总共12梯级16座船闸的信息共享、统一报到、统一调度、统一信息发布。

1. 实现一次报闸、全线通过

船舶在从起点到终点的整个航程中，只需要办理一次报闸手续，然后行驶到各船闸时通过值班人员简易审核就可进入待闸序列，等待调度过闸，为船主提供更加便捷、优质的过闸服务，提高船舶过闸效率。

2. 北斗终端船舶实现不停船、不靠岸完成报到、缴费手续，便捷又安全

北斗终端船舶在任何地点均可通过西江通App预报闸，在进入船闸允许报到区域后，安装北斗终端的船舶报到信息在联合调度系统自动提示报到审核，值班人员审核后，通过西江e支付完成过闸费收缴。北斗终端船舶实现"不停船、不靠岸"完成报到、缴费手续，船舶节省了航行时间及节约了运营成本，提高了通航效率。

船舶实现不停船、不靠岸完成报到、缴费手续，大大提高了船舶航行的安全性，传统的报到方式需要船主驾驶船舶或小艇到锚地报到站办理手续，在雷电、大雨、大风、大雾、汛期等天气，存在较大的安全风险，安装北斗终端的船舶实现智能过闸，降低船舶航行安全风险，得到广大船主的高度认可和赞扬。

3. 实现联合调度系统船闸的统一调度和信息发布

将联合调度的12梯级16座船闸调度需要的信息（船闸的运行状态、船舶待闸信息以及视频监控情况）通过数字化监盘实时呈现，调度中心工作人员可根据这些信息，通过所见即所得的图形化排档方式，对各船闸进行闸次计划编制或直接调度，实现远程对西江流域各梯级船闸的统一调度、联合调控，并将这些信息统一发布到西江通、水运网等平台，实时通知船主。

4. 实现西江流域联合调度船闸的实时信息共享

通过大数据信息共享，实现了预约报闸数据、调度信息、闸次计划的全程共享，各船闸和船主均可随时查询船舶预约了哪些船闸、已过了哪些船闸，以及预计到达下一个船闸的时间，也可查询某个船闸下一闸次的开闸时间，各船闸根据这些数据信息做好调度计划，船舶可据此调整航速、航行计划。船闸调度中心加强与流域各梯级船闸所在地的交通、海事、航道部门以及船闸业主联系，及时了解掌握西江流域各梯级船闸的水情信息、航道通航信息、水上交通安全信息和动态，确保信息的畅通。

5. 实现梯级船闸联动控制应对通航突发事件，确保梯级船闸通航安全

大数据信息为联合调度工作提供船闸实时、

准确的待闸、过闸船舶数据信息以及船舶实时位置、航行轨迹信息，当西江流域某个梯级船闸出现待闸船舶增多发生通航突发事件时，船闸调度中心通过大数据信息实时掌握流域各梯级船闸的待闸船舶数量以及待闸船舶数量变化趋势，联动调整流域各梯级船闸调度计划，控制好过闸船舶数量和待闸数量，减缓发生通航突发事件船闸的压力，为处理突发事件赢得时间和空间。2019年9月30日，长洲船闸由于受西江上游来水持续减少，下游航道通航水深不断降低，到10月2日，长洲枢纽坝下界首段航道通航水深下降为3.3m，吃水3.31m以上的船舶不满足条件调度过闸，待闸船数量上升至448艘（下行351艘、上行97艘），情况紧急，船闸调度中心及时启动应急响应，联动调整上游贵港船闸和桂平船闸的调度计划，控制两个船闸的下行船舶数量，主动联系交通、海事、航道、电网公司等部门联合做好通航突发事件应对处理，协调加大上游来水流量，通过优化调度计划，正确、有序地处理了长洲船闸上游船舶滞航突发事件。

（二）进一步降低水运物流成本，构建西江绿色通道

（1）通过北斗智能船载终端的应用，西江流域上的船舶过闸可实现"不靠岸报闸，不停船缴费"，全流域实现"一次报闸，全线通过"，与传统报闸方式比较，减少了靠岸报闸、审核、缴费等烦琐手续与时间。

（2）在对联合调度系统进行统一收费、电子发票、清分结算等业务功能的开发升级后，流域梯级船闸对非北斗智能终端船舶也实现"一次报闸，全线通过"条件，如船舶通过桂平船闸和长洲船闸使用"一次报闸，全线通过"的方式，过往长洲、桂平船闸的船舶只需报到、缴费一次，便能通过长洲及桂平船闸，让广大船主更好地体验流域梯级船闸联合调度所带来的便捷化、智能化，提高船舶的过闸效率。

（3）安装北斗终端的船舶实现智能过闸，以贵港到东莞航线为例，单艘船舶每个航程可节省航行时长约4h，且同时节约油耗成本约400元。按照目前3700多艘安装了北斗系统的船舶统

计，每年可节约油耗成本约0.5亿元。

（三）大数据信息对航运生产的应用

通过联合调度，采集了西江流域一千三通道主要船闸的过闸数据，对采集的航运大基础数据进行清洗、加工后做出分析，并利用自主研发的西江水运物流信息平台，进一步提升了通航效率和服务水平。通过大数据的应用，为社会提供三大服务功能：一是航运信息服务功能，可以免费实时了解到船闸通航信息、航道的水位信息和流量信息。二是物流信息功能，实时了解空船信息、货源信息，空车信息，便于船找货、货找船，车找货、货找车。三是大数据功能，与航运和过闸有关的大数据都是实时准确自动生成的，为相关企业和经济管理部门提供决策参考。

（四）AIS定位与移动支付技术结合实现非北斗船的离岸报闸

在纳入联合调度系统的每个船闸都部署安装有AIS基站，确保能在地图上接收到船闸周围的船舶信息，除将船名汉化，方便工作人员确定船舶当前位置外，还结合移动支付技术，实现了非北斗船舶的离岸报闸。

（五）北斗定位系统应用于船闸水工建筑位移监测

在船闸水工建筑中通过北斗定位系统大量数据的差分运算，能够对位移和形变进行实时精确监测，可代替传统的定期人工观测，并更有效地进行分析和趋势判断。

三、应用成效与评估

（一）提高船舶过闸效率，促进社会经济发展

联合调度、集中控制和不离船不靠岸报闸缴费等措施实施后，船闸运行效率、船舶过闸效率大大提升，带来巨大社会效益和经济效益，以北斗智能终端船舶"安达6889"号为例，其主要航线是从来宾运载原材料至广东东莞地区，在2019年6月该船总共往返了4趟，运载货物近12700t；而在往年，该船最多只能往返3趟，运载货物9500t左右。

（二）大数据应用为新冠状病毒疫情防控

新冠疫情防控期间，通过优化、升级系统，充分发挥北斗智能过闸系统以及AIS定位系统的信息数据，对报到船舶的信息数据进行分析、深加工，实现对所有船舶不离船不靠岸完成报到缴费工作，有效地避免了窗口面对面报闸带来的潜在感染病毒的风险。

新冠疫情防控期间，船闸调度中心严格按照广西壮族自治区港航发展中心要求，对所有过闸船舶必须提供船舶消毒及船员体温检测证明，船闸调度中心在系统开发专项功能模块以及通过大数据系统对报船舶进行有效比对、核实，确保所有报到船舶都进行了消毒及船员体温检测合格，积极做好新冠疫情防控工作，过闸船舶没有船员发生新冠病毒感染。

船主对新冠疫情防控期间船闸调度中心实现"不离船、不靠岸"完成报到、缴费以及过闸船舶消毒（船员体温检测）合格白名单录入两项防疫措施高度认可。

（三）大数据应用为水上安全应急管控提供数据基础

船闸联合调度大数据反映整个区域水运实时密度和趋势变化，在安全应急管理情形下，可根据航线轨迹分类或定制对船只进行监控，也能够对应急物资、抢险资源进行顶层分配调。

随着航运事业迅猛发展，船闸将会越来越繁忙，到达一定程度将会造成船闸的拥堵，通过对梯级船闸进行联合调度，对航运大数据进行挖掘应用不但能够提高船舶的过闸效率，提高船舶的周转率，为船企、船民提供物流信息渠道，还能够对通航的应急管理及安全通航能起到积极作用。

四、推广应用展望

船闸联合调度系统的统一应用，对于采集流域航运数据起到关键作用，大数据的分析应用来提高船舶的过闸效率，提高船舶在流域内的周转率，产生巨大的社会效益，也能辅助相关单位进行决策分析以及通航突发事件提供数据支撑，确保船闸安全运行和船舶的安全通航。

在国内有条件实施联合调度的梯级船闸，可参考西江船闸联合调度的模式，建立统一联合调度平台，利用航运大数据的分析应用提高通航效率以及安全通航。

案例 43 ▶ 安全生产监督管理平台

基本信息

申报单位： 河北交通投资集团公司
所属类型： 科学技术
专业类别： 企业管理
成果实施范围（发表情况）： 河北交通投资集团公司及所属各单位
开始实施时间： 2016 年 8 月
负责人： 王国清
贡献者： 赵文忠、陈复胜、李　广、田建平、梁蕴飞

案例经验介绍

一、背景介绍

河北交通投资集团以信息化助推安全管理精细化、精准化。紧密结合企业实际，以四类（作业类、设施类、管理类、后勤保障类）、三清单（安全隐患清单、防控措施清单、责任链清单）、两机制（完善提高机制、履职追责机制）为基础，以责任落实为核心，以风险超前防控为关键，以提高安全生产信息化、标准化为抓手，明确了从企业主要负责人到每一名职工的安全隐患清单，制定周密的防范措施，理清每一级、每一岗位应该承担的安全生产责任，将安全生产综合监管、隐患排查、重大危险源远程监测进行有效集成。

二、项目目标

通过安全生产监督管理平台对隐患排查、风险辨识实施清单化、图斑化管理，推动落实安全生产责任制，提升安全生产事故，确保企业在安全、健康的基础上发展，在零事故、零伤害的基础上发展。

三、技术路线及成果

（1）本系统采用B/S体系结构、.NET Framework4.0框架进行简单三层架构开发，采用SQL server 2008数据库系统作为后台数据库，具有良好的扩展性、通用性和易用性。

（2）本系统网络设计采用VPN技术进行加密通信，在内网中架设一台VPN设备。分支办公地点或外地员工在当地连上互联网后，通过互联网连接VPN设备，然后通过VPN设备进入企业内网。为了保证数据安全，VPN服务器和客户机之间的通信数据都进行了加密处理。VPN能提供高水平的安全，使用高级的加密和身份识别协议保护数据避免受到窥探，阻止数据窃贼和其他非授权用户接触这种数据，有效地保证了整个系统的安全性。

四、应用成效与评估

通过对河北交通投资集团公司"四大类、三清单"、隐患排查、安全培训及应急演练等功能的开发和论证，全面构建起河北交通投资集团公司"四大类、三清单"安全生产防控责任体系管理平台。后续又开发了安全生产可视化监控平台及安全生产监督管理平台手机客户端，初步实现了集团公司及所属单位安全管理可视化、事故隐患可预警。2017年，河北交通投资集团安全生产监督管理平台被国家安全生产监督管理总局评为2017年安全生产重大事故防治关键技术科技项目。

安全生产监督管理平台助力安全生产"双控"机制建设。安全生产监督管理平台主要实现隐患排查、安全培训、应急管理制度化、系统化、具体化，形成长效机制。隐患排查支持手持设备移动排查，自动记录排查轨迹，并由各单位将排查出的隐患和问题进行登记，下发整改通知报告单，建立台账，预警督促落实整改，同时将排查结果报至各单位机关进行汇总审核，做到了隐患整改责任、措施、资金、时限、预案"五落实"。同时，将辨识出的较大及以上风险定位到地图上，绘制全集团风险分布图，明确致险因素、防控措施、责任人等。

安全生产监督管理平台助力疫情防控工作。以"健康码"（二维码）为基础实现疫情防控信息管理，实现了疫情防控工作规范化、信息化，有效加强了干部职工的健康管控，保障工作正常开展。

五、推广应用展望

通过推广安全生产监督管理平台，实现安全生产防控标准化、手段现代化、责任明晰化、措施具体化的目标。

案例 44 ▶ **中分带不可穿越障碍物处新型低变形量护栏**

基本信息

申报单位： 交通运输部公路科学研究院

所属类型： 科学技术

专业类别： 交通工程建设

成果实施范围（发表情况）： 陕西、重庆、江苏、福建等省高速公路 ETC 门架和中墩处

开始实施时间： 2019 年 10 月

负责人： 刘会学

贡献者： 李　勇、王成虎、张宏松、卜倩淼、申林林

案例经验介绍

一、背景介绍

《公路交通安全设施设计规范》（JTG D81—2017）规定，高速公路中分带设有车辆不能安全穿越的障碍物的路段必须设置中央分隔带护栏，其中障碍物主要是指照明灯、摄像机、交通标志、ETC门架的支撑结构，上跨桥梁的桥墩等设施。

2017年2月15日上午，银昆高速公路四川巴中至广安方向K0+900m处枣林隧道附近发生一起交通事故，一辆危化品车冲出高速公路撞上路边

的门架式户外屏，如图1所示。事故导致罐车上2名驾乘人员死亡，车辆和门架损失严重，对车辆通行造成严重影响。

2019年1月5日早上8点27分，成都第二绕城高速公路东段外环49km路段，一辆运输磷酸的货车侧翻撞跨隧道口龙门架。车上两人轻伤，磷酸泄漏，事故造成当天第二绕城高速公路东段所有收费站关闭，交通受到严重影响。如图2所示。

重庆某高速公路中分带处门架立柱被撞断，造成了ETC门架系统电路的中断，ETC系统失灵，导致了严重的交通堵塞。如图3所示。

图1　银昆高速公路四川巴中至广安方向ETC处发生交通事故

图2　成都第二绕城高速公路东段ETC处发生交通事故

图3　重庆某高速公路中分带处ETC处发生交通事故

当高速公路失控车辆碰撞到上跨桥梁的桥墩，很容易导致桥墩倾斜，一旦桥墩发生倾斜桥面板受力不平衡，很容易导致整个桥的坍塌，将会造成严重的交通事故，给人民群众的生命财产安全带来严重的威胁。如图4所示。

图4　失控车辆碰撞上跨桥梁的桥墩

根据实例不难发现，当高速公路失控车辆碰撞中分带不可跨越障碍物时，很容易导致二次事故发生，造成人员伤亡和交通拥堵。为避免高速公路失控车辆碰撞中央分隔带不可跨越障碍物造成不必要的生命和财产损失，应选择适当的护栏防护等级及合理的结构形式，有效控制护栏被车辆碰撞后的变形量。目前，在中央分隔带有不可跨越障碍物的路段多是采用混凝土护栏和波形梁护栏，但混凝土护栏施工周期较长、交通组织难度大，景观效果相对较差，在多冰雪地区容易阻雪，且单处工程总造价较高；另外，波形梁护栏动态变形量大，车辆撞击到门架立柱的概率较高。

北京中交华安科技有限公司针对这一安全防护需求，秉承"科技引领、创新驱动"的发展理念，研究开发出一种具有自主知识产权的SA级低变形量护栏，适用于公路中央分隔带有不可跨越障碍物的路段，能有效降低高速公路失控车辆碰撞中央分隔带不可跨越障碍物后造成的生命财产损失。

中分带SA级低变形量护栏由波形梁板、立柱、横撑、十字X撑、钢管横梁等构件组成，在结构形式上为双侧左右互连结构，总长最长为19m。经实车试验测试，低变形量护栏在SAm等级碰撞试验条件下，其护栏横梁的最大横向动态位移外延值 W_h 为大型客车36.0cm，车辆最大动态外倾当量值 VI_n 为大型货车50.6cm，而同等波形梁护栏最大横向动态位移外延值超过1m。此种SA级低变形量护栏结构新颖、安全性能高、变形量小，具有一定的创新性和先进性。

与混凝土护栏和波形梁护栏对比，此种护栏具有防护长度短、安全性能高、动态变形值低、造价低、美观通透、施工快速便捷和防阻雪功能等优点，便于在全国范围内的中央分隔带不可跨越障碍物处推广应用。

二、项目目标

研发一种适用于公路中央分隔带有不可跨越障碍物的路段护栏，降低高速公路失控车辆碰撞中央分隔带不可跨越障碍物后造成的生命财产损失。

三、技术路线及成果

1. 技术路线

技术路线如图5所示。

2. 技术成果

SAm级低变形量护栏应用于陕西、重庆、江苏、福建等省高速公路的ETC门架和中墩处，在实际工程的应用如图6所示。

四、应用成效与评估

1. 应用成效

本项目现阶段的社会效益主要体现在解决了我国高速公路ETC门架和中墩处的安全防护问题。与混凝土护栏和波形梁护栏相比，SAm级低变形量护栏在保持较高安全性能和较低变形的基础上，还具有防护长度短、较好的景观效果和防阻雪功能；可有效减小车辆碰撞中分带不可跨越障碍物的发生率，降低事故严重程度。人的生命是无价的，现阶段本项目成果主要应用于有效减少由于车辆碰撞ETC门架处造成的人员伤亡。

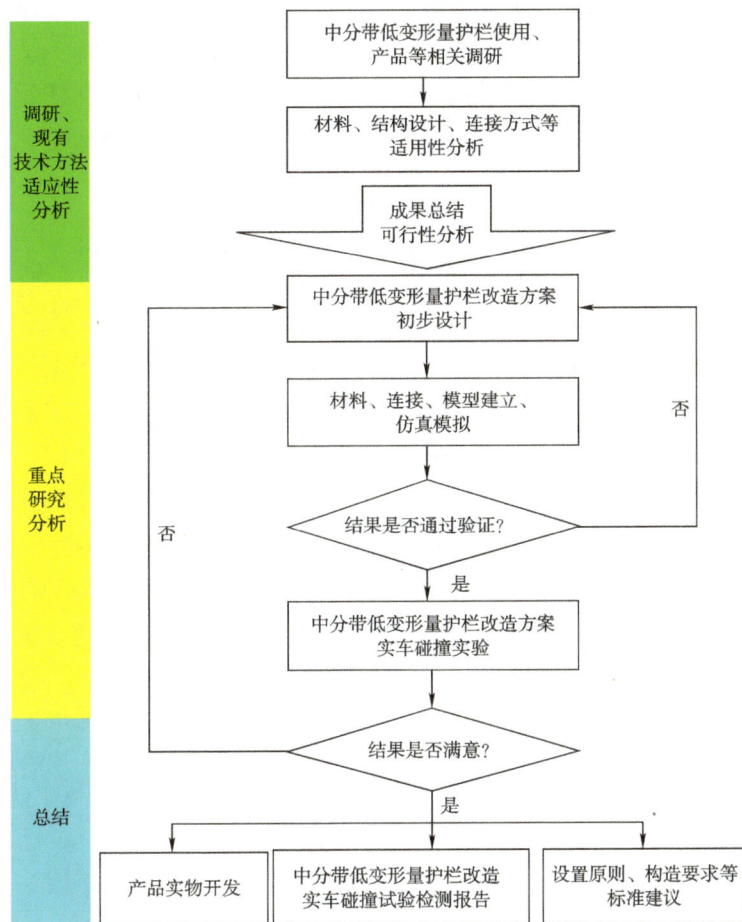

图5　技术路线

图6　SAm级低变形量护栏在实际工程的应用

本项目已实现成果转化，形成的创新科研成果进行了批量生产销售，应用于陕西、重庆、江苏、福建等省高速公路的ETC门架处和中墩处，产品销售总量逾700套。自应用以来，未发生车辆穿越低变形量护栏碰撞ETC门架和中墩的事故。成果的应用显著提高了高速公路的整体安全水平，得到用户单位的一致好评。

2. 应用评估

本项目已申请实用新型专利一项，且本项目的经济效益亦十分可观。

根据《公路交通安全设施设计规范》（JTG D81—2017）及《公路交通安全设施设计细则》（JTG/T D81—2017），ETC门架立柱位于计算净区宽度范围内时为障碍物，应设置护栏进行防护，事故严重程度等级为中，护栏防护等级不应低于四（SB、SBm）级。2019年全国取消省界收费站，全国ETC门架系统建设改造总计划数为2.48万座。由此看来，ETC门架处的安全防护需求量巨大，仅以全国ETC门架系统建设改造总计划数的10%需要进行安全防护设施完善与处置，则需要处置的ETC门架约为：24800×10%=2480（座）。每个ETC门架处需要设置低变形量护栏1套，每套以12万元计，仅ETC门架处应用潜在的市场销售额约为2.98亿元。因此，研究成果的工程应用性强，产品市场化前景广阔，预期可取得良好的经济效益。

五、推广应用展望

（1）建议对全国范围内的高速公路中分带不可跨越障碍物进行定期排查，对于运营过程中发现存在安全隐患的路段，本着"人的生命至上"的理念，对隐患路段进行处置，安装本项目的科研创新成果，以保障驾乘人员生命安全。

（2）建议对产品进一步优化，拓展推广范围。对于一些有安全防护需求，如有灯杆、摄像机支撑结构、标志立柱等障碍物路段，也应对本成果进行推广应用。

"平安工地"建设考核评价系统

基本信息

申报单位：江苏省交通运输综合行政执法监督局

所属类型：科学技术

专业类别：交通工程建设

成果实施范围（发表情况）：江苏省公路水运工程

开始实施时间：2019 年

负责人：郑　洲

贡献者：谢利宝、杨　洋、方太云

案例经验介绍

一、背景介绍

"十三五"期间，江苏省公路水运建设工程"平安工地"建设活动持续深入开展，得到了各地、各工程项目、各参建单位的积极响应，"平安工地"创建氛围浓厚，创建水平得到了进一步提升。2019年度江苏省共计37个工程项目申报并参加平安工地省级"示范工程"考评，182个施工标段申报并参加平安工地省级"示范工地"考评，其中参评单位共计37家建设单位、65家监理单位、182家施工单位。

依据《江苏省公路水运工程"平安工地"建设考核评价标准（2019版）》，江苏省交通运输厅对2019年度申报的工程项目开展了考核评价。

为进一步提高考核评价工作效率，切实保障考评工作的公平、公正，创新管理工作，简化考核程序，江苏省交通运输综合行政执法监督局组织研发"平安工地"建设考核评价系统。

二、项目目标

深入开展"平安工地"建设工作，充分利

用信息化考核手段，实现考核精细化、全覆盖管理，助力平安工地建设常态化。项目主要实现以下几个目标：

（1）依托系统建立信息化考核评估体系。

（2）优化传统考核评估流程，加强考评信息交互和共享，提升工作效率。

（3）全局掌控考评状态，强化监管，保证考评工作的公平、公正。

（4）降低考核成本，促进平安工地建设常态化。

三、技术路线及成果

平安工地建设考核评价系统以《江苏省公路水运工程"平安工地"建设考核评价标准》（2019版）为基础，以信息化考核手段代替原有的线下纸质考核，考核结果实时计算，考核文档一键导出。

（一）在线考核

系统提供"平安工地"与"平安工程"两种考核模式，考核专家可通过系统快速配置具体考核项，进行在线评分，同时标记扣分内容，考评成绩实时计算。如图1、图2所示。

图1　在线考核系统（一）

（二）信息保密

系统拥有全面、规范的权限管理功能，对考评数据的查看、编辑等权限进行严格设定，系统登录需采取双重认证，登录日志、操作记录实时存档，保证考评数据安全不泄露。

（三）材料归档

考核记录需要专家使用手机扫码签字方可确认提交，一键导出材料方便线下保存归档。

（四）数据分析

系统拥有多维度数据统计分析功能，可对考核进度、考核结果、扣分项等内容进行图表化展示，帮助考核单位实时监管考核工作。

四、应用成效与评估

2019年与2020年"平安工地"建设考核评价系统在江苏省省级"平安工地"考评活动全面应用，受到考评专家的一致好评，总计进行了37次省级"示范工程"考评，182次省级"示范工地"考评，极大地提升了考评效率，缩短了近20%考评时间，保证考评工作的公平、公正，促进公路水运建设工程"平安工地"建设活动的常态化。

五、推广应用展望

以推进"平安工地"建设为契机，进一步

完善考核评价管理系统，增加系统的实用性和高效性，充分发挥其功能，以良好的考核评价为基础，打造口碑。同时将推广至市、县、项目

级"平安工地"考评活动中，与省级考评进行联动，全面实现"平安工地"考评信息化。

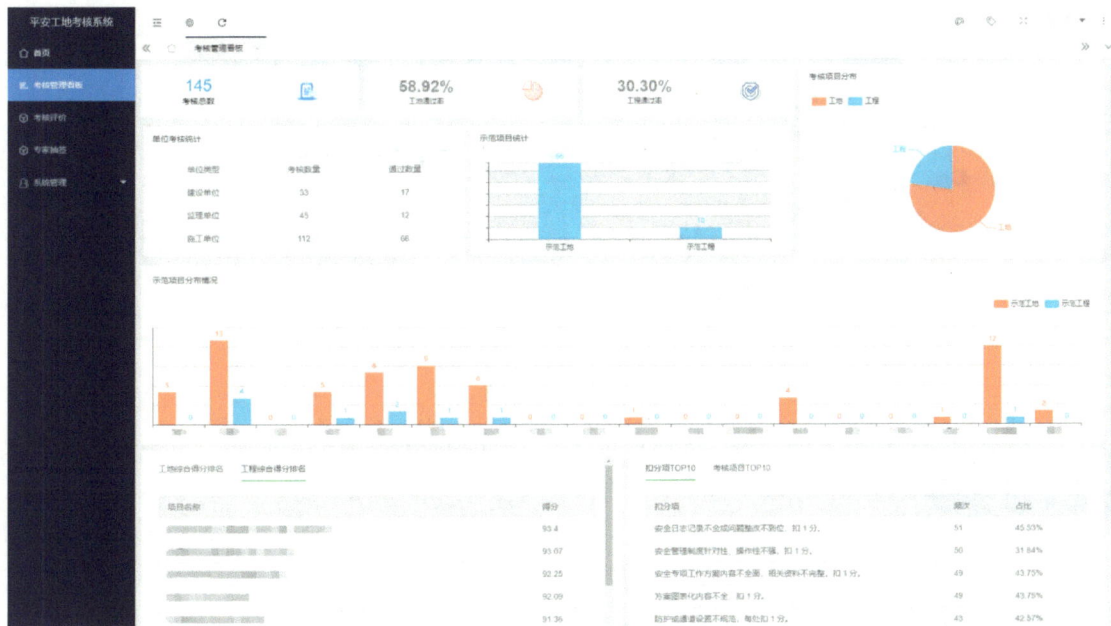

图2 在线考核系统（二）

案例 46 ▶ 三号线童家院子车辆段
供电安全联锁管理系统

基本信息

申报单位： 重庆轨道集团运营三公司

所属类型： 科学技术

专业类别： 企业管理

成果实施范围（发表情况）： 实施于三号线童家院子车辆段，可扩展至三号线全部三个车辆段

开始实施时间： 2020 年 6 月 1 日

负责人： 王　林

贡献者： 朱琳超、梁廷辉、方文凯、邓开银、唐　煌

案例经验介绍

一、背景介绍

重庆市轨道交通三号线采用跨座式单轨交通制式，其童家院子车辆段位于重庆市渝北区机场路旁。车辆段有28条电气化股道，5条非电气化股道，设置有19副道岔。供电系统采用110/35kV两级集中供电方式，设置1座牵引降压混合所，下设11台断路器组成11个供电分区，含有44台隔离开关。接触网采用1500V直流供电方式，接触悬挂采用刚性悬挂，由两根汇流排和接触线组成供电回路的正负极，悬挂安装于轨道梁两侧，分别由相应股道隔离开关供电。

跨座式单轨接触网接地与地铁接地方式不同，需将接触网负极与正极同时接地。我公司现有停电检修作业采用传统的方式进行挂（撤）地线，流程烦琐、低效，安全性完全依靠验电接地人员的自身素质和责任心。因此，迫切需要利用较为先进的智能管理系统来实现自动验电，挂（撤）地线，以降低检修安全风险。传统铁锁式门禁，安全系数较低。将现有的锁式门禁改造成为电子门禁系统，并与自动挂（撤）地线系统实现联动，可保证检修人员的人身安全。

二、项目目标

积极响应国家《防止电力生产重大事故的二十五项重点要求》政策法规，认真贯彻国务院"两新一重"指导思想，加强落实《电力安全工作规程》《接触网运行检修规程》的要求，以人为本、勇于创新，在技术手段上为安全作业创造可靠条件。杜绝电气误操作、防止人身伤亡、减少财产损失，以机械化替代人工化，迈向智能化，展望智慧化。

建立和应用安全联锁管理系统，在车辆段高压设备检修时，综合运用现代控制技术、标准化的电力自动化体系和光网络通信技术，利用高压带电检测及显示、可编程逻辑控制器PLC、隔离开关机械/电气联锁、电控联锁、联网控制、高清视频监控、设备互操作等技术，通过信息显示调度系统、可视化远程自动挂（撤）地线系统、安全警示系统、智能门禁控制系统、视频监视联动系统等多个子系统的安全联动控制，实现隔离开关分合闸联锁控制及状态显示、自动验电显示、自动挂（撤）地线作业、高清视频图像监控、平台门禁控制联锁、实时报警、车位自动检测、音频广播等功能。系统通过智能化、自动化、网络化和信息化手段，多点监视和集中监控，提高工作效率，节约管理成本，消除安全隐患，充分保证作业人员人身安全，实现人机联控确保安全的目的。

三、技术路线及成果

1. 系统组成框图

系统组成包括检修调度室显示调度系统、可视化远程自动挂（撤）地线系统、检修通道控制系统、门禁控制系统、视频监控系统、安全警示系统等子系统。系统组成框图如图1所示。

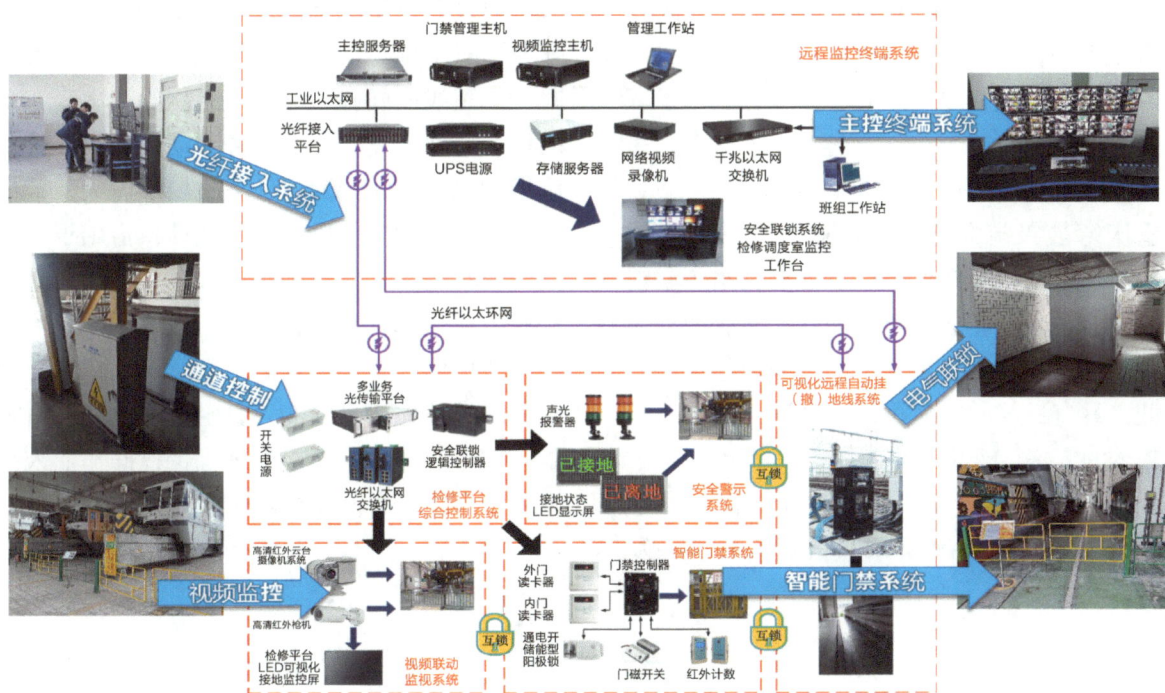

图1　系统组成框图

2. 系统的网络组成

系统主网络是工业千兆光纤以太网，使用铠装光缆，将库区内的每个检修股道的综合控制箱以及隔离开关柜旁的可视化远程自动挂（撤）地线装置，经光电交换机连接至检修调度室集中控制微机柜，并构成光纤环网。光纤通信的特点是不受外界干扰，传输带宽大且稳定可靠。同时，远程通信光缆采用环网结构，某一点出现故障不影响整个系统的通信。系统在车辆检修班组配置网络交换机，采用百兆以太网（可利用现有的资产管理系统网络），将工作站、通信适配器等设备连接检修调度室集中控制微机柜。

四、应用成效与评估

1. 规范作业，消除安全隐患

接触网停送电、验电和挂（撤）地线、平台门禁控制、车辆出入库控制均由系统自动化智能执行，杜绝误停送电、漏挂（撤）地线、超出作业范围、人员进出不清等安全隐患，极大地提高了断送电、挂（撤）地线的可靠性，提升了检修调度人员和维修作业人员的工作效率，使高压设备检修管理更加规范化、信息化和智能化。

2. 节约开支，降低维检成本

该系统操作简单、维护方便，不需配备专业供电人员进行停送电、验电、接地，不需配置跨座式单轨专用接触网验电器、接地线、绝缘劳保护具，有效节约了防护开支，降低了维护检修成本。

3. 提高效率，强化运营能力

以往检修作业需要花费40min进行防护设置和拆除。该系统将检修时间缩短至1min，大大提高了作业效率，提升了车辆段检修承载能力，令车辆段检修作业更快捷、更有序，综合强化了运营能力。

4. 改善条件，优化作业环境

重庆寒暑极端温差大，作业环境恶劣。检修人员利用该系统可在调度中心远控操作各联锁控制装置，改善了作业环境，降低了作业劳动强度，避免了中暑等人身意外。人员和管理成本大为降低，具有良好的社会和经济效益。

5. 信息互通，保障供电安全

系统与上网隔离开关电气联锁；检修库各列位工作状态以及各种警示和报警信号实时发布；检修调度的音频广播、现场作业人员与调度中心的语音通话等可进行辅助作业确认；检修调度对高压检修作业进行全面监视和预警，避免因人员不负责任造成的误分/合隔离开关、错/漏挂（撤）地线、带电进出平台通道的安全隐患，造成人身伤亡和设备损坏的重大事故的发生，对提高电网和用电设备的安全性，具有重要的现实意义。

五、推广应用展望

传统人工方式进行验电和挂（撤）地线，会受操作人员素质参差不齐、验电接地位置动态变化及安全工器具工作状态等因素影响，导致错挂、漏挂地线的情况发生。在铁路、地铁系统因错挂、漏挂地线等原因，已有多起触电事故和工作车撞地线的情况。

城市轨道交通正线列车运行频繁，施工密度大，对设备精检细修是保证列车安全运行的首要任务，每个施工作业点都要充分利用其有效作业时间。正线夜间施工作业计划相对饱满，在有限的作业时间内完成检修任务劳动强度大，设备设施维护工作"时间紧、任务重、难度大"，传统验电接地办理安全措施实施烦琐，占用了大量有效作业时间。

可视化远程自动挂（撤）地线子系统可运用到正线使用，将保证强制验电、接地，防止因错挂、漏挂接地线导致的人身触电事故，同时提高了有效作业时间，能更好地确保检修作业人身及设备安全，提高夜间检修作业效率。

案例 47　▶ 智能分段路网限速

基本信息

申报单位：四川省交通运输厅道路运输管理局

所属类型：科学技术

专业类别：道路运输

成果实施范围（发表情况）："两客一危"车辆、货运车辆

开始实施时间：2020 年 4 月

负责人：彭　涛

贡献者：周继斌、黄立鸿、韩　军

案例经验介绍

一、背景介绍

四川省地势复杂，山路居多，超速驾驶一直是交通安全的重大隐患。我局积极探索车辆"主动安全"，创造性提出在车载终端中加载智能路网电子地图，创新车辆智能分段限速管理，实现了"两客一危"车辆运行速度实时监管。

传统分段限速由运输企业在企业监控平台电子地图上自行绘制车辆限速路段，企业使用的电子地图不统一，绘制情况差异性很大，准确率低，与实际道路限速严重不匹配，缺乏统一标准，绘制路线覆盖范围极其有限，导致平台得到的数据不准确，经常会出现误报错报漏报等情况，严重影响了管理部门监管。

四川省交通运输厅道路运输管理局紧紧围绕落实监管责任、科技兴安理念、创新科技方法，提出在车载终端中植入电子地图，无论车辆走到哪里，都能实时提供当前路段的实际限速信息，并在车辆接近或超过限速值时，提醒驾驶员减速慢行，实现智能分段限速功能，紧抓源头管理，提升道路运输安全管理水平。

二、项目目标

根据现行的道路等级和路段限速规定，针对具体的路段对车辆执行相应速度限制标准，实现了营运车辆智能分段限速管理，提升了超速报警监管的准确性和有效性，规范驾驶员驾驶过程，杜绝车辆超速。为消除安全隐患加大安全生产事故风险防控力度起到积极作用，降低交通事故发生概率，让行业监管和企业管理真正落到实地。

三、技术路线及成果

1. 概述

应用四维图新旗下中寰卫星导航通信有限公司（以下简称中寰卫星）基于车载终端的路网电子地图产品，创造性地将四维图新路网电子地图内置到车载终端，内置路网地图涵盖全国800余万公里路网数据，改变了传统分段限速设置模式，由手动绘制行驶路段分段限速值变为自动获取当前道路限速值，把路网数据精确到米。

2. 路网电子地图功能介绍

路网电子地图是仅有道路路网信息的导航级高精度电子地图，主要包含道路类型、道路名称、道路实际限速值等要素，通过将路网电子地图植入终端设备主机中，实现"智能分段路网限速"功能，并按月远程升级电子地图数据。

路网电子地图启用后，车辆在运行时可通过车辆状态数据和位置数据，利用北斗卫星导航系统技术实现精准定位车辆位置，再结合内置离线高精度地图，实现快速匹配车辆所在路段的限速信息，定时提醒驾驶员当前道路实际限速值，对驾驶员超速行为进行实时预警、报警提醒，并将超速报警发生时车辆速度、所在道路类型、道路限速值等上报平台，方便管理部门根据道路实际限速值对营运车辆进行实时车速监管。路网电子地图使用北斗卫星导航系统，离线运行在没有信号的偏远路段也能精准定位、超速预警和报警。

内置离线高精度地图的使用，可以满足嵌入式应用快速查询定位地图数据的需求，即使终端硬件较差，也能满足快速定位查询。

路网电子地图全程离线运行，离线地图的技术应用也能让终端高频率的使用定位查询功能，从而满足在不同路段的限速值变化时实时检查车辆超速情况；同时也满足了车辆速度变化时检查是否超速的即时识别要求。

路网电子地图利用OTA远程升级技术，实现地图数据和应用程序的月度更新，实时更新动态信息，保障路网信息准确有效，利用最新的道路数据来评价超速行为，力求数据的真实准确。

地图数据部署在公有云，利用云端提供高并发、高速下载、可靠链接的能力，可满足车辆同时下载、更新地图数据的需求，提供快速、准确、安全可靠的地图服务。

路网电子地图服务平台采用微服务架构搭建平台，实现终端同平台的业务松耦合。目前实现了通过平台管理终端的地图许可使用权限，随着业务扩展的多样性，微服务架构可以更好地实现升级和扩展。

路网电子地图使用离线并行统计分析技术，从时间、用户等多个维度统计设备投入使用情况、地图升级情况、智能分段限速报警情况、设备活跃度、地图使用许可的预警和告警等，多维度的统计数据能让监管信息更丰富、监管力度更强，突出监控重点。

四、应用成效与评估

四川省共10款主动安全智能防控终端完成了路网地图植入终端应用，实现"智能分段路网限速"功能。全省3.13万辆"两客一危"车辆安装了主动安全智能防控设备，其中已启用"智能分段路网限速"功能的车辆数量为10262辆，占全省车辆总数的33.29%，计划于2020年8月底前全面启用全省"两客一危"车辆"智能分段路网限速"功能。

智能路网电子地图的启用让监管更加精细，系统报警准确度也有了大幅度提升，很多之前未暴露的安全隐患浮现出来。比如，2020年5月全省共计向驾驶员发送超速提醒4万余次。相较路网图启用前，超速报警数量增长超过400%，有效起到了超速实时提醒驾驶员、超速监管精细化的作用，真正做到了事前预防的效果，对道路运输安全管理具有积极作用。

五、推广应用展望

"两客一危"主动安全智能防控系统"路网电子地图"正式启用，创新了车辆智能分段限速管理模式，实现对"两客一危"车辆运行速度的实时监管。

将在四川省全省重型货车推广应用路网电子地图，强化重型货车的监管力度。进一步探索基于终端路网电子地图的深层应用，将危险路段、事故多发路段、公路地质灾害风险源路段、水源地、气象信息、道路限高限重等相关数据植入地图，扩大智能预警的范围。

安全监管不能一蹴而就，更不能一劳永逸。我局在加速智能防控系统应用的同时，积极探索道路运输安全监管工作长效机制，统一智能防控系统服务标准，让安全监管精准有效。

案例 48 ▶ 天津市交通运输行业安全风险分级管控与隐患排查治理信息化平台

基本信息

申报单位：天津东方泰瑞科技有限公司

所属类型：科学技术

专业类别：企业管理

开始实施时间：2019 年 11 月 3 日

负责人：詹水芬

贡献者：肖云杰、李 岩、庄 荣、徐凤霞、韩桂芬

案例经验介绍

一、背景介绍

《中共中央 国务院关于推进安全生产领域改革发展的意见》中明确指出，要求构建风险分级管控与隐患排查治理双重预防工作机制。

近年来，国内安全生产领域重特大事故频发，充分暴露出我国当前安全生产领域"认不清、想不到、管不好"的问题突出。对易发生重特大事故的行业领域，采取"风险分级管控、隐患排查治理"双重预防工作机制，构筑防范安全事故的双重防火墙，有效防范安全生产中多样性、突发性、关联性、连锁性和耦合性的各种风险，从根本上实现事故的纵深防御、关口前移和源头治理。

所以，必须坚决遏制重特大事故频发势头，对易发重特大事故的行业领域采取风险分级管控、隐患排查治理双重预防性工作机制，推动安全生产关口前移，最大限度地减少人员伤亡和财产损失。强化风险意识，构筑防范安全事故的双重防火墙，有效防范安全生产中多样性、突发性、关联性、连锁性和耦合性的各种风险，从根本上实现事故的纵深防御、关口前移和源头治理。

二、项目目标

"双控体系"的建成与运用，将极大地提高我市交通运输行业安全生产管理水平，有效助力我市交通运输行业安全生产工作水平持续提升，促进安全生产形势稳定向好。"双控体系"的建设将帮助我市交通运输行业牢固树立"有效管控风险、排查治理隐患、防范和遏制重特大事故"的思想意识，推动行业管理部门进一步明确工作职责与监管重点，敦促企业落实双重防控机制并使之常态化效运转。

推进差异化管理。突出重点、强化差异监管，提高工作效能，推动好的企业自主管理，实行差的企业重点监管。

推进标准化管理。推动企业"双控体系"建设标准化，落实企业以辨识管控风险为重点、排查治理事故隐患为核心的"双控体系"建设，以明晰化、具体化、规范化的标准，引导企业规范执行、有效落实。

推进精准化管理。推动风险监管精准化，开展企业风险、隐患分类分级，对安全风险进行精准化管理，确保安全风险处于可接受范围。同时，按期开展隐患排查，对发现的隐患按照当场整改、限期整改等进行分类施策，实施全过程的闭环管理模式，确保隐患整改彻底到位。

推进信息化管理。以信息化为支撑，促进企业"双控体系"有效落实。企业依托信息化系统做好风险分级管控、隐患排查治理以及系统信息更新、员工培训、应急演练等工作，实现企业风险管控与隐患排查治理的系统化和数字化。

三、技术路线及成果

为促进"双控体系"建设向规范化、信息化方向发展，推动、指导企业开展风险分级管控及隐患排查治理工作，信息化平台的建设按照国家和行业标准规范要求，遵循实用性、可扩展性、可靠性、安全性、规范性原则，开展了信息化平台建设工作。

信息化平台以风险管控、隐患排查治理为核心模块，覆盖企业和政府两类用户功能需求。

其中，企业端用户功能包含风险辨识、风险评估、风险管控及制订排查清单、制订排查计划、分配排查任务、开展隐患排查、隐患整改、隐患验收等功能。政府端用户功能包括企业管理统计分析、风险管控信息监控、隐患排查信息监控等功能。

通过建设天津市交通运输行业安全风险分级管控与隐患排查治理信息化平台，通过改变传统的安全管理模式，实现政府监管与企业安全管理的实时互联互通，帮助行业管理部门提升监管效率，帮助企业提高本质安全水平，运用"互联网+双控体系"的手段，打造政府监管与企业自主管理的新局面。

技术路线如图1所示。

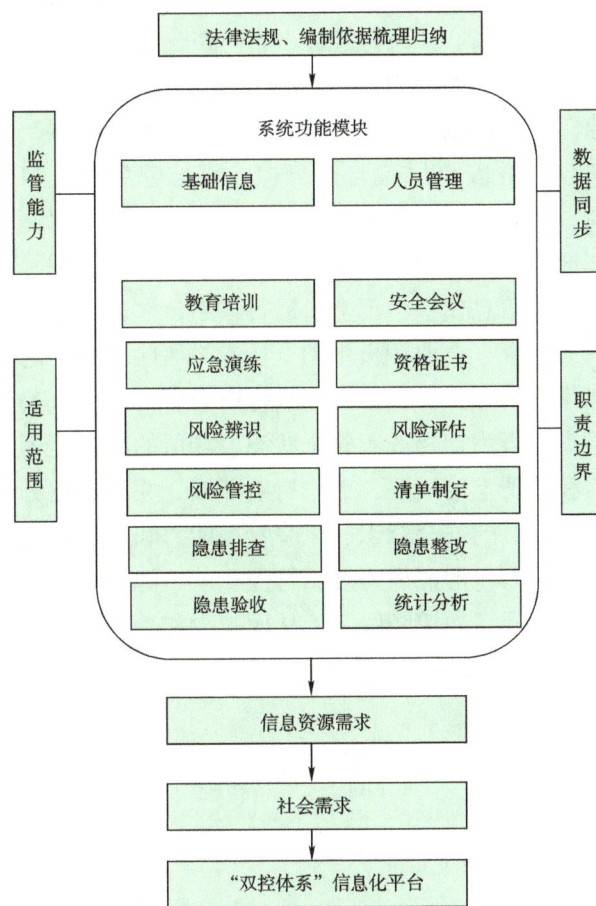

图1　技术路线

四、应用成效与评估

以行业需求为核心，全面识别了天津市交通运输企业内部可能存在的安全风险，共计辨识风险情景模式424类，辨识风险事件1442项、识别人的致险因素4038项、设备设施致险因素3372项、环境致险因素2597项以及管理致险因素3114项。通过评估分析风险事件发生的可能性及其后果严重程度，从而明确风险事件、风险点的风险等级。提出风险管控措施17051项，其中工程技术措施2918项、管理措施12604项、个体防护措施1529项。根据现行380余部法律、法规、标准、规范等，建立基础管理类（3172项）、现场管理类（3455项）及作业管理类（5547项）三类隐患排查清单（共计12174项），同时明确隐患排查对象、隐患排查依据、检查内容及排查周期等内容。切实解决企业内"认不清、想不到、治不好"的突出问题，协助企业分析存在哪些风险、如何评估风险、如何管控风险以及隐患排查治理查什么、什么时候查、如何整改等问题。

本项目的应用，有助于交通运输行业"双控"工作向系统化、规范化、信息化方向发展，实现企业安全风险自辨自控、事故隐患自查自纠，从而进一步落实企业主体责任，为有效遏制交通运输行业重特大事故的发生提供技术支撑。目前，信息化平台已上线运行，累计注册企业达到3262家，企业积极推动全员参与风险管控、隐患排查治理工作，自主查找生产经营活动中人的不安全行为、物的不安全状态、场所的不安全因素和管理上的缺陷，工作持续开展，并不断提升从业人员的安全意识、风险管控能力和隐患排查治理能力，形成风险辨识管控在前、隐患排查治理在后的"两道防线"，从而减少和杜绝各类生产安全事故的发生，保证安全生产。

五、推广应用展望

随着社会经济的发展，安全生产管理变得日趋复杂，生产经营企业需要加强安全风险的管控。"双控体系"信息化平台建设的目的是服务于企业和政府监管部门；使企业自主查找生产经营活动中人的不安全行为、物的不安全状态，场所的不安全因素和管理上的缺陷，并通过隐患排查的闭关流程将排查消灭潜在的隐患，避免造成重大事故；为政府管理部门对管辖区域内的风险点进行全面的监管，做到底数清、情况明，成为政府管理部门的强有力的安全管理助手。因此，"双控体系"信息化平台的建设使用具有重要意义。

把握契机，持续完善，以创新为驱动，以技术为引领，打造"双控"建设之重器，推动天津市乃至全国交通运输行业安全生产迈上新台阶。按照系统全面、分类分级、动态评估、风险可控、持续改进等建设要求，牢固树立"有效管控风险、排查治理隐患、防范和遏制重特大事故"的思想意识，致力形成企业风险自辨自控与隐患自查自纠、政府领导有力、部门监管有效、企业责任落实、社会参与有序的建设格局。我们也将继续创新工作思路，与不断推进"双控体系"的建设与运用，强化新技术的应用，实现监管方式不断升级，筑牢安全防线，与天津市及全国各地交通运输行业主管部门联手开创交通运输行业安全生产工作新局面。

案例 49 ▶ 河北省铁路沿线环境安全隐患整治管理系统

基本信息

申报单位：河北省交通运输厅

所属类型：科学技术

专业类别：交通设施运营养护

成果实施范围（发表情况）：河北省

开始实施时间：2020 年 4 月 30 日

负责人：周蕴璞

贡献者：梁金生、吴春鹏

案例经验介绍

一、背景介绍

近年来，随着国家铁路的加速建设、高速重载、高密运行，由铁路沿线环境造成的设备故障、交通事故、危及旅客列车运行安全等隐患问题大幅提升，铁路沿线环境治理压力愈加突出，铁路沿线环境安全治理在铁路运输安全管理中比重越来越大。河北省委省政府高度此项工作，明确河北省交通运输厅牵头负责铁路沿线环境安全监管职责。河北省交通运输厅坚决贯彻中央和省部关于铁路沿线环境安全治理的决策部署，推动

建立了三级联席会议制度，即省级建立由省直15个部门和铁路北京局集团组成的联席会议制度，各成员单位负责本行业本领域保障铁路运行安全的监管责任，各市、县也相应建立联席会议制度。同时，建立双段长制度，明确铁路沿线县、区和铁路有关单位实行双段长责任制，履行巡查、会商、处置及上报信息等职责。目前，全省建立了由联席会议负责协调，路地双段长负责落实的工作机制的基本形成，为有力、有序、有效地开展铁路沿线环境安全治理工作奠定了基础。在推进沿线环境安全隐患整治的过程中，发现当

前存在着隐患类型多，涉及责任部门多，路地沟通对接复杂等问题，造成整治过程费时费力。为此，我厅牵头开发了"河北省铁路沿线环境安全隐患整治管理系统"，专门用于推进铁路沿线环境安全隐患整治。该系统经过两个多月开发，已于2020年4月30日上线试运行。

二、技术路线及成果

针对路地段长会商费时费力、隐患认定整治标准不一等实际问题，我厅梳理出13类铁路沿线安全隐患，并逐项明确管控依据及认定整治标准。该系统针对各级各部门隐患整治管理需求，充分考虑使用者的便捷性，兼顾现场作业和后台统计，确立以铁路沿线环境安全隐患整治业务流程为基础，以优化组织结构、规范工作流程、提升流程效率、明确工作标准开展流程设计和功能设计。之前开展铁路沿线环境安全隐患排查，需要铁路部门派人对沿线先排查一遍，汇总整体移交地方后，路地再分别组织双方段长到现场核实确认一遍。整治完成后，双方段长还要到现场开展隐患验收，整个过程费时费力，特别是新冠疫情期间为路地双方段长见面会商带来了一些不便。且双方有一方未到场或对隐患处置有分歧，则隐患处置过程将变得更为缓慢，导致隐患不能及时整治。现在，通过该系统移动互联网、地理信息系统（GIS）等信息化手段，铁路方排查出隐患，填写位置、类型、规模、图片等详细信息后，直接移交地方段长。路地双方通过隐患详细信息开展确认、验收等工作，从根本上减少了大量会商、见面的需求，且整个整治过程均留痕可追溯，路地双方结合职责对沿线环境安全工作

交叉验证。省、市、县联席会议也可实时查看区域内隐患类型和分布情况以及整治进展全过程，更可以针对时间段内的隐患整治情况进行统计分析、自动形成分析结果，方便各级联席办不断完善区域内沿线环境安全重点。

三、应用成效与评估

系统依托当前已建立的省、市、县联席会议和路地双段长工作机制，聚焦当前影响铁路安全的13类隐患的排查、确认、整治、验收环节。通过移动互联网、GIS、大数据等信息化技术，解决了当前铁路沿线环境安全整治中存在的整治周期长、信息孤岛、权责不明、沟通不畅等问题，更避免了路地双方频繁见面会商。不仅大幅提升了沿线环境安全隐患整治的效率，更可以做到实时查看区域内隐患类型和分布情况以及整治进展全过程，为参与隐患整治的各方带来全新的信息化体验。通过本系统的推广应用，2020年专项整治活动完成时间较上一年提前了近40多天，隐患确认、验收等双方共同参与环节较上一年效率显著提高。

四、推广应用展望

这是全国首个铁路和地方共同使用的铁路沿线环境安全管理系统，尚属先行先试，是河北省交通运输厅深化长效机制，创新安全监管的重要举措，也是疫情常态化防控期间开展日常沿线隐患整治的重要手段，为全国铁路沿线环境安全隐患随查随清、动态清零提供了可复制、易实施的新思路，为深化铁路沿线工作长效机制提供了河北方案。

案例 50 ▶ 一种用于高速公路收费站 ETC 车道的安全提示系统（ETC 车道安全预警系统）

基本信息

申报单位：广西交通投资集团崇左高速公路运营有限公司

所属类型：科学技术

专业类别：企业管理

成果实施范围（发表情况）：在南友高速公路（G7211）、崇靖高速公路（S60）全线推广使用；获得广西交通投资集团安全生产"小发明、微创新"二等奖；获得国家实用新型专利

开始实施时间：2019 年 5 月

负责人：刘良旭

贡献者：龙万恩、郑义恒、陈峰标、黄　靖、陈　荣

案例经验介绍

一、背景介绍

电子不停车收费系统（ETC）作为高速公路创新收费方式、提升信息化水平的重要举措，有效解决了收费站交通拥堵问题，为广大 ETC 客户提供了方便、快捷、舒适的出行体验。但与此同时，因车辆驶入 ETC 车道时速度较快，车辆与收费人员之间存在视觉盲区，收费工作人员横穿车道时，易发生安全事故。近年来，全国各地发生了多起 ETC 车道人员伤亡事故，给 ETC 车道安全管理工作敲响了警钟。为提高收费站工作人员的工作安全系数，响应集团公司"交投先锋+攻坚突破"活动以及"运营管理效率创新年"的工作要求，崇左公司坚持以问题为导向，聚焦"科技治危"，运用科技的力量攻破运营管理工作中的痛点、难点。

二、项目目标

解决 ETC 全面推广后收费现场存在的安全隐患，防止在车辆驶入 ETC 车道时速度较快，车辆与收费人员之间存在视觉盲区，收费工作人员横穿车道时发生安全事故，研发一套人机交互系统，在收费人员与驾驶员之间进行相互提醒，以确保收费现场无安全事故。

三、技术路线及成果

（一）系统技术路线

1. 现场设备联动工作，规定横穿路线

ETC车道安全预警系统，设计时是利用车道上现有的线圈（光栅、天线识别信号）作为车辆检测信号，判断是否有车辆靠近收费站。通过软件系统与语音播报ETC门架信息屏、通行灯、LED显示屏、显示屏终端、栏杆机、通行按钮等硬件进行联动工作，提醒收费员避让车辆或提醒驾乘人员注意行人，并规定收费员横穿车道路线，整个系统不会对收费人员工作和车辆通行造成干扰。

根据设计需求，方案设计主要分成人跨越车道时禁止车辆通行和车道有车辆通过时禁止人通过两部分。

2. 语音播报，收费员、驾乘人员安全双提示

当车辆驶近收费站时，系统随即语音播报"车道有车，请勿在车道停留，注意安全"，显示终端显示"车道有车，禁止通行"，提醒收费员有车通过，注意安全。侧面LED显示屏显示绿色"↓"提醒驾乘人员车道可以通行。

3. 设定通行时间，语音播报，规范横穿车道路线

在无车情况下，收费员需要通过ETC车道时，按下终端过车道按钮，系统则显示通行15s倒计时（时间可以设置），同时语音播报"车道无车，请确认安全后，快速通行"，提醒收费员按规范快速通行；通行灯显示绿灯，提醒收费员可以通行，侧面LED显示屏显示"×"，提醒驾驶员注意行人，车道无法通行。

侧面LED显示屏、显示屏及过车按钮如图1、图2、图3所示。

图1 侧面LED显示屏　　　　图2 显示屏　　　　图3 过车按钮

4. 车道有车，语音播报，车道无法通行

在车道有车的情况下，终端过车道按钮将失效，并发出"车道有车，请勿在车道停留，注意安全"语音提示信息，防止收费员在危险情况下跨越车道。

门架信息屏、显示屏界面（一）如图4、图5所示。

5. 横穿车道，禁止栏杆机动作

若员工通行ETC车道时有车辆误闯进入，栏杆将禁止起杆，阻拦车辆通行，防止车辆碰撞车道内行人。当15s（时间可以设置）倒计时结束且收费员已安全通过车道后，ETC车道显示屏则恢复原内容，栏杆机允许动作。

图4　门架信息屏

图5　显示屏界面（一）

功能表见表1。

功　能　表　　　　　　　　　　　　　　　　　　　　　　　表1

项目	ETC 车道门架信息屏	车道侧面 LED 显示屏	人员通行提示灯	终端显示屏	语音播报	过车道按钮	是否起杆
车道有车禁止员工通行时	"ETC 专用↓"	绿色 "↓"	红灯	"车道有车，禁止通行！"	"车道有车，请勿在车道停留，注意安全！"	失效	允许起杆
车道无车员工可通行时	"注意行人！×"	红色 "×"	绿灯	15s 倒计时 "请确认安全，快速通行！"	"车道无车，请确认安全后，快速通行！"	有效	禁止起杆

显示屏界面（二）、（三）如图6、图7所示。

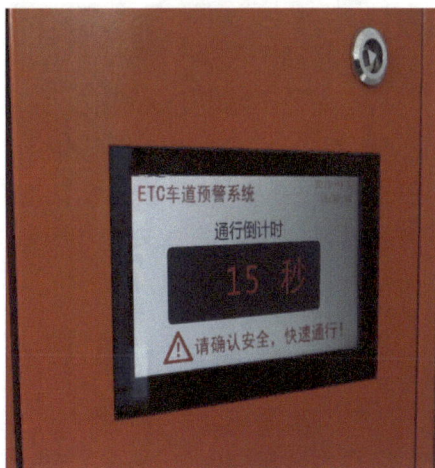

图6　显示屏界面（二）

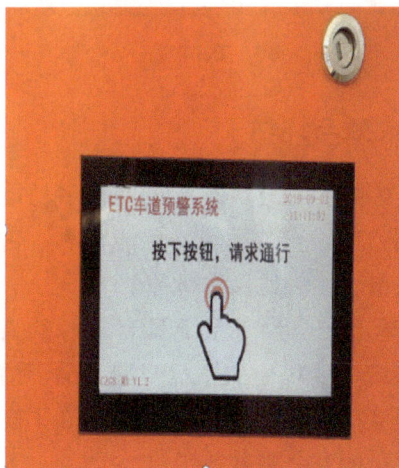

图7　显示屏界面（三）

（二）创新成果介绍

（1）ETC车道安全预警系统主要分为人跨越车道时禁止车辆通行和车道有车辆通过时禁止人通过两部分，整个系统不会对收费人员工作和车辆通行造成干扰。

（2）与同类产品相比，该系统具有多功能使用价值、使用方便、安装简单、性能可靠、占据空间小、无误报、性价比高（产品成本价2300元左右）等优点。

（3）ETC车道安全预警系统具有友好的人机交互界面，系统可直观地从显示终端、语音播报，把车道情况实时反馈给用户，大大提高了高速收费站工作人员的安全指数。

（4）ETC车道安全预警系统产品已在南友

高速公路（G7211）、崇靖高速公路（S60）全线推广使用，共计60余套，使用时间有1年，使用期间产品性能可靠稳定，无误报，故障率低，可防止误闯ETC车道的车辆碰撞车道内行人，防止收费工作人员在危险情况下跨越车道，有效提高了高速收费站工作人员的安全系数，在安全管理方面，具有很高的推广使用价值。

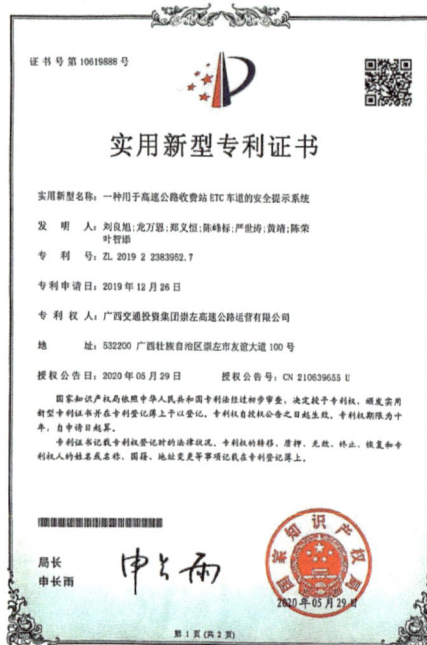

图8　证书正面

四、应用成效与评估

（1）与同类产品相比，该系统具有多功能使用价值、使用方便、安装简单、性能可靠、占据空间小、无误报、性价比高等优点。

（2）ETC车道安全预警系统具有友好的人机交互界面，系统可直观地从显示终端、语音播报，把车道情况实时反馈给用户，大大提高了高速收费站工作人员的安全指数。

（3）ETC车道安全预警系统属于崇左公司机电维护员自主编写程序、自主进行外观结构设计的自主产品，产品成本价2300元左右，产品已在南友高速公路（G7211）、崇靖高速公路（S60）全线推广使用，共计60余套，使用期间

（5）获得国家知识产权局颁发的实用新型专利证书（图8、图9），享有专有人身权、财产权、独占权、许可权、转让权等多项专有权利；任何单位或者个人未经专利权人许可，都不得实施其专利，即不得为生产经营目的制造、使用、许诺销售、销售、进口其专利产品，或者使用其专利方法直接获得的产品。

图9　证书反面

产品性能可靠稳定，无误报，故障率低，可防止误闯ETC车道的车辆碰撞车道内行人，防止收费工作人员在危险情况下跨越车道，有效提高了高速收费站工作人员的安全系数，在安全管理方面，具有很高的推广使用价值。

五、推广应用展望

ETC车道安全预警系统属于崇左公司机电维护员自主编写程序、自主进行外观结构设计的自主产品，产品成本价低，使用期间产品性能可靠稳定，无误报，故障率低，具有很高的推广使用价值，可向全国收费站ETC车道推广使用，从而提高高速收费站工作人员的安全系数，解决收费站安全管理的"痛点"。

案例 51 ▶ 创新高速公路车辆救援服务模式

基本信息

申报单位：广东粤运交通拯救有限公司

所属类型：科学技术

专业类别：交通设施运营养护

成果实施范围（发表情况）：《中国高速公路》2018 年第 4 期、《广东交通》2018 年第 4 期总第 196 期、《中国高速公路》2017 年第 5 期

开始实施时间：2012 年 6 月 19 日

负责人：卢　峰

贡献者：林斌锋、廖广宇

案例经验介绍

一、背景介绍

随着车辆保有量不断增加以及城际出行日益增多，对高速公路通行效率和通行能力提出了更高要求，高速公路车辆救援单位在高速公路保安全、保畅通机制中发挥越来越重要的作用。 传统高速公路车辆救援主要有两种模式：一是由高速公路经营管理单位自行组建救援队伍，二是由高速公路经营管理单位委托社会化的个体救援公司。第一种模式无法向非自营高速公路提供车辆救援服务，较难形成规模化效应，无法发挥特殊救援设备的协同优势。第二种模式高速公路业主一般以面向社会招投标，在操作安全性、规范性、收费的规范性较难得到有效保障。

二、技术路线及成果

2012年，广东省交通集团统筹部署，由广东粤运交通股份有限公司具体落实，组建了广东粤运交通拯救有限公司（以下简称"粤运拯救公司"），统筹集团系统内高速公路车辆救援，服

务里程约占全省高速公路总里程的60%，实现规模化、集约化、标准化管理。广东省交通集团提出企业服务共享、费用共担的运营机制，即由高速公路业主按服务委托里程给予补贴，在车主和业主两个方面共同负担，从而保证救援企业能正常运作，确保高速公路"保安全、保畅通、服务社会大众"的社会责任落到实处，实现对高速公路服务有效管控，达到高速公路车辆救援企业社会效益和经济效益的有机统一。得益于这一创新机制，粤运拯救公司成长为广东省内规模最大、位居全国拯救行业前列的专业道路救援企业，拥有各类型救援车辆569台，员工逾700名，下设3个分公司共16个拯救大队，138个常驻拯救点遍布全省各地，高速公路车辆救援服务里程八年间从零增长至5610km；现公司清障救援作业年作业量逾15万宗，严格按照广东省高速公路救援服务收费标准收费，不存在天价收费现象。

三、应用成效与评估

（一）应用成效

1. 优化资源整合，发挥规模网络效应

公司不断将车辆救援业务整合，优化路段人员及救援设备配置，提高资源利用率，形成全路网布局合理的救援网络。并借助规模网络优势，根据道路特征、车辆通行量、行驶车辆类型、事故及故障发生频率等因素，在服务网络关键节点打造枢纽点，配置更齐备的救援设备和能力更强的队员，扩大服务辐射面，发挥良好的资源协同性，促进救援服务效率的提升。如公司河源石坝枢纽点，辐射3条高速路段，有效解决了路段节假日期间经常出现的因救援不及时造成拥堵的情况。

2. "互联网＋交通拯救"，信息化助力提质增效

公司主动拥抱互联网、借力互联网。2013年构建了基于移动互联网的高速公路应急救援管理系统及交通信息服务系统，已获得国家知识版权局相关专利，并在2016中国（小谷围）交通运输行业转型升级创新大赛中获得了最佳现场表现奖、创新大赛一等奖。该系统一方面聚合网页、电话、手机应用、微信公众号，"一键救援""实时定位"等功能实现车辆救援信息高效共享、互动与传递，高效调配车辆救援资源，交警和路政部门有效联勤，拯救队员快速应对处置，作业平均到场时间18.59min，平均清障时间8.43min，极大提升车辆救援服务效率。

3. 创建"七八九"安全作业法，提升安全防控能力

公司通过不断总结、提炼，创建了高速公路车辆清障救援"七八九"安全作业法；作为高速公路车辆救援作业现场的宝典和手册，进一步规范队员清障救援作业行为，提高队员的安全生产意识，提升高速公路车辆救援作业现场的安全防控能力。目前，该安全作业法已在港珠澳大桥及江西、辽宁部分地区推广应用，取得良好效果。

4. 成立技术委员会，打造专业拯救队伍

公司从救援队伍中挑选25名经验丰富、技术过硬的员工组建技术委员会，积极开展车辆救援技术、救援设备的研究，编制形成75个复杂现场清障救援案例教材，优化了29项安全操作规程和安全作业流程，联合清障车制造厂家优化改进救援设备80余项内容，提高了作业现场安全风险防控能力和救援队伍综合作战能力。

案例：针对轮胎损坏、前桥和后桥已完全移位而无法正常拖拽的车辆，如采用吊至大型平板车上拖运的方法，作业时间过长，易超高，无法通过桥梁、隧道和收费站等。公司通过总结、提炼，形成了"抬轿子"作业方法：选用两台相应吨位的大型拯救车辆，停放在被救援车前后端，将被救援车前后托起（离地约30cm）；托举后前后用卷扬机拉紧（注意松紧度）两条钢丝绳，固定在救援车前后端，加强安全防护；托起后将伸缩臂收尽，往后伸出10~15cm，预留托臂足够活动空间；前车动力，后车怠速跟随，缓慢拖离事故现场。采用"抬轿子"作业方法，40min内完成车辆救援作业，较传统救援方式节省2h以上。

5. 搭建信息管理平台，实现科技兴安

公司不断推进安全生产标准化建设，搭建公司安全技术信息管理平台，实现安全技术信息化

管理；公司各层级安全管理人员通过平台及时掌握分公司、队部包括安全生产隐患排查治理、安全学习、问询告知、车辆检查、作业现场安全围蔽、车辆维修等工作开展情况，通过安全生产检查多角度及时全面排查和治理安全隐患。

6. 打造培训基地，形成标准化、规范化培训体系

公司粤西培训基地是全省首个集高速公路车辆救援理论培训、实操训练和案例演练于一体的培训基地。培训基地建成助推内部培训标准化、管理系统化、精细化，成为公司构建人才队伍培训体系的新支撑、新柱石。公司新入职队员不少于72学时的岗前三级安全培训及拯救队员每年不少于20学时的脱产培训，集中安排到培训基地进行理论、实操等清障技能的培训、考核。

（二）应用评估

八年间，公司制定了高速公路救援安全生产标准化指引，形成了规范的作业安全操作流程，在实现企业自身稳健发展的同时，赢得了高速公路业主和社会大众的认可，也吸引全国同行借鉴学习。同时为港珠澳大桥主体工程交通救援业务、江西省高速公路投资集团有限责任公司及辽宁省高速公路运营管理有限责任公司提供清障救援业务技术咨询服务，以"安全、高效、规范"的粤运拯救公司的安全管理模式为同行提供样板参考，为行业标准建立、行业向好发展贡献新思路和智慧，共同推动出行服务能力和水平提升。

粤运拯救公司的道路救援安全管理模式为广东省道路救援管理提供创新范本，为道路救援行业发展提供新的思路。

四、推广应用展望

本案例在广东省交通运输厅组织的2020年广东省交通运输行业科技兴安和安全宣教"创新案例"征集活动中被评为科技创新技术特别优秀案例。此模式可在全国范围内推广，以提高高速公路车辆救援行业的整体服务质量，保障高速公路畅通和安全，减少二次事故发生的概率。

案例 52 ▶ 地连墙大型钢筋笼安全下放工艺研究与应用

基本信息

申报单位：广西荔玉高速公路有限公司

所属类型：科学技术

专业类别：交通工程建设

成果实施范围（发表情况）：平南三桥北岸地连墙大型钢筋笼下放（发明专利《一种地连墙钢筋笼下放方法》于2020年1月6日受理）

开始实施时间：2018年8月9日

负责人：张荫成

贡献者：李江华、吕东滨、谢来坤、江奎明、陈嘉臻

案例经验介绍

一、背景介绍

平南三桥采用地下连续墙基础，外径为60.0m，墙身厚1.2m，地连墙按不等高设计，嵌入中风化泥灰岩不小于4.0m，地连墙顶面高程为24.0m，地面高程为−11.0~−5m。墙身高29.0~35m。地连墙施工槽段分Ⅰ期、Ⅱ期两种槽段，Ⅰ期、Ⅱ期槽段均为20个。地连墙钢筋笼在胎架上整体加工成型，采用大型吊装设备吊装下放至槽段内，钢筋笼最大尺寸为

37.15m×6.48m×1.02m，总重约为36t。钢筋笼体积大、重量大、起吊下设难度大，是工程建设中危大工程安全管控重难点之一。

二、项目目标

实现地连墙大型钢筋笼安全下放。

三、技术路线及成果

地连墙大型钢筋笼安全下放方法：地连墙钢筋笼利用主、副两台起重机进行起吊，如图1

所示。吊钩下挂滑轮，滑轮内套千斤绳，此种设计可使在钢筋笼翻身过程中千斤绳的两端保持共同受力，千斤绳的绑扎点需按照图1所示布置，可利用起吊架设置多组相同作用的滑轮千斤绳保持钢筋笼在整个过程中平衡。副吊吊点滑轮3下设千斤绳Ⅰ5，主吊吊点滑轮4下设千斤绳Ⅱ6和千斤绳Ⅲ7，主、副吊点一起将地连墙钢筋笼8提起一定高度，此时千斤绳Ⅰ5、千斤绳Ⅱ6受力，千斤绳Ⅲ7处于松弛状态。使副吊吊点1保持高度不变，慢慢提起主吊吊点2，如图2所示，直至钢筋笼完成翻转。此时，钢筋笼完全由千斤绳Ⅱ6受力，如图3所示。再将所有千斤绳Ⅰ5的绑扎点解除，由主吊点起重机运至地连墙槽孔9，将钢筋笼8吊放入地连墙槽孔9内。在千斤绳Ⅱ6下方测绑扎点到达方便解卸扣的位置，利用扁担梁10将钢筋笼卡在槽口，如图4所示，将千斤绳Ⅱ6下方侧的绑扎点解除，再利用千斤绳Ⅲ7受力，将钢筋笼稍提起，取出扁担梁。再次使用扁担梁将千斤绳Ⅱ6上方侧的绑扎点解除。利用千斤绳Ⅲ7受力，将钢筋笼下放到位，如图5所示，解除所有千斤绳Ⅲ7的绑扎点，完成地连墙钢筋笼的下放。

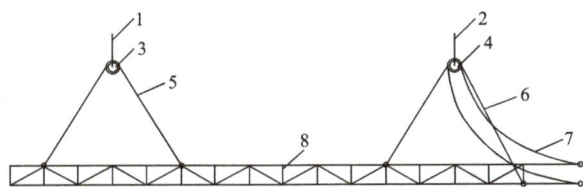

图1　钢筋笼起吊示意图

1-副吊吊点；2-主吊吊点；3-副吊吊点滑轮；4-主吊吊点滑轮；5-千斤绳Ⅰ；6-千斤绳Ⅱ；7-千斤绳Ⅲ；8-地连墙钢筋笼

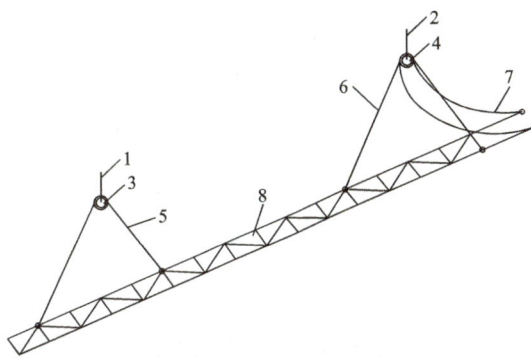

图2　钢筋笼翻转过程示意图

1-副吊吊点；2-主吊吊点；3-副吊吊点滑轮；4-主吊吊点滑轮；5-千斤绳Ⅰ；6-千斤绳Ⅱ；7-千斤绳Ⅲ；8-地连墙钢筋笼

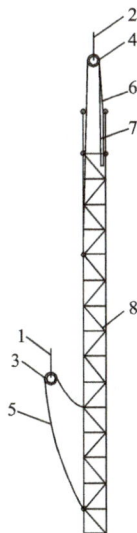

图3　钢筋笼翻转到位

1-副吊吊点；2-主吊吊点；3-副吊吊点滑轮；4-主吊吊点滑轮；5-千斤绳Ⅰ；6-千斤绳Ⅱ；7-千斤绳Ⅲ；8-地连墙钢筋笼

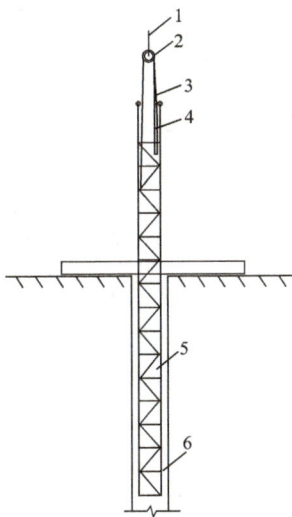

图4　钢筋笼下放过程受力点转换

1-主吊吊点；2-主吊吊点滑轮；3-千斤绳Ⅱ；4-千斤绳Ⅲ；5-地连墙钢筋笼；6-地连墙槽孔

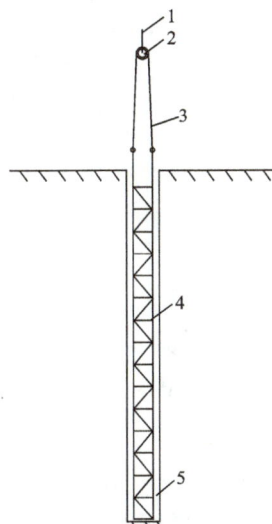

图5　钢筋笼下放到位

1-主吊吊点；2-主吊吊点滑轮；3-千斤绳；4-地连墙钢筋笼；5-地连墙槽孔

四、应用成效与评估

（一）地连墙大型钢筋笼安全下放方法应用

1.钢筋笼制作

根据其他工程施工经验，现确定钢筋笼拼装顺序为：

（1）将纵向骨架筋与对应内、外侧纵向主筋焊接成为纵向骨架片，横向骨架筋与加强水平筋焊接成为横向骨架片。

（2）在钢筋笼加工胎架上定位摆放外侧水平筋。

（3）将纵向骨架片与外侧水平筋焊接。

（4）将外侧纵向主筋与水平筋焊接。

（5）将外侧保护层垫块与外侧水平筋焊接。

（6）将横向骨架片与外侧纵向主筋焊接。

（7）将外侧声测管按设计位置焊接。

（8）将内侧纵向主筋与横向骨架片焊接。

（9）将内侧水平筋与内侧纵向主筋焊接。

（10）将内侧声测管按设计位置焊接。

（11）将两侧鱼尾筋与内、外侧水平筋焊接。

（12）将钩筋、内衬连接筋与纵向主筋、水平筋焊接。

（13）将内侧保护层垫块与内侧水平筋焊接。

（14）焊接钢筋笼吊点钢筋，安装钢筋笼两侧定位PVC管、监测预埋件等其他附属构件。

2.钢筋笼起吊运输

钢筋笼起吊应选用合适的起重设备，下面以平南三桥项目为例进行说明。

根据工程下设最大钢筋笼时工况选择吊车。平南三桥钢筋笼最重约37t。钢筋笼采用"钢扁担"双钩起吊，配备1台180t履带式起重机和1台80t履带式起重机，180t履带式起重机为主吊，80t履带式起重机为空中翻转之用。

（1）钢筋笼起吊吊点设计。

钢筋笼用两台起重机起吊，其中主吊吊点8个，布置在钢筋笼的上方；副吊吊点Ⅰ期槽笼12个，布置在钢筋笼的上、中、下部，吊点布置如图6所示。

图6 地连墙钢筋笼起吊

（2）吊具。

主、副吊具采用"钢扁担"起吊架、滑轮自动平衡重心装置，中间不倒绳，一次吊起。主吊吊具按1000kN荷载设计，配4个25t单门滑轮；副吊吊具按750kN荷载设计，配4个17t单门滑轮。

（3）钢筋笼的平移。

水平运输时，采用180t履带式起重机作为主吊，80t履带式起重机作为副吊，由两台履带式起重机共同将分节钢筋笼水平起吊。先将钢筋笼吊离地面30cm左右，停机检查吊点的可靠性及

钢筋笼的平衡情况，确认正常后开始缓慢移动主吊及辅吊，将钢筋笼运输至槽孔前的施工平台上。运输过程中应绝对避免钢筋笼在地面拖引，以免导致钢筋笼变形。钢筋笼吊运方式如图7所示。

3.钢筋笼下设

（1）在钢筋笼下设前采用超声波测壁仪对槽形进行加密测试（图8），分析槽形，确保槽形满足要求后方可钢筋笼下设，避免钢筋笼出现无法下设或刮槽现象。

图7 钢筋笼空中翻转

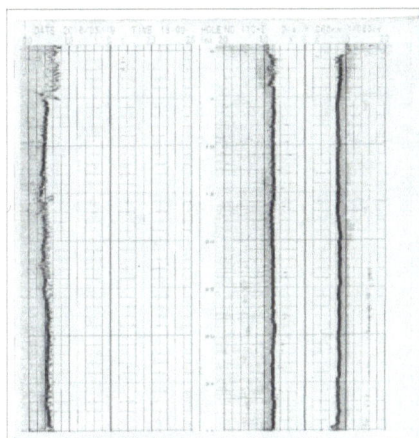

图8 槽壁超声波检测

（2）在孔口起吊时，副吊抬起后逐步前送，通过滑轮组保持吊点的平衡，直至竖起后重量全部转移到主吊车上。

（3）在钢筋笼下设时（图9），对准槽段中心轴线，吊直扶稳，缓缓下沉，避免碰撞孔壁。

（4）在钢筋笼接近至预定高程时，检查笼体平面位置，如超出标准，则进行调整。钢筋笼预设4个同高程的吊点，当钢筋笼下设到预定高程时，用矩形钢扁担将钢筋笼架立在导墙上，并用水准仪校准槽钢的顶面高程，确保在同一个水平面上。将主吊下排钢丝绳和顶部预留钢丝绳用卸扣连接在一起。检查连接完好后，主吊提升吊点，待钢筋笼刚刚提起时，抽出搁置钢扁担，继续下设钢筋笼。

（5）在钢筋笼接近至预定高程时，检查笼体平面位置，如超出标准，则进行调整。钢筋笼

顶部预设4个同高程的吊点，当钢筋笼下设到预定高程时，用钢扁担将钢筋笼搁置固定在导墙上。然后拆除卸扣，下设完成。

图9 下设钢筋笼

（二）地连墙大型钢筋笼安全下放方法应用成效

该地连墙大型钢筋笼安全下放方法的应用，平南三桥北岸地下连续墙20个I期槽及20个Ⅱ期槽的大型钢筋笼均安全、顺利地吊装到位，吊装入槽就位的一次成功率达到100%，没有出现钢筋笼变形、散架，钢丝绳脱钩、断裂问题，安全生产始终保持可控、在控状态，有效遏制了安全事故的发生，有力深化平安工地建设，达到了预期的效果。

五、推广应用展望

平南三桥北岸地下连续墙钢筋笼吊装实现全程安全施工，是在地下连续墙工艺在国内大路径拱桥中的首创应用的大背景之下的成功实践，随着国家经济的发展和社会的进步，地下连续墙工艺在大跨径拱桥基础中的应用也将更为广阔，在创造良好的经济效益的同时，也能为其他类似工程提供参考借鉴。

案例 53 ▶ 红外线警戒张拉防护架在预制梁施工过程中的应用

基本信息

申报单位：青海省交通建设管理有限公司

所属类型：科学技术

专业类别：交通工程建设

成果实施范围（发表情况）：在本项目预制梁张拉施工过程中采用，目前已多次使用，未出现安全事故

开始实施时间：2019 年 8 月

负责人：马小军

贡献者：郭东峰、韩生虎、邱志军

案例经验介绍

一、背景介绍

随着我国高速公路建设幅度不断增加，装配式施工工艺日益成熟，现有高速公路预制梁场张拉施工所使用的张拉架功能单一，尤其在千斤顶在换孔的时候，要使用人工倒链，费时费力。另外，张拉施工是一道存在很大安全隐患的工序，考虑到以上原因，为提高张拉过程中的安全性及施工效率，G0611张掖至汶川高速公路扁都口至门源段公路工程BMTJ-YZ2标项目（中交隧道工程局有限公司承建）创造性地发明了一种多功能的张拉防护架。使整个工序的安全性及千斤顶换孔效率得到了极大提升。

二、项目目标

（1）提高施工效率，省时省力，降低人工投入准确率。

（2）为加强防护，保证施工人员进入危险区域可发出报警提醒，提高安全性。

（3）提高千斤顶定位精确性，保证预应力

施工质量。

三、技术路线及成果

根据设计规划图纸，做出产品框架，之后安装正面的木板，再安装电动升降装置，最后安装红外报警装置。框架采用型钢制作，主体受力杆件采用10号槽钢，面板采用6mm钢板制作。电动装置由升降和传动两部分组成。升降装置上端由小型号的电葫芦链接到滑槽，滑槽采用轴承的方式来进行前后左右的移动。滑槽的梁端与张拉架的两侧横梁以焊接的方式固定。升降装置的下端

采用以挂钩连接千斤顶顶部钢丝绳的形式再次连接，以便于拆卸（图1）。

另外，在张拉架的两侧安装铝合金管，与张拉架采用90°定位合页连接，这样既可以保证在释放后杆与地面水平，使用结束时方便收起。在杆件端头安装红外报警装置，在进行张拉施工时，两个张拉架的警戒装置同步工作，形成红外警戒线，当有人进入安全警戒区域时，该装置会发出警报，提醒行人及时离开施工区域，避免造成安全事故。张拉防护示意如图2所示。

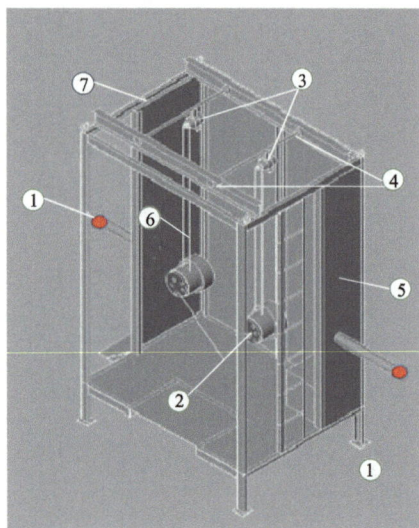

图1 张拉架组成示意图

1- 红外线报警器；2- 千斤顶；3- 电葫芦；4- 滑槽；5- 防护架面板；6- 钢丝绳；7- 顶部支撑横梁

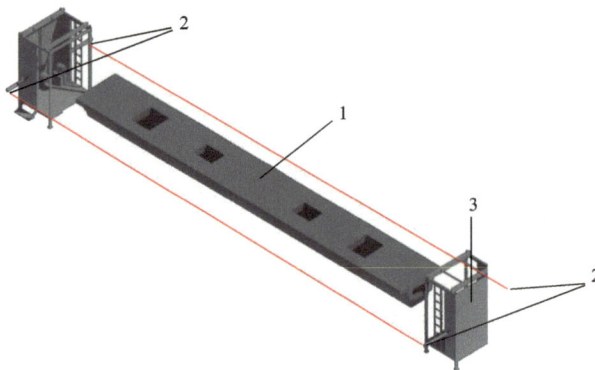

图2 张拉防护示意图

1- 预制梁；2- 红外线报警器；3- 张拉防护架

四、应用成效与评估

该装置构思新颖、操作简单，具有以下应用成效：

（1）该新型红外线警戒张拉防护装置自动化程度高，操作简单，相比较传统的张拉架，可由一人独立的完成整个张拉施工过程，节约成本，降低了劳动强度，节省了工作时间，提高了工作效率。

（2）该装置防护能力强，安全性能好，红外线警戒装置的安装，能有效保证施工区域安全，避免事故的发生。

（3）该装置定位准确，可有效保障千斤

顶与预制梁管道同轴，有利于预应力施工质量控制。

目前，项目的成果已成功在全省约11个预制场使用，生产梁板约20000片。

适用于各类型公路、铁路后张法预制梁施工。

项目投入使用至今，施工过程中操作简单，极大地节省了张拉工的投入，而且经反馈张拉数据正确率100%，各项目均无预应力方面的安全事故发生，机械化替人，电动代替人力的设计理念亦符合"平安交通"和"绿色公路"的发展战略。

现场应用情况如图3所示。

图 3　现场应用图

五、推广应用展望

装配式施工已成为行业发展的重要趋势，我国在2025年装配式施工将达到30%，梁板预制更

是不可或缺的一环。后张预应力施工的成熟性更是得到业界的认可。

从安全性来讲，该装置将施工区域形成一个封闭圈，能够警告施工人员及外来人员远离危险区，有效降低安全隐患发生的可能性，具有良好的应用价值和推广效果。

从质量方面讲，该装置采用电动提升，方向灵活，定位准确，可有效保障千斤顶与预制梁管道同轴，有利于预应力施工质量的控制，具有很好的推广价值。

从经济方面讲，该新型红外线警戒张拉防护装置自动化程度高，操作简单，相比较传统的张拉架，可由一人独立的完成整个张拉施工过程，节约成本，降低了劳动强度，节省了工作时间，提高了工作效率，成果推广应用前景十分广阔。

案例 54 ▶ 隧道养护清洗机械代替人工

基本信息

申报单位：陕西交通建设养护工程有限公司

所属类型：科学技术

专业类别：交通设施运营养护

成果实施范围（发表情况）：已在我公司隧道日常养护项目中应用，获得实用新型专利证书 1 项

开始实施时间：2015 年 4 月

负责人：李景超

贡献者：高景伟、冯岁龙、李万军、沈　玲、尚为公

案例经验介绍

一、背景介绍

随着我国山区高速公路建设的发展以及通车里程数的增加，隧道公路里程数亦不断增多，隧道内日常养护清洗任务越来越多，为及时安全快速地完成隧道内清洗任务，保证高速公路隧道内行车安全和道路交通通畅，降低社会公众对高速公路拥堵和尤其是隧道内发生交通事故的关注度。高速公路日常安全监测情况表明高速公路养护，尤其是隧道内养护清洗极易造成路面行车不畅，甚至发生意外安全事故，不仅会造成人员的伤亡、车辆的损毁，而且造成巨大的社会影响和经济损失。降低公路隧道养护可能带来的社会影响和经济损失程度，一方面要多应用机械，减少人力应用，降低养护作业自身意外伤害发生概率；另一方面要快速高效完成工作任务，安全有序撤出清洗人员队伍和设备设施，保证路面畅通。隧道养护清洗作业主要涉及内壁清洗，且按照规范规定，作业区域应按长期作业区进行管控，其中大部分清洗任务属于高空作业，由于任务重、时间紧迫，且封闭区域距离长，一般采用人工或简单机械进行清洗。一方面全部使用人工

或较多使用人工，极易发生高空坠落安全意外事故和其他意外事故；另一方面，养护清洗隧道封闭、清洗人员和工具（包括移动支架作业平台等）进场种类数量多、撤出清洗人员和清洗工具隧道时间长，极易造成交通不畅，给隧道养护清洗作业、公路安全保畅带来极大的管理压力和运营压力。

新型实用隧道清洗设备，较之于简单清洗设备和人工清洗，其效率高、成本低、清洁效果好、安全性能高，可谓优势明显，不仅适合短小隧道清洗工作，更适合于大长隧道繁重强度清洗工作。目前，较之国内许多运营高速公路隧道清洗仍使用简单机械或人工，我公司已大力推行隧道机械清洗设备，并取得了良好的应用效果。

新型实用隧道清洗设备——可滑动折叠式高速公路隧道清洗机，解决了安全性能低、效率低、成本高和清洁效果不好的难题，实现了清洗速度快，安全性能高，占用空间少，节省了大量人力和物力，降低了隧道清洗作业安全风险，保证了清洗效果，为公路运营节省了宝贵的空间和时间，使安全管理和安全保畅压力减轻。

二、项目目标

隧道养护清洗机械代替人工项目是陕西交通建设养护工程有限公司于2013年发起的，目的是安全、经济、快速、有效地完成公司范围内公路日常养护项目中隧道清洗专项工作任务，从本质上解决隧道清洗庞大而繁重的工作，并响应国家号召和社会发展要求，实现了机械代替人工，推动行业发展，告别了落后的人力生产方式，现已产生一定的社会经济安全效益。

三、技术路线及成果

此前，隧道清洗采用人工或简单机械进行清洗，由于大量采用人工，致使清洗过程中难免有意外伤害事故发生；速度慢，难免造成交通不畅，引起其他交通意外伤害事故发生，人力物力消耗大且清洗效果不好。为深入贯彻实施陕西省交通运输厅"科技兴安"号召，扎实推进平安工地，降低人员安全意外伤害风险，提升养护作业

尤其是隧道清洗作业机械化应用水平，降低经营成本。为此，我公司多次组织专家和技术人员现场实际勘察调研，排除技术难点，论证可行性技术方案，不断现场实践，不断改进技术措施，先后增加调整杆总成用于调整清洗机头总成与洞壁之间的角度，使其能更准确地与洞壁贴合；在滑动立柱和清洗头总成之间又增加限位杆和限位杆转向块，其作用是限制清洗机头总成的摆动方向，使其始终正向压在洞壁上；采用滑动立柱设计，便于改变方向，而不调转车头方向等；终升级完成了可滑动折叠式高速公路隧道清洗机，此套设备的投入应用，极大地提高了我公司隧道清洗施工组织能力，一有任务要求，可即时上路投入工作，安全、高效、快速、彻底完成隧道清洗工作，恢复高速公路运营运力，从本质上保证了作业安全和降低了交通保畅压力。具体技术实现方案如下。

1.设备结构构成

可滑动折叠式高速公路隧道清洗机，包括安装在车体尾部平面上的清洗机固定支架，清洗机固定在支架上安装有上、下滑动轨道，上、下滑动轨道上安装有滑动立柱，滑动立柱外侧上端通过转向接头与举升臂连接，下端通过转向接头与举升油缸一端连接，举升油缸另一端连接到举升臂上，举升臂上连接有清洗机头总成。

举升臂通过举升臂连接块、机头活动块和回转轴与清洗机头总成连接。

举升臂与清洗机头总成之间连接有调整杆总成，调整杆总成用于调整清洗机头总成与洞壁之间的角度，使其能更准确地与洞壁贴合。

清洗机头总成包括清洗系统和带有喷水管的供水系统，清洗机头总成上安装有导向轮。

清洗系统包括清洗滚刷和固定的电动机，电动机通过三角带连接皮带轮，皮带轮和清洗滚刷同轴安装，清洗滚刷及其配套的电动机有一组以上。

供水系统包括喷水管、水箱、与水箱连接的水泵、进水管以及随后连接的分水器和一条以上的喷水管，供水系统的连接为通过进水管连接。

滑动立柱和清洗头总成之间又通过限位杆和

限位杆转向块连接在一起，其作用是限制清洗机头总成的摆动方向，使其始终正向压在洞壁上。

还包括向举升油缸提供压力的液压系统，液压系统包括液压油箱、油泵、液压阀、节流阀以及连接油管。

举升臂上安装有用于供电供水的操纵杆。

滑动立柱通过固定座将其安装在上、下滑动轨道。

2. 设备应用

如图1~图6所示。

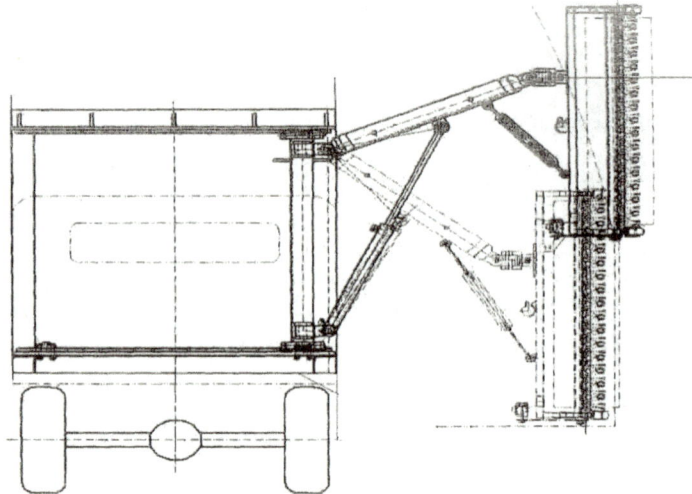

图1 可滑动折叠式高速公路隧道清洗机从车尾部向前看时清洗右边洞壁最低处和最高处结构示意图

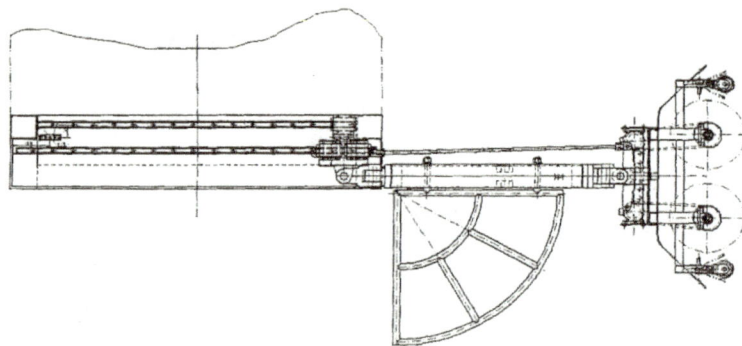

图2 可滑动折叠式高速公路隧道清洗机清洗右边洞壁的俯视图

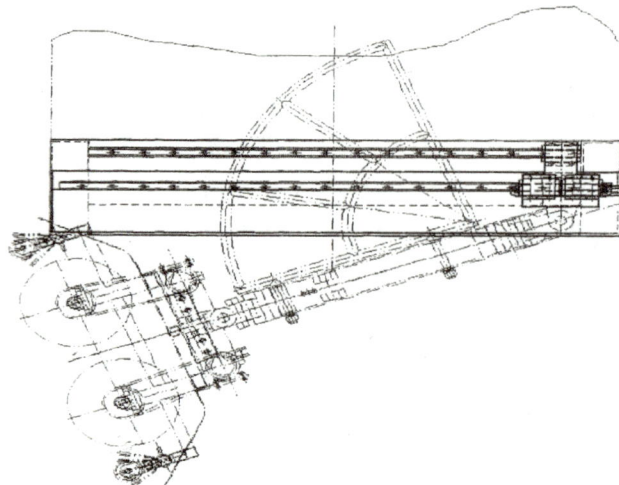

图3 可滑动折叠式高速公路隧道清洗机清洗完右边洞壁后将清洗机头总成折叠与车尾部结构示意图

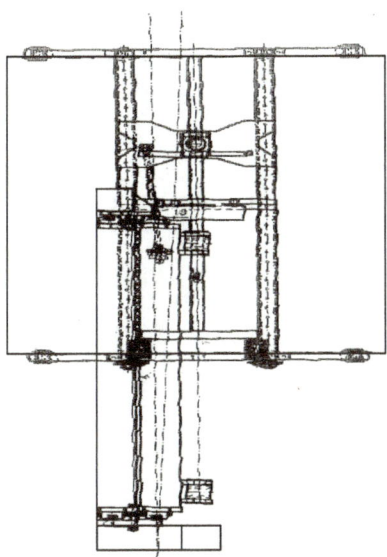

图4　可滑动折叠式高速公路隧道清洗机固定框架
安装前倾2°结构示意图

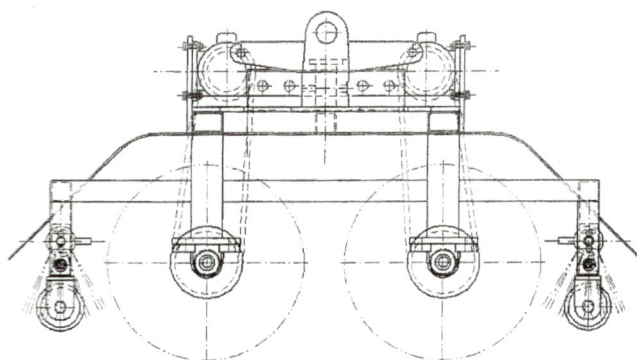

图5　可滑动折叠式高速公路隧道清洗机机头总成
俯视结构示意图

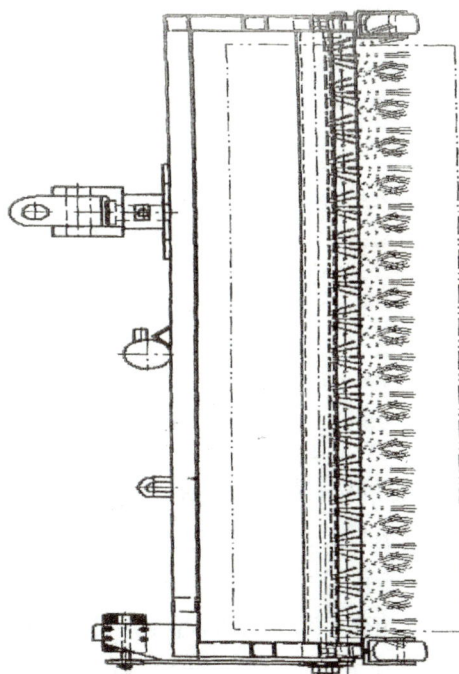

图6　可滑动折叠式高速公路隧道清洗机机头总成侧视结构示意图

（1）清洗机固定支架1安装时，向车前方倾斜2°倾角，其作用是利用其前倾时清洗机头总成重心向前，更易于洞壁贴合，减少操作者的劳动强度。

（2）当清洗机开始工作清洗隧道右侧洞壁时，操作人员将滑动立柱滑向滑动轨道右侧，用螺栓将滑动立柱固定在固定座上，通过举升油缸将清洗机头总成落到最低位置，即可供水供电操

作操纵杆进行清洗。操作人员接通电源和水源，清洗机头上的喷水管开始喷出水雾，两个清洗滚刷开始相向转动，把清洗滚刷靠近洞壁即可开始清洗工作。当把低位清洗完后，通过举升油缸再将清洗机头总成举到高位，并根据洞壁弧度通过调整杆总成将清洗机头总成调整好核实角度，再进行清洗。

当把右边洞壁清洗完后，松开右边固定座22上的螺钉，拆掉操纵杆和限位杆总成及限位杆转向块，将滑动立柱滑向左侧，并将其与左端固定座把紧，再将操纵杆和限位杆总成及限位杆转向块安装在另一边，再清洗左边洞壁。

（3）整个工作结束后，可将清洗机头总成折叠在车后部，即结束所有工作。

3.技术成果

2014年4月9日授权取得实用新型专利证书（证书号：第3505038号），如图7所示。实用新型专利名称：可滑动折叠式高速公路隧道清洗机；专利号：ZL 2013 2 0578452.9。

四、应用成效与评估

可滑动折叠式高速公路隧道清洗机的投入，极大降低了隧道养护清洗任务的进场前施工准备时间；减少了过程中各人员之间工作协作和繁重体力消耗，减轻了清洗过程中安全监管强度；完

工后，更便于迅速安全撤离现场，总体占用时间　　大为减少。

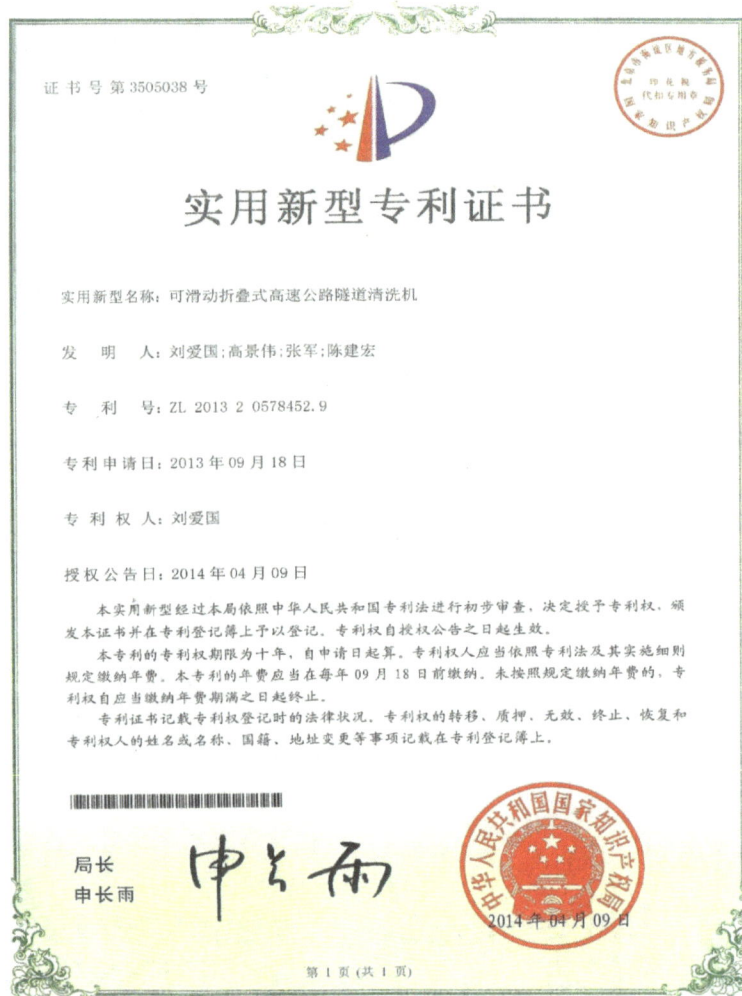

图7　实用新型专利证书

可滑动折叠式高速公路隧道清洗机于2015年4月投入使用，该设备集成运行灵活方便，易学、易操作；使用中该设备性能安全优良，清洗效果干净彻底；该设备的使用，大大节省了时间成本、人力成本、物力成本，每年为公司节省人力成本达50万元之多，满足了各项对照指标。

五、推广应用展望

现国内比较常见的隧道清洗方式多以人工清洗和简单机械清洗为主，在全国"科技兴安"号召下，机械代替人工将是主要发展趋势。在国内现阶段，在隧道清洗设备领域，自动化、智能化设备尚未出现，纵观全国近几年即使有个别省份也进行同类技术创新，但我公司申请的实用新型专利技术仍处于国内领先地位，在全国范围内存在一定的技术需求，有一定的推广应用前景。

案例 55 ▶ 京沪处（桥梁等重点部位）风险控制动态管理系统

基本信息

申报单位：河北高速集团

所属类型：科学技术

专业类别：交通设施运营养护

成果实施范围（发表情况）：河北省高速公路京沪管理处

开始实施时间：2020 年 5 月

负责人：李俊国

贡献者：刘致清、江淮群、王爱民

案例经验介绍

一、背景介绍

2020年是集团公司改制、收费模式变更重要的一年，作为运营管理单位在转企改制的新形势下抓好安全生产工作尤为重要。鉴于此，为进一步落实安全生产主体责任，强化安全生产监督管理，预防和遏制安全生产事故，落实"双控"机制建设，特研发"京沪处（桥梁等重点部位）风险控制动态管理系统"，加强风险管控，强化隐患排查治理，促进京沪处安全生产持续稳定。

二、项目目标

进一步做好双控建设、动态管理。

三、技术路线及成果

2020年创新研发"京沪处（桥梁等重点部位）风险控制动态管理系统"，该系统包含桥梁等重点部位的基本情况、岗位风险告知牌、风险管控信息台账、事故隐患排查清单、日常检查记录（动态）五大项基本内容。该系统实现在计算机输入读取，管理层级实时掌握桥梁等重点部位风险管控状况。同时将该系统五大项基本内容生成二维码，在桥梁及食堂、配电室、发电机房、锅炉房等重点部位处选择合适位置将二维码安装固定进行应用。其取得的成果，一是各隐患排查责任人进行该部位检查时，将检查及整改销号结果现场即可扫码录入达到动态管理，及时方便快捷；二是各管理层级督导检查时现场扫码就能读取风险管控及检查建账整改销号信息，及时掌握桥梁等重点部位的风险管控状况，便于现场决策管理；三是进入该区域（桥梁等重点部位）作业人员及各级管理人员通过扫码就能知道该区域（桥梁等重点部位）风险点、风险等级、管控措施等，及时做到风险防控，避免事故发生。该系统的实施，有效地将风险控制管理由办公室管理延伸到现场管控，既有管控时效性，又有管控的动态性，便于领导决策，便于职工识别风险，多方面广角度，确保该部位风险管控，落到实处。

四、应用成效与评估

"京沪处（桥梁等重点部位）风险控制动态管理系统"应用成效：一是实现在计算机输入读取，管理层级实时掌握桥梁等重点部位风险管控状况，达到动态管理；二是督促桥梁等重点部位责任人员按时对桥梁等重点部位进行安全检查（动态管理），通过二维码扫描现场输入检查结果，发现隐患后的整改结果，达到及时发现及时整治安全隐患；三是各管理层级督导检查时现场扫码就能读取风险管控及检查建账整改销号信息，及时掌握桥梁等重点部位的风险管控状况，便于现场决策管理；四是进入该区域（桥梁等重点部位）人员通过扫码就能知道该区域（桥梁等重点部位）风险点，及时做到风险防控，避免了事故发生。通过实施"京沪处（桥梁等重点部位）风险控制动态管理系统"，利用科技手段，现场读取输入，有效做到对桥梁等重点部位风险管控，隐患治理；扫码一"看"就能掌控该重点部位风控基本信息，便于现场决策；另外，对进入该风险区域的作业人员做到及时提醒，极大地避免了事故发生，有力提高了安全管理水平，强化了管理人员风险管控意识，深植安全理念，及时发现整治安全隐患。

五、推广应用展望

2020年创新应用的"京沪处（桥梁等重点部位）风险控制动态管理系统"，从部位基本情况、岗位风险告知牌、风险管控信息台账、事故隐患排查清单、安全检查记录及整改记录等多方面对桥梁等重点部位实时管控，是提高风险管控管理水平的有力抓手，其研发简单，操作方便，管理动态实用，在当前大力提倡"双控"机制建设的情况下，值得大力推广使用。

案例 56 ▶ **风险管控与隐患治理信息平台的研发与应用**

基本信息

申报单位： 山西长治高速公路管理有限公司

所属类型： 安全管理

专业类别： 安全管理

开始实施时间： 2019 年 6 月

负责人： 郭长庆

贡献者： 王战兵、陈　明、平　娜、常宇琦、秦韶波

案例经验介绍

一、背景介绍

管控风险和治理隐患是一个系统工程，也是安全管理的难点，要求全人员、全过程、全方位、全时限地管理。而企业安全管理方面普遍存在风险辨识不清、风险分级不明、隐患排查治理不及时、重点无从把握、信息不对称、责任难落实等问题，加之长治公司管辖区5条高速公路风险分布点多面广，桥隧比例大，大部分路段车流量大，人、车、路各种风险因素叠加交织，安全管理复杂。所以，我公司自主开发了《长治高速风险管控与隐患治理信息平台》，旨在促进全员参与安全工作，对风险和隐患进行全方位、全过程、全时效管理。通过定期排查，建立台账，及时公示风险、隐患信息，责任人及管控措施，进行动态化、流程化、规范化管理。为了方便管理使用，有电脑版和手机小程序。

二、项目目标

做到科学、系统的管理，严防重特大事故，减少一般事故，既是履行安全管理根本职责，也是我们安全管理的主要中心目标。

三、技术路线及成果

信息平台设置了内容管理、信息管理、台账管理统计汇总、基础设施和系统管理六个版块，对风险的识别、台账的建立、风险公示、责任人及管控措施（包括多隐患排查、台账建立、隐患公示、整改、验收）进行流程化、规范化、标准化管理，具备安全风险管理、隐患排查处理、统计汇总、通知通告、应知应会、安全监督六大功能，安全管理信息数据全员共享，系统数据可供随时查询，便于履职、追责、监督。

四、应用成效与评估

经过前期的多次调试，该系统于2019年11月18日开始进行试运行，运行以来基本达到了预期效果（图1~图3）。主要效果如下：

（1）促进全员履职，风险、隐患实现台账式管理，措施公开，责任人公开，人人知险知患，互相监督，人人履职。

（2）促进全过程管理，辨识、管控、排查、整改、验收闭合成环，以完整的过程保证完好的结果。

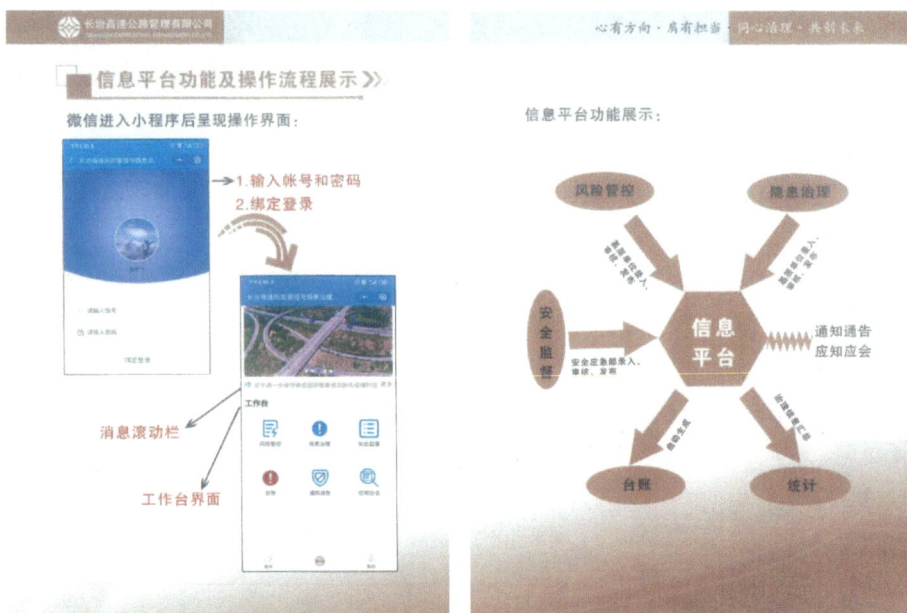

图1　信息平台功能及操作流程展示（一）

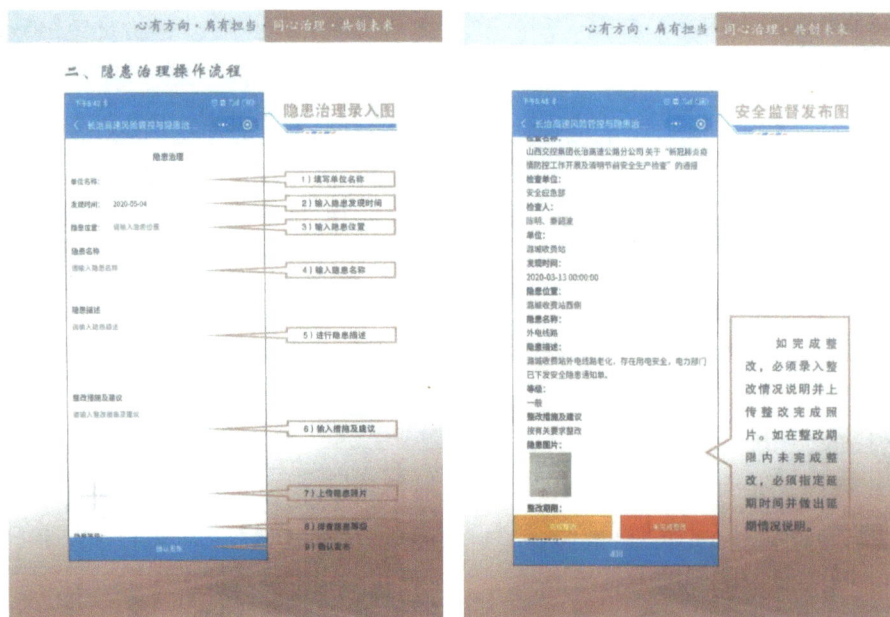

图2　信息平台功能及操作流程展示（二）

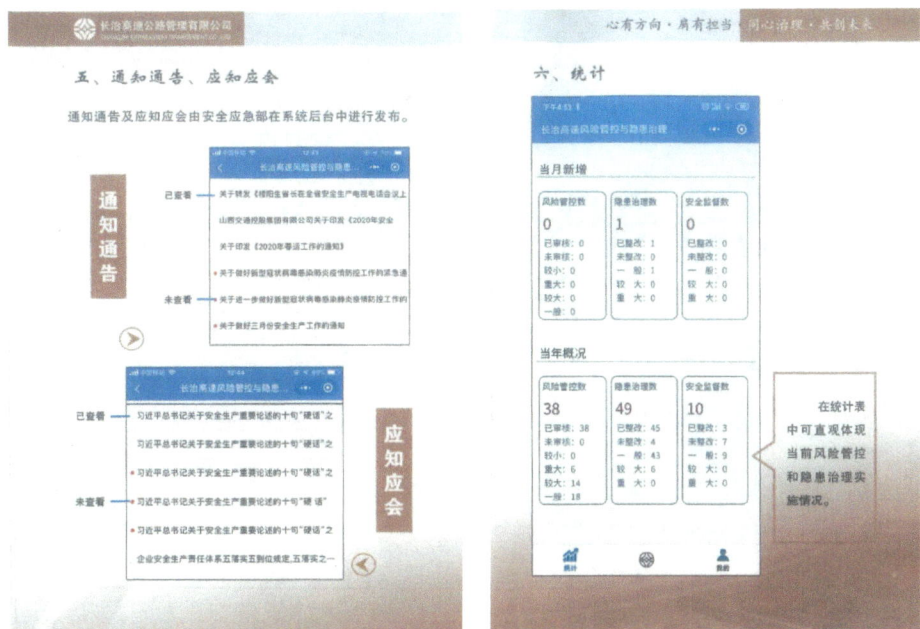

图3　信息平台功能及操作流程展示（三）

（3）促进时效管理，严格落实风险管控、隐患治理措施的时限，及时就是把握时机、拖延就是事故，牢牢把握主动权，时间的有效管理才是安全的有效管理。

（4）促进全方位掌控，空间上到边到底，事务上从头至终，组织上从长上到下，网格筛查、定点分级管控不留死角。

五、推广应用展望

自（试）运行以来，有效提升公司安全生产管理工作，实时掌控公司安全隐患和安全风险治理及监控情况。为防患于未然，杜绝安全生产事故，提供了切实保障。

案例 57 ▶ 高速公路沿线变形监测科学技术研究应用

基本信息

申报单位：山西省高速公路集团有限责任公司

所属类型：科学技术

专业类别：交通设施运营养护

成果实施范围（发表情况）：利用微波遥感技术对高速公路高边坡变形进行监测

开始实施时间：2019 年 7 月

负责人：霍建兵

贡献者：张海滨、左　智、李国智、任军军、彭新华

案例经验介绍

一、背景介绍

高速公路沿线以不稳定岩质边坡分布为主的地质灾害十分严重。特别受近年来以推山造地为主的土地改造与利用活动影响，进一步加剧了公路沿线斜坡失稳等地质灾害的发生，严重威胁交通运输和重要道路基础设施的安全，人工监测工作量大且周期长，不符合运营安全管理。因此，采用人工监测+微波遥感技术监测极大地提高了工作效率，同时准确率大大提高，对高速公路运营管理意义重大。采用微波遥感技术开展高速公路岩质边坡动态监测及其形成机制研究，提升公路沿线边坡调查的专业技术水平，为大范围道路交通沿线地表不稳定性识别和调查提供技术方法保障。

二、项目目标

本项目主要采用高分辨率SAR雷达数据，采用干涉SAR技术对高速公路沿线岩质边坡动态进行监测研究，完成研究区形变数据及专题图，形成完整的技术研究报告，为2020年"平安交通"的开展提供理论基础。

三、技术路线及成果

本项目拟采用高分辨率干涉SAR技术对高速公路沿线岩质边坡动态进行监测研究，项目预期目标为：

本项目主要采用高分辨率SAR雷达数据，采用干涉SAR技术对高速公路沿线岩质边坡动态进行监测研究，主要技术经济指标包括：

（1）完成并提交完整的技术研究报告。

（2）完成研究区形变数据及专题图。

（3）完成项目所指定的高速公路安全稳定性评估报告，为2020年"平安交通"的开展提供理论基础。

四、应用成效与评估

本项目采用当前国际领先的合成孔径雷达干涉测量技术，运用高分辨率合成孔径雷达干涉数据开展该技术在高速公路沿线边坡监测的应用研究，主要研究内容具体如下：

1. 基于时序微波遥感技术的公路边坡变形监测技术研究、变形过程和空间差异分析

通过干涉微波遥感技术实现高速公路沿线岩质边坡的动态监测，提取地表形变信息，对研究区大范围地表形变区域的沉降速率进行分析，探讨该区域地表形变的时序变化过程和空间差异。

2. 区域危险边坡空间分布圈定

根据一的研究结果，结合该区域不同时期遥感影像，圈定高速公路沿线发生大范围沉降变形的岩质边坡，通过GIS空间分析，在ArcGIS平台实现研究区危险岩质边坡的圈定并制图，分析区域不稳定斜坡时空变形规律和特征。

3. 微波遥感技术区域高边坡形变监测应用示范

根据项目初步研究成果，在高速公路沿线选取2～3km岩质边坡路段作为微波遥感技术重点应用示范研究区，对雷达数据影像数据处理结果作具体的时间-空间分析，可对单个边坡做长时间动态跟踪监测，为国内同类高速公路岩质边坡的监测和识别提供数据支撑和技术支持。

五、推广应用展望

本项目作为一种目前应用广泛的合成孔径雷达干涉测量技术，能够充分发挥其监测优势，监测结果具有实现毫米级、高精度探测的巨大潜力，基本满足实时动态监测的要求。该技术在区域高精度变形监测应用领域具有显著的优势，及时识别早期存在变形的危险因素，提高评价精度，而且还可节省大量的人力、物力。

案例 58 ▶ 河东长江大桥基于 AI、IOT 和大数据的安全管控技术

基本信息

申报单位：四川公路桥梁建设集团有限公司泸州市河东长江大桥和国道 353 线江阳区段公路工程项目经理部

所属类型：科学技术

专业类别：交通工程建设

成果实施范围（发表情况）：暂无

开始实施时间：2020 年 5 月 1 日

负责人：郭　跃

贡献者：曹　政、刘开文

案例经验介绍

一、背景介绍

为规范河东长江大桥工程建设过程中作业人员的安全生产行为，提升工人安全生产意识，营造浓厚的安全文化氛围，保障项目安全施工。泸州河东长江大桥项目利用人工智能（AI）、物联网（IOT）和大数据技术建立安全管控平台将智慧工地与安全管理有机结合。

二、项目目标

提升工人安全生产意识，营造浓厚的安全文化氛围，保障项目安全施工。

三、技术路线及成果

1. 基于人脸识别技术实现人员实名制管理

人员实名制管理是指对作业工人以真实身

份信息认证方式进行综合管理。工人实名制信息由基本信息、从业信息、诚信信息等内容组成。作业人员入场时，及时录入身份证信息、人脸信息。后期通过App人脸识别身份，能更高效准确便捷地识别人员身份。

2. 采用视频 AI 智能分析技术对作业行为进行智能化管控

工地进行全封闭管理，在工地进出口设置人脸识别门禁，未录入人脸信息的无关人员禁止入内。在关键作业区域设置带AI智能分析的警戒球机，检测到工人未佩戴安全帽时，系统会自动将未正确佩戴安全帽的照片发送给管理人员，便于对劳务队伍进行教育及处罚。

3. 基于大数据安全隐患排查治理

分类别设置隐患条目及治理整改期限；发现现场隐患，在移动端App发送《隐患治理任务单》，同时发送短信和App消息给整改人和相关管理人员，对于发现安全隐患的个人进行积分奖励。隐患整改后上传影像资料，回复闭合发起人。每周和每月进行大数据统计，对隐患进行统计比较，生成频发隐患个人、班组和隐患类别统计图，有针对性地开展安全教育培训。

4. 基于 IOT 物联网技术实现互联互通

现场管理人员佩戴视频型智能安全帽，现场取证更加隐蔽，抓拍照片和拍录视频实时上传至手机App；项目管理人员可以监控现场管理人员巡查轨迹，通过手机App拨通视频电话，远程指哪儿看哪儿，远程抓拍影像资料。专用监控设备能够将塔式起重机的承重、倾斜、高度、回转、幅度等参数进行实时采集，通过塔式起重机显示屏，系统Web页面，App等方式进行呈现，对于异常情况进行自动报警。

5. 积分管理将"被动安全"变为"主动安全"

人员初始安全积分为100分值，以1个月作为记分周期。以施工作业区域为基础，划分为不同施工班组，每个班组安全积分为100分值，以1个月作为记分周期。当施工作业人员（包含项目部管理人员、协作队伍作业人员）在一个记分周期内积分低于60分，不得进入施工现场上岗作业。对积分不满60分的下岗人员，须接受项目部对其开展不少于6个学时的安全教育，考试合格后在系统中重新申请扣分清零，方可重新上岗，连续三次积分不满60分的作业人员进行清退出场。发现安全隐患可进行加分。工地现场放置信息综合固定端——工友超市，带人脸识别的触摸屏自动售货机，安装配套的"工友超市管理系统"。工人通过该机摄像头识别身份，调取可兑换积分，完成物品的兑换。

四、应用成效与评估

1. 信息传播快速及时

管理人员在现场发现工人出现违章行为，传统方式苦于没有有效手段快速识别工人身份，造成安全管理不能及时到位。视频型智能安全帽，是工程管理人员的千里眼、顺风耳。

2. 信息内容含量丰富

每个月度考核周期，可以通过系统查询统计违章行为类别、数量和占比，并导出Excel格式的统计表，违章行为照片可以同时导出。

3. 安全隐患闭环治理

通过隐患的发起、整改到闭合，形成一个闭环，能够将防患于未然，把隐患消灭在萌芽状态。完成状态实时更新，治理动态尽在掌握。鼓励作业工人举报隐患，举报查实后，可以进行安全加分。

五、推广应用展望

基于人脸识别、IOT和大数据技术，能在施工现场快速准确识别作业工人信息；通过智能AI预警球机，智能安全帽，及时发现现场安全隐患。同时实行安全积分管理，提升作业人员主动安全意识。

案例 59 ▶ **高速公路安全生产双重预防体系建设**

基本信息

申报单位： 河南省交通运输厅京珠高速公路新乡至郑州管理处

所属类型： 交通安全

专业类别： 高速公路运营安全管理

成果实施范围（发表情况）： 适用于高速公路运营企业

开始实施时间： 2019 年 10 月

负责人： 鲁云杰

贡献者： 王祥瑞、谭中楠、刘钟泽、刘廷阳、侯　林

案例经验介绍

一、背景介绍

2016年1月，习近平总书记在中共中央政治局常委会会议上对安全生产工作发表重要讲话，强调必须坚决遏制重特大事故频发势头，对易发重特大事故的行业领域采取风险分级管控、隐患排查治理双重预防性工作机制，推动安全生产关口前移，提出了"双重预防性工作机制"的安全工作新理念。

2016年10月，国务院安委会办公室发布了《关于实施遏制重特大事故工作指南构建双重预防机制的意见》，明确了"尽快建立健全安全风险分级管控和隐患排查治理的工作制度和规范，实现企业安全风险自辨自控、隐患自查自治，形成政府领导有力、部门监管有效、企业责任落实、社会参与有序的工作格局，提升安全生产整体预控能力"的工作目标。

2017年1月，国务院办公厅发布《安全生产"十三五"规划》要求，预防为主，源头管控。实施安全发展战略，把安全生产贯穿于规划、设计、建设、管理、生产、经营等各环节，严格安全生产市场准入，不断完善风险分级管控和隐患排查治理双重预防机制，有效控制事故风险，将"双重预防机制"作为"十三五"安全工作的一项基本原则。

2018年河南省政府、河南省交通运输厅相继下发了"安全生产风险隐患双重预防体系建设行动"相关要求和文件。2019年，河南省高速公路联网管理中心确定河南省交通运输厅京珠高速公路新乡至郑州管理处（以下简称新郑管理处）等五家单位作为试点，在河南省高速公路行业率先开展安全生产双重预防体系建设。

经过了近一年的创建工作，新郑管理处率先完成了安全生产双重预防体系建设和验收工作，起到了试点先行、示范引领的作用，为全省高速公路行业开展双重预防体系建设提供了宝贵的经验和成果。

二、项目目标

为贯彻落实交通运输部和河南省双重预防体系建设工作要求，构建安全生产长效工作机制，建立健全双重预防体系组织机构，强化安全生产风险分级管控和隐患排查治理，引导全体员工深入开展双重预防体系建设工作，达到降低安全生产风险、防止和减少各类安全生产事故、保障人员生命财产安全、全面提高安全生产防控能力和水平、实现关口前移安全发展的目标。

三、技术路线及成果

1. 技术路线

（1）构筑两道防火墙

第一道是"管风险"，以风险辨识和管控为基础，从源头上辨识风险、分级管控风险，把安全风险挺在隐患前面。

第二道是"治隐患"，以隐患排查和治理为手段，排查风险管控过程中出现的缺失、漏洞和风险控制失效环节，把隐患排查治理挺在事故前面。

（2）先进的风险评价方法、全面的覆盖范围

在收费、路产、养护、机电、服务区等作业单元使用风险矩阵评价方法，对所有作业行为进行逐项风险评价。

在桥梁和公路主线单元采用指标体系评价方法，对负责营运的所有公路桥梁进行逐段的风险评价。

（3）突出隐患排查实效

建立了每天日常排查、每周自查、每月综合检查的模式，实行隐患排查清单化，形成了完整的隐患排查、记录、治理、销号的完整体系。

2. 技术成果

建成符合新郑管理处实际的"3-2-2-3"双重预防工作体系。

（1）"3"——三项制度

①安全生产责任制。

②安全生产风险分级管控制度。

③安全生产隐患排查治理制度。

（2）"2"——两项清单

①风险辨识及分级管控清单。

②隐患排查治理清单。

（3）"2"——两图

①风险四色分布图（路线、场站）。

②作业岗位风险比较图。

（4）"3"——三卡

①安全风险告知卡。

②岗位风险管控应知应会卡（区域安全风险告知卡）。

③岗位应急处置卡。

四、应用成效与评估

新郑管理处双重预防体系于2019年12月底基本建立完成，2020年1月开始试运行，3月修订完善后开始正式运行，5月接受了河南省高速公路联网管理中心组织的试点单位验收工作。经过专家组的现场评判，认为新郑管理处的双重预防体系建设工作，起到了"试点先行、持续改进、示范引领的作用，为全面深入双重预防体系建设提供了可复制、可借鉴的宝贵经验"。

具体应用成效如下：

（1）分析致险因素819项，其中低风险594项，一般风险209项，较大风险16项，基本吻合海因里希事故因果连锁理论，如图1所示。

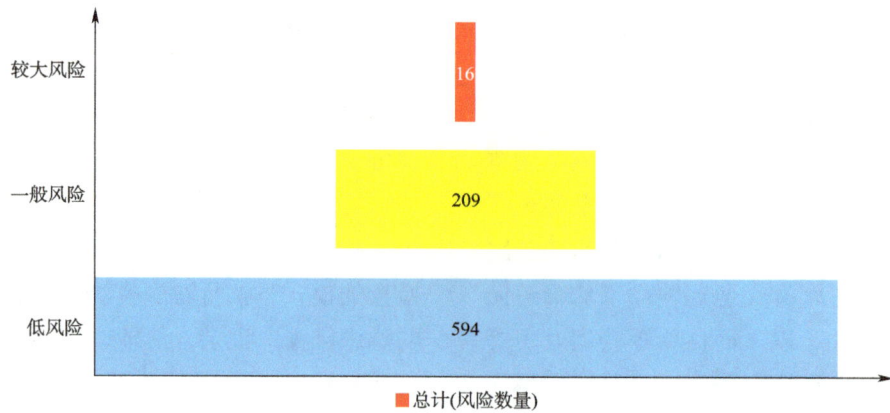

图1 新郑管理处风险金字塔

（2）分析致险因素819项，其中公路主线35项、桥梁275项、路产业务111项、收费业务87项、养护业务87项、机电运维业务60项、服务区业务108项、监控业务8项、机关事务67项，如图2所示。

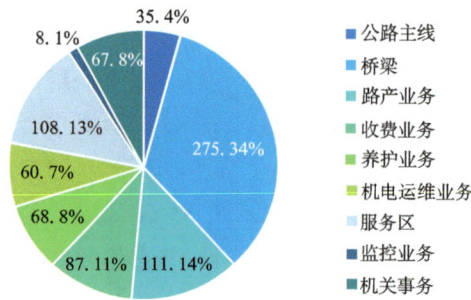

图2 新郑管理处业务风险分布图

（3）制定风险管控措施5000项。其中工程技术措施1535项、培训教育措施600项、管理措施2100项、个体防护措施400项、应急处置措施365项，如图3所示。

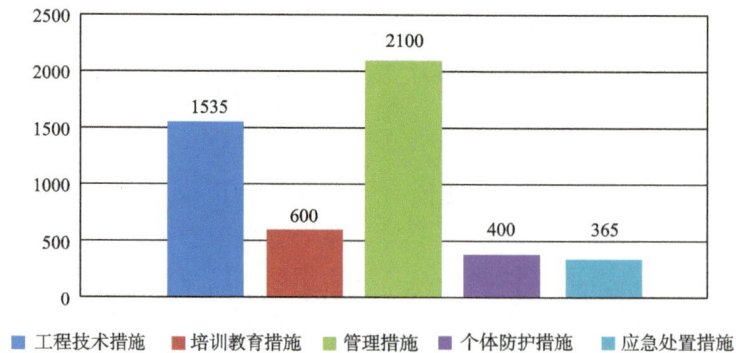

图3 新郑管理处风险管控措施

（4）编制隐患排查清单项，包括每天日常排查、每周自查、每月综合检查等，详细统计如图4所示。

新郑管理处双重预防体系还制作了风险四色分布图31块，岗位应知应会卡195项，风险告知卡205项，全面覆盖了高速公路运营安全管理的全过程。

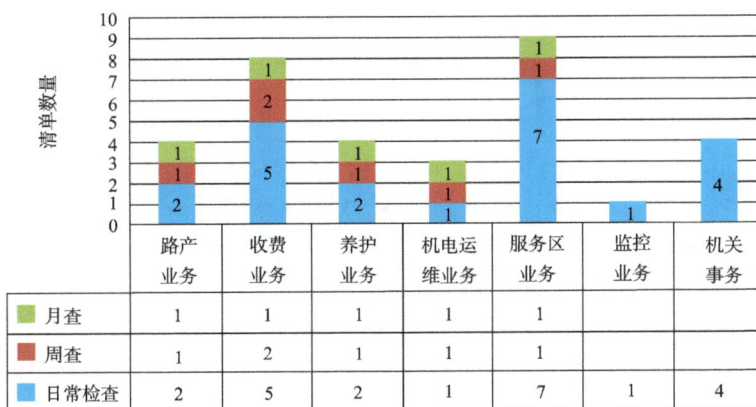

图4　新郑管理处隐患排查清单分布

五、推广应用展望

新郑管理处双重预防体系建设推广价值主要有以下几个方面优势：

1. 风险辨识评估全面

根据新郑管理处承担的高速公路运营和作业情况，在高速公路行业具有普遍性，具体风险评估单元包括：①公路主线；②桥梁；③路产业务；④收费业务；⑤养护业务；⑥机电运维业务；⑦服务区；⑧监控业务；⑨机关事务。

在辨识评价过程中，涵盖了高速公路运营中的常规运营活动；所有进入高速公路、收费站、服务区的人员和车辆；高速公路路产及附属设施巡查和维护；国家法律法规明确规定的特殊作业工种、特殊行业工种；国家法律法规明确规定的危险设备、设施和工程；具有接触有毒有害物质的作业活动和情况；具有易燃易爆特性的特殊作业活动和情况；具有职业性健康伤害的作业活动和情况；除雪融冰等应急作业；曾经发生和行业类似经常发生事故的作业和情况，在全省乃至全国具有较强的参考价值。

2. 风险管控措施具体

双重预防体系建设的成败，关键在于双重预防体系的可执行性，风险措施的可执行性以及与企业实际安全管理工作的结合是我们开展此项工作的重点。我们广泛发动职工，采用头脑风暴、安全检查表等方式方法，制定了符合企业实际的一系列风险管控措施。具体包括工程技术措施、培训教育措施、管理措施、个体防护措施、应急处置措施等，每一条措施都经过反复的推敲，在确保合法、合规的前提下，追求措施的针对性、合理性和可执行性，具有很强的推广价值。

3. 隐患排查清单化管理

新郑管理处建立了"立制、培训、调研、评估、试点、推行"六步法，将风险管控措施逐一梳理转换成隐患排查治理清单，将隐患排查治理责任分解到各个岗位、各个层级，建立了每天日常排查、每周自查、每月综合检查的隐患排查表，实行清单化管理，各个单位、部门和班组按照分工认领清单，照单检查，检查后由上级管理人员对隐患排查清单进行确认，对隐患排查清单进行保存，既让每一位员工都成为隐患排查的行家里手，又保证每次排查实现履责留痕、问责有据、过程可塑，压实各级管理人员认真履行隐患排查工作，具有很强的借鉴意义。

案例60 ▶ 利用"兴创危盟"互联网综合服务平台加强危险品货物运输管理

基本信息

申报单位：抚顺市交通运输局

所属类型：科学技术

专业类别：信息化智能化技术及系统研发应用

成果实施范围（发表情况）：现有辽宁省抚顺市交通运输局等行管部门和151家危货运输企业、7089台危险品运输车辆、6136名从业人员在平台实名注册

开始实施时间：2019年8月

负责人：苏国兴

贡献者：安良东、赵春明、徐志刚、丛立新、丁　锋

案例经验介绍

一、背景介绍

抚顺市交通运输局与辽宁兴创科技有限公司合作，按照有关法律法规、行业标准和危险品货物运输管理要求，研发了"兴创危盟互联网综合服务平台"（以下简称"平台"），将互联网、物联网、卫星定位、大数据计算等新兴技术应用于企业安全管理、生产管理、经营管理和行业监管，通过加强"托运、装载/充装、承运、运输、收货"全链条管理，强化人员、车辆、货物、道路、环境等全要素监控，按生产过程参与角色层层分解、压实责任，有效解决了行业痛点问题，完善了安全治理体系，提高了行业安全治理能力，大幅度提升了本质安全水平。

二、项目目标

（1）规范企业安全生产管理工作，落实安全生产标准化管理体系，以数字化、流程化、智能化手段提升企业安全生产管理工作的质量和效率。

（2）实现生产调度作业、统计核算和车辆技术管理等企业经营管理工作的信息化、自动化，帮助企业实现数字化转型升级。

（3）实现危险品道路运输的全链条、全要素、全过程安全管控，解决从业人员安全教育执行难、异地运行车辆检查无监督、监管对象安全生产信息不透明、行业安全动态信息不及时等行业"痛点"问题，构建行业安全治理的数字化、信息化基础，为行业监管和精准执法提供数据支撑。

（4）通过大数据等技术手段优化运力应用，助力企业降本增效和行业降低物流成本，实现行业安全发展。

三、技术路线及成果

（1）构建全链条平台。构建符合国家和行业标准的行业互联网平台，为危险品道路运输企业，特别是基础较弱的中小型企业，提供基于安全生产标准化的管理系统，实现规范高效的企业安全生产管理、运输调度管理、车辆技术管理和日常经营管理，迅速实现数字化转型升级。同时为行管部门提供远程实时监管手段，实现全链条、全要素、全过程的行业安全治理。

（2）完善安全治理体系。全面落实安全生产标准化管理体系，实现流程化管理和量化评价。提供在线"模板""范文""样表"参考。分角色进行操作、管理和监督。

（3）提高安全治理能力。将安全管理要求融于具体业务过程，以安全指标为业务控制阈值，构建本质安全管控体系，系统化提升安全治理能力。

（4）解决行业痛点问题。实现远程教育培训和考试，解决运输企业驾驶员、押运员难集中、培训效果不佳的问题。电子运单与驾驶押运人、车辆、货物安全信息联动，解决违法营运问题。利用电子行车日志落实车辆日常安全检查。通过电子运单自动回传营运数据，自动统计分析，提升结算和业务考核工作。

（5）助力行管部门远程非现场检查。贯彻落实国务院"放、管、服"的要求，监管端数据与企业应用端数据管理口径一致，数据实时同步，既能统一辖区内企业监管工作标准，也可实现各辖区工作横向对比，行业监管标准、高效、便民、节约。

四、应用成效与评估

（1）解决行业痛点问题，标准化完成企业安全生产工作。企业通过平台能够及时、准确、标准化地完成生产经营任务，安全生产要求贯穿全链条，覆盖全要素，全部人员按角色管理，企业、车辆、人员实名登记，证件到期自动提醒，远程教育培训内容专业标准，日常检查实时进行，电子行车日志、电子运单自动生成，自动记录完成的工作，自定义多种报表功能，能够满足企业管理各方面需求。

（2）数据共享，行业监管高效便捷。通过平台共享数据，行管部门可以随时查看辖区企业安全生产工作完成情况和量化评价结果；可以查看企业安全生产标准化体系的具体运行过程；可以分析区域内危险货物的流向流量……各项数据符合体系要求，真实准确，与企业实际工作相符，可以作为行业监管工作的直接依据开展精准执法。

（3）安全生产管理与监管工作自动留痕，全过程可追溯。通过操作人员实名认证、操作权限分配和操作日志，保证操作过程和结果与操作人员和岗位职责一一对应，使企业安全生产管理和行业监管工作有迹可循，保证资质证件、技术状态、事故违章等有历史、可追溯，重点问题可持续追踪。

（4）操作简单，实用性强。平台采用互联网标准模式，操作方便，简单易学。平台强大的专家和运营管理团队可以提供专业的培训指导和第三方服务，满足用户的实际应用需要。

五、推广应用展望

平台满足法律法规、国家和行业标准要求，全面落实了安全生产标准化管理体系，符合行业发展现状和企业管理实际需要，在促进本质安全水平大幅度提升的同时，能够为企业发展赋能，降低运行成本，助力行业安全发展。

平台二期还将提供"五大厅一商城"服务，在运力应用、商品贸易、装备交流、人员流动、生活服务等方面，全方位解决供应链业务相关的衍生需求，进一步挖掘资源潜力和提升业务活力。

实践证明，平台对危险货物道路运输企业和行业监管工作支撑良好，复制推广容易，适于在危化品物流行业推广使用。并且平台在运力预约、社会运力协作、人力机动调配、二手装备利用以及信用管理、会员激励等方面均有特色应用，有利于深度挖掘行业资源潜力、提升系统效率，促进整个物流系统的"降本增效"。平台产生的管理和业务数据，还可用于对接和支持其他行业信息管理平台，可发展建设成为行业性业务协同基础平台。

案例 61 ▶ 港口作业现场特种作业资格
信息核查系统的应用

基本信息

申报单位：河北港口集团有限公司

所属类型：科学技术

专业类别：企业管理

成果实施范围（发表情况）：河北港口集团有限公司

开始实施时间：2018 年

负责人：马运波

贡献者：冯　伟、潘　伟

案例经验介绍

一、背景介绍

我国《安全生产法》《特种作业人员安全技术培训考核管理规定》对特种作业人员有明确的管理要求，在培训、考核等方面有详细的规定，对确保特种作业人员安全技能和安全意识水平、避免和减少伤亡、有效防范生产安全事故有着十分重要的指导意义。但是，一些单位和人员受利益驱动，置人民群众生命财产安全于不顾，采取造假和网上售假等方式伪造、变造、买卖特种作业操作证，严重危害企业安全生产和特种作业人员的自身安全。有关统计研究表明，未经过专业特种作业培训的人员从事特种作业，是导致生产安全事故的重要因素之一。

2018年7月，为有效打击假冒特种作业操作证行为，国务院安委会办公室下发通知，决定在全国范围内开展打击假冒特种作业操作证专项治理行动。通知要求各级政府主管部门加大监察力度，对售假、用假、无证从事特种作业人员及所属单位严厉处罚，同时要求生产经营单位严格查验特种作业人员持证情况，禁止特种作业人员无证上岗或持假证上岗。

按照政府有关要求，河北港口集团有限公司立即组织开展了特种作业操作证的核查工作，并将核查范围扩大到了交通运输系统危险货物水路运输从业人员资格证、特种设备作业人员证、建筑施工作业人员资格证等上岗从业资格证件。核查工作开展当月，共计核查各类上岗从业资格证件4328人次，发现在政府指定网站无法查询到信息的52例，对这些人员立即停止其作业资格，有效打击与震慑了在港区范围内无证、持假证从业的情况。目前，核查工作已作为一项常态化工作持续开展中，集团公司每月核查总次数在1000人次左右。

但在此项工作开展过程中，一些单位反映，基于目测证件真伪以及通过上报资料进行网站核查等方式，对于在作业现场即时核查特种作业人员证件存在不便捷性，既延误特种作业的正常开展，又容易造成误查、漏查等情况，给港区生产安全带来不良影响。

二、项目目标

开发一种基于人脸识别技术的手机应用程序，帮助现场安全监管人员以更加科学、准确、高效的方式开展作业人员资格证件的核查工作，实现第一时间发现持假冒资格证件等从事非法作业的行为，消除非法作业带来的隐患问题，确保港区作业安全。

三、技术路线及成果

（一）技术方案设计

（1）建立作业人员基础信息和从业资格证件信息数据库服务器，研发港口作业现场安全培训信息核查系统，将港口现有培训考试系统中人员信息、上岗培训信息、从业资格证件考试考核成绩信息等内容通过服务端程序导入至数据库服务器，实现基础数据的采集存储和定期更新功能。

（2）研发移动端查询系统 App 程序，安装部署在移动端手持设备（如 Pad 或手机等设备）上，App 程序通过移动数据连接至数据库服务器，使用 App 查询功能实现移动端手持设备在作业现场对作业人员的实时核查。

（二）App 程序核查方式设计

方式一：身份证号码查询。核查人员持手持移动设备到达现场后，运行 App 程序，输入待查的特种作业人员身份证号，系统提供简洁明快的交互界面，自动将该作业人员基本信息（含身份信息、姓名、所属单位、工种、岗位、入职时间等）和从业资格证件信息（如证件类别、取证时间、复审时间、证件有效状态等）等以表格形式快速显示出来，以供核对。

方式二：人脸识别图像比对查询。核查人员持手持移动设备到达现场后，运行 App 程序，利用人脸识别技术，采集待核查特种作业人员面部图像，系统后台自动比对、检索相应人员信息，人像匹配成功后自动将该作业人员基本信息和从业资格证件信息等以表格形式快速显示出来，以供核对。此方式前提要求服务器端已导入待查特种作业人员的头像照片，与方式一对比，优点是能够自动发现人证不符的情况。

（三）项目成果

目前，河北港口集团有限公司已完成了此项目的数据库架设及系统开发、App 程序开发工作，并已投入应用。

（1）数据库服务器采用 Windows Server 2003 作为服务器操作系统平台，系统运行稳定，维护简单快捷。SQL Server 数据库管理系统作为系统的数据库平台，能够更好地适应系统海量数据存储和高效快速检索要求，在数据安全性或备份恢复容灾等方面也更具优越性。

（2）软件开发技术平台采用 Microsoft 公司 .Net 框架平台，与 Windows 操作系统具有良好无缝的兼容性。应用服务器端采用 C# 语言开发，封装后台业务逻辑功能；前端页面程序采用 Asp.Net 程序语言作为基础开发语言，辅以 JavaScript、Html5、Css 等语言及 JQuery EasyUI、ECharts 等工具包，在实现软件各项功能的前提下，兼顾软件的易操作性和界面美观性。应用服务器采用微软 Windows 操作系统下 IIS 部署发布，高效稳定，后期维护快捷易行。

（3）移动端 App 开发采用主流智能手机 App 程序开发平台，运行环境为安卓系统、苹果

IOS 系统。通过 4G 网络访问服务器，实现业务功能。

四、应用成效与评估

港口作业现场安全培训信息核查系统投入使用后，核查人员对现场特种作业人员持证情况的核查效率与准确度大大提升，有效地清除了一些人员侥幸心理，严厉打击了无证或持假证从事特种作业的行为。同时，系统维护人员收集系统使用者的意见，及时修复程序BUG，优化系统运行效率。目前，核查系统应用情况良好。

五、推广应用展望

按照国务院安委会办公室的有关要求，各级政府主管部门、生产经营单位正在持续开展特种作业证的核查工作。港口作业现场安全培训信息核查系统的应用，促进类似基础性的日常工作与当今科技手段有效结合，提升工作效率与准确度，减少人为因素的影响，降低工作失误率，一定程度上杜绝生产安全事故的发生。

案例 62 ▶ 基于无人机的应急处置应用

基本信息

申报单位：广西计算中心有限责任公司
所属类型：科学技术
专业类别：交通设施运营养护
成果实施范围（发表情况）：广西交通投资集团有限公司及下属企业
开始实施时间：2020 年 6 月 3 日
负责人：杜奕霖
贡献者：肖　杨、覃敏兴、罗子良、赵晟杰、黄　赟

案例经验介绍

一、背景介绍

2020年6月3日上午8时，G75兰海高速公路都南段K1848+700处发生山体滑坡自然灾害，导致该路段交通受阻。灾害发生后，广西交通投资集团有限公司（以下简称"广西交投集团"）南宁高速公路运营有限公司迅速启动自然灾害突发事件应急预案，但因现场情况复杂，抢险人员无法了解塌方山体顶部的具体情况，存在二次灾害风险，处置工作难度较大，南宁高速公路运营有限公司紧急联系广西计算中心有限责任公司

（以下简称"计算中心"）协助开展灾害处置工作。计算中心立即抽调无人机团队携带无人机及专业设备第一时间赶赴现场协助应急抢险。计算中心无人机团队操作无人机对滑坡中心区域30m范围内进行精细化勘察，评估发生二次灾害的风险值，并采集图片、视频及三维建模扫描数据等第一手资料进行数据分析，为现场处置提供科学依据。计算中心参与此次应急抢险工作响应速度快，以超高清、精细化的现场勘察测绘影像数据排查山体风险源并辅助指导抢险作业，给应急抢险工作注入了一支"强心剂"。

二、项目目标

结合无人机高效数据采集能力和采集数据不受地物环境影响的优势，将无人机作为高速公路应急处置事件的配套设备，实现事件处置中无人机数据采集的标准化，为现场和后端进行分析决策提供多维可视化数据。

三、技术路线及成果

（一）技术路线

2019年至今，计算中心多次在广西交投集团下属企业及工程项目上开展无人机示范应用，通过无人机"移动天眼"特点采集监控视频、正射影像、实景三维模型等数据，为高速公路运行监测、工程管理、安全管理等业务提供了多维的可视化呈现方式。在本案例中，由于发生的塌方点为陡峭的岩石山体，抢险人员难以到达塌方山体顶部观测具体情况。通过利用无人机高效的数据采集能力结合专业的数据处理软件，可提供山体滑坡现场的视频、图片和三维实景模型等数据，为现场一线指挥人员提供快速、精准的决策依据。具体作用如下。

1. 塌方点勘查

利用多旋翼无人机，搭载高清相机，结合全球导航定位系统GNSS、无人机遥感等技术，远程对塌方点及周围地形进行勘查及记录，分析塌方点在整座山中的方位，如图1、图2所示，采集的数据方便工作人员进行灾害初步评估。

图1　塌方点地形勘查（1）

2. 塌方点抵近监测

遥控无人机近距离监测塌方点状态，将上方

落石点通过高清视频回传至地面指挥中心，排查危险源防止二次塌方。后经无人机多次监测观察及与现场专家共同分析，发现上方落石点还存在三处危岩情况，如图3所示。

图2　塌方点地形勘查（2）

图3　危岩情况

3. 电子沙盘模型建立

通过无人机对山体立面进行图像采集，结合专业软件可快速生成实景三维模型，模型用于整体观察、分析及测量计算等，如图4所示。实景模型后期可结合GIS，实现无人机巡检应急事件数据与日常巡检数据展示，对数据进行集中管理、数字存档，方便查询检索、永久保存，建立突发事件、异常及日常巡检数据库。

4. 现场视频影像实时回传

现场搭建无人机+4G图传链路，如图5所示，运用4G无线实时图传技术，将现场图片、视频远程实时信息传输回后方监控中心，让后方管理人员了解现场救援处置情况，如图6所示。

无论现场指挥人员或是后方管理人员身在何处，均可以第一时间通过手机、平板、电脑获取无人机采集的现场实时图像、视频，提升应急决策效率。同时提升现场视频数据的安全性，即便无人机不幸因其他原因坠落，现场视频数据也得到妥善保存，真正实现"千里之外，尽在眼前"。

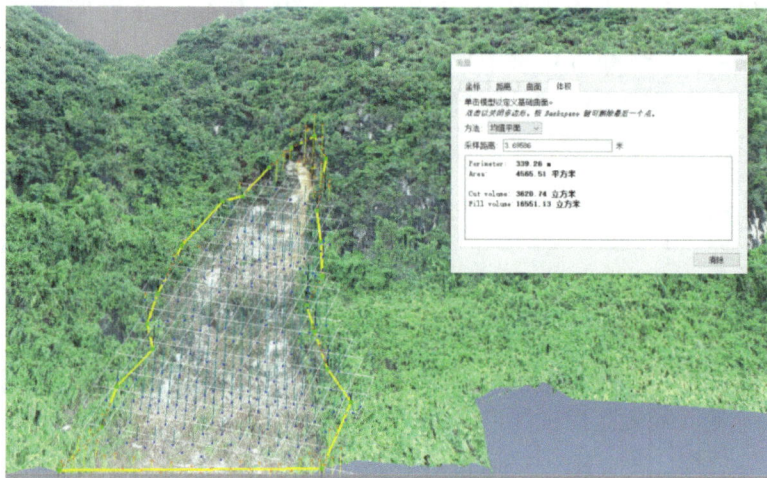

图4 电子沙盘模型建立

图5 现场视频影像实时回传（一）

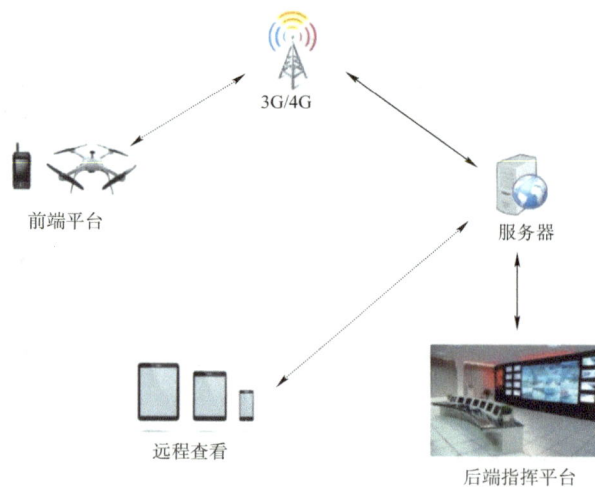

图6 现场视频影像实时回传（二）

（二）成果

通过无人机提供的多维可视化数据，让现场指挥人员或是后方管理人员可以全面了解塌方情况，及时采取相应应急处置措施，避免事态恶化，减小损失。

四、应用成效与评估

此次在G75兰海高速公路都南段K1848+700处发生的山体滑坡应急处置事件中，无人机实时采集了事故现场的图像视频资料，为事故分析和现场处置方案提供了重要的科学依据。

五、推广应用展望

高速公路路线长、采用封闭设计、途经各种复杂地貌环境，因自然灾害或人为因素造成的应急事件存在突发性、危害性和持续性，当发生应急事件后往往会伴随着较长路段的拥堵。如何快速有效地处理交通突发事件，已经成为交通运营管理部门面临的重要任务。无人机具有便捷高效、环保节能、精密准确、灵活稳定、不受地形限制等天然优势，各级公路管理部门将无人机系统应用到路网监测、应急处置、公路巡检、桥梁检测、施工监管、规划设计、环境整治等业务领域中，将会取得良好的应用效果。

案例 63　▶ 微信小程序"工程专家"

基本信息

申报单位：江苏省交通运输综合行政执法监督局

所属类型：科学技术

专业类别：交通工程建设

成果实施范围（发表情况）：江苏省公路水运工程

开始实施时间：2018 年

负责人：郑　洲

贡献者：谢利宝、杨　洋、方太云

案例经验介绍

一、背景介绍

随着江苏省公路水运"品质工程"建设加速推进，对安全生产要求越来越高。但从近年来安全检查情况和事故原因分析来看，从业人员安全意识、安全知识与之还不相适应，亟待进一步加强。为牢固树立安全发展新理念，深入贯彻中央和省委省政府安全生产指示要求，扎实推进江苏省交通工程建设安全生产，2019年，结合开展"安全生产月"、安全生产知识竞赛和平安工地考评等活动，省交通综合执法局与南京飞搏联合开发了"工程专家"小程序。

二、项目目标

微信小程序"工程专家"是一套基于互联网和移动互联网开发的安全知识学习、在线考核、资讯获取的管理系统，包含安全资讯和考核活动两大核心模块，其建设目标是为江苏省公路水运工程的安全管理人员提供全面、及时的安全资讯，获取安全知识，同时为省、市、项目等各级监管单位考核提供有力的技术支撑（图1）。

图1　微信小程序"工程专家"

三、技术路线及成果

1.信息量大

集成了标准法规、管理资料，风险评估、事故案例、安全教育、知识考核等资讯模块，内容涵盖了日常管理工作中的重点、难点、关键点，成为安全生产管理重要的"知识库"。

2.操作方便

基于微信平台，结构先进，无须安装，系统界面友好、操作简单，可以通过手机随时学习、随时考核、随时查询，实现安全知识学习考核智能化管理，成为深受安全管理人员欢迎的"掌中宝"。

3.适用性强

"工程专家"可以在不同的操作系统中运行，可以适应不同的使用场景，注重现代信息技术与工地考核深度融合，实现了线上线下相结合的考核模式，提升了参建人员自主学习能力，深受工程安全管理人员的喜爱与关注。上线一年多来，点击量已达到数十万次，成为安全生产行业的"今日头条"。

四、应用成效与评估

"工程专家"自2019年5月上线以来已得到了充分利用，并取得了显著效果。截至2020年9月，安全资讯模块已累计发布文章1134篇，包含安全教育、事故案例、工程热点等类型讯息。每篇文章都拥有相当阅读量，部分文章受到用户的踊跃转发，提升了人员安全意识，营造了浓厚的安全氛围。

考核模块先后在2019年度江苏省公路水运工程安全生产知识竞赛、2019年度全省公路水运工程平安工地建设考核评估、2020年度全省公路水运工程平安工地建设监督检查评估中得到了较好应用，激发了工程安全管理人员的自我学习热情，提高了现场考评效率。

除应用在知识竞赛、平安工地考评外，"工程专家"小程序平时也得到了大家的广泛关注。据系统数据显示，上线以来，平均日访问次数达到近3000次，最高日访问次数为14148次，累计访问人数为近20000人。2020年安全生产月期间，众多公路水运工程项目积极主动应用"工程专家" 小程序，组织人员参与线上安全竞赛，期间共计 50000 多人次参与竞赛考核。单口最高参与人次为 5771 人次。同时，工程专家已经为 312 个交通工程项目、876 个参建单位、5392 名安全管理人员提供服务，参与线上考核培训，练习次数超过 15 万次，累计做题超过 400 万题。线上学习、练习、考试，大大降低了组织成本，节省人力 90%，如图 2 所示。

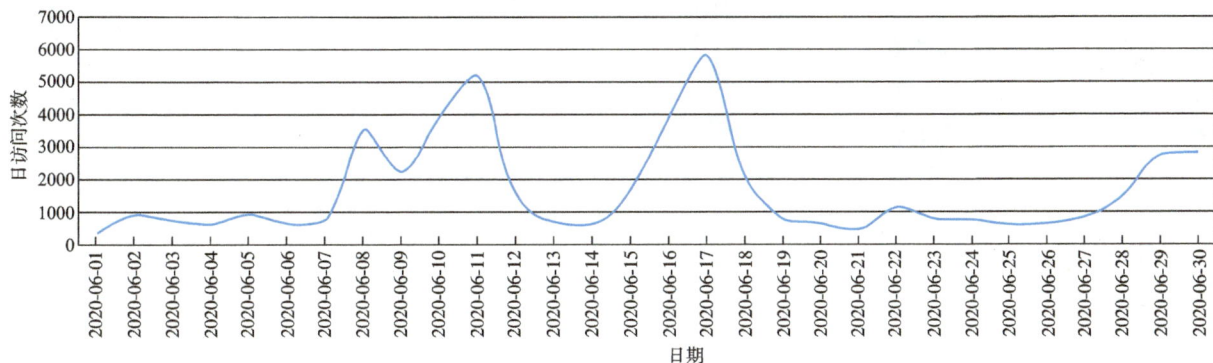

图2　2020年安全生产月期间日访问人次统计

今年疫情期间，"工程专家" 小程序还新增了疫情模块，开展了工地疫情防控知识答题活动，仅2月至4月，就有近40000人次参与该活动，对普及工地疫情防控知识、提升工地疫情防控能力起到了极大作用。

五、推广应用展望

1. 全面推广应用

微信的普及为微信小程序的推广应用创造了良好的契机，"工程专家" 将会成为新型的主流考试测评方式。除了应用于安全管理员考核，还将应用于工人进场教育考试，同时计划推广应用至江苏周边省份，加快应用普及，带动行业协同发展。

2. 实行示范引导

强化示范引领作用，实施更大规模、更深层次的 "工程专家" 应用示范，遴选一批应用标杆。整合创新资源，构建符合行业发展需求的 "掌中宝"。

3. 加快创新升级

依托行业发展现状，加强关键核心技术攻关突破，切实提升创新能力，布局 "工程专家"，提升小程序的安全性、可靠性、实用性。

案例 64 ▶ 预制场 T 梁模板上安装可拆卸折叠式安全操作平台工艺

基本信息

申报单位：贵州省公路工程集团有限公司黔西南州兴义环城高速公路第 2 合同段
所属类型：科学技术
专业类别：交通工程建设
成果实施范围（发表情况）：暂无
开始实施时间：2019 年 9 月 1 日
负责人：张　龙
贡献者：李政平、王治国、周兴伟、刘正春、王　勇

案例经验介绍

一、背景介绍

黔西南州兴义环城高速公路第 2 合同段项目经理部 1 工区（以下简称：兴义环高 2-1 工区）段落全长 10.62km。主要工程量有路基土石方挖方 247 万 m³，路基填方 87 万 m³，桥梁共计 6503.75m/20 座，隧道 923m/6 座，桥隧比占 65.97%，需预制 T 梁 1590 片。在 T 梁预制的过程中，由于 30m、40mT 梁模板顶面均高出地面 2m 以上，按照规范要求 T 梁预制已属于高空作业，在进行模板安拆、顶板钢筋安装等作业时，人员攀爬模板上下，在模板顶面行走、作业，极易发生高处坠落事故，且可能因人员踩踏造成钢筋、混凝土质量隐患。

兴义环高 2-1 工区为切实开展好 T 梁预制施工安全管理工作，积极探索安全管理的先进方式和方法，结合项目实际情况，开展了安全微创新活动，从操作平台安全防护入手，积极改进 T 梁预制安全防护措施，以期达到既能保证安全又不影响施工的目的，真正从根本上解决本质安全出现的问题，确保现场施工安全。

二、技术路线及成果

优化后的T梁模板安全操作平台配合移动式上下爬梯的使用在我工区预制场发挥了极其重要的作用。工人通过爬梯直接到达操作平台，在施工人员安装T梁顶板钢筋、安装顶板附属设施、混凝土浇筑、T梁养护及管理人员进行钢筋、模板检查等作业时，可全部在安全操作平台上完成。操作平台制作成可拆卸折叠式，不影响相邻两片T梁的施工。特别是施工人员在安装顶板钢筋和混凝土浇筑时，由于之前没有安全操作平台，脚直接踩在T梁模板顶面，极易出现踩空、踩滑而从高处坠落现象；在T梁顶板钢筋安装时，因踩踏钢筋造成钢筋定位不准或变形，混凝土浇筑后，甚至留下难以处理的脚印。而通过该操作平台的使用，直接避免了人员从模板上坠落，同时也避免了对安装完毕的T梁钢筋、浇筑完的混凝土踩踏而造成人为破坏，也让T梁整体外观质量得到了很大的提升。

三、应用成效与评估

兴义环高2-1工区为确保T梁预制施工安全，在贵州省公路工程集团有限公司、贵州兴义环高高速公路有限公司的组织下，率先在预制场T梁模板上采用可拆卸折叠式安全操作平台工艺，应用成效如下：优化后的T梁模板安全操作平台配合移动式上下爬梯的使用在我工区预制场发挥了极其重要的作用。工人通过爬梯直接到达操作平台，在施工人员安装T梁顶板钢筋、安装顶板附属设施、混凝土浇筑、T梁养护及管理人员进行钢筋、模板检查等作业时，可全部在安全操作平台上完成。

可拆卸折叠式安全操作平台使用方便，对于预制场场地有限的情况下进行人工拆卸和折叠，不影响模板的安装拆除，不影响模板结构安全，不需要任何辅助机具设备，只需要一人即可对安全操作平台进行拆卸和折叠，达到了安全、快捷、方便的品质示范要求。

通过兴义环高2-1工区实际使用，自2019年9月至申报本项目时，未发生任何一起T梁预制作业高处坠落事故，安全防护效果较传统防护效果有了明显提高，同时也大大地提升了工作、经济效益，并且有效地避免了安全事故的发生，建议推广使用。

四、推广应用展望

预制场T梁模板采用可拆卸折叠式安全操作平台工艺在T梁预制施工中的运用，能够有效杜绝高处坠落导致的伤亡事故及其他质量隐患，建议推广。

案例 65 ▶ 双重隔离防护在改扩建公路
施工中的应用

基本信息

申报单位：青海西互高速公路管理有限公司

所属类型：工程施工

专业类别：安全管理

成果实施范围（发表情况）：在西宁至互助一级公路扩能改造工程施工中已得到全面应用，通过使用双重隔离防护措施，极大地保证了施工区、通行的一级公路的通车安全，做到了互不干扰，安全得到了切实可行的保障，有力推动了西互项目安全、有序的建设步伐，提高了"边通车边施工"的安全性

开始实施时间：2019 年 9 月

负责人：蒉生海

贡献者：李小斌、李国全、李金龙、孔令坤、张西雷

案例经验介绍

一、背景介绍

西宁至互助一级公路扩能改造工程属于旧路加宽扩能改造，需要对原公路两侧的隔离栅进行拆除，原隔离栅拆除后，施工区域及通行的一级公路就缺失安全屏障，极易产生人员、动物随意进入施工区域或通行的一级公路内，对施工和一级公路行车安全带来严重的安全威胁。为此必须在施工前采用可行的安全防护措施，建立各自独立的安全运行区域，才能保障施工区域、通行的一级公路均处于安全状态，防范安全或交通事故的发生。

二、项目目标

零事故，零伤害。

三、技术路线及成果

1. 技术路线

技术路线如图 1 所示。

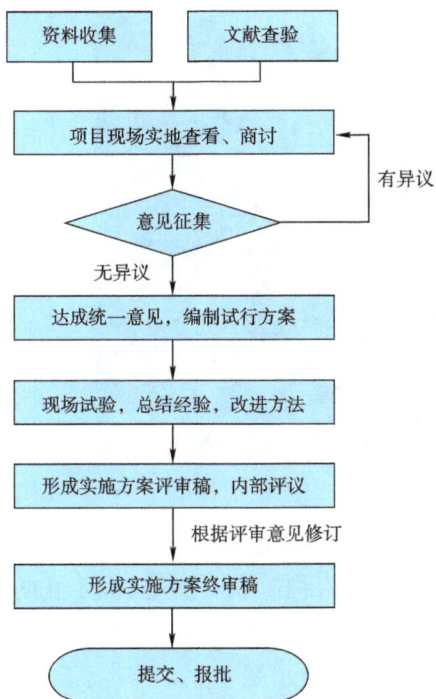

图1　技术路线

2. 成果

公路扩能改造或改扩建工程（以下统一简称"改扩建工程"）施工，在拆除原隔离栅前，须先沿征地红线在加宽段的外侧设置永久性或临时性隔离栅，在高速公路边的防撞波形钢型护栏外侧设置隔离网，防范人员或动物进入通行的公路内。两道防护隔离栅或网的设置，给施工安全和一级公路通车安全带来了保障，简称"双重隔离防护"。

（一）施工准备

1. 外侧隔离栅施工准备

材料选择：外侧隔离防护采用应选用定型隔离栅，该隔离栅一般为本工程设计要求的永久性隔离材料；为保证安装后的隔离栅线性一致、高低一致和便于调整，须使用提前预制的立柱底座，该底座采用混凝土浇筑而成，尺寸一般为长40×宽40×高50cm，中间预留隔离栅立柱孔，孔径应大于立柱外直径，统一深度，约30cm。

现场施工准备：首先对须设置的区域进行平整和测量，保证地面高度一致，然后在地面放线，画出每一个立柱底座的位置，采用小型挖掘机进行挖孔作业，其次通过人工调整孔径与深度，最后将立柱底座放置于挖好的孔中，挂线校正，确保立柱底座安放位置准确、水平一致。

2. 内侧隔离网施工准备

材料选择：内侧隔离网考虑到施工段落较长、设置区域狭窄、西互一级公路无应急车道及通行的各大小型车辆行驶速度快，所产生的瞬间风力非常大的特点，不适合采用不通风的硬围挡材料。为达到经济合理、设置方便、安全适用，采用在波形钢型护栏外侧设置连续的过塑钢丝网，该网规格有长30m×高1.2m、1.5m两种，网格为2cm×2cm，材料为过塑钢丝。固定材料采用方钢或钢管立柱。采用该方法设置成本低，简单易行，安装和拆卸速度快，人员无须进入通行高速公路内作业，也不用设备配合，方便施工，防护能力满足实际安全需求。

施工前，应先安排专人对路肩处的灌木丛、杂草进行清除，保证防撞波形钢型护栏外侧无任何障碍物，确保施工方便、顺利。

3. 安全警示牌准备

无论是外侧隔离栅还是内侧隔离网，在设置完成一段（一般为1km）后，外侧隔离防护栅每1km，内侧防护网每500m的设置距离，均须设置安全提示牌和安全警示牌。外侧隔离栅处主要设置"施工区域标志、禁止进入、注意安全、当心车辆、限速"等组合警示牌；内侧隔离防护网主要设置"严禁进入通行的一级公路内"等标语牌和"禁止翻越栏杆、禁止停留"等警示牌，以此做好安全提示、警示措施。

（二）施工作业

1. 外侧隔离栅施工

将购置的定型隔离栅立柱和隔离栅安装在立柱水泥底座上，调整线形、高低后进行固定，预制块底座四周的回填土应夯实，保证预制块底座稳固，不发生歪斜，保持直立（图2），从而实现安装后的隔离栅线形一致、高低一致。雨后应安排专人再次对设立的隔离栅进行校正、加固，

进一步保证隔离栅安装符合要求；隔离栅网片连接采用专用螺栓，保证不发生被人私自打开的

情况。

图2　外侧隔离防护栏栅

2. 内侧隔离防护网施工

先在波形防撞钢护栏立柱上设置防护立柱（采用钢管或方钢管均可，必要时应刷警示漆，以增强标准效果），高度可与过塑钢丝网一致，但最低不得低于1.2m，用铁丝进行固定，固定

点至少上下两道。

将过塑钢丝网拉紧，用铁丝固定在防护立柱上，过塑钢丝网与立柱的固定点应不少于4点，严禁出现松弛现象（图3）。

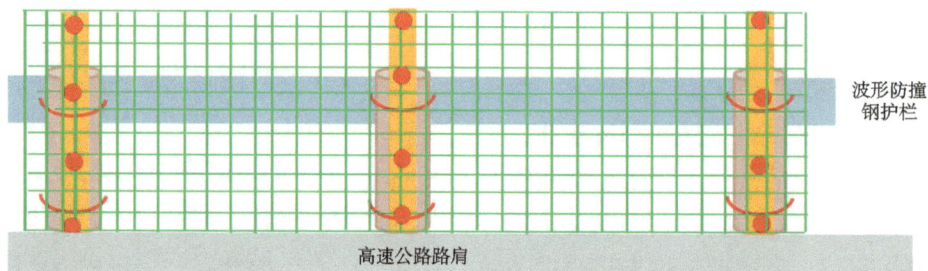

波形防撞钢护栏

高速公路路肩

图3　内侧隔离防护网

设置完成后，应安排专人进行巡查，及时修复因施工或其他原因造成的破损、破坏，保证隔

离栅或网的完整性，真正使其起到应有的隔离防护作用。

四、应用成效与评估

由于双重隔离防护栅、网的设置，隔断了外界能够随意进入施工区域的途径，为安全施工提供了保证；也由于设置了公路防护网，保证了一级公路内通行车辆的行车安全。双重隔离防护的实施，提高了边通车边施工的安全性。

双重隔离防护的实施，从成本上来讲经济合理，从施工上来讲简单易行，设置方便，施工效率高，从作用上来说安全可靠，起到了应有的隔离与防护双重作用。

五、推广应用展望

在当今倡导建设交通强国的时期，对原有高速公路或一级公路的改能扩建势在必行，也会越来越多。在改扩建公路施工中必然就会先拆除原有的隔离栅，而且都是以"边通车边施工"的建设方式进行，这给施工区域和通行的公路行车带来极大的安全风险，必定就会采取安全防护措施，那么双重隔离防护措施就会得到广泛应用。

案例 66 ▶ **河南省高速公路运营企业安全生产标准化和双重预防体系一体化研究**

基本信息

申报单位： 河南省交通规划设计研究院股份有限公司

所属类型： 科学技术

专业类别： 交通设施运营养护

成果实施范围（发表情况）： 项目成果《河南省高速公路运营企业安全生产标准化和双重预防体系一体化建设指南》由河南省高速公路联网管理中心发布，在全省60家高速公路运营企业推广应用。该成果还获得了河南省第三届安全科技成果奖二等奖

开始实施时间： 2019年10月

负责人： 毛　群

贡献者： 陈　波、李柄成、安　昆、赵帅明、吴智伟

案例经验介绍

一、背景介绍

2011年5月6日，国务院安委会印发了《国务院安委会关于深入开展企业安全生产标准化建设的指导意见》，要求全面推进企业安全生产标准化建设。2016年10月9日，国务院安委办印发了《关于实施遏制重特大事故工作指南构建双重预防机制的意见》，要求引导企业将安全生产标准化创建工作与安全风险辨识、评估、管控以及隐患排查治理工作有机结合起来，在安全生产标准化体系的创建、运行过程中开展安全风险辨识、评估、管控和隐患排查治理。

构建高速公路运营企业安全生产风险分级管控与隐患排查治理双重预防体系，是落实党中央国务院、省委省政府关于加强和改进新时期安全生产工作的重要部署；开展高速公路运营企业安全生产标准化达标创建是落实企业安全生产主体责任，提升本质安全的治本之策。目前，河南省高速公路安全生产形势整体向好，安全生产标准化建设整体处在创建提升阶段。探索出一条符合河南高速公路运营实际，针对性强、适用性高、可操作性广泛的安全生产标准化和双重预防体系一体化（以下简称"一体化"）建设路径，具有重要现实意义。

二、项目目标

建立一套针对高速公路运营企业的"一体化"建设方案，将双重预防体系建设融入安全生产标准创建全过程，实现一体化组织开展，避免建设中制度脱节、措施悬空、责任不闭环等问题，通过双重预防体系建设，在高速公路运营企业推进"关口前移、精准管理、源头治理、科学预防"的目标，从根本上防范事故发生，构建安全生产长效机制，促进安全生产形势稳定好转。

三、技术路线及成果

（一）编制指南打基础

为尽快在全省高速公路高质高效建立"自下而上、全员参与、规范有效"的双重预防体系，实现安全生产标准化全面运行，项目组有关技术人员，依据相关法律法规、标准规范，借鉴吸收省内外先进经验及研究成果，在广泛征求意见基础上，编制了《河南省高速公路运营企业安全生产标准化和双重预防体系一体化建设指南》（以下简称《指南》）。《指南》从安全管理基本知识、发动准备、双重预防体系建设程序、安全生产标准化建设要点，以及部分建设指标与示例等方面进行阐述，为企业快速提升安全管理水平、"一体化"建设提供了重要支撑。

1. 基层基础进一步加强

一是健全组织机构。《指南》根据高速公路运营企业组织特点，探索在原有安全生产领导机构的基础上，吸收专业人员参与，推广"一体化"工作组模式，统筹安排整体推进。二是开展全面培训。《指南》按照体系建设全覆盖的原则，提出分层次、有针对性的公司级、部门级、班组级三级培训模式，为"一体化"建设奠定坚实的基础。三是完善规章制度。指导企业在现有制度的基础上，进一步强化全员安全生产责任制，健全岗位操作规程，建立应急救援体系等，让企业安全管理有章可循。

2. 建设程序更加规范

《指南》以实用为目的，结合现有管理基础，摸索出一套简便快捷的建设程序。一是形成了"3223"双重预防体系建设流程。即建设3项制度（安全生产责任制、风险分级管控制度、隐患排查治理制度），2套清单（风险分级管控清单、隐患排查治理清单），2张图（风险四色分布图、岗位风险比较图），3项告知（重大风险告知牌、岗位风险应知应会卡、岗位应急处置卡）。二是优化了风险隐患治理台账。编制了《风险事件分析表》《致险因素分析表》《岗位风险管控现状调查表》等。三是完善了安全生产标准化建设程序。将安全标准化建设重点放在建设运行和持续改进上，通过强化风险管控和隐患排查治理，教育培训，提质升级，齐抓共管，提高安全生产标准化综合管理水平，提高了建设效率。

3. 制定标准不断创新

《指南》加大对风险现场作业安全生产标准化管理的探索，形成了覆盖路产巡查、养护、征收、机电运维、监控指挥、服务区经营、后勤保障等业务类别的风险隐患辨识排查标准，率先制定出《河南省高速公路重大风险防控要点》和《河南省高速公路重大隐患直接判定标准》，填补了行业领域风险隐患判别规范空白。强化基础设施风险辨识。从道路线形线位、节点、气象、地质、区位、交通运行等方面进行分析，结合历史风险事件因素，合理评估风险。

（二）信息化建设来助推

按照建成信息畅通、全员参与、规范有效和可考核、可智控、可追溯的"一体化"建设原则，项目组研究开发了包含电脑端和手机端《双预防和安全生产标准化一体化管理平台》。实现了体系建设信息化管理、全员参与的线上线下交互、风险隐患及时预警以及数据与监管部门信息平台对接等功能。创新使用"一企一档一码"，采取内部微信群、钉钉App等形式，在企业内部实现动态管理、时时传送，为企业推进"一体化"建设提供载体支撑。

（三）试点引领全面推广

"一体化"建设分三步走。第一步，选取5家基础条件好的高速公路运营企业，作为"一体化"建设试点企业重点培育。通过试点建设，探索路径、积累经验、提供样板。第二步，在试点企业的基础上，将试点扩大到全部国家干线高速公路运营企业，逐步向所有运营企业延伸覆盖。第三步，巩固提升，全面推广。按照"三个覆盖、两个延伸、一个不变"原则，查找不足，总结经验，将"一体化"工作作为安全生产基础性、长期性工作推向深入。

四、应用成效与评估

本项目研究编制了《河南省高速公路运营企业双重预防体系和安全生产标准化一体化建设指南》，开发了《双预防和安全生产标准化一体化管理平台》，形成了《新型基础设施建设背景下高速公路运营企业安全生产信息化的建设》等论著。现已在60多家高速公路运营企业推广应用，取得了初步效果。高速公路运营企业通过全员全过程参与，推动双重预防体系和安全生产标准化一体化建设持续有效运行，实现安全生产主体责任全面落实，安全生产管理水平全面提升，安全生产工作持续改进，安全生产绩效不断提高，预防和减少事故的发生，保障人身安全健康，保证生产经营活动的有序进行。

五、推广应用展望

高速公路运营行业可以借鉴本研究成果和工作经验，开展高速公路运营行业安全生产标准化和双重预防体系一体化建设，实现人力物力建设成本的优化，夯实基层基础管理能力，实现经济和社会效益健康和谐有序发展。

案例 67 ▶ 超大跨径 CFST 拱桥缆索起重机智能化安全监控系统

📌 基本信息

申报单位：广西路桥工程集团有限公司

所属类型：科学技术

专业类别：交通工程建设

成果实施范围（发表情况）：广西荔浦至玉林公路平南三桥相关专利、论文若干

开始实施时间：2019 年 10 月 1 日

负责人：杜海龙

贡献者：廖汝锋、蒙立和、陈召桃、王彬鹏、吴宇航

📌 案例经验介绍

一、背景介绍

平南三桥主桥为跨径 575m 的中承式钢管混凝土拱桥，是目前世界上在建同类型跨径最大的拱桥。主桥主拱肋为钢管混凝土桁架结构，跨径 575m，矢跨比 1/4，共分为 44 节段，最大节段重 215t；桥面梁采用钢格子梁的钢-混凝土组合桥面板，格子梁分为 37 梁段，最大节段重 190t。大桥主拱肋节段安装采用"缆索吊装斜拉扣挂"，桥面梁采用"缆索吊装"。如图1所示。

图1　平南三桥

施工用缆索起重运系统跨径509.5m+601.0m+511.5m，塔架高200m，主索道系统设置2套，工作索道系统设置4套，主索道额定吊重2×110t，工作索道额定吊重4×5t，起升高度150m，最大工作风速为5级风速。

该缆索系统运距长、吊重大、起升高度高，索道系统复杂，运行周期长，我公司就如何实现该系统安全高效运行，经设计、研究，确定了一套智能化安全监控系统。该缆索起重机自2019年10月初运行至今，安全顺利地完成了拱肋吊装（最大悬臂长度287m，合龙误差仅3mm）。

二、项目目标

实现大跨径拱桥安全吊装。

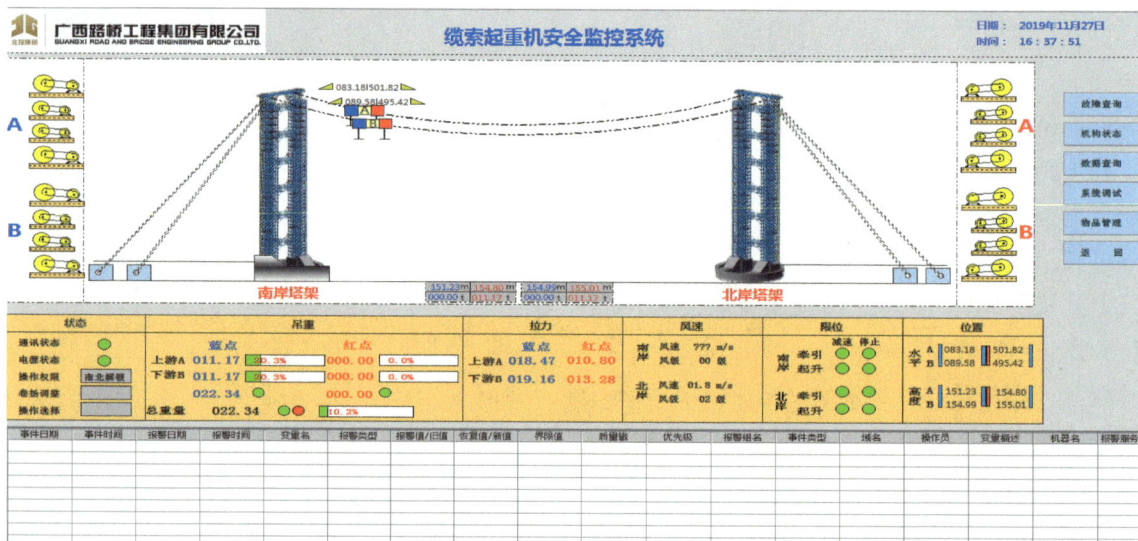

图2　监控系统

控制电源 AC 220V，50Hz 和 DC24V。安全监控系统设置UPS电源，满足断电情况下工作30min的工作时间，确保数据查询和存储。

2. 拖动安全系统

拖动安全系统也是动力系统，与常规缆索起重机不同的是，本系统采用变频卷扬机，运行更稳定。为了实现起升的同步精度，在电机末端设有速度编码器，将电机转速反馈给变频器，实现精确的速度控制；在卷扬机末端设有绝对值编码器，通过数据处理，测算出钢丝绳的出绳长度和运行速度，从而计算出机构的运行行程，进一步控制同类机构的运行同步。

三、技术路线及成果

（一）安全管理系统组成及运行原理

安全监控系统包括电源安全系统、拖动安全系统、控制安全系统、通信安全系统、监控模块、塔顶偏位控制系统等组成。

1. 电源系统

本起重机采用南岸、北岸各自独立供电方式，南岸和北岸电气系统从变电站取电后，经主上机电缆，将电分别送入两岸各个集装箱电源柜（电缆由项目部提供）。在任何一岸突然停电的情况下，两岸起重机能够自动停止工作（图2）。供电电源 AC 380V，50Hz 三相五线。

制动能量通过制动电阻进行释放，制动电阻采用户外不锈钢电阻。卷扬机上设有高速、低速制动限位开关。卷扬机末端设有多功能行程限位。变频器设有以太网通信卡，与可编程控制器（PLC）之间通过网线进行连接进行数据传输。

3. 控制安全系统

（1）可编程控制器。

系统选用可编程控制器 PLC 作为控制核心，南北两岸集装箱均设有 CPU，CPU 之间、CPU 与各分站之间通过通信连接，采集系统数据，并对系统各个机构进行控制（图3）。

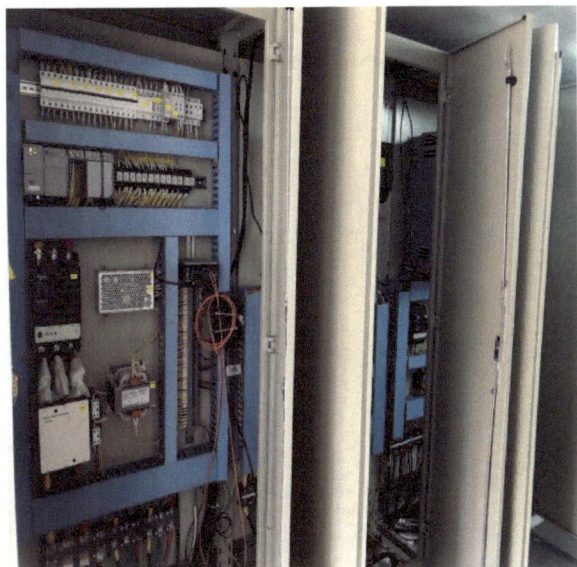

图3   设备柜

（2）张力控制。

在定滑轮上安装取力传感器，并将信号传递给PLC，从而实现张力监测（含主索张力、起重索张力、牵引索张力），当张力异常时及时控制变频器速度，超出调节范围立即停机。

4. 通信安全系统

系统通信系统在通信中断时缆机能自动停机，并具有通信中断的自诊断功能。CPU 与分站、变频器和交换机之间采用以太网进行连接，并组成环网形式，当一个网关断开时不会影响系统的运行（图4）。

两岸之间通过无线路由器进行通信，无线通信采用冗余模式。无线网桥设置在桥墩顶部，减少障碍和电磁干扰。另架设一条光纤线路做备用。无线路由器与 CPU 之间通过交换机进行通信，由于通信距离较远，交换机之间采用光纤连接。CPU 与现场绝对值编码器采用总线连接，采集卷扬机的运行数据。同时，建立一条有线光纤进行备用。

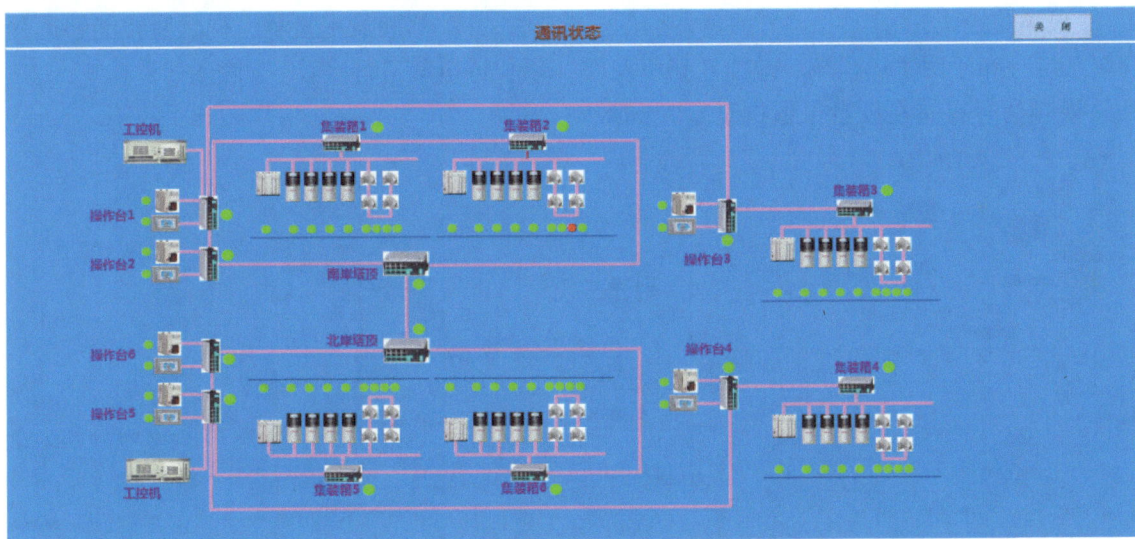

图4   通信安全系统

5. 监控模块

安全监控模块独立于电气系统之外，对电气系统、硬件设施进行监控；同时，该模块依存电气系统运行。

（1）监控项目。

起重量、起升/下降高度、运行行程、风速、同一或不同轨道安全、操作指令、工作时间、累计工作时间、每次工作循环、起升机构制动器状态，硬件设施（钢丝绳、塔架偏位、跑车、吊具、索鞍等）状态（图5）。

（2）采集信息。

起重量限制器、起升/下降高度限位器、运行行程限制器、联锁保护安全装置 、抗风防滑装置、风速仪装置、同一或不同轨道间防撞装置、超速保护装置、起升机构制动器。

（3）模块组成。

该系统主要包括信息采集单元、信息处理单元、控制输出单元、信息存储单元、信息显示单元、信息导出单元、远程传输单元。

（4）硬件配置。

包括变频器、限位开关、编码器、重量传感器、速度传感器、风速仪、操作元件等。

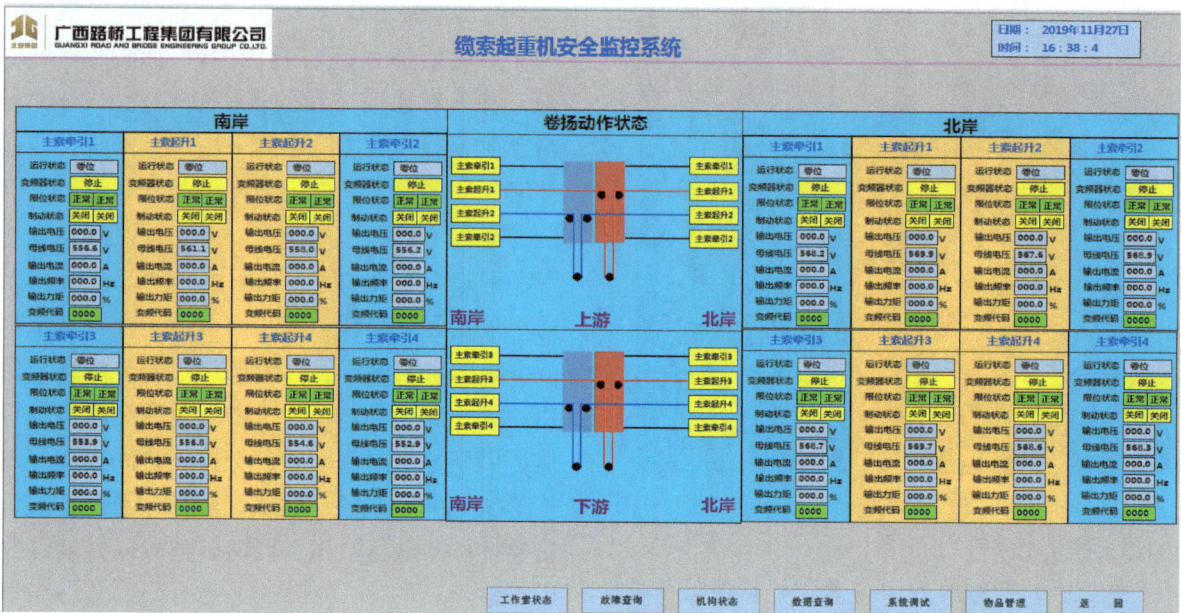

图5　安全监控系统

（5）视频监控。

视频系统分布于两主塔顶端、地锚卷扬机及跑车处。视频信号存储在硬盘录像机至少72h时间，并在驾驶员室显示。视频监控能够远程通过手机或电脑进行查看。如图6所示。

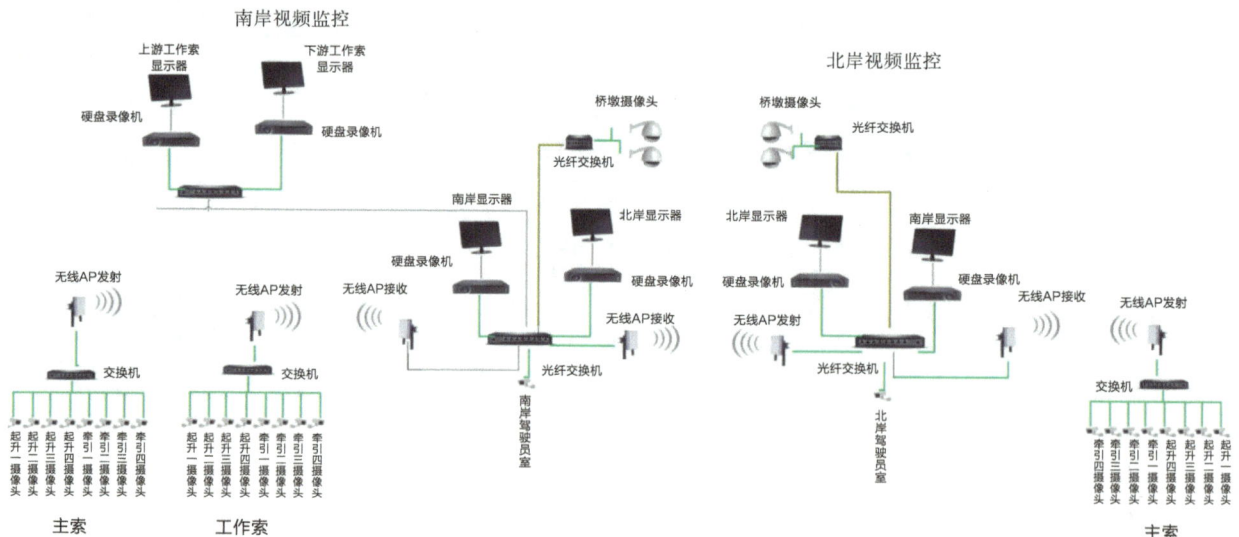

图6　视频监控系统

在两岸塔顶顶部位置设置有高清云台摄像机，可以对施工状况进行动态监视。

（6）安全保护。

①电气保护。

电气系统设置过压、欠压、缺相、相序等保护措施。总电源采用万能式断路器及漏电空气开关，柜体和设备统一独立接地，电气线路按国家规定，采用最完善的三相五线制。

②防雷保护。

系统设置防雷击设施，在进线端应设避雷器，保护装置的接地端必须与接地网可靠连接。置于高点的无线网桥天线具有防雷保护。

③荷载保护。

系统设置四套起重量限制器，每个吊点均设

有一个传感器，当实际起重量超过 95% 额定起重量时，起重量限制器应发出报警信号。当起重量在 100%~105% 的额定起重量之间时，起重量限制器起作用，此时应自动切断起升动力电源，但应允许机构做下降动作。

④超速保护。

起升机构设置超速保护装置，当下降速度超过额定值 15% 时，自动停机。

⑤急停保护。

急停装置缆机各操作部分（包括集装箱、驾驶员室、现地操作盒等）均设置急停按钮，操作急停按钮能断开缆机控制电源和动力电源。急停按钮为红色，并不能自动复位。急停按钮设置在操作人员便于操作的位置。

⑥零位保护。

当开始运转或运行中因故障停机而恢复供电

时，机构不能自动动作，将控制器手柄置于零位后，各传动机构方能重新启动。

⑦接地保护。

所有电气设备、导线管、线槽等的金属外壳均可靠接地，其接地电阻不大于 4Ω；采用多处重复接地时，其接地电阻值不大于 10Ω。

⑧风速保护。

系统配备风速仪，风速仪设于桥墩上部的迎风处。当风速超过工作允许风速时，能发出停止作业的警报。

⑨限位保护。

利用位置编码器设置机构的减速和停机用的软限位。当行程接近设定值时，系统分 3 次报警；超过设定值时，行程指示开关常闭触点断开，切断控制电源而停机。系统原理如图 7 所示。

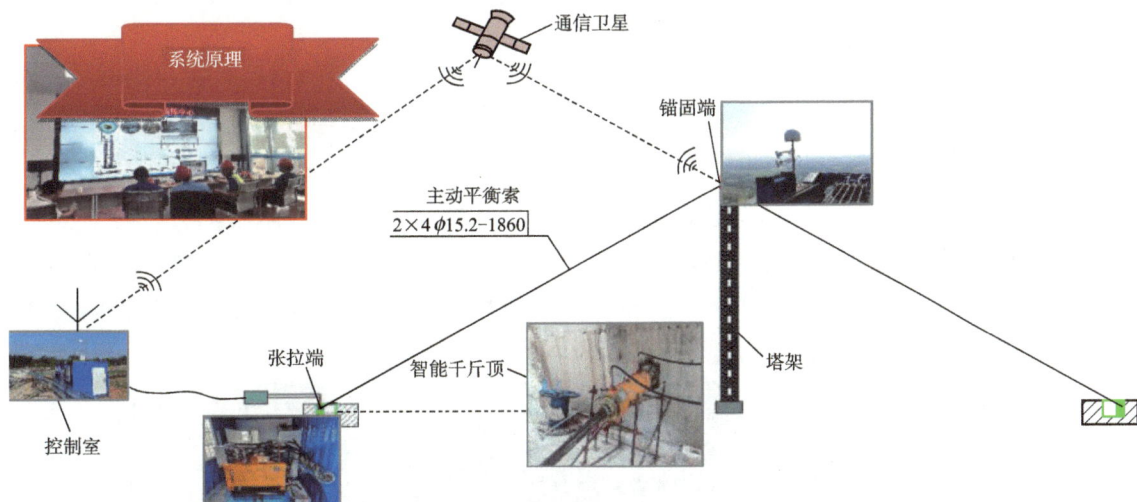

注：1. 塔顶位移主动控制系统主要由北斗定位系统地面基站、塔顶定位天线和智能张拉系统组成；
　　2. 系统原理：塔架发生偏移→北斗系统实时定位测量→信号传输→计算机获取信息→计算、判断偏移值是否超阈值→指令控制智能张拉系统张拉或放松；
　　3. 每岸各设置1套控制系统，共4台智能张拉千斤顶；初拟控制每侧缆风索中的4根钢绞线。

图 7　系统原理

⑩操作权限。

通过人脸识别的方式实现驾驶员身份认证，认证成功系统才能运行，规避非法人员操作。

驾驶室和集装箱房提供固定的、不炫目的工作照明装置，并具有不低于30lx的照度，在缆机主电气线路被切断时，照明装置能正常工作。驾驶室和集装箱房设置有空调，空调功率满足空间制冷和制热要求。驾驶室、集装箱房等配置对讲系统。

6. 塔顶偏位控制系统

缆索起重机塔架高200m，经计算验证在不对塔顶偏位进行主动控制时，在拱肋吊装期间塔顶最大偏位达到30cm，对结构安全性具有巨大挑战，因此迫切需要一种塔顶偏位智能主动控制系统。

一种基于全球卫星导航定位系统+智能张拉系统的应用，有效地解决了该问题（图8）。同时，对塔顶偏位控制系统进行特别保护。

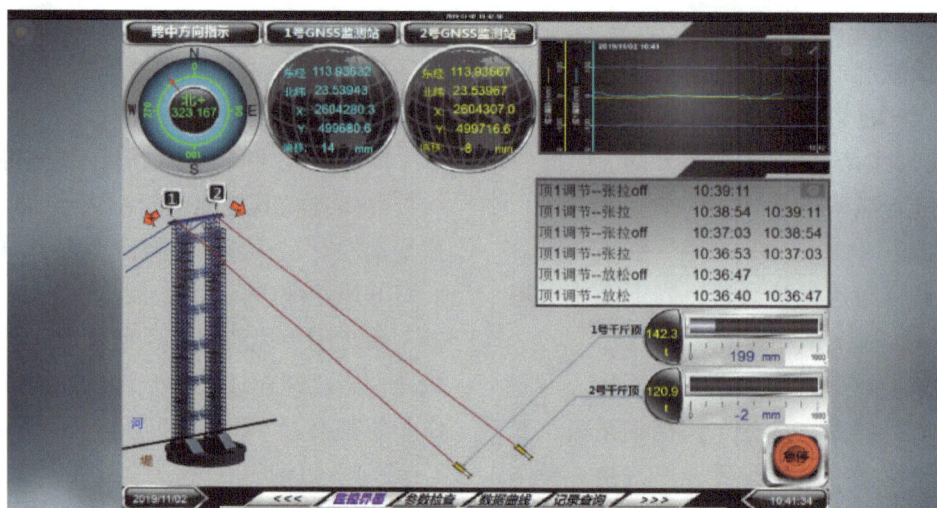

图 8　塔顶偏位控制系统

（1）夹具严格按照《预应力筋用锚具、夹具和连接器应用技术规程》（JGJ 85—2010）设计、制造，保证了锚固的可靠性。

（2）每台顶都装有液压锁，即使施工中意外停电、油管破裂，系统均能自动同步自锁，构件也会平稳地停在某一位置。

（3）控制系统操作均设有自我纠错保护程序。

（4）液压泵站设有安全阀，具有自我检测负载装置，从而防止受外界干扰负载突然增加而引起提升构件破坏的事故发生。

（5）控制系统采用了过程显示、实时监控、故障报警等措施，平移非常安全。

（6）控制系统采用信号抗干扰技术、控制系统电磁兼容技术、从而保证适应环境的能力，如露天日晒、小雨、四级风、连续作业、电磁干扰、电网波动等环境。

（二）安全管理系统配套主要管理办法

（1）建立完善管理体系，成立管理小组。

（2）定人定责清单式定期检查系统。

（3）定期厂家技术维护。

（4）定期组织人员安全教育培训。

安全管理系统配套主要管理办法如图 9 所示。

图 9　安全管理系统配套主要管理办法

四、应用成效与评估

（一）应用成效

平南三桥 300t 缆索起重机至 2019 年 10 月建成运行至今，在安全系统的有效介入下，设备智能高效运转。

（1）PLC 控制及变频设计，大台阶提升系统智能化及安全性能。一是采用变频起动和制动，减少设备机械冲击，稳定多档速度运行，延长传动机构的寿命；二是采用光纤以太网通信，实现远程操作、集中操控；三是PLC强大故障诊断及判断功能，改善传统缆索起重机控制系统在设备频繁启动工作过程中故障多、性能不稳定、可靠性差等缺点，准确可靠地监控系统运行状况，出现故障时系统可及时发出警报，并立即停机；四是PLC配合工控机与人机界面，将实际系统工况及视频监控实时直观地展示在操作人员面前，便捷快速查看系统运行情况；五是通过可编程控制器编程建立逻辑控制，操作台手柄、操作权限、机构调整、操作权限转换开关输入指令到可编程控制器，可编程控制器输出指令给变频器卷扬机完成工作过程，实现缆索起重机多操作模式，缆索起重机多功能模式下的逻辑控制相比机械式的接触器、继电器单一控制更加安全、智能化，操作方便，更能提高工作效率，降低施工难度；六是减员增效，相对传统接触器、继电器，整套系统操作人员由30人缩减至1~2人。

（2）WEB数据集成，远程管理。WEB发布功能实现缆索起重机运行信息的画面发布和数据发布，系统管理人员或企业领导可通过Internet远程查看各设备的运行信息，实现远程监视，远程管理。通过网络能够在任何地方获得与在WEB服务器上一样的画面和数据显示、报表显示、报警显示、趋势曲线显示。

（3）多通道环网通信。电气控制通信网络是采用交换机与交换机之间通信采用有线光纤形成环网通信，并备用无线网桥以太网线交换机再接光纤进行通信，操作室无线网桥以太网线直接进操作台，到达到环网、多通道的通信。完善的通信网络，保障系统指令、信息的准确传输。

（4）塔顶偏位主动控制系统的介入，将塔顶偏位控制在20mm内。该超大跨径CFST拱桥缆索起重机智能化安全监控系统属行业领先水平。

（二）应用评估

该钢管混凝土拱桥缆索起重机安全管理系统是一套信息化、智能化、人本化、科技化的安全管理系统，对缆索起重机安全运行起到良好的促进作用，能够有效推动钢管混凝土拱桥施工发展，对打造中国"拱桥"名片起到不可估量的作用，且该技术和安全管理理念，推广应用价值极高。

五、推广应用展望

该安全管理系统依存缆索起重机电气系统建立，但独立运行、全程全方位监控，对不同缆索起重机均适用（塔顶偏位智能控制系统适用于以建立塔架为索鞍支点的缆索起重机），且不限施工场所和气候温度，适用范围非常广。

案例 68 ▶ 基于智能路网感知的多业务协同应急救援指挥平台

基本信息

申报单位：广西交通投资集团柳州高速公路运营有限公司
所属类型：科学技术
专业类别：道路运输
成果实施范围（发表情况）：广西交通投资集团柳州高速公路运营有限公司管辖939km高速公路
开始实施时间：2019年9月
负责人：荣　美
贡献者：唐玉斌、侯敬东、李　祯、覃保坚、段理鍂

案例经验介绍

一、背景介绍

近年来，围绕国家"交通强国"的目标，高速公路运营管理现代化已经成为我国高速公路发展的新趋势。同时，随着高速公路路网的不断健全、完善，对路网全感知技术、高速公路人车路协同和多业务智能化的研究，具有十分重要的现实意义。

为解决目前高速公路信息化建设中普遍存在道路感知中数据挖掘及数据应用能力不足的问题，柳州高速公路运营有限公司坚持以"业务先

导，技术协同"为原则，建设多业务协同的智能化应急救援指挥平台。多业务协同应急管理平台将各业务子系统的信息通过多种网络方式传输并进行融合、处理，对前端设备做到"感、传、懂、用"，聚焦道路安全保畅，聚力公众出行体验，实现公众美好出行、拥堵管控、安全监管、车辆监测及智能救援等目标，促进安全运营管理效率和应急处置服务水平持续提升。

二、项目目标

围绕国家"交通强国"和"智慧高速"的发

展趋势，依托信息化技术，进一步加强路网运行监测与应急处置制度体系的建设，推动区域路网运行服务保障工作的开展。主要实现以下目标：

一是建立"智能感知路网"。从"感、传、懂、用"的数据生命周期，加强前端信息采集体系建设、规范"全路网监测"业务机制、强化数据挖掘分析能力。

二是搭建警路企协同与应急平台。从"一路三方"到"一路多方"不断推进"警路企"联勤协作，实现高速公路应急保畅、道路交通安全隐患高效治理、交通事故快速处置的目标。

三是创新"5全"路网管理模式。以"全方位、全覆盖、全自动、全天候、全过程"的高速公路运营管理为目标，推动"智慧高速，美好出行"。

四是"业务+技术"推动"网络化运行"和"信息化服务"。以"业务先导，技术协同"为原则，创新路网运行监测的网络化运行，推动异构数据融合和大数据应用下的信息化公众服务，深化区域路网协同联动工作。

三、技术路线及成果

基于路网全面感知技术，以公众美好出行为导向，聚焦应急救援，集成公众信息服务、拥堵管控预警、涉路施工管理、危化品车辆识别和应急指挥等业务，面向管理、应用和服务，建设标准化数据中心、指挥调度中心，建设便捷、安全、高效、经济的综合运营体系，为运营管理者的日常运营、事务决策和服务体系提供支撑。

根据目前运营管理现代化需求及《收费公路管理条例》相关要求，现建设完成的智慧运营服务中心，作为应急救援指挥的中心，依托应急救援服务平台，目前已搭建基于辖区路段的路网模型，并结合高清卡口系统、雷达拥堵预警系统、视频事件检测、桥梁监测系统、高边坡系统、隧道系统、单兵音视频回传系统、移动监控系统、无人机视频回传系统等前端信息采集、感知设备，运用智能算法，构筑柳州公司全域智能感知路网，保证了良好的通行秩序。

多业务协同应急救援指挥平台以智能感知

路网为基础，集成事件感知、分析的问题地图，地图整合辖区路段内所有的额告警事件（拥堵、事件、施工、自然灾害等），实现实时的、自动化的告警提示，并且平台融合多方信息获取、上报、反馈、共享方式，完善公众出行信息发布渠道，目前已实现高速公路移动信号的全覆盖，现正与地图内容、导航、位置服务解决方案提供商，协调接口层面数据对接，实现数据共享。

四、应用成效与评估

基于智能路网感知的多业务协同应急救援指挥平台，实现跨区域、跨业务的融合，实现对高速公路"全方位、全天候、全自动、全覆盖"的现代化运营管理。

（一）路网感知能力大幅度提升

（1）建立完整的路网感知系统，作为统一的前端设备、数据采集、数据存储资源管理平台，目前集成了939km高速公路上共2471路监控摄像机、262块情报板、36座大桥的低温预警系统等设备，提高了前端信息采集、感知设备管理效率，路网感知能力较强。

（2）整合公众信息服务、拥堵管控预警、涉路施工管理、危化品车辆识别和应急指挥等重要的高速公路业务，建立自动化的信息采集、信息分析、告警提示、信息发布体系。

（3）以路网感知为基础，大数据分析为支撑，结合机电设备联动控制和时空轨迹聚类算法，实现拥堵预测分析和告警。

（4）利用4G、5G移动通信技术，补充完善涉路施工、应急救援及拥堵管控等方面的现场安全监管。

（二）高速公路通行环境更安全顺畅

（1）通过该平台，实现警路企"一路多方"统一指挥、信息共享、联勤联动。所辖路段发生突发事件时，多业务协同应急救援指挥平台实时显示警路企应急车辆、物资、人员等最佳资源配置方案。利用单兵系统、无人机等开展应急巡查和远程监控，实时回传现场视频。处置人员远程研究处置方案，直接指导现场处理，提高指令下达的准确性，每起重大突发事件至少可减少

60min处置时间。

（2）对交通拥堵、雾区能见度、隧道通行环境、视频事件检测系统等感知信息整合分析，方便实时掌握辖区路况和突发事件信息，可进行多渠道向公众发布交通出行信息，满足公众智慧出行需求。与此同时，结合交通诱导系统和全彩情报板发布系统，显示最佳行驶路径和地图信息，实现对路网交通自动诱导。

（3）应用人工智能视频事件检测系统，实现交通拥堵、交通事故、违规停车、行人事件等自动报警功能。解决了依靠人工监测视频无法及时、全面获取应急事件信息，增加应急处置时间等问题，极大地减轻现场交通拥堵压力，提高道路通行效率，为公众提供便捷、安全、高效的优质交通出行服务。

（4）依托智慧服务区管理系统，实现服务区信息的"全方位"采集与管理控制。载入智能停车诱导、智慧公厕、移动支付、智能机器人向导等科技，为公众提供更智能、更周到的服务体验；利用高清卡口、远程监控、统一收银、人脸识别管理、智能巡更、后门智能管理等手段，提升服务区的管理效率，让服务区环境更安全、更

环保。

（三）多业务协同管理，运营管理效率大幅度提高

（1）该平台的实际运行中，降低了客服人员、收费站管理人员、路产管理员、服务区管理员、应急指挥人员的人工操作次数，减少业务完成周期，有效降低了管理成本。

（2）智能的巡检体系和数据分析技术，提高了交通信息获取、告警、发布的及时率、准确率，提高设备维护、道路养护效率，每年可节约50%的路上巡检时间。

五、推广应用展望

基于智能路网感知的多业务协同应急救援指挥平台主要目的是在结合路网感知的基础下，不断优化现场安全监管，实现公众信息服务、拥堵管控预警、涉路施工管理、危化品车辆识别和应急指挥等重要的高速公路业务的自动化、智能化。根据研究成果，可有效解决以往高速公路运营管理信息化建设中存在的数据挖掘与应用能力不足的问题。

案例 69 ▶ 警示摇旗仿真人

基本信息

申报单位：江苏宁宿徐高速公路有限公司

所属类型：科学技术

专业类别：清障

成果实施范围（发表情况）：适用于包括处置时间较长或恶劣天气等在内的特殊环境条件下的清排障、养护作业现场

开始实施时间：2017 年 1 月

负责人：张宁阳

贡献者：张宁阳、张向阳、孙　林

案例经验介绍

一、背景介绍

随着我国车辆保有率的稳步提高、高速公路通车里程和断面流量的不断增加，以及由于高速公路通行能力强、车辆行驶速度快等原因，车辆故障和事故也随之增加，这大大增加了清障作业现场的安全风险。遇冰雪、大风、大雾、强降雨等恶劣天气、重大节假日期间或较大交通事故应急处置现场等特殊情况，清障作业现场风险甚至更高。近几年，高速公路清障救援频率增加，事故现场特情复杂，多条高速公路曾发生社会车辆闯入清障作业区导致的生产安全甚至亡人事故。因此，切实降低清障人员作业风险，保障清障人员生命健康，是"平安交通"理念在实际工作中的具体落实。

二、项目目标

按公司文件要求，规范的清排障作业现场需要设置安全的清障作业区和瞭望哨。其中，两名清障人员负责拖车操作，一名清障人员面向来车方向专职警示瞭望。然而由于清障作业现场的环境、天气、地理位置等情况每次不尽相同，现场情况复杂，实际操作中，瞭望哨岗位通常存在两个问题。一是当现场处理时间较长时，摇旗警示人员劳动强度增大、体力消耗大，常常导致体力不支，需要频繁换人。二是尽管瞭望人员做到规范操作、提前预警，仍会出现社会车辆闯入安全作业区内的现象，无形中给安全瞭望人员及现场清障人员的生命安全带来极大威胁。警示摇旗仿真人的研制有效解决了以上问题。

三、技术路线及成果

警示摇旗仿真人（图1）身高1.7m，重20kg，采用蓄电池供电，可连续工作5个小时以上，且在恶劣环境下也可正常工作。仿真人由身体和电路两部分组成，身体部分（图2和图3）通过4块强磁连接，拆卸、携带方便。头、上半身、手臂、手、臀部、腿脚、底盘等部位全部

焊接而成，底盘部分通过8根1m长、带螺纹圆管旋转插入，增加了底盘的受力面积，提高了稳定性。

电路部分由动力系统和预警系统组成。动力系统包括锂电池、电机和连杆。锂电池安装开关，开关闭合，电机转动，通过连杆将电机旋转运动变为往复运动，从而带动手臂摆动。预警系统（图4）由光电传感器、无线遥控发射器、锂电池、无线遥控接收器和警报喇叭组成。在仿真人手部安装光电传感器，传感器探头面向来车方向。光电传感器发出8m不可见红外线，当有车辆闯入安全作业区时，红外线会被车辆遮挡。这时，红外线会立即通过车辆表面反射回去。传感器接收到反射的红外线后立即连接无线电发射器，无线电发射器开始发出信号。清障车上的无线遥控接收器收到信号后立即接通警报器电路，警报器喇叭发出警报，提醒现场作业人员注意避让闯入车辆。

图1　警示摇旗仿真人

图2　仿真人身体上部

图3　仿真人身体下部

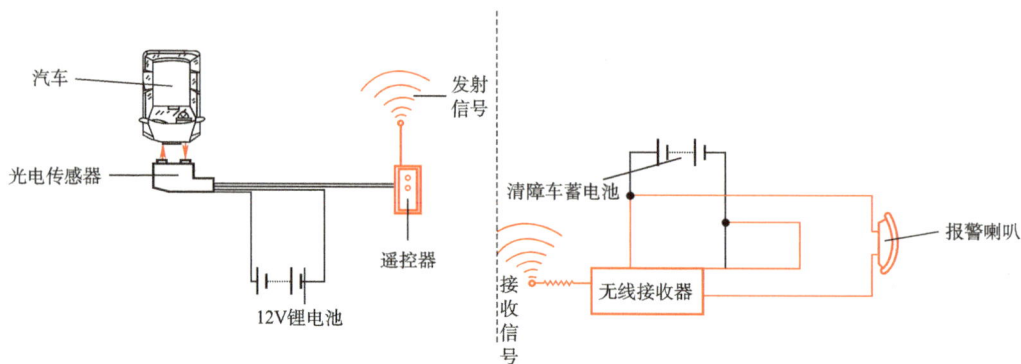

图4　预警系统工作原理

四、应用成效及评估

本项目的成果在清排障作业现场的应用极大地降低了现场作业人员的安全风险，成果的应用成效主要体现在以下几个方面：

1. 安全生产水平有所提高

摇旗仿真人的研制在江苏交控创新创效评比中获得"二等奖"，并已获批实用新型专利。在清障现场的应用中，摇旗仿真人代替了专职瞭望人员，红外线预警系统也为作业区安全提供了有力保障。

2. 践行"本质安全、以人为本"理念

项目成果注重人性化、智能化，以人为本，坚持"本质安全"，将清障人员从瞭望哨岗位撤离，用机器取代人工，从源头上消除瞭望哨的安全风险隐患。

3. 创新驱动实现技术升级

用创新推动技术的更新升级，下一步计划为警示摇旗仿真人增加太阳能充电功能和自动语音播放警示功能。

五、推广应用展望

从排障员自身角度来说，警示摇旗仿真人的应用取代了人工瞭望哨，降低了清排障作业所承担的劳动强度和安全风险，保障了个人生命安全。从高速公路管理企业的角度来说，警示摇旗仿真人提高了本单位安全生产管理水平，有效降低了生产事故隐患，保证了年度安全目标的实现，是"本质安全"理论在实际生产作业中的成功应用。

从市场化角度来说，警示摇旗仿真人除了高速公路清排障作业现场以外，还可用于其他道路养护管理、绿化施工、障碍排除等作业现场以及其他需要警示预告的场合，具有一定的潜在市场，值得大力推广。

案例 70 ▶ 智慧工地建设在航道整治工程安全管理中的应用与示范

基本信息

申报单位：长江航道局

所属类型：科学技术

专业类别：交通工程建设

成果实施范围（发表情况）：已在长江干线武汉至安庆段 6m 水深航道整治工程中推广运用

开始实施时间：2019 年 1 月 15 日

负责人：何传金

贡献者：张天成、周　林、连　磊、彭　力、田　栋

案例经验介绍

一、背景介绍

近年来，国家大力推进长江经济带建设，加快构建沿江综合立体交通走廊，长江黄金水道建设步伐加快，长江干线一批大型航道整治工程相继开工建设并投入运行，有力地保障了航道畅通和通航安全。在航道整治工程建设过程中，往往存在施工作业点多线长、施工环境复杂、工程施工与通航矛盾突出安全问题易发、调查取证困难等特点，施工安全管理难度大，基于传统工程管理模式的施工管理同时存在工地可视化监控不健全、信息传递不畅、安全问题发现不及时、人员和船机设备安全管理难度大等安全管理薄弱环节，施工企业迫切需要利用云平台、大数据、物联网、移动互联网等新一代信息技术解决业务痛点，提高安全管理水平和管控效率，迫切需要利用科技手段来促进施工现场安全管理的创新，构建一个智能、高效、绿色的"智慧工地"。

二、项目目标

将物联网、大数据、云计算、移动互联网和 BIM 等现代化信息技术引入武安段工程施工实践中，给传统施工操作与管理安装"智慧大脑"，使传统施工流程进行优化和再造，从而提高管理质量和效率，增加经济效益，提升管理层次。主要目标是全方位展示武安段的风采和项目概况，精准监控工地人员、船机、施工动态，及时发现并预警发生问题，及时解决和纠正，运用BIM系统对工地质量、进度、安全等各种项目预期目标进行管理，使整个工地管理可视化、智能化、精准化。

三、技术路线及成果

本项目在收集基础资料、文献查阅和走访调研相关部门的基础上，梳理传统航道工程施工安全管理存在的不足，主要解决以下几个方面问题：①对作业人员安全技术交底形式单一，内容生硬，交底效果较差；②作业人员进场实名制管理难度大，容易遗漏，管控效率低；③作业人员安全行为监管难、取证难，施工过程中不戴安全帽、临水作业不穿救生衣行为时有发生。安全管理多属于人管人模式，效率低，对违规行为不便于统计分析；④施工船舶行为管控难，不按规定行驶及锚泊的运输船舶得不到有效管控，存在一定安全隐患；⑤施工船舶安全用电状态管控手段落后，无法对船舶电气火灾进行监测及预警；以问题为导向，提出有针对性的解决措施，通过进一步的关键技术研究，形成一套技术可行、功能实用、便于推广的智慧工地建设方案，并在武安段航道整治工程中应用，最后提出进一步优化完善智慧工地建设的相关建议。

成果：利用信息化新技术，将安全用电监测技术、人员行为识别技术应用于船舶管理及航道整治施工管理，开发了现场信息集成展示平台、VR安全。

四、应用成效与评估

1. 应用成效

依托长江干线武汉至安庆段6m水深航道工程，开展智慧工地建设实践与应用，取得了如下成效：

（1）作业人员安全意识大幅度提升。 利用可视化手段、VR技术和信息化安全培训终端，加强现场作业人员的安全交底效果，切实提高了作业人员安全意识和应急处理能力，有效杜绝了安全事故的发生。

（2）船机设备用电安全得到保障。 通过在船机设备上安装电气过载及能耗监测装置，能远程实时监测船舶设备关键部位用电状态，出现异常情况提前预警，有效防范了电气火灾事故的发生。

（3）作业人员安全行为进一步规范。 在预制场、护岸现场、铺排船等安装安全行为识别系统，通过人脸识别对人员进行实名制管理，提高了人员进出场登记管理效力，同时对现场不戴安全帽或不穿救生衣行为进行人脸抓拍，及时发出提示信息。根据监测数据，对违规人员进行量化管理，多次违规且不服从管理者作清退处理，有效规范了施工人员安全行为。

（4）船机设备管控有效。 通过GIS定位高效、精准管控船机设备，船舶在施工区域的平面位置及状态一目了然，同时运用GIS平台的电子围栏功能，实现了对船舶划定区域管控，当船舶离开、进入设定区域时，自动弹窗提醒管理人员，对现场船舶在装料码头、整治河段、作业水域、停泊区域进行实时管控，发现异常状况便于及时采取有效措施。

2. 评估

智慧工地建设在航道整治工程运用具有一定的行业特色和先进性，从业务痛点出发，以科技创新手段解决现有航道整治施工安全管理过程的难点，形成了一套较为完整的现代化施工安全管理方案，提高了施工安全管理水平及管控效率。

五、推广应用展望

项目组系统梳理了常规航道整治工程在施工安全管理方面存在的不足，利用信息化新技术，开发了现场信息集成展示平台、VR安全体验及安全培训系统，实现了施工现场可视化和精细化管理，已在长江干线武汉至安庆段6m水深航道整治工程中得到成功运用，成效明显，在后续长江航道整治工程中具有广阔的应用前景。自主研发的集成视频监控、车船定位及电子围栏等的地理信息系统，有助于提高施工管理水平，助推施工管理由传统方式向现代化方式的转变。

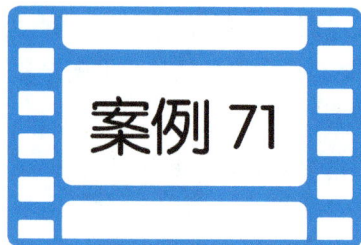

案例71 ▶ 轮胎压路机智能防撞综合保护系统

基本信息

申报单位： 广西荔玉高速公路有限公司

所属类型： "平安交通"创新案例"优秀案例"

专业类别： 科学技术

成果实施范围（发表情况）： 适用于各等级公路轮胎压路机路面施工中盲区安全防护

开始实施时间： 2020年5月

负责人： 张荫成

贡献者： 甘采华、吕东滨、孙树光、丁　磊

案例经验介绍

一、背景介绍

高速公路路面机械施工尤其是轮胎压路机在沥青路面施工中高频发生作业事故，造成人员伤亡及财产损失，主要原因是轮胎压路机车身较高，驾驶员在驾驶室内对侧方有无人员闯入的判断存在视觉盲区，容易造成施工事故；另外，机械设备安全防护不到位、驾驶员疲劳或突发疾病未能及时有效制动灯，也是造成事故的原因。因此路面施工轮胎压路机智能防撞系统已成为道路施工行业亟待解决的关键难点问题，假定在轮胎压路机后方增设雷达传感器，以自动感应有无后方人员的进入危险区域，若雷达传感器检测到有人员进入，则传感器将信号传递给总控制系统，控制系统将信号传送给报警模块，进行声光报警并实现紧急制动，避免事故发生；若无人员进入，则不进行制动，车辆继续正常工作。轮胎压路机智能防撞综合保护系统内的雷达传感器通过科技手段在轮胎压路机后方形成监测系统，构成稳定的扫描区域。区域扫描主要实现以下2个功能：一是设置远近弧形区域性保护区，当有人员进入保护区时对驾驶员进行声光报警以提醒驾驶

人；二是雷达感应器将每个测量点的距离值传送到信号处理系统，实现主机电脑控制制动。

二、项目目标

路面施工"零车辆伤害"。

三、技术路线及成果

轮胎压路机智能防撞综合系统包含超声波探头、制动伺服器、距报语音器、解除开关、主机电脑组成及固定护栏等，每一次车辆启动，本系统都将默认启动制动功能，当车辆自动制动以后，会持续制动3s，然后自动解除制动状态5s以后再次进入制动状态，以此循环。本设施研究成果强化了路面施工机械安全措施，有效预防车辆伤害事故发生。

由于当前路面施工压路机体积大，驾驶员位置距离设备前后不同程度的存在视线盲区，安全隐患大，有可能会碾压到视线盲区内的人或物，极易发生安全事故。为严防车辆伤害事故发生，荔玉高速路面第4分部对压路机安装智能防撞综合保护系统（图1），本系统共包含两层保护。第一层保护由RBAS智能制动系统操作完成，RBAS智能制动系统包含超声波探头、制动伺服器、距报语音器、解除开关、主机电脑等。当施工人员进入压路机倒车1.1~1.3m范围内，制动伺服器开始动作，立即将制动踏板踩到最低处以达到停车目的。第二层保护为物理防护，即安装防撞护栏、倒车影像、磁吸闪光灯、夜间照明灯等设施，加强压路机二次保护。

图1　智能防撞综合保护系统

四、应用成效与评估

自2020年5月15日，正式投入使用以来，未出现任何故障，使用状况良好，减少沥青路面施工中机械设备本质安全不足、人误操作等原因造成的车辆伤害事故。通过安装智能防撞综合保护系统能有效预防压路机车辆伤害，保证作业安全，有利于强化路面施工机械设备安全管理。

五、推广应用展望

该智能防撞综合保护系统适用于双制动轮胎压路机，其研究成果可为轮胎压路机综合防撞系统平台的研发提供试验支撑，为最大限度地减少轮胎压路机施工碰撞事故提供技术保障。

案例72 ▶ 混凝土防撞护栏施工安全技术创新

基本信息

申报单位：宁夏中达公路建设有限公司

所属类型：科学技术

专业类别：交通工程建设

成果实施范围（发表情况）：宁夏中达公路建设有限公司承建项目实施，相关两项技术产品已获得国家知识产权实用新型专利，相关工法获得宁夏回族自治区级施工工法

开始实施时间：2019年3月

负责人：王智勋

贡献者：柴继昶、李 微、高永怀、张让林、万玉玲

案例经验介绍

一、背景介绍

在事故类型统计分析中，高处坠落事故往往居为榜首。一般桥梁施工高度均在3m以上，尤其大中型桥梁在安装混凝土防撞护栏外侧模板时，需将身体悬空在护栏外侧，不仅存在高处坠落的风险且施工效率低下，人员站立不稳时也会导致线形不直顺；在混凝土防撞护栏浇筑过程中，振捣工为了施工方便，有时会踩在模板边缘，甚至在护栏顶部进行作业，极大地增加了高

处坠落的安全风险；在防撞护栏外侧施工时，有的作业人员为了省事，会采用钢筋焊接成简易的吊篮，将挂钩悬挂在护栏内侧，若钢筋不能承受人体重量而变形或焊接不牢固甚至断裂，极易造成高处坠落事故。为了提升混凝土防撞护栏内外侧模板支护施工、混凝土振捣、护栏外侧施工的安全性，也为了从根本上保护作业人员的生命安全，我公司发明了安装桥梁混凝土护栏外模的加固装置和可移动式安全工作平台（已获得国家知识产权局授权的实用新型专利）；混凝土振捣

时，在防撞护栏模板内侧安装了可伸缩的安全工作踏板。以上安全技术设施在防撞护栏施工各工序中的综合应用，能有效避免作业人员在作业时发生高处坠落的安全事故，为桥梁混凝土防撞护栏施工提供坚实的安全技术保障。

二、项目目标

预防和减少桥梁防撞护栏浇筑施工中高处坠落事故，保障项目生产安全目标完成。

三、技术路线及成果

（一）护栏外模加固装置

我公司在安装外模施工时进行了技术创新，外模安装采用了一种依附于内模外侧上的支撑体系，该体系的支撑杆长度70cm左右，能快速安装在内模外侧模板的竖肋上，在支撑杆的顶部安装旋转铰轴，在旋转铰轴上安装长度约85cm的挑梁杆件，旋转铰轴的位置约为挑梁杆件的1/3处，挑梁长度的1/3处的端部悬挑防撞护栏外模，挑梁杆件2/3的长度的端部与固定在内模上的立杆底部一端通过可调节长度的软连杆连接，根据杠杆原理，通过调节软连接杆的长度，能快速调整外模的高度和安装外模。通过该装置，施工人员不用悬空在护栏外侧进行板缘打眼、植筋和安装模板，在桥梁护栏钢筋内可直接将模板吊在外侧并挂在该装置上，通过该装置还可调整模板高低和线性，安全牢固，极大地减少长时间高处作业所带来的安全风险。如图1、图2所示。

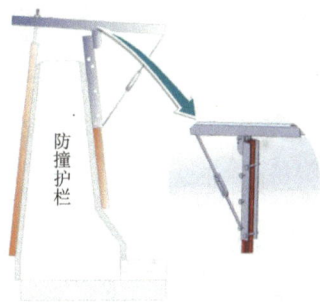

图1　外模的加固装置设计图

图2　外模的加固装置施工图

（二）L形简易安全工作踏板

在桥梁混凝土护栏浇筑过程中，振捣工为了施工方便，有时会违规站立在护栏内模的窄钢条上或护栏顶部进行作业，增加了踩空坠落的安全风险。为了减少安全隐患，在桥梁混凝土护栏浇筑过程中，在防撞护栏钢内模上下横肋间安装了可直接拆卸的L形施工简易安全工作踏板，将连接L形立杆的顶端镶在横肋槽钢内，底端支撑在下端横肋上，横杆上焊接薄钢板，供施工人员站立浇筑和振捣混凝土，该平台结构简单、安全、经济、拆卸方便，还可根据工作护栏长度进行伸缩调节，材质本身结实耐用，可循环周转使用。如图3、图4所示。

图3　振捣作业安全工作平台现场图（1）

图4　振捣作业安全工作平台现场图（2）

（三）"⌐"形悬吊移动式安全平台

现在，工人在桥梁防撞护栏的外侧作业时，采用自主设计的"⌐"形悬吊移动式安全平台，用机械悬挂钢丝绳吊装、人工配合的方式进行安装与拆卸。在使用或需要移动该悬吊平台时，人工沿护栏纵向方向推移悬吊平台，使该平台通过定滑轮沿防护栏表面滑动，不用再像以往那样反复吊起搬运。为防止防撞护栏纵坡过大，悬吊平台沿护栏方向自由移动，悬吊平台移动至工作区域时，采用木楔填塞至护栏顶部定滑轮实现定位和固定作用。防撞护栏外侧修饰等作业时，工人只需将安全带扣在护栏内侧固定点，作业人员站在平台上进行操作。该装置结构简单、外观标准、造价低廉、方便灵活、安全性能可靠，可有效保证作业人员的安全，降低高处作业的安全风险，提高桥梁护栏外侧施工效率。如图5所示。

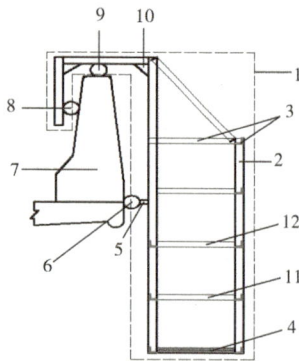

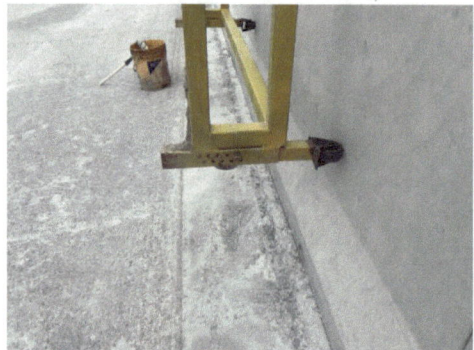

图5　移动式安全平台设计图和内外侧图

1- 悬吊平台；2- 主梁；3- 角钢；4- 底层花纹板；5- 调节丝杠；6- 护栏外侧定滑轮；7- 防撞护栏；8- 护栏内侧定滑轮；9- 护栏顶部定滑轮；10- 角钢加强；11- 第一层；12- 第二层

（四）技术成果

防撞护栏施工中此系列安全技术措施，经科技查新机构查询后认为在国内公开文献中未见相同报道，达到先进水平。取得的技术成果：一种安装桥梁混凝土护栏外模的装置，获得实用新型专利（专利号：ZL2018212484841）；一种基于桥梁护栏修饰的移动式安全平台，获得实用新型专利（专利号：ZL2018208044181）；防撞护栏优化工艺施工工法于2019年12月获得自治区级工法《宁建（建）发〔2019〕54号（Q/JGF29—2018）》，如图6所示。

四、应用成效与评估

桥梁混凝土防撞护栏施工中，安装外模的加固装置、振捣作业安全工作平台以及护栏外侧施工的移动式安全工作平台的应用，均从本质安全角度出发，有效保障了作业人员的人身安全，进一步减少了事故发生的可能性，且结构轻便灵活实用性强，保证工程施工质量、外观的同时，能够非常有效地保障安全生产。三种安全技术设施采用的钢质材料均可循环周转使用，减少人工和机械的投入，具有明显的社会效益和经济效益。

在公司承建的京藏高速公路改扩建工程JZ16合同段、京藏高速公路JZ27合同段、乌玛公路A5合同段等桥涵项目实施，在质量、安全方面的效

果十分显著，实施项目均未发生高空坠落安全事故，具有很好的推广性、应用性和经济性。

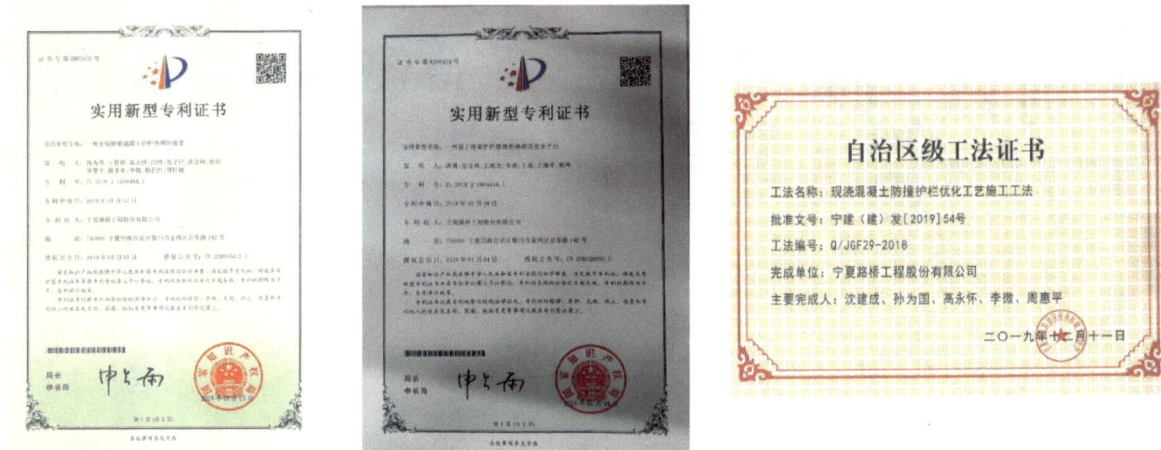

图6 实用新型专利证书及省级工法证书

五、推广应用展望

混凝土防撞护栏施工安全技术可在所有桥梁

混凝土防撞护栏施工中推广应用，操作简便，经济效益、安全技术效果明显，能有效避免安全生产事故发生。

案例 73 ▶ 智能安全教育基地在项目安全管理中的应用

基本信息

申报单位：山西路桥第二工程有限公司

所属类型：科学技术

专业类别：公路工程建设

成果实施范围（发表情况）：适用于建筑工程施工、公路工程施工领域

实施时间：2019 年 6 月

负责人：黄　亮

贡献者：胡安平、李　军、程临全、张仁杰

案例经验介绍

一、背景介绍

近年来，随着一些重大安全事故的发生，国家对公路建设安全越来越重视，关于公路施工安全教育培训的市场也逐步打开。安全体验馆的出现被誉为"安全讲堂"，隰吉高速公路安全体验馆的建设符合了国家的政策需求，具有广阔的市场。在中国安全体验馆的普及率较低，安全教育培训作为一个新兴的市场，其潜力不言而喻。建设安全体验馆不仅在中国、韩国，甚至在美国和欧盟都得到良好发展和一致好评。国家有关主

管机构和建设机构越来越重视其作用，并进行大力的推广。——引自国务院安委〔2012〕10号令《关于进一步加强安全培训工作的决定》。

为提高企业从业人员安全素质和安全监管监察效能，防止和减少违章指挥、违规作业和违反劳动纪律行为，促进全国安全生产形势持续稳定好转，现就进一步加强安全培训作出以下决定：加强安全培训机构建设。支持大中型企业和欠发达地区建立安全培训机构，建设一批具有体验感、实操特色的示范培训机构。强化实际操作培训，提高3D、4D、虚拟现实等技术在安全培训

中应用，开发特种作业各工种的实训系统。

为从本质上解决安全问题，告别传统安全教育培训的模式，建立安全体验馆（图1），解锁全新的安全体验新方式，来规范隰吉高速公路全

线施工的安全标准化，提高安全生产管理水平和施工作业人员的安全意识，保障施工作业人员生命财产安全，让施工参与者增强安全意识，增强避免和战胜灾难的能力。

图1　安全培训中心

二、项目目标

安全第一，预防为主。在施工现场设立安全体验馆尤其重要，工人通过身临其境的参与和体验，寓教于乐，让每个员工都有实际操作的动手能力，真正达到"安全预防为主"为目标的智能化安全教育。

三、技术路线及成果

安全教育培训，让广大一线工人及项目部职工牢固树立安全发展理念，大力弘扬生命至上、安全第一的思想，着力提升自己的安全意识、法治意识、规则意识、文明意识，共同努力创造有序、畅通、安全、绿色、文明的环境。

（1）隰吉高速公路集中采购、培训，统一规划占地。

（2）打造一套契合山西路桥隰吉高速公路项目特色的安全培训教育基地，结合企业工作的主要风险，量体裁衣，量身定制。

（3）建设一套结合"多媒体安全教育+VR安全体验+实物实操体验"的综合性多维度安全培训体验基地，将趣味视频教学、VR体验、实

物体验有机结合，提升培训效果。

（4）建设一个全过程智能化管控的综合体验馆。提升培训组织能力和培训效率，将安全管理人员从培训工作中解放出来，打造安全教育大数据，打通培训大数据同其他管理平台，全面提升一线作业人员安全知识、安全意识和安全技能，实现现场人员100%安全培训准入。

2019年9月安全体验馆设立之后，新颖的VR设备实践远比过去单调枯燥的理论知识讲授有趣，在理解的基础上，工人才会更加重视安全教育，尤其是高空作业通过VR体验让工人感受坠落瞬间的恐惧感，大大提升了工人的安全意识、增强了安全操作能力，截至目前未发生过安全生产事故，为项目的顺利推进奠定了坚实的安全基础等。

四、应用成效与评估

自安全体验馆投入使用以来，除对进场的工人进行安全教育外，同时吸引了地方学校、加油站、厂矿、安监局等多家单位的人员前来体验。每一位体验者通过VR设备模拟真实施工现场，以第一视角和第三视角，感受到事故中的振动、

摇晃、坠落效果，仿如身临其境。相比传统的安全讲座，VR安全体验馆利用新兴的科技体验，提升了作业人员安全意识和安全技能水平。每一位参与体验的人员均表示，只要大家体验一下，就能"秒懂"安全的重要性以及相关安全知识。

安全体验馆在项目工地的深入和规范应用，将会比传统的安全教育方式具备显著优势，主要表现为以下几个特点：

（1）沉浸性。体验者处于可视的虚拟环境中，沉浸于虚拟场景——身临其境，突破了时空的界限，在潜移默化中加深对知识的理解，比单纯的扁平性说教更直观、更立体、更能激发学习者学习兴趣和热情。

（2）感知性。学习者在计算机虚拟的场景中全心投入视听力触觉等多种感觉及运动感受信息反馈，获取感官协调效应，提高学习效率。

（3）交互性。学习者操控的VR设备，以手势、动作、眼球追踪、语音识别、表情识别及脑电波等本能的方式自然地和虚拟环境进行交互、体验。

五、推广应用展望

随着公司改革发展的步伐和高质量发展需求，安全生产越来越不容忽视，没有安全，就没有发展，尤其是施工企业对安全教育的需求也更加迫切了。而安全体验馆可以从本质上提升安全教育的覆盖面和针对性，不再进行"纸上谈兵"的安全教育，告别说教，让施工人员亲身体验。我们有理由相信，安全体验馆承载着重要使命，相信随着国家的逐步重视和科学引导，安全体验馆会迎来更加健康快速的发展。

案例 74 ▶ 钱塘江新建大桥吊装区域自动化预警装置的研发

基本信息

申报单位：浙江交工集团股份有限公司

所属类型：科学技术

专业类别：公路桥梁

成果实施范围（发表情况）：可广泛应用于涉路、涉桥及涉建筑物等复杂环境下的吊装作业监测预警，同时，也可拓展用于第三方构筑物的自身预警监测和监控，构筑物联监测系统，改变监控参数和方式，实时监测已有构筑物的整体性

开始实施时间：2019 年 10 月

负责人：周　锋

贡献者：李胜辉、戴红辉

案例经验介绍

一、背景介绍

当前，随着我国交通运输进一步深化供给侧结构性改革，补短板、促投资，加快构建现代综合交通运输体系，全国建设新一轮过江通道步伐继续加快。过江通道的建设受限于生态红线、环境敏感区、航运等之间的关系，往往需要集约利用沿江岸线资源、环境资源。势必会导致过江通道建设选址集中，桥梁建设施工安全风险增大。

钱塘江新建大桥位于钱塘江强涌潮区域，且紧邻高铁新桥、浙赣铁路桥和钱江二桥。单日钱江二桥断面货运交通量3万pcu/天，客运交通量2.5 万pcu/天，杭州东站一天进出车次总共约333趟，车流量十分巨大。钱塘江新建大桥施工作业平台距现有钱江二桥最小净距仅5.34m，同时大桥的建设多采用履带吊、汽车吊及旋挖钻等大型起重、钻孔设备，设备作业半径均涉及既有大桥区域（图1、图2），稍有不慎，将严重影响

现有桥梁的安全性和外观，同时也会影响大桥车辆的行驶安全。因此，在如此近距离的情况下，

如何在保证大桥建设的起重吊装安全的同时保障第三方建筑物设施和人员财产安全至关重要。

图1　施工现场实景

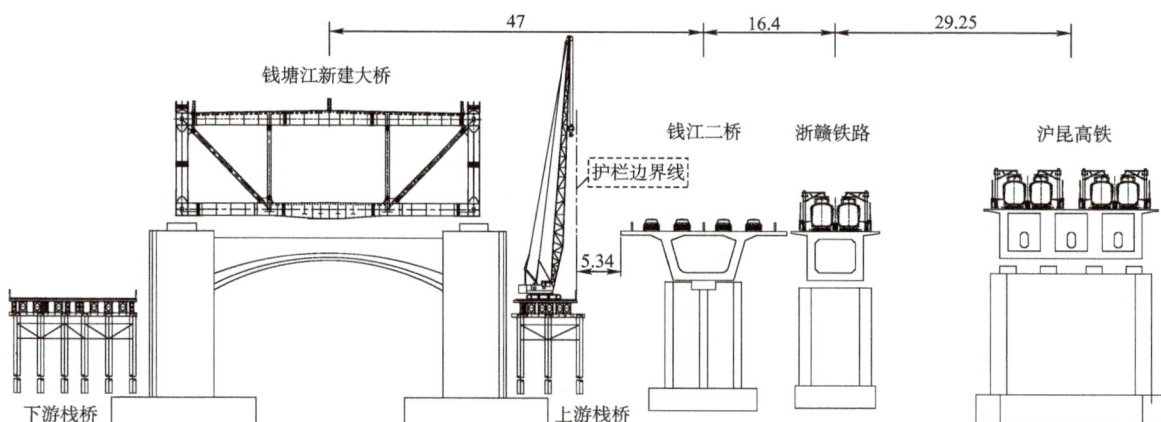

图2　新建大桥与既有桥梁位置关系示意图（尺寸单位：m）

二、项目目标

通过信息化手段与传统施工工艺相结合，根据工程实际施工特点，探索和研究可固化推广的技术成果，进一步提升钱塘江新建大桥项目安全信息化程度，助力平安大桥。

三、技术路线及成果

（一）技术路线

1. 研发方向确定

针对施工区域毗邻既有桥梁的施工、起重吊装作业频繁的现状，项目部亟须解决邻近既有建筑物存在吊装风险的问题，因此项目部决定通过研制一种吊装区域预警装置来提前预警提示吊装

安全范围以此解决吊装半径超限容易导致安全事故的问题。

2. 方案比选

吊装区域自动化预警装置研发初期，拟定有红外线监测预警装置、毫米波雷达监测预警装置、激光雷达监测预警装置三个方案，最终结合现场实际需求、监测范围、适用环境以及技术实现难易等因素综合对比，决定使用毫米波雷达监测预警装置作为最终方案。

3. 系统组成

吊装区域自动化预警装置主要由毫米波雷达、无线信号传输器、信号处理器及声光报警装置组成。

4.原理介绍

通过高精度毫米波雷达在施工区域与既有建筑物之间设置一道无形的安全临界网，全天候检测大型设备的吊臂或吊物是否存在越界行为。如果存在，即通过4G短程通信技术快速将信息传输至驾驶室，给操作员报警提示进行规避纠正，以减少人身和财产损失。

5.设备安装

钱塘江新建大桥项目共安装了5台毫米波雷达预警装置，为保证系统反馈及驾驶员反应时间，设定预留了5m的安全距离作为安全储备。

（二）应用成果

通过预警装置使得现有构筑物与施工区域间形成一道安全临界面，有效地降低了吊装风险，保护第三方财产，在消除吊装安全重大隐患的同时，也收获了一些科技成果（表1）。

吊装区域自动化预警装置相关成果汇总　　　　　　　　　　　　　　表1

序号	专业技术总结类型	文件名称	编　号
1	实用新型专利	吊装区域自动化预警系统	ZL202020117875.0
2	计算机软件著作权登记证书	吊装区域自动化报警系统 V1.0	软著登字第 5120761 号
3	QC 成果	全国工程建设质量管理小组活动一等奖	中施企协字〔2020〕41 号

四、应用成效与评估

（一）应用成效

1.报警率

吊装区域自动化预警装置对其监测预警效果按行走轨迹、大臂轨迹、吊物体积、吊物高度等不同工况参数进行检测，并统计记录相关情况，均能有效报警，报警率达100%。

2.安全效益

钱江二桥断面货运交通量3万pcu/天，客运交通量2.5 万pcu/天，杭州东站一天进出车次总共300多趟，车流量十分巨大。而本项目的起重吊装作业呈数量多、频次高、离老桥近、受环境影响大的特点，起重吊装安全风险性极高。

吊装区域自动化预警系统实现了24h实时监测、全天候作业环境预警的功能，大大减少了人为监管时空盲区。通过采取吊装区域自动预警装置后，当毫米波雷达探测到"安全预警面"有异物进入，通过声光报警提醒方式实现安全预警，从而提醒驾驶员及时纠正和规避侵入既有建筑物空域的风险，避免安全事故的发生，有效地阻断了因为设备和驾驶员的主观因素对第三方设施及车辆造成的影响。

3.经济效益

钱塘江新建大桥项目共有 5 个毗邻钱江二桥的作业平台，共投入 5 套设备，单套设备8400元，共计投入 4.2 万元，除去维修成本 8000 元，则总计成本 4.2+0.8=5（万元）。 如按传统作业，综合考虑需配置 2 名旁站监督人员用于提醒和监督吊装作业。人工工资按 6000 元 / 月、工期22 个月计算，共计成本达 2×6000×22=26.4（万元）。该套设备为项目共计节约成本 26.4−5=21.4（万元）。

4.社会效益

创新运用信息化技术破解毗邻既有建筑物的吊装安全问题，也为施工企业物联信息化建设打下了良好的基础，同时也受到周边广大媒体和单位的报道、关注和推广。

践行"机械化换人、自动化减人"的安全新理念，提升了传统建筑行业的装备自动化、数字化、智能化水平，促进了"本质安全"型安全文化建设。

5.推动标准化

该创新成果将信息化手段与传统施工行业有效的结合，并应用于施工安全生产领域，很好地解决了城市化建设当中常常遇到的涉路、涉桥及涉建筑物等复杂环境下的吊装作业的安全问题，推广意义重大。

（二）应用评估

通过此次的吊装区域自动化预警装置的研

发，钱塘江新建大桥项目充分考虑了临近既有建筑物的起重吊装安全的控制要求和要点。通过查询和借鉴，利用多种信息化报警手段和其原理，进一步地完善了项目物联系统建设，同时，为后续施工可能遇见的问题提供了良好的思路。

五、推广应用展望

吊装区域自动化预警装置可广泛应用于涉路、涉桥及涉建筑物等复杂环境下的吊装作业监测预警，对处于该环境下的建筑物、人员、车辆等财产起到了很好的保护作用。同时也可拓展用于第三方构筑物的自身预警监测和监控，构筑物联监测系统，改变监控参数和方式，实时监测已有构筑物的整体性。

案例 75　隧道消防管道防漏防冻远程安全监测预警系统

基本信息

申报单位：山西交通控股集团有限公司太旧高速公路分公司

所属类型：科学技术

专业类别：交通工程建设

成果实施范围（发表情况）：适用于北方地区公路隧道消防管道监测

开始实施时间：2019 年 6 月

负责人：何晓明

贡献者：张　显、李　羚、邓建中、程志文

案例经验介绍

一、背景介绍

隧道消防管道渗漏水和冻裂情况时有发生，目前公路隧道消防管道主要靠人工巡检，随机性大，并在运营中带来以下问题：

（1）隧道消防系统在运营中，隧道内消防管道渗漏时，确定其渗漏点位置，需要将全部电缆沟盖板掀开，整段剥开保温层查找。过程中资源浪费严重、安全风险大、效率低、维护成本高；严重影响了隧道交通秩序，同时也带来了隧道交通安全隐患和环境污染等问题。

（2）目前隧道消防管道防冻主要采用电伴热系统，当电伴热出现异常，加热电缆不工作或电伴热自带的温度检测失灵时，无法正常通过加热系统对消防管道进行防冻处理，且隧道管理站无法及时发现电伴热异常的问题。

二、项目目标

消防管道防漏防冻远程监测安全预警系统，实现隧道内消防管道渗漏智能检测及隧道消防管道防冻智能检测的目的。系统地研究对隧道消防和行车环境的安全，具有极其重要的实用价值和现实意义。

三、技术路线及成果

隧道消防管道防漏防冻安全预警设备采用了传感器加分站、主站、隧道管理上位机的三级管理结构，通过分站采集所属传感器的湿度、温度、漏水电介质指标参数，接收主站信息采集命令后，将采集的湿度、温度、漏水电介质指标参数信息上传到主站，主站响应隧道管理站下发的信息采集指令，将分站采集到所属传感器的湿度、温度、漏水电介质指标参数信息上传到隧道管理站防漏防冻检测服务器上。管理人员在隧道管理站的上位机上利用隧道"消防管道防漏防冻远程监测安全预警系统"软件便可直观、方便地得到隧道消防管道渗漏水及防冻预警报警信息情况。

系统采用在消防管道的接口处、支管处、闸门处设置温湿度及漏水检测传感器的技术路线，将检测传感器与隧道桩号位置进行对应编码。由各监测分站将所属检测传感器的数据信息采集并上传监测主站，利用现有通信网络系统，将采集信息上传至隧道管理站（图1）。在隧道管理站，通过隧道"消防管道防漏防冻远程监测安全预警系统"软件（图2）进行处理，对隧道内消防管道存在的渗漏和温度异常问题及时预警、报警，提示管理人员做到对异常点的准确定位和及时维护处理的总体思路，以解决上述管理问题。

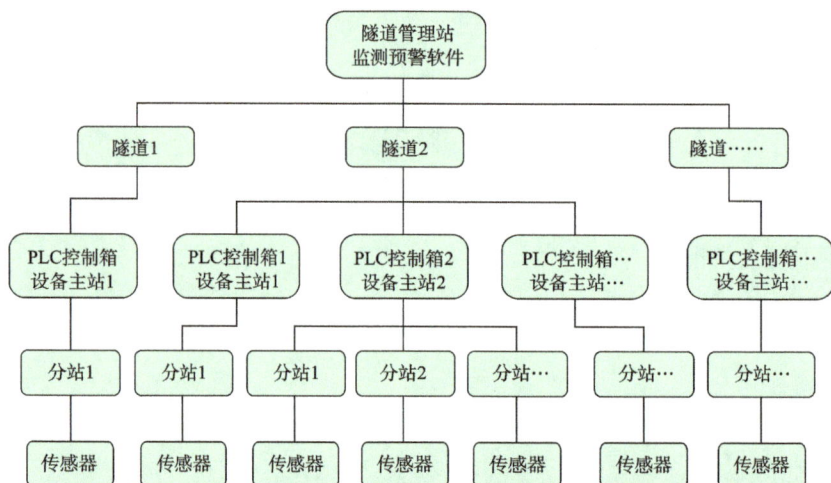

图1 隧道管理站监测预警软件

图2 消防管道防漏防冻远程监测安全预警系统

鉴于国内外目前尚无一体化湿度、温度、漏水检测传感器，且一般的温湿度检测传感器在隧道内低温、潮湿的环境中极易触发报警，无法检测管道漏水。为此研发了拥有自主知识产权的温湿度漏水一体化综合检测传感器（图3）。

隧道消防管道抱箍式接口包裹在保温层内，无法通过外观判断，需要进行无损检测和定位，

为此研发了拥有自主知识产权的接口无损检测装置（图4），利用可调节的门形架和限位轮、检测轮在保温层外对管道进行检测。使用时通过检测人员推动手柄，观察与检测臂连接的激光器照射在标尺上的刻度变化，确定抱箍式管道接口在保温层内的位置，进行管道接口检测点的定位标记。

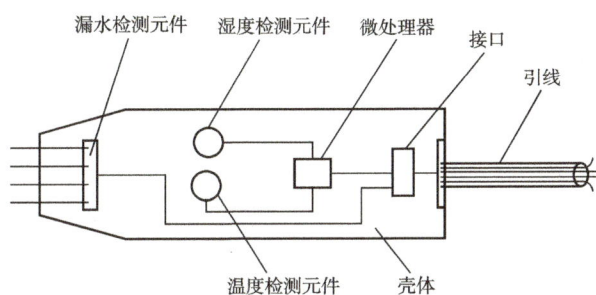

图3　综合检测传感器

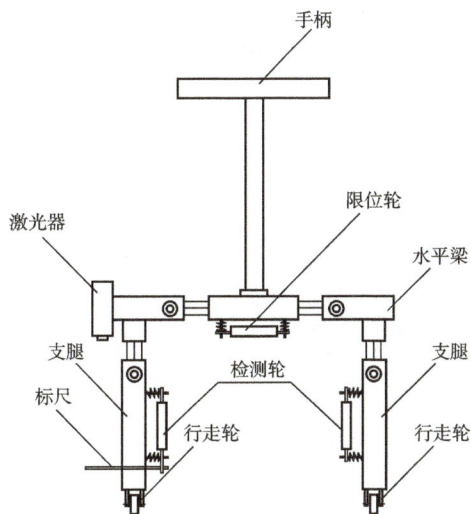

图4　接口无损检测装置

四、应用成效与评估

隧道消防管道防漏防冻安全预警设备在2019年应用于平阳高速公路大南山隧道，并在交通运输部隧道提质升级现场调研活动中获得了与会专家的一致好评。

五、推广应用展望

本系统的客户主要在公路、市政等领域有管道监测或远程监测预报警需求的领域产生，从数量上来看，国内目前尚无管道消防防漏防冻远

程安全监测预警系统，需求巨大。系统在推广过程中，通过持续的跟进服务，也能产生较好的口碑。

通过一年以来的应用证明，隧道消防管道防漏防冻远程安全监测预警系统及安装方法已取得了显著的施工管理效果，系统收益和安装施工效率大幅度提升，取得了前所未有的管理质量和施工效果，经济效益和社会效益巨大，充分说明了本系统及安装施工方法具有非常良好的推广应用前景。

案例76 ▶ 中短隧道照明安全节能远程可编程控制系统

基本信息

申报单位： 山西交通建设监理咨询集团有限公司

所属类型： 科学技术

专业类别： 交通工程建设

成果实施范围（发表情况）： 高沁高速公路林村、洺水、湾则隧道，长平高速公路国和隧道、长治环城高速公路苗庄隧道

开始实施时间： 2014年10月10日

负责人： 周留刚

贡献者： 任凤琴、左　智、王美荣、刘时雨、何舒斌

案例经验介绍

一、背景介绍

目前我国高速公路"中短隧道照明"普遍采用时序控制方案，因控制时差、天气、季节变化和隧道内长时间无车通行等情况，产生的不当照明和无效照明，形成了严重的安全隐患和能源浪费的问题。在能耗高的同时还存在以下问题：

（1）不能对隧道外部环境亮度变化进行检测及控制，容易使隧道内外形成较大的光差，造成眩光效应或黑洞效应，给行车环境带来安全

隐患。

（2）在隧道发生突发事件时，不能迅速对隧道照明回路进行有效应急控制管理，易造成二次事故或突发事件的扩大和蔓延等情况。

（3）对车流量较小的路段，无效照明带来严重的能源浪费和灯具寿命的缩短及维护管理费用开销过大，常常出现贴钱运营亏本经营的状况。

（4）没有环境照度检测功能，不能按外部环境照度对隧道内的照明回路进行控制，且需要

工作人员去现场进行时序控制参数设定操作，在增加了运营维护成本的同时，也给工作人员带来了上路的安全隐患。

本控制系统针对高速公路，中、短隧道照明系统中目前使用的时序控制方案，存在的安全隐患和能源浪费等问题，通过"中、短隧道照明安全节能远程可编程控制系统"，在隧道管理站实现对中、短隧道的"六检、五控、一配、一报"（即开关柜工作模式检测功能，回路运行状态检测功能，回路故障监测功能，环境照度检测功能，车辆检测功能，单灯检测功能；时钟自动控制功能，环境自适应控制功能，远程应急控制功能，车辆检测智能控制功能，单灯调光控制功能；远程参数配置功能；远程故障报警功能）安全节能管理。

二、技术路线及成果

中、短隧道照明安全节能远程可编程控制技术方案，由机电工程项目中，隧道管理站已有的电力监控系统、通信系统和安装在隧道口箱式变电所开关柜中，具有自主知识产权的"中、短隧道照明安全节能远程可编程控制器"和隧道照明回路组成。方案实现对中、短隧道的"六检、五控、一配、一报"照明安全节能控制管理功能，可解决运营管理中存在的隧道照明安全和节能管理难点问题。

本技术方案利用高速公路机电系统、已有的电力监控系统和通信系统，采用标准MODBUS通信协议，采用工业级单片机，采用嵌入式技术、控制检测技术、信息处理技术、匹配处理技术、数据滤波技术、模糊处理技术、相关性处理技术、通信管理等技术，通过表单式远程编程控制技术方案，在隧道管理站进行远程填表式编程监控管理，对安装在隧道变电所开关柜中，自主研制的中短隧道照明安全节能远程可编程控制器进行管理，实现对中、短隧道的"六检、五控、一配、一报"照明安全节能控制管理功能，解决运营管理中存在的隧道照明安全和节能管理难点问题。并可通过车辆检测功能和环境照度检测功能组合，达到对中、短隧道照明安全节能的智能

化管理目标；最大限度地提高运营管理效率；最大限度地消除行车环境的安全隐患和维护管理的安全风险；进一步降低运营管理成本。在保留了原设计时序自动控制方案功能的基础上，增加了时序控制参数的远程配置功能。

远程可编程控制器选用工业级微处理器为核心控制元件；配置了时钟芯片电路，完成时序控制功能；配置RS485和RS232接口电路，通过原有的通信系统，通过标准MODBUS协议，完成通信功能，实现远程检测、远程配置和远程应急控制功能；配置了光电隔离开关量输入接口电路，提高控制器的抗干扰能力，完成开关柜工作模式和运行状态及故障状态的开关量采集检测功能；配置了输出光电隔离与达林顿阵列驱动继电器组成的光电和电磁双隔离式开关量输出接口电路，完成对照明回路控制功能，进一步提高控制系统的稳定性、可靠性和抗干扰能力；配置了模拟量输入接口电路，通过光检传感器对环境进行亮度检测，完成环境亮度检测功能，从而实现照明回路的光线自适应智能控制功能；配置了开关电源，为方案各部分电路提供所需的电源需求。

"中短隧道照明安全节能远程可编程控制系统"获得发明专利1项、实用新型专利2项、软件著作权6项。项目通过山西省科技厅鉴定为"国际领先水平"，荣获2017年"山西省科技进步三等奖"；获2015年山西省企业"五小"竞赛优秀成果三等奖，2016年"五小"竞赛省直工委优秀成果一等奖，2018年"五小"竞赛省直工委优秀成果三等奖，2019年山西省"五小六化"竞赛优秀成果二等奖。

三、应用成效与评估

与国内外同类技术相比较，本研究成果具有以下特点：

（1）与现用需要到现场进行控制和参数配置操作的时序控制技术相比，本系统降低了工作人员去现场进行操作的费用和上路带来的安全风险，减少了去现场维护操作的频率，大大降低了运营中的安全隐患及维护成本。

（2）与现用时序控制方案无远控技术参数

相比，本系统实现了对现场照明的远程控制，在隧道发生突发事件的情况下，可迅速对事故隧道照明回路进行远程应急控制，有效防止事故的进一步扩大。

（3）与现用的时序控制方案无光检技术参数相比，本系统环境照度检测功能，实现了对隧道的环境自适应控制，控制洞内照明回路进行调节，消除出、入隧道时出现的黑洞效应和眩光效应以及产生的行车环境安全隐患。

（4）与现用时序控制方案无远程检测技术参数相比，本系统可对远程变电所及照明回路的运行情况进行实时检测，及时了解掌握供配电系统的技术指标和参数，为系统维护和管理提供及时准确的资料信息。

（5）与现用时序控制方案无车辆检测技术参数相比，本系统车辆检测功能，可根据隧道内有无车辆通行，对隧道内照明回路进行实时智能控制，避免无效照明（隧道内长时间无车辆通行）产生的能源浪费。

（6）与现用时序控制技术方案的效益相比，系统具有节约能源，提高照明设备使用寿命，减少维护费用和管理成本，减少管理人员安全风险，提高运营管理水平和效果的双重重要作用。

（7）与现用时序控制技术方案的效益相比，系统具有降低因行车环境产生的黑洞、白洞效应导致的眩光作用，具有提高隧道行车环境的舒适度和安全指标的作用，在实际使用中受到社会各界的好评，取得了较好的社会效益。

（8）与现用时序控制技术方案的效益相比，中、短隧道和特长隧道出入口段的长度和灯光配置基本相同，长隧道和特长隧道用PLC控制方案，本系统的应用，较好地解决了中、短隧道口照明能源浪费问题，并取得了很好的节能管理经济效益。

四、推广应用展望

本推广应用在创造出实际社会价值的同时，还为目前高速公路中短隧道的管理提出了一个新的思路及发展的方向，使高速公路的运营管理更加高效、节能，使行车环境更加安全、舒适。填补了高速公路中、短隧道照明安全节能智能化管理中的空白，研究成果对行业技术进步以及社会经济发展具有重要意义和作用。 根据山西省交通运输厅科技项目验收证书（晋交验字〔2018〕第59号），验收意见如下：中、短隧道照明安全节能远程可编程控制系统通过远程表单编程、远程应急控制、远程控制参数配置、远程检测，实现了对隧道照明环境亮度自适应控制。该项目具有较好的先进性、前瞻性和实用性，具有良好的推广应用前景，社会经济效益显著，成果总体达到国内领先水平。

案例 77 ▶ 智能监控测温一体机

基本信息

申报单位： 深圳市昊岳科技有限公司

所属类型： 科学技术

专业类别： 道路运输

成果实施范围（发表情况）：http：//m.360buses.cn/wap.php?c=wap&a=detail&id=70884，http：//www.chinarta.com/html/2020-3/2020323221408.htm?from=groupmessage，http://m.chinabuses.com/topic2020/wuhan/?from=groupmessage

开始实施时间： 2020 年 3 月 1 日

负责人： 梁建忠

贡献者： 肖满成、凡金海、刘计丰

案例经验介绍

一、背景介绍

城市公交作为最广大人民群众基本出行的交通工具，是居民生活的必需品，是城市功能正常运转的基础支撑。城市公交作为人流较为密集的公共场合，存在着类似疫情病毒扩散传播的潜在风险。针对当前的疫情形势，为了更好地辅助公交系统防控新型冠状病毒，积极响应政府严格筛查的防疫措施，深圳市昊岳科技有限公司马上组织研发力量、加班加点，迅速推出了带人体测温功能的车载智能监控终端 R1 系列产品。

二、项目目标

针对国内疫情形势，为了更好地辅助公共交通系统防控新型冠状病毒，积极响应政府严格筛查的防疫措施，推进国家公共交通科技防疫筛查，避免交叉感染，满足公共交通出行人体体温初筛需求，让测温监控常态化。

三、技术路线及成果

（1）采用热成像红外传感器，监控全天候，距离远，精确度高，快速完成检测动作。热成像

1. 技术路线

检测性能参数值见表1。

热成像检测性能参数值　　表1

性 能 类 目	性 能 参 数
检测温度点	1024
检测精度	±0.1℃
检测距离	0.3~2m

（2）采用1080P高清索尼摄像头，完成H2.65高清音视频，人脸图像，活体检测技术的输出：

①人脸识别使用活体检测技术可以有效阻挡PS换脸、视频、三维人脸模型、高清人像照片等各种不同类型脸部工具的攻击安全隐患。

②实时输出检测过程中人脸图像与1080P高清音视频，还原现场。

③人脸图像比对提供应用于公安系统嫌疑人刑侦工作中，提高公共安全。

（3）采用车规级设计要求，满足车上的高低温冲击、抗振以及车载电源的波动和车载电子相关标准，主要性能参数见表2。

产品主要性能参数值　　表2

技 术 项 目		规 格 参 数
视频	—	AHD1080P
显示	10寸高清显示屏	人体温度值，热成像图像
录像	视频压缩格式	H.265
	音频压缩格式	ADPCM、G.711A、G.711U
	图像分辨率	AHD1080P（1920×1080）
回放	回放通道	支持本地回放
	浏览模式	事件、时间、录像
网络	4G全网通	TD-SCDMA/WCDMA/EVDO/TDD-LTE/FDD-LTE等
定位	GPS/BD	定位，时间同步
工作电压	电源输入	DC 9~36V
工作环境	工作温度	-40~125℃
	工作湿度	1%~99%RH

2. 技术成果

授权专利号：202030093375.3。

质量体系认证：IATF16949 2016汽车质量体系证书。

四、应用成效与评估

1. 已安装应用案例情况

（1）已安装天津泰达公交车乘客上下车测温筛查使用。

①替代公交车驾驶员手动测温、人员快速筛查工作，满足每天大概2万人次的通行需求。

②至目前为止筛查出体温异常情况乘客7个，送至邻近防控中心检查。

（2）已安装深圳巴士公交车乘客上下车测温筛查使用。

①替代公交车驾驶员手动测温、人员快速筛

查工作，满足每天大概3万人次的通行需求。

②至目前为止筛查出体温异常情况乘客12人，送至邻近防控中心检查。

（3）已安装广州公交车乘客上下车测温筛查使用。

①替代公交车驾驶员手动测温、人员快速筛查工作，安装设备满足每天大概1万人次的通行需求。

②至目前为止筛查出体温异常情况乘客8人，送至邻近防控中心检查。

2. 产品应用使用客户反馈情况

（1）产品对于人流密集地区非接触式测温筛查效率高、灵敏度高、准确度高。

（2）产品可快速抓拍报警异常人员人脸图像储存本地并上传后台，记录数据。

（3）产品可有效地记录人员测温与人员图像情况，追溯性强。

（4）自动生成可视化数据报表，方便对被检测人员进行统一管理，做到疫情可追溯、可分析。

五、推广应用展望

（1）推进国家公共交通科技防疫筛查，避免交叉感染，满足公共交通出行人体体温初筛需求，让测温监控常态化。

（2）推进全国校园人员科技防疫筛查，避免交叉感染，早发现早上报工作，提前预防校园爆发，保障国家未来栋梁。

（3）推进全国公共交通站场，人员密集地区的科技防疫工作，做到防疫常态化，保证全国人员流动安全，促进国家经济复苏。

案例 78 ▶ 南京市货车超限超载运输非现场综合执法系统工程

基本信息

申报单位：南京市交通运输局

所属类型：科学技术

专业类别：综合监管执法

成果实施范围（发表情况）：本项目涵盖南京市全部行政管理区域，业务覆盖南京市所有普通国省干线、主要县道和部分城市道路，以及市管高速公路主线收费站出入口、匝道收费站出口、普通公路收费站

开始实施时间：2017 年

负责人：罗　睿

贡献者：周　琪、高　嵩

案例经验介绍

一、背景介绍

货车超限超载危害性极大，主要体现在道路损坏、桥梁垮塌、交通事故三大方面。近年，超限超载治理问题已经从行业管理的问题上升成为一个社会问题和民生问题。超限超载已经成为影响群众生命安全以及城市高质量发展的重要制约因素之一。需要行业管理者未雨绸缪、防患未然。

南京市作为江苏省的经济中心承担了大量的跨区域以及能源、原材料运输服务，区域道路交通流量大。超限运输导致公路使用寿命锐减。为加强对南京全市干线路网的全面管控，南京市交通运输局和公安交管局通过建设货车超限超载运输非现场综合执法系统，整合路政、交警执法力量，充分运用科技创新手段提高执法效能，推进路警联合治超向常态化、制度化发展。

二、项目目标

南京市货车超限超载运输非现场综合执法系统是通过深入分析行业治超现况，系统性设计非现场综合执法系统架构，搭建全市治超综合管理平台，建设相应的动态称重检测系统终端，实现超限超载运输车辆的非现场综合执法。通过路警联合，建立一个闭环的货车超限超载运输治理体系，作为南京市路警联合路面治超的有效补充。

三、技术路线及成果

本项目技术路线及成果主要包括布局规划方案、应用系统建设、网络传输设计、终端系统建设、路面改造设计五部分，通过以上主要研究成果，为系统的建设提供完整的理论和技术支撑。

1. 布局规划方案

通过对全市路网现状和超限分布情况分析，结合路网规划，预测未来的货运流量及超限分布特征；重点考虑省市界入口、过江通道、重点桥梁、主要货源地等重要路段和节点因素，合理控制间距，形成全市点位布局方案。

规划遵循"源头控制、严控关口""融合共享、节约集约""总量控制、优化布局""立足当前、着眼未来"的原则，近期落地，中远期预留，有序实施。近期共规划实施 61 处点位（表 1），优先考虑需求迫切、可落地的方案，增强了建设的可行性。

近期动态称重检测系统布局规划表　　　　表 1

序号	地　区	省市边界	重点源头	重点路段	重要桥梁	合　计
1	高淳区	6		1		7
2	溧水区	5	2	5		12
3	浦口区	4	2	1		7
4	六合区	5	1	2		8
5	江宁区	7	3			10
6	雨花台区		6	2		8
7	栖霞区		2		1	3
8	玄武区			1		1
9	绕城公路			4	1	5
10	合计	27	16	16	2	61

2. 应用系统建设

应用系统是本项目面向用户对象的应用窗口，是相关业务功能的有机组合。系统覆盖了公路、运管"市 - 区 - 站"的三级管理部门，形成全市统一的治超综合管理平台。通过应用系统建设，为南京市各级管理部门开展综合治超提供必要和高效的信息化手段。

治超综合管理平台把固定治超、移动治超、非现场执法、源头治超、一超四罚、高速入口拒超等一系列的治超监管手段进行了一体化集成，并具有良好的扩展性，可以支撑未来治超业务信息化和智能化水平的不断提升。通过大数据可视化展示技术，能够对全市超限超载实时情况、治超工作的进行状态和发展态势信息一目了然，为决策分析提供可靠的依据（图 1）。

3. 网络传输设计

为保证各部门的数据联通，本项目搭建了全市的治超统一专网，外场动态称重检测系统数据通过运营商专网实时上传汇总至全市的治超指挥调度数据中心，在数据中心实现超限超载数据的集中化管理，通过交通专网将超限超载数据传输给路政进行审核，通过政务外网将审核通过后的数据发送给公安交管部门进行终审（图 2）。

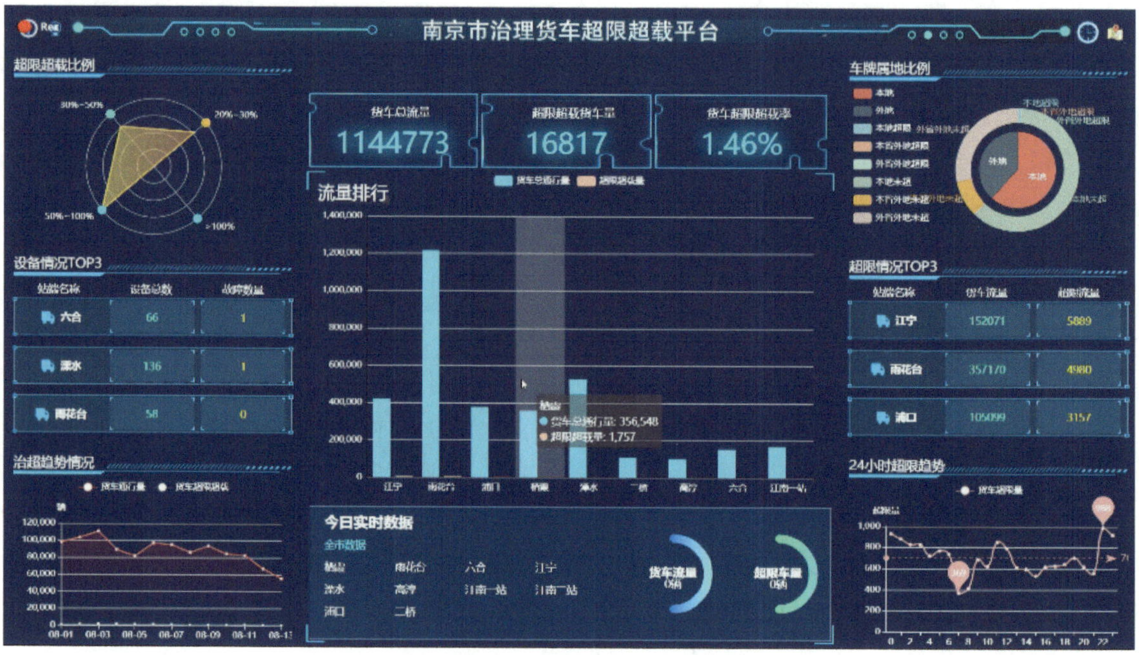

图1 南京市治超综合管理平台应用界面图

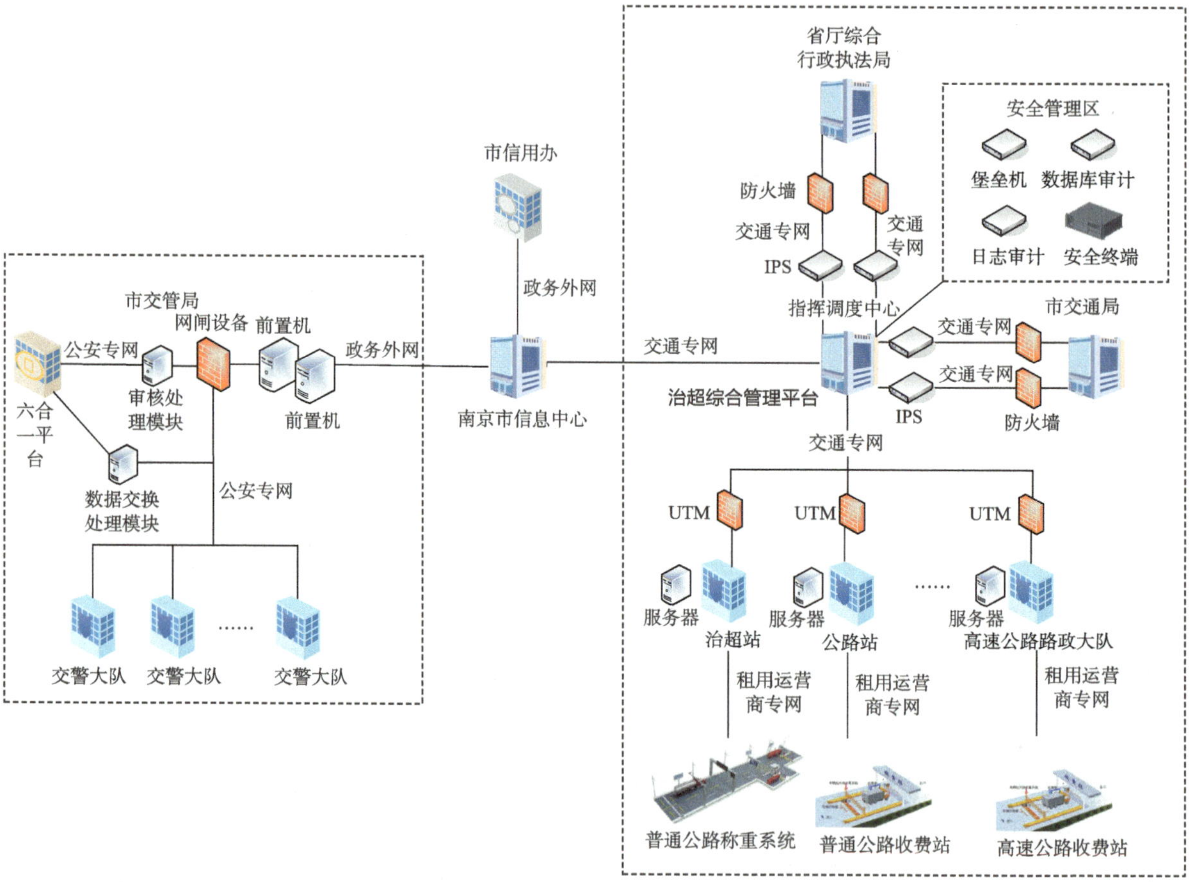

图2 网络传输架构图

4. 终端系统建设

终端动态称重检测系统为本项目提供超限超载车辆、驾驶人及检测数据的自动采集，建立完整电子证据链，实现对超限超载车辆精准追查和处理。通过关键业务数据的自动化输入，减少人工干预，保障检测的权威性，实现治超执法全过程有效监管。

终端动态称重检测系统运用了最新的动态称重、视频监控、智能识别技术，采用5排石英式

的高速动态称重传感器保证达到5级称精度，抓拍系统具有人脸识别功能。整体设计标准达到了国内领先水平（图3）。

图3 动态称重检测系统建设效果图

5. 路面改造设计

本项目中动态称重传感器的布设对路面承载力和平整度有很高的要求，为保证动态称重的精度和稳定性，要对原沥青混凝土路面经过路面硬化改造。动态称重传感器要在路面硬化改造的基础上进行切槽、定位、填充、封固、路面平整打磨等工序完成最终安装。

本项目对路面改造方案进行系统性设计，路面硬化改造长度将称重区域分成承载器区和两侧引道区，其中承载器区域长度设置为5m，两侧引道区长度设置为9m；路面硬化改造宽度按路段车道及路肩宽度进行布设；承载器区域路面改造厚度在原路面设计厚度上增加7cm，保证路面改造后的强度。

四、应用成效与评估

本项目运行后预期能够取得良好社会效益和经济效益，项目的应用成效与评估主要体现在以下五个方面：

1. 加强和创新社会治理，建设平安中国

通过创新采用先进技术，实现24h不间断对违法超限超载运输行为的监管，提高发现率与查处率，提升交通安全出行水平，是对党的十九大报告中加强和创新社会治理、建设平安中国、维

护社会和谐稳定、建设交通强国、树立安全发展理念、弘扬生命至上思想、坚决遏制重特大安全事故等要求的积极响应。

2. 规范执法行为，提高治超执法公信力

通过平台实现全市的数据汇集、分析和共享，不但对货运装载、路面执法、一超四罚等过程进行监控，而且为责任倒查提供翔实准确的数据支撑，建立了全市统一的执法取证标准，提高执法的公信力和执行力，杜绝随意执法和滥用裁量权行为，有利于营造公开透明、公平公正、诚信自律的执法秩序。

3. 路警联合推进，执法约束手段增多

江苏交通部门非现场治超多以利用"运政在线"对营运货车证照业务办理来进行约束，而本项目处罚环节进入公安交管部门"六合一"平台实施。前者仅能有效约束江苏籍营运货车，后者全国联网可约束所有货运车辆，后期如能在全国推广，既可以有效解决前期治超中普遍存在的部门和地区工作不平衡的问题，又可以有效推动违法超限超载源头治理。

4. 减少路产损失，节约养护成本明显

以南京市001省道雨花段试点为例，在试点以前，该路段车辆超限率高达20%以上，每年需要投入大量资金进行养护，2011—2017年平均

每年投入 900 万元左右养护经费；2018 年试点开始运行之后，超限率逐步控制在 2% 左右，平均每年仅投入 100 多万元左右经费进行日常小修和维护，该路段大中修周期从 1~2 年延长至 3 年以上，平均每年减少投入约 50% 以上的养护经费。参照雨花试点，本项目 61 处点位投入使用后预计所在路段每年将节约 50% 左右的养护经费。

5. 保障公众出行安全，减少交通事故

货车在长时间的超限超载运输过程中，由于超负荷运转的状态，车辆的制动性能和操作稳定性会大幅度下降，极易出现交通事故隐患。本项目的建设，显著扩大了路网治超监控范围，长期威慑超限超载车辆，减少超限超载车辆和其他交通参与者的安全威胁，进而有效保障公路出行安全，减少交通事故。

五、推广应用展望

自本项目建设完成后，南京市交通运输局已接待了多个兄弟单位学习交流，江苏省内有无锡市、南通市，省外有宁夏回族自治区的公路管理部门，中央电视台和多个省市级媒体网站也对南京市治超经验做过报道。目前，省内其他城市也开始借鉴南京市的建设经验，加快推进科技治超，南京市货车超限超载运输非现场综合执法系统有望在全省甚至其他省市进行推广应用。

案例 79　▶ 一种可吸附金属的清扫车

基本信息

申报单位：内蒙古高等级公路建设开发有限责任公司呼和浩特分公司哈素海养护所

所属类型：科学技术

专业类别：交通设施运营养护

成果实施范围（发表情况）：适用于公路路面金属物吸附

开始实施时间：2017 年 10 月

负责人：王志新

贡献者：王志新、李国强、廖丽因

案例经验介绍

一、背景介绍

我们是公路养护工作者，任务就是要保持道路的安全及畅通，各类养护巡查及作业车辆为了更好地保持道路的安全及畅通，每天都要在道路硬路肩上行驶，而硬路肩正是各类抛洒物集中的地方，对各类养护作业车辆轮胎损坏严重。

硬路肩范围内散落的各类抛洒物中有大量车辆掉落的铁钉、螺钉、小零件、轮胎爆胎之后产生的金属碎屑之类等金属物，经常会将车辆的轮胎扎破，造成车辆无法继续行驶，影响生产作

业。即使是清扫车，由于清扫装置位于车身中部，遇到此类金属物，也会把车前胎扎破，即使未扎到轮胎，也有可能有金属物由于单位重量较大，超出了清扫装置的清扫力度，无法扫除而遗留在路面上，只能停车后由清扫驾驶员以人工进行清理，而人工清理在高速公路上存在着人身安全隐患。即便如此，也无法做到完全清理，此类金属物清理率仅为50%～60%。

由于这种现象，每年所内养护车辆光是补胎的费用就高达10000余元，不但影响了日常养护的正常工作，造成工作效率降低，而且造成了

养护经费及资源的浪费，更重要的是有着安全隐患，影响过往车辆的行车安全。

二、项目目标

设计一种装置或器械，在清扫作业前或清扫作业时，先行将金属物吸附或清除，以降低金属物将车轮扎破的概率，避免安全隐患、降低行车

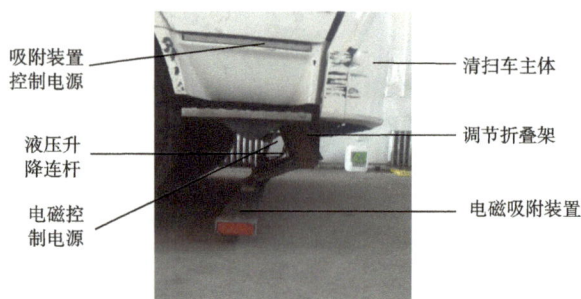

1. 在清扫车的前方保险杠处设置一个可升降式磁铁吸附装置

在清扫车的前方保险杠处设置一个可升降式磁铁吸附装置，不但可以根据路面情况调节装置和地面的距离，防止过障碍物的时候刮蹭，而且在车行进过程中还可以吸附前方的金属物，避免轮胎被扎、延长轮胎使用寿命、提高车辆使用率、降低维修费用。

2. 吸附材料选用电磁，并以永磁铁辅助

电磁铁特点：有控制开关，磁场强弱由电控制，不存在退磁，一旦吸附金属后，断电立刻消磁，金属物彻底脱落，辅助以永磁铁，效率高。

3. 安全方面

由于在清扫作业过程中路面有金属物，作业人员需频繁下车捡拾，不仅降低了工作效率，还存在极大的安全隐患。使用磁吸附装置后，人员不必再下车捡拾，保障了人身安全。

风险、提高工作效率、节约养护资金，还能提高养护工作人员的人身安全。

三、技术路线及成果

经过所内组织有关人员论证，设计出了一种直接装置在清扫车上的磁吸装置（图1）。

图1　成果图

四、应用成效与评估

（1）吸附清除效果从以前的"清扫+人工下车捡拾"的50%~60%提高到了80%以上，提高了公路通行的安全性。

（2）节省了作业人员需频繁下车捡拾的时间，提高了工作效率，保障了作业人员人身安全。

（3）防止轮胎被扎，延长轮胎使用寿命，提高车辆使用率，减少了维修费用，极大地节约了公路养护经费。

五、推广应用展望

经过实际使用，效果显著，具有改造费用低、工程小、时间短、见效快、易操作、使用简便等优点。在今后的使用过程中，我们会持续进行改进和优化，以达到最佳效果。

2018年，此项研发，已经获得国家知识产权局颁发的"实用新型专利证书"。

案例 80 ▶ 防撞护栏作业车

基本信息

申报单位：广西北部湾投资集团有限公司

所属类型：科学技术

专业类别：交通工程建设

成果实施范围（发表情况）：桥面防撞护栏作业

开始实施时间：2019 年 7 月 2 日

负责人：黄兴强

贡献者：黄　宁、杨锦雄、覃　武、唐育同、卢奕钧

案例经验介绍

一、背景介绍

桥梁混凝土防撞护栏施工及后期维护、检修过程中均涉及高处临边作业，特别是桥梁跨越铁路、公路、通航河流及人员密集区域时，必须保证施工全过程无任何物体坠落。现介绍一种新的桥梁混凝土防撞护栏作业车的设计过程及其施工方法，应用此作业车及施工方法能有效改善桥梁混凝土防撞护栏的施工过程，更易于保证施工过程中的安全及质量。防撞护栏作业车作为"四新"技术推广运用到桥面系防撞护栏中，防撞护栏作业车不但为施工人员提供一个安全的作业平台，还可以快速高效地进行模板的拆合、起吊等施工操作，并通过无线遥控可实现自动化作业。设备性能可靠、使用方便，适用于各类公路或铁路高架桥防撞护栏的安全施工作业。

二、技术路线及成果

（一）施工特点

1. 可靠性高

以可靠为第一目标。液压泵、主要液压阀及附件、密封件、电气元器件均采用可靠品牌产

品，并与供方共同开发设计。

（1）采用全封闭油箱，确保了油液清洁度，增加了液压系统的可靠性。

（2）采用进、回油两级油滤，可有效降低液压元器件磨损。

（3）采用先进的加工设备和管理模式和检验手段，从多个层面来保证产品的质量。

2. 作业效率高

（1）可使用无线控制实现设备整体的自行走。

（2）可使用无线控制独立吊装模板。

（3）可使用无线控制完成设备载人部分跨过1.7m高的物体（内模板）。

（4）智能化程度高；设备工作部分全部为无线控制。

（5）除吊机外，输入电压为24V直流电，更安全。

（二）主要结构及参数

防撞护栏作业车由电动平车、电动吊机、底托、过道、连接架、吊篮、斜撑杆和工具箱组成。设备总长度3.5m，宽度5.12m，高5.6m，总重量为4t。设备载人吊篮额定载质量150kg，吊机有效吊装高度4m。吊装半径3.1m，额定吊装重量150kg，行走速度10m/min，跨越高度1.7m。

三、应用成效与评估

1. 适用范围

防撞护栏作业车不但为施工人员提供一个安全的作业平台，还可以快速高效地进行模板的拆合、起吊等施工操作，并通过无线遥控可实现自动化作业。设备性能可靠、使用方便，适用于各类公路或铁路高架桥防撞护栏的安全施工作业。

2. 防撞护栏作业台车

模板安装、加固、拆除采用防撞栏作业车，XT/HL-ZX03防撞栏作业车具有便于操作、安全可靠、功能齐全、提高效率和降低施工成本的优点。XT/HL-ZX03防撞栏施工作业车能实现遥控进入工作区域，遥控作业。该机适用于公路高架桥护栏施工中使用。安装最大的模板可达lm×3m，300kg。防撞护栏施工装置在液压、电气系统控制下，精确配合，协调一致，轻松灵活地完成模板安装作业。

四、推广应用展望

防撞护栏作业车作为"四新"技术推广运用到桥面系防撞护栏中，设备安全系数高，防撞栏作业车能快速高效地进行模板的拆合、起吊等施工操作，并通过无线遥控可实现自动化作业。防撞护栏作业车具有便于操作、安全可靠、功能齐全、提高效率和降低施工成本的优点。

案例 81 ▶ 驾驶员生理心理健康监测智能手表

基本信息

申报单位：交通运输部公路科学研究院

所属类型：科学技术

专业类别：交通工程建设

成果实施范围（发表情况）：主要运用于交通部门对驾驶员的生理心理健康状态的监控

开始实施时间：2020 年 10 月

负责人：杨心怀

贡献者：周　洁、高文中、王志特、刘军涛、舒洁芸

案例经验介绍

一、背景介绍

1. 社会背景

2018年10月28日重庆万州发生公交车坠江事件，造成十余人遇难；2018年11月3日陕西汉中一辆公交车在转弯时失控，连续撞上多车和行人，事故造成2死5伤；2020年7月7日贵州安顺发生公交车开进水库事件，造成21死15伤。这些悲剧的发生让人们不禁要问：我们还能乘坐公交车吗？公交车又如何保障全车人的安全？公交车出现这些意外的常见原因有以下4种：①驾驶员身体突发疾病；②心理不健康，报复社会；③违规驾驶、疲劳驾驶；④乘客干扰。

2. 企业背景

上海浩创亘永科技有限公司拥有一支强大的研发团队，创始人杨心怀先生曾担任飞利浦全球首席科学家，擅长超低功耗硬件系统设计、嵌入式操作系统和射频优化，拥有顶尖的硬件设计能力和近30年的硬件设计经验，研发出全球第一款实用化的指环式条码阅读器，实现全球条码阅读技术经历40年后跨入第三代微型化阶段。杨心怀先生还发明了我国第一台测谎仪，并精通心理

学、生理医学和中医学知识。算法专家周洁博士具有丰富的微电机设计和控制经验、30年自主原创嵌入式操作系统和算法设计优化经验。研发总监高文中十几年专注于嵌入式硬件驱动优化，擅长于软硬结合和嵌入式应用开发。公司2018年获得了中科院旗下投资基金国科嘉和的高度认可并投资入股。

为减少事故，维护社会稳定，保障人民群众生命财产安全，浩创科技的研发团队经过长期的科研与实践探索，设计了一款集体温、心电、心率、血氧饱和度、皮电、微动作、声音等人体生理参数感知功能的智能穿戴产品——H100智能手表（图1）。H100实时监测驾驶员各个生理参数，参数异常变化后立即利用4G通信将参数和位置坐标等信息传输至后台云端大数据中心分析，得出驾驶员的心理状况，从而进行干预，避免事故发生。

图1　驾驶员心理监测智能手表

二、项目目标

本项目研究设计通过对驾驶员生理参数的实时监测，及时发现异常情况并予以干预处理，避免事故发生，维护社会稳定，保障人民群众生命财产安全。

三、技术路线及成果

1.技术线路

当心理发生变化时，人体的生理系统会产生异常的反应，比如心率加快、心电异常、体温脉冲式波动、血氧饱和度降低、身体发抖等。行车过程中，H100检测到公交车驾驶员出现心率加快、心电异常、体温脉冲式波动、血氧饱和度降低等情况时，会立即启动北斗定位系统和4G-CAT1通信，将位置信息和环境状况录音等数据传输至云端大数据中心，人工智能系统分析后立即对驾驶员驾驶车辆进行干预控制。手表上配备SOS一键求助功能，若遇到紧急情况，驾驶员按下SOS按钮，云端系统则会第一时间得到信息，采取相应措施，确保驾乘人员安全，如图2和图3所示。

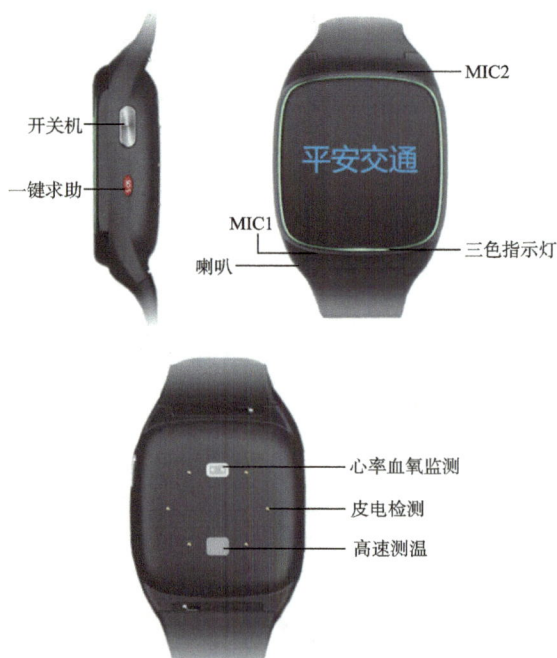

图2　驾驶员心理监测智能手表展示图

图3　驾驶员心理监测智能手表效果图

智能手表的性能参数如下：

（1）重量≤50g，防水防尘，IP66。

（2）黑匣子录音记录长度：24h，可以上传服务器。

录音质量：高质量立体声双麦克风。

录音距离：5m。

（3）北斗定位精度：5m。

（4）心率和血氧准确度：1%。

（5）体温计精度：0.1℃。

（6）微动作传感器：6轴运动传感器。

（7）心电皮电监测：6导联。

（8）一键求助响应时间：2s。

（9）NFC距离：5cm之内被读（可选）。

（10）磁吸式充电：一次充电可以连续使用24h以上。

（11）4G-CAT1通信：数据直传云端，云端大数据辅助分析。

2. 成果

H100实现了如下功能：

（1）24h连续、实时的生理和心理健康监测。当驾驶员突发疾病（心梗、胃病、心律不齐等）或情绪激动时会出现体温、皮电和心电脉冲式波动，血氧饱和度明显下降，身体发抖等生理特征异常。如果发生在驾驶过程中，结合车内实时现场录音数据，经过云端系统人工智能综合分析判断，超过危险阈值可以远程制动汽车，避免悲剧发生。

（2）利用北斗系统和4G-CAT1通信技术提供定位、导航和路径追溯记录，提高工作效率。

（3）通过双麦克风、扬声器和4G-CAT1高速通信提供语音交互服务，心理辅导功能。

（4）SOS一键快速求助功能。

（5）NFC打卡（可选）。

四、应用成效与评估

本项目可运用于公交车、校车、轮船、飞机等交通运输工具上，动态监测驾驶员的生理和心理健康状况，若出现异常情况可提前干预处理，避免事故发生，保障人民群众的生命财产安全，维护社会稳定。

项目正在申请发明专利1件，后期预计申请发明专利6件、实用新型专利5件、外观专利2件。本项目创新性强，并具有重大的推广应用价值，经济效益和社会效益显著，与国内外同类技术研究相比较，其整体技术指标领先国际先进水平，属全球首创创新产品。

五、推广应用展望

H100可应用于以下人群的生理心理健康监测：

（1）公交车、货车、校车、出租车等车辆的驾驶员。

（2）警车、押运车、救护车等特殊车辆的驾驶员。

（3）民航飞行员。

（4）轮船驾驶员。

（5）有轻生风险的中、小学学生。

（6）高炉、矿井下作业工人等特种岗位工人。

（7）精神分裂症病人。

（8）患有老年痴呆症的人群。

（9）有产后抑郁症风险的产后妇女。

（10）情绪自我感知差的人。

案例 82 ▶ 高速公路液压自行式整体T梁模板的应用

基本信息

申报单位：重庆高速公路集团有限公司

所属类型：科学技术

专业类别：交通工程建设

成果实施范围（发表情况）：城开高速公路项目C1合同段

开始实施时间：2020年1月1日

负责人：杜小平

贡献者：杜小平、柯愈明、温 泉

案例经验介绍

一、背景介绍

重庆城口（陕渝界）至开州高速公路（以下简称"城开高速"）是国道主干线银川至百色高速公路中的一段，全长128.5km，桥隧比为77.7%，项目总投资234.6亿元，建设工期6年。全线含特大桥、匝道桥共102座，其中71座桥梁涉及T梁预制安装。目前在高速公路施工中T梁模板普遍采用分节设计，近年国内预制梁也有液压模板的出现，但大都应用于箱梁预制施工，在目前桥梁箱梁预制领域已经较为成熟，T梁预制还没有采用液压整体式模板施工工艺，主要因为T梁横隔板众多，采用自行式液压整体模板，支拆模板极为困难，对技术要求极高，因此国内鲜有其余省市采用自行式整体液压T梁模板施工工艺进行施工。按照国家、行业标准相关要求，通过对箱梁模板的调查研究、比对，对T梁模的制作工艺进行优化可应用于T梁施工，以达到节约人工、施工工期等施工成本，更好地实现本质化安全应用。

二、技术路线及成果

1. 模板使用前检查和调试

每套模板加工时分8块制作，进场使用前必须对模板单块结构尺寸进行校对，如是否符合设计要求、表面平整度是否达到要求等。在模板与液压行走台车组装完成后，检查模板整体长度是否达到设计长度、各拼缝之间的螺栓连接是否牢固、与液压台车的链接是否可靠等。每两块模板的面板拼缝处焊接在一起，并打磨平整，单侧拼装成两大节，水平移动等。在调试过程中，注意各连接部位是否有松动现象，检查行走轨道的固定是否牢固等。由于T梁模板的高度在2m以上，重点注意模板在纵向移动过程中有没有出现倾覆的倾向，要及时调整台车与模板的铰接位置，确保行走安全。

2. 模板的安装与拆除

模板整体组装调试完成后即可投入使用。在模板到达指定位置后，通过油缸驱动，调节垂直度、高度、平面位置，在靠近制梁台座2cm左右时，终止液压系统的使用，开始装底拉杆和上拉杆，通过拉杆将两侧的模板拉近，紧挨制梁台座，拉杆两端采用双螺母锁紧，防止在混凝土振捣过程中松动。拉杆安装完成后，再安装模板的底托和斜撑，支撑在混凝土地平上，然后对竖向油缸稍收回一点行程，使在整个混凝土浇筑振捣过程中行走台车和液压系统不受振捣力的影响，以延长液压系统的使用寿命。

3. 液压 T 梁模板使用注意事项

在每一次模板使用完成后，要检查每个液压泵站的液压油用量是否足够，如发现不够，检查各油管路是否存在漏油现象，及时维修补加液压油。每天检查液压泵站的各线路有无破损、操作控制杆是否灵敏。模板安装时，在端头必须有人指挥，因油缸推力较大，确保离台座2cm左右时，停止油缸驱动，防止破坏模板和制梁台座。安装完成后，确保液压系统与模板之间处于不受力状态，防止混凝土振捣过程中振坏液压油缸。模板的拆除操作时一定要使四个油缸同步，否则容易损坏模板以及造成成品梁的缺棱掉角。在混凝土强度达到要求时及时拆模，否则脱模困难。

三、应用成效与评估

液压自行式整体T梁模板的应用，大大减少了用工人员数量，减轻了目前的社会用工压力，并且提高T梁的外观质量，取得了良好的社会效益。液压自行式整体T梁模板的应用，避免了传统T梁模板的安装和拆除时的吊装作业，从而避免工人在模板吊装及安装过程中可能发生的碰撞等安全事故，安全性得到极大的提高，工作也更简单、方便、轻松。现将安全、经济等效益分析如下：

（1）常规T梁模板在拆卸和安装的过程中需要门式起重机进行吊装拆除，而T梁模板与液压行走台车在安装和拆除工作不需要吊点配合，减少了安全风险极高的起重吊装作业工序。

（2）常规T梁模板的拆卸、安装及使用，作业人员必须站在梁体顶面配合操作。而液压自行式整体T梁模板调整就位、拆除，人员均可以站在地面上操作调节系统就可以达到相应的效果，减少了作业人员暴露于高空的时长。

（3）常规T梁模板在使用过程中，因模板无法固定，存在倾倒伤人的风险。而液压模板拼装完成后，模板与液压行走台车通过预设的固定装置固定后，完全不存在倾翻的可能，使用过程中更加安全。

（4）采用液压整体式模板相比普通拼装模板，有效避免了普通模板拼装产生的错缝，提高了T梁的外观质量。T梁预制场的生产能效从原普通拼装模板2片/天提高到3片/天，有效提高了施工功效。

（5）常规T梁模板需采用龙门架吊点吊运转场，难免存在从已浇筑梁体甚至作业人员上方经过，若吊钩或门式起重机行走轨道出现隐患，发生物体打击等现象，极易造成事故发生；液压自行式整体T梁模板是在轨道平车上行走、转场，减少了吊运工序，有效降低了物体打击等风险。

（6）整体式T梁液压模板与常规T梁模板相比生产能效从传统工艺2片/天改善为3片/天，以每400片梁预计缩短工期57天。极大地减少了作业人员的施工时间和作业负担，降低了疲劳作业的时间，有效提升了本质安全。

（7）根据费用预算分析为协作队伍在缩短工期内所节省的施工人工成本、生活费、梁场生活区日常能耗（电）、施工机械设备等相关费用分析，采用T梁自行式液压整体式模板相比普通拼装模板每片梁约少1000元，在桥梁众多的山区高速公路中，经济效益十分可观。

（8）通过T梁自行式液压整体式模板的研发与应用，提高了T梁的外观质量，减少了施工用工人员数量，大大减轻了目前的社会用工压力。

四、推广应用展望

在当今工程技术飞速发展，标准化规范施工的趋势下，整体式液压模板在公路施工中的使用越来越广泛。自行式液压整体模板的应用，模板的拼装与拆除3名作业人员在1个小时内便可轻松完成，相比普通传统模板大大降低了人工成本和施工安全风险，提高了功效，实现机械化减人，大幅度提高施工质量，具有较好的推广前景。

案例 83 ▶ 吉林市危险化学品道路运输安全监管平台

基本信息

申报单位：吉林市交通运输局

所属类型：科学技术

专业类别：物联网平台

成果实施范围（发表情况）：吉林地区

开始实施时间：2017 年

负责人：李洪海

贡献者：陈德华、程建伟、李长海、王　斌、王洪学

案例经验介绍

一、背景介绍

吉林市年危化品运量超过6万t，进出城市的车辆每天300余辆，这些车辆存在着乱停乱放、超速行驶、疲劳驾驶等违章行为。同时，对于危化品运输的装卸、运输、停放等全过程不能实现有效的监管，运输企业对本企业的车辆监控不能实时纠正违章、发现违章不能及时处理，导致企业安全主体责任不能有效落实。针对以上情况，建设并运行"吉林市危险化学品道路运输安全监管平台"实现对危化品运输实现全过程的安全监控时是非常迫切及必要的。

二、项目目标

通过危险化学品道路运输安全监管平台的运行，及时发现、及时纠正驾驶员的违法驾驶行为，最大限度地减少因违章事故的发生；同时，通过对运输企业动态监控人员的在岗情况、安全管理人员的违章事后处理情况进行汇总，对危险化学品运输企业落实主体安全责任情况进行分析，可以有效地督促企业加强安全管理、安全教育，深化主体责任的落实，大幅度降低危化品运

输安全的违章违法行为及因此导致的安全事故。

三、技术路线及成果

"吉林市危险化学品道路运输安全监管平台"作为国内领先的安全监管平台，目前已实现了对危化品运输各环节的全过程监管，既能实现本城市危化品车辆在全国范围内的实时监控，也能实现在城市内对所有危化品车辆的监控，解决了城区内危化品车辆乱停乱放的隐患，实现第一时间发现违章，第一时间督促企业及时纠正违章，实现政府多部门协同执法，信息共享。可以在全国的大中型化工城市应用，具有良好的应用与推广前景。

四、应用成效与评估

"吉林市危险化学品道路运输安全监管平台"于2017年作为吉林省交通运输厅"平安交通"安全体系建设试点项目开始试运行。2018年，吉林市交通运输局通过政府购买服务的方式，购买"吉林市危险化学品道路运输安全监管平台"对吉林市的所有危化品运输车辆实施全程动态监控，经过2年的运行，应用效果十分明显。车辆违章数量由2018年10月的57752起，下降到2020年5月的6700起，下降幅度达到88%，监控效果十分明显。该项目已通过了交通运输部安全与质量监督司的评估。

五、推广应用展望

"吉林市危险化学品道路运输安全监管平台"作为国内领先的安全监管平台，目前已实现了对危化品运输各环节的全过程监管，实现了各相关职能部门的信息共享。通过监管平台的使用，对运输过程中装卸环节的资质比对、查验问题，对城区内危化品车辆乱停乱放问题都能得到有效的解决。能够实现政府多部门协同执法，对解决城区内危化品道路运输安全监管的难题提供完善的解决方案。可以在全国的大中型化工城市应用，具有良好的应用与推广前景。

案例 84 ▶ 区域交通运行监测系统

基本信息

申报单位：中国交通通信信息中心

所属类型：科学技术

专业类别：道路运输

成果实施范围（发表情况）：重庆市

开始实施时间：2019 年 12 月 31 日

负责人：徐超忠

贡献者：魏　凤、张世建、孟　杰、徐　航、李　贝

案例经验介绍

一、背景介绍

随着我国城市化的发展，各种交通问题已成为制约城市经济和影响道路交通发展的重要因素，而提高交通运行监测水平是缓解交通问题、提高道路运行效率最为重要有效的手段之一。目前区域交通运输监管存在"平台杂、孤岛多"，缺乏统一的数据治理体系及共享交换机制，无法对交通运输实时动态及安全营运情况进行精准有效的监管等问题，严重限制了交通运行监测水平的提升，制约了交通信息化的协同发展。中国交通通信信息中心重庆市公司以部级道路交通运输数据结合公安交管数据，整合包括货运、公交、出租、船舶、客运站、治超站、港口、桥隧及运输管理业务数据等 10 多项数据源，开展区域交通运行监测系统项目建设，形成了以大数据智能化为支撑的区域交通运输安全及运行监控管理体系。

二、项目目标

项目通过整合部级道路交通运输数据结合公安交管数据，包括货运、公交、出租、船舶、客运站、治超站、港口、桥隧及运输管理业务数

据等10多项数据源，并通过数据资源的集中、处理、分析，建立区域交通运行监测与应急监控指挥中心，完成交通运输安全管理系统建设和交通运行监控管理系统建设，初步构建区域交通运输行业安全监管平台，为区域交通运输信息化工作打下坚实的支撑基础，并为区域"平安交通"建设做出重要贡献。

三、技术路线及成果

区域交通运行监测系统主要包含"一个中心、两大应用系统"。"一个中心"即建设区域交通运行监测与应急监控指挥中心，主要通过构建交通大数据中心实现对区域现有路网、地面公交、出租车、客运站、"两客一危一货"车辆、船舶等各交通运输板块的统一监控管理，从整体上掌控区域内交通运输行业运行和安全生产管控执行情况，提高交通管理部门在突发事件中的处置能力和调度能力，最大限度地预防和减少突发事件及其造成的损害。"两个应用系统"即建设交通运输安全管理系统和交通运行监控管理系统。其中，交通运输安全管理系统实现对全区交通行业数据资源的集中、处理、分析，并同时为企业提供安全管理平台，实现企业自查自纠，政府监督落实的交通运输安全闭环管理；交通运行监控管理系统实现全区交通运输行业视频监控图像的统一接入，并在应急监控指挥中心的大屏幕和PC终端上显示，实现对交通事件全方位、全时段的可视化监控管理，从而对重要事件准确判断并及时响应，对监控范围内的突发性重要事件录像取证，提高综合治理水平。

四、应用成效与评估

本项目所建设的区域交通运行监测系统应用成效体现在以下方面：一是构建了区域交通大数据中心，实现了整个区域的交通运输行业数据的整合，为区域智慧城市平台的建设提供基础和数据支撑；二是初步建成以大数据为支撑的交通运输安全风险管理体系，通过智能化分析，直观展现辖区交通运输生产安全情况，并形成政府监管、企业自管的联防联控机制；三是构建辖区交通运行应急监控一张图，覆盖道路、港口、桥梁、车辆、船舶等要素，提升统一监管及调度水平；四是在疫情期间，该系统入选了重庆市疫情防控软件产品和信息化应用解决方案参考目录（第二批），并帮助区域疫情防控部门精准掌握区域内车辆流入、流出及实时在路运行情况，实现对高危区域车辆运行监测预警、车辆运行流动分析，通过对重点监控车辆进行历史轨迹分析、追踪分析及车主在线电话排查，精准有效地支撑了疫情防控工作开展。

五、推广应用展望

目前我国各大城市，尤其是京津冀、长三角、珠三角、成渝地区的区域交通一体化发展取得了重大进展，但在数据共享机制、交通联网监测以及区域协同体制方面仍存在一些亟待解决的相关问题。本项目以所构建的"区域交通运行监测系统"面向全国各大城市的交通运行监测管理部门，推广应用前景巨大。项目可以先在重庆、四川、贵州、云南等西部地区开展试点应用，通过统一建设标准、数据信息互联互通等形式提升应用水平，提高交通运行监测领域的覆盖面、丰富综合监测执法手段、提高数据挖掘能力，全面提高决策支持和综合服务水平，为全国的应用推广奠定了基础。

案例 85 ▶ 基于本质安全的 60m 小半径曲线架梁技术

基本信息

申报单位：广东省南粤交通怀阳高速公路管理中心

所属类型：科学技术

专业类别：交通工程建设

成果实施范围（发表情况）：适用于公路建设项目小半曲线路段

开始实施时间：2020 年 3 月

负责人：吴育谦

贡献者：赖　峰、粟学铭、胡　林、卢树奕

案例经验介绍

一、背景介绍

怀集至阳江港高速公路怀集至郁南段项目（以下简称"怀阳高速公路"）欧垌互通（图1）是怀阳高速公路与广佛肇高速公路相交的大型枢纽互通，欧垌互通D匝道3号桥（图2）全长385.7m，最大桥高约30m，桥跨设计为30m+35m+30m+3×（3×19）m+4×19m+2×19m，上部结构采用预应力混凝土预制小箱梁。D匝道3号桥21号墩至29号墩的桥梁设计圆曲线半径仅为60m（为国内罕见），桥梁设计纵坡为−3.05%，设计横坡−6%。

60m半径曲线的D匝道3号桥预制梁架设难度在国内未有类似工程先例。

目前，国内外均无可用于曲线半径≤60m桥梁预制梁架设施工的架桥机，也未见有架桥机成功架设曲线半径≤60m桥梁预制梁的相关报道。

二、项目目标

1. 方案论证、比选

为攻克广东首个60m曲线小半径预制箱梁架设高风险技术难关，由怀阳高速公路管理中心牵头组织相关单位及专家经过多番论证，确定设计制造一种新型特制小半径架桥机进行箱梁架设，并组织制定小半径架桥设计制造方案及架设施工

方案，历时数月方案顺利通过专家论证，解决了难度大、风险高的技术难题。

图1　怀阳高速公路欧垌互通

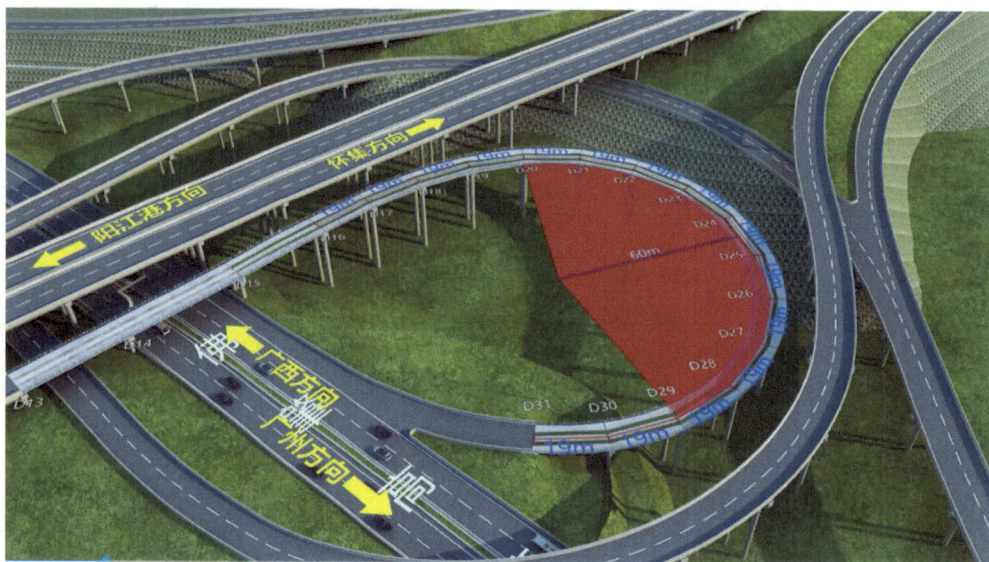

图2　欧垌互通D匝道3号桥

2. 实现设备的本质安全

普通30m架桥机一般只能架设曲线半径≥280m的桥梁，D3匝道桥如果采用普通架桥机，则出现无法过孔和喂梁情况，故采用特制小曲线半径专用架桥机，具体做法如下：

（1）目前国内普通架桥机前支、中支两条导轨与两条纵导梁垂直固定，且是同步移动。而

特制小半径桥机两条前支腿和两条中支装置各增加一套可旋转装置，前支腿、中支装置和纵导梁可随曲线半径的变化做出相应调整，两条纵导梁是活动连接，可以单条纵导梁独立前后移动一定的距离，此时小半径桥机的两条纵导梁平行，但前支腿、中支装置两条导轨不平行且与纵导梁不垂直。在过孔过程中，可以通过两条纵导梁独

立前后移动，被动调节可旋转装置，将前支腿导轨偏移一定的角度刚好落在待架梁的盖梁上。该优点解决了普通架桥机前支腿、中支装置两条轨道必须平行且和纵导梁垂直无法完成过孔这一缺点。

（2）普通架桥机的两条前支腿与两条纵导梁是固定连接，桥机尾部过长无法喂梁。而特制小半径桥机两条前支腿是分别通过滑轮组夹紧两条纵导梁，具有纵导梁过孔后，前支导轨固定在盖梁后，两条纵导梁可以独立继续前移的优点，将影响喂梁部分的纵导梁移至前支腿前面使之悬

臂，而桥机天车后移作为配重，抗倾覆。该优点可以解决普通桥机尾部过长难以喂梁的缺点。

三、技术路线及成果

1.3D 施工动画模拟

依据专家论证通过的小半径箱梁架设专项施工方案中提供的各项安全技术参数，在3D施工动画中1∶1制作出架梁设备及梁板模型，动态模拟小半径架梁全过程，验证运梁、喂梁（图3）及落梁（图4）过程中所有机械设备的运行轨迹、稳定性、安全性。

图3　小半径架桥机运梁、喂梁

图4　小半径架桥机落梁

2. 现场模拟演练

成功完成动3D画模拟后，在施工现场选择合适的模拟演练场地、按设计图纸将圆曲线半径为60m范围内的盖梁和支座垫石位置、湿接缝位置等按照1：1的比例在模拟场地进行放样，浇筑支座垫石混凝土，拼装特制小半径架桥机。所有设备就位后按照方案中的架设步骤进行预演架设（图5），验证架桥机在架梁施工全过程中机械设备的性能、稳定性及抗倾覆能力，并培训操作手的熟练度。

图5 小半径架桥机现场预演架设

3. 强化架设施工现场安全管控

欧垌互通D3匝道桥箱梁采用特制小半径架桥机架设，是项目重大风险控制点之一；为了能够更好地对小半径箱梁架设施工进行管理，保证小半径桥梁架设更快、更安全地往前推进，项目在施工过程中通过摸索总结出了"一三一四"管理模式，所谓"一"即每一跨过孔前对桥机班组重新进行安全技术交底；"三"即三检：过孔前对桥机进行自检、复检、专检三次检查；另一个"一"即过孔后架梁前的验收检查；"四"即四个管理部门全程旁站，要求工程部、安全部、物资设备部及桥机班组安排专人全程旁站。对于小半径特制架桥机过孔、箱梁架设等重要工序都始终坚持"一三一四"的管理模式进行安全控制，多部门参与，各控制点重点把关，确保小半径箱梁架设施工安全有保障。

四、应用成效与评估

目前国内架桥机大致可分为单梁式架桥机、双梁式架桥机及双悬臂式架桥机，由于上述架桥机的尺寸、性能及种种客观条件的限制，无法满足小半径曲线预制箱梁架设施工。

怀阳高速公路成功采用特制小半径架桥机完成小半径曲线桥梁预制梁架设（图6），具有安全风险低、建设工期短、节约经济成本、有利于自然环境等突出优点。解决了传统架桥机不能解决的问题，填补了架桥机架设小曲线半径预制梁的技术空白。

创新采用特制小半径架桥机架梁克服了现浇、吊车吊梁等施工工法存在的安全风险高、施工难度大、费用投入高等难题，有力地保证了施工安全、节约工程投资、缩短建设工期，具有很好的安全、经济、社会效益，为后续类似工程设计和施工提供了可复制的技术、安全施工等经验。

图6　使用小半径架桥机安全顺利完成箱梁架设

五、推广应用展望

该项技术推广后，可最大限度地降低小半径曲线桥梁的施工难度及安全风险，节约工程投资，缩短建设工期。同时，小半径曲线预制梁架设施工技术的推广可使地形复杂地区的桥梁设计方案更加灵活，为后续改扩建项目土地资源有限情况下互通设计提供了可复制的成功经验。

案例 86 ▶ 港口大型机械防风安全技术要求

基本信息

申报单位： 交通运输部水运科学研究院、武汉理工大学、湛江港（集团）股份有限公司

所属类型： 理论研究

专业类别： 港口营运

成果实施范围（发表情况）：规范性文件（部颁指南）、行业标准、发明专利

开始实施时间： 2018 年 7 月 24 日

负责人： 孙维维

贡献者： 孙维维、谢天生、徐宏伟

案例经验介绍

一、背景介绍

港口大型机械作为港口生产作业的核心，一旦遭遇台风或突发性阵风破坏，将给港口大型机械造成灾难性的损毁（图1），不仅会带来巨大的经济损失，还可能造成严重的人员伤亡，影响码头正常生产作业和我国港口大国的形象。随着风灾形式的不断变化、港口机械大型化发展、防风技术及防风装置的推陈出新、港口企业防风应对措施的不断改进，现有的风荷载计算及防风安全要求等已不适应我国港口发展现状，需通过理

论分析、数值模拟仿真、设备研制、标准制订等技术和管理手段予以提升，以提高港口大型机械防风应对能力，构建港口安全生产长效机制、打造本质安全型港口。

二、项目目标

开展风荷载计算方法及参数选取研究，结合现有防风形势及港口机械大型化发展趋势，对风荷载计算方法及风载体型系数、风压高度变化系数、计算风压等参数取值进行改进，为港口大型机械的设计、制造提供计算依据，实现设备本质安全。

针对港口大型机械防风装置的安全性能开展研究，提出防风装置配置要求，制定我国港口

大型机械抗风等级和设防风速标准，规定沿海和内河港口码头防风装置的抗滑移、抗倾覆能力要求。

图1　风灾害引起的部分港口大型机械损毁事故

针对我国常见的十一类港口大型机械，从台风前准备、防台风应对、台风后检查及恢复三个方面提出全链条防台安全管理体系；从港口大型机械工作状态和设备种类两个方面，系统性地提出防阵风应对措施。

研发将风力转化为摩擦制动力技术及三维空间随动技术，并实现科技成果转化，发明新型防风装置，提升港口大型机械的防风抗滑能力，实现"科技兴安"。

三、技术路线及成果

1. 技术路线

通过对国内外相关资料收集、对受大风影响较为严重的港口码头及设备制造厂商进行调研，对风灾事故现场进行勘察，对台风、突发性阵风的应对措施进行研究，分析防风过程中存在的重点和难点问题，提出有针对性的解决措施。本项目技术路线图如图2所示。

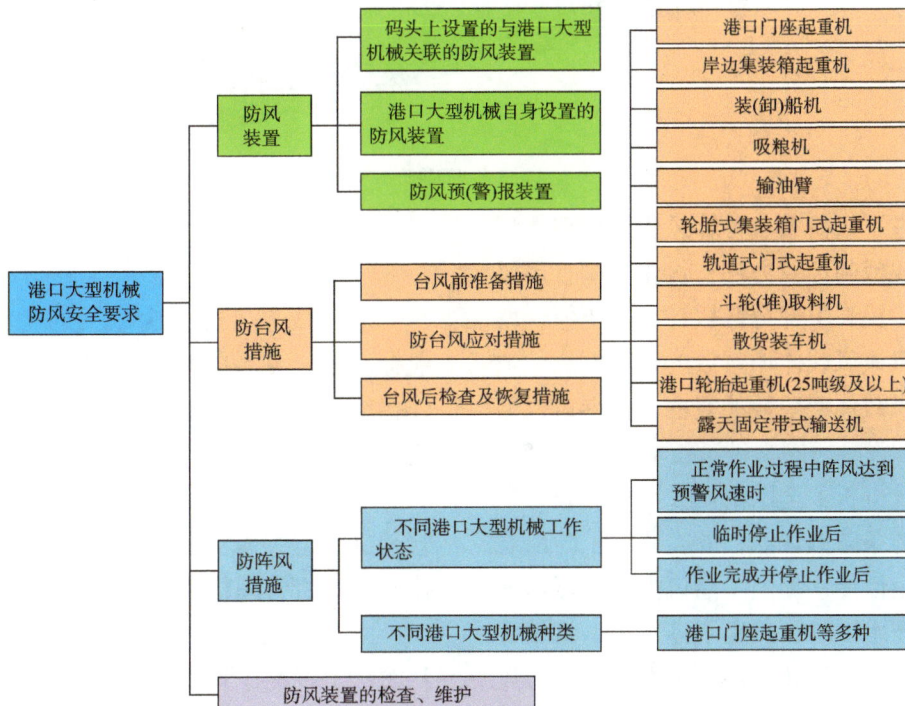
图2　港口大型机械防风安全技术要求技术路线图

2. 技术成果

本项目首创了将风力转化为摩擦制动力技术（图3）及三维空间随动技术（图4），应用该技术首创一种自锁式顶夹轨防风抗滑装置——风力自锁防爬器，可随风力大小自动启动，突破了传统防风装置需外加动力驱动的局限性，解决了港口大型机械工作状态下防阵风的世界性难题。

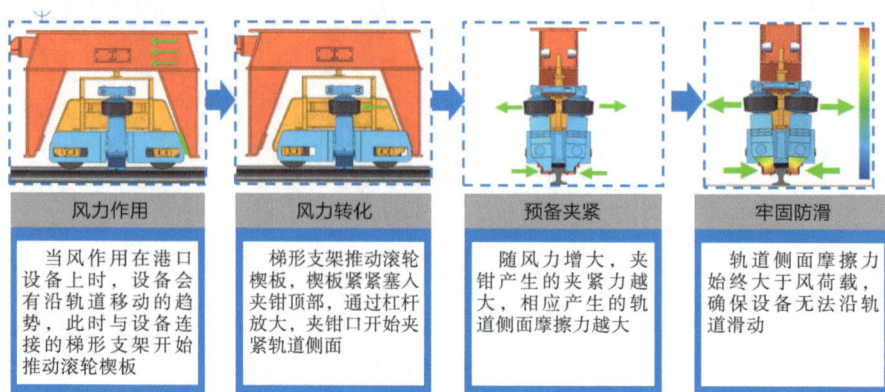

风力作用	风力转化	预备夹紧	牢固防滑
当风作用在港口设备上时，设备会有沿轨道移动的趋势，此时与设备连接的梯形支架开始推动滚轮楔板	梯形支架推动滚轮楔板，楔板紧紧塞入夹钳顶部，通过杠杆放大，夹钳口开始夹紧轨道侧面	随风力增大，夹钳产生的夹紧力越大，相应产生的轨道侧面摩擦力越大	轨道侧面摩擦力始终大于风荷载，确保设备无法沿轨道滑动

图3　风力转化为摩擦制动力技术原理

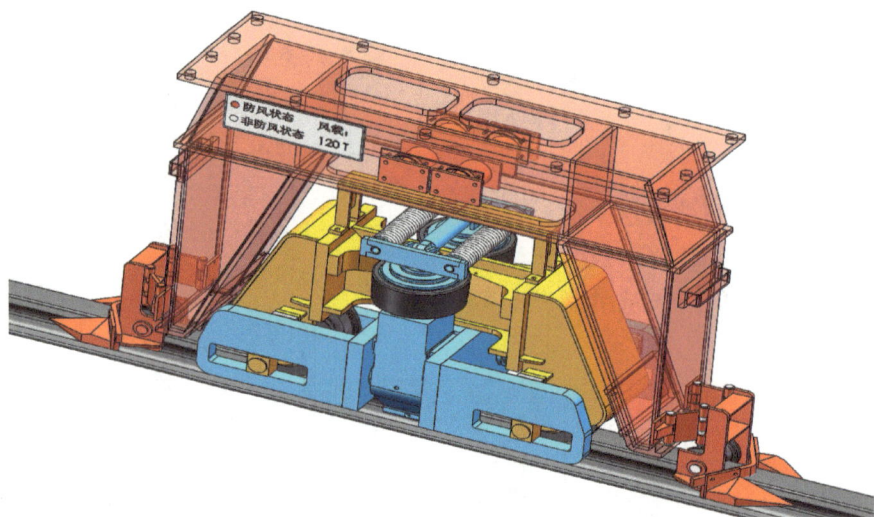

图4　三维空间随动技术

本项目改进了风荷载、计算风压、风载体型系数等参数的取值和计算方法，优化和调整了风荷载计算参数，提高了部分区域计算风压值，增加了港口大型机械风载体型系数的计算方法，填补了部分机型风载体型系数的空白，为港口大型机械防风技术和设备研制提供了技术支撑。

本项目统计分析了全国港口大型机械设备事故及风灾害全链条防御现状，分类研究了防风装置的特点和安全性能，提出了港口大型机械防阵风防台风安全技术要求，确定了港口大型机械抗风等级及设防风速，为建立港口大型机械防阵风防台风管理体系提供支撑。

四、应用成效与评估

研究成果支撑出台了交通运输部文件及行业标准，以《港口大型机械防阵风防台风安全工作指南》（交办水〔2018〕93号）、《港口装卸机械风载荷计算及防风安全要求》（JT/T 90—2020）的形式下发，指导各级交通运输（港口）管理部门组织落实港口大型机械防阵风防台风工作，为政府管理部门提供决策参考和技术指导。

本项目风荷载计算内容已被设计单位采纳，从源头上提高了设备的抗风能力。本项目自主研发的防风技术及防风装置，在港口企业广泛应用，显著增强了阵风状况下港口大型机械的安全性能和使用效率，提高了应用企业的经济效益和社会效益。本项目提出的防风装置安全技术要求、防台风应对措施、防阵风应对措施等内容，全面推进防风体系规范化建设，防止或减少因风灾引起的港口大型设备安全生产事故。

五、推广应用展望

本项目研究成果在港口管理部门、港口企业、设备设计及制造厂商等单位进行广泛应用，应用港口覆盖北方、南方、沿海、内河等区域，推广成果涉及风载荷计算参数选取、港口大型机械抗风等级设防要求、防台风/防阵风应对措施、防风安全管理、研发的新型防风装置等内容。

本项目的开展，提升了港口大型机械防风安全技术和水平，提高了我国港口大型机械防风应对能力，减少了因风灾造成的生命财产损失，对构建港口安全生产长效机制、打造本质安全型港口、促进"科技兴安"等具有重要意义。本项目研究成果已达到国际领先水平，对促进我国防风领域科技进步起到了推动作用。

案例 87 ▶ 交通运输行业反恐怖防范基本要求

基本信息

申报单位：交通运输部水运科学研究所

所属类型：理论研究

专业类别：综合监管执法

成果实施范围（发表情况）：公路、水运行业

开始实施时间：2020 年 7 月 1 日

负责人：唐海齐

贡献者：孙国庆、夏　庆

案例经验介绍

一、背景介绍

近年来国际恐怖事件时有发生，我国反恐怖防范形势严峻，成为影响我国国家安全的重要方面，交通行业具有的人员密集、流通范围广、重要社会影响目标多的特点成为恐怖分子袭击的重点对象。据不完全统计，2010—2018 年针对交通运输的恐怖袭击有 2191 起，造成至少 3568 人死亡，8402 人受伤，袭击目标主要包括汽车、火车、桥隧、汽车站等（图 1）。随着我国《反恐怖法》的实施，交通行业反恐怖防范的任务重、

体系机制建设滞后、反恐怖防范标准体系不健全的弊端直接影响着交通行业反恐怖防范工作的成效。交通运输部高度重视行业反恐防范工作，委托我单位开展了交通行业反恐怖防范体系建设研究工作。

二、项目目标

本研究全面梳理了行业反恐防范工作职责、重点目标管理单位履责、安检、实名制管理、预警响应和应对处置等方面工作，并针对目前行业存在的管理部门履职困难，思想、认识不统一，

责任落实层层递减等问题突出,给出了对策建议。行业标准《交通运输行业反恐怖防范基本要求》(图2)的发布实施,对于指导交通运输企业开展反恐怖防范工作具有重大影响。本研究持续关注行业反恐怖防范工作的发展动态和前沿技术,以期逐步构建完善公路、水路行业的反恐怖防范工作规章和技术标准,为"平安交通"的建设保驾护航。

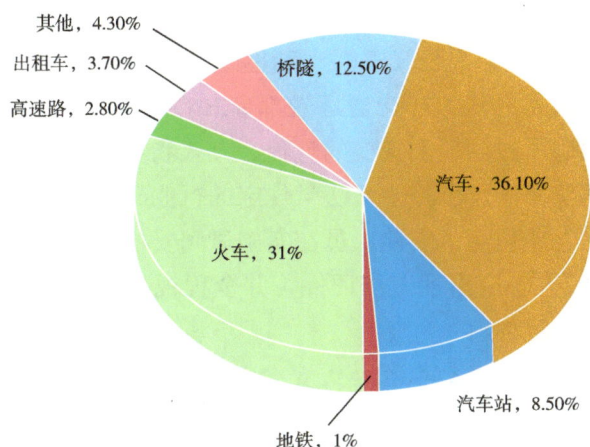

图1 2010—2018年重大交通运输恐怖袭击事件分类

图2 交通运输行业反恐怖防范基本要求

三、技术路线及成果

1. 开展行业反恐怖防范现状和基本情况排查

在原部公安局的直接领导和支持下,按照

"摸情况、找问题、提对策"的工作思路,开展了交通运输行业反恐怖防范现状调研,摸清行业反恐怖防范的基本情况。

通过书面调研、现场调研、专家咨询、专题讨论、定向征询意见等多种方式,全面梳理排查了各省交通运输管理部门反恐怖防范工作机制体系建设情况,了解掌握交通运输行业反恐防范工作现状和存在的突出问题。

2. 实施行业标准的修订工作

交通运输行业涉及领域众多且各有特点,各地反恐怖防范工作水平也存在着不均衡,本标准作为行业唯一的反恐怖防范技术标准,根据新形势发展要求和国家相关法律变化情况开展标准修订工作。于2017年4月启动修订工作,先后召开8次讨论会、2次全行业征求意见、1次社会征求意见,共计收到反馈意见300余条。在充分整理吸收各界意见后,完成了《交通运输行业反恐怖防范基本要求》(JT/T 961—2020)标准的制修订并发布实施,完善了行业反恐怖防范法规体系。该标准作为行业反恐怖防范工作的技术指导,是交通运输企业开展反恐怖防范工作的关键支撑和技术依据。

3. 深入交通运输行业反恐怖防范机制体制研究

在前期大量调研、研讨工作的基础上,已向部办公厅提交了《交通运输行业反恐怖防范重点目标的确定方法与管理要素研究》《公路水路行业反恐怖防范体制机制建设研究》《交通运输行业反恐怖防范现状分析与对策研究》以及《公路水路行业反恐怖防范典型案例研究》等内部研究资料,为全面推动行业反恐怖防范工作奠定了坚实的理论基础。

四、应用成效与评估

1. 调查研究工作为行业开展反恐怖防范奠定基础

由于通运输行业"点多、线长、面广"和开放程度高的特点,给行业反恐怖防范工作带来巨大压力,也间接导致了各级交通运输管理部门在实际工作中存在着履职困难,思想、认识不统一，责任落实层层递减等突出问题，使得交通运输反恐怖防范工作成为行业管理的一块"硬骨头"。首次开展全行业反恐怖防范工作展调查研究，聚焦行业全局性、关键性问题，从解决工作面临的难点入手，填补了行业空白，为建立健全交通运输行业反恐怖防范工作管理体制、机制提供了基础保障。在充分调查研究的基础上，给出了相关对策建议，是交通运输行业的开创性、基础性工作。完成的《交通运输行业反恐怖防范现状调查和基本要求调研报告》获得交通运输部办公厅2017年度交通运输部机关优秀调研报告。

2. 行业反恐怖防范标准修订意义重大

《交通运输行业反恐怖防范基本要求》作为行业反恐怖防范工作中唯一的技术标准，修订工作意义重大。项目组于2017年4月召开标准工作启动研讨会，至2020年1月召开标准审查会，期间先后召开8次召开讨论会、2次全行业征求意见、1次社会征求意见，共计收到反馈意见300余条，充分整理吸收各界意见。标准适用范围为涵盖了公路、水路交通基础设施、道路旅客运输、零担货物道路运输、危险货物道路运输、水路运输、港口营运和城市公共汽电车等领域的反恐怖防范工作，于2020年7月1日实施，是交通运输企业开展反恐怖防范工作重要的技术标准。

3. 研究成果推动力多项政策的落地实施

行业反恐怖防范工作研究成果得到充分的采纳和应用，推动了多项政策的落地实施。2017年4月，交通运输部印发《交通运输行业反恐防范职责任务分工方案》，明确了部内相关单位的反恐防范职责和任务分工。《长江三峡水利枢纽过闸船舶安全检查暂行办法》（交通运输部令2018年第1号），明确了安检人员在实施过闸安检时不得少于2人，并全程视频记录过闸安检过程。2018年印发的《交通运输部反恐怖预警与响应实施办法》，完善了公共交通运输工具（铁路、民航除外）部本级反恐怖统一预警和分级响应工作体系。2019年印发《客运码头安全管理指南》，规定了客运码头采取的反恐怖防范措施和反恐

防暴应急设备配备应符合JT/T 961等相关标准要求。2020年印发的《国内水路运输管理规定》，对货运实名制管理和安全检查作出了明确规定，要求物流运营单位查验客户身份、对运输物品进行安全检查。

五、推广应用展望

1. 为行业制定与实施反恐怖防范政策提供了技术支撑

（1）《长江三峡水利枢纽过闸船舶安全检查暂行办法》（交通运输部令2018年第1号），明确了过闸船舶安检的流程、方式和责任主体，落实了《反恐怖主义法》规定的行业义务。如第十九条规定了安检人员在实施过闸安检时不得少于2人，应出示工作证件，并全程视频记录过闸安检过程。

（2）《客运码头安全管理指南》（交办水〔2018〕173号），规定了客运码头采取的反恐怖防范措施和反恐防暴应急设备配备应符合JT/T 961等相关标准要求。

（3）为加强物流安全管理，防范恐怖活动，在《国内水路运输管理规定》（中华人民共和国交通运输部令2020年第4号）修订过程中，增加了"对货运实名制管理和安全检查作出了明确规定，要求物流运营单位查验客户身份、对运输物品进行安全检查"。

2. 为交通运输企业开展反恐怖防范工作提供技术支持

（1）标准依据《反恐怖主义法》《反恐怖责任制实施办法》和有关法规标准提出了反恐怖防范管理要求、预警响应和应对处置要求和反恐怖防范技术要求，有利于指导交通运输企业落实反恐怖防范的义务和责任。

（2）反恐怖防范技术要求涵盖了运营安全防范、周界防范和通道控制、安防器材配备和使用、安全检查、视频安防监控、卫星定位动态监控、通信、实名制管理等具体要求，推动了行业积极配备更新反恐防范设备设施，提升了企业反恐怖防范安全检查水平和管理能力。

（3）2019年受交通运输部办公厅委托，开展了《交通运输行业反恐怖防范典型案例研究》，内容涵盖恐怖主义的基础理论研究分析、交通运输行业反恐怖主义的现实状况分析、应对恐怖主义和个人极端行为典型案例分析等内容，将是指导行业开展反恐怖防范工作的重要资料。

案例88 ▶ 高速公路隧道无线调频广播及应急插播技术安全应用

基本信息

申报单位：四川省交通运输厅高速公路交通执法第四支队

所属类型：理论研究

专业类别：交通工程建设

成果实施范围（发表情况）：高速公路重要隧道及交通事故频发路段

开始实施时间：目前为理论阶段，暂未实施

负责人：罗 强

贡献者：聂红峰、吴 晨、马 斌、刘 晓、王国玺

案例经验介绍

一、背景介绍

随着我国经济的快速发展和城市化进程的加快，城市之间的连接成了影响经济发展的关键环节。信息的传递可以借助网络来传播，但实体物质的传递却只能依靠运输通道和交通工具来承载，其中高速公路成了重要的传输媒介，而隧道又是高速公路中最为特殊的路段，也是制约道路运输承载质量与数量的重点、难点，特别是处于交通流量较大路段的长隧道，安全形势十分严峻。保障安全运营、提高通行服务水平是隧道系统建设工作的重中之重。而隧道无线调频广播及应急插播技术为缓解此类安全问题应运而生，为在隧道内执法巡逻、运营维修、灾害防控建立了更加便捷的通信方式。

1.高速隧道所处地区地势复杂多变，道路信息传递获取困难

我国幅员辽阔，部分地区地势起伏、山峦重叠，高速公路穿越这些地区时，往往会遇到高程障碍，为减少道路通行距离，节约运输时间成本，挖掘隧道穿山而过在所难免。因此修建了较多高速公路隧道，有的长达十几公里，车辆进入

隧道后由于信号中断也就听不到地面广播信号了，隧道内一旦发生事故，正在行驶的车辆无法获取信息，很容易造成二次事故。

2. 部分高速隧道广播及手机通信信号不稳定，影响驾驶舒适感

由于恶劣天气影响，高速公路某些路段经常发生长时间堵车和旅客被困事件，被拥堵车辆无法知道前方通行情况（图1）。由于隧道内是广播信号盲区，当车辆通行隧道时，车载收音机传出的沙沙刺耳声不仅会让人感觉不适，也容易让驾驶员分心，影响行车安全。当隧道内出现火灾、交通事故阻断等紧急情况时，由于隧道内各种声音嘈杂，再加上车辆本身良好的隔音效果，车内人员无法听到或听清隧道内有线广播发出的疏散通知指令，这样就无法实现车内人员的有序迅速疏散逃生，造成人群恐慌，进而有可能发生踩踏事故。

图1 交通流量较大的长隧道

3. 车载无线调频广播使用人群多，覆盖面广

我国各地现都建有自己的交通广播网，并且在全国大部分地区以实现了调频同步广播网。许多客货运驾驶员在驾驶车辆时，往往习惯于通过车载收音机收听广播来了解路况信息或者缓解驾驶疲劳，广播信号由于波长较长，传播距离较远，播放内容更新及时、准确，加之现阶段广播信号的复合型覆盖，收听内容多种多样，可选择范围较广，成了时下多数驾驶员了解路况信息或者缓解驾驶疲劳的首选。

4. 隧道无线调频广播及应急插播技术能及时传递外界信息

在大型隧道内没有无线信号存在时，进入隧

道会让人一片茫然，一旦隧道内发生交通事故并造成道路阻断时，隧道外面的车辆在毫不知情的情况继续涌入，隧道将变得更将拥堵，继而影响救援车辆的通行。引入此项技术后，各高速公路隧道监控中心可以通过无线广播发布交通疏导指令，车辆驾驶员可通过车载收音设备了解道路通行情况，进而配合事故救援，提升救援效率。

5. 隧道无线调频广播及应急插播技术可成为安全与经济宣传的新媒体

在日常的车辆通行时，也可以采用应急插播技术，向驾乘人员传递安全驾驶技巧、隧道安全通行知识、周边地区景点及人文信息，促进安全生产的同时带动周边区域的旅游与农业经济发展，助力脱贫攻坚，特别是中国西部具备良好的生态条件，富饶的土地孕育着得天独厚的农产品，利用无线调频广播可加大宣传力度，吸引外商投资，促进旅游经济发展（图2）。

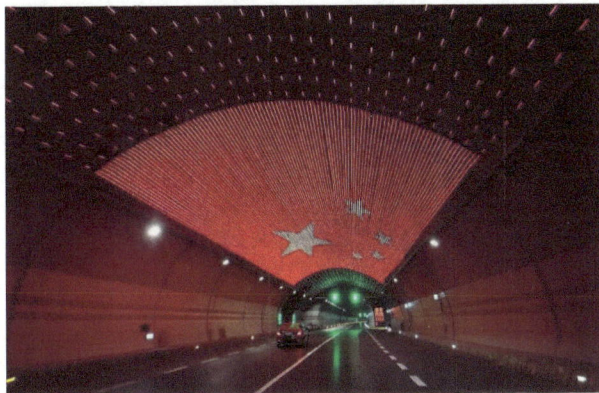

图2 利用隧道特点助力经济发展

二、项目目标

（1）减少高速公路隧道内的道路交通事故发生率。

（2）增强高速公路隧道内车辆有效通行率。

（3）利用无线调频广播技术，加大对偏远地区旅游与农业经济宣传力度，助力脱贫攻坚。

三、技术路线及成果

众所周知，同步广播的三要素是"三同"，即同频、同相、同调，而传统的解调方式由于是再生信号，因此无法满足"三同"，所以在信号重叠覆盖区会产生同频干扰，车辆经过干扰区时

是无法正常收听的。现阶段，由于技术革新，可采用信号转接再降噪、消杂的技术，信息源来自隧道口天线接收，转接仅进行传输和放大，没有对信号进行重新调制，因此经转发的广播信号完全同步，不会产生同频干扰，切换为应急插播信息号时，信息源自隧道内部的设备，车辆通行时收听广播过程中均不会出现中断或沙沙的刺耳声。

建设一套无线调频广播及应急插播系统需要通过将隧道外的调频广播信号引入并覆盖至隧道内来解决车载广播的收听问题（图3），同时，应具备强制插播功能，可在紧急情况下通过人工手动或由隧道其他报警系统关联自动切换为强制插播，播放预录音频或人工广播。

图3　利用车载收音机接收广播信号

正常状态：整套设备转发由广播电台发出的调频广播信号。架设在隧道口的调频广播主天线接收空中的信号，由调频广播无线选频处理器滤除各种杂波并选出想要转发覆盖的广播频道后送入近端处理设备并由光缆传递至隧道内，再经远端处理设备重新转换为FM信号并通过布置在隧道内的多个信号发射装置或泄漏电缆进行覆盖。

应急状态：当出现紧急情况时，系统可在隧道监控中心远程切换或由隧道其他报警系统自动切换至应急广播强制插播，通过车载广播及时通知车内的驾驶员和乘客，实现人员快速撤离和疏散，保障人民群众的生命财产安全。

四、应用成效与评估

以我国调频广播为例，系统原理可以理解为在 87.5~108MHz 这一频段内（或指定频段），每 100kHz/200kHz 有一个 FM 载波，而且这些载波同时对同一个音频信号进行调制（表1），所以接收机（收音机）只要是开机状态，无论调谐到哪个接收频率，收到的都是同一个音频信号，也就是说收音机不需要调谐，任意频率都可以收到相同的广播信号。

常见通信设备工作频段　　　　　　　　　　　表1

通信设备	工作频段
FM收音机	87.5~108MHz
对讲机	409.750~409.9875MHz
WiFi	412~2484MHz
GSM	890~915MHz，935~960MHz，1710~1785MHz，1805~1880MHz
CDMA	825~871MHz
WCDMA（3G）	1920~1980MHz，2110~2170MHz
蓝牙	2400MHz
GPS	1575.42MHz，1227.60MHz

高速公路隧道无线调频广播可采用同步覆盖技术，将隧道外的调频广播信号采用光纤引入隧道内，安装调频转接设备，将调频信号放大后，再采用泄漏电缆或信号发射装置将信号均匀地放射到隧道内，使进入隧道的任何车辆都可以收到清楚的调频广播信号（图4）。

同时利用应急插播系统技术，一旦隧道内发生事故，设备就可以切换到应急广播通道，不管车载收音机听的是哪个电台节目，都会自动切换成应急广播信号，对隧道的安全管理具有十分重要的作用（图5）。

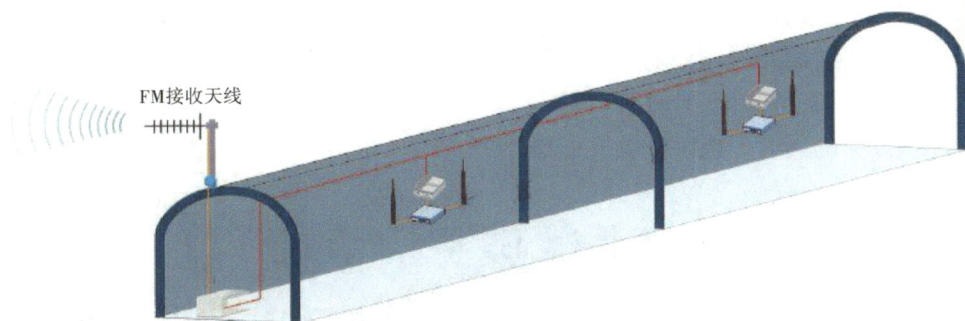

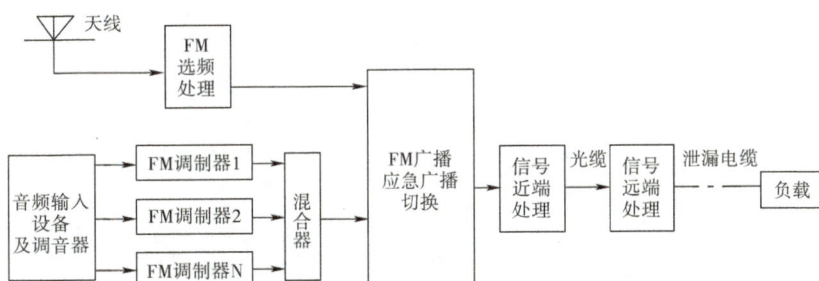

图4　调频广播信号传播方式示意图

图5　隧道监控系统可远程切换应急广播

五、推广应用展望

无线调频广播及应急插播技术除可应用于隧道外，还可以安装在高速公路现有的ETC龙门架、收费站或道路交通事故频发路段，实时播放交通安全提醒信息及路况信息，所有过往车辆只要打开车载收音机，任何频率都可收到发布的应急指挥与疏散信息。也可用于交通管制方案发布、事故现场提前告知、封路分流方案发布、压

速带道指挥、进站执法检查提醒。

当代高速公路正朝着智能化方向发展，逐步形成"智慧高速公路"科技理念。智慧高速公路提出引入互联网思维和技术，对传统高速公路机电系统和管理服务进行重构再造，通过信息交换与共享、数据融合与挖掘，提升高速公路运营管理水平和出行服务质量，实现高速公路监控管理、应急指挥、辅助决策、安全行车、出行指引等服务的信息化和智能化。随着我国国民经济持

续发展，人民生活水平不断提高，生活在安全、舒适、恬静、信息传递快捷的居住环境成为很多人的梦想，人们已经习惯于在行车时收听广播，在愉悦心情、降低疲劳的同时，也可减少交通事故的发生。此外，广播作为对外宣传的窗口，广播信号的全覆盖也体现了高速公路安全、舒适、快捷的形象（图6）。

图6　安全、舒适、快捷的高速公路

案例89 ▶ 服务海南自贸港建设，创新租赁游艇检验模式

基本信息

申报单位：中国船级社

所属类型：理论研究

专业类别：交通设施运营养护

成果实施范围（发表情况）：海南省租赁游艇附加检验

开始实施时间：2021 年

负责人：高　景

贡献者：羊建成、刘　彧、马保卫、宋　旭、王　铿

案例经验介绍

一、背景介绍

习近平总书记在庆祝海南建省办经济特区30周年大会上发表了重要讲话，对支持海南全面深化改革开放作出了指示，今年6月1日，中共中央、国务院印发了《海南自由贸易港建设总体方案》，明确提出"设立游艇产业改革发展创新试验区"。近年来，得益于海南省区位、气候、生态、人文风情、市场等多重优势，游艇产业发展迅速，与此同时，以整船租赁方式参与市场经营的游艇开始涌现，据不完全统计，目前全省游艇停泊数量约1000艘，其中有近220艘游艇在从事游艇整船租赁业务，即从事以提供游艇租赁和驾驶劳务的方式根据时间计费的营利性活动。现有的游艇检验技术法规以及行政管理要求仅针对用于游艇所有人游览观光、休闲娱乐等非经营性活动的游艇，当游艇开展整船租赁参与商业经营行为后，其使用目的和运营模式的变化，可能会产生新的公共安全问题，带来不可控的风险，需要对现有的管理和检验模式创新，以保障游艇租赁新业态健康可持续发展。

为落实习近平总书记"4·13"重要讲话及

《中共中央国务院关于支持海南全面深化改革开放的指导意见》精神，海南省提出了"放宽游艇旅游管制"任务，认同游艇开展整船租赁业务，但要求通过技术+管理的手段来控制风险，对现有租赁游艇进行安全评估，适当提高技术标准，提高营运主体的安全责任意识和监管制度和水平。

二、项目目标

中国船级社在海南省交通运输厅的委托下，对海南省租赁游艇附加检验模式进行了探索，通过对海南省游艇开展实船调研等方式，对租赁游艇的安全和环保技术标准进行了研究，创新性地对海南省租赁游艇提出了附加检验技术要求，以确保艇上人员安全和环境污染的风险降到最低。

三、技术路线及成果

中国船级社通过对租赁游艇的深入调研，结合丰富的游艇检验经验，以现有从事租赁业务的游艇实际情况的统计为基础，研究制定《海南省租赁游艇检验暂行规定》主要内容如下：

（一）制定原则

以交通运输部海事局现行的《游艇法定检验暂行规定》和中国船级社的《游艇入级和建造规范》《帆船检验指南》及相关规定为基础，基于风险评估与控制，补充附加安全措施，同时基于大多数现有租赁游艇可实行、可操作为前提，不至于引起多数从事于租赁业务的现有游艇产生重大改建。

（二）适用范围

适用于在海南省注册登记拟从事租赁业务的游艇，包括帆艇，但不包括充气式游艇、赛艇和摩托艇。

（三）操作限制和安排

1. 营运限制

基于现实情况，结合国外先进经验，参考欧盟CE认证体系下的小艇标准，在不对艇体结构强度和稳性做本质上调整的情况下，海南岛东海岸及南海岸的租赁游艇可以通过对其操作/气象限制条件提高安全水准（表1）。

租赁游艇营运限制　　　　　　　　　　　　　　　　　　表1

游艇类别	航行海域距庇护地最大距离	航行水域最大有义波高	航行水域最大蒲氏风级
I	可＞50n mile	6m	6级
II	50n mile	4m	6级
III	10n mile	2m	6级
IV	5n mile	1m	6级
V	5n mile	0.5m	6级

按照现行的游艇安全管理，乘客超过12人的游艇应按照海事局的客船标准执行，从行政许可上讲，海南地方政府对于超12乘客的客船也没有权限制定地方性法规，因此应明确，租赁游艇载运租客人数不得超过12人且不得载运任何货物。为确保安全，在营运期间最大航速不得超过25kn。

2. 安全管理体系

在调研中发现，租赁游艇的驾驶员和艇员大多对游艇操作和设备使用不够熟悉，缺乏安全管理的意识，因此规定租赁游艇经营人应建立和实施基于风险的船岸租赁游艇安全管理体系，游艇上应配备租赁游艇操作手册，包括游艇操作限制、游艇操作的正常操作程序、游艇及其关键设备和系统维护程序、突发事件处理程序以及应急处置和响应程序等，能够有效提高租赁游艇的安全管理水平，防范风险的发生。

（四）检验制度

私人游艇出航的频次较低，使用率不高，但海南省租赁游艇，最多一天出航达5次，高频次的出航，机器设备的磨损较多，相比而言会整体上降低游艇的设备可靠性。为了保证租赁游艇安全技术状况，考虑与现有沿海小船检验制度一致，除按《游艇法定检验暂行规定》规定的初次、换证和临时检验外，还应增加年度检验，并将现有小船检验中的船底外部检查、特别定期检验的相关检验内容放入相应的检验项目中，通过增加检验频次，加强检验力度的方式，确保租赁游艇的安全质量。

（五）检验技术要求

对于租赁游艇，参照沿海小船检验技术规则，明确了增加的年度检验应包括的项目。同时，在技术要求层面，除满足《游艇法定检验暂行规定》相关要求外，还明确了对租赁游艇消防、救生、航行通导及无线电等方面的附加要求。例如：

1. 帆艇

须核查帆艇索具的布置和维护情况、桅杆及桅杆和帆桁是否满足标准，艇上的帆是否按要求配备并有适宜的收帆方式等。

2. 电气、航行及通导设备

核查游艇经营/管理公司是否能对游艇的正常操纵进行远程监视，租赁游艇是否配备与游艇经营/管理公司进行有效通信的措施，是否配备自动识别系统（AIS）等。

3. 消防

明确了租赁游艇消防要求，包括灭火器、火灾探测设备的配备，脱险通道的设置，另外，针对游艇的营运特点，规定了关于复合材料、悬挂纺织物材料、床上用品等耐火试验要求。

4. 救生设备

明确了游艇上存放的水上娱乐活动安全器具应与船上配备的救生设备分开存放，并有明显的标识，以免在发生紧急情况时被误用。另外，规定了救生筏、救生衣等的配备。出于安全考虑，要求游艇在开航前，船员应向所有租客介绍本艇的安全须知，包括救生和消防设备的存放位置、救生衣穿着方法、应急撤离通道及其他艇上活动安全注意事项等。

5. 急救药箱

考虑到公共安全影响及海上营运时长，一些乘客可能对海上环境不适应，借鉴国际经验及游览船，明确租赁游艇配备符合国家标准或公认标准的急救药箱（first aid kit），并考虑游艇的航行时间和租客的特殊需要。

通过对租赁游艇创新性的采取附加技术要求和检验要求，能够有效提高租赁游艇的安全标准，切实控制风险，保障公共安全。

四、应用成效与评估

结合对海南省租赁游艇检验技术标准的探索和研究，中国船级社在从事游艇检验的过程中，已陆续对相关技术标准开始试点实施并开展效果评估。

现场验船师结合正常开展的游艇法定检验，对《海南省租赁游艇检验暂行规定》在检验的实施、新增技术要求的实现难度等方面进行了评估，从现场检验实施情况和船东反馈，《海南省租赁游艇检验暂行规定》具有较强的可操作性。

此外，中国船级社还与游艇艇主、游艇会、游艇服务公司等海南游艇业界对相关技术要求进行讨论，引起了海南游艇业界的强烈反响，认为中国船级社对租赁游艇技术标准的研究，既体现了租赁游艇有别于普通游艇的特点，又守住了租赁游艇的安全底线，控制住了风险，保障了公共安全，有利于行业的长期稳定健康发展。

五、推广应用展望

创新海南省租赁游艇附加检验模式，是落实《海南自由贸易港建设总体方案》中关于"设立游艇产业改革发展创新试验区"的重要举措，中国船级社正在海南筹建游艇创新服务中心，将结合服务中心的挂牌成立，以海南省租赁游艇行业为试点，配合海南省交通运输厅推动租赁游艇检验技术标准的在全省范围内的公布实施，进一步规范租赁游艇的检验要求，促使租赁游艇满足适当的安全技术标准，有效提升行业安全水平，为自贸港建设的安全平稳发展提供保障。通过在海南地区的试点应用，以中国船级社游艇创新服务中心为依托，进而可将先进的检验模式推广到国内游艇租赁领域，带动游艇租赁市场规范发展。

案例90 ▶ 隧道机械化施工流水线安全生产模式

基本信息

申报单位：浙江交工路桥建设有限公司

所属类型：科学技术

专业类别：交通工程建设

成果实施范围（发表情况）：浙江景宁至文成公路第 JWTJ-06 标合同段

开始实施时间：2019 年 10 月

负责人：王云强

贡献者：陈一新、李小平、潘修智、陈英才

案例经验介绍

一、背景介绍

随着我国经济的发展，人民生活水平的提高，我国交通运输行业在逐渐进步。国家对基础设施投入的不断加大以及国家对基础建设的施工要求（如环保、能耗、安全质量、职业健康等）的不断提高，公路工程施工规模和数量逐渐变大和增多，工程逐渐向一些偏远山区偏移。因受到地形的限制，在公路、铁路、地铁和水利水电工程施工中隧道等地下工程比重将越来越大。隧道建设是一个比较封闭环境，在隧道开挖施工中，传统的隧道施工工艺已不能满足国家对环保、低耗能、经济性和高安全质量的要求。浙江交工路桥建设有限公司浙江景宁至文成公路第JWTJ-06标合同段引进以自动三臂式凿岩台车、意大利CIFA湿喷机、液压自行式仰拱栈桥、3D断面扫描仪等在内的机械化配套施工工艺，对环境污染少，安全系数较高，成本低，消耗能量少，比传统的隧道施工工艺有着显著的优势，可有效地改善以往施工工艺的弊端，提出了隧道施工机械化流水线安全生产模式。

二、项目目标

古人云"工欲善其事，必先利其器"。机械装备是完成施工任务的物质基础，也是隧道战斗力的重要组成部分，致力打造一支机械装备完善、高质量、现代化的施工队伍。

三、技术路线及成果

经过不断的摸索与总结，本项目提出隧道机械化施工流水线安全生产模式，随着技术进步和经济实力的提高，加强通风防尘、堵水排水，隧道施工环境条件有重大改善。更重要的是一些笨重的体力劳动都用机械来代替，装在凿岩台车动臂上的风钻比手持风钻的效率高得多，只需要摆动手柄就可完成钻眼全部动作，隧道机械化施工流水线安全生产模式配备的机械风别为：阿特拉斯·科普柯 BoomerXE3C 三臂台车、采用聚能水压爆破方案、新型养护台车、意大利 CIFA 湿喷机、液压自行式仰拱栈桥、3D断面扫描仪、新型二衬台车。

1. 阿特拉斯·科普柯 BoomerXE3C 三臂台车（图1）

BoomerXE3C 三臂台车是一款现代液压掘进凿岩台车，适用于大型隧道开挖，断面面积最大可达198m²，用于隧道全断面钻孔。它的投入使用改变了传统人工手持气腿式凿岩机钻孔的开挖方式，实现了全方位精准打孔，将掌子面打孔人数由18人锐减至3人，提高了安全系数和施工效率的同时，将锚杆打设角度合格率提高到100%，机械化的开挖方式，在降低劳动力需求的同时，加快了钻孔速度，提高了工作效率，为保证施工安全和施工进度提供了坚强后盾。

2. 采用聚能水压爆破方案

所谓"聚能水压光面爆破"，就是对光爆炮眼而言彻底改变装药结构，用研制成功的"聚能管装置"代替常规光爆炮眼中的药卷、传爆线，并在光爆炮眼中一定位置装填一定量的"水"，最后用专用设备加工成的炮泥回填堵塞。如图2所示。

最大优点：聚能光面爆破孔距是现有光面

预裂爆破孔距的2~3倍，最明显的是减少了钻孔量，周边孔能减少50%，节约钻孔费及火工品材料180元，节约循环时间1~1.5h。

图1　阿特拉斯·科普柯 BoomerXE3C 三臂台车

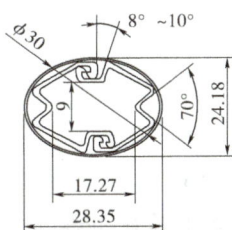

图2　采用聚能水压爆破方案（尺寸单位：mm）

炮孔半孔率为80%~100%，轮廓面平整。

减少超挖量，大大节约初支喷射料。

其他综合效益：炸药消耗量降低，爆破振动降低，提高了安全性，大大降低了安全隐患；保护了保留围岩，减少隧道漏水点，减少水泥注浆量，做到较少扰民，社会效益和经济效益明显。

3. 新型养护台车

传统的二衬养护台车较笨重且对洞内施工的机械有严格的限高、限宽的诸多要求，不仅对隧道内正常施工带来了影响，同时也存在一定的安全隐患。项目部塘坪隧道制作了新型二衬养护台车，其由轻型钢管制作成的环形桁架、配重式水箱（内置增压泵）、自行移动式遥控装置及自动喷淋系统组成，其不仅具备了二衬全面养护的功能，并且还具备了轻便、操作简单、占地面积小、对洞内施工机械限制少及减少安全隐患的优点。如图3所示。

图3 新型养护台车的应用

4.意大利 CIFA 湿喷机（图4）

意大利 CIFA CSS-3型混凝土湿喷机械手适用于隧道全断面、道路边坡、地下工程、基坑等混凝土喷射支护作业。适应−15~+45℃工作环境和4500m 海拔高度，适用于多尘潮湿的隧道。最小施工高度3.2m，最小进出宽度2.45m，能在各种小型隧道中作业，湿喷机械手360° 无死角喷射技术解决了传统潮喷不密实、回弹率高、平整度差的质量通病，同时较传统作业粉尘含量降低了 80%，极大改善了作业环境，降低了安全隐患。湿喷机械操作手的投入使用宣告了传统的人工喷射混凝土落下帷幕。

图4 意大利 CIFA 湿喷机

5.液压自行式仰拱栈桥（图5）

液压自行式仰拱栈桥全长38.4m，充分满足仰拱一次性施工长度达到12m的要求。此栈桥采用机电液一体化设计，配备有多功能自动行走装置，液压自平衡系统，能够实现自动纵移、起升降落、自动横移，无须装载机、挖掘机等外部动力设备的支持。同时可以减少掌子面开挖施工运输和仰拱施工之间的干扰，为仰拱施工提供了小型流水作业工作面，满足隧道仰拱混凝土整幅浇筑一次成型和快速施工的要求。

图5 液压自行式仰拱栈桥

6.3D 断面扫描仪（图6）

普通断面扫描仪只能测量架设位置所在断面的单一超前数据，若要加密断面密度，其工作量异常庞大，而三维断面扫面仪器能够按照需求测量固定段落内的断面数据，并生成3D图形，其结果可分为3D和2D两种显示方式，并可根据各种断面测量需求量身定制将测量数据转换成简洁、直观和有设计数据参照的成果报告。快速高效的点云处理和分析可提高用户扫描数据的应用价值，并可以快速传递给内业软件用于成果输出。创新的砌衬厚度控制测量手段和流程可大大降低喷射混凝土阶段的施工成本。

7.新型二衬台车（图7）

新型二衬台车较于传统门架式二衬台车的优点在于：①空间大。在保证二衬台车的结构使用性能的前提下，取消了两侧的大梁和斜撑梁，使二衬台车下的空间变大，大大减小了对风带和洞内施工机械通行的影响，提高了施工安全性；

②稳固性强。台车斜撑直接支撑于找平层的侧面，取代了在找平层上打设钢筋桩来加固二衬台车斜撑的工艺。斜撑加固依托于整个找平层，此工艺不仅避免了因钢筋桩强度、稳定性不够出现二衬浇筑时台车偏位问题，也降低了二衬混凝土浇筑时跑模引起的安全风险。

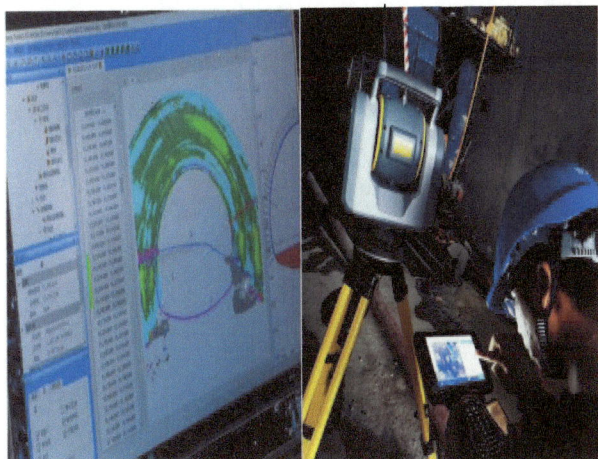

图6　3D断面扫描仪

图7　新型二衬台车

四、应用成效与评估

项目通过培育新时代隧道机械化流水线安全生产模式，施工人员精神面貌焕然一新，责任心明显增强，职业技能和职业素养大幅度提升，职业发展有了更深入的理解和更明确的目标，自身的尊严感、幸福感明显提升，施工人员工作干劲足、积极性高，安全素养均快速提升。

提高施工效率、安全系数和可控性，加快施工进度，扩大了施工产能。当没有机械的时候，隧道施工一般只能靠人工进行，每天完成工作量有限，人工数量众多，不利于管理。隧道机械化施工投入人员相对较少且集中，易于现场管理和控制，人员只需在机械化施工的区域内作业，属于流水线施工，每个人分工明确单一，安全系数高，工作强度较低，极大地降低了施工安全不稳定性。

五、推广应用展望

随着社会经济的不断发展，我国的公路铁路等交通基础设施也从平原地区逐渐向山地和丘陵发展，其中隧道建设则发挥着必不可少的作用。在隧道建设中先进的技术和设备是保证施工质量的前提和条件，工程中运用先进的机械设备不仅保证了施工的安全性、可靠性，还有效提高了施工工程的效率。当前我国隧道施工工程的特点是建设工期短、工程质量高，对施工的安全性和环保性都有严格的把控，因此在这种环境下，施工工程中运用先进的机械化设备，是未来发展的必然趋势。